DICTIONNAIRE

DES

SCIENCES NATURELLES.

TOME XIII.

DEA = DZW.

DICTIONNAIRE

DES

SCIENCES NATURELLES,

DANS LEQUEL

ON TRAITE MÉTHODIQUEMENT DES DIFFÉRENS ÊTRES DE LA NATURE, CONSIDÉRÉS SOIT EN EUX-MÊMES, D'APRÈS L'ÉTAT ACTUEL DE NOS CONNOISSANCES, SOIT RELATIVEMENT A L'UTILITÉ QU'EN PEUVENT RETIRER LA MÉDECINE, L'AGRICULTURE, LE COMMERCE ET LES ARTS.

SUIVI D'UNE BIOGRAPHIE DES PLUS CÉLÈBRES, NATURALISTES.

Ouvrage destiné aux médecins, aux agriculteurs, aux commerçans, aux artistes, aux manufacturiers, et à tous ceux qui ont intérêt à connoître les productions de la nature, leurs caractères génériques et spécifiques, leur lieu natal, leurs propriétés et leurs usages.

PAR

Plusieurs Professeurs du Jardin du Roi, et des principales Écoles de Paris.

TOME TREIZIÈME.

F. G. LEVRAULT, Éditeur, à STRASBOURG, et rue des Fossés M. le Prince, N.º 33, à PARIS.

LE NORMANT, rue de Seine, N.º 8, à PARIS.

1819.

Liste des Auteurs par ordre de Matières.

Physique générale.

M. LACROIX, membre de l'Académie des Sciences et professeur au Collége de France. (L.)

Chimie.

M. CHEVREUL, professeur au Collége royal de Charlemagne. (Cr.)

Minéralogie et Géologie.

M. BRONGNIART, membre de l'Académie des Sciences, professeur à la Faculté des Sciences. (B.)

M. BROCHANT DE VILLIERS, membre de l'Académie des Sciences. (B. de V.)

M. DEFRANCE, membre de plusieurs Sociétés savantes. (D. F.)

Botanique.

M. DESFONTAINES, membre de l'Académie des Sciences. (Desf.)

M. DE JUSSIEU, membre de l'Académie des Sciences, prof. au Jardin du Roi. (J.)

M. MIRBEL, membre de l'Académie des Sciences, professeur à la Faculté des Sciences. (B. M.)

M. HENRI CASSINI, membre de la Société philomatique de Paris. (H. Cass.)

M. LEMAN, membre de la Société philomatique de Paris. (Lem.)

M. LOISELEUR DESLONGCHAMPS, Docteur en médecine, membre de plusieurs Sociétés savantes. (L. D.)

M. MASSEY. (Mass.)

M. POIRET, membre de plusieurs Sociétés savantes et littéraires, continuateur de l'Encyclopédie botanique. (Poir.)

M. DE TUSSAC, membre de plusieurs Sociétés savantes, auteur de la Flore des Antilles. (De T.)

Zoologie générale, Anatomie et Physiologie.

M. G. CUVIER, membre et secrétaire perpétuel de l'Académie des Sciences, prof. au Jardin du Roi, etc. (G. C. ou CV. ou C.)

Mammifères.

M. GEOFFROY, membre de l'Académie des Sciences, professeur au Jardin du Roi. (G.)

Oiseaux.

M. DUMONT, membre de plusieurs Sociétés savantes. (Cr. D.)

Reptiles et Poissons.

M. DE LACÉPÈDE, membre de l'Académie des Sciences, professeur au Jardin du Roi. (L. L.)

M. DUMERIL, membre de l'Académie des Sciences, professeur à l'École de médecine. (C. D.)

M. CLOQUET, Docteur en médecine. (H. C.)

Insectes.

M. DUMERIL, membre de l'Académie des Sciences, professeur à l'École de médecine. (C. D.)

Crustacés.

M. W. E. LEACH, membre de la Société royale de Londres, Correspondant du Muséum d'histoire naturelle de France. (W. E. L.)

Mollusques, Vers et Zoophytes.

M. DE BLAINVILLE, professeur à la Faculté des Sciences. (De B.)

M. TURPIN, naturaliste, est chargé de l'exécution des dessins et de la direction de la gravure.

MM. DE HUMBOLDT et RAMOND donneront quelques articles sur les objets nouveaux qu'ils ont observés dans leurs voyages, ou sur les sujets dont ils se sont plus particulièrement occupés.

M. F. CUVIER est chargé de la direction générale de l'ouvrage, et il coopérera aux articles généraux de zoologie et à l'histoire des mammifères. (F. C.)

DICTIONNAIRE

DES

SCIENCES NATURELLES.

DCH

Dchangali (*Ornith.*), nom malabare de la tourterelle, suivant le P. Paulin, dans son Voyage aux Indes orientales, tom. 1, p. 423. (Ch. D.)

DCHATTEN (*Ornith.*), nom du coq au Malabar. (Ch. D.)

DCHEMBOTTA. (*Ornith.*) Le P. Paulin dit qu'on appelle ainsi, au Malabar, un oiseau de couleur rouge, aussi grand que le corbeau, et qui mange les serpens. Seroit-il ici question, malgré la taille plus élevée, de l'ibis rouge, *tantalus ruber*, Gmel.? (Ch. D.)

DCHOULA (*Ornith.*), nom malabare d'un pigeon vert, que le P. Paulin n'a fait qu'indiquer par cette couleur, qui forme le fond du plumage de plusieurs espèces. (Ch. D.)

DÉ A COUDRE. (*Bot.*) Agaric de la famille des *éteignoirs d'eau* ou *hydrophores* de Paulet (Champ. 2, p. 255, pl. 123, fig. 7 et 8), qui se rapproche de l'*agaricus campanulatus*, Linn. Ce champignon croît en touffes, quelquefois très-nombreuses, au pied des arbres ; il est remarquable par son chapeau en forme de dé à coudre, de couleur de buis, et soutenu par un pédicule grêle, fistuleux, haut de deux pouces et demi. Le chapeau s'étale sur son axe, et l'on voit alors en-dessus des lignes ou sillons produits par les points d'attache des lamellules du dessous. Le chapeau brunit bientôt, puis se résout en une liqueur noire, tandis que le pédicule reste blanc. (Lem.)

DEAB ou DEEB (*Mamm.*), un des noms arabes du chacal, *canis aureus*, *Linn.*, suivant Shaw. (F. C.)

DEATH-WATCH (*Horloge de la mort*). (*Entom.*) On cite ce nom comme le synonyme anglois du psoque pulsateur, espèce d'insectes névroptères, que l'on nomme vulgairement le pou du bois. (C. D.)

DEBACH. (*Bot.*) Voyez Dabach. (J.)

DEBASSAIRE (*Ornith.*), nom donné, dans les départemens méridionaux, à la mésange penduline ou remiz, *parus pendulinus*, Linn., et qui paroît être dû à la forme de son nid, imitant celle d'un bas. (Ch. D.)

DEBORA. (*Entom.*) C'est le nom de l'abeille en hébreu. (C. D.)

DÉBORDANT [Nectaire], *Nectarium marginans*. (*Bot.*) Lorsque le corps glanduleux auquel on donne le nom de nectaire, est placé sur le réceptacle, et se trouve sensiblement plus large que la base de l'ovaire, M. Mirbel le dit *débordant;* s'il ne déborde pas l'ovaire, il est dit *contracté*. Le *menyanthes*, le phlox, la bourrache, le noirprun, etc., ont le nectaire débordant : l'oranger a le nectaire contracté. Voyez Nectaire. (Mass.)

DÉBOUILLI. (*Chim.*) Autrefois on distinguoit deux manières de teindre les étoffes, particulièrement celles de laine : la première s'appeloit *teindre en grand et bon teint;* l'autre, *teindre en petit ou faux teint*. Les couleurs qui n'éprouvoient pas ou presque pas de changement, lorsqu'on les exposoit au soleil et à la rosée de la nuit pendant douze jours en été et dix-sept jours en hiver, étoient réputées de bon teint; tandis que celles qui, soumises à la même épreuve, se détruisoient ou changeoient beaucoup de nuance, étoient réputées de faux teint. Mais, ces épreuves étant trop longues pour être praticables dans toutes les circonstances où il falloit prononcer sur la nature d'une couleur, on avoit imaginé d'arriver au même but en tenant les étoffes plongées pendant un temps déterminé dans un bain d'eau bouillante, où l'on avoit mis une proportion convenue d'*alun* ou de *tartre rouge* ou de *savon blanc*, selon la couleur que l'on vouloit éprouver. Les couleurs de bon teint devoient résister à l'action du bain, tandis que les autres y éprouvoient des altérations plus ou moins grandes. C'étoit à ces épreuves que l'on donnoit le nom de *débouilli* ou *débout :* aujourd'hui elles ne sont presque plus d'usage. (Cʜ.)

DÉBRULER. (*Chim.*) Fourcroy avoit créé ce mot, qui n'a point été adopté, pour exprimer qu'un corps qui s'étoit oxigéné, perdoit son oxigène. Ainsi il disoit que *la lumière débrûloit les corps*, parce qu'en effet plusieurs corps oxigénés, exposés à la lumière, laissent dégager leur oxigène. (Cʜ.)

DÉCACANTHE. (*Ichthyolog.*) Le nom de décacanthe, c'est-à-dire dix aiguillons, de δεκα, dix, et ακανθια, *épine*, a été donné à plusieurs poissons, entre autres à un Lᴜᴛᴊᴀɴ, et à un Bᴏᴅɪᴀɴ. Voyez ces mots. (H. C.)

DÉCACTIS. (*Foss.*) C'est le nom qui a été donné aux étoiles ou astéries à dix rayons, qu'on trouve fossiles dans les schistes de Solenhofen, et dont on voit la figure dans l'ouvrage de Knorr sur les fossiles, p. 1, tab. 11, fig. 4. (D. F.)

DÉCADACTYLE, *Decadactylus* (*Ichthyol.*), nom spécifique d'un poisson du genre Pᴏʟʏɴèᴍᴇ. Voyez ce mot. (H. C.)

DÉCADIE ALUMINEUSE (*Bot.*) : *Decadia aluminosa*, Lour., *Flor. Cochin.* 1, pag. 385; *Arbor aluminosa*, Rumph, *Amboin.* 3, pag. 160, tab. 100; *Arbor* Bᴏʙᴜ dicta, Burm., *Zeyl.*, pag. 26; vulgairement Dᴇᴜɴɢ-sé. Arbre d'une médiocre grandeur, que l'on rencontre dans les grandes forêts à la Cochinchine, que Rumph avoit aussi découvert, mais plus rarement, dans l'île d'Amboine. Il forme un genre particulier établi par Loureiro, appartenant à l'*icosandrie monogynie* de Linnæus, et qui paroît se rapprocher du genre *Hopea*, offrant pour caractère essentiel : Un calice à trois folioles persistantes, dix pétales inégaux; des étamines nombreuses, insérées à la base des pétales; un ovaire supérieur, un stylé; un drupe renfermant une noix à trois loges.

Son tronc est revêtu d'une écorce caduque de couleur cendrée; ses rameaux sont étalés; le bois dur, d'un blanc pâle; les feuilles alternes, pétiolées, glabres, lancéolées, d'un vert gai, dentées en scie, longues d'environ six pouces sur deux de large, aiguës à leur sommet, un peu rétrécies à leur base. Les fleurs sont blanches, petites, disposées en grappes courtes, les unes axillaires, d'autres terminales. Leur calice est composé de trois folioles pileuses, inégales, arrondies, étalées, persistantes; la corolle composée de dix pétales plus longs que le calice, droits, ovales, un peu dentés en scie, les extérieurs plus grands; environ trente étamines de la longueur de la corolle, insérées à sa base; les anthères à deux lobes; l'ovaire supérieur arrondi; le style filiforme, de la longueur des étamines; le stigmate un peu épais. Le fruit consiste en un drupe ovale, fort petit, ridé extérieurement, renfermant une noix ovale à trois loges. Les indigènes de la Cochinchine emploient, au lieu d'alun, l'écorce et les feuilles de cet arbre pour la teinture en rouge. (Poir.)

DÉCAGONE. (*Ichthyol.*) M. Schneider, tab. 27, a représenté, sous le nom d'*agonus decagonus*, un poisson des Indes orientales, qui appartient au genre Aspidophore de M. de Lacépède. Voyez ce mot. (H. C.)

DÉCAGYNIE, *Decagynia.* (*Bot.*) Dans le Système de Linnæus les treize premières classes sont fondées sur le nombre des organes mâles, et les ordres sont établis sur le nombre des organes femelles. *Decagynie*, formé de deux mots grecs qui signifient dix femmes, est le nom employé pour désigner, dans ces classes, les plantes qui ont dix organes féminins ou pistils. On compte les pistils par le nombre des styles, et quelquefois par le nombre des stigmates. On a un exemple d'une plante de l'ordre *décagynie* dans le *phytolacea decandra*. (Mass.)

DÉCANDRIE [Fleur], (*Bot.*), ayant dix étamines. Il y a beaucoup de fleurs à dix étamines (kalmia, œillet, bois de Judée, et d'autres légumineuses). Après dix, le nombre des étamines n'a plus rien de fixe. On ne connoît pas de fleurs à onze étamines.

DÉCANDRIE, *Decandria* : nom formé de deux mots grecs, δεκα, dix, et ανερ, mari. Il est employé par Linnæus, dans son Système sexuel, pour désigner la classe qui réunit les plantes à dix *maris* (étamines). Dans quelques classes de ce Système, qui ne sont pas fondées sur le nombre des étamines, le mot *décandrie* est employé pour désigner un ordre dans ces classes. Voyez MÉTHODE. (MASS.)

DÉCANTATION. (*Chim.*) Cette opération a pour objet de séparer une liqueur d'une matière solide qui s'en est déposée par une cause quelconque : elle consiste à verser la liqueur de dessus le dépôt, en inclinant le vase où elle est contenue. Les vases les plus propres à la décantation sont ceux de forme conique ou cylindrique. Cette opération ne se pratique jamais lorsqu'on veut séparer, sans perte, un liquide d'avec une matière solide; dans ce cas on sépare le liquide avec une pipette ou avec un siphon. (CH.)

DÉCAPER. (*Chim.*) C'est rendre la surface d'un métal brillante, en enlevant, au moyen d'un dissolvant, ordinairement de nature acide, la couche d'oxide qui s'y est formée. Pour décaper le fer, on se sert d'eau tenant un centième ou un deux-centième d'acide sulfurique, ou bien encore d'une eau dans laquelle on a fait aigrir une matière amilacée. Pour décaper le cuivre destiné à l'étamage, on fait usage d'hydrochlorate d'ammoniaque; mais, dans les autres cas, on se sert d'acide sulfurique très-étendu d'eau ou de vinaigre. (CH.)

DÉCAPODES. (*Crust.*) Ce nom, tiré de deux mots grecs qui signifient dix pieds, a été donné par M. Latreille à l'un des ordres des crustacés, qui comprend, parmi les astacoïdes, ceux qui ont la tête unie au corselet, tels que les familles des espèces à longue queue ou macroures, et les espèces à queue courte, comme les carcinoïdes et les oxyrhinques. Voyez CRUSTACÉS (C. D.) et MALACOSTRACÉS (W. E. L.).

DÉCAPTÉRYGIENS, *Decapterygii*. (*Ichthyol.*) M. Schneider a donné ce nom à la seconde des classes qu'il a établies parmi les poissons. Elle renferme ceux qui sont pourvus de dix nageoires, comme leur nom, tiré du grec (δεκα, dix, et πτερὸν, nageoire), l'indique suffisamment. Elle est partagée en trois ordres : les jugulaires, les thorachiques et les abdominaux. Voyez ICHTHYOLOGIE. (H. C.)

DECASPERMUM; Forst., *Gen.*, tab. 37. (*Bot.*) Genre établi par Forster, que Linnæus fils avoit réuni aux goyaviers, sous le nom de *psidium decaspermum*. Il a en effet de très-grands rapports avec ce genre, dont il est cependant distingué par son fruit partagé en dix loges avec autant de semences. Gærtner en a fait un genre particulier, qu'il a nommé *nélitris*, et auquel il attribue une baie à une seule loge. Voyez Né-litre. (Poir.)

DECASPORA. (*Bot.*) Genre de plantes dicotylédones, à fleurs complètes, monopétalées, régulières, de la famille des *épacrides*, de la *pentandrie monogynie* de Linnæus, qui comprend des arbrisseaux originaires de la Nouvelle-Hollande, à feuilles simples, alternes; les fleurs disposées en petites grappes axillaires ou terminales. Ce genre a été établi par M. Rob. Brown; il offre pour caractère essentiel : Un calice à cinq folioles, accompagné extérieurement de deux bractées; une corolle campanulée; le limbe un peu barbu; cinq étamines saillantes; un style; un stigmate simple; l'ovaire supérieur environné d'un urcéole à sa base : le fruit consiste dans une baie à dix loges, autant de semences. On distingue les espèces suivantes :

Decaspora distiqué : *Decaspora disticha*, Rob. Brown, *Nov. Holl.*, pag. 548 ; *Cyathodes disticha*, Labill., *Nov. Holl.* 1, pag. 58, tab. 82. Cet arbrisseau, découvert par M. de la Billardière dans la Nouvelle-Hollande, ne diffère du genre *Cyathodes*, d'où M. Brown l'a fait sortir, que par son fruit à dix loges au lieu de huit. Ses tiges sont droites, cylindriques, rameuses, hautes de cinq à six pieds; les rameaux grêles, alternes, étalés; les feuilles alternes, médiocrement pétiolées, disposées sur deux rangs opposés, glabres, ovales, oblongues, aiguës à leur sommet, entières à leurs bords, à trois nervures longitudinales. Les fleurs sont disposées en petites grappes axillaires et terminales très-courtes; chaque fleur accompagnée d'une bractée scarieuse, ovale, un peu aiguë, légèrement striée, et de deux petites écailles opposées, persistantes, semblables à celles qui garnissent la base extérieure du calice. La corolle est tubulée, presque campanulée, barbue à l'orifice du tube, divisée à son limbe en cinq découpures courtes, linéaires, rabattues en dehors; les filamens des étamines saillans, connivens avec le tube ; l'ovaire supérieur en forme de poire renversée, environné d'un urcéole, muni de cinq dents à ses bords ; le style court ; le stigmate obtus, mamelonné. Le fruit est une baie presque orbiculaire, renfermant dix petits osselets réniformes, comprimés, à une seule loge, sans valves, contenant chacun une semence de même forme.

Decaspora a feuilles de thym ; *Decaspora thymifolia*, Brown, *Nov. Holl.*, 1, page 538. Cet arbrisseau croît sur les côtes de la Nouvelle-Hollande : ses tiges se divisent en rameaux alternes, pubescens, garnis de feuilles alternes, pétiolées, ovales, entières, un peu aiguës, à peine quatre fois plus longues que leur pétiole, marquées en-dessous de trois nervures peu sensibles. (Poir.)

DÉCEMFIDE (*Bot.*), fendu, jusqu'à la moitié au moins, en dix parties. Le calice de la potentile, celui du fraisier, etc., sont dans ce cas. (Mass.)

DÉCEMLOCULAIRE, à dix loges. (*Bot.*) Le fruit du *cucurbita pepo*, par exemple, est à dix loges : mais, pour trouver ce caractère, il faut observer l'ovaire quand il commence à se développer ; plus tard, les cloisons se détruisent. (Mass.)

DÉCIDU, *deciduus*, passager. (*Bot.*) Ce terme exprime une durée relative. Les feuilles sont dites caduques ou fugaces, lorsque, comme dans le *cactus opuntia*, elles tombent peu après leur apparition ; elles sont *décidues*, lorsqu'elles ne tombent qu'en automne ; on les dit persistantes, lorsque, comme dans le lierre, les pins, etc., elles se maintiennent plus d'une année. Un calice est caduc, lorsqu'il tombe dès que la fleur commence à s'ouvrir (pavot) ; il est *décidu*, lorsqu'il ne tombe qu'après la fécondation, en même temps que la corolle (chou) ; il est persistant, lorsqu'il subsiste après la chute de la corolle, et accompagne le fruit (lavande). La corolle est caduque, lorsqu'elle tombe au moment de l'entier évanouissement de la fleur (*papaver argemone*) ; elle est *décidue*, lorsqu'elle ne tombe qu'après la fécondation, ce qui est le cas le plus commun ; elle est persistante, lorsqu'après la fécondation elle se dessèche sans tomber (bruyère, campanule). (Mass.)

DECKA CELB. (*Bot.*) Suivant Dalechamps, *Sælk*, ou *Sælg*

suivant Forskaël, et *Selq* suivant M. Delile, sont les noms donnés par les Arabes à la poirée, *beta vulgaris*. (J.)

DÉCLINÉ, *declinatus*. (*Bot.*) Le style est décliné, les étamines sont déclinées, lorsque, dans une fleur irrégulière, ils se portent vers la partie inférieure de la fleur. L'*hemerocallis flava*, l'*amaryllis formosissima*, le marronier d'Inde, la flaxinelle, en offrent des exemples. (Mass.)

DÉCOCTION (*Chim.*), opération par laquelle on soumet une matière organique à l'action d'un liquide bouillant, qui la dissout en tout ou en partie. On donne aussi le nom de décoction au liquide qui a bouilli. (Ch.)

DECOCTO. (*Ornith.*) Belon, p. 132, dit que le coucou se nomme ainsi en grec moderne. (Ch. D.)

DÉCOCTUM. (*Chim.*) Quelques chimistes ont appliqué ce mot au liquide qui a bouilli avec une matière organique. (Ch.)

DECODON (*Bot.*), nom générique que Gmelin, dans le *Systema nat.*, avoit appliqué à une plante que Walther avoit nommée *anonymos aquaticus* (*Flor. Carol.*, p. 137), qui est le *lytrum verticillatum* de Willdenow et de Pursh, *Amer.* 1, p. 334. Voyez Salicaire. (Poir.)

DÉCOLORÉE. (*Entom.*) Geoffroy nomme ainsi une petite phalène blanche, lavée d'une teinte fauve très-légère, qui est figurée par Réaumur, tom. 1, pl. 36, fig. 11 et 12. (C. D.)

DÉCOLORÉE. (*Erpétol.*) Quelques naturalistes modernes ont donné ce nom à la *coluber exoletus* de Linnæus, espèce, peu connue, des contrées les plus chaudes de l'Amérique septentrionale, et qui n'est peut-être qu'une variété de la couleuvre verte d'été, ainsi que l'a soupçonné Daudin. Voyez Couleuvre. (H. C.)

DÉCOMBANT, *decumbens*. (*Bot.*) On dit d'une tige qu'elle est décombante, lorsqu'elle s'élève d'abord un peu à sa naissance, et qu'elle tombe ensuite sur la terre par débilité (*asparagus decumbens, arctotis decumbens, polygala vulgaris, anthyllis vulneraria*). (Mass.)

DÉCOMBUSTION. (*Chim.*) Fourcroy a proposé d'employer ce mot comme synonyme de désoxigénation. (Ch.)

DÉCOMPOSÉ, *decompositus*. (*Bot.*) Une tige est dite décomposée, lorsqu'elle se divise et subdivise en une multitude de ramifications dès sa base, en sorte qu'elle s'évanouit pour ainsi dire (*ulex europæus*, *gypsophila paniculata*). Une feuille est décomposée, lorsque le pétiole commun se divise en pétioles secondaires, et que ces derniers portent les folioles (sensitive, *gleditsia*). (Mass.)

DÉCOMPOSITION. (*Chim.*) C'est la séparation de corps qui sont combinés. (Ch.)

DECOSTEA GRIMPANT (*Bot.*); *Decostea scandens*, Ruiz et Pav., *Syst. veg.*, *Fl. Per.*, page 259. Arbrisseau originaire du Chili, jusqu'à présent peu connu, et pour lequel les auteurs de la Flore du Pérou ont établi un genre particulier, qui appartient à la *dioécie pentandrie* de Linnæus, caractérisé par des fleurs dioïques. Les fleurs mâles sont composées d'un calice d'une seule pièce à cinq dents; une corolle à cinq pétales; cinq étamines. Les fleurs femelles naissent sur des individus séparés : elles offrent un calice, comme dans les mâles; point de corolle; trois styles. Le fruit est un drupe monosperme, couronné par le calice et les styles. (Poir.)

DÉCOUPURE [la]. (*Entom.*) Geoffroy nomme ainsi, dans son Histoire des insectes des environs de Paris, tom. 2, pag. 121, la *noctua libatrix*. Voyez NOCTUELLE. (C. D.)

DÉCOUVERTS [Fruits]. (*Bot.*) Il y a des fruits qui ne sont masqués par aucun organe étranger, et ne contractent aucune soudure qui les rende méconnoissables (renonculacées, ombellifères, malvacées, cerisier); il en est, au contraire, qui sont masqués par des organes essentiels ou accessoires de la fleur qui subsistent après la maturité, et semblent faire partie du fruit lui-même, ce qui ne permet pas de les reconnoître au premier coup d'œil (châtaignier, conifères, coudrier, ananas). M. Mirbel range les premiers dans les fruits découverts ou gymnocarpiens, et les seconds dans les fruits couverts ou angiocarpiens. Voyez FRUIT. (Mass.)

DÉCRÉPITATION. (*Chim.*) Phénomène qu'on observe lorsqu'une substance, étant chauffée, se réduit en petits fragmens, qui sont projetés au loin avec un petit bruit. C'est ce qui arrive au sel marin que l'on jette sur les charbons ardens. (Ch.)

DÉCRESCENTÉ-PENNÉE [Feuille], (*Bot.*); *Folium pinnatum foliis decrescentibus*. Feuille pennée, dont les folioles diminuent insensiblement de grandeur, de la base de la feuille au sommet. Le *vicia sepium* en offre un exemple. (Mass.)

DÉCREUSAGE ou DÉCRUAGE. (*Chim.*) Opération que l'on fait subir aux étoffes de chanvre, de lin, de coton et de soie, afin de les priver des matières étrangères qui sont à leur surface, et qui nuiroient à leur blancheur ou à l'éclat des couleurs que le teinturier se propose d'y fixer. On décreuse les étoffes de chanvre, de lin et de coton, en les faisant bouillir premièrement dans l'eau pure, secondement dans l'eau contenant de la soude caustique. On décreuse les étoffes de soie en les faisant bouillir dans de l'eau de savon. Voyez Soie. (Ch.)

DÉCUMAIRE, *Decumaria.* (*Bot.*) Genre de plantes dicotylédones, à fleurs complètes, polypétalées, régulières, de la famille des *myrtacées*, de l'*icosandrie monogynie* de Linnæus, offrant pour caractère essentiel : Un calice supérieur, divisé en huit ou douze dents ; une corolle composée d'autant de pétales égaux ; les étamines en nombre double ou triple ; un ovaire inférieur ; un style court ; un stigmate épais, ayant environ dix lobes. Le fruit consiste dans une petite capsule à huit ou dix loges, s'ouvrant transversalement, à son sommet, par un opercule surmonté par le style et le stigmate persistans ; une semence dans chaque loge. On ne connoît encore que l'espèce suivante :

Décumaire sarmenteuse : *Decumaria barbara*, Linn. ; *Decumaria forsythia*, Mich., *Amer.*, 1, pag. 282 ; *Forsythia scandens*, Walth., *Carol.* ; *Decumaria sarmentosa*, Bosc, *Act. soc. nat. Paris.*, tab. 13. Arbrisseau de la Caroline, à tiges grimpantes, sarmenteuses, glabres, cylindriques, presque articulées par des nœuds renflés, d'où sortent de petites racines fibreuses. Les feuilles sont opposées, pétiolées, ovales ou un peu arrondies, longues de deux ou trois pouces, glabres à leurs deux faces, un peu luisantes et plus pâles en-dessous, trèslégèrement pubescentes sur les pétioles et les principales nervures, obscurément crénelées vers leur sommet ; les bourgeons et les jeunes pousses pubescens. Les fleurs sont blanchâtres, odorantes, disposées en petits corymbes nus, opposés, formant, par leur ensemble, une panicule droite, terminale. Le calice est petit, turbiné, strié, comme tronqué à ses bords, muni de petites dents aiguës, réfléchies; les pétales oblongs, égaux, étalés, très-caducs; les étamines plus longues que la corolle, insérées sur le calice ; les anthères à deux lobes. Le fruit est une petite capsule très-élégante, en forme de cassolette, à stries saillantes, égales, s'ouvrant à son sommet transversalement par un opercule à peine convexe, surmonté par le style et le stigmate en bouton; les bords de la capsule entourés d'un petit bourrelet saillant et formé par les dents réfléchies du calice. Cette capsule se divise en huit ou dix loges et plus, renfermant chacune une semence. Cette plante croît dans les forêts, aux lieux humides et ombragés, dans la Caroline.

Waltherius, dans sa Flore de la Caroline, avoit donné à ce genre le nom de *forsythia*, le regardant comme nouveau. Ce nom, devenu libre, a été depuis employé par Vahl, *Enum. pl.*, pour un autre genre. Voyez Forsythia. (Poir.)

DÉCURRENT, *décurrens*. (*Bot.*) Une feuille est décurrente, lorsque ses bords se prolongent inférieurement sur la tige, qui alors est dite ailée (bouillon blanc, *carduus lanceolatus*). Lorsque la nervure seule d'une feuille se prolonge ainsi, cette nervure est dite *décursive*. On nomme aussi style *décursif*, un style dont la base descend en rampant sur un des côtés de l'ovaire (*rivinia*). (Mass.)

DÉCURSIVÉ-PENNÉE [Feuille], (*Bot.*), *Folium decursive pinnatum*. Feuille pennée, dont les folioles sont décurrentes, c'est-à-dire, se prolongent par la base sur le pétiole qui les porte (*melianthus*). (Mass.)

DÉDALÉE. (*Bot.*) Voyez Dædalea. (Lem.)

DEDEK. (*Ornith.*) Suivant Gesner et Aldrovande, on nomme ainsi, en Illyrie, la huppe, *upupa epops*, Linn. (Ch. D.)

DEE-WED-GAND (*Ornith.*), oiseau de la Nouvelle-Galles du Sud, qui a été placé par Latham dans le genre Guépier, sous le nom de *merops ornatus*, et dont M Vieillot a fait un *polochion*, genre correspondant aux philédons de M. Cuvier. (Ch. D.)

DEERINGIA (*Bot.*); Rob. Brown, *Nov. Holl.*, 1, pag. 413 : *Celosia baccata*, Retz., *Obs. bot.*, 5, pag. 23. Cette plante, placée d'abord parmi les *celosia* par Retzius et Willdenow, en a été retirée par M. Brown, qui la considère comme devant former un genre particulier, qu'il a nommé *deeringia*, qui offre à la vérité tous les caractères des *celosia* dans les différentes parties de ses fleurs, mais qui s'en distingue essentiellement·par ses fruits qui consistent en une baie renflée, contenant environ trois semences ; tandis que les *celosia* (passe-velours) ont pour fruit une capsule uniloculaire, polysperme, s'ouvrant transversalement.

Ses tiges sont droites, garnies de feuilles alternes, pétiolées, entières, en cœur, acuminées à leur sommet. Les fleurs sont disposées en grappes lâches, axillaires, alongées ; elles sont petites et médiocrement pédicellées ; le calice à cinq découpures profondes, ovales, peu concaves, accompagné de deux petites folioles en forme de bractées, que quelques-uns ont pris pour le calice ; point de corolle. Les filamens des étamines sont dilatés à leur base, et environnent l'ovaire dans sa totalité. Celui-ci est surmonté de trois stigmates simples; il se convertit en une baie noirâtre. Cette plante croît dans les Indes orientales et à la Nouvelle-Hollande. (Poir.)

DÉFENSE [Moyens de]. (*Entom.*) Les insectes emploient un grand nombre de moyens pour conserver leur existence. La connoissance des ruses qu'ils mettent en usage pour se soustraire aux dangers qui les menacent, est une des parties les plus intéressantes de l'étude de l'entomologie. La nature, toujours prévoyante et habile conservatrice de ses œuvres, n'ayant pas accordé aux insectes la force nécessaire pour résister à la rapacité de leurs nombreux ennemis, elle y a suppléé par une variété de moyens qui attestent, là comme partout, la fécondité de ses ressources.

La célérité dans la fuite, l'astuce qui produit une illusion trompeuse ou une aversion momentanée, garantissent le plus souvent ceux de ces animaux que les circonstances obligées de leurs mœurs mettent dans l'impossibilité de la défense. C'est ainsi qu'en établissant un ordre de dépendance nécessaire entre le plus fort et le plus foible ou le moins adroit, le juste rapport dans la propagation de tout ce qui est doué de la vie est assuré de la manière la plus admirable.

Nous ne pouvons mieux faire connoître ces moyens de

défense que mettent en usage les insectes, qu'en parcourant dans chacune des classes les genres et les espèces qui nous offrent à cet égard des particularités remarquables. Nous les extrairons d'un Mémoire que nous avons publié sur ce sujet dans le premier volume du Magasin encyclopédique, en 1797 (an V.)

Le premier genre que nous observerons sera celui des *opatres*, que Geoffroy nommoit *ténébrions.* Les deux espèces qu'on appelle *gris* et *sablonneux*, se trouvent dans les lieux arides, couverts de sable terreux, d'argile ou de poussière ; elles sont garanties par des élytres dures, qui, en se repliant sous l'abdomen, l'embrassent et le défendent. Leur corselet est échancré en devant pour recevoir la tête ; il est en outre rebordé sur les côtés, ce qui lui donne une plus grande solidité. Cette conformation, cette sorte de bouclier, de cuirasse protectrice, paroîtroit devoir suffire à l'insecte comme moyen de défense. Cependant il y joint la ruse, et rien ne pourroit alors le déceler que ses mouvemens, qu'il sait suspendre et arrêter brusquement au moindre danger. Voici l'astuce dont il fait usage : il jouit de la faculté de faire adhérer sur ses élytres les particules les plus déliées du sol qu'il habite ; couverte ainsi de poussière, dont la teinte varie suivant les localités, la masse de son corps se confond et se perd par l'uniformité de la coloration. C'est une sorte de déguisement sous lequel il vit en sûreté.

Parmi le grand nombre d'espèces de la famille des insectes à élytres qui se nourrissent de proie vivante et que l'on a nommées créophages, nous indiquerons deux espèces de brachyns, le *crépitant* et le *pétard*. Ils habitent ordinairement les endroits humides, vivent sous les pierres et sont très-communs, se réunissant en grand nombre en une sorte de famille. Leur nom spécifique provient du son qu'ils font entendre par une propriété que nous allons indiquer.

Quand l'insecte est saisi, ou lorsqu'il se croit en danger de l'être, il fait entendre un petit bruit, et l'on voit sortir, au même instant, de dessous ses élytres, une vapeur blanchâtre d'une odeur acide. Souvent cet effet, produit par un seul individu de la famille pénétré d'une crainte salutaire, détermine tous les insectes de la même tribu à en faire autant ;

alors toutes les crevasses de la terre qui les recèle fument, et représentent autant de petits volcans.

Quelques essais tentés sur la nature de cet acide nous ont fait connoître qu'il n'existoit dans le corps de l'insecte que dans un état liquide. (Voyez l'article BRACHYNS, tom. 5 de ce Dictionnaire, pag. 298.) Quel est donc ce singulier acide ? Quoique très-caustique, il est contenu dans des parties animales vivantes, et il ne les détruit pas. Y est-il sous un état particulier de combinaison ? ne devient-il acide que par le contact d'un gaz qui se combineroit avec l'oxygène de l'air ? Voilà des questions à soumettre aux expériences des physiciens et des chimistes.

Sous le point de vue de leur conservation, la plupart des coléoptères aquatiques, comme les *dytisques*, les *hydrophiles*, les *tourniquets*, ont été singulièrement favorisés par la nature, puisqu'ils sont doués tout à la fois des mouvemens propres à la plupart des quadrupèdes, des oiseaux et des poissons. Ces facultés sont de véritables moyens de défense, puisque tous leur servent, au moins successivement, à fuir les ennemis qui les poursuivent sur la terre, dans l'air ou sous l'eau. Ils évitent la poursuite des animaux terrestres, en se confiant à l'air, à l'aide de leurs ailes, qu'ils déploient dans l'atmosphère ; ils se dérobent à la voracité des volatiles, en s'enfonçant dans l'eau par la disposition de leurs pattes postérieures, dont la forme et les mouvemens sont ceux des meilleures rames ; enfin ils échappent aux habitans des eaux, en se retirant sur la terre.

Mais ce n'étoit pas assez que la conservation de l'insecte fût assurée sous l'état parfait. La larve nue, n'ayant pour défenses que ses mandibules, est obligée d'user d'artifices pour se soustraire à la voracité de ses ennemis nombreux.

Aussitôt qu'elle se sent saisie par quelque oiseau aquatique ou par quelque poisson, son corps, dont les anneaux étoient distincts et rapprochés par les muscles, devient flasque et mollasse ; il s'alonge : sa peau, âpre, coriace et couverte de boue, s'abandonne aux inflexions diverses, cède aux tiraillemens, résiste imperturbablement aux piqûres, aux déchirures légères, sans manifester le moindre signe de vie, et ressemble à celle d'un cadavre dans un état de demi-putréfaction, probablement dans le but de dégoûter la convoitise des animaux qui ne dévorent que des proies vivantes.

Les *malachies* ou *cicindèles à cocardes* sont, ainsi que leurs noms l'indique, de petits coléoptères, dont toutes les parties sont très-molles. Ils fourniroient, par cela même, une nourriture fort délicate aux hirondelles et à tous les animaux entomophages ; cependant les oiseaux ne les recherchent pas, parce que, aussitôt que l'insecte est saisi, il produit au dehors, sur les côtés du corselet et du bas-ventre, des appendices gonflés, des tentacules en forme de croissant, le plus ordinairement colorés, enduits d'une matière âcre et amère, d'une humeur odorante qui doit bientôt faire perdre au ravisseur tout appétit pour une friandise aussi trompeuse.

Les *ptines*, que Geoffroy a nommés *bruches*, se nourrissent pour la plupart des dépouilles des animaux dont les corps ont été desséchés, et n'ont pu, par cela même, être soumis à la décomposition putride. Elles dévastent toutes les collections de zoologie, et principalement celles qui contiennent des insectes. Les larves se tiennent soigneusement renfermées et cachées sous les anneaux du corps des insectes, dont elles ménagent l'extérieur. Le ptine parfait que ces larves produisent, se rencontre souvent en hiver, saison dans laquelle il travaille à sa reproduction. C'est pendant la nuit qu'il cherche les débris d'animaux dans lesquels il doit déposer ses œufs. Les antennes et les pattes de l'insecte parfait sont très-alongées, de sorte que, lorsqu'il marche, il occupe un espace près de trois fois aussi étendu que son tronc. S'il se croit aperçu, aussitôt, par un acte de paralysie volontaire, il quitte le plan sur lequel il marchoit. Il se pelotonne ; il tombe, les antennes et les pattes ressèrrées contre le corps, et il ne produit plus aucun mouvement. C'est en vain que vous cherchez l'insecte que vous aviez vu courir avec agilité ; vous ne retrouvez plus qu'une masse sphéroïde, alongée, ressemblant à toute autre chose qu'à un être vivant. Quelques espèces de ce genre se laisseroient plutôt mettre en pièces que de donner signe de vie. Telle est, entre autres, celle que l'on appelle, pour cette raison, *obstinée* (*ptinus pertinax*), sur laquelle on a fait la cruelle expérience de brûler quelques parties de son corps traversé par une épingle, sans qu'elle manifestât le moindre mouvement.

Préposé au maintien de la salubrité et d'une partie de la police générale de la nature, le genre des *boucliers* (*peltissilpha*) est destiné à faire disparoître les tristes restes des animaux privés de la vie, et à opérer un versement plus prompt de leurs élémens dans la masse où tous vont puiser. Remplissant des fonctions aussi utiles, la conservation de ces espèces devoit être favorisée d'une manière spéciale, et c'est ce qui a lieu. L'insecte peut, au besoin, rendre, par les deux extrémités du tube intestinal, une humeur d'une odeur extrêmement fétide, qui éloigne au même moment, par la répugnance qu'elle provoque, tout être qui voudroit attenter à l'existence de ces agens subalternes de la grande économie de la nature.

Qui n'a connu, dès l'enfance, ces jolis insectes que l'on désigne sous le nom de *vaches* ou de *bêtes à Dieu*, dont le véritable nom est coccinelle? La forme hémisphérique de leur corps, le poli de leur surface, le peu de saillie que font ces petits coléoptères sur le plan qui les supporte, paroîtroient, au premier aspect, des moyens suffisans pour les soustraire à la pointe du bec des oiseaux, qui doit avoir sur eux très-peu de prise. Cependant la nature, fidèle conservatrice de ses productions, ajoutant encore à ces précautions salutaires, les a organisés de manière qu'au moment même où la coccinelle se sent saisie, elle laisse échapper, des parties latérales de son corselet, une liqueur fétide, de consistance huileuse et d'une saveur désagréable, qui donne à cette humeur quelque analogie avec celle qui lubréfie le canal auditif de plusieurs animaux, et particulièrement, quant à la couleur, avec le cérumen de l'oreille humaine. A l'aide du dégoût qu'elle a su inspirer, la proie est bientôt abandonnée; mais, comme elle n'a pu être saisie sans blessure, on rencontre souvent, mutilés, ces petits insectes échappés à la mort et traînant péniblement après eux leurs membres déchirés.

Les *cassides* ou *scarabées tortues* nous offrent des moyens de défense également intéressans à connoître sous les deux périodes de leur courte existence. Sous l'état parfait, le nom de casside leur a été donné à cause de la conformation du

corselet et des élytres, qui débordent et recouvrent par conséquent toutes les parties de l'insecte. Les membres sont
étendus parallèlement à la surface inférieure, et leur longueur
n'excède pas celle de l'espèce de test corné sous lequel la
casside vit à couvert et paisible, comme les tortues lorsqu'elles sont retirées dans leur carapace.

A cette configuration quelques cassides ajoutent une
particularité plus avantageuse encore. Dans quelques espèces,
les élytres, d'une couleur verte plus ou moins foncée, présentent une teinte analogue par la couleur à celle des tiges
ou des feuilles de la plante sur lesquelles ces insectes vivent,
de sorte que l'œil de leur ennemi, trompé par la ressemblance, croit voir, dans la saillie que forment leurs élytres
bombées, une sorte d'excroissance ou de production végétale.

C'est ainsi que, sous le rapport des formes, les êtres modi-
fiés de mille manières nous peignent la nature produisant
des illusions continuelles, se trompant elle-même et paroissant se faire un jeu de ses productions.

Quant à la larve de la casside, son seul aspect intéresse
et appelle l'observation. Sa forme est oblongue ; son abdomen, conique, aplati, est terminé par une queue souvent redressée, qui se divise en une sorte de fourche à son extrémité
et se couvre d'épines. C'est dans l'angle de la division que
s'ouvre l'extrémité du tube qui sert à la digestion, et qui est
opposé à la bouche. Le résidu des alimens qui en sortent,
se porte sur les fourches et s'y fixe continuellement, de
sorte que, pour l'ordinaire, ces matières dégoûtantes forment, par leur accumulation, une masse aussi considérable
que celle du corps de l'insecte.

Voyons maintenant de quelle utilité peut être une conformation aussi singulière. La queue, qui supporte les éjections,
est organisée de manière à se dresser et à rester, à la volonté
de l'animal, tantôt levée, tantôt couchée au-dessus du corps,
parallèlement à sa longueur, mais en supportant toujours le
fardeau dont elle est chargée. Dans l'état de parfaite tranquillité, ou lorsque la larve n'éprouve aucune inquiétude,
et qu'elle n'est occupée que de paître paisiblement, sa queue
redressée laisse le corps nu et à découvert ; mais, au moindre
danger, et par un mouvement brusque, la queue s'abat

13. 2

sur la larve, la masque, la recouvre complétement, et ce petit tas d'ordures n'offre plus qu'une apparence dégoûtante qui vient tout à coup occuper la place de l'insecte.

Beaucoup d'espèces du genre *Chrysomèle* méritent bien aussi de fixer ici notre attention ; car presque toutes celles qui sont privées d'ailes membraneuses, vomissent et laissent exsuder des diverses articulations de leurs membres, lorsqu'on les saisit, une humeur dont la couleur varie, mais qui, dans les espèces qu'on a nommées *ténébreuse*, *hémoptère*, *bordée*, etc., est d'une teinte rouge comme du sang. Cette humeur, qui teint fortement les doigts, est très-pénétrante et devient très-probablement un moyen de défense.

Examinons plus particulièrement la *chrysomèle du peuplier*. Celle-ci se nourrit des feuilles du tremble, du saule, du peuplier noir, sous les deux états de larve et d'insecte parfait. Ces larves vivent en société, ordinairement sur la page ou face supérieure des jeunes feuilles, dont elles n'attaquent que le parenchyme, craignant de détruire les nervures. Leur forme est oblongue; leur abdomen, conique, bombé, épais, nu, est cependant tuberculeux. Les saillies charnues qu'il présente, exsudent au moindre danger et supportent chacune une gouttelette de liqueur blanchâtre, vaporisable, manifestement acide et d'une odeur très-désagréable ; mais aussitôt que l'insecte croit le péril cessé, la liqueur utile et préservative est au même moment résorbée pour être employée de nouveau en semblable circonstance. C'est ainsi que, lorsqu'un oiseau approche de la branche sur les feuilles de laquelle ces petites familles d'insectes sont à paître tranquillement, ceux-ci, avertis sans doute par le mouvement ou par l'agitation de l'air, se couvrent subitement de la liqueur protectrice au moyen de laquelle leur ennemi dégoûté s'éloigne et paroît les fuir.

Dans un autre genre voisin, celui des *criocères*, se trouve l'espèce nommée *merdigère*, qui indique par cela même la particularité que nous voulons faire connoître. En général, les insectes qui forment ce groupe naturel des criocères, sont de petits coléoptères de forme alongée, très-propres, très-luisans, ornés de couleurs agréables, disposées souvent avec une symétrie admirable. Toutes les espèces s'attachent à une même sorte de plantes dans les deux états sous lesquels ils ont besoin de prendre de la nourriture. Celui dont nous parlons, se nourrit sur les diverses espèces de lis et de sceaux de Salomon. La couleur de ses élytres et de son corselet est d'un rouge très-vif et très-brillant, semblable à celle de la plus belle cire d'Espagne. Sous cet état, le criocére n'offre d'autres particularités que le petit son qu'il produit lorsqu'il fait frotter l'extrémité libre de son ventre dans la gaine que lui forment les élytres par leur réunion ; que la rapidité avec laquelle il sait se soustraire par la chute au moindre danger et pelotonner tous ses membres , en ne présentant alors sur la terre que la partie inférieure du corps, qui est noire et par conséquent beaucoup moins apparente.

Mais il est bien plus curieux de connoître et d'étudier, sous l'état de larve ou de chenille, ce criocére du lis. Dès le mois de Mai les tiges de cette belle plante de parterre offrent presque toutes à leur surface de petites masses de matière verte, mollasse, écumeuse, visqueuse et dégoûtante : ce sont les excrémens de la larve. Mais c'est en vain qu'on chercheroit cet insecte lui-même aux alentours : pour le découvrir, il faut savoir d'avance qu'il a l'artifice de fixer sur son corps tout ce qui peut en sortir, et ce n'est que lorsqu'il se sent dépouiller de cette ordure défensive qu'il vient à manifester quelques mouvemens ; auparavant il étoit et seroit resté tout-à-fait immobile.

Les *altises*, ainsi nommées par Geoffroy pour indiquer la prestesse de leur saut, sont de petits coléoptères ornés de riches couleurs, qui vivent le plus ordinairement en familles, et dont la plupart sont privés d'ailes. Leurs pattes postérieures, longues, toujours fléchies.à cuisses renflées, sont des espèces de ressorts continuellement bandés et prêts à lâcher leur détente ; aussi les altises échappent-elles à la poursuite des oiseaux par un saut aussi prompt que l'éclair, et disparoissent ainsi avant même que leurs ennemis se soient doutés de la route qu'elles ont choisie pour leur échapper. C'est ainsi que, privés de la marche rapide et souvent même de la faculté de voler, la nature a compensé cette privation en accordant à ces insectes un autre moyen plus certain, celui de se déplacer subitement, afin de se soustraire à une mort presque certaine.

La forme bizarre sous laquelle s'offre souvent la *trichie hémiptère* que Geoffroy a nommée le scarabée à tarrière; le mouvement, pour ainsi dire convulsif, par lequel cet insecte se transporte d'un endroit à l'autre; son attitude chancelante, suite de l'alongement excessif des pattes postérieures; le port vertical de celles-ci, qui, par cette étonnante direction, favorisent la marche que gêneroit toute autre position; le prolongement du ventre en une sorte de queue ou de stylet de corne, chez la femelle, exemple unique dans cette famille; enfin, la brièveté des élytres : tout, dans cet insecte, est digne de l'attention et des réflexions de l'observateur. Mais, ce qui l'intéresse davantage, c'est l'artifice, l'adresse, avec lesquelles l'insecte essaie d'échapper à la mort en la feignant lui-même. Aussitôt qu'il se sent enlevé, ses membres se roidissent, l'immobilité est complète. Le corps, abandonné à lui-même, obéit aux lois de la pesanteur; mais souvent, de quelque côté qu'il tombe, il pose à faux et se trouve supporté par les pattes, qui ne fléchissent plus. Désirant éclairer son observation, l'entomologiste, pour s'assurer de la mort de l'insecte, en fléchit les articulations : celles-ci cèdent, et conservent l'inflexion qu'on leur a donnée. Rien ne trahit la trichie astucieuse : ses dehors, desséchés, tendent encore à faire penser que l'animal, ainsi immobile, est un véritable cadavre. Quel oiseau, assez vorace, seroit tenté de prendre une nourriture aussi peu succulente !

Si l'aridité de la peau et la solidité des parties extérieures de la trichie la protègent contre le bec des oiseaux, il n'en est pas de même des *méloës*, vulgairement nommés les *proscarabées*. Ce sont des coléoptères dont les diverses parties extérieures, molles, renflées et succulentes, seroient le moins à l'abri. Les élytres, flexibles, ne recouvrent qu'une très-petite partie du ventre, dont les anneaux semblent distendus par l'obésité et la quantité des sucs qu'ils renferment. Les articulations des membres sont lâches, l'embonpoint est excessif, et les membres ont peine à soulever et à porter en avant la masse énorme que forme l'abdomen de ces insectes herbivores. Ces méloës tardigrades seroient continuellement exposés à la voracité de leurs ennemis, s'ils n'avoient la faculté de faire suinter, au besoin, de l'angle de leurs articulations une humeur limpide, jaunâtre et onctueuse, dont l'âcreté repousse et éloigne, au même instant, les oiseaux avertis par l'instinct du danger d'une semblable nourriture.

Enfin, pour terminer l'examen des moyens par lesquels les coléoptères peuvent se défendre ou se soustraire aux plus grands dangers, nous parlerons encore de ceux qu'emploient les *staphylins*. Ce genre d'insectes réunit un grand nombre d'espèces; qui semblent habiter de préférence les lieux humides. Leur forme est bizarre et tout-à-fait singulière. Leur ventre, extrêmement alongé, n'est recouvert par les élytres que dans le quart de sa longueur au plus. Lorsque l'insecte est surpris, il se recourbe, porte, en la relevant en-dessus, l'extrémité libre de son ventre, et il fuit dans cette attitude singulière. Cependant sa retraite est lente, courageuse, et paroît manifestement défensive et menaçante. Si l'on examine l'extrémité de l'abdomen, on y voit deux vésicules d'un blanc mat, et si l'on en approche les doigts, il s'y fixe une humeur laiteuse, dont la saveur est caustique et l'odeur toute particulière. Voyons le but de cette organisation.

Dans les cas indiqués·par l'instinct, le *staphylin* fait passer au dehors les deux tentacules qui se trouvent sur les parties latérales du cloaque. Il porte cette extrémité du côté de la tête; puis, la ramenant en arrière, il fait poser les petites vessies sur son corselet, sur les élytres et les premiers anneaux du ventre du côté du dos, et il donne ainsi un libre cours à une sorte d'acide que ces vésicules renferment ou sécrètent. Cet acide, exposé à l'air, se volatilise : il forme une athmosphère dont l'odeur répugne. D'une autre part, la queue, armée d'une humeur caustique, devient un puissant préservatif contre l'attaque des animaux qui voudroient en faire leur proie; aussi l'insecte, fort de cette faculté, paroît à peine craindre le danger, et il peut être regardé comme le plus intrépide de tous les coléoptères.

La conservation des êtres est le but auquel il semble que la nature se soit le plus efforcée d'atteindre ; partout, dans son étude, nous lui voyons manifester, à cet effet, la prévoyance la plus attentive. Tout est mis en jeu ; tantôt l'animal oppose la force à la force, tantôt il s'esquive par son adresse. Il inspire le dégoût, fait naitre l'illusion , et le plus souvent c'est à son instinct qu'il est redevable de sa conservation.

Il est des *sauterelles* qu'on appelle *locustes*, qui, au premier aspect, à cause de la forme et de la coloration de leurs élytres, représentent les feuilles d'arbres et de plantes étrangères à notre climat : telles sont la *laurifeuille*, la *citrifeuille*, l'*oléifeuille*. Ne seroit-ce pas parce que nous n'avons pas dans nos contrées des végétaux d'un vert et d'un poli analogue a ceux des feuilles que ces insectes représentent, ou avec lesquelles ils se confondent, que nous n'avons jamais occasion d'observer ces insectes dans nos pays? Mais on retrouve dans toute l'Europe l'espèce qui, pour ainsi dire, revêtue de l'uniforme végétal, porte des élytres d'un vert foncé qui se confond tout-à-fait avec la teinte des graminées et des orties, plantes parmi lesquelles on l'observe sous ses différens états.

Qui ne connoit la vélocité avec laquelle se soustrait au danger l'insecte que l'on nomme *lingère*, la *forbicine plate*, ou mieux la *lépisme du sucre;* cet insecte oblong, argenté, au corps écailleux, que l'on croit apporté en Europe avec le sucre, et qui s'est fixé maintenant dans nos habitations avec nos meubles, nos livres, nos vêtemens ? La disposition de ses pattes, raccourcies, comprimées, conniventes, accélère le mouvement de son corps avec tant d'avantage que l'insecte paroit glisser sur le plan qui le supporte, comme le poisson, auquel il ressemble, fend l'onde dans laquelle il se meut. Sous le rapport des moyens de conservation, nous n'indiquons ici que la rapidité de la fuite; mais une autre espèce voisine, la *forbicine cylindrique*, moins brillante, il est vrai, par ses couleurs, mérite, sous d'autres rapports, une attention toute particulière. On la rencontre sous les pierres, dans les lieux humides, avec les *podures*, auxquelles elle ressemble beaucoup par le port, les habitudes et la conformation. Celle-ci échappe à ses ennemis par un saut très-rapide, dont elle fait varier la direction à volonté: de quelque côté que se présente le danger, il est bientôt évité. Le saut est vertical, ou plus ou moins oblique, et l'insecte s'élance en avant ou en arrière. Le mécanisme qui détermine ces directions diverses, est aussi simple qu'admirable. Outre les six pattes articulées, attachées à la poitrine, et qui servent a sa marche, chaque segment de l'abdomen est garni en-dessous d'une fausse patte mobile, alongée, ou d'un seul article, qui est destinée uniquement au saut. Ces pattes surnuméraires, au nombre de huit de chaque côté, ont fait désigner cette espèce par le nom de *polypode*. Elles agissent toutes dans une même direction : ce sont autant de ressorts qui se tendent également et dans le même sens, qui se débandent simultanément et concourent à la même opération, celle par laquelle l'insecte échappe au danger, et disparoît bientôt par les directions variées, subites et rapides, de ses mouvemens saltatoires.

Les *phryganes* et les *perles* passent la plus grande partie de leur vie dans l'eau, sous les deux états de larve et de nymphe, et ne paroissent dans notre atmosphère que quand elles ont des ailes, qu'elles sont en état de propager leur race, et d'en déposer les rudimens dans des lieux convenables à leur développement. Peu de jours suffisent pour les voir s'accoupler, pondre et mourir : aussi, sous l'état parfait, ces insectes sont-ils dénués de moyens de défense. Mais, en étudiant la manière de vivre particulière à chaque espèce, on voit bien que sa larve use, par instinct, des artifices les plus propres à tromper l'œil de son ennemi.

L'une de ces espèces, par exemple, se développe parmi les roseaux des étangs : elle se file un fourreau d'une matière imperméable à l'eau; elle coupe des tranches des feuilles de plantes aquatiques ou des brins d'herbes tenues; elle les colle, suivant leur longueur, sur le cylindre creux dans lequel elle habite, et ressemble ainsi, par la forme et la couleur de son enveloppe, à une tige rompue de la plante dont elle se nourrit.

Une autre, qui se repaît des feuilles des naïades, et en particulier de celles des *lemnas* et des *callitriches*, fixe aussi, sur son étui, des fragmens de ces feuilles, qui ne cessent pas de croître, et communiquent le mouvement à ces petits végétaux : la larve de la phrygane paroît les douer d'une nouvelle vie, qui contraste singulièrement avec l'immobilité des eaux dans lesquelles elle séjourne pour l'ordinaire.

Quelques autres attaquent les prêles, les joncs, les graminées aquatiques; elles en contournent diversement des portions, et s'en font artistement des demeures dans lesquelles leur vie est parfaitement en sûreté.

Enfin, une autre espèce, non moins adroite et curieuse à observer, se rencontre dans les eaux vives et rapides : pour ne point être entraînée par le courant, elle colle à son fourreau les petites coquilles qu'elle rencontre, en dégorgeant sur elles une humeur visqueuse et tenace, lors même qu'elles renferment encore leurs habitans, qu'elle semble ainsi forcer à devenir ses satellites et ses protecteurs obligés.

Telles sont les ruses aux moyens desquelles ces larves, qu'on nomme vulgairement des *casets*, échappent à la voracité des poissons, qui en sont fort friands.

Les *hémérobes* ou les *lions des pucerons*, quand ils ont leurs ailes, ont le corps alongé, mou, lisse, rempli de sucs, et les ailes d'une ténuité, d'une délicatesse extrême, de sorte qu'aucune partie de leur corps ne peut les protéger. Ces insectes seroient inévitablement la proie des hirondelles et des autres oiseaux insectivores, si la nature ne les avoit doués d'une propriété singulière, au moyen de laquelle ils dégoûtent subitement l'animal qui voudroit en faire sa nourriture. Aussitôt qu'ils se sentent saisis, ils impriment au corps qui les touche, une odeur excessivement fétide, qui rappelle celle des matières les plus infectes. C'est à l'aide de cette faculté que cet insecte bienfaisant conserve une existence extrêmement utile dans l'économie de la nature, puisque, sous l'état de larve, il ne se nourrit que de pucerons, fléau de l'agriculture, qui vivent en familles et qui font souvent périr la plante hospitalière qui en a reçu les premiers germes. Cette singulière propriété qu'a l'insecte de développer à volonté et uniquement dans le moment du danger cette odeur fétide, est bien certainement un moyen de conservation, puisque, dans l'état de tranquillité parfaite et dans l'absence de tout danger, l'insecte est absolument inodore.

La *panorpe*, vulgairement la mouche-scorpion, est encore un insecte favorisé d'une manière bien singulière pour assurer sa conservation. C'est une hardiesse téméraire qui souvent la fait échapper à la mort. Dans cette espèce d'insecte névroptère, les mâles ont le ventre terminé par une sorte de queue alongée, articulée, très-mobile, garnie de deux crochets à son extrémité. Cette queue a quelque ressemblance avec celle du scorpion par la forme et la mobilité des pièces qui la forment. Aussitôt que l'insecte se sent arrêté ou surpris, il la meut en tous sens, la redresse, la courbe, la recourbe, l'agite à droite ou à gauche; il la darde avec une vélocité extrême et d'une manière vraiment menaçante. Mais cette arme n'est pas dangereuse; la crainte qu'elle fait naitre, n'est qu'une illusion. Peut-être cette queue, d'une forme si singulière, que l'insecte emploie pour sa défense, n'est-elle destinée qu'à propager l'espèce. Mais les panorpes, sortes d'éperviers parmi les insectes, ne sont encore que très-imparfaitement connus dans l'histoire de leur développement.

Les *demoiselles*, qu'on appelle aussi *libellules*, échappent aisément à la poursuite des oiseaux par la grande surface que présentent leurs ailes au fluide dans lequel elles se meuvent; aussi, dans l'air, elles semblent se jouer de la poursuite des oiseaux. Mais, sous l'état de larves, elles n'ont pas cette même vivacité dans les mouvemens; elles se traînent, au contraire, avec peine au fond des eaux dans lesquelles elles habitent, et bientôt elles seroient dévorées par les poissons, si, par un instinct singulier, elles n'employoient un artifice qui leur sert tout à la fois de moyen de se procurer plus facilement les petits animaux aquatiques dont elles se nourrissent, et à tromper en même temps les recherches de leurs ennemis. Ces larves appliquent sur leur ventre et sur-toutes les autres parties du corps, les particules les plus tenues de la vase et des débris de plantes décomposées par leur séjour dans l'eau : ainsi, à l'abri sous ce manteau trompeur, elles pourvoient en sûreté à leur nourriture. Quelquefois cependant, quittant le masque, elles osent paroître à nu; mais alors, par un mécanisme bien intéressant à reconnoître, elles se meuvent au travers des eaux avec une rapidité extrême. Pour cet effet, l'insecte dilate la terminaison de son canal digestif, qui forme un sac musculeux garni d'une valvule, et il entre-bâille l'orifice extérieur pour y faire parvenir l'eau, qu'il en chasse aussitôt par une contraction subite, de manière à profiter de l'impression de la résistance qu'il sait trouver dans le sens contre lequel il veut se diriger.

L'ordre des hyménoptères comprend des insectes qui, quoique foibles et luttant constamment à forces inégales avec leurs ennemis, sont organisés de manière à se défendre avec énergie et à remporter le plus souvent la victoire. La nature a renfermé dans leur ventre un irritant tout à la fois physique et chimique, à l'aide duquel ils maintiennent et conservent leur existence; des muscles propres à faire successivement rentrer et sortir une pointe acérée, creusée intérieurement par un canal qui sert de conduit à une liqueur venimeuse, sécrétée par un organe spécial. Les anneaux du ventre, dans ces insectes, sont généralement emboîtés les uns dans les autres, mais d'une manière lâche qui permet tous les mouvemens, surtout vers l'extrémité libre, qui se porte rapidement partout où le danger se manifeste, afin d'introduire, dans les parois de l'animal qui veut arrêter l'insecte, l'aiguillon dont il est armé. C'est à l'aide de la douleur excessive produite par cette piqûre, qu'échappent souvent à la mort les abeilles, les guêpes, les bembèces, les mutilles, les scolies et beaucoup d'autres insectes du même ordre. Mais les fourmis neutres ont une autre manière de faire lâcher prise aux animaux qui tentent de les dévorer. Aussitôt qu'elles se sentent saisies, elles mordent et fixent sur la partie qui les retient leurs mâchoires saillantes et cornées, et elles dégorgent, au même instant, dans la blessure une gouttelette d'un acide particulier, très-odorant et très-caustique, qui produit une douleur vive et momentanée, dont elles profitent pour s'échapper.

Parmi les lépidoptères, les chenilles des papillons sont en général privées de moyens de défense; presque toutes ont la peau nue. Elles semblent, il est vrai, être un peu préservées par la ressemblance qu'offre en général leur couleur avec la plante sur laquelle on les rencontre. Quelques-unes ont l'instinct de se précipiter au moindre danger, de rester dans l'immobilité la plus absolue tant que dure leur crainte; de dégorger leurs alimens ou leur salive pour dégoûter leurs ennemis; de se placer sous les feuilles, de les plier, de les contourner pour s'en faire, pendant le jour, un lieu de retraite, dont elles ne sortent que pour se repaître pendant la nuit : mais elles ont tant d'ennemis à combattre que souvent elles succombent.

Il en est cependant qui semblent plus spécialement favorisées. Tantôt elles sont armées de poils roides ou d'épines branchues : tantôt, comme celles du machaon, du flambé ou de l'apollon , elles ont la tête munie d'un tentacule protractile ; c'est un appendice charnu en forme d'Y , dont les branches se développent comme les cornes des limaçons, au moyen desquelles elles paroissent, à l'aide d'une liqueur odorante qui s'en exhale , repousser leurs ennemis et surtout les petits ichneumons qui cherchent à se placer sur leur corps pour y déposer leur progéniture.

La larve du *bombyce vinule* joint à la configuration bizarre de son corps une autre particularité, analogue à celle que nous venons de faire connoître ; mais ici les tentacules terminent l'abdomen et ils y forment une sorte de queue fourchue. Quand l'insecte est attaqué , ou quand il se croit en danger de l'être par le moindre contact , il s'agite et se meut d'une manière brusque et rapide : il rejette en même temps , par une ouverture placée au-dessus de la tête , une liqueur âcre et caustique, dont il couvre l'ennemi qui le saisit.

Les longs poils roides qui recouvrent le corps des chenilles processionnaires, de la fuligineuse, sont d'une ténuité telle qu'ils pénètrent par les pores dans la peau des animaux , qu'ils s'y cassent et y produisent des ampoules, des démangeaisons très-pénibles et par suite une sorte de véritable inflammation érysipélateuse.

La chrysalide du bombyce disparate ou zigzag s'attache par l'extrémité de son ventre, où se trouvent deux crochets, qui sont fortement adhérens à une sorte de tissu que la chenille a filé avant sa métamorphose. Aussitôt qu'on la touche, cette nymphe imprime à la totalité de son corps un mouvement de rotation très-rapide ; elle échappe par ce procédé aux piqûres des ichneumons. Mais, comme les fils sur lesquels elle adhère pourroient se rompre par l'effet de la torsion, l'insecte, après avoir fait un certain nombre de tours rapides dans un sens, revient tout-à-coup sur lui-même et roule son corps dans le sens opposé.

Les chenilles de la plupart des phalènes arpenteuses ou géomètres, qui, par la singulière disposition de leurs pattes, ne peuvent changer de lieu qu'en mesurant, pour ainsi dire, l'espace à pas comptés, ont presque toutes le corps ras et sont fort recherchées des oiseaux; mais la plupart restent immobiles pendant le jour, et leur couleur est analogue à celle des tiges et des branches d'arbres sur lesquelles elles se nourrissent. Au moindre danger elles se dressent sur les pattes de derrière; leur corps devient roide comme un bâton: c'est une sorte de tétanos volontaire, qui leur donne tout-à-fait l'apparence d'une branche rompue ou d'un rameau de plante qui se détacheroit de la tige à peu près sous le même angle que celles qui en partent naturellement, et leur immobilité se prolonge quelquefois pendant des heures entières, jusqu'à ce que le danger soit tout-à-fait dissipé.

On sait que les larves des teignes se font un véritable habit des vêtemens qu'elles dévorent ou des autres substances dont elles vivent. L'uniformité de la couleur, l'analogie de la matière les font alors confondre avec eux. L'instinct de la conservation se manifeste dans tous les êtres.

L'ordre des insectes hémiptères pourroit aussi nous fournir quelques moyens de défense mis en usage par ses espèces. Nous n'en citerons que deux fort remarquables dans deux genres différens.

Lorsque la *cercope écumeuse*, que Geoffroy a nommée la *cigale bédeaude*, n'a point encore ses ailes, elle ne jouit pas de cette faculté de s'élancer dans l'espace, et d'échapper aux dangers par cette vélocité de saut qu'on lui connoît; aussi sous l'état de larve ou de nymphe est-elle forcée de rester fixée sur la plante dont la séve lui sert de nourriture : mais alors, cet insecte, sans défense, extrêmement délicat et gorgé de sucs dans toutes ses parties, seroit bientôt découvert et deviendroit inévitablement la proie des animaux qui l'apercevroient, si la puissance protectrice de tout ce qui a vie, subvenant à sa foiblesse, ne lui avoit accordé, suggéré pour ainsi dire, un artifice bien propre à mettre son corps à l'abri jusqu'à ce qu'il ait acquis plus de consistance. Par l'acte même de la succion, au moyen de laquelle l'insecte pourvoit à sa nourriture en pompant la séve des végétaux, il laisse échapper une certaine quantité de la liqueur, qui s'unit avec l'air au moyen du mouvement imprimé : cet air, emprisonné, forme de petites vésicules; il en résulte une écume abondante, au-dessous et au centre de laquelle il se trouve caché et parfaitement à l'abri. Ce mode particulier de conservation n'est propre qu'aux espèces nombreuses de ce genre et de quelques autres qui en sont très-voisins.

Dans les *punaises - mouches* ou *réduves*, le stratagème qu'emploient les larves pour se soustraire à la vue de leurs ennemis, donné à ces insectes plus de facilité pour se procurer et atteindre les espèces dont ils doivent se nourrir. Voici le moyen singulier que l'instinct leur a suggéré : l'insecte fait adhérer sur les poils dont toute la surface de son corps est recouverte, de petites portions des substances au milieu desquelles on l'observe le plus ordinairement; c'est un véritable habit de masque qu'il emprunte. L'espèce connue sous le nom d'annelée, par exemple, habite le tronc carié de vieux chênes, et l'on a beaucoup de peine à distinguer les formes d'un insecte dans la masse de vermoulure jaunàtre dont elle s'enveloppe.

Une autre espèce, plus souvent observée, parce qu'elle se rencontre ordinairement dans l'intérieur de nos habitations, où elle se nourrit d'araignées, de punaises des lits et autres insectes domestiques, est désignée sous l'épithète de masquée (*reduvius personatus*). Cette larve est difficile à reconnoître au premier aspect; car elle est recouverte de substances étrangères qu'elle ramasse de toutes parts. C'est tantôt de la farine, du mortier, des cheveux, des balayures, et quelquefois du sable, des fils d'araignées, des particules terreuses, enfin, de tout ce qu'elle peut coller à son enveloppe et employer à son travestissement; elle augmente ainsi quelquefois son volume de près des deux tiers de sa grosseur. De plus, sa marche est ambiguë, par soubresauts et comme convulsive. Ainsi déguisé, l'insecte est parfaitement à l'abri : mais il n'emploie cette ruse que pour un temps et à la seule époque de sa vie où il est privé d'ailes; car, dès qu'il les a acquises, et que par la rapidité du vol il sait échapper aux dangers et subvenir à ses besoins, il quitte ce manège, il dépose son masque, et on ne l'observe alors que tout-à-fait nettoyé et débarrassé de ces ordures qui lui ont été si utiles.

Tels sont les principaux moyens que les insectes mettent en usage pour conserver et défendre leur existence. On peut voir, par les faits que nous venons de rapporter, combien offre d'intérêt l'étude des mœurs dans cette classe d'animaux. Ici tout est en mouvement, tout se ressent de l'action de la vie, tout manifeste le désir de la prolonger. Cette lutte continuelle de destruction, dans laquelle les insectes doivent se défendre sous leurs divers états, est cependant nécessaire pour conserver un juste rapport et maintenir une proportion déterminée entre toutes les espèces d'animaux. C'est une discordance apparente, qui prouve la prévoyance infinie de l'auteur de toutes choses; et l'ordre dans lequel les particularités conservatrices ont été accordées aux insectes, paroît avoir été spécialement déterminé. Nous ne pouvons, en effet, observer des armes, comme moyens de défense, que dans le plus petit nombre; mais nous reconnoissons, dans plusieurs, des moyens évasifs par la rapidité du vol, l'agilité de la natation, la prestesse du saut, la vélocité de la course. Cependant la majorité des modes conservateurs sont répulsifs, comme l'éjaculation ou l'exsudation d'humeurs âcres, caustiques, huileuses, amères, odorantes; ou fictifs, comme les simulacres trompeurs, la mort feinte, et autres moyens astucieux.

Sous quelque aspect que l'on considère ces petits êtres, on admire en eux la variété des formes, la diversité des emplois, le grand rôle qu'ils sont appelés à remplir sur la scène terrestre, et l'on ne s'étonne plus que la nature ait employé tous ses soins pour leur conservation. C'est ainsi que les petits rouages de cette belle machine se développent, se mettent en mouvement, sous l'œil de l'observateur, et lui découvrent quelques-uns des ressorts du mécanisme le plus merveilleux. (C. D.)

DÉFENSES. (*Mamm.*) On donne communément ce nom aux dents incisives ou canines que l'on voit sortir de la bouche de certains animaux, et qui leur servent, en effet, d'armes défensives : telles sont les canines des sangliers, les incisives des hippopotames, etc. Voyez MASTICATION. (F. C.)

DEFERMULII (*Bot.*), nom arabe donné par Avicenne au *pulegium cervinum* des anciens, qui est le *mentha cervina* des modernes. (J.)

DEFFORGIA (*Bot.*), nom sous lequel M. de Lamarck désigne dans ses Illustrations le genre de plantes *Forgesia*, consacré par Commerson à la mémoire de M. Desforges, gouverneur de l'île de Bourbon à l'époque où ce botaniste herborisoit dans cette île. (J.)

DEFFYT. (*Ornith.*) L'oiseau ainsi nommé dans Gesner est la grinette de Buffon, *gallinula nævia* de Latham, et *fulica nævia* de Gmelin. (Ch. D.)

' DÉFINIES [Étamines]. (*Bot.*) Après dix, le nombre d'étamines n'a rien de fixe. Jusqu'à douze, elles peuvent être comptées : elles sont définies. Après douze, on ne les compte plus : elles sont indéfinies. (Mass.)

DÉFLAGRATION. (*Chim.*) C'est ce qui a lieu lorsque des corps, en réagissant fortement, donnent lieu à un dégagement rapide de feu, qu'ils se fondent, et qu'ils lancent des particules embrasées, sans d'ailleurs produire un bruit bien considérable. La combustion du phosphore dans l'oxigène, celle de plusieurs métaux mêlés avec du nitrate de potasse, sont des exemples de corps qui entrent en déflagration.

Déflagration signifie aussi une opération par laquelle on chauffe, dans un creuset ouvert, une matière susceptible de faire explosion. (Ch.)

DEFLE. (*Bot.*) Rauwolf dit que, dans le Levant, aux environs d'Alep, on donne ce nom au laurier-rose ou laurose, *nerium oleander*. Il ajoute que c'est le *difflah* des Arabes. (J.)

DÉFLORÉE [Anthère], (*Bot.*), exprime son état après l'anthèse, c'est-à-dire, après l'émission du pollen. (Mass.)

DÉFRUTUM. (*Chim.*) Ce nom a été donné par d'anciens chimistes à un suc végétal amené à la consistance du miel par l'évaporation : il a été appliqué spécialement au jus de raisin. Il n'est plus usité. (Ch.)

DÉGAZER. (*Chim.*) C'est en général chasser des eaux les gaz qui peuvent s'y trouver en dissolution. (Ch.)

DEGHA. (*Ornith.*) On donne en Égypte ce nom, qui signifie porteur d'eau, au pélican, *pelecanus onocrotalus*, Linn. (Ch. D.)

DEGON. (*Conch.*) Adanson décrit et figure sous ce nom, dans son Histoire naturelle du Sénégal, une petite coquille que Linnæus a nommée *buccinum lividulum*, et qui paroît devoir être rangée parmi les espèces de cérithes dont le canal est court et non recourbé. (De B.)

DEGRÉ. (*Fauconn.*) On nomme ainsi l'instant où l'oiseau de vol tourne la tête, et prend une sorte de repos, après lequel il continue de monter. (Cʜ. D.)

DÉGUÉLIA GRIMPANTE. (*Bot.*): *Deguelia scandens*, Aubl., *Guian.*, pag. 750, tab. 300; Lamk., *Ill. gen.*, tab. 603. Arbrisseau grimpant et sarmenteux, qui croît dans la Guiane, sur le bord des rivières. Il paroît avoir de très-grands rapports avec les *Geoffrœa*. Aublet en a fait un genre particulier, de la famille des *légumineuses*, de la *diadelphie décandrie* de Linnæus, offrant pour caractère essentiel : Un calice court; urcéole à deux lèvres, la supérieure entière, l'inférieure trifide; une corolle papillonacée; l'étendard très-grand, rabattu sur les autres pétales; la carène à deux pétales, de la longueur des ailes; un ovaire arrondi; un style; un stigmate obtus. Le fruit est une petite gousse roussâtre, globuleuse, bivalve, à une seule loge, renfermant une semence enveloppée dans une substance farineuse.

Cet arbrisseau s'élève à la hauteur de trois ou quatre pieds, sur un tronc de quatre pouces de diamètre; son écorce est grisâtre et ridée; son bois blanc; ses branches longues, sarmenteuses, s'élevant jusque sur la cime des arbres qui les avoisinent, d'où elles laissent pendre un grand nombre de rameaux chargés de feuilles alternes, pétiolées, ailées avec une impaire, composées d'environ cinq folioles vertes, glabres, ovales-oblongues, entières, acuminées, pédicellées; deux stipules opposées et caduques à la base des feuilles. Les fleurs sont blanches, nombreuses, disposées, dans l'aisselle des feuilles et à l'extrémité des rameaux, en longs épis presque paniculés; les pédoncules partiels très-courts, munis d'une petite écaille à leur base. (Poɪʀ.)

DEHIGHAHA. (*Bot.*) Cette plante de Ceilan, indiquée par Hermann et figurée par Burmann sous le nom de *limones pusilli*, est le *limonia monophylla* de Linnæus, dont M. Corréa a formé plus récemment le genre *Atalantia*, qui est adopté. (J.)

DÉHISCENCE. (*Bot.*) Manière dont s'effectue l'ouverture
des anthères pour livrer passage à la poussière fécondante,
ou l'ouverture des fruits, pour laisser échapper les graines,
etc.

Dans les anthères, l'ouverture a ordinairement lieu par une
fente longitudinale, au point de la suture des valves, et, presque
toujours, c'est du côté qui fait face au centre de la fleur (lis,
tulipe); quelquefois c'est par la face opposée (iris, *calycan-
thus*). Il est quelques cas où l'ouverture se fait à la base de
l'anthère (*pyrola*). Il en est beaucoup d'autres où elle est au
sommet (*erica*, *solanum*, *galanthus*). Tantôt elle consiste en de
petits pores (casse, houblon, pomme de terre); tantôt en de
petits opercules qui se lèvent comme des soupapes (laurier,
berberis., *epimedium*). Dans le thuya, le cyprès, le genèvrier,
etc., les anthères, extrêmement simples, n'ont qu'une seule
loge, qui se déchire, plutôt qu'elle ne s'ouvre, à l'époque de
l'émission du pollen.

De même que les anthères, les fruits s'ouvrent ordinairement par des fentes au point de la suture des valves : presque
toujours c'est à la partie extérieure du fruit (lis); quelquefois c'est par le centre du fruit (*nigella*); quelquefois l'ouverture
se manisfeste à la base du fruit (campanule, *ledum*); souvent
c'est au sommet du fruit, et alors on observe que l'ouverture
s'effectue par une légère séparation des valves (*silene*), ou par
des pores (pavot, *antirrhinum*). Il est des cas où le fruit s'ouvre en travers, absolument comme une boîte à savonnette
(*anagallis*, pourpier, plantain, jusquiame). (MASS.)

DEHOREG, EL-BAKHRAH (*Bot.*), noms arabes de la
vesce cultivée, *vicia sativa*, suivant M. Delile. (J.)

DEIBI, DEUBO (*Bot.*), noms japonois, suivant Thunberg,
d'une espèce de pois, *pisum maritimum*. (J.)

DÉIDAMIE AILÉE (*Bot.*); *Deidamia alata*, Pet. Thouars,
Vég. d'Afr., tab. 20. Genre de plantes établi par M. Aubert
du Petit-Thouars pour un arbrisseau qu'il a découvert dans
l'île de Madagascar. Il appartient à la famille des *capparidées* de la *monadelphie pentandrie* de Linnæus, et a des rapports avec les *passiflora*. Son caractère essentiel consiste
dans un calice à cinq ou six folioles obtuses, en forme de pétales; point de corolle; un rang de filets aigus, très-minces.

13.   3

plus courts que le calice; cinq étamines réunies à la base de leurs filamens en un seul paquet; un ovaire supérieur, surmonté de trois ou quatre styles et d'autant de stigmates en tête; une capsule pédicellée, à quatre valves; les semences nombreuses.

Cet arbrisseau a des tiges grimpantes, anguleuses, comprimées, garnies de feuilles alternes, pétiolées, ailées, composées de cinq folioles pédicellées, inégales, opposées, ovales, entières, échancrées au sommet, glabres, longues de quatre à cinq pouces, obtuses à leurs deux bouts, à nervures réticulées; les pétioles parsemées de glandes urcéolées; des vrilles simples, axillaires, ou à leur place un pédoncule alongé, divisé en deux autres uniflores. Les fruits sont ovales, de la grosseur d'un œuf, s'ouvrant en quatre valves, contenant chacune des semences nombreuses, imbriquées, attachées par un cordon ombilical sur un placenta alongé; chaque semence enveloppée d'un arille charnu, renflé à sa base, ouvert au sommet; le périsperme charnu, contenant un embryon foliacé. Ces fruits paroissent bons à manger. (Poir.)

DEINOSMOS (*Bot.*), un des anciens noms de la conyze, cités dans Dioscoride. (H. Cass.)

DEIPHOBE. (*Entom.*) Linnæus a donné ce nom du fils de Priam à une espèce de papillon qu'il a rangée parmi les chevaliers Troyens ou à taches de sang à la poitrine. Il est figuré par Cramer, pl. 181, A. B. (C. D.)

DEIUTHA. (*Ornith.*) Les Chaldéens donnent ce nom à la cigogne blanche, *ardea ciconia*, Linn. (Ch. D.)

DÉJANIRE (*Entom.*), nom d'un papillon nymphale. (C. D.)

DELA. (*Bot.*) Les espèces d'*athamantha* dont les graines sont velues et profondément sillonnées, ont été séparées sous ce nom générique par Adanson. Haller et Mœnch les distinguent aussi sous le nom de *libanotis*. (J.)

DELB, TOLAK, TULAK (*Bot.*), noms arabes d'un figuier, *ficus vasta* de Forskaël, *ficus bengalensis* de Linnæus, selon Vahl, qui étend beaucoup ses rameaux. Son tronc est, au rapport de Forskaël, comme composé de plusieurs. On trouve dans ses fruits des insectes, comme dans ceux du *ficus sycomorus*, mais différens pour la forme. (J.)

DELEDONE. (*Ichthyol.*) Hesychius et Varinus paroissent

avoir désigné un poisson sous le nom de Δελεδώνη. Δελεδώνη, ὁ μυλαῖος ἰχθῦς. L'espèce nous en est inconnue. (H. C.)

DELEGI (*Bot.*), nom arabe sous lequel Avicenne et Sérapion désignent les divers mirobolans, au rapport de Clusius; et par corruption il est prononcé *halilig*. Clusius ajoute que le mirobolan chebule est nommé *quebulgi*, le bellirique *beleregi*, l'emblique *embelgi*, le jaune *azfar*, l'indien ou noir *asuat*. (J.)

DELESSERIA. (*Bot.*) [*Cryptogamie*, famille des *Algues*.] Les caractères de ce genre, établi par M. Lamouroux pour placer des plantes comprises jusqu'ici dans le genre·*Fucus* de Linnæus, consistent en des tubercules fructifères, ronds, ordinairement un peu comprimés, translucides sur le bord, enfoncés sous l'épiderme de la fronde, sessiles ou pédonculés, et fixés sur les nervures ou sur les bords de la fronde, ou épars à sa surface.

D'après M. Lamouroux, plus de quarante espèces composent ce genre : environ vingt-quatre d'entre elles se trouvent dans l'Océan et sur les côtes d'Europe; les autres habitent les mers de la Nouvelle-Hollande, des Indes orientales et du cap de Bonne-Espérance. Les *delesseria* offrent toutes les nuances, depuis le rose et l'écarlate le plus vif, jusqu'au brun-foncé, passant au jaune, au vert et au violet pourpré : elles ne noircissent point en se desséchant. Quelques-unes sont d'une délicatesse extrême. Leur fronde est plane, mince ou peu épaisse, dichotome ou rameuse, et s'étend quelquefois en feuilles plus ou moins grandes; son bord est entier, ou cilié, ou déchiqueté; et son milieu, dans un grand nombre d'espèces, est traversé par une nervure qui s'évanouit assez généralement dans la substance de la plante. Dans quelques espèces, il part de cette nervure d'autres nervures transversales parallèles, qui donnent à la fronde la forme et l'aspect d'une feuille d'arbre.

Presque toutes les espèces de *delesseria* habitent des lieux que les marées ne découvrent jamais : beaucoup sont parasites, d'autres fucacées et se plaisent dans les endroits les plus exposés à la fureur des vagues.

Ce qui rend ces plantes plus intéressantes à connoître, c'est que quelques nations du Nord en tirent des alimens variés, des remèdes, des fourrages pour les animaux domestiques, des matières colorantes, des cosmétiques, etc.

Ce genre est dédié à M. Benjamin Delessert, amateur zélé de la botanique, possesseur d'un des plus riches herbiers de l'Europe, et qui se plaît à le mettre à la disposition de quiconque* peut concourir par ses travaux à avancer la science.

Ce genre se divise en trois groupes, que nous allons faire connoître ; mais avant nous devons faire remarquer que, 1.°, M. Lamouroux en a retiré le *delesseria fimbriata*, qui constitue son nouveau genre DELISEA (voyez ce mot); 2.°, que les genres suivans, établis par Stackhouse, s'y rapportent :

ATOMARIA : *Delesseria dentata*, Lx.; *Fucus dentatus*, Turn.

EPIPHYLLA : *Delesseria rubens*, Lx.; *Fucus*, Turn.

HYDROPHYLLA : *Delesseria sanguinea et sinuosa*, Lx.; *Fucus*, Turn.

HYMENOPHYLLA : *Delesseria lacerata, bifida, sobolifera*, Lx.; *Fucus*, Linn., Turn.

HYPOPHYLLA : *Delesseria ruscifolia, alata, hypoglossa*, Lx.; *Fucus*, Linn., Turn.

POLYMORPHA *Delesseria Brodiæi*, Lx.; *Fucus*, Turn.

SARCOPHYLLA : *Delesseria palmata, edulis, ciliata*, Lx.; *Fucus*, Linn. et Turn.

§. 1.er *DELESSERIA dont la fronde est pourvue d'une seule nervure longitudinale, simple ou divisée, et présentant une double sorte de fructification, comme dans le genre DELISEA, auquel, peut-être, il seroit très-naturel de rapporter cette section.*

DELESSERIA SANGUINE : *Delesseria sanguinea*, Lmrx.; *Fucus sanguineus*, Linn., Stackh., Gmel., *Fuc.*, tabl. 24, fig. 2 ; Dec., Flor. fr., n.° 61. D'un rose vif : tige cornée, garnie dans sa jeunesse par l'expansion de la fronde, qui se détruit; des folioles ovales, ou oblongues, ou lancéolées, ondulées, entières, partent de cette tige, et sont traversées par une côte longitudinale, d'où partent d'autres nervures, quelquefois rameuses a leur sommet; bord des folioles muni de points capsulifères; rameaux dénudés, portant des tubercules

fructifères. Cette belle espèce a jusqu'à neuf pouces de longueur sur deux et demi de largeur; mais elle est rarement
de ces dimensions, si ce n'est dans les mers du Nord. On peut
la comparer à un paquet de feuilles plongées dans l'eau. On
la trouve sur toutes les côtes d'Europe baignées par l'Océan;
elle est jetée sur la grève par les flots avec d'autres algues,
sur lesquels elle est souvent fixée; elle n'est pas rare au
Hàvre : il y en a des variétés très-petites.

DELESSERIA EN FORME DE LANGUE , *Delesseria hypoglossa*,
Lx. : *Fucus hypoglossum*, Tournef.; Stackh., *Ner. Brit.*, app.·
tab. c, n.°3; Dec., Fl. fr., n.° 60. Fronde en touffe très-
rameuse, d'un rose plus ou moins vif et verdàtre ; rameaux
dichotomes, naissant de la nervure qui traverse le milieu de
la fronde ; extrémités des dernières ramifications lancéolées,
marquées à droite et à gauche de la nervure médiane de deux
lignes (fructifères?) d'un rouge vif; des tubercules sur la
côte principale. Cette espèce a trois ou quatre pouces de
longueur. Ses ramifications ont au plus une ligne et demie
de diamètre, et sont presque pétiolées. Elle se rencontre avec
l'espèce précédente, et est moins rare.

DELESSERIA AILÉE , *Delesseria alata*, Lx. : *Fucus alatus*, Linn.,
Fl. Dan., tab. 352; Gmel., *Fuc.*, tab. 25, fig. 1—3; Dec.
Fl. fr., n.° 64. En touffe : fronde rose ou rouge, plane,
dichotome, extrêmement rameuse, ressemblant à une nervure bordée d'une membrane très-étroite, décurrente et déchiquetée; dernières ramifications arrondies à l'extrémité; des
tubercules subaxillaires. Cette algue, des plus élégantes, atteint
quatre et cinq pouces de longueur. Ses ramifications ont à
peine une ligne de diamètre, et le plus souvent beaucoup
moins. Elle n'est pas rare sur les côtes de l'Océan, où elle
est rejetée par les flots. On la trouve à Dieppe, Cherbourg,
Brest, etc.

§. 2. *DELESSERIA dont la fronde est munie de nervures visibles
à sa partie inférieure, et qui vont en s'évanouissant dans le
parenchyme.*

DELESSERIA DÉCHIRÉ, *Delesseria lacerata*, Lx. : *Fucus lacera-
tus*, Gmel., *Fuc.*, tab. 21, fig. 4; Stackh., *Ner.*, tab. 13;

Dec., Fl. fr., n.° 63. Fronde rouge, membraneuse, mince, plane; nervures tantôt dichotomes et rameuses, tantôt presque simples, à bords dentés ou ciliés; extrémités des ramifications arrondies avec une légère échancrure; des tubercules opaques, latéraux ou enfoncés dans le parenchyme de la fronde. Cette plante, qui offre beaucoup de variétés, est commune sur les côtes de l'Océan. Ses touffes, ordinairement épaisses, ont de deux à six pouces de longueur; la largeur des divisions de la fronde est d'une ligne et demie au plus. Ses tubercules contiennent des globules qui semblent renfermer cinq à sept graines. Elle est commune sur les côtes de l'Océan.

DELESSERIA A NERVURES, *Delesseria nervosa*, Lx.: *Fucus nervosus*, Turn.; Dec., Fl. fr., n.° 65, exclus. var. *β*. Fronde un peu coriace, plane, d'un beau rose, quelquefois verdâtre, ou blonde, rameuse, à bords parallèles, ondulés et crêpés; nervure du milieu sensible presque jusqu'à l'extrémité de la fronde. Cette espèce croît dans la Méditerranée. Elle atteint quatre à cinq pouces de longueur; ses divisions ont deux lignes et demie à trois lignes de diamètre.

§. 5. *Delesseria à fronde sans aucune nervure, ordinairement très-développée.*

DELESSERIA PALMÉ, *Delesseria palmata*, Lx.: *Fucus palmatus*, Linn.; Lightf., *Scot.*, tab. 27; *Ulva palmata*, Decand., Fl. fr., n.° 27. Fronde rouge ou brunâtre, d'une consistance mince, papyracée, plane, subpédiculée, très-large à la base, puis divisée en quatre ou cinq lames divergentes, oblongues, obtuses, quelquefois subdivisées ou déchiquetées à l'extrémité; à bords entiers. Cinq ou six frondes semblables, réunies et adhérant aux rochers par une callosité assez forte, forment cette espèce, l'une des plus larges de ce genre: elle a cinq à sept pouces de longueur, et ses lames huit à quatorze lignes de largeur. Cette espèce est fort commune sur toutes les côtes de l'Océan. Les habitans des côtes de l'Écosse la connoissent sous les noms de *dilse*, *dulse* et *duilliosg*; ils la mangent cuite dans du lait ou du bouillon, ou crue en salade, après l'avoir dessalée et lui avoir fait subir quelques préparations : alors, dit-on, c'est un mets qui n'est pas désagréable. Le même usage existe sur les côtes d'Irlande et en Norwége, où cette espèce n'est pas la seule que l'on mange : il y a encore le *fucus pinnatifidus*, dont le goût est un peu poivré, c'est le *peper dulce* des Écossois ; le *delesseria ciliata*, l'espèce suivante et plusieurs autres.

Delesseria comestible, *Delesseria edulis*, Lx. ; *Fucus edulis*, With. ; *Ulva edulis*, Dec. Fronde épaisse, d'un rouge pourpre ou verdâtre, plane, pétiolée, large, tantôt entière, oblongue, obtuse ; tantôt profondément divisée en segmens alongés ou oblongs, à bords entiers ; tubercules fructifères, proéminens. Cette espèce est beaucoup plus épaisse que la précédente, plus large et moins divisée ; mais on observe tous les passages entre elles.

Les Écossois et les Irlandois la mangent ; les premiers lui donnent le nom de *battersocks*. En Norwége et en Islande on en mange dans du lait ; les Norwégiens l'appellent *buetare*, *lidettareblad* et *skaalmetare*. Cette plante est commune dans l'Océan. (Lem.)

DELFIN (*Mamm.*), nom polonois du dauphin commun. (F. C.)

DELIA (*Bot.*), un des noms grecs anciens de l'armoise, suivant Mentzel. (J.)

DELIMA-LAUT (*Bot.*), nom donné dans l'ile d'Amboine à un Carapa. Voyez ce mot. (J.)

DÉLIME SARMENTEUX (*Bot.*) : *Delima sarmentosa*, Linn. ; Burm., *Fl. Ind.*, tab. 37, fig. 1 ; Lamk., *Ill. gen.*, tab. 575 : *Tetracera sarmentosa*, Vahl, *Symb.*; vulgairement le Korswelo de Ceilan. Genre de plantes dicotylédones, à fleurs incomplètes, quelquefois dioïques. Plusieurs auteurs modernes l'ont réuni au *tetracera* : il appartient à la famille des *dilléniacées* et à la *polyandrie monogynie* de Linnæus, offrant pour caractère essentiel : un calice à cinq divisions profondes ; point de corolle, Linn. (quatre ou cinq pétales arrondis : Decand.) ; des étamines nombreuses ; un ovaire supérieur, un style, un stigmate. Le fruit est une baie sèche, ou une capsule uniloculaire, bivalve, à une ou deux semences, entourée à sa base par les folioles réfléchies du calice ; les semences pourvues d'un arille.

Cette espèce, long-temps la seule connue, est un arbrisseau sarmenteux de l'île de Ceilan, à rameaux cylindriques, dont les feuilles ont à peu près la forme de celles du hêtre; elles sont alternes, pétiolées, ovales, bordées de dents rares, nerveuses, très-rudes au toucher. Les fleurs sont pédonculées, disposées en panicules lâches, nues, axillaires et terminales, plus longues que les feuilles; les folioles du calice ovales, obtuses, persistantes; les filamens des étamines capillaires presque de la longueur du calice; les anthères arrondies; l'ovaire glabre, ovale; le style de la longueur des fleurs; les fruits glabres, ovales, coniques, aigus; une seule semence, petite, entourée à sa base d'un arille denticulé. Les feuilles, rudes à leur surface, sont employées, par les naturels du pays, à polir plusieurs objets.

M. Decandolle, dans le *Syst. nat. veget.* qu'il vient de publier, ajoute à ce genre les espèces suivantes :

Délime a fruits pubescens ; *Delima hebecarpa*, Dec., *Syst. nat. veg.*, 1, pag. 407. Cette espèce, originaire de Java et des îles Philippines, ne diffère de la précédente que par ses feuilles en ovale renversé, à peine un peu crénelées, et non dentées; l'ovaire, ainsi que les fruits, pubescent; les semences à demi revêtues d'un arille.

Délime du Mexique ; *Delima Mexicana*, Dec. *l. c.* Ses tiges sont grimpantes, divisées en rameaux glabres, cylindriques, garnis de feuilles alternes, à peine pétiolées, glabres à leurs deux faces, ovales, un peu obtuses, rétrécies à leur base, dentées en scie, longues de quatre pouces; les panicules droites, terminales; le rachis couvert d'un duvet roussâtre; les pédoncules géminés, médiocrement ramifiés, munis de petites bractées aiguës; les fleurs dioïques, sessiles, presque fasciculées le long des ramifications; les divisions du calice pubescentes, presque orbiculaires, les deux extérieures plus courtes; une corolle blanche, cinq pétales ovales. Le fruit est ovale, acuminé, uniloculaire, monosperme, à deux valves; une semence épaisse, réticulée.

Délime de la Guiane; *Delima Guianensis*, Dec. *l. c.* Arbrisseau de la Guiane, à feuilles glabres, oblongues, très-lisses, acuminées à leurs deux extrémités, légèrement dentées en scie à leurs bords; les fleurs dioïques, axillaires, médiocrement pédicellées : les fleurs mâles n'ont point été observées. Le fruit consiste en une baie sèche, globuleuse, pubescente, une fois plus grosse que dans le *delima sarmentosa*.

Délime luisante : *Delima nitida*, Dec. *l. c.*; *Tetracera nitida*, Vahl, *Symb.* 3, pag. 70. Arbrisseau de l'île de la Trinité, à fleurs hermaphrodites, paniculées; les rameaux sont glabres; leurs ramifications rudes et un peu pileuses; les feuilles oblongues, lancéolées, rudes en-dessous sur leurs nervures, entières ou à peine denticulées; les grappes plus longues que les feuilles, réunies en panicules; une bractée ovale à la base de chaque pédicelle; les divisions du calice ciliées à leurs bords; une corolle à quatre pétales; l'ovaire glabre, ovale, aigu; le style de la longueur des étamines, terminé par un stigmate pelté.

Il ne paroît pas que le *piripu*, Rheed., *Malab.* 7, tab. 54, convienne au *delima sarmentosa*, auquel on l'avoit rapporté. C'est un arbrisseau cultivé au Malabar, dont les tiges sont cylindriques, articulées; les feuilles molles, ovales, oblongues, crénelées, ondulées à leurs bords; les stipules grandes, oblongues; les fleurs blanches, petites, à cinq pétales; cinq étamines à anthères bleuâtres; les fruits durs, coniques et bruns, renfermant deux semences noires. On pourroit douter que cette plante convienne parfaitement à ce genre. (Poir.)

DÉLIQUESCENCE. (*Chim.*) C'est le phénomène que présentent certains corps solides, exposés à l'air humide, d'absorber assez de vapeur d'eau pour s'y dissoudre, après l'avoir réduite à l'état liquide. (Ch.)

DÉLIQUIUM. (*Chim.*) C'est l'état d'un corps qui de solide est devenu liquide en absorbant la vapeur d'eau atmosphérique. Par exemple, on dit qu'un morceau de potasse qui s'est liquéfié à l'air, est tombé en *déliquium*. On a aussi employé ce mot substantivement pour désigner la substance tombée *en déliquium* : ainsi on a dit le *déliquium* de la potasse. Aujourd'hui ce mot est peu usité. (Ch.)

DELISEA. (*Bot.*) Genre de la famille des algues, établi par M. Lamouroux sur des espèces de delesseria qui diffèrent des autres espèces par une double sorte de fructification : l'une formée par des tubercules comprimés, translucides sur les bords, situés aux sommets des rameaux ou dans leur partie supérieure ; l'autre, formée de capsules éparses dans les épines latérales de l'extrémité des rameaux.

Les espèces de *delisea*, dit M. Lamouroux, diffèrent des autres *floridées* par la forme de la double fructification et par celle des rameaux ; car elles sont linéaires ou presque filiformes, ordinairement dichotomes, avec des appendices latéraux en forme d'épines recourbées vers le sommet, aiguës et d'environ une ligne de longueur. Ce genre ne comprend qu'un petit nombre d'espèces exotiques, parmi lesquelles les deux plus remarquables sont :

La Delisea fimbriée, *Delisea fimbriata*, Lmx. ; *Delesseria fimbriata*, Lmx., *Gen. thallas.*, tab. 3, fig. 1 ; *Fucus fimbriatus*, Turn. Fronde blonde ou rougeàtre, dichotome, plane, longue d'une ligne, traversée par une nervure ; épines latérales plus courtes que la largeur de la fronde. Cette jolie espèce, qui a quatre ou cinq pouces de longueur, se trouve dans les mers de la Nouvelle-Hollande.

Delisea élégante : *Delisea elegans*, Lmx., Inéd. Fronde couleur de corne ou rouge, dichotome, très-rameuse, à rameaux presque filiformes, épines latérales plus longues que le diamètre de la fronde. Cette belle espèce croît à la Nouvelle-Hollande. Elle a six à sept pouces de longueur.

Ce genre, dont les caractères nous ont été communiqués par M. Lamouroux, qui nous a permis de les faire connoitre ici, est dédié à M. Dom. Delise, botaniste résidant à Fougères, distingué par ses grandes connoissances en crypto-gamie. (Lem.)

DELISK. (*Bot.*) Voyez Dulesh. (J.)

DELLIARION (*Bot.*), un des noms de la conyze, cités dans Dioscoride. (H. Cass.)

DELPHACE, *Delphax*. (*Entom.*) Fabricius a emprunté du grec Δελφαξ, d'après Hérodote, ce nom, qui signifie un cochon de lait, *porcellus lactans*, pour désigner un genre d'insectes hémiptères de la famille des collirostres, ou dont le bec paroit naitre du cou, et voisin des cicadelles.

M. Latreille avoit appelé *asiraques* les espèces de ce même genre, qui se distingue, en effet, de toutes les *cicadelles* par la forme et la longueur des antennes, qui ont deux articles alongés, terminés un peu en masse, et qui sont insérées sur l'œil même, dans une sorte d'échancrure inférieure.

Les mœurs de ces insectes sont peu connues : on présume qu'elles sont les mêmes que celles des cicadelles, avec lesquelles ils ont beaucoup de rapports.

On y rapporte, parmi les espèces non étrangères :

1.° Le Delphace clavicorne, figuré dans la première décade des Illustrations de M. Coquebert, pl. 8, fig. 7.

Car. *Brun, à ailes transparentes, brunes à l'extrémité.*

2.° Le Delphace crassicorne, figuré par Panzer, dans sa Faune d'Allemagne, sous le nom de *cicada crassicornis*, cah. 35, pl. 19.

Car. *Il est pâle, avec les ailes tachetées de noir et de blanc.*

Fabricius en a décrit dix espèces, dont deux seulement venoient de l'Amérique méridionale. Voyez Asiraque. (C. D.)

DELPHIN (*Ichthyol.*), nom hollandois du *coryphæna hippurus*. Voyez Coryphène. (H. C.)

DELPHIN (*Mamm.*), nom allemand du dauphin commun. (F. C.)

DELPHINAPTÈRE. (*Mamm.*) C'est le nom générique sous lequel M. de Lacépède a formé le huitième genre de son second ordre des cétacés ; il est tiré du grec, et signifie *dauphin sans nageoire.* (F. C.)

DELPHINION. (*Bot.*) Ce nom est donné par Dioscoride, selon quelques auteurs, à une neriette, *epilobium montanum;* et ce qu'il nomme *delphinion buccinum*, est l'*epilobium angustifolium*. Il est cependant incertain si la première espèce n'est pas plutôt le pied-d'alouette, *delphinium consolida*, puisqu'il lui attribue des feuilles minces et découpées, des fleurs semblables à celles de la violette, et des graines approchant de celles du millet. Ruellius, son traducteur, parlant de cette première espèce, dit qu'on la nomme aussi *diachysis*, *diachytos*, *paralysis*, *camarus*, *neriadion*, *sosandron*, *cronion*. (J.)

DELPHINITES. (*Min.*) Saussure a donné ce nom à la pierre qui avoit été nommée jusqu'à lui schorl vert du Dauphiné, et qu'il regardoit comme très-différente des autres schorls ; c'est l'épidote de M. Haüy. Voyez Épidote. (B.)

DELPHINULUS. (*Conchyl.*) M. Denys de Montfort ayant, à ce qu'il paroît, affecté la terminaison et le genre masculin à tous les genres de coquilles univalves, il désigne ainsi le genre Dauphinule. *Delphinula*, de M. de Lamark. (DE B.)

DELPHINUS (*Mamm.*), nom latin du cétacé que les Grecs appeloient *delphis*. Nous en avons fait dauphin. Il est assez difficile de décider à quelle espèce avoit été donné ce nom par les anciens. Voyez CÉTACÉS. (F. C.)

DELTOIDE [FEUILLE]. (*Bot.*) La véritable figure deltoïde est le triangle formé par le *delta* des Grecs. En botanique, une feuille deltoide est une feuille épaisse, à trois faces, amincie aux deux bouts, et dont la coupe transversale approche du *delta*. Le *mesembryanthemum deltoides* offre un exemple de cette feuille. (MASS.)

DELTOIDES. (*Entom.*) M. Latreille, dans l'ouvrage de M. Cuvier, intitulé le Règne animal, a désigné sous ce nom une tribu de lépidoptères, qui comprend les pyrales de Linnæus, dont les ailes étendues horizontalement, forment une sorte de Δ ou de triangle, dont la base forme un angle rentrant dans son milieu. M. Latreille y rapporte ses deux genres Aglossè et Botys. (C. D.)

DELYCRANIA (*Bot.*), nom grec sous lequel Théophraste désigne le cornouiller sanguin. (J.)

DEMATHA. (*Bot.*) L'arbre ainsi nommé à Ceilan, suivant Hermann, est le *gmelina asiatica*. (J.)

DEMATIUM. (*Bot.*) Champignons byssoïdes, sans forme déterminée, droits ou déprimés, presque fasciculés ou étalés, composés de filamens lisses qui ne sont point entremêlés.

Tels sont les caractères que M. Persoon assigne à ce genre, sur lequel les botanistes varient beaucoup d'opinions.

M. Persoon l'a établi aux dépens du genre *Byssus*, Linn.: il y rapporte les *byssus aurea* et *phosphorea*, Linn.; le *ceratonema*, Roth.; le *medusula labyrinthica* de Tode, etc. Il y avoit d'abord placé quelques espèces de *conoplea*, et Hoffmann y avoit rangé le *monilia antennata*.

M. Decandolle a réuni de nouveau le *dematium* au *byssus*. Link n'a pas été de cette opinion : il avoit d'abord établi plusieurs genres sur le *dematium* de M. Persoon, tel que l'*acladium* sur le *dematium herbarum*, que depuis il reporte au *cladosporium*, en y ajoutant encore le *dematium abietinum*, Pers., et deux autres espèces nouvelles. Ce genre, selon lui, est caractérisé par ses filàmens simples ou un peu rameux, et par les séminules qui se détachent de l'extrémité des rameaux, tandis que dans l'*acladium* elles sont enfoncées et plongées dans la substance des filamens, lesquels ont des cloisons. Link y ramène trois nouvelles espèces qui nous étoient inconnues lors de la publication du premier Supplément.

Le *dematium ciliare*, Pers., est le type du genre que Link nomme *helmisporium*, auquel il a réuni le *dematium articulatum*, qu'il présume cependant devoir faire un nouveau genre, sous le nom de *calosporium*.

Enfin, le genre *Dematium* qu'il conservoit, a été confondu par lui, ainsi que ses genres *Sporotrichum* et *Asporotrichum*, en un seul, composé de vingt-six espèces, sous le nom de *sporotrichum*.

Voilà seulement les principaux changemens qu'a éprouvés le genre *Dematium*, Pers., qui, réellement, ne sauroit être conservé. Faisons observer encore que le *dematium petræum* (*byssus aurea*, Linn.) est placé avec les conferves par quelques botanistes. Mais ces diverses opinions, en prouvant que l'on ne doit point conserver le genre *Dematium*, ont fait connoître la structure de ses espèces, et l'on ne peut douter que les plantes qu'on y rapporte ne soient parfaites et munies de leurs séminules. Il n'est donc pas naturel de les prendre pour des agarics naissans, et Link a parfaitement observé que dans ceux-ci les filamens n'ont rien qu'on puisse considérer comme des graines. Il est néanmoins certain qu'on a confondu des bolets naissans avec les *dematium*.

Nous pourrions indiquer encore des changemens faits dans ce genre; mais cela deviendroit inutile ici : il suffit de faire remarquer que, si l'on n'adopte pas les changemens proposés par Link, on peut, jusqu'à nouvel ordre, laisser ce genre réuni au *byssus*, comme l'a fait M. Decandolle.

Les *bysses phosphoreux* et *couleur-d'or*, décrits dans ce Dictionnaire au mot Bysse, appartiennent à ce genre. Voyez Byssus, Suppl.; Acladium, Suppl.; Cœlosporium, Helmisporium, Sporotrichum, Ceratonema, Medusula, Hyphasma, etc. (Lem.)

DEMETRIUS. (*Entom.*) M. Bonelli, dans son travail sur les genres des Carabes, a désigné sous ce nom une division de coléoptères pentamérés, créophages, correspondant au *carabus atricapillus* de Linnæus. (C. D.)

DEMI-AIGRETTE. (*Ornith.*) Buffon a donné ce nom à l'oiseau peint dans ses planches enluminées sous celui de héron bleuâtre à ventre blanc, de Cayenne, *ardea leucogaster*, Gmel. (Cʜ. D.)

DEMI-AMAZONE (*Ornith.*), variété du perroquet amazone, *psittacus amazonicus*, Linn., que l'on nomme ainsi à la Guiane, parce qu'on l'y regarde comme le produit d'une amazone avec un perroquet d'une autre espèce. (Cʜ. D.)

DEMI-APOLLON. (*Entom.*) C'est le nom que l'on a donné en françois à un papillon parnassien ou des montagnes, que Linnæus avoit appelé *mnemosyne*, qu'on trouve figuré dans Esper, tom. 1, pl. 2, fig. 2. (C. D.)

DEMI-AUTOUR. (*Ornith.*) Les fauconniers appellent ainsi des autours dont la taille est moyenne entre celle de la femelle et du mâle ou tiercelet, mais qui ne constituent pas une espèce particulière. (Cʜ. D.)

DEMI-BEC, *Hemiramphus.* (*Ichthyol.*) M. Cuvier a donné récemment ce nom à un genre de poissons qu'il a placé parmi les malacoptérygiens abdominaux, dans la famille des ésoces, et qui appartient à celle des siagonotes de M. Duméril.

Ce genre, tel qu'il est établi, présente les caractères suivans :

Os intermaxillaires formant le bord de la mâchoire supérieure, qui, ainsi que l'inférieure, est garnie de petites dents ; la symphyse de celle-ci se prolongeant en une longue pointe ou demi-bec sans dents.

Du reste, par leur port, leurs écailles et leurs viscères, les poissons de ce genre ressemblent parfaitement aux Oʀᴘʜɪᴇs ; mais ils en diffèrent par la forme des mâchoires. On ne peut non plus les confondre avec les Sᴄᴏᴍʙʀᴇ́sᴏᴄᴇs, qui ont de fausses nageoires comme les maquereaux, ni avec les Bʀᴏᴄʜᴇᴛs, dont le museau est large et déprimé, etc. (Voyez ces différens mots et Sɪᴀɢᴏɴᴏᴛᴇs.)

Le Gᴀᴍʙᴀʀᴜʀ, *Hemiramphus gambarur* : *Esox marginatus*, Forskaël, Linnæus, Lacép., V, VII, 2 ; *Esox gambarur*, Lacépède. Mâchoire inférieure six fois plus longue que la supérieure ; ligne latérale placée inférieurement ; nageoire caudale fourchue, à lobe inférieur plus long; écailles larges, lâches, entières; des stries sur celles des côtés.

Ce poisson a le corps linéaire, plus épais au milieu qu'aux extrémités; les dents nombreuses, sétacées, droites, roides, petites; les narines simples, réniformes, grandes et transversales; le ventre droit, aplati; l'œil grand et rond; le dessus du crâne plat : la teinte générale est un peu claire; le dessus de la tête brun; le dos olivâtre, avec des raies longitudinales, séparées par des taches brunes et carrées; la partie inférieure marquée de quatre autres raies; chaque côté paré d'une bandelette argentée; la nageoire dorsale très-noire, et le bout de la mâchoire inférieure d'un beau rouge.

Le gambarur a été découvert par Forskaël dans les mers d'Arabie. Il ne faut pas le confondre avec le *piquitinga* de Marcgrave, qui est un anchois, que Linnæus a nommé *esox hepsetus*, et que M. de Lacépède a rapporté à l'*esox marginatus*.

Gambarur est un nom arabe.

L'Espadon, *Hemiramphus brasiliensis* : *Esox brasiliensis*, Linnæus, Bloch, 391 ; *Esox gladius*, Lacépède. Mâchoire inférieure terminée par une pointe conique très-étroite et sept ou huit fois plus longue que la supérieure; ligne latérale voisine du ventre et de la queue ; des dents autour du gosier; le palais et la langue lisses; le dessus de la tête déprimé; les opercules rayonnées; le lobe inférieur de la nageoire caudale plus long que le supérieur : la teinte générale argentée; la tête, la mâchoire inférieure, le dos et la ligne latérale d'un beau vert; les nageoires bleuâtres.

Ce poisson habite, dit-on, les mers des deux Indes; sa chair, comme celle du précédent, quoique huileuse, a une saveur délicate. Il paroît multiplier beaucoup : on le pêche au flambeau dans les nuits sombres. (H. C.)

DEMI-CHAMPIGNONS FEUILLETÉS ou OREILLES DES ARBRES. (*Bot.*) Dix-neuvième famille du septième genre (les *agarics-champignons*) de l'ordre premier (les *agarics*) de la première classe (les *plantes fongueuses à chapiteau*), dans la distribution des champignons par le docteur Paulet.

Ces champignons ont un chapeau latéral sémi-orbiculaire.

Ils appartiennent au genre Agaric de Linnæus. Ils se divisent en quatre sections, selon la forme du chapeau.

1.° Chapeau en forme de coquille. Les espèces qui s'y rapportent sont l'Oreille du noyer, la Coquille de l'aune et la Coquille du chêne. (Voyez ces mots.)

2.° Chapeau en forme de cuiller. Deux espèces rentrent dans cette section, la Cuiller des arbres et la Jonquille du chêne. (Voyez ces mots.)

3.° Chapeau en forme de langue. On classe ici la Langue du pommier et la Langue du chêne. (Voyez leurs articles.)

4.° Chapeau en forme d'éventail ou de fouet. L'Oreille de l'olivier, l'Oreille du chêne vert et l'Oreille du charme font partie de cette section. (Voyez leur description à chacun de leurs articles.)

Tous ces champignons ont une consistance ferme : le dessous de leur chapeau est feuilleté. La plupart sont de bonne qualité ou n'ont rien de suspect ; cependant les espèces de la dernière section sont dangereuses, et notamment l'oreille de l'olivier. (Lem.)

DEMI-CHAMPIGNONS FEUILLETÉS ou OREILLES DE TERRE. (*Bot.*) Vingtième famille du septième genre de l'ordre premier de la première classe dans la distribution des champignons par le docteur Paulet.

Un chapeau incomplet en forme d'éventail ou d'un entonnoir qui seroit coupé perpendiculairement, tel est le caractère essentiel des champignons de cette famille, qui sont les suivans : le Demi-entonnoir, la Raquette blanche, la Chair de Bavière, la Peuplière brune, la Pétoncle en famille et la Corne d'abondance. (Voyez ces mots.)

Ces champignons, qui sont des agarics dans la méthode linnéenne, croissent en général en touffe au pied des arbres ; à l'exception d'une seule (le demi-entonnoir), elles sont de bonne qualité. (Lem.)

DEMI-CHAMPIGNONS POREUX ou POLYPORES-CO-QUILLERS. (*Bot.*) C'est la vingt-unième famille du septième genre de l'ordre premier et de la classe première de la distribution des champignons du docteur Paulet.

Ces champignons, qui sont des bolets rameux, sont remarquables par le grand nombre de leurs chapeaux, imbriqués en manière de coquilles disposées les unes sur les autres, mais sans se toucher. Ils sont aussi fort remarquables par le grand poids auquel ils peuvent atteindre, et qui dépasse quelquefois quarante livres. Un seul pied peut suffire pour le repas d'une famille. C'est vraisemblablement sur un champignon de cette sorte, dit Paulet, que fut gravée cette inscription latine dont parle l'histoire et qu'un peuple barbare apporta en triomphe à Trajan.

Deux espèces composent seules cette famille, le COQUILLER EN BOUQUET et le COQUILLER EN PLATEAU : elles rentrent dans le *boletus ramosissimus* de Schæffer (tab. 265 et 266) et de Jacquin. (LEM.)

DEMI-DEUIL. (*Entom.*) Geoffroy a nommé ainsi le papillon satyre désigné par Linnæus sous le nom de *galathea* : il est figuré par Geoffroy, tom. 2, pl. 11, fig. 3 et 4. (C. D.)

DEMI-DIABLE. (*Entom.*) C'est le nom que Geoffroy a donné à un insecte hémiptère de la famille des collirostres, qui est le *centrotus genistæ* de Fabricius. Voyez ce mot. (C. D.)

DEMI-ENTONNOIR. (*Bot.*) C'est ainsi que Paulet désigne une espèce d'agaric de la famille des demi-champignons feuilletés ou oreilles-de-terre, et qu'il rapporte à l'agaric figuré, pl. 65, fig. 2, de l'ouvrage de Micheli (voyez Paulet, Champ., pl. 25, fig. 1 et 2).

Ce champignon, d'un blanc cendré ou d'une couleur de paille lavée de chair, a quatre pouces de hauteur. Son chapeau, qui a la forme d'un entonnoir, en a autant de diamètre. Ses feuillets sont très-fins, très-serrés, et inégaux en longueur. Il a une saveur désagréable et rebutante. M. Paulet s'est assuré sur un chien des qualités suspectes de ce champignon, qu'il a découvert dans le parc de S. Maur. (LEM.)

DEMI-FIN. (*Ornith.*) Les oiseaux auxquels Montbeillard a donné la dénomination de demi-fins, doivent, suivant ce naturaliste, former une classe intermédiaire entre les insectivores à bec foible, et les granivores, dont le bec est plus fort. Cette classe comprendroit, parmi les oiseaux du nouveau monde, ceux qui ont le bec plus fort que les pitpits, mais moins fort que les tangaras, et parmi les oiseaux de l'ancien continent, ceux qui ont le bec plus fort que les fauvettes, mais moins fort que la linotte. Quoique cette division pût être assez considérable, si on lui donnoit toute l'extension dont elle seroit susceptible d'après le principe un peu vague de sa formation, Montbeillard n'a appliqué le nom par lui proposé qu'à quatre espèces, savoir : 1.° le mangeur de vers d'Edwards, *Glan.*, part. 2, pag. 200, pl. 3o5, *motacilla vermivora*, Linn., lequel pa·roît être le même que le contre-maître couronné d'Azara, n.° 154; 2.° le demi-fin noir et bleu, *fringilla cyanomelas*, Gmel., qui, d'abord, a été nommé par Koelreuter, *Nov. comm. petrop.*, t. 11, p. 435, *fringilla cærulea*; 3.° le demi-fin noir et roux, que Commerson a vu à Buenos-Ayres, et dont Gmelin a fait son *motacilla bonariensis*; 4.° le demi-fin à huppe et gorge blanches, qui est le manakin à visage blanc d'Edwards, pl. 3̄44, *pipra albifrons*, Linn. Outre ces quatre espèces, Gueneau de Montbeillard en a rangé deux autres dans la même section : ce sont le bimbelé ou fausse linotte, *motacilla palmarum*, et le bananiste, *motacilla banánivora*, Gmel. (Ch. D.)

DEMI-FLEURON (*Bot.*) : *Semiflosculus, Flosculus ligulatus.* . Dans les Synathérées ou Fleurs composées (voyez ces mots), les corolles ont reçu le nom de *fleuron*, lorsque leur tube s'épanouit en un limbe qui s'étale en tout sens (chardon); et elles ont reçu le nom de *demi-fleuron*, lorsque le tube se termine par un limbe unilatéral en forme de languette (pissenlit). (Mass.)

DEMI-FLEURONNÉES. (*Bot.*) Voyez Semi-flosculeuses. (H. Cass.)

DEMI-LUNE. (*Ornith.*) Ce nom a été donné par les marins à une espèce de mouette qui, suivant Fleurieu, rédacteur du Voyage de Marchand, est la grande ou la petite mouette cendrée, *larus canus* ou *larus cinerarius*, Linn. Cette dénomination vient, dit-il, tom. 2, p. 567, de ce que les ailes de l'oiseau, déployées, forment un croissant dont l'intervalle est rempli par la masse blanchâtre du corps. (Ch. D.)

DEMI-LUNE (*Ichthyol.*), nom d'un poisson du genre Spare, *Sparus semiluna*, Lacép. ·Voyez Spare. (H. C.)

DEMI-MASQUE NOIR. (*Ornith.*) C'est la fauvette voilée, *sylvia velata*, dont M. Vieillot a donné la figure pl. 74 des Oiseaux de l'Amérique septentrionale. (Ch. D.)

DEMI-MÉTAUX. (*Chim.*) Les anciens chimistes appliquoient cette expression à l'arsenic, au cobalt, au nikel, au bismuth, à l'antimoine et au zinc, c'est-à-dire, à des substances qui avoient l'aspect métallique , mais qui étoient plus ou moins cassantes et plus ou moins volatiles. Cette expression avoit surtout été employée par les alchimistes, qui pensoient qu'avec certains procédés on pouvoit transmuter ces substances en or ou en argent, qu'ils regardoient comme des métaux parfaits. (Ch.)

DEMI-MUSEAU (*Ichthyol.*) , nom de l'espadon , *hemiramphus brasiliensis*. Voyez DEMI-BEC. (H. C.)

DEMI-OPALE. (*Min.*) C'est la traduction du mot *halbopal*, nom donné par les minéralogistes allemands à une variété de SILEX-RÉSINITE. Voyez ce mot. (B.)

DEMI-PAON. (*Entom.*) C'est le *sphinx ocellata*. (C. D.)

DEMIDOFIA. (*Bot.*) Un des genres sans nom de Walther, dans la Flore de la Caroline, est nommé ainsi par Gmelin : il paroît n'être qu'une espèce de *dichondra* dans la famille des convolvulacées. Pallas, dans ses Plantes de Russie, avoit aussi établi un genre *Demidovia*, qui est le *tetragonia expansa* de Murrai. (J.)

DEMOISELLE. (*Bot.*) Voyez BOIS DE DEMOISELLE. (J.)

DEMOISELLE (*Bot.*), nom d'une variété de poire. (L. D.)

DEMOISELLE. (*Ornith.*) Dans les environs de Verdun on appelle ainsi la mésange à longue queue, *parus caudatus*, Linn. A Saint-Domingue ce nom se donne à l'espèce de carouge nommée petit cul-jaune à Cayenne, *oriolus xanthornus*, Linn., et au couroucou à ventre rouge ou damoiseau , *trogon roseigaster*, Vieill. Enfin on appelle demoiselle de Numidie la grue de cette contrée, *ardea virgo*, Linn., qui, suivant M. Savigny, est la crex des Grecs. (Ch. D.)

DEMOISELLE. (*Ichthyol.*) On a nommé ainsi un petit poisson fort commun sur la côte d'Antibes et de Gênes. C'est la *girella* de Rondelet , que les Italiens nomment *donzellina* et *zigurella;* la girelle de la Méditerranée, *labrus julis*, Linn. (Voyez GIRELLE.)

Quelques auteurs ont donné ce nom à la flambe de mer. Voyez CÉPOLE.

Ruysch a donné le même nom de demoiselle à plusieurs petits poissons d'Amboine. (H. C.)

DEMOISELLE MONSTRUEUSE. (*Ichthyol.*) On a quelquefois ainsi appelé le squale-marteau. Voyez ZIGÈNE. (H. C.)

DEMOISELLES. (*Entom.*) On a donné ce nom, en françois, à des insectes névroptères très-différens les uns des autres, aux insectes parfaits que produisent les larves des fourmilions, aux hémérobes qui proviennent des lions des pucerons; et, enfin, à tous les insectes des genres de la famille des libellules ou odonates, qu'on appelle encore vulgairement des prêtres dans certains départemens. (Voy. les mots Libellules, Odonates, Æshne, Agrion.) Pour éviter toute équivoque, nous préférons de renvoyer au mot Libellule les détails que nous avions eu d'abord l'intention de faire connoître dans cet article. (C. D.)

DEMOLVA (*Bot.*), nom ancien arabe du laurier, suivant Avicenne, cité par Mentzel. (J.)

DÉMOPHILE. (*Entom.*) C'est le nom donné par Linnæus à un papillon des Indes. (C. D.)

DEMORDIUM. (*Bot.*) Voyez Dermodium. (Lem.)

DEMOS (Bot.), ancien nom du catananche, cité dans Dioscoride. (H. Cass.)

DEMSISE, DEMSYSEH (*Bot.*), plante commune dans les îles du Nil voisines du Caire, que Forskaël nomme *ambrosia villosissima*, et qui est rapportée par M. Delile à *l'ambrosia maritima*. (J.)

DEN (*Bot.*), nom japonois de l'azedarach. (J.)

DENABA, DHENABA (*Bot.*), nom arabe du *reseda hexagyna* de Forskaël, que Vahl rapporte au *reseda canescens* de Linnæus. (J.)

DENDE. (*Bot.*) C. Bauhin cite sous ce nom, d'après Imperato, un ricin dont l'espèce n'est pas déterminée. (J.)

DENDERA (*Ichthyol.*), nom d'une espèce de mormyre, *mormyrus dendera* de Geoffroy, *mormyrus anguilloides* de Linnæus, que l'on trouve dans le Nil, près du village de Denderah, sur le sol qu'occupoit l'ancienne Tentyris. Voyez Mormyre. (H. C.)

DENDRAGATE (*Min.*), Dendrites ou arborisation dans une agate : nom donné aux agates arborisés. Voyez Silex, Agate et Dendrites. (B.)

DENDRITES, Dendroïdes, Dendrolithes. (*Foss.*) On a quelquefois donné ces noms aux arbres fossiles. (D. F.)

DENDRITES. (*Min.*) On désigne sous ce nom des dessins

naturels qu'on observe sur divers minéraux, et qui représentent assez bien de petits arbrisseaux très-ramifiés et semblables aux bruyères. On les nomme aussi *arborisations*, et, suivant leur manière d'être et les différens végétaux avec lesquels on les a comparés, on leur a imposé des noms très-variés, qui peuvent donner souvent de fausses idées d'analogie : tels sont ceux de *lichenides*, *phycilites*, *limnites*, *chorolites*, *némolites*, *éricites*, et même celui de *stigmites*, lorsqu'elles ne présentent que des taches, etc. Nous avons déjà parlé de cette particularité au mot ARBORISATION; mais de nouvelles considérations nous engagent à ajouter les faits et les remarques suivantes à ce qui a été dit dans cet article.

En examinant les différentes pierres arborisées ou ornées de dendrites, on observe que, parmi ces arborisations ou dendrites, les unes sont superficielles et disposées sur un même plan, et que d'autres, développées dans l'intérieur même de certaines pierres, sont ramifiées dans toutes sortes de directions. M. Patrin avoit déjà fait cette distinction.

Nous avons indiqué, à l'article ARBORISATION, comment se présentoient ordinairement les dendrites superficielles, et comment on pouvoit concevoir leur formation.

Ces dendrites superficielles sont généralement peu adhérentes à la pierre. Dans quelques cas un frottement, même foible, peut les enlever. Lorsqu'on ouvre, suivant une de ses fissures naturelles, une pierre susceptible d'en présenter, les deux faces mises à découvert offrent absolument le même dessin dendritique.

Si ces pierres sont coupées par plusieurs fissures tombant l'une sur l'autre sous divers angles, on remarque que les dendrites partent ordinairement de la ligne de rencontre de ces fissures incidentes, et qu'elles sont plus abondantes et plus denses sur les bords de cette ligne.

Un autre phénomène encore plus remarquable, et dont on peut voir un bel exemple dans le Traité des pétrifications de Knorr, tom. 1, pl. XIII, fig. 2, c'est l'influence que certains corps organisés pétrifiés ont eue sur la production des dendrites. On voit un crustacé qui paroît être une écrevisse, et dont tout le contour est comme hérissé de dendrites.

Les dendrites superficielles sont les plus communes ; leur

couleur la plus ordinaire est le brun rougeâtre et le noir foncé ; et elles sont généralement composées d'oxide de fer, d'oxide de manganèse, quelquefois de fer sulfuré, et même de métaux natifs, tels que l'or, l'argent et le cuivre.

Les pierres qui présentent ces dendrites superficielles sont assez variées ; on en trouve principalement dans les fissures du calcaire compacte, et de la marne calcaire, solide ou fissile.

Les carrières de Papenheim, de Solenhofen et d'Eichstædt, offrent de superbes échantillons de ces dendrites noires et rougeâtres.

On en rencontre aussi, mais plus rarement, entre les feuillets des schistes, des phyllades pailletées, etc. : celles-ci sont presque toujours métalliques et formées par des sulfures de fer ou de cuivre. Tels sont celles qu'on voit entre les feuillets des ardoises des environs d'Angers.

Les fissures très-minces, qui séparent les différentes couches dont sont composées les concrétions mamelonnées de cuivre malachite, sont quelquefois recouvertes de dendrites noires, qui font un très-bel effet sur le fond vert de ce minéral.

On remarque une disposition à peu près analogue sur les feuillets courbes des coquilles fossiles, ou même à leur surface, comme sur les paludines de Bouxwiller. Les ammonites en présentent également ; mais il ne faut pas confondre les sinuosités nombreuses et anguleuses de leurs articulations, comme on l'a fait quelquefois, avec les véritables dendrites qui les recouvrent. Enfin on en voit jusque sur les surfaces des os fossiles.

Les dendrites profondes sont plus rares, et la cause qui les a produites est bien plus difficile à concevoir.

Ces dendrites présentent l'aspect d'un arbrisseau fort petit, dont les branches, au lieu d'être-développées sur un ou sur plusieurs plans, se ramifient dans toutes les directions. Il résulte de cette disposition que, dans quelque sens qu'on coupe ces dendrites, on les rencontre constamment, et qu'elles se présentent toujours avec un certain développement. Dans les dendrites superficielles, la matière colorante s'est répandue dans les fissures étroites, et s'y est étendue sous forme d'arborisation. Le minéral arborisé étoit nécessairement solide au moment de la formation des dendrites, dont la matière n'aûroit pas pu le pénétrer s'il n'eût pas été fissuré. Mais, dans les dendrites profondes, on ne peut admettre une pareille disposition dans le minéral pénétré d'arborisation, et on ne peut se figurer l'introduction de la matière et son expansion en rameaux dans toutes sortes de directions, qu'en supposant que ce minéral étoit mou, ou même dans un état comme gélatineux, au moment de la pénétration de la matière des dendrites.

Il suffit d'examiner avec attention la manière d'être des arborisations, souvent très-belles, des agates arborisées (qui, par leur translucidité, permettent facilement cet examen), pour être persuadé que cette pierre, malgré sa dureté actuelle et son indissolubilité par les moyens naturels connus, étoit dans un état mou et gélatineux au moment où ces dendrites s'y sont formées. Quant aux causes de cette mollesse, ce n'est point ici le lieu de les rechercher; d'ailleurs nous ne pourrions en assigner aucune qui soit admissible. Enfin il n'est pas nécessaire de les connoître pour supposer dans les agates un état que la présence et la disposition des dendrites profondes semblent suffisamment nous indiquer.

Les dendrites profondes sont, comme nous l'avons annoncé, beaucoup moins communes que les superficielles.

On en rencontre,

Dans le calcaire compacte fin; elles y sont noires:

Dans la stéatite:

Dans les agates calcédoines; ce sont les plus belles et les plus recherchées: -

Dans le quarz et la lithomarge; celles-ci sont formées ordinairement par de l'argent natif:

Dans le jaspe rouge; elles sont dues au bismuth:

Dans certains psammites micacés:

Dans la calamine de Tarnowiz en Silésie.

Toutes ces dendrites sont moins ramifiées, à rameaux moins nets, et en général beaucoup moins belles que celles du calcaire compacte et de l'agate.

On ne doit appliquer la théorie que nous avons tenté de donner de leur formation qu'à celles qui se trouvent dans des pierres homogènes et compactes, telles que l'agate, le calcaire : les autres paroissent devoir leur origine à des causes un peu différentes, et avoir été formées, les unes en même temps que les pierres qui les renferment, comme celles de bismuth dans le jaspe, et de zinc oxidé dans la pâte ferrugineuse des calamines; et d'autres par une infiltration postérieure à la formation de la roche, lorsque celle-ci étoit poreuse, comme celle des psammites ou grès micacé de Chemnitz. (B.)

DENDRIUM (*Bot.*), nom générique sous lequel M. Desvaux (Journ. bot., 2, pag. 36) expose un genre déjà établi par Pursh sous celui d'Ammyrsine (voyez ce mot) pour le *ledum thymifolium*, que M. Persoon avoit aussi distingué, par une sous-division, sous la dénomination de *leiophyllum*. (Poir.)

DENDROBIUM. (*Bot.*) Genre de plantes monocotylédones, à fleurs incomplètes, irrégulières, de la famille des *orchidées*, de la *gynandrie diandrie* de Linnæus, dont le caractère essentiel consiste dans une corolle (un calice) à cinq pétales redressés, étalés; les deux latéraux extérieurs, soudés par leur base avec un sixième pétale en lèvre, offrant souvent une sorte de corne par leur réunion; une anthère terminale, operculée; le pollen distribué en plusieurs paquets; la colonne des organes sexuels articulée avec la lèvre; point d'éperon; une capsule oblongue, uniloculaire, à trois valves polyspermes.

Ce genre a d'abord été établi pour plusieurs espèces renfermées dans les *epidendrum* (angrec), auxquelles en ont été ajoutées beaucoup d'autres découvertes, particulièrement dans l'Amérique méridionale, par MM. Swartz, de Humboldt et Bonpland, etc.; d'autres à la Nouvelle-Hollande, par M. Rob. Brown. Presque toutes sont parasites : les unes pourvues de tiges feuillées, d'autres n'ayant que des feuilles radicales; le pollen ordinairement distribué en quatre paquets, rarement en deux. Parmi les espèces nombreuses contenues dans ce genre nous ne citerons que les suivantes avec quelques détails : plusieurs autres ont été depuis placées parmi les Brughtonia, Pleurothallis, Octomeria. (Voyez ces mots.)

Dendrobium de Barrington : *Dendrobium Barringtoniæ*, Swartz, *Nov. act. Ups.*, 6, p. 82; Willd., *Spec.*, 4, p. 132.; *Epidendrum Barringtoniæ*, Smith, *Icon. pict.*, tab. 25. Ses racines sont pourvues de plusieurs bulbes, d'où sortent trois ou quatre feuilles pétiolées, oblongues, acuminées, glabres, nerveuses. Les tiges ou hampes sont radicales et se terminent par une seule fleur, rarement deux ou trois, pédicellées et sortant d'une bractée en forme de gaine ; le pétale inférieur ou la lèvre frangée sur ses bords. Elle croît sur les arbres à la Jamaïque. On trouve dans le même pays le *dendrobium palmifolium* (Swartz, *Flor. Ind. occid.*), à feuilles beaucoup plus larges, au moins longues d'un pied, lancéolées, rétrécies en pétiole ; chaque bulbe ne produit qu'une feuille : les tiges nues, plus longues que les feuilles, soutenant de grandes fleurs, presque unilatérales, un peu pédicellées : les capsules sont longues d'un pouce, aiguës à leurs deux extrémités, trigones, velues en dedans.

Dendrobium maculé ; *Dendrobium maculatum*, Kunth *in* Humb. et Bonpl., *Nov. gen.*, 1, pag. 359 : espèce découverte dans les forêts de la province de Bracamora. Sa bulbe est ovale et cannelée ; ses feuilles toutes radicales, planes, lancéolées, aiguës, longues d'un pied et plus ; la tige comprimée, chargée de plusieurs fleurs en épis, odorantes, pédicellées ; les pétales lancéolés, un peu aigus, ondulés à leurs bords, verdâtres, tachetés de brun, longs d'un pouce ; la lèvre blanche, oblongue, onguiculée, avec des stries violettes ; quatre paquets de pollen à l'extrémité d'un pédicelle commun très-court.

Dendrobium a grandes fleurs ; *Dendrobium grandiflorum*, Kunth, *l. c.*, tab. 88 : très-belle espèce des Andes de Puruguaya, dont la bulbe est brune, longue de trois pouces ; les hampes droites, hautes de six pouces, couvertes d'écailles membraneuses ; les feuilles longues d'un pied, lancéolées, aiguës, rétrécies à leur base, toutes radicales ; une fleur solitaire, terminale ; la corolle blanche ; les pétales charnus, striés, ovales-oblongs, aigus, longs d'un pouce ; le supérieur droit et concave ; les latéraux roulés à leurs bords ; les deux intérieurs une fois plus courts ; la lèvre onguiculée, rougeâtre, longue d'un pouce et demi, ovale, obtuse, concave, ondulée à ses bords ; la colonne arquée, ponctuée de rouge, triangulaire à son sommet.

Dendrobium utriculé ; *Dendrobium utricularioides*, Swartz,

Nov. act. Ups., 6, pag. 83. Ses feuilles sont toutes radicales, engainées à leur base, planes, lancéolées, aiguës ; les tiges droites, longues d'un pied, couvertes de petites écailles ; une panicule lâche, terminale, chargée de fleurs alternes, pédicellées, d'un blanc un peu rougeâtre, semblables, avant leur épanouissement, à celles des utriculaires ; cinq pétales fort petits, redressés ; les trois extérieurs ovales, lancéolés, blanchâtres ; les deux intérieurs marqués de stries violettes ; la lèvre six fois plus grande, bilobée à son sommet ; les capsules striées, longues d'un demi - pouce. Elle croît sur les arbres, à la Jamaïque.

DENDROBIUM TESTICULÉ ; *Dendrobium testiculatum*, Swartz, *Act. Ups. et Fl. Ind. occid.*, 3, pag. 1533. Plante de la Nouvelle-Espagne, dont les tiges sont filiformes, pourvues de quelques écailles vaginales ; les feuilles toutes radicales, droites, subulées, cylindriques, longues de deux ou trois pouces ; trois à six fleurs blanches, petites, pédonculées ; les trois pétales extérieurs plus courts, aigus ; les deux intérieurs lancéolés, obtus, un peu ventrus, et formant sur le milieu du pétale inférieur une sorte de bourse à deux loges ; les capsules oblongues, pédicellées.

DENDROBIUM HÉRISSON ; *Dendrobium tribuloides*, Swartz, *l. c.* Cette espèce croît dans les forêts de la Jamaïque. Ses racines sont nombreuses et crépues ; ses tiges à peine hautes d'un demi-pouce, munies d'une seule feuille roide, lancéolée, obtuse ; les fleurs petites, solitaires et rougeâtres ; les capsules arrondies, hérissées, de la grosseur d'un petit pois.

DENDROBIUM CORNICULÉ ; *Dendrobium corniculatum*, Swartz, *l. c.* Ses racines sont filiformes et rampantes ; ses tiges très-courtes, pourvues d'une seule feuille droite, oblongue, cunéiforme à sa base, aiguë, longue d'un pouce ; les pédoncules solitaires plus longs que les feuilles, presque capillaires, sortant d'une gaine latérale, et ne soutenant qu'une seule fleur courbée en forme de corne ; la corolle pâle, à peine ouverte ; les capsules petites, pentagones. Elle croît à la Jamaïque, sur le tronc des vieux arbres.

DENDROBIUM EN LANCE : *Dendrobium lanceolatum*, Swartz, *l. c.* Plante des hautes montagnes de la Jamaïque, dont les tiges sont courtes, nombreuses, garnies d'une seule feuille lancéolée, aiguë; les pédoncules de la longueur des feuilles, soutenant deux fleurs fort petites, d'un jaune orangé; les capsules oblongues, de la grosseur d'un grain de poivre. Dans le *dendrobium sertularioides*, Swartz, *l. c.*, qui croît aux mêmes lieux, les tiges sont articulées, filiformes, rampantes; de chaque articulation sortent de petites racines fibreuses, d'où s'élèvent des rameaux courts avec une seule feuille lancéolée, longue d'un pouce; les pédoncules sont latéraux, uniflores; les fleurs fort petites, blanchâtres, jaunes à leur sommet; les capsules oblongues, très-petites.

Dendrobium a grappes : *Dendrobium racemosum*, Swartz, *l. c.* Ses tiges sont longues de deux ou trois pouces, pourvues d'une feuille oblongue, obtuse, rétrécie en pétiole à sa base; les fleurs nombreuses, unilatérales, inclinées, disposées en une grappe terminale : la corolle purpurine, à demi ouverte, tétragone, acuminée; les capsules glabres, fort petites. Elle croît sur les hautes montagnes, à la Jamaïque, ainsi que le *dendrobium alpestre*, Swartz, *l. c.*, dont les tiges, hautes de deux pouces, ne portent qu'une seule feuille, sessile, ovale, lancéolée, obtuse; les fleurs sont nombreuses, alternes, unilatérales, disposées en grappes lâches; la corolle pâle ou d'un vert jaunâtre; les capsules pédicellées, oblongues, trigones, en bosse, à six angles saillans; un double rang de dentelures épineuses sur chaque angle; les semences blanches.

Dendrobium a grappes laches : *Dendrobium laxum*, Swartz, *l. c.* Cette plante, des hautes montagnes de la Jamaïque, a des tiges hautes de deux à quatre pouces, avec une seule feuille oblongue, acuminée, quelquefois bifide à son sommet. Les fleurs sont alternes, unilatérales, disposées en grappes lâches, filiformes, un peu flexueuses, presque aussi longues que les feuilles, d'un pourpre foncé; les capsules glabres, ovales, trigones.

Dendrobium fluet : *Dendrobium pusillum*, Kunth *in* Humb. et Bonpl., *Nov. gen.*, 1, pag. 357 : espèce qui croît au Pérou sur les arbres, aux environs de Loxa. Elle est fort petite. Ses tiges, à peine longues d'un demi-pouce, sont munies, vers leur sommet, d'une feuille elliptique, longue de trois lignes; les pédoncules solitaires, terminaux, géminés ou ternés à une ou deux fleurs; la corolle jaunâtre : les trois pétales extérieurs oblongs, lancéolés, acuminés et filiformes à leur sommet; le supérieur libre, concave : les capsules glabres, couronnées par la corolle persistante et desséchée. Dans le *dendrobium acuminatum*, Kunth, *l. c.*, les tiges sont longues d'un pied et demi, couvertes de gaines aiguës, longues d'un pouce; la feuille oblongue, coriace, aiguë; un épi terminal; la corolle rougeâtre; les trois pétales extérieurs linéaires-lancéolés. Elle croît au Pérou.

Dendrobium élégant; *Dendrobium elegans*, Kunth, *l. c.* : très-belle espèce, de la Nouvelle-Grenade, dont les tiges sont longues de huit à neuf pouces; la feuille plane, oblongue, obtuse, d'environ six pouces; quatre ou cinq épis terminaux; la spathe de couleur brune; les fleurs inclinées, presque unilatérales; les bractées ovales, aiguës, plus longues que les pédicelles; la corolle blanche, diaphane, très-ouverte, parsemée de nervures et de points violets : les pétales extérieurs oblongs, un peu obtus, à trois nervures, longs de trois lignes; le supérieur concave; les deux intérieurs une fois plus courts, oblongs, arrondis à leur sommet : le pollen distribué en deux paquets.

Dendrobium aggrégé; *Dendrobium aggregatum*, Kunth, *l. c.* Plante parasite, dont les racines sont simples, cylindriques; les tiges rampantes et rameuses, couvertes de gaines sèches, et de feuilles planes, disposées sur deux rangs, lancéolées, obtuses, longues d'un pouce et demi; les fleurs aggrégées au sommet des rameaux : les pétales extérieurs ovales, lancéolés, aigus, longs de trois lignes; le supérieur libre et concave; les latéraux intérieurs plus courts que les extérieurs : la lèvre onguiculée, roulée à son sommet; le pollen distribué en quatre paquets presque sessiles; l'ovaire de la longueur de la corolle. Elle croît sur les Andes du Pérou, entre Menesès et la ville de Pasto.

Dendrobium a longues feuilles; *Dendrobium longifolium*, Kunth, *l. c.* Cette espèce croît sur la terre, ainsi que la suivante, dans la province de Popayan. Ses racines sont tubéreuses; ses feuilles linéaires-lancéolées, aiguës, longues d'un pied; ses tiges droites, hautes de deux pieds, chargées de fleurs en épis, de bractées linéaires, subulées; la corolle verte, étalée; les trois pétales extérieurs lancéolés, aigus, longs de six à sept lignes; les deux intérieurs un peu plus larges que les extérieurs; la lèvre onguiculée, en capuchon à sa base, sinuée et réfléchie à ses bords, ondulée et crénelée à son sommet, de couleur purpurine, munie en dedans de deux papilles, de stries et de soies noirâtres; les capsules cylindriques, hexagones.

DENDROBIUM A LARGES FEUILLES : *Dendrobium latifolium,* Kunth, *l. c.* Ses racines sont bulbeuses; ses feuilles ovales-oblongues, aiguës, plissées, longues d'un pied, rétrécies à leur base, à trois nervures; ses tiges droites, rouges, hautes de deux pieds, soutenant des fleurs en épis, munies de bractées oblongues, lancéolées, acuminées; la corolle d'un jaune teint de rose, presque à deux lèvres : les trois pétales extérieurs inégaux; le supérieur lancéolé, obtus, rétréci à sa base; les latéraux plus courts, obliques, rapprochés; les deux intérieurs oblongs, aigus : la lèvre, onguiculée, une fois plus courte que les pétales, réfléchie et marquée à son sommet de cinq points oranges; la colonne arquée, canali-culée. Elle croît dans les Andes de Pasto, proche Menesès.

DENDROBIUM PONCTUÉ : *Dendrobium punctatum,* Smith, *Bot. exot.,* tab. 12. Espèce de la Nouvelle-Hollande, dont les tiges sont simples, presque nues; les feuilles inférieures très-courtes, presque imbriquées, en forme d'écailles; les pétales rougeâtres, ponctués, droits, lancéolés, presque égaux; la lèvre ou le pétale inférieur à trois lobes.

On trouve encore, citées par Swartz et quelques autres auteurs, les espèces suivantes : 1.°, *Dendrobium myosurus,* Swartz, *Nov. act. Ups.* 6, pag. 82; Forst. *Prodr.* 317 (*sub epidendro*) : les feuilles sont linéaires-lancéolées, canaliculées, un peu échancrées; les hampes nues, soutenant un épi filiforme, incliné. 2.° *Dendrobium moschatum,* Swartz, *l. c.;* Sims, *Amb. Ava,* tab. 26 (*sub epidendro*) : ses tiges sont radicantes, mar-quées de huit cannelures; les feuilles disposées sur deux rangs, lancéolées, obtuses; les grappes opposées aux feuilles; la lèvre de la corolle entière, pileuse en dedans; la lame en forme de capuchon. 3.° *Dendrobium biflorum,* Swartz, *l. c.;* Forst., *Prodr.,* pag. 318 (*sub epidendro*) : plante des îles de la Société, à tige simple, cylindrique ; les feuilles disposées sur deux rangs, planes, linéaires-lancéolées ; deux pédoncules opposés aux feuilles, très-courts, sortant de la base des gaines. 4.º *Dendrobium anceps*, Swartz, *l. c.* : espèce des Indes orientales, à tige simple, à deux angles ; les feuilles distiquées, planes, en forme de scalpel ; deux pédoncules très-courts, sortant de la base des gaines. 5.º *Dendrobium crumenatum*, Swartz, *l. c.*; *Angrecum cumenatum*, Rumph., *Amb.* 6, tab. 47, fig. 2 : ses tiges sont médiocrement rameuses, un peu comprimées, tubéreuses à leur base, garnies de feuilles ovales-lancéolées ; les fleurs distantes, alternes, géminées, prolongées en pointe et disposées en un épi terminal. Elle croît dans les Indes. 6.º *Dendrobium crispatum*, Swartz, *l. c.*; Forst., *Prodr.* 315 (*sub epidendro*) : plante des îles de la Société, à tige rameuse, élancée ; les feuilles cylindriques, filiformes, un peu courbées ; les fleurs disposées en grappes simples et latérales. 7.º *Dendrobium javanicum*, Swartz, *l. c.* : ses tiges sont radicantes ; ses feuilles redressées, pétiolées, élargies, lancéolées, obtuses ; les pétioles en forme de gaine à leur base, d'où sortent des hampes chargées de plusieurs fleurs. 8.º *Dendrobium linguæforme*, Swartz, *l. c.*; Smith, *Exot. Bot.*, tab. 11 : plante des îles de la mer Pacifique, à tige radicante ; les feuilles sessiles, ovales, charnues ; de leurs aisselles s'élèvent des hampes chargées d'un grand nombre de fleurs. 9.º *Dendrobium reptans*, Swartz, *l. c.* : sa tige est bulbeuse et radicante ; ses bulbes produisent deux feuilles ovales, et les hampes s'élèvent immédiatement des racines. 10.º *Dendrobium galeatum*, Swartz, *l. c.* : elle croît à la Sierra-Leone. D'une souche rampante et radicante sortent plusieurs tiges munies d'une seule feuille élargie, lancéolée, obtuse ; les fleurs sont nombreuses, disposées en grappes ; les corolles de forme conique, courbées en casque. 11.º *Dendrobium pumilum*, Swartz, *l. c.* : de la Sierra-Leone, ainsi que les deux suivantes. Ses tiges sont filiformes, radicantes et bulbifères ; il sort des bulbes une feuille oblongue ; les hampes sont très-grêles, alongées, flexueuses à leur sommet. 12.º *Dendrobium roseum* : ses tiges sont droites, sans feuilles, couvertes de gaines membraneuses, ovales-lancéolées ; les fleurs presque coniques, disposées en grappes terminales; la lèvre de la corolle en forme de spatule et crénelée. 13.° *Dendrobium paniculatum :* ses tiges sont revêtues, à leur partie inférieure, de feuilles oblongues, obtuses, échancrées; les épis filiformes, paniculés, très-rapprochés.

M. Rob. Brown a découvert, à la Nouvelle - Hollande, plusieurs autres espéces de *dendrobium*, qu'il a mentionnées dans son *Prodrom. plant. Nov. Holl.*, vol. 1, pag. 332. Tels sont le *Dendrobium undulatum*, à feuilles oblongues, échancrées; les grappes très-longues, opposées aux feuilles; les pétales intérieurs de la corolle ondulés; la lèvre à cinq plis en carène en dedans; le lobe du milieu oblong. *Dendrobium speciosum*, Brown, *l. c.;* Smith., *Exot. Bot.*, tab. 10 : ses tiges sont droites, munies vers leur sommet de deux ou trois feuilles ovales-oblongues, très-entières; les fleurs nombreuses, réunies en une grappe terminale, plus longue que les feuilles; les pétales étroits, oblongs; la lèvre à un seul pli vers sa base; le lobe du milieu sans pli, plus large que long. *Dendrobium æmulum*, Brown, *l. c.* : très-rapprochée de la précédente, elle en diffère par ses pétales linéaires; la lèvre a trois plis vers sa base; le lobe du milieu, à demiovale, un peu aigu, a un pli en carène. *Dendrobium canaliculatum*, Brown, *l. c.* : ses tiges sont droites, courtes, en forme de bulbe, soutenant à leur sommet environ trois feuilles à demi cylindriques, charnues, canaliculées, aiguës; une hampe terminale; les fleurs en grappes; les pétales oblongs; les lobes latéraux de la lèvre oblongs; celui du milieu un peu arrondi, aigu. *Dendrobium rigidum*, Brown, *l. c.* : ses tiges sont rampantes; les feuilles charnues, oblongues, lancéolées, aiguës; les grappes lâches, de la longueur des feuilles; les pétales oblongs, un peu aigus, aussi longs que la lèvre. *Dendrobium teretifolium*, Brown, *l. c.* : distingué par ses tiges rampantes; ses feuilles filiformes, cylindriques; les pétales alongés, linéaires, rétrécis à leur sommet; la lèvre à trois plis; le lobe du milieu linéairelancéolé, crépu, acuminé. (POIR.)

DENDROBRYON. (*Bot.*) Fabius Columna a fait connoître le premier (*Ecphr.* 84, tab. 83, fig. 2), sous ce nom, l'usnée articulée, *usnea articulata*, Linn. (LEM.)

DENDROCOLAPTES. (*Ornith.*) Ce nom grec du pic a été adopté par Illiger, d'après Hermann, comme dénomination générique des talapiots et des picucules, qui comprennent les grimpars de M. Levaillant. Ce nom a été changé par M. Vieillot en celui de *dendrocopus*, qui forme le cent-cinquante-huitième genre de sa méthode. (Cн. D.)

DENDRO-FALCO. (*Ornith.*) Gesner traite dans le même article du *dendro-falco* et du *litho-falco*, qui sont les *falco arborarius* et *lapidarius* d'Aldrovande, c'est-à-dire, le hobereau et le rochier, *falco subbuteo*, Linn., et *falco litho-falco*, Gmel. Mais, quoique Brisson et Buffon soient d'accord sur ces synonymies, il y a erreur de dénomination ou de citation pour les mêmes oiseaux, dont l'un est représenté par Frisch, pl. 86, avec le nom additionnel d'*œsalus*, et l'autre, pl. 87, avec celui de *smerlus*; car ces planches sont indiquées d'une manière inverse dans les deux auteurs françois. Brisson cite la pl. 86 au mot Rochier, huitième espèce de son genre *Accipiter*, et la pl. 87 au mot Hobereau, vingtième espèce du même genre; tandis que Buffon renvoie pour le hobereau au *litho-falco* ou *œsalus* de Frisch, pl. 86, et pour le rochier au *dendro-falco* ou *smerlus* de l'auteur allemand, pl. 87. Mais le rapprochement des citations qui se trouvent quelques pages plus loin, à la vingt-troisième espèce de Brisson, achèvera de faire sentir combien il est difficile d'éviter les erreurs ou la confusion dans de nombreuses synonymies : cette espèce est l'émerillon, avec les dénominations d'*œsalon* et de *smerlus*, mots dont on vient de voir une application différente. (Cн. D.)

DENDROIDE. (*Entom.*) M. Latreille a donné ce nom à un petit genre d'insectes coléoptères hétéromérés à antennes branchues. M. Fischer, de Moscou, a décrit et figuré une espèce du même genre, mais sous le nom de *pogonocère*, qui signifie antennes barbues. (C. D.)

DENDROIDES. (*Bot.*) Roussel (Flore du Calvados) réunit sous ce nom générique les *fucus pumilus* et *pinastroides*, Stackh., qui sont droits, rameux et portent leur fructification sur les derniers rameaux. La première de ces espèces rentre dans le genre *Chondrus*, Lmx., et la deuxième dans le *Ceramium* de Decandolle et le *Rityphlœa* d'Agardh : celle-ci est le *ceramium incurvum* de la Flore françoise. D'après cela on peut juger que le genre *Dendroides* n'est rien moins que naturel. (Lем.)

DENDROITES (*Min.*), synonyme de Dendrites. Voyez ce mot. (B.)

DENDROLIBANUS. (*Bot.*) Suivant Dalechamps, on trouve sous ce nom le cèdre du Liban dans quelques livres d'agriculture. (J.)

DENDROMALACHE (*Bot.*), nom grec ancien de la rose trémière, *alcea rosea*, suivant Dalechamps. (J.)

DENDROPHORE et DENDROPHYLES (*Min.*), synonymes de Dendrites. Voyez ce mot. (B.)

DENEBALCHAIL. (*Bot.*) Voyez Daneb-alchais. (Lem.)

DENEKIA. (*Bot.*) [*Corymbifères*, Juss.; *Syngénésie polygamie superflue*, Linn.] Thunberg (*Prodr.* p. 153) a fait connoître, sous le nom de *denekia capensis*, une plante aquatique du cap de Bonne-Espérance, qui se rapporte à la famille des synanthérées, et qui offre, suivant l'auteur, les caractères suivans :

La calathide est couronnée, composée d'un disque régulariflore, androgyniflore, et d'une couronne biliguliflore, féminiflore ; le péricline est formé de squames imbriquées, dont les intérieures sont scarieuses ; le clinanthe est inappendiculé ; les cypsèles sont inaigrettées.

La dénékie du Cap a la tige herbacée, haute d'environ sept pouces, presque dressée, cylindrique, striée, tomenteuse, divisée en rameaux penchés à leur sommet; les feuilles alternes, demi-amplexicaules, oblongues-lancéolées, obtuses-mucronées, très-entières, ondulées, glabres en-dessus, tomenteuses en-dessous, les inférieures longues de deux pouces, les autres progressivement plus courtes ; les calathides disposées en une panicule terminale resserrée.

Les renseignemens que Thunberg a donnés sur ce genre, sont insuffisans pour nous indiquer celle de nos tribus naturelles dans laquelle on doit le classer. A peine osons-nous conjecturer que ce pourroit être une inulée. M. de Jussieu croit qu'il est voisin de l'*ethulia*, du *sparganophorus*, du *balsamita*. M. Decandolle le range parmi ses labiatiflores douteuses, à côté du *disparago* ; et M. la Gasca, parmi ses chénantophores anomales, à côté de l'*onoseris*, parce que ces deux botanistes confondent les corolles labiées avec les corolles biligulées. Les corolles vraiment labiées sont tou-

13.
5

jours masculines ou staminées, et par conséquent elles occupent toujours le disque quand la calathide est couronnée ;
elles n'existent que dans les deux tribus naturelles des mutisiées et des nassauviées. Au contraire, les corolles biligulées
sont toujours instaminées ou non-masculines, d'où il suit
qu'elles forment toujours la couronne de la calathide ; et
on peut en rencontrer dans toute autre tribu naturelle que
celles qui viennent d'être citées. C'est ainsi que le *galinsoga
trilobata*, dont nous avons fait notre nouveau genre *Sogalgina*,
porte une couronne biliguliflore, quoiqu'il appartienne à la
tribu des hélianthées. (H. Cass.)

DENIRA. (*Bot.*) Adanson nomme ainsi le genre appelé
iva par Linnæus et par tous les autres botanistes. (H. Cass.)

DENISÆA (*Bot.*), nom générique sous lequel Necker
désignoit le *phryma dehiscens* de Linnæus fils, distinct par son
calice fendu latéralement à l'époque de sa maturité, et par
le limbe de la corolle presque régulier. (J.)

DENNSTÆDTIA (*Bot.*), genre de fougère établi par Bernhardi sur le *trichomanes flaccidum*, Forst., et qui a été réuni
au genre *Dicksonia* par Swartz, Schkurh et Willdenow. Voy.
Dicksonia. (Lem.)

DÉNOMINATIONS CHIMIQUES. (*Chim.*) Voyez l'article
Corps, tome 10, pag. 520 et suivantes. (Ch.)

DENS LEONIS. (*Bot.*) Le genre que Tournefort nommoit
ainsi, correspond en tout ou en partie au *leontodon*, au *taraxacum*, à l'*hyoseris* et à l'*hieracium* des botanistes modernes.
Le *dens leonis* de Vaillant est restreint au seul *taraxacum*.
(H. Cass.)

DENT-DE-LION (*Bot.*), nom vulgaire du *leontodon*.
(H. Cass.)

DENT DE SCIE. (*Entom.*) Geoffroy a décrit sous ce nom
la cent-trentième phalène, qui est la *noctua serrata*. (C. D.)

DENT DE SERPENT. (*Foss.*) Luid a désigné sous ce nom
les glossopètres que l'on trouve dans l'île de Malte. Lithop.
Brit. n.° 1588. (D. F.)

DENT-DOUBLE. (*Ichthyol.*) On a donné ce nom à un
poisson du genre Crénilabre, *crenilabrus bidens*, qui avoit
été rangé parmi les lutjans. Voyez Crénilabre. (H. C.)

DENTAIRE (*Bot.*); *Dentaria*, Linn. Genre de plantes di-

cotylédones polypétales, hypogynes, de la famille des crucifères, Jussieu, et de la tétradynamie siliqueuse de Linnæus,
dont les principaux caractères sont les suivans : Calice de
quatre folioles ovales-oblongues, droites ; corolle de quatre
pétales, plus grands que le calice, et à limbe élargi ; six
étamines à filamens inégaux, quatre plus longs, deux plus
courts, portant tous des anthères sagittées ; un ovaire supérieur, surmonté d'un style terminé par un stigmate en tête ;
silique alongée, légèrement comprimée, terminée par le
style persistant, s'ouvrant avec élasticité en deux valves
qui se roulent sur elles-mêmes, divisée intérieurement en
deux loges contenant chacune plusieurs graines ovales,
convexes d'un côté, aplaties de l'autre, et placées dans l'é-
paisseur de la cloison, qui est comme spongieuse.

Les dentaires sont des plantes herbacées, à feuilles alternes, divisées, et à fleurs disposées en grappe terminale. On
en connoît aujourd'hui dix espèces, dont sept appartiennent à l'ancien continent, et les trois autres à l'Amérique
septentrionale.

DENTAIRE A TROIS FEUILLES : *Dentaria triphyllos*, Bauh., *Pin.*,
322 ; *Dentaria enneaphyllos*, Linn., *Spec.*, 912, Jacq., *Fl. Aust.*,
t. 316. Sa racine est horizontale, vivace ; elle donne naissance à une ou deux feuilles pétiolées, ternées, et à une tige
droite, simple, haute de huit à douze pouces, chargée aux
trois quarts de sa hauteur d'un verticille de trois feuilles pétiolées, composées de trois folioles lancéolées, glabres, dentées
en scie. Ses fleurs sont blanches, rarement violettes, assez
grandes, disposées en une grappe portée sur un pédoncule
qui s'élève du milieu du verticille de feuilles ; leurs étamines
sont égales aux pétales. Cette plante croit dans les lieux
ombragés des montagnes : on la trouve en France, en Italie
et en Autriche.

DENTAIRE DIGITÉE : *Dentaria digitata*, Lam., Dict. enc., 2,
p. 268 ; *Dentaria pentaphyllos*, *foliis mollioribus*, Garid., Aix,
152, t. 29. Sa racine est horizontale, composée d'écailles
blanches, charnues ; elle donne naissance à une tige redressée, haute d'un pied ou environ, glabre, chargée, dans
sa partie moyenne, de deux à trois feuilles alternes, pétiolées, digitées, composées de cinq folioles lancéolées, den-

tées en scie. Ses fleurs sont grandes, blanches, légèrement purpurines en dehors, quelquefois entièrement violettes, disposées en grappes peu garnies; leurs étamines sont moitié plus courtes que les pétales. Cette plante croît dans les bois des montagnes, en France, en Suisse et en Savoie.

DENTAIRE PINNÉE; *Dentaria pinnata*, Lam., Dict. encycl., 2, p. 268. Cette espèce a le même port et en partie les mêmes caractères que la précédente; elle en diffère seulement en ce que sa racine est moins écailleuse, plus solide, et surtout en ce que ses feuilles sont ailées, composées de sept à neuf folioles, quelquefois de cinq seulement, mais toujours, excepté la terminale, opposées deux à deux, et jamais digitées : ses fleurs sont blanches ou violettes. Elle croît dans les forêts des montagnes, en Languedoc, en Provence, en Dauphiné, en Alsace, dans les Pyrénées et dans les Alpes de la Suisse.

DENTAIRE BULBIFÈRE : *Dentaria bulbifera*, Linn., *Spec.*, 912; *Dentaria quarta baccifera*, Clus., *Hist.*, *CXXI*. Sa racine est horizontale, blanche, chargée d'écailles proéminentes : elle donne naissance à une tige simple, redressée, haute de douze à quinze pouces, garnie de feuilles dont les inférieures sont ailées, à sept folioles lancéolées, dentées; les supérieures à cinq ou trois folioles seulement, et les dernières tout-à-fait simples et sessiles. Presque toutes ces feuilles portent dans leurs aisselles, surtout les supérieures, des bulbilles arrondies ou ovoïdes. Les fleurs sont blanches, disposées en grappes, comme dans les espèces précédentes; elles avortent souvent, et la plante se multiplie au moyen de ses bulbilles. Cette espèce croît dans les forêts, en Auvergne, en Lorraine, en Picardie; on la trouve aussi dans plusieurs autres parties de l'Europe.

DENTAIRE A DEUX FEUILLES; *Dentaria diphylla*, Mich., *Flor. boreal. amer.*, 2, p. 30. Ses racines sont garnies de petits tubercules charnus; elles produisent plusieurs tiges, munies chacune de deux feuilles composées de trois folioles oblongues, inégalement incisées : ses fleurs sont jaunes. Cette espèce croît sur les montagnes de la Caroline. Les habitans du pays se servent de ses racines, qui ont une saveur piquante; ils l'emploient en assaisonnement, comme nous faisons de la moutarde.

Dentaire laciniée ; *Dentaria laciniata* , Willd. , *Spec.* , 3 , p. 479. Ses tiges sont glabres , hautes de quatre à six pouces , garnies de trois feuilles ternées , dont les folioles latérales sont bifides , et dont la moyenne est découpée en trois divisions ; les étamines sont de la longueur des pétales. Cette plante croît dans la Pensylvanie.

La septième et la huitième espèce sont la Dentaire glanduleuse , *Dentaria glandulosa* , Willd. , et la Dentaire polyphylle , *Dentaria polyphylla* , Willd. , qui croissent , la première dans la Hongrie , la seconde dans la Croatie ; enfin la neuvième et la dixième sont la Dentaire trifide , *Dentaria trifida* , Lam. , et la Dentaire à petites feuilles , *Dentaria microphylla* , Willd. , qui sont toutes les deux indigènes de la Sibérie. (L. D.)

DENTALE , *Dentalium.* (*Conchyl.*) C'est un genre d'animaux très-probablement articulés , et appartenant à la classe des chétopodes, mais trop imparfaitement connus pour l'assurer ; dont le corps, un peu conique, terminé postérieurement par une sorte d'empâtement qui sort du tuyau, et supérieurement par un renflement céphalique, au milieu duquel se trouve la bouche à l'extrémité d'une sorte de bouton, et ayant à sa base une fraise dont on ignore la nature, mais qui très-probablement est branchiale ou vasculaire , est contenu dans un tube calcaire assez épais, solide , légèrement arqué, ouvert aux deux extrémités, lisse, strié ou même polygone à sa superficie. Nous ne connoissons les animaux des dentales que par la figure et la courte description qu'en a données d'Argenville dans sa Zoomorphose, d'après un dessin sans doute incomplet qui lui avoit été envoyé de l'Inde : nous avons encore moins de détails sur leurs mœurs et leurs habitudes. Il est cependant fort probable qu'ils vivent enfoncés perpendiculairement dans le sable ou dans la vase, dans laquelle ils peuvent sans doute pénétrer plus ou moins. Mais peuvent-ils changer réellement de place en transportant avec eux leur tube ? cela me paroit au moins douteux. Les espèces de ce genre sont cependant communes sur les plages sablonneuses des mers des pays chauds, et même de la Méditerranée. Il paroit qu'elles étoient également abondantes dans l'ancienne mer, car on en trouve beaucoup à l'état fossile.

On connoît un assez grand nombre de tubes appartenant à des espèces de ce genre, que l'on nomme dentales, à cause de leur ressemblance avec les défenses de l'éléphant, et que l'on peut diviser en ceux qui sont lisses, ou striés, anguleux, ou polygones.

Parmi les espèces lisses nous citerons, 1.° l'Entale, *Dentalium entalum*, qui est presque cylindrique, peu courbée et toute blanche : elle vient des mers de l'Inde et de la Méditerranée. 2.° La Dentale polie, *Dentalium politum*, fort rapprochée de la précédente, mais qui est plus pointue, plus lisse, et qui est quelquefois rose avec des stries annulaires vertes : elle se trouve dans la mer des Indes et de Sicile, et est figurée, ainsi que la précédente, dans Gualtieri, *Test.*, tab 10 ; la première, fig. E, et la seconde, E 3. 3.° La Dentale ariétine, *Dentalium arietinum*, qui se trouve dans les mers de Norwége, et qui est beaucoup plus petite et plus courbée que les précédentes.

Dans la seconde section, qui comprend les espèces striées, nous placerons, 1.° la Dentale proprement dite, *Dentalium dentalis*, qui est ordinairement entièrement rouge, un peu courbée et avec vingt stries : elle se trouve dans la mer Méditerranée, et est figurée dans l'ouvrage cité, tab. 41, fig. 6 ; 2.° la Dentale fasciée, *Dentalium fasciatum*, Martini, *Conch.* 1, tab. 1.re, fig. 3 B, qui est grise avec cinq à six bandes plus obscures, un peu arquée et striée très-finement. Elle est de la grosseur d'une plume de corbeau et vient de la mer de Sicile.

Dans la troisième section, les polygones, nous citerons, 1.°la D. éléphantine, *Dentalium elephantinum*, qui est un peu arquée et striée, et qui a dix angles : elle se trouve dans presque toutes les mers de pays chauds, et est figurée dans Gualtieri, tom. 10, fig. 1. 2.° La Dentale sanglier, *Dentalium aprinum*, qui a le même nombre d'angles que la précédente, mais qui est lisse, n'en est peut-être qu'une variété, ainsi que 3.° la Dentale striatulée, *Dentalium striatulum*, qui n'a que huit angles, et huit stries : l'une et l'autre viennent des mers de Sicile.

La Dentale transparente, *Dentalium pellucidum* de Schrœter, n'est probablement que le tube corné d'un autre genre de chétopodes. (De B.)

DENTALE. (*Foss.*) On trouve à l'état fossile un assez grand nombre d'espéces de ce genre, qui presque toutes proviennent des couches marines, que la plupart des géologues regardent communément comme les plus nouvelles du globe. Les unes sont lisses, les autres sont cannelées, et d'autres portent des anneaux circulaires sur leur surface. On leur a donné quelquefois le nom de canalites, de tubulites ou de digitales.

J'ai rassemblé dans cet article les tuyaux arqués et ouverts aux deux bouts, qui caractérisent les dentales; mais il est très-possible que parmi eux il s'en trouve qui appartiendroient à d'autres genres si l'on pouvoit connoître les animaux qui les ont formés.

Dentale rétrécie; *Dentalium coarctum*, Lamk. Tuyau lisse, se rétrécissant à la base, à sommet un peu entaillé sur les deux côtés. Longueur quatre lignes. On trouve cette espéce à Grignon près de Versailles, à Laugnan près de Bordeaux, et en Italie; mais celles trouvées dans ces deux derniéres localités sont plus grandes que celles que l'on trouve à Grignon, et elles ne portent point d'entaille.

Dentale pygmée; *Dentalium pygmœus*, Def. Tuyau trésarqué, lisse, obtus et portant un bourrelet marginal à sa base. Longueur une ligne. Cette jolie espéce se trouve à Grignon.

Dentale double; *Dentalium duplex*, Def. Tuyau peu arqué, lisse, portant de légéres traces de ses accroissemens. On ne le rencontre jamais entier, et les plus grands morceaux ont environ huit lignes de longueur. On voit au sommet, qui est toujours brisé, un tuyau intérieur qui dépasse presque toujours celui qui est extérieur. Je n'ai pu être assuré si ce tuyau est ouvert au sommet. On le trouve à Parnes, département de Seine et Oise.

Dentale lisse; *Dentalium entalis*, Brand., *Foss. hant.*, fig. 9; Knorr, vol. 2, tab. 1, *a*, fig. 1; Sowerby, Min. conch., tab. 70, fig. 3. Quoiqu'au premier coup d'œil cette espéce paroisse lisse, cependant, en la regardant attentivement, on voit qu'elle est couverte de cannelures fines longitudinales, surtout vers le sommet, où il se trouve une petite entaille. Longueur trois pouces. On la rencontre à Grignon, à Betz, département de l'Oise, et dans le Hampshire en

Angleterre. Elle a des rapports avec la dentale polie de Lamk., qu'on trouve vivante dans la Manche ; mais celle-ci ne porte ni cannelures ni entaille.

DENTALE FAUSSE - ENTALE ; *Dentalium pseudoentalis*, Lamk. Tuyau lisse, arqué, ayant une petite entaille sur la partie bombée de son sommet. Longueur un pouce. On la trouve à Grignon.

DENTALE SILLONNÉE ; *Dentalium sulcatum*, Lamk. Cette espèce porte des cannelures fines longitudinales sur toute sa surface. Son sommet est très-aigu, et l'on n'y voit point d'entaille. Longueur huit lignes. On la trouve à Grignon.

DENTALE ÉLÉPHANTINE, *Dentalium elephantinum*, Brander, fig. 10. Cette espèce, qui a jusqu'à quatre pouces de longueur, est chargée de cannelures longitudinales qui s'étendent du sommet à la base. Le nombre de ces cannelures est souvent de douze ; mais j'ai vu des individus qui en avoient jusqu'à trente. Elle ne porte point d'entaille. On en voit des figures dans l'ouvrage de Knorr sur les Fossiles, tom. 2, tab. 1, *a*, fig. 5 et 6, et dans celui de Scilla, *de Corp. mar.*, tab. 18, fig. 6. On trouve cette espèce dans le Plaisantin, à Sienne, à Rome, à Nice et dans le Hampshire. Elle a beaucoup de rapports avec l'espèce non fossile qui porte le même nom ; mais celle-ci est plus courbée, et le nombre de ses cannelures est moins grand.

On trouve à Hauteville, près de Valognes, et à Saint-Clément, près d'Angers, une espèce qui se rapporte beaucoup à la dentale éléphantine ; mais elle est moins grande : on en voit une figure dans l'ouvrage de Sowerby, tab. 10, fig. 8.

DENTALE ONDÉE ; *Dentalium undatum*, Def. Tuyau épais, à sommet très-arqué, se rétrécissant à sa base, et sur lequel il se trouve cinq à six cannelures un peu ondées. Longueur seize lignes. Je n'ai pu m'assurer si ce tuyau est ouvert au sommet. On le trouve à Saint-Clément, près d'Angers.

DENTALE YVOIRE ; *Dentalium eburneum*, Lamk. Tuyau lisse, mince, chargé extérieurement de stries circulaires qui forment des anneaux. Il se trouve sur la partie bombée une fente qui prend naissance au sommet et se prolonge quelquefois jusqu'à la moitié de la longueur du tuyau. Longueur deux pouces. On trouve cette espèce à Grignon, à Parnes, et dans les couches du calcaire coquillier des environs de Paris.

On rencontre, dans les couches à cornes d'ammon du canton de Marsigny, département de Saône et Loire, des noyaux arqués qui paroissent appartenir à la dentale noire, *dentalium nigrum*, Lamk.

On trouve en Italie une espèce qui paroît se rapporter à la dentale cornée qui a été rapportée, à l'état frais, par Perron, de son voyage à la Nouvelle-Hollande. (D. F.)

DENTALE (*Ichthyol.*); *Sparus dentex*, Linnæùs. Voyez DENTÉ. (H. C.)

DENTALI (*Bot.*), nom sous lequel Clusius, dans ses Plantes de Pannonie et d'Autriche, désigne la dent-de-chien, *erythronium*. (J.)

DENTALITES. (*Foss.*) C'est le nom qu'on a donné aux dentales fossiles. (D. F.)

DENTARIA. (*Bot.*) Ce nom, qui avoit été donné par Mentzel au *tozzia*, par Rai à la clandestine, *lathræa clandestina*, par Matthiole au *lathræa squamaria*, par Clusius à l'*ophrys corallorhiza*, appartient plus particulièrement à un genre de la famille des crucifères. Voyez DENTAIRE. (J.)

DENTÉ. (*Bot.*) C'est le nom que Paulet donne à l'*agaricus dentatus*, Linn., qu'il rapproche de l'*agaricus psittacinus*, Schæff., tab. 301. Ce champignon est couleur de tabac d'Espagne : ses feuillets, plus pâles, ont à leur base, contre la tige, une espèce de crochet. (LEM.)

DENTÉ, *Dentatus*. (*Bot.*) Lorsque le bord d'une feuille, d'une stipule, d'un pétale, etc., offre de petites saillies, si ces saillies ne s'inclinent ni d'un côté ni de l'autre et sont arrondies, le bord est dit *crénelé*; si elles ne s'inclinent ni d'un côté ni de l'autre et sont pointues, le bord est dit *denté*; si, étant pointues, elles s'inclinent vers le sommet, le bord est dit *dentelé* ou denté en scie; si les dents sont très-petites, il est dit *denticulé*. On a des exemples de feuilles dentées dans l'*alliaire*; de stipules dentées dans le pois; de pétales dentés dans l'œillet-poëte, etc. Le nom de dents est aussi donné aux petites découpures du bord des calices. On le donne encore à des feuilles avortées qui, sous la forme de dents, garnissent la racine de quelques plantes. La dentaire, la clandestine, etc., ont, par exemple, la racine *dentée* de cette manière. (Mass.)

DENTÉ. (*Ichthyol.*) Les ichthyologistes françois ont donné cette épithète, comme nom spécifique, à un grand nombre de poissons de genres différens. Ainsi on a appelé denté le chéiline scare : il y a une salmone dentée, un cycloptère denté, une torpille dentée, un pleuronecte denté, etc. Voyez Chéiline, Cycloptere, Pleuronecte, Torpille. (H. C.)

DENTÉ, *Dentex.* (*Ichthyol.*) M. Cuvier a séparé du genre des spares des ichthyologistes plusieurs espèces, qu'il a réunies en un groupe sous le nom de Denté. Il en résulte l'établissement d'un nouveau genre dans la famille des léiopomes ; ce genre est fondé sur les caractères suivans :

Gueule bien fendue ; mâchoires armées en avant de quelques gros et longs crochets, et sur les côtés d'une rangée de dents coniques ; de petites dents en velours derrière les crochets de devant ; sept rayons à la membrane des branchies ; une seule nageoire du dos.

Les Dentés n'ont point les mâchoires protractiles, comme les Picarels ; les dents tranchantes sur une seule rangée, comme les Bogues, ou seulement en velours, comme les Canthéres, les Cicles ; ou en forme de pavé, comme les Spares, les Daurades, etc. ; des dentelures au préopercule ou à l'opercule, comme les Lutjans, les Diacopes, les Serrans, etc. (Voyez ces divers mots et Léiopomes.)

Le Denté, *Dentex vulgaris* : *Sparus dentex*, Linnæus ; Bloch, 268. Huit longues dents antérieures ; quatre à chaque mâchoire ; yeux rapprochés : nageoires dorsales, pectorales, anale et caudale, garnies en partie de petites écailles ; tête comprimée ; mâchoires égales ; langue et palais lisses ; ouvertures des narines doubles ; teinte générale blanche, pourpre ou d'un jaune argenté ; tête variée de doré, d'argenté et de vert ; des points bleus, plus ou moins apparens, sur les côtés ; la nageoire dorsale et la caudale jaunes à leur base et bleues à leur extrémité ; les pectorales rougeâtres ; les catopes et l'anale d'un jaune foncé ; nageoire caudale fourchue.

Ce poisson présente quatre cœcums auprès du pylore ; sa vessie natatoire est divisée en deux portions. Il change de couleur avec l'âge, et est pourpre dans la vieillesse. Il pèse communément de quarante à cent livres, et quelquefois plus de deux cents. Duhamel rapporte qu'un de ses correspondans en a vu un du poids de huit cents livres. Cela doit surtout s'entendre de ceux qui habitent la mer Adriatique; car, dit Rondelet, sur les côtes de Languedoc, ils ne surpassent point la daurade en volume, et auprès de Nice, suivant M. Risso, ils pèsent seulement environ vingt livres.

Il étoit connu des anciens. Les Grecs le nommoient Συναγρις dans sa jeunesse, et Συνοδων, dans un âge plus avancé. Athénée en parle sous ces noms, et Rondelet a ainsi expliqué un passage de cet auteur. Le mot de *dentex* a été employé par Columelle et quelques autres auteurs latins.

On trouve le denté dans la mer Méditerranée, dans celle d'Arabie et sur les côtes de la Jamaïque. Il est très-commun sur celles de Sardaigne, de la campagne de Rome, de Venise, de la Dalmatie, de la Syrie.

Du temps de Paul Jove, on en prenoit une assez grande quantité sur ces dernières pour qu'on en pût faire mariner un nombre considérable, que l'on transportoit dans des contrées très-éloignées du lieu où on les avoit péchés.

Au rapport de Belon, les Illyriens et les Épirotes faisoient avec Ancone et quelques autres villes d'Italie un commerce assez étendu de ces salaisons.

On s'empare des dentés avec des lignes ou toutes sortes de filets. La pêche s'en fait surtout au printemps dans les bas-fonds voisins des rivages; pendant les autres saisons de l'année, ces poissons se réfugient dans les profondeurs de la mer. C'est dans les mois de Juin et d'Août qu'ils s'approchent des bords du côté de Nice.

On recueilloit autrefois dans la tête du denté des pierres que l'on appeloit *lapides synodontites*, et que l'on employoit en médecine. Pline en dit quelques mots.

Aristote avoit déjà remarqué que les dentés vivoient en troupes nombreuses (*lib.* IX, *c.* 2). Oppien et Ælien assurent qu'ils s'associent entre eux suivant leur âge, les jeunes avec les jeunes, les vieux avec les vieux.

Sous le nom de *sparus pseudodentex*, M. Schneider a décrit une variété du poisson qui nous occupe, reconnoissable à une grande tache jaune sur les opercules, et à des dents aiguës très-grandes, semées çà et là sur l'une et l'autre mâchoire. On la pêche auprès de Gênes.

L'ANCRE, *Dentex anchorago : Sparus anchorago*, Bloch, 276. Plusieurs dents de la mâchoire inférieure tournées en dehors et courbées en dedans; yeux très-rapprochés l'un de l'autre; nageoire caudale en croissant; tête grande et comprimée; une dent plus grande que les voisines et tournée en avant se montre à la mâchoire supérieure, auprès de l'angle des deux mâchoires; un seul orifice à chaque narine; ligne latérale rameuse; écailles grandes et lisses; teinte générale jaune; des bandes transversales bleuâtres; nageoire dorsale bleuâtre tachetée de brun; des teintes rougeâtres sur la tête et sur les autres nageoires.

Le CYNODON, *Dentex cynodon : Sparus cynodon*, Bloch, 278; *Cichla cynodon*, Schneider. Opercules couvertes de petites écailles minces et lisses, semblables à celles du dos; la dernière pièce de chaque opercule anguleuse; nageoire caudale en croissant; yeux ovales et très-grands; un seul orifice à chaque narine; mâchoires égales; dos d'un vert brunâtre; tête et côtés jaunes; ventre doré; nageoires pectorales et caudale rouges, ainsi que les catopes.

Ce poisson habite les mers de Java et du Japon, où on le nomme *ican cacatœa ija*, ou, dans le langage des Hollandois, *papageifisch*.

Cynodon est un mot grec qui signifie *dents de chien*, de χυων, *canis*, et de οδϗς, *dens*.

Le GROS-ŒIL, *Dentex macrophthalmus : Sparus macrophthalmus*, Bloch, 272. Les huit dents antérieures d'en-bas plus grandes que les autres; yeux très-gros; diamètre de l'orbite égal à peu près à la moitié du grand diamètre de l'ouverture de la bouche; des raies longitudinales rouges placées au-dessus de raies longitudinales jaunes de chaque côté du corps; teinte générale d'un jaune doré; nageoires variées de jaune et de rouge; caudale jaune à la base et grise à l'extrémité.

L'ATLANTIQUE, *Dentex atlanticus : Sparus atlanticus*, Lacép., IV, V, 1; *Perca maculata*, Bloch, 313. Nageoire caudale arrondie; mâchoire inférieure avancée; écailles grandes; opercule terminée par une pointe molle; orifice de chaque narine double ; teinte générale blanchâtre ; presque toute la surface du corps parsemée de petites taches rouges.

Ce poisson, de la mer des Antilles, a besoin d'être plus connu.

La Faucille, *Dentex falcatus* : *Sparus falcatus*, Bloch, 258 ; le *Spare faucille*, Lacép. Six grandes dents en haut, et quatre seulement en bas ; nageoire caudale en croissant ; nageoires dorsales, anale et caudale, couvertes en partie de petites écailles ; les derniers rayons de la dorsale et de l'anale plus longs que les autres, ce qui donne à ces nageoires une figure falciforme ; anus voisin de la tête ; ligne latérale droite, rapprochée du dos : tête et nageoires vertes ; teinte générale mêlée de doré et de vert.

Ce denté, de la mer des Antilles, a été dessiné par Plumier, et c'est ce dessin qui a servi depuis aux ichthyologistes. C'est donc encore une espèce peu connue et qui rentrera peut-être dans le genre Labre.

Le Denté venimeux, *Dentex venenosus* : *Sparus venenosus*, Lacépède ; *Perca venenosa*, Linnæus. Nageoire caudale en croissant ; dorsale bilobée ; écailles minces et unies ; teinte générale brune ; un grand nombre de petites taches rouges et bordées de noir : taille de deux à trois pieds.

Ce poisson, des mers d'Amérique, a également besoin d'être mieux connu : il a été regardé comme renfermant un poison dangereux ; mais il paroit n'être mal-faisant que dans certaines saisons et dans certains parages.

Peut-être faut-il encore rapporter au genre Denté les *perca guttata* et *punctata* de Bloch, *tab.* 312 et 314. Voyez Persèque et Spare. (H. G.)

DENTÉ. (*Ornith.*) L'oiseau décrit sous ce nom par M. d'Azara, n.° 91, se rapporte au phytotome du Chili, *phytotoma rara*, Gmel. (Ch. D.)

DENTELAIRE (*Bot.*) ; *Plumbago*, Linn. Genre de plantes dicotylédones, apétales hypogynes, de la famille des plombaginées de Jussieu, et de la pentandrie monogynie de Linnæus ; dont les principaux caractères sont les suivans : Calice monophylle, tubuleux, pentagone, persistant, quinquéfide ; corolle monopétale, infundibuliforme, à tube cylindrique, plus long que le calice, à limbe partagé en cinq découpures ; cinq étamines non saillantes hors de la fleur, ayant leurs filamens insérés sur des écailles qui entourent et cachent l'ovaire ; un ovaire supérieur, ovale, petit, chargé d'un style de la longueur du tube de la corolle, terminé par un stigmate quinquéfide ; une graine nue, ovale, pointue par un bout, et renfermée dans le calice persistant.

Les dentelaires sont des herbes ou des arbustes à feuilles alternes, entières, et à fleurs disposées en épi ou en bouquet terminal. On en connoît aujourd'hui sept espèces, dont une est indigène de l'Europe, une de l'Amérique, une du cap de Bonne-Espérance, et dont les quatre autres croissent en Asie.

DENTELAIRE D'EUROPE, vulgairement MALHERBE, *Plumbago europæa*, Linn., *Spec.*, 215 ; *Plumbago quorundam*, Clus., *Hist., CXXIII*. Sa racine, longue, pivotante, donne naissance à une tige cylindrique, cannelée, glabre, rameuse, haute de deux pieds, garnie de feuilles oblongues, amplexicaules, chargées en leurs bords de poils glanduleux très-courts ; ses fleurs sont purpurines ou bleuâtres, sessiles, ramassées en bouquet au sommet de la tige et des rameaux ; leur calice est hérissé de poils glanduleux. Cette plante croît dans les parties méridionales de la France et de l'Europe.

La dentelaire est âcre et caustique, lorsqu'elle est fraîche ; la dessiccation lui enlève en partie ses mauvaises qualités. Sa racine, employée sous forme de masticatoire, soulage quelquefois le mal de dents. Depuis quelque temps on s'en est servi extérieurement avec beaucoup de succès contre la gale. Wédelius l'a proposée comme émétique pour remplacer l'ipécacuanha : mais elle paroît peu active sous ce rapport ; car nous l'avons employée à la dose de trente grains, sans qu'elle déterminât un seul vomissement.

DENTELAIRE A FEUILLES DE PATIENCE ; *Plumbago lapathifolia*, Willd., *Spec.*, 1, p. 837. Cette espèce a beaucoup de rapports avec la précédente : mais elle en diffère par sa tige plus élevée ; par ses rameaux plus alongés, plus étalés ; par ses feuilles glabres, douces au toucher et beaucoup plus grandes ; enfin, par ses fleurs une fois plus petites. Elle a été découverte dans le Levant par Tournefort.

DENTELAIRE DE CEILAN : *Plumbago zeylanica*, Linn., *Spec.*, 215 ;

Lychnis indica spicata, etc., Commel., *Hort.*, 2, p. 169, t. 85. Sa tige est grêle, haute d'un pied et demi à deux pieds, ligneuse dans sa partie inférieure, glabre, striée, garnie de feuilles ovales, aiguës, glabres et lisses en-dessus, chargées en-dessous, surtout dans leur jeunesse, de petits poils écailleux. Ses fleurs sont blanches, sessiles, disposées en épi terminal. Cette espèce est indigène des Indes et de l'île de Ceilan; elle a été cultivée au Jardin du Roi.

DENTELAIRE SARMENTEUSE, vulgairement HERBE AU DIABLE: *Plumbago scandens*, Linn., *Spec.*, 215; *Dentellaria lychnoides sylvatica scandens, flore albo*, Sloane, *Jam. Hist.*, 1, p. 211, t. 133, f. 1. Cette espèce est plus grande que la précédente, avec laquelle elle a beaucoup de rapports. Ses tiges sont fléchies en zigzag, sarmenteuses, presque grimpantes, garnies de feuilles ovales, pointues, glabres en-dessus, légèrement ponctuées en-dessous, portées sur des pétioles amplexicaules. Ses fleurs, blanches, sessiles, disposées en épi terminal, ont leur calice hérissé de pointes glanduleuses, qui grandissent et prennent de la roideur après la floraison, de manière que le calice devient hérissé comme les fruits de la lampourde. Cette plante croît dans les bois et dans les haies aux Antilles et dans l'Amérique méridionale; on la cultive au Jardin du Roi. Elle est très-caustique; les naturels du pays l'emploient pour consumer les chairs baveuses des ulcères.

DENTELAIRE A FLEURS ROSES : *Plumbago rosea*, Linn., *Spec.*, 215; *Radix vesicatoria*, Rumph, *Herb. Amb.*, 5, p. 453, t. 168. Sa racine, épaisse, presque tubéreuse, donne naissance à plusieurs tiges ligneuses et noueuses inférieurement, hautes de trois pieds, garnies de feuilles pétiolées, ovales ou ovales-lancéolées, pointues, glabres et d'un vert foncé. Ses fleurs sont roses ou d'un beau rouge, disposées au sommet des tiges en épi peu garni; leur calice est court, hérissé, et le tube de leur corolle est très-grêle. Cette plante croît naturellement dans les Indes orientales : on la cultive au Jardin du Roi.

DENTELAIRE AURICULÉE : *Plumbago auriculata*, Lamck., *Dict. encycl.*, 2, p. 270. Sa tige est ligneuse, menue, striée, glabre, ainsi que les feuilles, qui sont ovales-oblongues, d'un vert foncé en-dessus, chargées en-dessous de petits points écailleux et blanchâtres, rétrécies en un pétiole muni à sa base de deux petites stipules amplexicaules; ses fleurs sont disposées en épi terminal. Cette espèce a été découverte dans les Indes orientales par M. Sonnerat.

Dentelaire du Cap; *Plumbago capensis*, Thunb., *Prodr.*, 33. Sa tige est ligneuse, redressée; ses feuilles sont oblongues, entières, pétiolées, glauques en-dessous. Thunberg, qui a trouvé cette plante au cap de Bonne-Espérance, ne nous l'a pas fait connoitre par une plus longue description. (L. D.)

DENTELAIRES (*Bot.*), nom ancien de la famille des plombaginées. (J.)

DENTELÉ, *Serratus.* (*Bot.*) Voyez Denté. La scrophulaire aquatique, la violette, le fusain, etc., offrent des exemples de feuilles dentelées. Lorsque les dentelures sont elles-mêmes dentelées, la feuille est dite doublement dentelée, *duplicato-serratum*. On en a des exemples dans le coudrier, l'orme, etc. (Mass.)

DENTELÉ. (*Ichthyol.*) M. de Lacépède a donné ce nom à un squale que nous décrirons à l'article Roussette. Voyez ce mot. (H. C.)

DENTELLARIA. (*Bot.*) On trouve dans les auteurs anciens plusieurs plantes citées sous ce nom, *l'erigeron acre* par Gesner; la dentaire, *dentaria pinnata*, par Dalechamps; le *plumbago europæa*, par Rondelet. Cette dernière est encore nommée en françois Dentelaire. Voyez ce mot. (J.)

DENTELLE. (*Bot.*) Voyez Bois a dentelle. (J.)

DENTELLE (*Erpétol.*), nom spécifique d'une tortue. (H. C.)

DENTELLE RAMPANTE (*Bot.*): *Dentella repens*, Forst., *Nov. gen.*, tab. 13; Lamk., *Ill. gen.*, tab. 118. Plante découverte par Forster dans les îles de la mer du Sud, dont nous ne connoissons encore que le caractère générique, qui paroît avoir beaucoup de rapports avec l'*oldenlandia repens*, Linn. Forster en a fait un genre particulier, de la famille des *rubiacées*, de la *pentandrie monogynie* de Linnæus, caractérisé par un calice supérieur, à cinq divisions droites, aiguës; une corolle infundibuliforme, plus longue que le calice, dont le tube s'élargit insensiblement en un limbe ouvert, à cinq découpures terminées par trois dents, celle du milieu plus grande que les autres; cinq étamines non saillantes, attachées à la base du tube; les anthères petites, oblongues: un ovaire inférieur, velu, surmonté d'un style court, un peu épais, terminé par deux stigmates divergens, plus épais et plus longs que le style. Le fruit consiste en une capsule globuleuse, velue, couronnée par le calice, divisée en deux loges contenant plusieurs semences ovales. (POIR.)

DENTELLÉE. (*Bot.*) Voyez DENTELÉS. (LEM.)

DENTELLÉS. (*Bot.*) C'est le nom que Paulet donne à la vingt-septième famille qu'il établit dans le septième genre de l'ordre premier de la première classe de sa distribution des champignons. Elle ne comprend qu'une espèce, qu'il nomme *la dentelée*, remarquable par les feuillets qui sont sous son chapeau, et qui sont flexueux et anastomosés, de manière à rappeler la dentelle de l'écorce du melon. Ce champignon, figuré par Paulet (Champ., pl. 37, fig. 4, 5 et 6, est d'un blanc d'ivoire ou de lait, élevé de trois pouces, et garni d'un chapeau du même diamètre. Il paroit intermédiaire entre les agarics et les *dædalea*. On le trouve en automne dans le bois de Vincennes : il n'a rien qui annonce des qualités suspectes. (LEM.)

DENTEROBON (*Bot.*), nom arabe du maceron, *smyrnium*, suivant Tabernæmontanus, cité par Mentzel. (J.)

DENTEX. (*Ichthyol.*) Voyez DENTÉ. (H. C.)

DENTICE (*Ichthyol.*), nom sarde du denté ordinaire. Voyez DENTÉ. (H. C.)

DENTICI (*Ichthyol.*), nom que l'on donne, à Malte, au denté ordinaire. Voyez DENTÉ. (H. C.)

DENTICULATA. (*Bot.*) La plante que Dalechamps cite sous ce nom, est, selon C. Bauhin, la moscatelle, *adoxa moschatellina*. (J.)

DENTICULÉ, *denticulatus, serratus*. (*Bot.*) Voyez DENTÉ. Les feuilles de la laitue vireuse, du *circœa lutetiana*, etc.; le nectaire du *datura tatula*, etc. ; le stigmate du *fumaria semper-virens*, etc., sont denticulés. (MASS.)

DENTIDIA. (*Bot.*) Genre établi par Loureiro pour une plante de la Chine, que l'on cultive aux environs de Nankin comme fleur d'ornement. M. Rob. Brown croit qu'elle appartient au genre *Plectranthe*. Voyez PLECTRANTHE et GERMAINE. (POIR.)

DENTILARIA. (*Bot.*) Gesner donne ce nom au *sisymbrium polyceration*. (J.)

DENTILLAC. (*Ichthyol.*) Dans quelques provinces on appelle ainsi le denté ordinaire. Voyez DENTÉ. (H. C.)

DENTINI et STECCHERINI. (*Bot.*) Les Italiens donnent ces noms aux champignons du genre *Hydnum*, que nous nommons *érinaces*, *barbe de bouc*, etc. (LEM.)

DENTIROSTRE. (*Ornith.*) Ce terme, qui signifie bec dentelé, est, dans son acception générale, applicable à tous les oiseaux dont les mandibules offrent des dents ou des échancrures plus ou moins prononcées; mais Illiger l'a appliqué d'une manière plus restreinte à la huitième famille de sa méthode, qui comprend les genres Momot, *prionites*, et Calao, *buceros*. (CH. D.)

DENTOL. (*Ichthyol.*) Suivant M. F. de la Roche, à Iviça, on appelle ainsi le denté commun, *dentex vulgaris*. Voyez DENTÉ. (H. C.)

DENTRIX. (*Ichthyol.*) Cuba (*lib. III, cap.* 26) parle sous ce nom du poisson que nous nommons DENTÉ. Voyez ce mot. (H. C.)

DENTS. (*Anat.*) Voyez MASTICATION. (F. C.)

DENTS, *Dentes*. (*Conchyl.*) Terme de conchyliologie par lequel on désigne les éminences de forme variable qui contribuent à former la charnière des coquilles bivalves, ou qui se trouvent quelquefois dans un endroit du péristome de l'ouverture d'une coquille univalve. L'étude des dents, de leur forme, de leur nombre, de leur position dans les premières, est d'une grande importance pour la conchyliologie systématique : aussi en avons-nous traité avec détail à l'article CONCHYLIOLOGIE, auquel nous renvoyons pour ne pas faire de double emploi. Quant à leur usage, physiologiquement parlant, nous n'en voyons guère de bien rationnel. Un des amis de M. le doct. Leach a cependant pensé dernièrement que le muscle orbiculaire ou marginal du manteau des bivalves passoit en dehors de ces dents, qui lui faisoient éprouver une sorte de déviation ou de réflexion dans son action. (DE B.)

DENTS. (*Foss.*) Voyez Glossopètres. (D. F.)

DENTS DE L'HOMME. (*Chim.*) Elles ont été examinées par plusieurs chimistes, entre autres par MM. Hatchett, Morichini, Pepys et Berzelius.

Nous nous contenterons de rapporter les résultats obtenus par MM. Pepys et Berzelius.

Suivant M. Pepys, elles sont composées :

	Premières dents des enfans.	Dents des adultes.	Racine des dents.	Émail des dents.
Phosphate de chaux....	62	64	58	78
Carbonate de chaux....	6	6	4	6
Cartilage.............	20	20	28	0
Eau et perte.........	12	10	10	16

M. Hatchett et M. Pepys prétendent que l'émail des dents ne contient pas de tissu cellulaire ou cartilagineux; cependant MM. Fourcroy et Vauquelin et M. Berzelius y en admettent une quantité notable.

Les dents sont composées, d'après M. Berzelius :

Partie osseuse.

Phosphate de chaux 61,95
Fluate de chaux 2,10
Phosphate de magnésie 1,05
Carbonate de magnésie 5,50
Soude et chlorure de sodium 1,40
Cartilage, vaisseaux sanguins et eau . . . 28,00

L'émail.

Phospate de chaux 85,3
Carbonate de chaux 8,0
Phosphate de magnésie 1,5
Membrane brune, soude et eau 2,0

C'est M. Morichini qui indiqua le premier, en 1802, le fluate de chaux dans les dents, après l'avoir découvert dans l'ivoire fossile. M. Berzelius est le seul chimiste qui ait confirmé l'annonce du chimiste romain. MM. Fourcroy,

Vauquelin, Wollaston et Brande n'ont pu, au contraire, découvrir de trace sensible de fluate dans les dents fraîches. (Ch.)

DENTS DE POISSON. (*Foss.*) Voyez Glossopètres. (D. F.)

DENTS DU PÉRISTOME. (*Bot.*) Le péricarpe (urne) des mousses, composé de deux vases emboîtés l'un dans l'autre et soudés à leur bord, offre ordinairement à son orifice, lorsque l'opercule qui le couvre est tombé, une bordure de petites lanières rangées circulairement. Cette bordure est ce qu'on appelle le *péristome :* les lanières, quand elles procèdent de la paroi extérieure de l'urne, portent le nom de *dents de péristome;* elles prennent le nom de *cils de péristome,* lorsqu'elles procèdent du vase intérieur. Les dents se courbent et se redressent alternativement, comme si elles avoient des nerfs et des muscles; mais tous ces mouvemens ne sont qu'un effet hygrométrique, que l'observateur reproduit quand il lui plaît, en dirigeant son haleine sur le péristome. (Mass.)

DÉNUDÉS. (*Crustac.*) Nous avons désigné, sous ce nom, dans la Zoologie analytique, les entomostracés dont le corps est tout-à-fait nu ou non recouvert d'un têt; nous les avons aussi appelés Gymnonectes. Voyez ce mot. (C. D.)

DÉODALITE (*Min.*), nom donné à une variété de Felspath. Voyez ce mot. (B.)

DÉPART. (*Chim.*) En général faire le *départ* d'un métal d'avec un autre métal, c'est isoler le premier du second au moyen d'une opération chimique. Cette expression a été spécialement employée par plusieurs chimistes pour désigner l'opération par laquelle on sépare l'or et l'argent l'un d'avec l'autre. (Ch.)

DEPAZEA. (*Bot.*) Plantes cryptogames, constituées par une tache extrêmement mince et étalée sur les feuilles; elles ont des conceptacles épars, enfoncés, sessiles, devenant cupuliformes avec l'âge, et dont le disque est nu et pulvérulent.

Depazea des feuilles (*Depazea frondicola,* Fries, *Obs. mycol. Swec.,* 1818, p. 365, tab. 5, fig. 67) : conceptacle épars dans une tache cendrée. Se trouve en Suède, sur la surface inférieure des feuilles vivantes du tremble.

Depazea du chêne (*Depazea quercina,* Fries, *l. c.*) : conceptacle entourant une tache blanche, qui n'est autre chose qu'une partie desséchée de la feuille. On rencontre cette espèce, au printemps, sur les feuilles mortes du chêne.

Ce genre est très-voisin des *xyloma*. (Lem.)

DÉPERDITION. (*Bot.*) La propriété que les plantes ont de laisser échapper ou même de rejeter une partie des fluides et des gaz qu'elles contiennent, est ce que l'on nomme déperdition.

Il est évident que, s'il n'y avoit pas de succion, il n'y auroit pas de déperdition; et que, si la déperdition venoit à s'arrêter, la succion s'arrêteroit aussi. Toutefois ces deux propriétés ne sont pas tellement dépendantes l'une de l'autre, qu'elles doivent se manifester aux mêmes instans, et que les quantités de matières pompées et rejetées soient dans des rapports constans et rigoureux.

Il y a trois sortes de déperditions, savoir : 1.° la déperdition liquide ou les déjections ; 2.° la déperdition gazeuse ou l'expiration , 3.° la déperdition vaporeuse ou la transpiration.

Les trois produits réunis des déjections, de l'expiration et de la transpiration , sont égaux à la quantité de substance absorbée, moins celle qui est employée à la nutrition.

Selon Senebier, la quantité d'eau absorbée est à la quantité d'eau rejetée comme 3 est à 2 ; mais cette proportion n'est sans doute pas applicable à tous les végétaux.

1.° Les *déjections* sont des sucs, plus ou moins épais ou fluides , rejetés à l'extérieur par la végétation. Ces sucs sont de la nature des résines, des huiles, de la manne, du sucre, de la cire, etc.

Dans le *ptelea trifoliata,* de petits grains de résine s'échappent en crevant l'épiderme; dans le rosier, le martynia, le drosera, etc., des sucs visqueux s'écoulent par l'extrémité des poils; dans le *mimosa julibrissin,* des glandes à godet, placées sur les pétioles, distillent des liqueurs diverses ; dans le mélèze, le tilleul, le saule, l'érable, le figuier, l'olivier, etc. , des matières visqueuses et sucrées suintent par les pores invisibles des feuilles, et ces matières paroissent peu différentes de la manne qui couvre les feuilles du frêne ; dans une multitude de fleurs, des glandes ou des pores excrétoires rejettent des humeurs dont les propriétés varient autant que les espèces. Une liqueur sucrée se dépose au fond du tube de la corolle du jasmin. Une liqueur beaucoup plus abondante, et d'une saveur aussi agréable, remplit la corolle du *gesneria tomentosa*. Le mélianthus ne porte ce nom que parce qu'une des divisions de son calice sert de réservoir à un suc mielleux : ce suc est d'une couleur brune foncée. Aiton a trouvé du sucre cristallisé dans l'appendice concave de la brillante fleur du *strelizia reginæ*. Les six divisions du périanthe de l'impériale ont chacune, à leur base, une petite cavité qui fait fonction de glande excrétoire; mais la liqueur qu'elle distille a l'odeur de l'ail, et sa saveur, d'ailleurs assez douce, a quelque chose de nauséabonde.

On peut encore citer, comme exemples de déjections végétales, la cire répandue sur les plantes, tantôt en poussière fine, tantôt en couche épaisse, et les sucs que certaines racines versent dans la terre.

2.° *L'expiration* se compose de gaz acide carbonique et d'oxigène. Il seroit superflu de rappeler ici l'origine de ces substances aériformes, et les causes qui déterminent leur dégagement.

3.° Des trois moyens de déperdition le plus efficace, sans doute, c'est la transpiration. Elle est formée d'eau réduite en vapeur, et d'une petite quantité de principes immédiats solubles dans l'eau, ou susceptibles de se vaporiser par la chaleur.

Il n'est personne qui n'ait remarqué, le matin, dans la belle saison, des sucs limpides sur les feuilles de beaucoup de plantes. Les feuilles des graminées sont terminées par une gouttelette. Cinq gouttelettes paroissent à l'extrémité des cinq nervures des feuilles de la capucine. Une quantité d'eau assez notable s'amasse à la surface des feuilles du chou, du pavot, etc. ; et Muschembroeck prouva le premier que ces liqueurs ne proviennent pas de la rosée, ainsi qu'on l'avoit cru jusqu'à lui, mais de la transpiration condensée par la fraîcheur de la nuit. Ce physicien divisa en deux parties égales une plaque ronde de plomb; il fit une échancrure à chaque partie, de telle façon qu'en les rapprochant l'une de l'autre elles présentoient une surface circulaire percée à son milieu. Il appliqua cette plaque sur la terre, fit passer la tige d'un pavot par le centre, ôta tout accès aux émanations terrestres par le moyen d'un vernis, et recouvrit la plante d'une cloche de verre qu'il fixa sur la plaque : le lendemain les gouttes parurent comme à l'ordinaire.

Hales, aprés Muschembroeck, voulut connoître les rapports de quantité entre la succion et la transpiration. Il mit dans un vase de terre vernissé un *helianthus annuus*, plante vulgairement nommée grand-soleil; il ferma l'orifice du vase avec une plaque de plomb qui laissoit passer la tige par un trou pratiqué à son milieu ; il fixa sur la plaque un tube de communication pour arroser la plante; il la pesa pendant quinze jours entre le 3 Juillet et le 8 Août : il se trouva que la transpiration moyenne étoit d'une livre quatre onces par douze heures de jour, ce qui représente un volume d'eau égal à 34 pouces cubes; que la transpiration, dans une nuit chaude et sèche, étoit à peu près de trois onces; qu'elle étoit nulle quand il y avoit de la rosée ; qu'enfin il y avoit absorption de deux ou trois onces quand il tomboit un peu de pluie.

Hales évalua, par des détails estimatifs, la surface de son soleil à 5616 pouces carrés ou 39 pieds carrés ; la surface des racines à 2286 pouces carrés ou 15 pieds carrés, et la surface de l'aire de la coupe horizontale de la tige à un pouce carré. Ces trois surfaces sont donc comme les nombres 5516, 2286,1 : d'où il suit que, s'il passe 34 pouces cubes en vingt-quatre heures par l'aire de la tige qui a un pouce carré, il en entrera dans le même temps un soixante-septième de pouce cube par chaque pouce carré superficiel des racines, et il en sortira un cent soixante-cinquième de pouce cube par chaque pouce carré superficiel des feuilles, en sorte que le passage de l'eau par un pouce superficiel des feuilles, des racines et de la tige, sera, dans un temps donné, comme les nombres $\frac{1}{165}$ $\frac{1}{67}$ 34. Cependant ce calcul ne peut être considéré comme rigoureux, parce qu'il y a une partie de l'eau qui sert à la composition des produits immédiats et à la nutrition du végétal, qu'on ne sauroit évaluer avec exactitude, et dont Hales n'a fait aucune mention.

Le poids du soleil mis en expérience étoit d'environ trois livres. Hales, d'aprés tous les faits et la connaissance acquise de sa surface, du poids et de la transpiration d'un homme bien taillé et en bonne santé, tira cette conclusion, qu'à surface égale et en temps-égaux la transpiration de l'homme est a celle de l'*hélianthus annuus,* comme 5o est à 15, et qu'à masse égale et en temps égaux la plante tire et transpire dix-sept fois plus que l'homme.

Deux expériences comparatives, semblables à celles que je viens de rapporter, ont été faites au Jardin des Plantes, au mois d'Août 1811, par MM. Desfontaines, Chevreul et moi, pour estimer la succion et la transpiration de l'*hélianthus annuus*, et nous avons eu de nouveau l'occasion de remarquer la sagacité et l'exactitude de Hales.

De même que toutes les parties jeunes sont susceptibles de succion, de même aussi elles sont susceptibles de transpiration, et ces deux fonctions s'exécutent, à ce qu'il semble, par les mêmes organes, mais dans des circonstances différentes. L'équilibre d'humidité tend toujours à s'établir entre les parties d'un végétal et le milieu dans lequel elles sont plongées. Ainsi, dans les expériences du Jardin des Plantes, nous avons remarqué que la succion et la transpiration étoient en rapports assez exacts avec l'état hygrométrique de l'atmosphère.

La terre étant ordinairement plus humide que l'air, il arrive ordinairement que la succion s'opère par les racines, et la transpiration par les feuilles; mais quand, après de vives chaleurs qui ont desséché le sol et réduit en vapeur invisible une énorme quantité d'eau, l'atmosphère vient tout-à-coup à se rafraîchir, et dépose par conséquent une grande partie de l'humidité dont elle étoit chargée, les feuilles absorbent, et il se peut même que les racines transpirent. Néanmoins, la quantité d'eau rejetée par les racines doit être, dans tous les cas, bien moins considérable que la quantité d'eau rejetée par les feuilles, 1.° parce que les parties transpirantes des racines ont une surface beaucoup moins considérable que celles des feuilles, et que la transpiration augmente en raison de l'étendue des surfaces; et 2.° parce que l'humidité que les racines communiquent à la terre ne se dissipe qu'avec lenteur, tandis que celle des feuilles est promptement entraînée par l'air ambiant. (Mirbel, Élémens de physiologie végétale et de botanique.) (Mass.)

DÉPHLEGMATION. (*Chim.*) Les anciens chimistes, qui donnoient à l'eau le nom de phlegme, employèrent celui de déphlegmation pour exprimer l'opération par laquelle on séparoit d'un liquide l'eau ou une partie de l'eau qu'il pouvoit contenir. (Cʜ.)

DEPONE. (*Erpétol.*) Seba (*Thes. II*, tab. 92, n.° 1) donne ce nom à un très-grand serpent du Mexique , dont les mâchoires sont armées de dents comme celles des brochets : au nombre de ces dents il y en a deux principales , qui ont , dit-il , l'air de deux défenses. Ce serpent évite la rencontre des hommes , et est souvent attaqué par des insectes parasites , dont le même Seba a également donné la figure. Il est très-probable que c'est le même animal que le *boa aboma*, ou le *boiguacu* de Pison. Voyez Boᴀ. (H. C.)

DÉPRIMÉ, *Depressus* (*Bot.*) : aplati du sommet à la base. Comprimé, au contraire, signifie aplati latéralement. (Mᴀss.)

DEPSJÆ (*Bot.*), nom arabe du *scirpus corymbosus* de Forskaël. (J.)

DÉPURATION (*Chim.*), action par laquelle une substance est privée des corps qui en altéroient la pureté.

Dépuration est aussi employé pour l'effet de cette action, et est peu usité en ce sens. (Cʜ.)

DERBE. (*Entom.*) Fabricius a fait connoître sous ce nom le genre des insectes hémiptères de la famille des collirostres, dont il avoit fait auparavant des cicadelles. Tous sont étrangers à l'Europe. (C. D.)

DERBIO. (*Ichthyol.*) On a donné ce nom au caranx glauque de M. de Lacépède, que M. Cuvier regarde comme le même poisson que le *cæsiomore-baillon*, et comme devant faire partie des Lɪcʜᴇs et des Tʀᴀcʜɪɴoᴛᴇs. Voyez ces deux mots, et Cᴀʀᴀɴx et Cæsɪoᴍoʀᴇ. (H. C.)

DERBIS (*Ichthyol.*), un des mots vulgaires de la Lɪcʜᴇ. Voyez ce mot. (H. C.)

DERBNISCHOCK. (*Ornith.*) Voyez Koʙᴇʀ. (Cʜ. D.)

DERDAR, DIRDAR (*Bot.*), noms arabes donnés par Avicenne au frêne, suivant Mentzel. On trouve dans Dalechamps *dirdar* cité pour l'orme. (J.)

DERELSIDE. (*Bot.*) Suivant Prosper Alpin, le tamarin, *tamarindus*, est ainsi nommé dans l'Égypte; cependant, dans la Flore de ce pays, soit par Forskaël, soit par M. Delile, il est nommé *tamar-hendi*. (J.)

DERGNA (*Ornith.*), nom générique des pies-grièches en Piémont. (Сн. D.)

DERGUN (*Ornith.*), nom sous lequel le râle de genêt, *rallus crex*, Linn., est connu en Sibérie. (Сн. D.)

DERINGA. (*Bot.*) Sous ce nom Adanson distingue le *sison canadense*, qui diffère, selon lui, de son genre primitif par des graines plus longues, et la privation presque complète d'involucre et d'involucelles. (J.)

DERKACZ (*Ornith.*), oiseau de Pologne, que Rzaczynski avoue ne connoître que par ce nom vulgaire, tiré de son cri *der der*. Brisson, tom. 5, p. 160, place ce mot et ceux de *chrosciel* et *kasper*, comme synonymes, à l'article du râle de genêt, *rallus crex*, Linn. Voyez Снвокіеl. (Сн. D.)

DERLE. (*Min.*) On nomme ainsi en Alsace une argile grise, grasse et fine, dont on fait de la belle faïence.

Dans le tarif des douanes, ce mot est synonyme de terre à porcelaine ou kaolin. (B.)

DERMATOCARPES (*Bot.*), nom de la première section du deuxième ordre de la classification des champignons de M. Persoon. Cette section comprend les genres Gymnosprorangium, Puccinia, Uredo. Voyez ces mots et Champignons, 8.e vol., p. 106. (Lem.)

DERMATODEA. (*Bot.*) Linnæus avoit réuni en une seule section tous les lichens caractérisés par leur expansion coriace ou membraneuse, élargie, rampante et scutellifère. Ventenat en fit un genre distinct, en prenant pour type le *lichen pulmonaire*; mais, avant lui, on l'avoit établi sous le nom de Lobaria. Voyez ce mot. (Lem.)

DERMATOPODES. (*Ornith.*) Moehring forme une famille particulière sous cette dénomination, qui indique des oiseaux dont les pieds sont revêtus d'une peau coriace et rugueuse. (Сн. D.)

DERMEA (*Bot.*), sous-genre établi par Fries dans le genre *Peziza*, pour placer toutes les espéces coriaces et glabres. (Lem.)

DERMESTE, *Dermestes.* (*Entom.*) Linnæus a employé ce nom, qui est tiré du grec, δερμα, *peau*, et εςτω, *je dévore*, ou de δερμηςτης, cité par Aristarque comme le nom d'un animal qui détruit les pelleteries, pour indiquer un genre d'insectes coléoptères pentamérés, de la famille des hélocères ou clavicornes, à corps ovale, à tarses propres à la marche, et à antennes en masse plus longues que la tête.

Les caractères assignés à ce genre par Linnæus convenoient à la plupart des espèces comprises dans cette même famille ; mais il a été successivement réduit par les divers entomologistes, même depuis Geoffroy, aux insectes qui font le sujet de cet article et dont nous allons indiquer les caractères essentiels.

Insectes hélocères, à corps ovalaire, épais, mais déprimé ; à tête petite, inclinée, portant des antennes plus longues qu'elle, et renflées, perfoliées, de trois articles ; à tarses non aplatis en nageoire.

Si, à l'aide de l'analyse, nous voulons rendre compte de ces divers caractères, nous verrons que, parmi les insectes coléoptères à cinq articles à tous les tarses, ceux-ci ont les élytres dures, alongées comme le ventre, et qu'ils diffèrent par conséquent des apalytres et des brachélytres ; que leurs antennes, qui ne sont ni en soie, ni en fil, les distinguent d'abord des créophages et des nectopodes, et ensuite des sternoxes et des térédyles ; que la forme de masse alongée et perfoliée les sépare des pétalocères et des priocères, qui l'ont feuilletée ou lamellée, et des stéréocères, qui l'ont solide.

Parmi les hélocères, la forme du corps ovale et épais les distingue des sphéridies, qui sont hémisphériques ; des scaphidies et des birrhes, qui ont le corps à peu près aussi épais que large ; des boucliers, silphes, nécrophores, nitidules et élophores, dont le corps est très-aplati ; enfin, des hydrophiles, dont les tarses sont aplatis en nageoire, et des parnes, dont les antennes sont plus courtes que la tête.

Les dermestes ont beaucoup de rapports, pour les mœurs, avec les anthrènes : ils se nourrissent également, sous leur première forme, de matières animales, et quand ils ont acquis leur dernier état, on les trouve souvent sur les fleurs.

Les larves des dermestes, comme celles des anthrènes, font les plus grands dégâts dans les collections de zoologie ; mais elles sont appelées, par l'auteur de toutes choses, à faire rentrer dans la masse des élémens les matériaux qui composent la substance des organes des animaux privés de la vie. La laine, les crins, les plumes, la corne, les peaux, les pelleteries garnies de leurs poils, les graisses, le lard, le fromage séché, enfin, toutes les matières animales deviennent leur nourriture; mais elles aiment les lieux tranquilles et à l'abri de la lumière.

Ces larves sont velues, alongées, plus grosses du côté de la tête que de celui où est la queue, qui se termine par un faisceau de poils. par une sorte de touffe en pinceau. Leur corps est composé de douze anneaux : leurs pattes sont courtes, garnies d'un ongle crochu ; on les voit en-dessous immédiatement après la tête, qui est écailleuse, garnie de deux mandibules tranchantes. Lorsqu'elles sont prêtes à se métamorphoser, leur nymphe se forme sous la peau, qui lui sert comme de cocon.

Les pelletiers et les marchands qui craignent pour les préparations de matières animales, telles que les objets de baleine, de corne. les cordes à boyaux, saupoudrent de poivre et d'autres substances âcres les objets qu'ils veulent mettre à l'abri de ces larves, et les collecteurs ou préparateurs des pièces zoologiques et anatomiques mettent en usage les huiles volatiles, les préparations mercurielles ou arsénicales, pour éloigner les larves des dermestes, qui leur font le plus grand tort; en particulier, les naturalistes emploient des solutions alcooliques ou savonneuses de sels métalliques pour détruire ces insectes, leurs œufs et leurs larves.

Les principales espèces du genre Dermeste sont les suivantes :

1.º Dermeste du lard, *Dermestes lardarius*. Il est très-bien figuré dans Olivier, pl. 1, fig. 1.

Car. *Noir; les élytres gris à leur base.*

La teinte grise des élytres est due à la présence de très-petits poils blanchâtres; on y voit trois points noirs rapprochés, qui forment comme une raie sinueuse en zigzag.

2.º Dermeste des celliers, *Derm. macellarius*. Olivier l'a figuré, pl. 2, fig. 13.

Car. *D'un noir lisse avec les pattes brunes.*

3.º Dermeste pelletier, *Derm. pellio*. C'est le dermeste à deux points blancs de Geoffroy, figuré par Olivier sous le n.º 11 de la planche 2.

Car. *Il est noir, et chacun des élytres porte un point blanc.*

La larve de cette espèce fait beaucoup de tort aux collections d'insectes, qu'elle détruit, ainsi que celle des anthrènes.

4.º Dermeste ondulé, *Derm. undatus.* Olivier l'a figuré sous le n.º 2 de la planche 1.

Il est alongé, noir : chaque élytre porte une bande ondulée blanche.

5.º Dermeste renardin, *Derm. vulpinus.* On en trouve une figure dans Panzer, cah. 40, fig. 10.

Car. *D'un beau noir, lisse en-dessus, excepté les bords du corselet, qui sont cendrés; le dessous du corps est d'un blanc mât.*

6.º Dermeste souricier, *Derm. murinus.*

Car. *D'un gris de souris en-dessus, à taches noires et blanches; dessous d'un beau blanc.*

7.º Dermeste cotonneux, *Derm. tomentosus.* C'est le velours jaune de Geoffroy, pag. 102, n.º 8.

Car. *Alongé, velu, jaunâtre à yeux noirs.*

Dermeste a point de Hongrie. Voyez Nécrophore-fossoyeur.

Dermeste bronzé. Voyez Élophore.

Dermeste a oreilles. Voyez Dryops ou parne.

Dermeste effacé de Geoffroy. C'est le Nitidule discoïde. (Voyez ce mot.)

Dermeste en deuil. Voyez Sphéridie.

Dermeste noir. Voyez Nécrophore.

Dermeste lévrier. Voyez Lycte. (C. D.)

DERMESTIENS. (*Entom.*) M. Latreille avoit réuni sous ce nom de famille les genres Dermeste, Attagène et Mégatome. (C. D.)

DERMOCHÉLYDE, *Dermochelys.* (*Erpétol.*) M. de Blainville vient d'établir sous ce nom un genre de reptiles dans l'ordre des chéloniens. Il a pour type le luth, que nous avons décrit à l'article Chélonée, et qui se distingue des autres chélonées par la nature de sa peau et parce que dans son squelette les côtes ne sont soudées ni entre elles ni avec le plastron qui est presque entièrement membraneux. Il n'y a donc point de pièces marginales.

Dermochélyde est la traduction en grec de l'expression française *tortue à cuir.* Voyez Chélonée. (H. C.)

· DERMODIUM. (*Bot.*) Genre de champignons de la cinquième

série (*mycétodéens*) de l'ordre premier (*gastromyciens*) de la famille des champignons établie par Link, qui l'avoit d'abord publié sous le nom de *demordion*, altération typographique du véritable nom.

Ce petit champignon, sans forme déterminée, a un péridium simple, sessile, membraneux ou papyracé, très-mince et fugace, qui, dans son intérieur, contient une multitude de séminules ou sporidies, entassées, globuleuses.

DERMODIUM TACHANT : *Dermodium inquinans*, Link, *Berl. Mag.*, 3, p. 25 : largement étalé, noir; sporidies de même couleur; péridium infiniment mince, et s'évanouissant de bonne heure. On trouve ce champignon sur les troncs d'arbres coupés, et principalement auprès des racines. Il couvre des surfaces de trois et quatre pouces d'étendue. (LEM.)

DERMODONTES. (*Ichthyol.*) M. de Blainville propose de désigner par ce mot, opposé à gnathodontes, les poissons cartilagineux, parce que leurs dents tiennent à la peau et ne sont point implantées dans l'épaisseur des mâchoires. Ce mot est tiré du grec ($\delta\epsilon\rho\mu\circ\varsigma$, cuir, et $o\delta\upsilon\varsigma$, dent). Voyez CARTILAGINEUX. (H. C.)

DERMOPTÈRES. (*Ichthyol.*) M. Duméril, dans sa Zoologie analytique, a établi sous ce nom une famille parmi les poissons holobranches abdominaux, et lui a assigné les caractères suivans :

Rayons des nageoires pectorales réunis et tous semblables; opercules lisses; deux nageoires du dos; la seconde sans rayons osseux, molle et adipeuse.

La présence de la seconde nageoire du dos, et son peu de consistance, caractère d'après lequel on a formé le nom de cette famille, tiré du grec, $\delta\epsilon\rho\mu\alpha$, cuir, et $\pi\tau\epsilon\rho\circ\nu$, nageoire, serviront à distinguer les poissons qui la composent de tous ceux des autres familles d'abdominaux, à l'exception de quelques genres de la famille des oplophores, tels que le malaptérure, le doras, le pimélode et l'agénéiose; mais dans ceux-ci le premier rayon des nageoires pectorales est mobile, épineux, très-fort et souvent dentelé.

Les dermoptères avoient été compris par Linnæus et par Artédi, d'abord, dans le grand genre *Salmo*, appelé Salmone par les ichthyologistes françois : ces premiers naturalistes l'avoient partagé en trois sous-genres, celui des *truites*, celui des *osmères* et celui des *corégones*. Plus tard Gronou, et ensuite Gmelin, en ont séparé, sous les noms de *charax* et de *characini*, les espèces qui n'ont que quatre rayons à la membrane branchiale, et M. de Lacépède a fait, avec le *salmo rhombeus* de Pallas, un nouveau genre qu'il a appelé *serrasalme*. Mais, plus récemment encore, cette famille a été augmentée de plusieurs genres et sous-genres, et nous allons tâcher d'en offrir l'ensemble dans la table synoptique ci-jointe.

Famille des dermoptères.

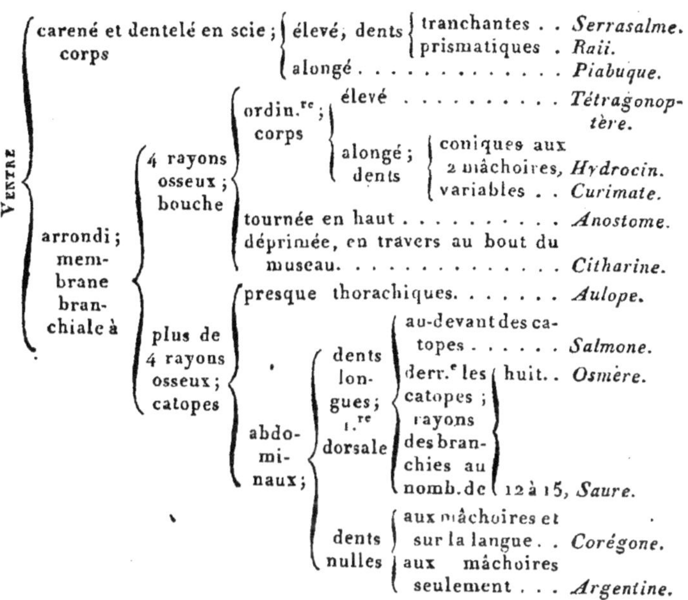

Tous les dermoptères sont carnassiers, et vivent la plupart du temps dans les eaux douces; ils recherchent en général les plus pures et les plus vives, celles qui coulent sur un fond de sable ou qui s'échappent en cascades au milieu des rochers. Ils nagent avec la plus grande facilité, et luttent avec avantage contre les courans les plus rapides; ils ont la faculté de s'élancer hors de l'eau, et de s'élever par des

\ sauts prodigieux, soit dans l'air, soit dans l'eau même, afin de remonter les cataractes. Leur. chair est fort délicate et recherchée dans tous les pays.

Nous plaçons le genre Argentine dans cette famille, plutôt que dans celle des gymnopomes, parce que la véritable argentine, *argentina sphyræna* de Linnæus, a la seconde nageoire dorsale adipeuse, comme l'a indiqué Brunnich dans son Ichthyologie marseilloise. (H. G.)

DERMORHYNQUES. (*Ornith.*) Ce terme, qui signifie bec couvert d'une peau, a été employé par M. Vieillot pour désigner la troisième famille de la première tribu de son ordre des nageurs, laquelle est d'ailleurs caractérisée par un bec dentelé en scie ou en lames, déprimé et arrondi à la pointe, et par des jambes demi-nues. (Cн. D.)

DERMOSPORIUM. (*Bot.*) Genre de champignons de la troisième série (les *sphérobases*) du premier ordre (*mucédines*) de la famille des champignons dans la méthode de Link. Son caractère est celui-ci : Champignon globuleux, compacte, entouré de tout côté d'une couche de séminules ou sporidies.

Dᴇʀᴍᴏsᴘᴏʀɪᴜᴍ ᴊᴀᴜɴᴀᴛʀᴇ; *Dermosporium flavicans*, Link, *Berl. Mag.*, 1813, p. 32, f. 4 à 6 : groupé, globuleux, couvert de très-petites granulosités jaunâtres, visibles à l'œil nu, à cause de leur grand nombre. Ce champignon se trouve sur le bois mort, et ressemble en quelque sorte à des œufs d'insectes. Il est possible que ce soit l'*ægerita pallida* de Persoon. On le trouve en Silésie, dans les lieux montueux.

Ce genre, dit M. Link, a le port des *sclerotium* et des *ægerita*; il a quelques affinités avec le *tubercularia*. (Lᴇᴍ.)

DERO. (*Entomoz.*) M. Ocken, dans son nouveau Système de zoologie, sépare sous ce nom deux ou trois espèces de naïs, qui n'ont aucune trace d'yeux, qui, très-probablement, ont des branchies, et dont la queue est élargie en forme de feuille plus ou moins lobée. Les espèces qu'il rapporte à ce genre sont le *nais cæca* de Linnæus, qui a une seule soie à ses appendices, six lobes à la queue, et qui vit dans la vase; le *nais florifera* appartient aussi à ce genre. Voyez Nᴀïs. (Dᴇ B.)

DERPU (*Bot.*), nom brame de l'*iria* des Malabares, *cyperus iria*. (J.)

DERRI ou DARRY. (*Min.*) On donne ce nom, en Hollande, à une couche de tourbe solide qui se trouve à environ quinze centimètres de la surface du sol, et qui s'oppose, dit-on, au passage des eaux tant inférieures que supérieures. M. Decandolle applique spécialement le nom de *darry* à des tourbes de la Nord-Hollande, composées surtout de fucus, et néanmoins très-combustibles. (B.)

DERRIS. (*Bot.*) Genre de plantes dicotylédones, établi par Loureiro pour des arbrisseaux des Indes orientales, à tige grimpante; les feuilles sont ailées ou ternées; les fleurs papillonacées, disposées en grappes latérales. Ce genre appartient à la famille des *légumineuses*, à la *diadelphie décandrie* de Linnæus, offrant pour caractère essentiel : Un calice à cinq crénelures; une corolle papillonacée; les ailes oblongues; l'étendard ovale; la carène en croissant; dix étamines diadelphes; un style; un stigmate simple; une gousse oblongue, comprimée, contenant une seule semence plane, quelquefois deux ou trois. On ne connoît que les deux espèces suivantes.

DERRIS A FEUILLES AILÉES; *Derris pinnata*, Lour., *Fl. Cochin.* 2, page 526. Arbrisseau qui croit dans les grandes forêts à la Cochinchine, et dont les tiges sont longues, grimpantes, très-rameuses; les feuilles alternes, ailées, composées de folioles ovales, petites, oblongues, rhomboïdales à leur base, glabres, très-entières; les fleurs blanches, disposées en grappes latérales; leur calice tubulé, coloré; les crénelures droites; les pétales munis d'onglets filiformes, courbés en faucille à leur base; la carène d'une seule pièce. Cette plante a des racines charnues et rougeâtres, dont les naturels du pays font le même usage que des fruits de *l'areca* : ils les mêlent avec les feuilles aromatiques du bétel, les mâchent pour parfumer leur haleine et entretenir la fraîcheur de la bouche.

DERRIS A TROIS FOLIOLES; *Derris trifoliata*, Lour., *l. c.* Cette espèce croit à la Chine dans les forêts, aux environs de Canton. Ses racines sont longues, rameuses et charnues; ses tiges grimpantes et rameuses; ses feuilles glabres, ternées; les folioles ovales-lancéolées, très-entières; les fleurs blanches, disposées en longues grappes axillaires; le calice coloré, à quatre dents peu sensibles; les pétales tous de même longueur, onguiculés, courbés en faucille à leur base; les gousses, observées avant leur maturité, sont droites, oblongues, comprimées, membraneuses, renfermant deux ou trois se-mences. (Poir.)

DERRIS (*Entomoz.*) C'est un petit animal trop peu connu pour déterminer au juste à quel type il appartient, et dont un anonyme (*Trans. Linn.*) a fait un genre, dont aucun auteur systématique n'a du reste fait mention. Son corps, conique, est terminé antérieurement par une sorte de ren-flement céphalique distinct, portant deux petits tentacules cylindriques à sa partie supérieure et pourvu d'une bouche située entre deux lèvres assez saillantes. Il est peut-être con-tenu, en plus ou moins grande partie, dans une sorte de tube qui paroit formé de cinq à six articulations, auquel il est probable que l'animal n'adhère pas. Est-ce un chétopode ou ver à tuyau, ou une larve d'hexapode? (De B.)

DERRY. (*Bot.*) Voyez Darry. (J.)

DERYA'H. (*Ornith.*) On appelle ainsi, en Egypte, la har-paye, *falco rufus*, Gmel. (Ch. D.)

DERYS (*Bot.*), nom du fourrage sec provenant du *trifo-lium alexandrinum*, ou *bersym* des Arabes, cultivé dans toute l'Égypte, au rapport de M. Delile. (J.)

DÉS. (*Foss.*) On a trouvé dans la terre, à quelques pieds de profondeur, en différens endroits, et surtout près de Bade en Suisse et près de Zurzac, des dés auxquels on a mal à propos donné le nom de dés fossiles, car c'est un ouvrage de l'art. Ils ont servi peut-être à l'amusement des légions romaines qui ont séjourné dans les régions où on les rencontre : on sait que les soldats jouoient avec des poignées de ces dés fort petits. Les uns paroissent être faits avec des os, et d'autres avec de la terre cuite. (D. F.)

DESANA. (*Bot.*) Voyez Dalifit. (J.)

DÉSARMÉ (*Ichthyol.*), poisson du genre Agénéiose. Voyez ce mot. (H. C.)

DESBERS et BUDEIG (*Bot.*), noms arabes du polypode vulgaire (*polypodium vulgare*, Linn.) dans Avicenne. (Lem.)

DESCENDANT [Caudex]. (*Bot.*) Linnæus donne le nom de caudex descendant au corps du végétal qui se dirige vers le

centre de la terre, et produit, par ses subdivisions, les petites racines qui puisent la nourriture. Le collet de l'embryon est dit descendant, lorsqu'il se développe dans le sens de la radicule. Alors, dans la germination, les cotylédons ne sont pas soulevés et portés à la lumière; ils restent cachés sous la terre : le marronier d'Inde en offre l'exemple. Lorsque le collet, au contraire, est ascendant, c'est-à-dire quand il se développe dans le sens de la plumule, les cotylédons sont portés à la lumière : c'est ce qu'on voit dans la fève, la belle de nuit, etc. (Mass.)

DESCENTE (*Fauconn.*), action de l'oiseau qui se dirige sur sa proie, et que, suivant qu'elle est prompte ou lente, on appelle fondre ou filer. (Ch. D.)

DESCHA (*Bot.*), nom hébreu du chiendent, suivant Mentzel. (J.)

DESCUREA. (*Bot.*) Guettard, dans sa Flore d'Étampes, avoit séparé du *sisymbrium*, sous ce nom, le *sisymbrium sophia*, remarquable par un calice alongé et lâche, des pétales très-petits et un disque à six glandes. Adanson le séparoit aussi sous le nom de *sophia*. (J.)

DÉSERTS. (*Géogr. phys.*) Parmi les contrées inhabitées auxquelles ce nom s'applique en général, on distingue en particulier les plages arides et sablonneuses, rendues inhabitables par la privation de l'eau et celle des végétaux nutritifs, qui en est la suite. Tels sont, en Afrique, le grand désert de Sahara; en Asie, les déserts situés à l'orient de la Syrie, ceux de l'Arabie, et celui de *Chamo* ou *Cobi*, dans la Tartarie orientale.

M. de Volney, dans son excellent Voyage en Égypte et en Syrie (ch. XXIII, §. III) décrit ainsi l'aspect des déserts qu'il a vus.

« Pour se peindre ces déserts, que l'on se figure, sous un
« ciel presque toujours ardent et sans nuages, des plaines
« immenses et à perte de vue, sans arbres, sans ruisseaux,
« sans montagnes : quelquefois les yeux s'égarent sur un
« horizon ras et uni comme la mer. En d'autres endroits le
« terrain se courbe en ondulations, ou se hérisse en rocs
« et rocailles. Presque toujours également nue, la terre
« n'offre que des plantes ligneuses clair-semées, et des

« buissons épars, dont la solitude n'est que rarement trou-
« blée par des gazelles, des lièvres et des rats. »

En parlant du chameau, sans lequel l'homme ne pourroit
tenter de parcourir ces immenses solitudes, Buffon a fait
une peinture aussi terrible qu'éloquente du sort qui attend
le voyageur lorsque les rafraîchissemens qu'il portoit avec
lui sont épuisés, ou qu'il est surpris soit par une de ces tem-
pêtes de sable que les vents élèvent dans un sol aussi mobile
qu'il est divisé, soit par le souffle brûlant du *kamsin*, vent
du midi qui suffoque les êtres animés, lorsqu'ils n'ont pas
la précaution d'appliquer leur bouche à terre pendant le
cours de sa durée, heureusement toujours assez courte.

La traversée des déserts d'une étendue considérable seroit
absolument impossible sans la connoissance des mares d'eau
saumâtre qui s'y rencontrent quelquefois à de grandes distances, ou des puits qui y ont été creusés de temps immémorial et qui tracent les routes que sont forcées de suivre
les caravanes. Les déserts de l'Afrique septentrionale, justement assimilés à des mers de sable, renferment des espèces
d'îles pourvues de ruisseaux ou de sources qui entretiennent
une végétation dont le charme est bien relevé par la stérilité
du pays qui les entoure. C'est dans une de ces îles, nommées
Oasis, quatre-vingts lieues à l'ouest de la vallée du Nil,
que Hornemann a découvert des ruines qui paroissent être
celles du temple de Jupiter Hammon : cette oasis s'appelle
maintenant *syoùah*. (L. C.)

DESFONTAINIA. (*Bot.*) Genre établi par les auteurs de la
Flore du Pérou, rapporté par M. Persoon au genre LINKIA.
Voyez ce mot. (POIR.)

DESFORGE DE BOURBON (*Bot.*) : *Forgesia*, Juss., *Gen.*
164 ; *Defforgia borbonica*, Poir., Encycl., Sup. ; Lamk., *Ill.
gen.*, tab. 125. Arbre découvert à l'île de Bourbon par Commerson, et dont il a formé un genre particulier. Ce genre
appartient à la famille des *campanulacées*, à la *pentandrie
monogynie* de Linnæus. Il offre pour caractère essentiel :
Un calice turbiné, à cinq découpures ; une corolle à cinq
divisions très-profondes ; cinq étamines alternes avec les
divisions de la corolle ; un style ; un stigmate à deux lobes ;
une capsule à demi inférieure, acuminée par le style, à deux
loges polyspermes.

Les rameaux sont glabres, ainsi que toute la plante, garnis de feuilles alternes, pétiolées, coriaces, légèrement décurrentes sur les pétioles, ovales-lancéolées, longues de quatre à cinq pouces, lisses, presque luisantes, à nervures réticulées, munies a leurs bords de dentelures courtes et distantes; les fleurs axillaires ou terminales, disposées en grappes lâches, paniculées; les pédoncules et les pédicelles pourvus de petites bractées entières, lancéolées, aiguës; les divisions du calice ouvertes, caduques, lancéolées; celles de la corolle ovales-lancéolées, plus longues que le calice, légèrement adhérentes à leur base; les filamens de la longueur du calice, soutenant des anthères oblongues, soudées avec eux; l'ovaire adhérent avec la partie entière du calice, surmonté d'un style épais, simple, ou quelquefois bifide et trifide : le stigmate à deux lobes, quand le style est simple. Le fruit est quelquefois divisé en trois loges, lorsque le style est trifide. (Poir.)

DESMAN ou DÆSMAN (*Mamm.*), nom suédois d'un animal voisin des musaraignes, dont M. G. Cuvier a fait un genre particulier sous le nom de MYGALE. Voyez ce mot. (F. C.)

DESMANTHE; *Desmanthus*, Willd.(*Bot.*) Genre de plantes dicotylédones, à fleurs incomplètes, de la famille des *légumineuses*, de la *polygamie monoécie* de Linnæus, ayant pour caractère essentiel, des fleurs polygames; les hermaphrodites composées d'un calice à cinq dents; une corolle à cinq pétales ou à cinq divisions profondes; dix étamines; un style; une gousse à deux valves : dans les fleurs stériles, un calice à cinq dents; une corolle à cinq pétales ou à cinq divisions, quelquefois nulle; dix filamens stériles lancéolés, dilatés.

Ce genre, séparé de celui des *mimosa* de Linnæus, renferme des espèces, les unes originaires des Indes orientales, d'autres de l'Amérique méridionale, à tige ligneuse, ou herbacée, armée ou dépourvue d'épines. Leurs feuilles sont alternes, plusieurs fois ailées; les fleurs disposées en épis, remarquables en ce que les épis des fleurs stériles sont ordinairement d'une couleur différente de celle des fleurs mâles, quelquefois privées de corolle. Les principales espèces sont :

* *Espèces munies d'épines.*

DESMANTHE CENDRÉE : *Desmanthus cinereus*, Willd. : *Mimosa cinerea*, Linn., Roxb., *Corom.* 2, page 39, tab. 174; Burm., *Zeyl.*, page 3, tab. 2.; Pluken., *Alm.*, tab. 121, fig. 5. Arbrisseau très-rameux, de l'île de Ceilan et des Indes orientales. Son écorce est cendrée, blanchâtre et pubescente; ses feuilles deux fois ailées, divisées en cinq à huit paires de pinnules, munies chacune de douze à seize paires de folioles velues, fort petites, ainsi que les pétioles; les épis axillaires, plus longs que les feuilles, de deux couleurs, à très-petites fleurs; les filamens des étamines jaunes à la partie supérieure de l'épi, rouges à la partie inférieure; les épines droites, blanches, solitaires, longues d'environ un pouce; les gousses planes, linéaires, courbées en faucille, longues de deux pouces.

DESMANTHE DIVERGENTE : *Desmanthus divergens*, Willd.; *Ergeth dimmo*, Bruce, *Itin.* 5, page 46, tab. 6. Ce joli arbrisseau a été découvert par Bruce dans l'Abyssinie. Il s'élève à la hauteur de six à sept pieds. Ses rameaux sont nombreux, étalés, diffus, parsemés de verrues blanchâtres; ses épines roides, subulées, quelquefois géminées; les feuilles composées de six à huit paires de pinnules, chargées d'un très-grand nombre de folioles linéaires, anguleuses à leur base, ciliées à leur contour; les épis axillaires pendans, géminés; les fleurs de deux couleurs, comme celles de l'espèce précédente. Les gousses sont linéaires et contournées.

** *Espèces dépourvues d'épines.*

DESMANTHE DES MARAIS : *Desmanthus lacustris*, Willd., *Spec.* 4, page 1044; *Mimosa lacustris*, Humb. et Bonpl., Pl. équin., t. 16. MM. de Humboldt et Bonpland ont recueilli cette espèce dans l'Amérique méridionale, aux lieux marécageux. Ses tiges sont rampantes, herbacées, cylindriques; ses feuilles deux fois ailées; les trois paires de pinnules longues d'un pouce et demi; les folioles nombreuses, linéaires, obtuses à leurs deux extrémités; un épi ovale, longuement pédonculé; le pédoncule muni de deux ou trois bractées ovales, caduques;

des fleurs mâles à la base de l'épi. Les gousses sont oblongues, acuminées, renfermant quatre ou six semences.

DESMANTHE NAGEANTE: *Desmanthus natans*, Willd.: *Mimosa natans*, Vahl, *Symb.* 3, page 102, *non* Linn.; Roxb., *Corom.* 2, tab. 119 : *Neptunia oleracea?* Lour., *Fl. Cochin.*, 804; *Niti-todda-vaddi*, Rheed., *Malab.* 9, tab. 20. Espèce des Indes orientales, qui a beaucoup de rapports avec la précédente: ses tiges sont flexueuses, flottantes au-dessus des eaux, radicantes à leur partie inférieure, souvent calleuses et renflées; les pinnules beaucoup plus courtes; un épi oblong, interrompu; les pédoncules nus, très-longs: les gousses renferment de six à huit semences.

DESMANTHE A TIGE TRIANGULAIRE : *Desmanthus triquetrus*, Willd.; Vahl, *Symb.* 3, page 102 : *Mimosa natans*, Linn., fils; *Mimosa prostrata*, Lamk., *Dict.* n.° 10, var. 6; Pluk., *Phyt.* tab. 307, fig. 4. Il existe très-peu de différence entre cette espèce et la précédente : dans celle-ci les épis sont courts, presque globuleux; les racines ligneuses; les tiges nombreuses, couchées, comprimées, puis triangulaires et striées vers leur sommet, longues de quatre à dix pouces; les folioles ciliées à leurs bords; les pédoncules de la longueur des feuilles, munis de deux petites bractées caduques; les gousses oblongues, obtuses, à cinq ou six semences. Elle croît aux Indes orientales.

DESMANTHE A FLEURS PLEINES : *Desmanthus plenus*, Willd.; *Mimosa plena*, Linn., *Spec.*; Bancks, *Reliq. Houst.*, tab. 23. Ses tiges sont longues de trois pieds, foibles, herbacées, flexueuses; les feuilles glabres, d'un vert tendre, à trois ou quatre paires de pinnules; les folioles nombreuses, linéaires, obtuses; les fleurs jaunâtres, réunies en une petite tête ovale, à l'extrémité d'un pédoncule muni de deux ou trois bractées ovales, caduques; les fleurs inférieures mâles; les gousses brunes, oblongues, obtuses, mucronées, renfermant environ douze semences dures, luisantes, d'un rouge brun. Elle est annuelle et croît à la Vera-Cruz.

DESMANTHE PONCTUÉE : *Desmanthus punctatus*, Willd.; *Mimosa punctata*, Linn., *Spec.*; *Æschinomena mitis prima*, Commel., *Hort.* 1, tab. 31. Cette espèce croît à la Jamaïque: elle se distingue par ses tiges ligneuses, parsemées de points calleux.

Ses feuilles sont deux fois ailées, à quatre paires de pinnules, une glande déprimée entre la première paire ; les folioles nombreuses ; les épis ovales-alongés, longuement pédonculés ; la corolle composée de cinq pétales ; dix étamines ; les filamens des fleurs inférieures dépourvus d'anthères.

DESMANTHE A BAGUETTES : *Desmanthus virgatus*, Willd. ; *Mimosa virgata*, Linn., *Spec.* ; *Mimosa angustisiliqua*, Lamk., Dict. n.° 11 ; Pluken., *Almag.*, tab. 307, fig. 5 ; *Nita-todda*, Rheed. *Malab.* 9, tab. 20. Celle-ci croit dans les Indes orientales. Ses tiges sont droites, ligneuses ; ses rameaux glabres, effilés ; ses feuilles deux fois ailées ; quatre paires de pinnules ; les folioles petites, nombreuses, d'un beau vert ; les fleurs peu nombreuses, réunies en un épi court, pédonculé, presque en tête ; la corolle jaune ou blanche, à dix étamines ; les fleurs inférieures stériles et dépourvues de corolle. Les gousses sont étroites, linéaires, longues de deux ou trois pouces ; les semences nombreuses.

DESMANTHE PERNAMBUC : *Desmanthus diffusus*, Willd. ; *Mimosa pernambucana*, Linn., *Spec.* Cette plante, confondue avec la précédente, doit en être distinguée par ses tiges couchées ou renversées, par ses fleurs à cinq étamines, par ses feuilles plus souvent composées de cinq que de quatre paires de pinnules. Elle croit dans la Nouvelle-Andalousie, aux lieux ombragés.

DESMANTHE DÉPRIMÉE ; *Desmanthus depressus*, Willd., *Spec.* 4, page 1046. Cette espèce, découverte dans l'Amérique méridionale par MM. de Humboldt et Bonpland, se rapproche beaucoup des deux précédentes par la forme de ses épis et de ses gousses : mais ses tiges sont herbacées, longues de huit à dix pouces et plus, rameuses dès leur base, glabres, étalées, un peu tétragones vers leur sommet ; les feuilles deux fois ailées, composées de deux paires de pinnules ; les folioles nombreuses, linéaires, obtuses ; les fleurs disposées en un épi globuleux, pédonculé, peu garni ; le pédoncule nu, à peine plus long que les feuilles ; des fleurs mâles à la base de l'épi ; une gousse linéaire, acuminée, longue d'un pouce et demi, contenant plusieurs semences. (POIR.)

DESMARESTIA. (*Bot.*) Fronde rameuse, plane, portée par une courte tige, naissant d'un petit empâtement orbiculaire ou tuberculiforme ; toutes les ramifications rétrécies à la base en un court pétiole, et bordées dans toute leur longueur d'épines molles, qui, vues au microscope, sont cloisonnées 'et paroissent contenir de petites séminules. Selon Stackhouse, la fructification est située dans l'aisselle des rameaux ; elle est hérissée, et s'ouvre en hiver.

Ce genre, établi par M. Lamouroux dans la famille des algues, est dédié à M. G. A. Desmarest, professeur de zoologie à l'école royale vétérinaire d'Alfort. Il renferme six espèces, dont la fronde est tantôt verte ou brunâtre, un peu cartilagineuse et étroite, tantôt membranacée et assez développée : elle atteint jusqu'à un pied de longueur. On en trouve quatre espèces en France ; elles sont les types des genres *Herbacea*, *Hippurina* et *Polymorpha*, de Stackhouse.

Desmarestia aiguillonné, *Desmarestia aculeata*, Lamx., Essai, Thall., p. 25 ; *Fucus aculeatus*, Linn., *Fl. Dan.*, tab. 355. Fronde très-rameuse, brune verdâtre, presque cornée, comprimée ; ramifications extrêmement étroites, très-longues, pointues ; épines marginales molles, écartées. Commun sur les côtes de l'Océan. Il a sept à huit pouces de longueur au plus.

Desmarestia a languette : *Desmarestia ligulata*, Lamx., l. c., tab. 2, f. 1 ; *Fucus ligulatus*, Stackh., *Ner. App.*, tab. D. Fronde entièrement plane, d'un vert jaunâtre sans nervure, très-rameuse ; les derniéres ramifications bordées d'épines en forme de cils, ou de dentelures linéaires et pointues. Cette espèce acquiert près d'un pied de longueur ; mais les divisions de sa fronde n'ont qu'une à six lignes de large : elle se plait dans les eaux profondes de l'Océan ; elle se rencontre sur nos côtes.

Desmarestia de Dudresnay, *Desmarestia Dudresnay*, Lamx., inéd. Fronde plane, membraneuse, foliacée, très-large, légèrement pédiculée, divisée dès l'origine en trois frondules lancéolées, très-longues, pointues, traversées dans le milieu par une nervure longitudinale d'où partent un grand nombre de veines transversales opposées, simples, rarement bifurquées à l'extrémité ; bord des frondules sinueux, ondulé, marqué de dentelures écartées qui se changent quelquefois en petites feuilles de même forme que les frondules.

Cette plante est d'un vert brun, et longue de près de deux pieds ; ses frondules ont d'un à deux pouces et plus de largeur dans presque toute leur longueur. Elle a été découverte en France sur les côtes de l'Océan, par M. Dudresnay, militaire distingué, qui sait unir les connoissances de son état à celles d'une science agréable, la botanique, qu'il cultive avec succès. Il existe quelque ressemblance entre ce *desmarestia* et la *delesseria sanguine*.

DESMARESTIA VERTE : *Desmarestia viridis*, Lamx. ; *Fucus viridis*, Stackh., *Ner.*, tab. 17. Fronde filiforme, très-rameuse, semblable à une conferve ; rameaux filiformes, bordés de cils très-fins. Cette espèce, facile à distinguer, n'a que deux à quatre pouces de longueur. Stackhouse dit avoir vu à l'extrémité de quelques rameaux une vésicule ovale qu'il croit contenir les séminules. Elle habite l'Océan, et est fréquemment rejetée sur les côtes avec d'autres varecs, sur lesquels on la trouve souvent fixée. (LEM.)

DESMOCHÆTA (*Bot.*). Genre établi par M. de Jussieu, sous le nom de *pupalia*, pour quelques espèces d'*achyranthes* (*cadelari*). M. Decandolle y a subtitué le nom de *desmochæta*. Ce genre appartient à la famille des *amaranthacées*, de la *pentandrie monogynie* de Linnæus, offrant pour caractère essentiel : Un calice régulier, persistant, à cinq divisions profondes ; point de corolle ; cinq étamines ; les filamens réunis à leur base ou en un godet non découpé ; un ovaire supérieur un peu arrondi ; un style filiforme, un stigmate en tête, une capsule monosperme uniloculaire, indéhiscente.

Ce genre, peu distingué des *achyrantes*, en diffère par ses fleurs fasciculées et non distinctes, par le tube des filamens non lacinié, par la disposition des épis composés de petits paquets à trois ou quatre fleurs, munis chacun de trois bractées et de faisceaux de soie crochus qu'entoure une bractée particulière. Les espèces renfermées dans ce genre, toutes exotiques à l'Europe, ont des tiges herbacées ou ligneuses, à feuilles très-souvent opposées ; les épis terminaux alongés ; les fleurs sessiles, solitaires, plus souvent ternées. On distingue les suivantes :

DESMOCHÆTA ACHYRANTHOÏDE ; *Desmochæta achyranthoides*, Kunth. *in* Humb. et Bonpl., *Nov. gen.*, 2, page 210. Cette plante, découverte sur le bord du fleuve de la Magdeleine en Amérique, a le port de l'*achyranthes argentea*. Ses tiges

sont herbacées, couchées et rameuses ; ses rameaux tétragones, opposés et pubescens, de couleur purpurine ; les feuilles
opposées, médiocrement pétiolées, oblongues, acuminées,
rétrécies à leur base, longues de trois pouces et plus, couvertes de poils couchés, vertes en-dessus, blanchâtres en-dessous ; les épis solitaires, terminaux, grêles, longs d'un a quatre
pouces ; les fleurs sessiles, solitaires, réfléchies, très-rapprochées ; les inférieures distantes, accompagnées chacune de trois
bractées ovales-oblongues ; le calice pubescent ; les soies plus
longues que la fleur, crochues à leur sommet ; les capsules
glabres, ovales, un peu membraneuses, plus longues que
le calice persistant.

DESMOCHÆTA A FLEURS TOUFFUES, *Desmochæta densiflora*,
Kunth, *l. c.* Plante du même pays que la précédente, et qui
en est très-rapprochée : elle en diffère par ses rameaux glabres ; par ses feuilles plus petites, ovales, aiguës, et non acuminées, bien moins pileuses ; par les épis plus touffus et plus
velus ; les fleurs et les fruits sont plus petits ; les calices pubescens seulement à leur base et à leur sommet.

DESMOCHÆTA POURPRÉ FONCÉ : *Desmochæta atropurpurea*, Dec.,
Hort. Monsp., pag. 102 ; *Achyrantes lappacea*, Linn., *Spec.*,
édit. 2.ᵉ, pag. 295 ; *Wellia codiveli*, Rheed., *Malab.*, 10, tab. 59 ;
Blitum scandens, etc., Burm., *Zeyl.*, tab. 18, fig. 1. Petit arbrisseau originaire des Indes orientales, cultivé au Jardin du Roi,
qui croit en touffes larges, diffuses ; ses rameaux sont nombreux, un peu tétragones, de couleur purpurine, chargés
de quelques poils courts ; les feuilles sont opposées, pétiolées, ovales, acuminées, un peu rudes, d'un vert foncé ; les
épis terminaux longs d'un à deux pouces ; les paquets de
fleurs distans, presque glabres en dehors, droits, puis étalés,
hérissés de soies crochues, purpurines, fasciculées.

DESMOCHÆTA JAUNATRE : *Desmochæta flavescens*, Dec. *l. c.* et
Icon. ined., tab. 79 ; *Achyranthes lappacea*, Linn., *Sp.*, édit. 1.ʳᵉ,
pag. 204 ; *Achyranthes styracifolia*, Lamk., *Dict.*, 1, pag. 546,
Exot. synon.; *Achyanthes Echinata*, Retz et Willd. ; *Achyran-
the, pa u a*, Linn. fils, *Sup.* 160. Ses tiges sont droites, velues,
herbacées ; les rameaux peu nombreux, axillaires, très-étalés, les feuilles opposées, très-souvent rabattues, ovales, velues, rétrécies à leur base, acuminées et mucronées à leur

sommet; les paquets de fleurs lanugineux, droits, puis étalés, munis de longues soies jaunâtres. Elle croît dans lés Indes orientales.

DESMOCHÆTA COUCHÉ: *Desmoschæta prostrata*, Dec., *l. c.; Achyranthes prostrata*, Linn., *Spec.* 296; *Auris canina femina*, Rumph., *Amb.*, 6, tab. 11. Ses tiges sont grêles, un peu velues, ligneuses et couchées; les feuilles opposées, médiocrement pétiolées, ovales, aiguës, velues; les épis solitaires; les paquets de fleurs distans, étalés, puis rabattus, hérissés de soies très-courtes. Elle croît dans l'Inde.

DESMOCHÆTA A PETITES FLEURS : *Desmochæta micrantha*, Dec., *l. c.; Achyranthes prostrata*, Lamk.. Dict., 1, pag. 546, var. 6; *Centaurium ciliare minus*, etc., Pluken., *Almag.*, tab. 82, fig. 2. Cette espèce croît à Java et à l'île de Bourbon : elle se distingue de la précédente par la petitesse de ses fleurs. Ses tiges sont droites, un peu ligneuses, légèrement pileuses; les feuilles opposées, ovales, aiguës, un peu pileuses, quelquefois échancrées à leur sommet; les épis solitaires, fort grêles, alongés; les fleurs réunies en paquets distans, étalés, puis rabattus; les soies jaunâtres, très-courtes.

DESMOCHÆTA HÉRISSON : *Desmochæta muricata*, Dec., *Monsp.*, *l. c.; Achyranthes muricata*, Linn., *Spec.*, 2, page 295, et Willd., var. *a; Blitum frutescens*, Rumph., *Amb.*, 5, tab. 83, fig. 2. Ses tiges sont étalées et ligneuses; les feuilles alternes, ovales, presque nues; les épis terminaux fasciculés; les paquets de fleurs ovales, distans, hérissés de soies courtes et calleuses. Elle croît dans les Indes orientales.

DESMOCHÆTA A FEUILLES ALTERNES : *Desmochæta alternifolia*, Dec., *Monsp. l. c.; Achyranthes alternifolia*, Linn., *Mant.*, 50; *Achyranthes muricata*, var. *♂*, Willd. Cette espèce, que l'on trouve en Égypte et dans l'Arabie, est très-rapprochée de la précédente : elle en diffère par ses tiges droites, herbacées; les feuilles sont alternes, ovales, très-lisses; les épis courts, sessiles, fasciculés; les paquets de fleurs ovales, distans; les soies courtes et calleuses.

Le *Pupal-walli* de Rheed., *Hort. malab.*, 7, tab. 45, quoiqu'il paroisse par son port devoir se rapporter à ce genre, s'en écarte par ses fleurs nues, solitaires, à cinq pétales étalés; ses fruits sont hérissés : considérations qui ont déterminé

M. Decandolle à supprimer la dénomination de *pupalia*, employée d'abord par M. de Jussieu. (Poir.)

DESMODIUM. (*Bot.*) Genre que propose M. Desvaux, dans le Journal de botanique, vol. 3, pag. 122, pour les espèces d'*hedysarum* (sainfoin) dont les gousses sont un peu comprimées et en forme de chapelet (voyez Sainfoin). En m'abstenant ici de prononcer sur la validité de ce genre, je me bornerai à citer quelques-unes des espèces qu'on peut y rapporter.

Desmodium rude : *Desmodium asperum*, Desv., *l. c.*; *Hedysarum asperum*, Poir., Encycl., 6, pag. 408. Cette plante, que j'ai fait connoître dans l'Encyclopédie méthodique, et dont j'ignore le lieu natal, est remarquable par la grandeur de ses feuilles molles, tomenteuses en-dessous, rudes en-dessus, composées de trois folioles inégales, ovales, entières, obtuses, à nervures saillantes, réticulées. Ses tiges sont épaisses, quadrangulaires, hispides, fistuleuses, articulées, ramifiées; les pétioles alternes, munis à leur base de larges stipules velues, striées, bifides et sagittées; les fleurs très-nombreuses, disposées en longues grappes droites, étalées, diffuses, paniculées, velues; les bractées ovales, membraneuses; les calices courts, tubulés, à cinq dents; la corolle fort petite; les gousses étroites, pubescentes, un peu visqueuses, composées d'articulations ovales, petites, un peu globuleuses, légèrement rétrécies à leurs deux extrémités.

Desmodium a feuilles sinuées : *Desmodium repandum*, Vahl, *Symb.*, 2, pag. 82, *sub hedysaro; Hedysarum sculpe*, Commers., *Herb.*; vulgairement Sainfoin a gratter. Il me semble que cette plante, qui croit a l'île de Bourbon et qu'on trouve aussi dans l'Arabie heureuse, doit trouver place ici. Ses tiges sont ligneuses, pubescentes, un peu purpurines; ses rameaux grêles, alongés, quadrangulaires, velus; ses feuilles ternées, longuement pétiolées, distantes, alternes; les folioles inégales, ovales-oblongues, irrégulières, ciliées à leurs bords, sinuées ou largement crénelées, longues de deux à quatre pouces; les stipules roussàtres, linéaires. Chaque rameau se termine par un pédoncule presque long d'un pied, velu, à ramifications longues et diffuses, soutenant des fleurs en grappes, distantes, pédicellées, réunies deux ou trois en-

semble; leur calice est campanulé, à cinq découpures velues, irrégulières; la corolle purpurine; les gousses étroites,
linéaires, comprimées; leurs articulations à demi ovales,
alongées, aiguës à leur insertion, rudes et accrochantes.

DESMODIUM EN QUEUE DE SCORPION; *Desmodium scorpiurus*,
Swartz, *Prodr.* 107, *sub hedysaro.* Cette espèce croît à la
Jamaïque et à la Nouvelle-Espagne. Ses tiges sont couchées,
rameuses, presque triangulaires; les feuilles ternées; les folioles glabres, oblongues, pileuses en-dessous, obtuses au
sommet, longues de six lignes; les fleurs sont disposées en
grappes axillaires, droites, alongées, velues; les gousses,
assez semblables à celles du *coronilla,* sont médiocrement
comprimées; les articulations droites, oblongues, monospermes.

DESMODIUM A BAGUETTES; *Desmodium virgatum*, Thunb., *Flor.*
Jap., 288, *sub hedysaro.* Ses tiges sont herbacées, anguleuses,
de couleur purpurine, droites, rameuses, velues sur leurs
angles; les rameaux filiformes, élancés, couverts de poils
épars; les feuilles ternées; les folioles ovales, obtuses, entières, glabres en-dessus, pileuses en-dessous; la foliole terminale plus grande, longue d'environ trois à quatre lignes;
les fleurs axillaires, disposées en petites grappes sur des pédoncules velus, capillaires. Je ne connois pas les gousses;
mais il est probable que M. Desvaux en a eu connoissance,
puisqu'il place cette plante dans ce genre. Elle croît au
Japon.

DESMODIUM BLANCHATRE; *Desmodium canescens*, Linn., *sub*
hedysaro. Ses tiges sont droites, un peu ligneuses, velues,
anguleuses; les feuilles ternées; les folioles inégales, larges,
ovales, un peu arrondies, longues de deux pouces, glabres
en-dessus, blanchâtres et un peu pileuses en-dessous; les stipules larges, ovales, scarieuses, velues et ciliées; les fleurs
disposées en grappes paniculées; les pédoncules et les pédicelles très-velus; le calice petit, velu, à cinq découpures
profondes; la corolle d'un blanc jaunàtre; les gousses composées d'articulations hispides, comprimées, triangulaires.
Cette plante croît dans la Virginie et dans plusieurs autres
contrées de l'Amérique septentrionale. (POIR.)

DESMINE. (*Min.*) M. Rose, dans son ouvrage sur la minéralogie des montagnes du bas Rhin, a donné ce nom à une substance minérale qui se présente cristallisée en petites houppes soyeuses, dans les laves téphriniques ou les trachites des bords du lac de Laach, près d'Andernach. (B.)

DESMOS. (*Bot.*) Ce genre de plante de la Cochinchine, publié par Loureiro, doit être supprimé et réuni à l'*unona*, dans la famille des anonées. (J.)

DESSENIA. (*Bot.*) Adanson désigne sous ce nom le *gnidia* de Linnæus, genre de la famille des thymélées. (J.)

DESSICCATION (*Chim.*), opération par laquelle on enlève l'eau à des matières solides. (Сн.)

DESSOUFRER. (*Chim.*) C'est en général priver une matière du soufre qu'elle contient. Ce mot est particulièrement applicable au charbon de terre qui contient des pyrites. (Сн.)

DESSUINTAGE. (*Chim.*) C'est l'opération par laquelle on prive la laine du *suint* qui la recouvre dans son état naturel. Voyez Laine et Suint. (Сн.)

DESTRUCTEURS DE CHENILLES. (*Entom.*) Goëdart décrit sous ce nom deux espèces différentes de larves de coléoptères créophages, dont l'une donne un carabe qu'il a représenté; l'autre a plus de rapports avec les larves des cicindèles, qui vivent cependant dans des trous verticaux qu'elles se creusent dans le sable. (C. D.)

DESURA, KAPRASILA (*Bot.*), noms brames du ain-pariti des Malabares, qui est regardé comme une variété du schempariti ou *hibiscus tiliaceus.* (J.)

DETARIUM DU SÉNÉGAL (*Bot.*); *Detarium senegalense,* Juss., *Gen.*, pag. 365. Genre de plantes dicotylédones, jusqu'à ce jour imparfaitement connu, qui paroît se rapprocher des *apalatoa.* Il appartient à la famille des *légumineuses*, à la *décandrie monogynie* de Linnæus. Son caractère essentiel consiste dans un calice à quatre divisions (point de corolle); dix étamines libres, alternativement plus courtes. Le fruit consiste en un drupe mou, orbiculaire, épais, farineux, renfermant un osselet fort grand, orbiculaire, comprimé, muni dans son milieu, tant en-dessus qu'en-dessous, de fibres entrelacées, réticulées; le contour lisse et obtus; une seule semence.

Cet arbre croit au Sénégal, où il a été observé par Adanson. Ses feuilles sont alternes, ailées avec une impaire; les fleurs disposées en grappes axillaires. (Poir.)

DÉTONATION. (*Chim.*) C'est le bruit plus ou moins fort qui a lieu, soit dans les décompositions ou combinaisons chimiques qui se font avec rapidité, souvent même avec dégagement de feu; soit dans les cas où un corps change brusquement d'état ou simplement de volume, sans qu'il éprouve pour cela un changement de nature.

La cause première de toute détonation est une force dont l'action est assez intense pour mettre l'air ou tout autre fluide aériforme en vibrations sonores.

Avant d'examiner les cas où la détonation est produite par un corps qui frappe l'air, il est nécessaire d'établir que l'élasticité de l'air est une force capable de produire une détonation lorsque, un vide étant produit d'une manière quelconque dans un espace limité, l'air ambiant vient à s'y précipiter en vertu de son élasticité. Alors le choc des particules d'air les unes contre les autres, et la réaction qui en est la suite, mettent l'air en vibrations sonores de la même manière que le feroit un corps qui viendroit à frapper l'atmosphère par une expansion subite de volume. C'est ainsi que, lorsqu'on laisse tomber une boule de verre mince, vide de tout fluide aériforme, et qu'elle se brise contre le sol, elle fait entendre un bruit violent.

L'intensité d'une détonation dépend de la vîtesse avec laquelle l'air est frappé, et du nombre des particules qui sont choquées; conséquemment : 1.°, lorsque la détonation est produite par la précipitation de l'air dans un espace vide, le bruit est d'autant plus fort que cet espace est plus étendu et que le volume d'air qui s'y précipite a plus de ressort; si la quantité d'air nécessaire pour remplir cet espace n'y arrivoit que lentement, au lieu de s'y précipiter, il n'y auroit qu'un sifflement plus ou moins léger. 2.° Lorsque la détonation est produite par expansion de volume, elle est d'autant plus forte que l'expansion est plus subite et qu'elle est plus grande, le poids de la matière expansive ou détonante restant le même. On observe, dans cette dernière circonstance, que la rapidité avec laquelle se fait l'expansion a plus d'influence sur l'intensité du bruit que la

grandeur même de cette expansion : c'est ce qui explique
pourquoi des poudres détonantes produisent beaucoup plus
de bruit que d'autres, quoique celles-ci donnent lieu à un
dégagement de gaz plus considérable. 5.° Quand il y a,
dans la détonation, premièrement expansion subite d'une
vapeur, puis condensation de cette vapeur en liquide,
il peut y avoir deux détonations ; l'une, produite par l'expansion de la vapeur ; l'autre, par la force élastique de l'air
qui, ayant été comprimé, se précipite ensuite dans l'espace
vide occasioné par la condensation de la vapeur : mais, pour
que cette seconde détonation ait lieu, il faut que la condensation de la vapeur se fasse très-rapidement. [1]

La cause de la détonation étant connue, et les élémens de
son intensité étant déterminés par ce qui précède, nous avons
l'avantage de réunir beaucoup de faits qui, au premier coup
d'œil, ont peu d'analogie entre eux. Ainsi, la rapidité de
l'expansion ayant plus d'influence que la grandeur même de
cette expansion, il nous sera facile d'expliquer pourquoi
des matières qui ne détonent pas dans telle circonstance,
peuvent détoner dans telle autre. Commençons par les cas
les plus simples.

Si vous chauffez lentement, et sous la pression de l'atmosphère, de l'eau, de l'alcool, de l'éther, en un mot, une
substance susceptible de se réduire en fluide élastique, il
se produira des vapeurs ou des gaz qui se dégageront sans
bruit. Si vous renfermez ces substances dans un vase assez
résistant pour surmonter l'expansion que la substance prendroit, si elle étoit amenée sous la simple pression de l'atmosphère au degré de chaleur nécessaire pour la vaporiser,
et si vous exposez le vase à une température croissante à
partir de ce terme, il arrive que, la tendance à l'expansion de la substance croissant toujours, la cohésion du vase

---

[1] On avoit pensé que le bruit occasioné par l'inflammation d'un mélange de 2 d'hydrogène et de 1 d'oxigène avoit cette double cause, de
l'expansion de la vapeur d'eau produite, et du vide résultant ensuite de
la condensation de cette vapeur ; mais je me suis assuré que la condensation étoit trop lente pour avoir une influence sensible sur le bruit
de la détonation.

n'est plus suffisante pour la surmonter; alors le vaisseau se brise en éclats, et la substance, passant subitement à l'état aériforme, fait résonner l'air avec force.

Il se passe quelque chose d'analogue à cela, lorsqu'on chauffe par la base une colonne de liquide d'une certaine hauteur : la couche inférieure, pressée par l'atmosphère et de plus par les couches qui sont au-dessus d'elle, se réduisant en vapeur, soulève le liquide avec force et produit un petit bruit lorsqu'elle vient frapper l'air. Si le liquide qui est sur le feu, est susceptible de se recouvrir d'une pellicule ou d'une couche de substance visqueuse, ainsi que cela arrive dans la fabrication du savon, et surtout quand on veut saponifier dans un ballon de la cétine par une solution de potasse, l'effet dont nous parlons devient encore plus marqué.

Lorsqu'on prend deux quantités égales de poudre à canon, que l'une d'elles est enflammée dans un fusil et l'autre à l'air libre, il se produit une forte détonation dans le premier cas, tandis que dans le second le bruit est peu considérable. La raison de ce fait est que la bourre que l'on met dans le fusil, en gênant l'expansion des premiers grains de poudre qui s'embrasent, donne aux autres grains le temps de prendre feu. Dès-lors, quand la bourre est poussée hors du fusil, c'est tout le gaz développé qui frappe l'air presque en même temps; au lieu que, dans le second cas, rien ne s'opposant à la libre inflammation des grains de poudre, celle-ci a lieu de proche en proche, et le choc du gaz contre l'air est successif et peu considérable pour chaque intervalle de temps : c'est pourquoi le bruit est moins fort que dans le premier cas. Cependant il ne faut pas croire qu'une grande quantité de poudre, enflammée sous la simple pression de l'atmosphère, ne puisse pas produire une détonation; car, si dans une succession d'instans la quantité de gaz produite dans chaque instant est considérable, on conçoit très-bien qu'il se produira un fort mouvement de vibration dans les particules de l'air.[1]

---

[1] Dans le cas où l'inflammation d'une grande quantité de poudre commence par la surface, il est vraisemblable que la chaleur dégagée

Ce que nous venons de dire est applicable, 1.°, à la détonation lente que présente la poudre qui a été fortement bourrée dans un tube de métal, et qui brûle couche par couche; 2.°, à l'inflammation des poudres de chlorate par la simple action de la chaleur, et à l'inflammation de ces mêmes poudres par le choc (voyez CHLORATES, t. IX, p. 13); 3.°, à la foible détonation d'un mélange de trois parties de nitrate de potasse et d'une de soufre, et à la forte détonation du même mélange auquel on a ajouté une partie de potasse. Lorsque le soufre est chauffé sans potasse avec le nitre, il se dilate beaucoup avant que l'oxigène du sel puisse agir sur lui; dès-lors la détonation est foible : au contraire, quand l'alcali est présent, il s'oppose à la volatilisation du soufre, en formant un sulfure, et quand la décomposition du nitre peut avoir lieu, l'expansion des matières est subite. Ce qui peut contribuer à l'augmenter encore, c'est que le sulfure de potasse, qui absorbe l'oxigène du nitre dans ce cas, le condense beaucoup plus que ne le fait le soufre pur; dès-lors l'émission de la chaleur doit être plus grande, et, comme l'inflammation est plus subite que dans le premier cas, il n'est pas étonnant qu'il se produise un bruit beaucoup plus fort, quoique cependant il semble qu'il y ait moins de gaz permanent développé. 4.° A la détonation de l'*amer au maximum d'acide nitrique.* Ce corps, chauffé, se divise en deux portions; l'une se volatilise, l'autre détone légèrement. La détonation est encore légère lorsque l'amer est uni à l'ammoniaque, parce qu'il conserve dans cette combinaison de la tendance à l'expansion; mais, si on l'unit à la potasse ou à la soude, avec lesquelles il forme des combinaisons qui ne sont point volatiles, l'amer peut s'échauffer en conservant toujours l'état solide, jusqu'à un moment où, la décomposition étant subite, il se produit une forte détonation.

La production du feu, dans la détonation de la poudre à

---

pendant l'inflammation des premières couches élève assez la température des couches inférieures pour en déterminer l'inflammation, et qu'en même temps le gaz déjà formé comprime les couches inférieures et produit jusqu'à un certain point l'effet d'une bourre.

canon et des poudres de chlorate, peut être expliquée, puisqu'elles sont composées, 1.º d'oxigène qui, quoique concret, est cependant disposé à contracter de nouvelles combinaisons à cause de la foible condensation où il se trouve dans le nitrate et le chlorate de potasse; 2.º d'une matière combustible qui, en se combinant avec l'oxigène, produit du feu. Or, dans l'inflammation des poudres dont nous parlons, il est évident que la lumière n'est qu'un des résultats du transport de l'oxigène sur une matière combustible·qui exerce sur lui une forte action.

Si l'émission de lumière que présente l'inflammation des poudres précédentes paroît s'expliquer avec facilité, il n'en est pas ainsi de celle qui a lieu dans la détonation du chlorure d'azote, du chlorure d'oxigène et de l'iodure d'azote. La forte détonation de ces composés paroît bien due à la rapidité extrême avec laquelle ils se décomposent; mais comment se fait-il que la simple séparation de leurs élémens à l'état de liberté soit accompagnée d'un dégagement de lumière? M. Gay-Lussac a essayé de résoudre cette question, en disant que la lumière est le résultat de la compression que l'air ambiant éprouve par l'expansion subite du gaz résultant de la décomposition de ces corps. (Ch.)

DETRIS. (*Bot.*) Adanson a formé sous ce nom, dans sa famille des composées et dans sa section des bidents, un genre qu'il caractérise ainsi : Feuilles opposées, entières; fleurs solitaires, terminales; enveloppe simple, de dix à douze feuilles médiocres; réceptacle à fossettes bordées d'une membrane courte, dentée; aigrette dentée, longue; corolle des fleurs hermaphrodites à cinq dents, celle des fleurs femelles à trois dents; deux stigmates. Quoique la plante qui est l'objet de ce genre ne soit indiquée, dans l'ouvrage d'Adanson, que par cette vague désignation, *aster afric. flore cærul. H. R. P.*, il n'est guère permis de douter que cette plante ne soit la *cineraria amelloides* de Linnæus. On en conclura que le *detris* correspond à notre *agathæa*, genre que nous avons proposé d'abord dans notre troisième Mémoire sur les Synanthérées, lu à l'Institut en 1814, et que nous avons plus amplement décrit depuis dans ce Dictionnaire, tom. I, Suppl., p. 77, et tom. III, Suppl.. p. 63, ainsi que dans les Bulletins de la

Société philomatique, de Décembre 1816 et de Novembre 1817. L'*agathæa cælestis* a été en outre figuré dans la planche sixième du troisième cahier des planches de ce Dictionnaire. Jusqu'ici nous n'avions pas remarqué, non plus que les autres botanistes, que le même genre eût été anciennement proposé par Adanson sous le nom. de *detris*.

Toutefois, s'il est vrai, comme nous le pensons, que l'auteur d'un genre soit celui qui le premier l'a bien connu lui-même et l'a bien fait connoître aux autres, nous ne craignons pas de dire qu'Adanson ne peut être considéré comme le véritable auteur du genre dont il s'agit. En effet, de tous les caractères qu'il lui attribue, un seul le distingue des ciné-raires; ce sont les feuilles opposées : or, l'espèce nouvelle que nous avons décrite sous le nom d'*agathæa microphylla*, a les feuilles alternes. Le vrai caractère principal réside dans le style, qui fixe l'*agathæa* dans la tribu des astérées, tandis que les cinéraires sont des sénécionées. Mais Adanson, qui n'a point étudié avec soin cet organe, viole évidemment les affinités naturelles en rapportant le *detris* à une section qui correspond à peu près à la tribu des hélianthées. Enfin, l'on ne conçoit pas comment il n'a pas désigné plus clairement la plante qu'il nomme *detris*, en citant Linnæus, Vaillant, Rai ou Miller, qui l'avoient très-bien décrite. (H. Cass.)

DÉTROIT. (*Géogr. phys.*) Espace ou bras de mer resserré entre deux côtes, et faisant communiquer deux mers ou deux parties de la même mer : tels sont le *détroit de Gibraltar*, joignant la Méditerranée avec l'Océan, et le *Pas de Calais*, entre la France et l'Angleterre (voyez Mer). Quelquefois aussi l'on applique le mot *détroit* aux passages ou *défilés* dans les chaînes de montagnes, et aux étranglemens qu'elles produisent dans le lit des grands fleuves. (L. C.)

DEU (*Bot.*), nom que porte dans le Chili une espèce de redoul, *coriaria ruscifolia*, observée par Feuillée. (J.)

DEUBO. (*Bot.*) Voyez Deibi. (J.)

DEUCCHEL. (*Ornith.*) L'oiseau qui est ainsi nommé en allemand, est le grèbe proprement dit, *colymbus urinator*, Linn. (Ch. D.)

DEUIL. (*Entom.*) C'est le nom d'un papillon dans l'ouvrage

de Geoffroy sur les insectes des environs de Paris ; c'est la sibylle des auteurs. (C. D.)

DEUTZIE A FEUILLES RUDES ou JORO (*Bot.*) : *Deutzia scabra*, Thunb., *Fl. Jap.*, 185, tab. 24; Kæmpf., *Amæn. exot.*, pag. 854. Genre de plantes dicotylédones, à fleurs complètes, polypétalées, de la *décandrie tryginie* de Linnæus, mais dont il est d'autant plus difficile d'assigner la famille naturelle, que, dans l'ouvrage de Thunberg, la description et la figure sont en contradiction. D'après la première, les branches et les rameaux sont alternes, ainsi que les fleurs; l'ovaire supérieur : d'après la figure, ces mêmes parties sont opposées, le fruit inférieur. Le caractère essentiel consiste dans un calice court, à cinq, quelquefois six divisions; cinq, rarement six pétales ; dix étamines; les filamens alternativement plus courts, à trois pointes à leur sommet; un ovaire supérieur, concave dans son milieu; trois, quelquefois quatre styles; autant de stigmates; une capsule petite, globuleuse, calleuse, perforée, scabre, munie de trois pointes, à trois loges, rarement quatre, s'ouvrant par sa base en autant de valves; plusieurs semences dans chaque loge.

Cette plante, d'après Thunberg, est un arbrisseau de cinq à six pieds, très-rameux, qui a le port d'un sureau; les feuilles presque semblables à celles du bouleau commun; les fleurs approchant, par leur aspect, de celles de l'oranger. Ses branches sont purpurines, cylindriques; les rameaux rudes, velus, étalés; les feuilles opposées, pétiolées, ovales, aiguës, dentées, couvertes de poils étalés, qui les rendent rudes au toucher. Les fleurs sont blanches, disposées en panicules au sommet des rameaux; les pédoncules rudes, anguleux et cotonneux. Les calices campanulés, cotonneux; leurs divisions droites et ovales; les pétales oblongs, obtus, entiers, insérés en dehors sur le bord de l'ovaire, trois fois plus longs que le calice; les étamines placées comme les pétales; les anthères globuleuses, à deux loges; l'ovaire presque en forme de chapeau, les stigmates en massue; les capsules de couleur cendrée, de la grosseur d'un grain de poivre. Cet arbrisseau croît aux lieux montagneux dans le Japon. L'âpreté des feuilles les fait employer par les artisans pour polir divers ouvrages en bois. (Poir.)

DEUX-AIGUILLONS (*Ichthyol.*), nom d'un poisson du genre Premnade : c'est le *chœtodon biaeuleatus* de Bloch. Voyez Premnade. (H. C.)

DEUX-DENTS. (*Ichthyol.*) Voyez Diodon.

On a aussi appelé *deux-dents* une espèce de Crénilabre. Voyez ce mot. (H. C.)

DEUX-DOIGTS (*Ichthyol.*), nom d'un poisson que Pallas a décrit sous le nom de *scorpœna didactyla*, et dont nous ferons l'histoire à l'article Synancée. (H. C.)

DEUX-PIQUANS. (*Ichthyol.*) Voyez Premnade. (H. C.)

DEUX-TACHES (*Ichthyol.*), nom spécifique d'un Silure. Voyez ce mot. (H. C.)

DEVA-TEVA-SINI (*Bot.*), nom brame du mucca-piri des Malabares, mentionné par Rheede, lequel paroît être une espèce de bryone. (J.)

DEVAUXIA. (*Bot.*) J'ai déjà dit que le *devauxia* de M. Rob. Brown étoit le même genre que le Centrolepis de M. de la Billardière (voyez ce mot). M. Brown est du même avis, puisqu'il réunit l'un à l'autre. Mais alors pourquoi avoir substitué un nouveau nom à un autre déjà existant? A la vérité, en ne formant qu'un même genre des deux, la dénomination de *centrolepis* (qui exprime des *paillettes centrales*) ne peut plus être appliquée aux nouvelles espèces qui en sont privées ; caractère qui pourroit bien faire distinguer l'un de l'autre, si on vouloit les séparer : mais ils sont d'ailleurs si rapprochés, qu'il vaut mieux ne les distinguer que par une sous-division, comme l'a fait M. Brown. Cet auteur a mentionné, pour les *devauxia* dont le réceptacle est privé de paillettes, les espèces suivantes, savoir : le *devauxia tenuior*, Brown, *Nov. Holl.*, 1, pag. 252, dont les feuilles sont hispides, les hampes un peu pileuses, les spathes hispides, presque mutiques ; deux ou trois styles soudés à leur base. Dans le *devauxia exserta*, les feuilles et les hampes sont pubescentes, les spathes mutiques et hispides ; les styles non soudés, au nombre de sept à dix ; les fleurs saillantes par leur sommet. Le *devauxia Bancksii* a les hampes trois et quatre fois plus longues que les feuilles ; les spathes mutiques, très-glabres, membraneuses à leurs bords ; les fleurs nombreuses, contenant huit ou dix styles.

Dans le *devauxia pusilla*, les hampes sont glabres, ainsi que les feuilles, et presque de la même longueur; les spathes glabres, mutiques, membraneuses à leur contour; les fleurs peu nombreuses, pourvues de six ou sept styles. On distingue le *devauxia aristata* par ses hampes à deux angles opposés; par ses spathes glabres, longuement aristées; par ses six ou sept styles, soudés à leur base. Toutes ces plantes croissent sur les côtes de la Nouvelle-Hollande. (Poir.)

DEVIDOIR. (*Conch.*) C'est un des noms vulgaires que l'on donne, en Hollande, à l'arche bistournée, *arca distorta.* (De B.)

DEVILING. (*Ornith.*) On nomme ainsi, en Angleterre, le grand martinet, *hirundo apus*, Linn. (Ch. D.)

DEVIN. (*Entom.*) C'est le nom que l'on a donné à la mante, insecte orthoptère de la famille des anomides. (C. D.)

DEVIN. (*Erpét.*) Voyez Boa. (H. C.)

DEVONITE. (*Min.*) C'est le nom que M. Thomson a donné à la wavellite, parce qu'on l'a trouvée pour la première fois dans le Devonshire. Voyez Wavellite. (B.)

DEWENDA, DIXADOUSTI (*Bot.*), noms brames du sidapou des Malabares, *hiptage madablota* de Gærtner. (J.)

DEXAMINE. (*Crust.*) M. le docteur Leach a fait un genre, sous ce nom, de quelques espèces de chevrettes : *gammarus spinosus.* (C. D.) Voyez Gammaridées. (W. E. L.)

DEYEUXIE, *Deyeuxia.* (*Bot.*) Genre de plantes monocotylédones, à fleurs glumacées, de la famille des *graminées*, de la *triandrie digynie* de Linnæus, offrant pour caractère essentiel; Des épillets à deux fleurs, l'une hermaphrodite, l'autre stérile, en forme d'arête plumeuse; un calice à deux valves presque égales : dans la fleur hermaphrodite, une corolle à deux valves, l'inférieure munie d'une arête dorsale, géniculée; trois étamines; deux stigmates en pinceau.

Ce genre, établi par M. Clarion, adopté par MM. de Beauvois et Kunth, se rapproche des roseaux par les poils courts qui entourent la base des valves de la corolle, et surtout des espèces uniflores; il a encore des rapports avec les avoines par l'arête articulée placée sur le dos de la valve inférieure de la corolle : mais les caractères exposés plus haut le distinguent suffisamment de ces deux genres. Il est presque uni-

quement composé d'espèces exotiques, la plupart originaires de l'Amérique méridionale. Les principales sont :

Deyeuxie a panicule étroite : *Deyeuxia coarctata*, Kunth, *in* Humb. et Bonpl., *Nov. gen.*, 1, pag. 143. Ses tiges sont glabres, réunies en gazon ; ses feuilles glabres, étroites, roulées, linéaires, obtuses ; les gaines lâches ; une panicule simple, en épi, longue d'un pouce et demi ; les valves du calice presque glabres, lancéolées, acuminées ; celles de la corolle inégales ; la supérieure trois fois plus courte, aiguë, un peu pileuse à son sommet ; l'inférieure à quatre dents subulées ; une arête dorsale une fois plus longue ; la fleur stérile très-courte. Elle croit sur les montagnes aux environs de Quito.

Deyeuxie de tolu : *Deyeuxia tolucensis*, Kunth, *l. c.* Ses tiges sont droites et touffues, hautes d'environ un pied et demi ; ses feuilles roides, roulées, sétacées, rudes au toucher, de la longueur des tiges ; les gaines glabres, plus longues que les entre-nœuds ; les panicules lâches, unilatérales, presque verticillées ; les ramifications rudes, flexueuses ; les valves du calice subulées, glabres, verdâtres ; celles de la corolle plus courtes, égales ; l'inférieure à quatre dents subulées, la supérieure bidentée. Elle croit au Mexique, proche Tolu. Le *deyeuxia junciformis*, Kunth, *l. c.*, qu'on trouve dans les mêmes lieux, en diffère par ses épillets plus petits ; par les rameaux de la panicule diffus, moins flexueux ; les valves calicinales plus élargies ; l'arête plus courte.

Deyeuxie a tige roide ; *Deyeuxia rigida*, Kunth, *l. c.* Cette espèce, très-agréable aux troupeaux, croît dans les plaines élevées au royaume de Quito. Ses tiges sont glabres, hautes de trois à six pieds ; ses feuilles rudes, roulées, sétacées, presque de la longueur des tiges ; la panicule rameuse, roide, serrée, verticillée ; les valves du calice linéaires, acuminées, presque égales, jaunâtres, rudes sur le dos ; celles de la corolle un peu plus courtes, inégales, bidentées à leur sommet. Le *deyeuxia recta*, Kunth, *l. c.*, diffère de la précédente par ses tiges bien moins élevées, par ses panicules plus courtes, bien plus serrées ; les valves du calice colorées ; l'arête plus longue ; la fleur stérile moins plumeuse. Elle croit sur les montagnes de Quito.

Deyeuxie a fleurs velues ; *Deyeuxia eriantha*, Kunth, *l. c.*

Ses tiges sont glabres, hautes d'un demi-pied; ses feuilles roulées, sétacées, un peu rudes; la panicule lâche, rameuse, inclinée, presque unilatérale, longue de trois ou quatre pouces; les rameaux rudes, étalés, géminés; les valves calicinales égales, verdâtres, rudes sur le dos; celles de la corolle plus courtes, presque égales; l'inférieure bifide à son sommet; la supérieure aiguë. Elle croît sur les montagnes entre Texuco et Mexico.

DEYEUXIE A LANGUETTE ALONGÉE; *Deyeuxia ligulata*, Kunth, *l. c.* Cette plante, découverte sur le penchant du mont Javirac, proche Quito, a des tiges glabres, hautes d'un pied et demi; des feuilles linéaires, canaliculées; les gaines munies à leur orifice d'une languette très-longue, lancéolée; les panicules sont serrées, presque unilatérales; leurs rameaux courts, très-rapprochés, rudes, verticillés; les valves du calice lancéolées, subulées, verdâtres, rudes sur le dos; celles de la corolle une fois plus courtes; l'inférieure à quatre dents; la supérieure bidentée, ciliée vers son sommet.

DEYEUXIE ÉTALÉE; *Deyeuxia diffusa*, Kunth, *l. c.* Ses tiges sont un peu rudes, hautes de deux pieds; les feuilles glabres, roulées, sétacées, presque de la longueur des tiges; les caulinaires plus courtes; la panicule étalée, verticillée, rude, longue de six pouces; les rameaux distans; les épillets solitaires, pédicellés; les valves du calice purpurines, presque égales, rudes sur leur dos; celles de la corolle un peu plus courtes, ciliées vers leur sommet; l'inférieure à trois dents, la supérieure bidentée : l'arête une fois plus longue que la corolle. Elle croît dans la province de Quito, au pied du mont Centisana. Le *deyeuxia stricta*, Kunth, *l. c.*, diffère de la précédente par ses gaines et ses feuilles rudes, la languette plus alongée, les epillets plus grands. Elle a été observée sur les montagnes, à la Nouvelle-Grenade.

DEYEUXIE A FEUILLES PLANES; *Deyeuxia planifolia*, Kunth, *l. c.* Cette espèce, recueillie sur les Andes du Pérou, a des tiges glabres, droites, longues d'un pouce et demi; les feuilles planes, linéaires, rudes au toucher; la panicule inclinée, presque unilatérale, longue de six pouces; les rameaux verticillés, glabres, étalés, distans; les valves du calice verdâtres, rudes et ciliées sur le dos; celles de la corolle plus courtes,

inégales, bidentées; l'inférieure plus grande; l'arête une fois
plus longue que les valves.

Deyeuxie faux-paturin; *Deyeuxia poæformis*, Kunth, *l. c.*
Cette espèce a le port d'un *poa*; ses tiges sont glabres, hautes
de trois pieds; ses feuilles planes, linéaires, rudes en dedans et à leurs bords; les gaines rudes, plus courtes que les
entre-nœuds; une panicule étalée, inclinée, unilatérale; les
rameaux distans, verticillés; les valves du calice vertes,
égales, hérissées et ciliées sur le dos; celles de la corolle
presque aussi longues, glabres, concaves, aiguës; l'inférieure
munie vers son sommet d'une arête aiguë. Elle croît au
Mexique, au pied du volcan Jorullo.

Quelques autres espèces doivent être ajoutées à ce genre,
telles que l'*arundo acutiflora*, Schrad., *Germ.*, 1, pag. 217;
Haller, *Helv.*, n.° 1522 : d'un vert un peu glauque; les feuilles
linéaires-lancéolées; les panicules très-étalées; les valves calicinales, acuminées; les poils plus courts que les valves de la
corolle; l'arête dorsale géniculée, à peine de la longueur du
calice. L'*arundo varia*, Schrad., *l. c.*, et l'*arundo sylvatica*, id.,
se rapprochent beaucoup de cette espèce. Ce dernier est
l'*agrostis arundinacea*, Linn., *Spec.*, etc. (Poir.)

DEYL-EL-FAR. (*Bot.*) Ce mot qui, dans l'Égypte, signifie
queue de rat, est donné, suivant M. Delile, au *polypogon
monspeliense*, espèce de graminée. (J.)

DFAR (*Bot.*), nom arabe du *scoparia ternata* de Forskaël,
que Vahl confond avec le *scoparia dulcis*. (J.)

DHABA, DOBB (*Bot.*), noms arabes d'un acacie, *mimosa
unguis cati* de Forskaël, que Vahl nomme *mimosa mellifera*,
parce que les abeilles tirent de ses fleurs un miel abondant, et qui est maintenant un *inga* de Willdenow. On applique les feuilles machées sur les yeux des bœufs, pour dis-
siper les nuages et enlever les taches qui les couvrent. (J.)

DHABA. (*Mamm.*) C'est ainsi qu'Eldemiri écrit le nom
arabe de l'hyène. (F. C.)

DHABY. (*Mamm.*) Il paroîtroit, d'après Eldemiri, que
ce nom est synonyme de celui de gezlà, dont nous avons fait
gazelle, nom d'une espèce d'antilope chez les Arabes.
(F. C.)

DHANESA. (*Ornith.*) L'oiseau que, suivant les Recherches

asiatiques, on nomme ainsi aux Moluques, paroît se rapporter au calao à casque concave de M. Levaillant. (Ch. D.)

DHARA (*Erpétol.*), nom d'une couleuvre de l'Arabie
heureuse. Voyez Couleuvre. (H. C.)

DHARU (*Bot.*), nom donné, dans le canton de Kurma, en
Arabie, suivant Forskaël, à une sauge nommée ailleurs *mer-
jamie*. Il cite celui de *dharu-œsuœd* pour le corinde, *cardiospermum*. Celui de *daru* est indiqué par Dalechamps pour
le lentisque. (J.)

DHEIRAK (*Ichthyol.*), nom arabe du *caranx sansun*, que
Forskaël a décrit comme un scombre. Voyez Caranx.(H. C.)

DHIB (*Mamm.*), nom arabe du loup, suivant Eldemiri.
(F. C.)

DHRABA. (*Bot.*) Suivant Forskaël, son *asclepias setosa* est
ainsi nommé dans l'Arabie. Il a encore le nom de *sabia*. (J.)

DHRÆIRÆ (*Bot.*), nom arabe de l'*aristida lanata* de Forskaël, qui est aussi nommé *sjœf sjuf*. C'est l'*aristida plumosa*,
selon Vahl. (J.)

DIABASE. (*Min.*) Nous désignons sous ce nom dérivé du
grec, et appartenant par conséquent à tout le monde savant, la roche que les géognostes allemands ont nommée
Grünstein. Ce n'est pas parce que ce nom a très-souvent une
fausse application que nous ne l'avons pas adopté (car nous
croyons qu'il faut autant que possible faire peu d'attention
à la signification des noms); mais parce qu'il appartient à
une seule langue, et qu'il ne peut être ni bien écrit ni
bien prononcé par les personnes qui ignorent cette langue;
parce qu'enfin il ne peut entrer convenablement dans un
système général de nomenclature établi d'après les principes
de la nomenclature linnéenne. Nous avons proposé ce nom
en 1807; il a été employé depuis par plusieurs géognostes
écrivant en françois. Nous avons décrit, en 1813, la roche
à laquelle nous l'avons appliqué. Il est donc antérieur à ceux
qu'on a proposés depuis; et, d'après les règles de la philosophie terminologique établies par Linnæus, reconnues par
Fabricius et par tous les célèbres élèves de ce grand naturaliste, rappelées nouvellement par M. Decandolle dans un
ouvrage élémentaire si éminemment philosophique, il n'est
plus notre propriété, et quelque déférence que nous ayons

pour les auteurs qui ont voulu imposer à cette roche des noms qu'ils croient meilleurs, nous ne pouvons l'abandonner.

M. Haüy, depuis la publication de notre travail, et seulement dans les écrits de quelques-uns de ses élèves, a fait connoître qu'il avoit cru devoir donner le nom de *diorite* à la roche que nous avions nommée *diabase*. De la Métherie y rapporte le Mimphites de Pline : nous verrons à ce mot si ce rapprochement peut être admis. On doit y rapporter la plupart des *ophites* de M. Palassau. Il paroît que c'est à cette même roche que M. Haberlé a donné le nom de *chlorotin*, du moins suivant ce que nous en a appris M. Struve, en 1812. On peut penser que la pierre verte, placée par Retzius parmi les variétés de Binde (voyez ce mot) sous le nom de *ceratonium syenites*, peut, d'après M. Galitzin, être aussi rapportée à la diabase. Enfin, ce minéralogiste dit aussi qu'on a donné le nom de *Granitel* au *Grünstein* des minéralogistes allemands.

Cette roche, l'une des plus répandues à la surface du globe, et des plus remarquables par la constance de ses caractères dans tous les lieux où on la connoit, est *essentiellement composée* d'amphibole-hornblende et de felspath compacte, à peu près également disséminés.

Elle renferme quelquefois, mais comme *partie accessoire* seulement, du mica assez également disséminé.

Sa texture est grenue, à grains plus ou moins gros, quelquefois très-petits.

Sa structure est tantôt massive, quelquefois fissile, mais n'est jamais fragmentaire.

La cassure de la diabase est raboteuse, quelquefois très-difficile. Cette roche, presque toujours solide, est généralement très-dure.

La couleur dominante de la diabase est le noir verdâtre ou le vert-bouteille foncé, tacheté de blanc, plus ou moins pur : c'est le felspath qui forme les taches blanchâtres, quelquefois verdâtres ou grisâtres, mais jamais rougeâtres, comme dans la syénite. Dans les deux premiers cas on le distingue assez difficilement de l'amphibole. Quelquefois aussi cette roche paroît presque homogène et d'un vert foncé; mais, en la faisant chauffer légèrement, on fait ressortir plus clairement ses parties constituantes.

La diabase est entièrement et assez facilement fusible en un émail mêlé de blanc et de noir. *Ses parties éventuelles disséminées sont* :

Le fer sulfuré. Il y est très-commun, et a été regardé comme un caractère empirique de cette roche.

Le talc stéatite.

Le pyroxène, suivant M. Cordier?

Le fer titané.

La diallage. Lorsque ce minéral y devient abondant, la diabase passe à l'euphotide.

L'épidote. Implanté ou pelotonné : on le prend quelquefois pour de la serpentine.

Le titane nigrine.

Nous n'avons jamais vu de quarz dans la diabase bien caractérisée : mais cette roche passe facilement à la syénite, lorsque son felspath devient lamellaire ; elle se confond aisément avec l'amphibolite, lorsque la quantité de felspath vient à y diminuer au point de n'être plus disséminée qu'en parties rares.

Elle passe aussi au basanite et même à la cornéenne, soit en devenant presque compacte, soit en s'altérant un peu. Enfin elle se confond, dans quelques cas, avec l'ophite.

Altération. La diabase est, comme toutes les roches qui renferment du felspath, susceptible de s'altérer, et non-seulement de se désaggréger, mais même de se décomposer en partie : on voit souvent le felspath qu'elle contient passer à l'état de kaolin. Cela s'observe à Saint-Yrieix, près Limoges, à Passau, etc.

'Elle est encore susceptible d'une autre sorte d'altération, dont il est beaucoup plus difficile de se rendre compte : sa surface devient terne, même rougeâtre, et lorsque cette altération est poussée à son plus haut degré, la diabase *semble* se résoudre en serpentine ou stéatite verdâtre, ou même en argile smectite. M. Palassau a fait cette remarque sur la diabase qu'il a nommée *ophite*, et qui se trouve à Pouzac, près Bagnères de Bigorre ; et nous avons eu occasion de vérifier cette singulière altération.

Usages. On a employé, au Fichtelberg en Franconie, et dans le haut Palatinat, une diabase pour en obtenir du verre noir par la fusion, et on a frappé beaucoup de boutons avec ce verre au moyen du balancier; ces boutons ne se vendoient guère que cinq centimes la douzaine : on en a fait aussi des bouteilles. (Humboldt.)

Variétés.

1.° DIABASE GRANITOÏDE. Elle a la texture grenue, à grains plus ou moins gros, très-distincts, et renferme souvent du mica noir.

Exemples. Flavignac, près Limoges : l'amphibole s'y trouve en cristaux si volumineux, et le felspath compacte y est si peu abondant, qu'on pourroit la regarder comme une amphibolite.

La Perque près Coutance.

La montagne de Tavigliano, à une lieue au nord de Biela, arrondissement de la Sésia : le felspath, en partie altéré, y laisse l'amphibole en relief à la surface.

Ilkendorf en Saxe : l'amphibole y est compacte, et ne s'y montre que sous l'aspect de taches noires.

Sauberg, près d'Ehrenfriedersdorf : elle est à très-petits grains.

Baste au Harz : l'amphibole y est en petits grains verdâtres.

Les environs de Tulle, département de la Corrèze : cette diabase est parfaitement caractérisée.

Les anciens monumens d'Égypte et les pagodes de l'Inde; ces deux diabases se ressemblent entièrement ; le felspath est translucide, presque lamellaire ; elles passent à la syénite et renferment du mica noir.

L'anse de Boutilou, île de Terre-Neuve : le felspath est bien compacte, verdâtre, et passe au jade.

2.° DIABASE SCHISTOÏDE (*Grünstein-Schiefer*). Sa structure est fissile ; elle présente des raies ou zones parallèles, quelquefois sinueuses, blanches, grises, noires ou vertes. L'amphibole qu'elle renferme est souvent lamellaire.

Exemples. Gersdorf en Saxe : elle est très-pétrosiliceuse, et renferme peu d'amphibole.

Schneeberg en Saxe : l'amphibole y est compacte.

Charbiac, près Saint-Flour en Auvergne : l'amphibole y est lamellaire.

Les Chalanches en Oysans, département de l'Isère : elle est agréablement zonée de vert et de blanc verdâtre ; les zones sont souvent très-sinueuses.

3.° DIABASE PORPHYROÏDE (*Grünstein-Porphyr*, et *Porphyrähnliches Ur-Trappgestein*). Des cristaux de felspath compacte disséminés dans une diabase à grains fins.

Cette variété passe à l'ophite (*Grün-Porphyr*) et renferme la roche qu'on nomme vulgairement *porphyre noir antique*.

Exemple. La Rathau au Harz : les cristaux de felspath sont d'un blanc verdâtre dans une diabase noire très-micacée.

4.° DIABASE ORBICULAIRE (vulgairement *Granite orbiculaire de Corse*). Des sphères à zones concentriques, d'amphibole-hornblende et de felspath compacte, dans une diabase à grains moyens.

Il y a quelques échantillons de cette roche dans lesquels le felspath, presque lamellaire, la fait passer à la syénite.

On ne connoît encore cette belle roche qu'en Corse.

5.° DIABASE DIALLAGIQUE. Des cristaux de diallage, d'un noir verdâtre, disséminés dans une diabase granitoïde. De Gorges au sud-est de Nantes.

Cette roche passe à l'euphotide (Gabbro de M. de Buch) : le felspath y est en grande partie lamellaire ; mais la présence de l'amphibole en grande quantité, et la petite quantité de felspath compacte et de diallage, suffisent pour l'en distinguer. (B.)

DIABELHA (*Bot.*), nom portugais du *plantago coronapus*, cité par Vandelli. (J.)

DIABÈTES. (*Chim.*) Voyez URINE. (CH.)

DIABLE. (*Entom.*) On a donné ce nom vulgaire à des insectes fort différens, d'après le tort que font ces animaux, ou à cause de leur forme bizarre et du prolongement de quelques parties de leur corps, que l'on a comparées à des cornes.

Suivant M. de Tussac, on nomme diable à Saint-Domingue un charanson à élytres jaunes rayés de noir sur leur longueur, qui détruit les feuilles des cotonniers, et qui paroît être le charançon de Spengler, figuré par Olivier dans la planche n.° 83 de son grand ouvrage sur les coléoptères, fig. 82.

Geoffroy a aussi désigné sous les noms de grand diable, de petit diable, de demi-diable, trois espèces d'insectes hémiptères collirostres des genres Membraces ou Lèdre, voisins des cicadelles. (C. D.)

DIABLE. (*Ornith.*) Le P. du Tertre, pl. 2, p. 257 de son Histoire naturelle des Antilles, parle, dans le chapitre qui traite des oiseaux terrestres, d'un oiseau nocturne qu'on nomme diable à cause de sa laideur. Il ne l'a jamais vu que de nuit au vol; mais on lui a dit que sa forme approchoit de celle du canard, que son regard étoit affreux, et son plumage mêlé de blanc et de noir. Cet oiseau, ajoute-t-il, se retire dans les plus hautes montagnes; il y pratique des trous en terre comme le lapin, et y fait sa nichée. Il ne descend jamais de la montagne pendant le jour, et il jette des cris lugubres en volant. Les chasseurs le recherchent pour la délicatesse de sa chair.

Il ne paroît pas douteux que ces oiseaux ne soient les mêmes que les diables ou diablotins qui ont été trouvés par le P. Labat à la Guadeloupe, et dont il a donné une description assez longue quoique incomplète, dans son Nouveau voyage aux îles françoises de l'Amérique, tom. 2, édit. de 1722, p. 349 et suivantes. Selon ce dernier, les diables sont de la grosseur d'une jeune poule; leur plumage est noir; leurs ailes sont longues et fortes; leurs jambes courtes; leurs pieds comme ceux des canards, mais garnis de fortes et longues griffes; leur bec long d'un pouce et demi, courbé, pointu; extrêmement dur et fort; leurs yeux grands et à fleur de tête, incapables de supporter la lumière et de discerner les objets, de sorte que, lorsqu'ils sont surpris par le jour hors de leur retraite, ils heurtent contre ce qu'ils rencontrent et tombent par terre. Ces oiseaux vivent, dit-il, du poisson qu'ils vont prendre la nuit à la mer. Ils commencent à paroître vers le mois de Septembre, et chaque couple habite le même trou jusqu'à la fin de Novembre; après quoi on ne les revoit plus que vers le milieu de Janvier, pour disparoître de nouveau à la fin de Mai avec leurs petits, qui se nomment

13.   9

cottous, et non *cottons*, ainsi que, d'après une première faute, écrivent tous les naturalistes modernes.

A l'exception du plumage, qui, suivant le P. Labat, est entièrement noir, tandis que le P. du Tertre le dit mélangé de noir et de blanc, ces deux auteurs sont presque entièrement d'accord dans leurs descriptions, qui ne présentent que l'idée d'un rapace nocturne. La seule circonstance propre à en offrir une autre seroit la comparaison faite par le P. Labat des pieds de cet oiseau à ceux du canard, dont, selon le P. du Tertre, l'oiseau a seulement la forme; mais, outre que ce parallèle peut ne porter que sur la brièveté des jambes, le diable, au lieu d'avoir les doigts réunis par une membrane dans la figure du P. Labat, les a bien nettement séparés, et garnis d'ongles fort crochus. Quoi qu'il en soit, chacun des deux auteurs a qualifié le diable d'oiseau nocturne, et Buffon lui-même n'hésite pas, à l'article des chouettes, t. 1.er, in-4.°, p. 375 de l'Histoire des oiseaux, à le regarder comme tel, et de la même espèce que la chevêche-lapin du P. Feuillée, dont on trouvera l'histoire, tom. 9, p. 122 de ce Dictionnaire, sous le mot CHOUETTE A TERRIER; mais ce naturaliste a, dans le 9.e volume du même ouvrage, émis une autre opinion sans paroître se souvenir de la première, et, rapprochant la citation du P. du Tertre d'un extrait de la description du P. Labat, tout ce qu'on peut inférer, dit-il, des habitudes naturelles de cet oiseau, c'est que ce doit être un pétrel.

Il y a dans les habitudes des diables quelque analogie avec celles des pétrels; mais il existe bien plus de rapports avec les chouettes; et si, au lieu de trop s'arrêter à la circonstance de la pêche, à laquelle le P. Labat a un peu légèrement supposé que ces oiseaux se livroient pendant la nuit, on avoit fait plus d'attention à la beauté du pays qui environne la montagne de la soufrière, on n'auroit peut-être pas conservé de doutes à cet égard.

Au surplus, le P. Labat a eu la curiosité de gravir lui-même cette montagne, qu'il a trouvée percée d'une infinité de trous ou crevasses provenant sans doute de la nature du sol, mais qui ne devoient pas plus être l'ouvrage des diables que celui des lapins; et voici la manière dont il raconte que

l'on parvient à s'emparer des premiers, qui restent tapis pendant le jour dans ces trous, où ils font aussi leur nichée. On y enfonce des perches que le diable saisit avec son bec et ses serres, et qu'il ne lâche pas avant d'être entraîné jusqu'au bord, où, la lumière l'éblouissant, il se renverse pour se mieux défendre contre le chasseur, qui ne tarde pas toutefois à s'en rendre maître. La chair des vieux est noirâtre et peu appétissante; mais il en est autrement de celle des jeunes, qui sont fort gras; et les missionnaires y ont tellement pris goût, qu'ils se sont félicités, pendant le carême, d'avoir, par une concession apostolique, la faculté d'exercer le pouvoir des évêques, en les déclarant viande maigre.

Le nom de diable de mer se donne aussi, en France, à la grande foulque ou macroule, *fulica aterrima*, Linn., et même, en quelques endroits, on appelle diablotin ou diabloteau une mouette brune. Enfin, à Cayenne, les anis, *crotophaga major* et *crotophaga ani*, Linn., ne sont connus que sous les noms de diables des palétuviers et diables des savanes. (Ch. D.)

DIABLE DE JAVA. (*Erpétol.*) Quelques anciens naturalistes ont donné ce nom à un saurien, qui paroît être une espèce d'Iguane. Voyez ce mot. (H. C.)

DIABLE DE JAVA (*Mamm.*), un des noms du pangolin, qui a été donné, dit-on, à cet animal dans les Indes par les François. (F. C.)

DIABLE DE MER. (*Ichthyol.*) Suivant Duhamel, c'est sous ce nom qu'on désigne aux Antilles le *céphaloptère mobular*. On l'a appliqué aussi au *céphaloptère banksien*, et en général à toutes les raies d'une taille monstrueuse. (Voyez Céphaloptère.)

Le chabot scorpion, *cottus scorpius*, a été également appelé *diable de mer*, de même que la *raie pêcheresse* et la *scorpène américaine*. Voyez Cotte, Baudroie, Lophie et Scorpène. (H. C.)

DIABLE DES BOIS. (*Erpétol.*) A Surinam, dit Stedman, ce nom est donné à un petit lézard très-laid, que Daudin soupçonne être un gécko, ou l'agame umbre, *lacerta umbra*, Linn. Voyez Agame et Gecko. (H. C.)

DIABLE-RAIE. (*Ichthyol.*) On a quelquefois ainsi appelé

les grands céphaloptères. Plusieurs voyageurs, en particulier, les ont désignés sous ce nom. Voy. Céphaloptère. (H. C.)

DIACANTHA. (*Bot.*) [*Corymbifères*, Juss.; *Syngénésie polygamie égale*, Linn.] Ce genre de plantes, de la famille des
synanthérées, appartient à notre tribu naturelle des carlinées, dans laquelle nous le plaçons auprès des *bacazia*, *barnadesia*, *chuquiraga*, *turpinia*. Don Mariano la Gasca est l'auteur du genre, qui a, selon lui, pour objet le *bacazia spinosa*
de Ruiz et Pavon. Nous n'avons analysé qu'une calathide
sèche, en préfleuraison, mise en très-mauvais état par les
insectes; cependant, en combinant nos propres observations
avec celles de M. la Gasca, en nous aidant des analogies, et
ayant égard aux lois générales de la composition de la calathide, nous pouvons avec quelque confiance rectifier et
compléter de la manière suivante les caractères génériques
tracés par ce botaniste.

La calathide est incouronnée, subradiatiforme, multiflore,
ringentiflore, androgyniflore. Le péricline, supérieur aux
fleurs centrales, et ovoïde-oblong, est formé de squames
régulièrement imbriquées, appliquées, ovales-lancéolées,
coriaces, surmontées d'un très-petit appendice spiniforme;
les squames intérieures très-longues, linéaires, comme ra-
diantes. Le clinanthe est hérissé de fimbrilles piliformes. Les
cypsèles obovoïdes, couvertes de longs poils roux dressés,
portent une longue aigrette de squamellules unisériées,
entregreffées à la base, à peu près égales, filiformes-laminées,
barbées. Les corolles, couvertes de longs poils roux dressés,
sont ringentes, à lèvre intérieure indivise, filiforme, roulée.
Les étamines ont les filets entregreffés. Les trois fleurs centrales diffèrent de toutes les autres par les cypsèles, qui sont
plus grandes, turbinées, et surmontées d'une aigrette de
squamellules irrégulièrement et courtement barbées, qui se
courbent en séchant; ainsi que par la corolle, qui est plus
courte, et par les étamines dont les filets sont libres. Ces étamines ont les filets laminés, glabres; les appendices apicilaires
un peu longs, entregreffés; les appendices basilaires nuls. Le
style est analogue à ceux des carlinées.

Le Diacantha ambigu (*Diacantha ambigua*; *Bacazia spinosa*,
Ruiz et Pav.; *Barnadesia spinosa*, Lamk., *Ill. gener.*, tab. 660)

est un arbuste de l'Amérique méridionale, garni de branches alternes, dont chacune naît entre deux longues épines; les feuilles, entassées au sommet des rameaux, sont très-brièvement pétiolées, simples et coriaces; les calathides sont terminales, solitaires, comme pédonculées.

La plante que nous venons de décrire est-elle, en effet, le *bacazia spinosa* de Ruiz et Pavon ? Les genres *Diacantha*, *Bacazia* et *Barnadesia* sont-ils bien distincts? Je ne résoudrai point ces questions; mais je ferai quelques remarques sur certains caractères attribués au *diacantha* par son auteur, ainsi que sur la place qu'il lui assigne dans la classification des synanthérées.

M. La Gasca n'hésite pas à ranger son *diacantha* parmi ses chénantophores, et M. Decandolle rapporte, avec la même assurance, à ses labiatiflores les *barnadesia* et *bacazia*. L'erreur vient de ce que ces deux botanistes n'ont pas une idée juste de ce qu'est une corolle labiée, confondant avec elle tantôt la corolle biligulée, tantôt la corolle ringente. Nous avons trouvé l'occasion, dans notre article DENEKIA, de démontrer la distinction des corolles labiée et biligulée; il nous reste ici à faire distinguer la corolle ringente de la corolle labiée. L'une et l'autre sont masculines ou staminées, c'est-à-dire, qu'elles appartiennent à des fleurs pourvues d'étamines, et par conséquent hermaphrodites ou mâles : mais, dans la corolle labiée, la lèvre extérieure comprend les trois cinquièmes, et la lèvre intérieure les deux autres cinquièmes de la corolle, c'est-à-dire que l'extérieure est tridentée où trilobée, et l'intérieure bidentée, bilobée, bifide ou bipartite : dans la corolle que nous avons nommée ringente, la lèvre extérieure comprend les quatre cinquièmes, et la lèvre intérieure le cinquième seulement. Cette distinction est beaucoup plus importante qu'elle ne le paroît; car nous soutenons que la corolle vraiment labiée caractérise deux tribus très-naturelles, que nous avons établies sous les noms de mutisiées et de nassauviées, tandis que la corolle ringente est variable, peu importante à considérer, n'établissant aucun rapport naturel déterminé, et qu'on la rencontre principalement dans la tribu des carlinées, jamais chez les mutisiées ni les nassauviées.

M. la Gasca dit que la calathide du *diacantha* est radiée, et, selon lui, sa couronne radiante est androgyniflore. Nous ne saurions admettre une disposition aussi contraire aux lois que nous avons reconnu être constamment observées dans la composition de toute calathide de synanthérée. La vraie couronne est toujours féminiflore ou neutriflore, jamais androgyniflore ni masculiflore. Si donc les étamines de la prétendue couronne du *diacantha* ne sont point imparfaites, la calathide de cette plante n'est point couronnée, ni par conséquent radiée ; mais elle est radiatiforme, à peu près comme celle des lactucées et des nassauviées, parce que les fleurs centrales sont plus courtes que les autres. (H. Cass.)

DIACANTHE. (*Ichthyol.*) Les ichthyologistes ont donné ce nom, tiré du grec ($\delta\iota\varsigma$, deux, et $\alpha\kappa\alpha\nu\theta\iota\alpha$, épine), à plusieurs poissons de genres différens. Il y a un lutjan diacanthe, *lutjanus diacanthus*, un holocentre diacanthe. La sciène diacanthe de Bloch paroît être le même poisson que le loup de mer, *perca labrax* de Linnæus. Voyez Perche, Holocentre, Lutjan. (H. C.)

DIACHETON, DIPSACON, ADIPSATHEON. (*Bot.*) Ces noms sont donnés, suivant Pline, à une plante qu'il dit être un arbrisseau bas et épineux, nommé aussi par quelques-uns *erysisceptrum*, commun dans l'ile de Rhodes. Comme il ne le décrit pas, on ignore à quel végétal connu ce nom peut être appliqué. Le nom *dipsacon* pourroit faire soupçonner quelque rapport avec la cardère, *dipsacus*, d'autant que cette plante est mentionnée par Pline à la suite d'une autre qu'il nomme *vulgaris spina*, employée selon lui pour les travaux des foulons. (J.)

DIACHYTIS, DIACHYTON. (*Bot.*) Voyez Delphinion. (J.)

DIACOPE, *Diacope*. (*Ichthyol.*) M. Cuvier a récemment établi sous ce nom un genre de poissons qu'il a formé aux dépens des lutjans et des holocentres des autres ichthyologistes, et qu'il a placé dans la quatrième tribu de la quatrième famille de ses poissons acanthoptérygiens. Ce genre, qui doit entrer dans la famille des acanthopomes de M. Duméril, offre les caractères essentiels suivans :

Gueule bien fendue, armée de dents en crochets, peu régulières ; des dentelures au préopercule, et une forte échancrure au milieu d'elles pour l'articulation de l'inter-opercule.

On distinguera facilement ce genre de celui des Lutjans, qui n'ont point l'échancrure du préopercule ; de celui des Dentés, qui n'ont ni épines ni dentelures au préopercule et à l'opercule; de celui des Bodians, dont le préopercule n'est point dentelé; etc. (Voyez ces mots.)

Ces poissons ont un estomac en cul-de-sac, des cœcums peu nombreux, une vessie natatoire simple.

Le mot *diacope* est grec, *διακωπη*, et signifie *échancrure, incision*. Il rappelle le principal caractère du genre.

Le Diacope du Bengale, *Diacope bengalensis* : *Holocentrus bengalensis*, Bloch, 246; *Sciæna kasmira*, Forsk. Nageoire caudale en croissant, mâchoires égales, orifices des narines doubles ; deux aiguillons à la dernière pièce de chaque opercule ; langue lisse ; palais hérissé de dents courtes et menues; des dents en velours à la mâchoire supérieure, derrière la rangée des premières dents, qui sont plus longues et recourbées, et qui arment également la mâchoire inférieure ; écailles petites et dentelées. Teinte générale rougeâtre ; quatre raies longitudinales étroites, bleues et bordées de brun, de chaque côté du corps; nageoires jaunes et bleues.

Lorsque ce poisson ouvre la bouche, l'ouverture branchiale se trouve exactement fermée, parce qu'un crochet de l'opercule entre dans l'échancrure du préopercule. Ce mécanisme se remarque aussi dans les espèces suivantes.

Il vient des mers de l'Inde, et paroît le même que le *labre huit-raies*, figuré par M. de Lacépède, III, XXII, 5; que la *perca polyzonia* de Forster, que le *grammistes kasmira* de M. Schneider.

Le Diacope cinq-raies, *Diacope quinque lineatus* : *Holocentrus quinque lineatus*, Bloch, 239. Nageoire caudale en croissant; mâchoire inférieure un peu avancée ; deux orifices à chaque narine ; un grand et deux petits aiguillons aplatis à l'opercule; tête courte et comprimée ; dents semblables à celles du précédent. Teinte générale jaunâtre ; nageoires d'un rouge foncé ; cinq raies longitudinales étroites et bleues de chaque côté du corps.

Le diacope cinq-raies est des mers du Japon ; il paroît le même poisson que le *grammistes quinque vittatus* de M. Schneider.

Le Diacope lépisure, *Diacope lepisurus* : *Spare lépisure*, La-cépède. De petites écailles sur les opercules, et les nageoires caudale et anale ; bouche très-grande ; dents petites ; deux taches rondes ou ovales de chaque côté du dos.

Ce poisson, du grand Océan équinoxial, a été dessiné par Commerson, qui l'a découvert. Son nom de *lépisure* indique que sa nageoire caudale est couverte d'écailles ; il vient du grec, λεπις, écaille, et υρα, queue.

Le Diacope bohar, *Diacope bohar* : *Sciœna bohar*, Forskaël ; *Lutjanus bohar*, Schneider. Corps oblong ; mâchoire supérieure plus longue et armée de dents plus grandes ; catopes fixés aux tégumens ; nageoire caudale fourchue ; rayons des nageoires dorsale et anale écailleux ; deux courts barbillons près des narines. Corps rouge, avec des lignes et des taches blanches. Deux grandes taches sur le dos : elles pâlissent beaucoup quand l'animal est mort.

Ce poisson est de la mer Rouge.

Le Diacope bossu, *Diacope gibbus* : *Sciœna gibba*, Forskaël ; *Lutjanus gibbus*, Schneider. Dos très-bossu ; corps ovale, rougeâtre, tacheté de blanc ; dents antérieures du double plus longues que les autres.

Ce poisson est de la mer Rouge aussi ; il ne faut point le confondre avec le *lutjan bossu* de M. de Lacépède.

Le Diacope noir, *Diacope niger* : *Sciœna nigra*, Forskaël ; *Lutjanus niger*, Schneider. Corps tout noir ; tête obtuse ; milieu des mâchoires dépourvu de dents ; second rayon de la nageoire anale trois fois plus long que le premier ; anus situé derrière le sommet des catopes ; base des pectorales écailleuse.

Des côtes de l'Arabie. Il ne faut point le confondre avec le *lutjan noir*, *lutjanus atrarius*, de M. de Lacépède.

Ce genre renferme encore quelques autres espèces, comme le *diacope Sebœ*, Cuvier, qui est figuré dans Séba, III, XXVII, 2, et qui est le *botlavoo-champah* de Russel (*Coromand.*, I, 99).

C'est encore aux diacopes que se rapporte l'*antica deondiawah* de Russel, 98. (H. C.)

DIADELPHES [Étamines], (*Bot.*), réunies en deux faisceaux par les filets. On en a un exemple dans la fumeterre.

Dans les légumineuses diadelphes (haricot, pois), neuf étamines sont réunies en un faisceau, et la dixième étamine est libre. (Mass.)

DIADELPHIE (*Bot.*), nom formé de deux mots grecs, qui signifient deux frères. Linnæus a donné ce nom à la dix-septième classe de son système sexuel, qui comprend les plantes dont les étamines sont réunies en deux corps par les filets. (Mass.)

DIADÈME (*Ichthyol.*), nom spécifique d'un holocentre, *holocentrus diadema*. Voyez Holocentre. (H. C.)

DIADENE, *Diadena*. (*Bot.* = *Cryptog.* = *Algues*.) Le *conferva atro-purpurea* de Roth est le type du genre *Diadenus*, établi par Palisot de Beauvois, et caractérisé ainsi par lui :

Matière pulvérulente, se réunissant, à une certaine époque, en deux globules dans chaque loge, fermée par des cloisons dans toute la longueur des filamens qui composent la substance de l'individu.

Ce genre est évidemment le même que le *lucernaria* de Roussel, fondé sur le *conferva bipunctata*, aussi de Roth. Il ne paroît pas dans le cas de devoir être adopté, et provisoirement il faudra le laisser réuni au *conjugata* de Vaucher, ou *conferva*, Decand. (Voyez Conferve.)

Diadenus signifie *deux glandes*, en grec ; c'est donc à tort que, dans le Journal de botanique, on a imprimé *diademus*. (Lem.)

DIADESMA. (*Bot.*) Zoroastre nommoit ainsi la mauve, suivant Mentzel. (J.)

DIADOCHOS. (*Min.*) C'est une de ces pierres indiquées par Pline, et sur lesquelles il est impossible d'avoir aucune opinion. Il dit que celle-ci est semblable au béryl, et n'ajoute rien à cette vague indication. (B.)

DIAGRAMME, *Diagramma*. (*Ichthyol.*) M. Cuvier a récemment établi sous ce nom un genre de poissons acanthoptérygiens dans la cinquième tribu de sa famille des perches. Ce genre doit appartenir à la famille des acanthopomes de M. Duméril, et est formé aux dépens de celui des lutjans.

Il présente les caractères essentiels suivans :

Dents en velours ; préopercule légèrement dentelé ; six gros pores sous la mâchoire inférieure ; écailles petites ; front arrondi ; corps oblong ; bouche peu fendue.

Les poissons de ce genre diffèrent des Lutjans, des Diacopes, des Bodians, des Serrans, etc., qui ont, en avant
des mâchoires, des dents longues et en crochet; des Pristi-
pomes, qui ont le corps comprimé, élevé, et les écailles
grandes, etc. (Voyez ces mots et Acanthopomes.)

Le Diagramme, *Diagramma vulgaris* : *Perca diagramma*,
Linnæus; *Anthias diagramma*, Bloch, 320; *Lutjan diagramme*,
Lacépéde. Nageoire caudale en croissant; écailles dures et
dentelées; nageoire dorsale échancrée; tête entièrement
écailleuse; mâchoires égales; dents petites et nombreuses;
palais et langue lisses; deux orifices à chaque narine; yeux
gros et un peu rapprochés. Teinte générale blanche; des
raies longitudinales brunes; des raies obliques et brunes
sur la nageoire de la queue. Taille d'environ un pied.

Ce poisson vit dans les eaux des grandes Indes; sa
chair, ferme et grasse, est d'une saveur agréable. Il attaque souvent des poissons beaucoup plus grands que lui.

Le Diagramme oriental; *Diagramma orientalis* : *Anthias lineatus*, Bloch, 326, 1; *Lutjan oriental*, Lacépède. Nageoire
caudale arrondie; de petites écailles sur la tête; nuque
élevée; mâchoire inférieure prolongée; une seule ouverture
à chaque narine; yeux rapprochés; opercules terminées en
angle. Teinte générale blanche; dos et tête jaunàtres; quatre
raies longitudinales et brunes de chaque côté du corps;
nageoires pectorales et caudale rouges, ainsi que les catopes; nageoires dorsale et anale rouges en avant et jaunes
en arrière; de petites taches noires sur la queue et la nageoire du dos.

Des Indes orientales et du Japon.

Le Diagramme pertus : *Diagramma pertusus* : *Perca pertusa*,
Thunberg; *Lutjanus pertusus*, Schneider. Corps comprimé,
tête déclive; bouche étroite; mâchoire inférieure un peu
plus longue que la supérieure; dos arqué; ligne latérale
courbe; nageoires blanches à sommet fauve; caudale arrondie, tachetée de fauve.

Des mers du Japon. Voyez les Nouveaux Mémoires de
Stockholm, XIV, 1793, pl. VII, fig. 1.

Il paroît que le poisson appelé *macolor*, et figuré par
Renard, pl. 9, fig. 60, doit être placé dans le genre Diagramme. (H. C.)

DIAGRAPHITE. (*Min.*) De la Métherie a donné ce nom
à la roche schisteuse, sensiblement homogène, qu'on emploie pour dessiner, et que nous avions déjà nommée AMPE-
LITE GRAPHIQUE. Voyez ce mot. (B.)

DIAGRÈDE. (*Bot.*) On donne ce nom à une préparation
particulière qu'on fait subir dans les pharmacies à la scam-
monée, sorte de gomme-résine qu'on retire, dans le Levant,
d'une espèce de liseron. Le diagrède est un purgatif énergique, qui a joui d'une grande vogue; mais il est aujourd'hui
beaucoup moins usité qu'autrefois. (L. D.)

DIAL-BIRD. (*Ornith.*) Ce nom, qui signifie oiseau horloge ou
cadran, est donné par les Anglois qui fréquentent le Bengale
à un oiseau de ce pays. Rai en avoit déjà figuré le mâle et la
femelle sous le nom de saulary, pl. 2, n.°ˢ 19 et 20 de son
Synopsis methodica avium, lorsqu'en 1734 de nouveaux individus furent apportés en Angleterre et communiqués à Albin,
qui, les regardant comme inconnus, les a décrits à son tour,
tom. 3, p. 8, de son Ornithologie, avec la dénomination de
bengal magpie, pie-grièche du Bengale, et en a donné de
nouvelles figures, pl. 17 et 18 de ce volume. C'est la petite pie
des Indes d'Edwards, tom. 3, pl. 181; la pie-grièche noire du
Bengale, de Brisson et de Buffon, *gracula saularis* de Linnæus et de Latham. Daudin en a fait un quiscale, *sturnus
saularis*, et Sonnini a prétendu, dans la première édition
du Nouveau Dictionnaire d'histoire naturelle, que sa vraie
place étoit parmi les merles, quoiqu'il n'en soit pas fait
mention dans cet article. Enfin, M. Cuvier dit positivement,
tom. 1, p. 339 et 361 de son Règne animal, que c'est une
pie-grièche à bec droit, et le même oiseau que le merle de
Mindanao, *turdus mindanensis*, Linn., pl. enl. de Buffon,
n.° 627, fig. 1. Voyez PIE-GRIÈCHE CADRAN. (CH. D.)

DIALI DES INDES (*Bot.*) : *Dialium indum*, Linn.,
Mant., 24 et 511 (*Exclus.* Rumph. *Synonymo*); *Dialium javanicum*, Burm., *Ind.*, pag. 12. Arbre des Indes orientales,
qui constitue un genre particulier de la *diandrie monogynie*
de Linnæus, mais dont la famille naturelle n'est pas connue.
Son caractère essentiel consiste dans une corolle à cinq pétales égaux et caducs; point de calice; deux étamines insérées au côté supérieur de l'ovaire; les anthères oblongues,

presque à deux loges; un ovaire ovale supérieur; un style subulé; un stigmate. Le fruit n'est pas connu. Linnæus présume que c'est une gousse.

Cet arbre a des feuilles alternes, ailées avec une impaire, composées de sept folioles ovales-oblongues, acuminées, glabres, entières, longues de quatre à cinq pouces, soutenues par des pédicelles très-courts. Les fleurs sont rougeâtres, inclinées, disposées en panicules : elles n'ont point de calice; les pétales sont sessiles, elliptiques, obtus ; les filamens des étamines très-courts, coniques ; le style incliné, de la longueur des étamines ; le stigmate simple, s'élevant vers le sommet des anthères.

Vahl, dans son *Enumeratio plantarum*, a placé dans ce genre, comme seconde espèce, l'*arouna* d'Aublet (voyez Arounier), sous le nom de *dialium divaricatum* : il en a retranché le *dialium guianense*, Willd., qu'il croit appartenir au *codarium*. (Poir.)

DIALION. (*Bot.*) C'est, suivant Mentzel, un des noms grecs anciens de l'héliotrope. Linnæus l'a employé pour un genre rapporté maintenant dans la famille des légumineuses. (J.)

DIALIUM. (*Bot.*) Voyez Diali. (Poir.)

DIALLAGE. (*Minér.*) La diallage est une pierre qui se présente ordinairement disséminée dans diverses roches, sous forme de lames peu étendues, mais planes, très-brillantes et dures. On les prendroit au premier aspect pour de l'amphibole, et même quelquefois pour du mica; mais elles ont une roideur et une épaisseur que ce dernier n'offre jamais, et elles se distinguent de l'amphibole et de tous les minéraux connus par un clivage particulier, qui a été déterminé de la manière suivante par M. Haüy.

La diallage se divise toujours en lames rhomboïdales, brillantes sur leurs grandes surfaces, ternes sur leurs bords; et ce premier caractère la distingue sur-le-champ, et de l'amphibole, dont le clivage mène, par des coupes également brillantes, à un prisme à quatre pans, et du felspath, dans lequel il y a deux joints perpendiculaires l'un sur l'autre, également brillans. Les angles du prisme oblique auquel conduiroit ce clivage, sont de 75 à 85 environ, et sa base est subdivisible par les deux diagonales, mais plus nettement par la petite que par la grande.

La diallage se laisse facilement rayer par l'acier, et raye à peine le verre; elle est fusible au chalumeau, mais assez difficilement, en un émail grisâtre. Sa pesanteur spécifique est de 3.

Sa composition, dans laquelle domine constamment la silice, la magnésie et le fer, est déterminée d'une manière si incertaine par les analyses qui en ont été faites, que nous devons en renvoyer l'indication à chacune de ses variétés.

On distingue dans cette espèce trois variétés principales :

1.° DIALLAGE VERTE, Haüy (*Smaragdite*, de Saussure ; *Émeraudite*, Daubenton ; *Lotalite*, Sewerguine). Elle est d'un vert brillant, quelquefois nacré ou satiné, mais toujours opaque. Elle est colorée par l'oxyde de chrome, et contient environ 0,08 de cet acide métallique, et à peu près 0,01 d'oxyde de cuivre. Son analyse faite par M. Vauquelin a donné les résultats suivans :

Silice.	50
Magnésie	6
Alumine	11
Chaux	13
Chrome oxydé.	07,5
Fer oxydé	06,5
Cuivre	01,5
Eau	04,5

On l'a trouvée près de Turin, au pied de la montagne de Musinet; sur la côte de Gênes ; sur les bords du lac de Genève, dans des cailloux roulés composés du jade de Saussure; au mont Orizza en Corse (elle fait partie d'une roche composée de pétrosilex vert et de felspath; elle forme, dans cette roche taillée et polie, des taches d'un beau vert satiné; on la connoît dans les arts sous le nom de *vert de Corse*); au mont Rose, avec les mêmes minéraux; dans le Saualpe, en Carinthie, avec des grenats et du disthène.

2.° DIALLAGE CHATOYANTE, Haüy (*Schillerspath* et *Schillerstein*, Werner; *Spath chatoyant*, Brochant). Cette variété a souvent l'aspect brillant et miroité de certains métaux. Ses facettes brillantes sont ordinairement disposées sur un même plan, en sorte qu'elles paroissent toutes à la fois, ou disparoissent totalement, selon l'inclinaison sous laquelle on regarde l'échantillon. Ses couleurs sont le gris satiné métallique, et le vert-bouteille foncé.

La diallage chatoyante a presque toujours pour gangue une serpentine brune, mêlée de vert. Comme elle a été souvent confondue avec la variété suivante, nous ne pouvons indiquer avec sûreté les lieux où on trouve particulièrement celle dont il est question ici.

On cite particulièrement cette diallage à Dortsoy, en Banffshire : en Cornouailles, dans une serpentine et dans une amphibolite schistoïde ; à Caltonhill, en Écosse, etc.

Cette variété a été analysée par M. Drappier : elle contient 0,41 de silice, 0,29 de magnésie, 0,03 d'alumine, 0,01 de chaux, 0,14 de fer oxidé, et 0,10 d'eau.[1]

3.° Diallage métalloïde, Haüy (*Bronzite* et *Pistasite* de quelques minéralogistes allemands?). Cette variété a la texture plus sensiblement feuilletée que la précédente ; elle est d'un jaune de laiton plus ou moins doré, et passe au jaune de bronze. Quoiqu'elle ait le brillant presque métallique, elle est cependant moins éclatante que la diallage chatoyante dans le sens du plan des lames. Elle ne passe pas subitement, comme cette dernière, de l'éclat le-plus vif au terne le plus absolu par un léger changement de position. Les résultats de l'analyse du bronzite de Kraubat, dans la haute Styrie, faite par Klaproth, sont très-différens de ceux des variétés précédentes :

Silice	60
Magnésie	27,5
Fer	10,5
Eau	00,5

Elle est ordinairement disséminée en petites masses parallélipipédiques dans une roche de serpentine.

La diallage métalloïde a été trouvée en France, au col

---

[1] Les résultats de cette analyse sont très-différens de ceux qui ont été donnés par MM. Heyer et Gmelin. Mais ces chimistes ont-ils analysé la même pierre ?

de Cervière, dans le Queyras, département des Hautes-Alpes (Héricart); dans le Tyrol; à Dobschau, dans la Haute-Hongrie; dans une syénite de Glen-till, dans le Perthshire.

La diallage varie encore de couleur, et M. de Bournon en cite d'un gris de perle avec des reflets nacrés, venant des Indes orientales, et d'autres d'un beau rouge-brun tirant sur le violet et venant de Tunaberg en Suède; mais ce savant minéralogiste doute de l'identité de cet échantillon avec la diallage. On en connoît de violettes à Saint-Marcel en Piémont; de verte noirâtre à l'Escurial, près de Madrid, et de noire dans les environs de Spa, à laquelle M. Karsten a donné le nom d'*orthalite*.

Il est possible que les trois minéraux que nous venons de donner, avec la plupart des minéralogistes françois, comme des variétés d'une même espèce, appartiennent à deux espèces distinctes. La différence considérable qu'ils offrent dans leur composition, et celle qu'on remarque aussi dans l'éclat de la diallage chatoyante et des diallages verte et métalloïde sembleroient indiquer cette séparation. Mais on n'a pas encore de données suffisantes pour l'effectuer. Ces diverses sortes de diallages sont extrêmement répandues; on les connoît maintenant dans un si grand nombre de lieux, que nous nous sommes contentés d'indiquer quelques-uns des plus remarquables : on trouvera les autres à l'histoire de la roche particulière dont la diallage fait une des parties constituantes essentielles.

Cette roche est celle que nous avons nommée, avec M. Haüy, *euphotide*, et que M. de Buch a décrite sous le nom de *gabbro*. La diallage y est mêlée avec le pétrosilex ou avec le jade; c'est le gisement principal de ce minéral. Cependant on le trouve aussi fréquemment dans les ophiolites ou roches à base de serpentine; et c'est ordinairement la diallage chatoyante qui se présente ainsi. Cette association particulière est assez générale, et des observations sur des passages presque insensibles de la diallage à la serpentine noble, la présence du chrome, du fer et de la magnésie dans l'une et l'autre pierre, ont fait soupçonner à M. de Buch que la diallage pourroit bien être de la serpentine pure et cristallisée; et M. le comte de Bournon ne paroît pas éloigné d'adopter cette opinion. Une des principales objections qu'il fait à ce rapprochement, est l'absence du chrome dans la serpentine; mais cette objection, si elle étoit la seule, seroit en partie levée par la découverte récente de l'oxyde de chrome dans plusieurs serpentines.

Les différentes variétés de diallages ne se rencontrent donc que dans les terrains primordiaux, mais seulement peut-être dans ceux qui, ayant été déposés vers les dernières époques de cette grande formation, se lient tellement avec les terrains de transition qu'on ne peut les en distinguer clairement.

Un autre fait relatif au gisement des diallages, c'est que ces minéraux ne se sont jamais trouvés implantés dans les fissures ou cavités des roches primordiales; ils se sont toujours rencontrés disséminés dans ces roches, et jamais en cristaux achevés et terminés : c'est une *habitude* qui leur est particulière.

Parmi les roches qui renferment de la diallage et qui ne paroissent pas appartenir à l'euphotide, nous devons citer avec M. Sewerguine celle qui se trouve près Lotala, entre Willmanstrand et Fridrichsham (c'est une roche en grande masse, composée de felspath rose, d'amphibole, de quarz, de mica et de diallage), et celle qui est employée dans les Apennins sous le nom de granite serpentineux, et que M. Viviani a reconnu sur les bords du torrent de la Cravagna, près la Rochetta; c'est une ophiolite blanche, nuancée de verdâtre, et renfermant à la fois de la diallage métalloïde gris-verdâtre, et de la chaux carbonatée rouge, disséminée. (B.)

DIAMANT. (*Chim.*) Voyez CARBONE, t. VII, p. 54. (CH.)

DIAMANT. (*Minér.*) Les diamans sont reconnoissables par un grand nombre de propriétés particulières, très-remarquables et assez faciles à observer, tant sur les diamans bruts ou tels que la nature nous les offre, que sur les diamans taillés.

Le caractère qui n'est pas le plus frappant, mais qui est le plus absolu et qui accompagne constamment le diamant, dans quelque état qu'il se présente, c'est *sa dureté* supérieure à celle de tous les minéraux connus, en sorte qu'il les raye tous et n'est rayé par aucun.

Mais, comme on n'a pas toujours les moyens de reconnoître ce caractère, on doit avoir recours aux autres propriétés essentielles du diamant.

Son éclat particulier, qu'on ne peut facilement définir, mais qu'on distingue bien de l'éclat des autres pierres lorsqu'on a eu l'occasion de l'observer, est le caractère qui frappe le premier.

Sa pesanteur spécifique puissante de 3,53, et la propriété qu'il a d'acquérir toujours l'électricité vitrée, quel que soit l'état brut ou poli de sa surface, et de ne conserver cette électricité tout au plus qu'une demi-heure, offrent une réunion de propriétés que les diamans taillés et même enchàssés présentent aussi bien que les diamans bruts, et qui le feront distinguer de toutes les pierres limpides ou colorées avec lesquelles on pourroit le confondre.

Néanmoins le premier caractère, celui de la dureté, est le seul dans lequel on puisse avoir une entière confiance.

Mais c'est lorsque les diamans sont bruts et qu'on peut les soumettre à diverses observations physiques ou chimiques, qu'ils présentent l'ensemble des propriétés que nous venons d'annoncer et que nous allons examiner sucessivement.

La forme des diamans naturels dérive d'un octaèdre; ils n'offrent donc jamais des cristaux dont un axe soit plus long que l'autre : comme leur structure est très-sensiblement lamellaire, et que, malgré leur grande dureté, ils se prêtent aisément au clivage, on arrive par ce moyen direct à leur *forme primitive*, qui est celle d'un octaèdre régulier.

Le diamant a la réfraction simple, et c'est, comme on sait, une conséquence nécessaire de sa forme; mais la force de réfraction est très-puissante et plus grande même qu'elle ne devroit être en raison de la densité de ce minéral considéré comme pierre : aussi Newton avoit-il soupçonné, d'après cette propriété, que le diamant devoit être placé parmi les corps combustibles.

Les variétés du diamant sont peu nombreuses et surtout peu différentes les unes des autres.

Ses variétés de formes offrent une circonstance particulière à ce corps : les faces qui les terminent sont rarement

13.   10

planes; au contraire, ces faces sont souvent très-bombées; les arêtes qui les séparent sont courbes.

Lorsqu'on examine ces faces secondaires avec attention et à l'aide d'une loupe, on remarque, 1.° qu'elles sont marquées de stries quelquefois très-fines et presque imperceptibles, et souvent très-prononcées; 2.° que ces stries sont parallèles aux bords de l'octaèdre, et par conséquent à ceux des lames qui s'appliquoient sur les faces primitives de l'octaèdre. Ces deux observations peuvent faire concevoir comment, dans la théorie des formes secondaires proposée par M. Haüy, ces faces convexes, si rares dans les cristaux, ont pu être produites. En effet, si la loi de décroissement que ces lames suivoient en s'appliquant sur les faces du noyau octaèdre, eussent été les mêmes depuis l'application de la première lame jusqu'à celle des dernières, il en seroit résulté des pyramides entières ou tronquées, ou des faces culminantes à surface plane. Mais il paroît que cette loi changeoit à mesure qu'il s'ajoutoit de nouvelles lames, et que, ce changement s'opérant par une progression régulière de rangées décroissantes à peu près comme les nombres 1, 2, 3, 4, etc., il résultoit de cette marche un abaissement progressif mais régulier sur la face qui se produisoit, et par conséquent une courbure également régulière de cette face.

Quelques diamans offrant la forme octaédrique régulière primitive, ont leurs faces planes; mais ces diamans sont rares.

On a douté pendant long-temps de l'existence de la variété *cubique*, forme secondaire due à un décroissement sur les angles de l'octaèdre primitif: M. Haüy l'admet maintenant.

Parmi les variétés à facettes convexes, on remarque : 1.° celle que M. Haüy nomme *diamant sphéroïdal sextuplé*, qui est terminée par quarante-huit facettes curvilignes, dont six répondent à une même face de l'octaèdre primitif.

2.° Lorsque cette variété est *comprimée*, elle prend l'aspect d'un prisme hexaèdre très-court, terminé par des pyramides curvilignes très-surbaissées, ce qui lui a fait donner quelquefois le nom de *diamant triangulaire*.

3.° Le *diamant plan-convexe*, qui a la forme sphéroïdale, avec huit faces planes éclatantes, parallèles aux faces du noyau.

Les diamans offrent, comme presque tous les cristaux, des hémitropies. Guyton cite une variété de diamans hémitropes qui résulte de la réunion de deux sphéroïdaux formant à leur jonction des angles rentrans très-prononcés.

Les diamans sont généralement incolores et transparens: lorsqu'ils sont colorés, leur teinte la plus ordinaire tire sur le *jaunâtre* ou le *jaunâtre-enfumé*, qui va quelquefois jusqu'au *brun-noirâtre;* circonstance qu'on regarde comme rare : on les nomme *diamans savoyards.*

Les diamans *verts* sont, après les jaunes, les plus communs: les *bleus* sont rarement d'une teinte très-vive ; ils sont assez estimés en Hollande.

Les diamans *roses* sont les plus recherchés des diamans colorés, et surpassent quelquefois, toutes choses égales d'ailleurs, le prix des diamans les plus *limpides :* ce sont cependant ces derniers qui sont généralement les plus estimés, et qui peuvent seuls avoir une valeur à peu près déterminée dans le commerce. On conçoit que chacune de ces couleurs peut offrir des nuances nombreuses, et même quelquefois des mélanges de ces nuances : il est rare que ces couleurs soient pures et vives, et lorsqu'elles sont pâles, elles déprécient le diamant plutôt que de lui donner de la valeur.

Enfin, on remarque dans les diamans des nuages, des taches de différentes sortes, qui les altèrent et leur ôtent beaucoup de leur valeur.

On ne connoît pas encore la matière qui produit ces taches et les couleurs du diamant.

La composition de ce corps n'est même bien connue que depuis peu de temps: on l'a considéré pendant long-temps comme la plus dure et la plus inaltérable des pierres, et le nom d'*adamas*, qui lui a été donné par les anciens, exprime la propriété qu'ils lui attribuèrent d'être indestructible.

Boetius de Boot, qui publia en 1609 son Traité des pierres gemmes, eut le premier l'idée que ce minéral pouvoit bien ne pas être une pierre, mais un corps inflammable.

Boyle remarqua, en 1673, qu'en l'exposant à une haute température, il se dissipoit en partie en une vapeur âcre. Les expériences faites en Toscane et à Vienne, en 1694, confirmèrent celle de Boyle; elles apprirent que le feu altéroit le diamant en le volatilisant, et que ce corps ne méritoit plus le nom d'indestructible que lui avoient donné les anciens. Enfin Newton, en 1704, remarquant dans le diamant une puissance de réfraction égale à celle des corps combustibles, dit que ce pourroit bien être une substance grasse coagulée.

Néanmoins il ne paroît pas qu'aucune de ces indications, qu'aucun de ces aperçus, ait fait soupçonner aux minéralogistes du temps la véritable nature du diamant. Macquer et Bergmann furent les premiers qui prouvèrent, non-seulement que le diamant étoit volatilisable, mais qu'il étoit réellement combustible, sans pouvoir cependant faire connoître encore ni la cause ni le résultat de cette combustion. Ce ne fut donc qu'aux travaux successifs de MM. de Lavoisier, Tennant, Guyton, Allen et Pepys, Davy, etc., qu'on dut la connoissance réelle de la nature du diamant : c'est par eux qu'on apprit que ce corps étoit entièrement composé de carbone; que c'étoit enfin du carbone pur. Quelques expériences chimiques et physiques de MM. Biot et Davy ont fait hésiter, il est vrai, pendant quelque temps, sur l'idée qu'on devoit se faire de sa parfaite pureté, et on y a soupçonné tantôt la présence de l'hydrogène, tantôt même celle de l'oxygène; mais M. Davy a levé, à ce qu'il nous semble, tous les doutes à cet égard, en prouvant que ce corps étoit du carbone parfaitement pur.

En chauffant fortement un diamant dans une capsule mince de platine à l'aide des rayons du soleil réunis par une lentille, il le vit s'enflammer et continuer de brûler dans le gaz oxygène, même après avoir été retiré du foyer de la lentille; le diamant répandoit une lumière d'un rouge si brillant qu'elle étoit visible à la plus grande clarté du soleil. La chaleur dégagée est très-intense et fond sur-le-champ un fil de platine. M. Davy n'obtint de cette combustion que de l'acide carbonique pur, qui ne donnoit pas la plus légère trace d'humidité, quoique l'appareil employé fût propre à faire reconnoître moins d'un millième de gramme d'eau, et il ne remarqua sur la surface du diamant aucune trace de carbonisation.

Les autres charbons naturels ou artificiels, quoique calcinés préalablement au rouge, donnent toujours un peu d'eau par leur combustion, ce qui indique la présence de l'hydrogène dans ces corps. Mais, comme ils n'en renferment guère qu'un cinquante-millième de leur poids, peut-on attribuer à cette infiniment petite quantité d'hydrogène les grandes différences extérieures qui existent entre le diamant et le charbon? Cela n'est pas probable. Le mode d'aggrégation des molécules charboneuses est la seule différence connue qu'il y ait entre le carbone aussi pur qu'on vient de le supposer et le diamant. Cette différence est peut-être suffisante pour entraîner après elle toutes les autres.

Gisement. Le gisement des diamans, quoiqu'il soit encore très-incomplétement connu, commence cependant à l'être mieux qu'il y a dix ans. On sait que dans tous les endroits où on l'a trouvé, endroits peu nombreux il est vrai, il étoit toujours disséminé dans des terrains de transports ou d'alluvion anciens, ou engagé dans des roches d'aggrégation. On sait que ces terrains sont principalement composés de fragmens de quarz, ou de cailloux roulés de quarz et d'un sable quarzeux souvent très-ferrugineux, qui forme par son aggrégation des roches quelquefois assez dures. On nomme généralement cette terre *cascalho*.

Les minéraux qui l'accompagnent sont peu nombreux, et se réduisent en général au fer oxydulé, au fer oxydé micacé, au fer oxydé pisiforme, au jaspe schistoïde en fragmens, à diverses variétés de quarz, et principalement à l'améthiste.

D'après ces caractéres, et quelques autres pris de l'aspect des lieux et de la nature des roches environnantes, on croit pouvoir rapporter ces terrains à l'époque des formations trappéennes, et on considère les diamans qu'on trouve dans ces terrains meubles comme originaires de ces formations: ils auroient été mis à nu par les causes qui ont détruit les roches trappéennes et amphiboliques, et qui en ont répandu les fragmens à peu de distance.

On remarque que c'est toujours à très-peu de profondeur au-dessous de la surface du sol, dans des vallées larges et vers le fond de ces vallées, plutôt que sur la croupe des collines qui les bordent, que se trouve le terrain meuble qui renferme les diamans.

Lieux. On ne peut guère citer avec certitude que deux endroits sur la terre où l'on trouve et surtout où l'on exploite les diamans.

Une partie de la presqu'île de l'Inde et une partie du Brésil.

L'Inde est connue, comme on le verra plus bas, depuis une antiquité assez reculée, pour renfermer des diamans; les mines qui les fournissent sont principalement situées dans les royaumes de Golconde et de Visapour, depuis le cap Comorin jusqu'au Bengale, au pied d'une chaîne de montagnes nommée les monts Orixa, et qui paroît appartenir à la formation des trappes de Werner.

Les mines du royaume de Golconde et celles du Visapour paroissent présenter quelques légères différences.

Dans le royaume de Golconde on a compté jusqu'à vingt mines ou recherches de diamans, dont les principales étoient, vers 1660, 1.° la mine de Kolure, la première découverte : la terre qui renferme le diamant est graveleuse, jaunâtre et contient des silex roulés ; cette mine est située dans une vallée et près d'une rivière qui ne permet pas de creuser profondément. 2.° La mine de Currure, au moins aussi ancienne que la précédente et dont la terre est rougeâtre, a fourni les plus gros diamans. Dans d'autres mines du même royaume, telles que celles de Wazzergerrée, Munnemung, Largumboot, la roche qui recouvre le gite des diamans est solide, et il faut la percer pour arriver à la terre ocreuse dans laquelle ils sont disséminés.

Les mines du royaume de Visapour étoient dans le même temps moins nombreuses, et les diamans qu'elles fournissoient plus petits, mais ils étoient plus abondans.

Guettard prétend que les mines de diamans actuellement exploitées dans l'Inde ne sont pas très-anciennes et ne datent pas de plus de deux cents ans avant les voyages de Tavernier, qui eurent lieu vers le milieu du dix-septième siècle.

Dans tous les terrains ou gîtes de diamans des Indes, ces minéraux sont si écartés, si dispersés, qu'il est rare de les trouver directement, même en fouillant dans les lieux les plus riches; ils sont d'ailleurs presque toujours enveloppés dans une croûte terreuse qu'il faut enlever pour les voir plus facilement. On y parvient en divisant mécaniquement et en lavant la terre à diamant dans des bassins pratiqués exprès. On réunit le gravier ainsi lavé, et on le répand sur un sol battu et très-uni, où il se sèche. Les diamans exposés au soleil se font alors remarquer par leur éclat. (Marshal.)

Des observations plus récentes du docteur Heyné confirment ce que nous venons de dire de général sur la nature des roches qui renferment le diamant, et de particulier sur celles de l'Inde. Il a rapporté de Banagan-Pally, dans le Décan, un échantillon de la roche renfermant les diamans et qui même en contenoit un : elle paroît être, d'après la description qu'il en donne, un pouddingue à base de vacke, composé de grains arrondis de calcédoine bleuâtre, de fragmens anguleux de jaspe, de silex corné et de quarz. Cette disposition nous paroit être celle des brêches ou pouddingues, et nullement celle des roches qu'on nomme amygdaloïdes ou variolites.

Nous avons, sur le gisement des diamans au Brésil et sur leur exploitation, des notions plus modernes, plus étendues et plus précises. C'est principalement à MM. Dandrada et Maw que nous les devons.

Les mines de diamans du Brésil ont été découvertes, en 1728, dans le district de Serro-do-Frio. Jeffries, jouaillier anglois, a nié pendant long-temps l'existence des diamans au Brésil, et prétendoit que ceux que des négocians de ce pays avoient envoyés au roi de Portugal, avoient été achetés dans l'Inde. On a même rejeté les premiers, parce qu'on ne voulut pas les reconnoître pour des diamans, et on eut beaucoup de peine à persuader aux habitans que les pierres qu'ils rejetoient étoient des corps aussi précieux.

Le terrain qui les renferme a la plus parfaite ressemblance avec celui des Indes orientales où se trouve le même minéral. C'est un agglomérat solide ou friable, composé principalement d'un sable ferrugineux, renfermant des morceaux plus ou moins gros de quarz jaune et bleuâtre, de jaspe schisteux, et des grains d'or et de fer oligiste souvent adhérens, toutes matières minérales différentes de celles qui constituent les montagnes voisines : cet agglomérat, toujours presque superficiel, se trouve quelquefois à une hauteur assez grande sur les plateaux des montagnes.

La plus célèbre exploitation de diamant est celle de Mandanga, sur le Jigitonhonha, dans le district de Serro-do-Frio, au nord de Rio-Janéiro.

On met presqu'à sec, par le moyen d'une dérivation, le Jigitonhonha, rivière trois fois large comme la Seine à Paris et de trois à 9 pieds de profondeur, et on enlève le cascalho par différens moyens pour aller le laver ailleurs plus commodément.

Ce cascalho, qui est le même que celui des mines d'or, est recueilli dans la saison sèche, pour être employé dans celle des pluies : il est mis en tas de quinze à seize tonnes chaque. C'est sous un hangar de forme oblongue que se fait le lavage, au moyen d'un courant d'eau qui passe au-dessus et dont on fait couler des quantités déterminées dans les caisses où se lave le cascalho. Un nègre laveur est attaché à chaque caisse; des inspecteurs sont placés de distance en distance sur des tabourets élevés : quand un nègre a trouvé un diamant, il se lève et le montre; quand il en a trouvé un de 17 carats et demi, on lui donne la liberté. On prend beaucoup de précautions pour que les nègres ne détournent pas de diamans. Chaque escouade de travailleurs est composée de 200 nègres, avec un chirurgien et un aumônier.

Les terrains plats des deux côtés de la rivière sont également riches en diamans dans toute leur étendue, en sorte qu'il est très-facile d'évaluer ce que rendra un terrain non encore lavé.

On dit que les diamans entourés d'une croûte verdâtre présentent la plus belle *eau*, c'est-à-dire, la plus belle limpidité lorsqu'ils sont taillés.

On dépose, tous les mois, dans le trésor de Téjuco les diamans que l'on reçoit des différentes mines du district : on peut évaluer le montant de ce qui a été livré au trésor, de 1801 à 1806, de 18 à 19 mille carats par an.

Sur les bords du torrent nommé Rio-Pardo il y a une autre mine de diamans. Le terrain présente un grand nombre de rochers de pouddingue tendres et disposés en couches irrégulières. C'est principalement dans des cavités du lit de ce torrent qu'on trouve des amas de cascalho qui renferment beaucoup de diamans. Ils sont très-estimés, notamment les verts-bleuâtres.

Les minéraux qui accompagnent le diamant à Rio-Pardo diffèrent un peu de ceux des lavages de Mandanga : il n'y a point ici de mine de fer pisiforme; mais on y trouve beaucoup de cailloux de jaspe schisteux. Ce plateau paroît être très-élevé et peut être de 16 à 1800 mètres au-dessus du niveau de la mer.

Tocaya, principal village de Minas-Novas, est à 34 lieues au nord-est de Téjuco, dans l'angle aigu du confluent du Jigitonhonha et du Rio-Grande. C'est dans le lit des ruisseaux qui se jettent dans le Jigitonhonha à l'ouest, qu'on trouve ces *topazes blanches* roulées, connues sous le nom de *minas-novas*, avec des *topazes bleues* et des *bérils aigues - marines*. C'est aussi dans ce pays que se trouvent les belles cymophanes très - estimées au Brésil. Enfin, c'est des cantons d'Indaia et d'Abaïté que viennent les plus gros diamans du Brésil; mais ils ont une moins belle eau que ceux du district de Serro-do-Frio et tirent un peu sur le jaune de citron.

On cite encore des diamans dans l'intérieur de l'île de Bornéo, sur les bords de la rivière Succadan. M. le colonel Schmalz m'a assuré qu'on en trouvoit dans les cantons de Bandjermaessing et de Ponthiana; qu'on les y connoissoit sous le nom d'*Intang*. M. Leschenault donne la même indication, mais en écrivant les noms d'une manière différente. Boetius de Boot dit qu'il y en a dans la presqu'île de Malacca.

Annotations. Nous devons terminer l'histoire naturelle du diamant en rapportant les différentes observations et réflexions propres à compléter l'histoire de ce corps.

Nous n'avons fait qu'indiquer, au commencement de cet article, celles de ses propriétés physiques qui peuvent servir par leur importance à le caractériser. Nous devons revenir sur ce sujet.

On sait que beaucoup de minéraux sont phosphorescens par chaleur ou insolation : les diamans possèdent aussi cette propriété; mais il paroît que tous n'en sont pas également doués, et qu'il faut des précautions particuliéres pour la faire naître. Boyle d'abord, et MM. Grosser et Dessaigne ensuite, ont parlé de cette propriété, et ces derniers ont fait sur ce sujet beaucoup d'expériences. Ils ont remarqué, 1.° que le diamant devenoit phosphorescent lorsqu'il avoit été exposé au soleil pendant un temps suffisant; qu'il conservoit cette phosphorescence dans le vide le plus parfait, et qu'en faisant tomber sur ce corps les rayons bleus de la lumière sa phosphorescence étoit encore augmentée.

2.° Que des diamans susceptibles d'acquérir cette propriété la manifestoient également, et par l'action de la chaleur non rouge, et par le choc électrique.

3.° Enfin, M. Dessaigne assure que, dans les diamans phosphorescens, la phosphorescence est beaucoup plus vive sur les facettes naturelles ou artificielles qui ne sont point parallèles aux faces de la forme primitive, et dont les surfaces peuvent être considérées comme composées de molécules qui se présentent par leurs angles et leurs arêtes; et qu'elle est nulle ou presque nulle sur les facettes parallèles aux faces de l'octaèdre primitif.

Le diamant est sans aucun doute le minéral qui a le plus d'éclat. Cet éclat est dû à la manière puissante et particulière dont ce corps réfléchit la lumière. La force réfléchissante du diamant peut être attribuée à la réunion de plusieurs circonstances favorables.

On sait que, dans les corps transparens, la quantité de lumière renvoyée par leur surface est d'autant plus grande que la lumière y tombe plus obliquement et que la réfraction qu'elle éprouve en les traversant est plus forte : or le diamant, premièrement comme corps combustible, secondement comme corps très-dense, a une force de réfraction très-grande. Il jouit en outre d'une grande force de dispersion, c'est-à-dire de la faculté de décomposer avec une grande divergence les rayons de lumière qui le pénètrent, et de lancer dans un grand nombre de directions les couleurs les plus variées et les plus vives. On a calculé que la force de dispersion du diamant étoit à celle du quarz comme 7 est à 3.

Ces deux sortes d'actions du diamant sur la lumière sont assez puissantes pour donner un éclat particulier et même déjà remarquable aux diamans bruts; mais cet éclat est considérablement augmenté par la taille, qui fait naître sur la surface du diamant une multitude de facettes inclinées dans tous les sens, et par le poli qu'on sait donner à ces facettes.

Histoire. Les diamans étoient connus des anciens; la résistance que leur dureté opposoit à l'altération produite par les corps les plus durs, et un éclat particulier dont sont doués, comme nous venons de le dire, beaucoup de diamans bruts, leur avoient fait remarquer, estimer et rechercher ces minéraux, auxquels ils attribuoient même un grand nombre de propriétés fabuleuses. Non-seulement les anciens regardoient les diamans comme inattaquables par le feu, mais ils croyoient qu'il étoit impossible de les briser, etc.

La forme cristalline octaédrique avoit été observée par les naturalistes de l'antiquité, et Pline me semble décrire assez clairement ce corps et sa forme ordinaire, en disant, à l'article du diamant des Indes, qu'il ressemble au cristal par sa translucidité, *et parce qu'il est terminé en pointe comme une toupie à six angles, et comme si deux toupies, placées en sens contraire, étoient jointes par leur partie la plus large.* Il est vrai que la circonstance des six angles rendroit cette description plus applicable au quarz dodécaèdre bipyramidal qu'au diamant octaèdre : mais on doit remarquer, 1.° qu'il l'en distingue lui-même en le comparant à ce minéral pour la transparence, tout en l'en distinguant par la dureté ; 2.° qu'il ne faut pas chercher ici une description cristallographique précise, et qu'en raison du décroissement irrégulier du diamant ce corps peut souvent présenter, sur deux des faces triangulaires des pyramides de l'octaèdre, des angles plus sensibles que sur les deux autres, et en faire voir six au lieu de quatre ou de huit; 3.° que c'est le minéral qui offre le plus souvent cet aspect de deux toupies, ou de deux cones à facettes, appliqués base à base ; 4.° qu'on peut donner, comme une preuve puissante que l'adamas de Pline étoit bien notre diamant, l'usage qu'en faisoient, selon lui, les lapidaires. Ils se servent, dit-il, de ses éclats (*crustæ*) enchàssés dans du fer pour graver les pierres fines les plus dures. C'est le seul minéral qui soit propre à cet usage.

On distinguoit, suivant le naturaliste romain, six variétés de diamans.

1.° Le Diamant des Indes, qu'on ne trouvoit pas dans les mines d'or, ainsi qu'on le croyoit de celui d'Éthiopie (et ce fait s'accorde fort bien avec ce qu'on sait du gisement des diamans dans l'Inde) : ce diamant est très-transparent, quelquefois gros comme une aveline. Il a de l'analogie avec le cristal.

2.° Le Diamant d'Arabie cristallise comme le précédent; mais il est plus petit, et ne se trouve qu'avec l'or le plus pur.

3.° Le Diamant cenchros, qui n'est pas plus gros qu'un grain de millet.

4.° Le Diamant de Macédoine. Il est de la grosseur d'une graine de concombre, et se trouve dans la mine d'or de Philippe.

5.° Le Diamant de Chypre, dont la couleur est bleue.

6.° Le Diamant appelé *Siderites*, parce qu'il avoit le brillant du fer, qu'il étoit plus pesant, mais plus fragile et moins dur que les autres. Ce n'étoit, suivant Pline, qu'un diamant dégénéré, comme celui de Chypre.

On voit que Pline convient lui-même que ces variétés n'appartiennent pas toutes à l'espèce du diamant, et il est probable qu'il n'y a que les deux premières qui lui appartiennent réellement.

Les diamans, suivant Heeren, étoient un des articles du commerce des Carthaginois avec les Étrusques.

Si ces notions sont exactes, et si elles s'appliquent au véritable diamant, il paroîtroit que les anciens connoissoient plus de mines de diamans que nous n'en connoissons actuellement, et que l'Afrique, qui présente dans ses mines d'or encore si abondamment exploitées un terrain analogue à celui qui est le gîte ordinaire des diamans, pouvoit bien renfermer aussi des mines de ce minéral précieux, mines qui nous sont actuellement inconnues.

Mais, s'il paroît certain que les anciens ont connu et attaché du prix au diamant, il paroît également certain qu'ils n'ont su ni le tailler, ni graver dessus. On a bien quelques diamans gravés en creux; on en cite particulièrement un représentant une tête de Néron. Mais il est reconnu par les antiquaires que ce diamant n'est point antique, et qu'il a été gravé par Costanzi.

Les diamans les plus recherchés avant qu'on ait découvert l'art de les tailler, étoient ceux qui présentoient naturellement une figure pyramidale : on les appeloit *pointe-naïve* ou *brut-ingénu.* Les quatre diamans qui ornoient l'agraffe du manteau royal de Saint-Louis étoient des *pointes-naïves* ou pyramides à quatre faces. (Mongez.)

C'est Louis de Berquem qui découvrit, en 1476, l'art de tailler les diamans en les frottant l'un contre l'autre, et de les polir au moyen de leur propre poussière, nommée *égrisée.*

On abrège actuellement l'opération de la taille par deux moyens : 1.° en profitant du sens des lames du diamant pour les fendre dans ce sens et produire ainsi plusieurs facettes (cette opération s'appelle *cliver le diamant* : quelques-uns, qui paroissent être des macles, s'y refusent ; on les nomme *diamans de nature*); 2.° en sciant les diamans au moyen d'un fil de fer très-délié, enduit de poussière de diamant.

On varie beaucoup la disposition des facettes qu'on donne au diamant par la taille, suivant sa forme, sa grosseur, et l'effet qu'on veut lui faire produire. On distingue deux sortes principales de taille ; l'une qui constitue ce qu'on appelle les *brillans ;* elle consiste à laisser à la partie supérieure de la pierre une tablette plane à plusieurs pans : l'autre, qui donne les *roses,* et qui ne s'applique guère qu'aux petits diamans, met à la place de la table une pyramide à plusieurs faces.

Le premier diamant taillé, après la découverte de Louis de Berquem, a appartenu à Charles le téméraire, dernier duc de Bourgogne. On a l'histoire de cette pierre remarquable. Le prince la fit monter au milieu de trois rubis-balais et il la portoit au cou. Il la perdit à la bataille de Granson. Les Bernois, qui s'en emparèrent, la vendirent aux Fugger, riches négocians d'Augsbourg, et ceux-ci à Henri VIII, roi d'Angleterre ; la reine Marie, sa fille, apporta ce diamant en dot au roi d'Espagne Philippe II. On ne sait plus ce qu'il devint depuis.

Nous verrons plus bas d'autres exemples de l'importance qu'on a attachée à ce corps minéral.

Un siècle après la découverte de Louis de Berquem, le Milanois Clément Birague grava à Madrid, en 1564, sur un diamant le portrait de l'infant don Carlos. Mais un travail de ce genre, extrêmement difficile et très-cher, a été fort rarement exécuté. (Mongez.)

Usages. Les diamans sont les pierreries d'ornement et de parure par excellence, et le prix qu'on y attache en raison de leur limpidité croît dans une proportion qui, passé un certain terme, n'est plus susceptible d'aucune évaluation commerciale : aussi les diamans remarquables par ces qualités ont-ils une sorte de célébrité qui ne nous permet pas de les passer sous silence ; mais nous nous contenterons de citer les suivans.

Le plus gros diamant connu paroît être celui du rajah de Matun, dans les Indes orientales. Il est de la plus belle eau, et pèse 753 décigr. (367 carats). Un gouverneur de Batavia, qui s'étoit assuré de l'exactitude des qualités de cette pierre, voulut en faire l'acquisition, et en offrit 150,000 dollars ou piastres, deux bricks de guerre armés avec une quantité considérable de munitions ; mais ce diamant a dans l'Inde une si grande célébrité, qu'il est regardé comme un talisman auquel la fortune du rajah et de sa famille est attachée, en sorte que ce prince ne voulut le céder pour aucun prix.

Celui que possédoit, du temps de Tavernier, le roi ou empereur du Mogol, empire qui n'existe plus actuellement, pesoit 279 carats, et avoit été estimé par Tavernier 11,725,000 fr. Il avoit perdu, dit-on, presque la moitié de son poids par la taille.

Après ces diamans presque monstrueux, viennent, 1.º celui de l'empereur de Russie, qui pèse 193 carats. Il est, dit-on, de la grosseur d'un œuf de pigeon, et on assure qu'il a été acheté 2,500,000 fr., et 100,000 fr. de pension viagère.

2.º Celui de l'empereur d'Autriche, qui pèse 139 carats, et dont la teinte est un peu jaunâtre. On l'a estimé néanmoins 2,600,000 francs.

3.º Celui du roi de France, nommé le régent, remarquable par sa forme et la perfection de sa limpidité. Quoiqu'il ne pèse que 136 carats, ses belles qualités l'ont fait estimer plus de 4 millions, presque le double de ce qu'il a coûté.

Le plus gros diamant fourni par le Brésil, et qui est en la possession du roi de Portugal, pèse, suivant les plus fortes estimations, 120 carats. Il a été trouvé dans le ruisseau de l'Abaité, dont le sol est de schiste argileux, et les hauteurs seules de grès.

Les diamans qui n'ont point une grosseur extraordinaire, et qui sont d'une bonne forme et d'une belle eau, peuvent être jusqu'à un certain point tarifés, et nous croyons intéressant de donner les principaux termes de ce tarif, pris du Dictionnaire d'histoire naturelle, qui dit les tenir de M. Champion.

Le diamant dit *menu*, dont le poids ne passe pas un grain, (0,35 de carat) vaut de	66 fr.	à 120
La *recoupe*, pesant 2 grains, vaut	170	à 175
3	200	
4	260	à 280
6	600	
8	1000	
10	1400	
12	1800	
15	2400	
18	3500	
24	5000	

Outre son emploi comme pierre d'ornement, le diamant a encore quelques usages dans les arts; sa poudre ou égrisée sert à scier, à graver ou polir certaines pierres fines très-dures. Quelques diamans enchâssés d'une manière particulière sont employés par les vitriers pour couper le verre et les glaces.

M. le docteur Wollaston a fait des observations et des réflexions très-intéressantes sur cet emploi particulier des diamans. Il a remarqué que les corps les plus durs, taillés en pointe acérée, rayoient bien le verre, mais ne le coupoient point; que le diamant seul avoit cette propriété; et il l'attribue à la particularité de sa cristallisation à faces bombées et à arêtes courbes. Il fait observer qu'on choisit toujours pour cet usage des diamans bruts nettement cristallisés, que les Anglois appellent *sparks* ou *étincelles*, et non des diamans taillés. L'inclinaison qu'on doit donner au diamant enchâssé pour couper le verre, est comprise dans des limites très-rapprochées : il doit être d'ailleurs toujours mu dans la direction d'un de ses angles. Les arêtes curvilignes contiguës à des faces courbes, entrant comme un coin dans le sillon ouvert par elles-mêmes, tendent ainsi à écarter les parties du verre ; et pour que la felure dont doit résulter la séparation des parties ait lieu, il faut que le diamant soit placé bien perpendiculairement à la surface du verre. M. Wollaston prouve cette théorie par une expérience. Si on rend par une taille appropriée les arêtes d'un spinelle ou d'un corindon-télésie curvilignes et les faces adjacentes bombées, ces pierres couperont le verre aussi bien que le diamant ; mais, comme elles sont moins dures que lui, elles ne conserveront pas cette propriété aussi long-temps. La profondeur à laquelle pénètre la fissure produite par le diamant des vitriers ne paroît pas surpasser $\frac{1}{200}$ de pouce anglois. (B.)

DIAMANT D'ALENÇON. (*Minér.*) C'est un quarz hyalin cristallisé qu'on trouve dans les fissures des granites des environs d'Alençon. Voyez Quarz. (B.)

DIAMANT DE BRISTOL, DIAMANT DU CANADA. (*Min.*) Ce sont encore des cristaux de Quarz très-limpides. Voyez ce mot. (B.)

DIAMANT FAUX. (*Minér.*) On ne donne pas seulement ce nom aux pierres artificielles nommées *Strass*, du nom de leur inventeur, et qui imitent le diamant par leur limpidité et leur force de réfraction ; on appelle aussi de ce nom les variétés limpides de zircon, qui portent également le nom de *jargon*. Voyez Zircon. (B.)

DIAMANT ROUGE. (*Minér.*) M. Sage, conduit par l'analogie de forme, a rapproché le spinelle-rubis du diamant en lui donnant le nom de diamant rouge. (B.)

DIAMANT SPATHIQUE. (*Minér.*) C'est le nom que de Born a donné au *corindon adamantin*, la pierre la plus dure après le diamant. Voyez Corindon. (B.)

DIAMENERYA (*Bot.*), nom donné, suivant Hermann, dans l'île de Ceilan, au *commelina nodiflora*. (J.)

DIAMONON. (*Bot.*) Suivant Mentzel, ce nom étoit donné par Zoroastre à la mandragore. (J.)

DIAMORPHA FLUETTE (*Bot.*) : *Diamorpha pusilla*, Nuttal., *Amer.*, 1, p. 298 ; *Sedum pusillum*, Mich., *Amer.* ? Genre de plantes dicotylédones, de la famille des *crassulées*, de l'octandrie *tétragynie* de Linnæus, offrant pour caractère essentiel : Un calice à quatre divisions ; quatre pétales ; huit étamines ; quatre styles ; une capsule coriace, s'ouvrant extérieurement en quatre loges (quatre capsules soudées dans leur jeunesse ?) aiguës, subulées, divergentes ; environ quatre semences dans chaque loge.

Ce genre, très-peu distingué des *tillæa*, auquel il convient par son port, et dont il ne me paroit différer que par le nombre de ses étamines, par ses feuilles alternes, ne renferme qu'une seule espece, découverte dans la Caroline. C'est une fort petite plante, bisannuelle, charnue, dont les tiges se divisent, à leur base, en rameaux verticillés, garnis de feuilles alternes, fort petites, cylindriques ; les fleurs sont très-petites, au nombre de trois ou quatre, réunies en cime. (Poir.)

DIANCHORA. (*Foss.*) M. Sowerby a donné ce nom à un genre de coquilles bivalves, dont les caractères sont d'être adhérentes, inéquivalves, à charnière sans dents, une ouverture au sommet de la valve adhérente, la valve libre auriculée.

Cet auteur annonce qu'il en a été trouvé deux espéces en Angleterre : l'une, à laquelle il a donné le nom de *dianchora striata*, a été rencontrée dans une couche de sable vert à Chute-Farme, près de Warminster, et l'autre, à laquelle il a donné celui de *dianchora lata*, a été trouvée à Leuwes dans une couche de craie. Min. conch.; tom. 1.ᵉʳ, pag. 183, pl. 80, fig. 1, 2. (D. F.)

DIANDRE [Fleur], (*Bot.*), ayant deux étamines. Voyez Diandrie. (Mass.)

DIANDRIE (*Bot.*), nom formé de deux mots grecs, qui signifient deux maris. La diandrie est la deuxième classe du système sexuel, laquelle réunit les plantes qui ont deux étamines (lilas, véronique, olivier, jasmin). (Mass.)

DIANE. (*Entom.*) On a donné ce nom françois à l'espéce

13.   11

de papillon de jour que Fabricius a nommé hypsipyle, parce qu'il se trouve principalement dans les montagnes et sur les lieux élevés. On en a fait depuis le genre Thaïde. (C. D.)

DIANE (*Mamm.*), nom spécifique donné par Linnæus à une espèce de GUENON. Voyez ce mot. (F. C.)

DIANELLE (*Bot.*), *Dianella*. Genre de plantes monocotylédones, à fleurs incomplètes, de la famille des *asparaginées*, Juss., de l'*hexandrie monogynie* de Linnæus, offrant pour caractère essentiel : Une corolle (calice) à six divisions très-profondes, égales, étalées, les trois alternes plus intérieures ; six étamines, les filamens épaissis un peu au-dessous des anthères ; un ovaire supérieur ; un style ; un stigmate simple ; une baie oblongue, à trois loges ; quatre ou cinq semences dans chaque loge.

Ce genre comprend des plantes à tige herbacée, rameuse, la plupart originaires de la Nouvelle-Hollande : elles se rapprochent des *dracœna* par leurs fruits, des *iris* par leur feuillage ; les fleurs disposées en panicules lâches, terminales ; les ramifications et les pédoncules munis de spathes. Les espèces les plus importantes de ce genre sont :

DIANELLE DES BOIS : *Dianella nemorosa*, Lamk., Dict., 2, pag. 276 ; *Ill. gen.*, tab. 250 : *Dracœna ensifolia*, Linn. ; *Gladiolus odoratus, indicus seu taccari*, Rumph., *Amboin.*, 5, tab. 73 ; *Diana*, Commers., *Herb.*, vulgairement la REINE DES BOIS. Sa racine est noueuse, odorante, très-fibreuse ; elle produit plusieurs tiges hautes de deux ou trois pieds, rameuses et paniculées à leur sommet, munies à leur base de feuilles ensiformes, longues d'un pied, bordées de petites dents à peine sensibles ; quelques feuilles caulinaires, courtes, étroites, distantes ; les ramifications de la panicule lâches, un peu torses ; les fleurs bleues, pédicellées, d'une grandeur médiocre, ouvertes en étoile ; les pédicelles persistant après la chute des fruits : ceux-ci constituent une baie ovale-oblongue, d'une belle couleur améthyste ; les semences ovales et noirâtres.

Cette plante croît dans les bois, aux îles de France et de Bourbon : on la cultive au Jardin du Roi. Elle se propage aisément par ses racines, que l'on divise, en observant de laisser au moins un œil à chaque fragment, et de ne planter les parties divisées qu'après que le desséchement a fermé l'orifice des vaisseaux : cette opération se fait avec succès en Mars. Les graines se sèment, en Octobre, dans de petits pots remplis de terre de bruyère et de terreau, enfoncés dans une couche de tan, recouverte d'un châssis à vitrage. Le *dianella hemichrysa*, Lamk., *l. c.*, est une espèce du genre CORDYLINE. (Voyez ce mot.)

DIANELLE DOUTEUSE ; *Dianella dubia*, Kunth, *in* Humb. et Bonpl., *Nov. Gen.*, 1, page 270. Espèce du mont Silla de Caracas; ses tiges sont quadrangulaires, longues de deux pieds, garnies de feuilles lancéolées, oblongues, aiguës, longues de trois pouces ; une panicule étalée ; ses rameaux alternes et distans; les fleurs un peu inclinées ; les pédicelles articulés à leur sommet : la corolle d'un bleu foncé ; ses divisions concaves, oblongues, aiguës; les trois intérieures plus larges : les étamines une fois plus longues que le calice ; une capsule en baie, indéhiscente, ovale, triangulaire, entourée par la corolle, à trois loges polyspermes; les semences noires, luisantes.

DIANELLE BLEUE : *Dianella cærulea*, Curt., *Bot. Magaz.*, tab. 506 ; Redout., Lil., 2, tab. 79. Cette espèce, recueillie au port Jackson, dans la Nouvelle-Hollande, et cultivée aujourd'hui au Jardin du Roi, est remarquable par ses fleurs élégantes, d'un très-beau bleu. Ses tiges sont simples, tortueuses ; ses feuilles linéaires-lancéolées, courbées en carène, denticulées, un peu épineuses à leurs bords; les fleurs disposées en une panicule lâche, terminale ; la corolle en roue ; l'ovaire arrondie, à six cannelures; le style de couleur bleue ; le stigmate légèrement frangé.

DIANELLE A FLEURS AGGLOMÉRÉES ; *Dianella congesta*, Rob. Brown, *Nov. Holl.*, 1, pag. 280. Ses tiges sont munies de feuilles alternes, nombreuses, ensiformes, larges de six lignes, lisses à leurs bords, rudes sur leur carène vers la base; leur gaine presque décurrente, en forme d'aile ; les fleurs disposées par paquets alternes. Cette plante croît sur les côtes de la Nouvelle-Hollande, ainsi que les suivantes.

DIANELLE A LONGUES FEUILLES ; *Dianella longifolia*, Brown, *l. c.* Ses feuilles radicales sont ensiformes, alongées, larges d'un demi-pouce, lisses à leurs bords et sur leur carène; les fleurs disposées en grappes paniculées, peu ramifiées; la corolle plus longue que les pédicelles; les bractées scarieuses, une fois plus courtes que les fleurs.

Dianelle lisse; *Dianella lævis*, Brown, *l. c.* Ses feuilles radicales sont planes, ensiformes, plus courtes que les tiges, lisses à leurs bords; leur carène à peine saillante; les feuilles caulinaires distantes, peu nombreuses; une panicule presque simple, composée de grappes pédicellées.

Dianelle a feuilles roulées; *Dianella revoluta*, Brown, *l. c.* Sa panicule est composée de rameaux courts, presque simples, peu garnis de fleurs; les pédicelles arqués; les feuilles radicales roides, linéaires, roulées à leurs bords, lisses ainsi que leur carène; celles des tiges peu nombreuses, plus courtes que les entre-nœuds.

Dianelle étalée; *Dianella divaricata*, Brown, *l. c.* Ses feuilles radicales sont linéaires, ensiformes, lisses à leurs bords et sur leur carène; la panicule composée; ses ramifications très-étalées, les dernières flexueuses; les pédicelles plus longs que les fleurs, réunis en grappes lâches; les bractées fort petites.

Dianelle rare; *Dianella rara*, Brown, *l. c.* Les feuilles radicales sont planes, linéaires, plus courtes que la tige, lisses à leurs bords et sur leur carène; la panicule droite, étalée; ses rameaux simples ou bifides, très-ouverts, un peu roides; les pédicelles en grappes lâches, plus longs que les fleurs. (Poir.)

DIANÈME (*Ichthyol.*), nom spécifique d'un poisson du genre Lonchiure. Voyez Lonchiure. (H. C.)

DIANTHERA. (*Bot.*) Voyez Carmantine. (Poir.)

DIANTHUS (*Bot.*), nom latin du genre Œillet. (L. D.)

DIAOU D'MOUNTAGNA (*Ornith.*), un des noms que, suivant M. Bonelli, on donne, en Piémont, au grand duc, *strix bubo*, Linn. (Ch. D.)

DIAPASIS A FEUILLES FILIFORMES (*Bot.*); *Diapasis filifolia*, Rob. Brown, *Nov. Holl.*, 1, pag. 586. Plante de la Nouvelle-Hollande, pour laquelle M. Brown a établi un genre particulier, de la famille des *lobéliacées*, de la *pentandrie monogynie* de Linnæus, offrant pour caractère essentiel : Une corolle presque irrégulière, en soucoupe; le tube à cinq découpures, renfermant cinq étamines à anthères libres; l'ovaire à une seule loge, contenant deux ovules; un style; un stigmate: le fruit est un drupe sec, monosperme.

Ses tiges sont simples ou médiocrement rameuses, droites, herbacées, un peu pubescentes; garnies de feuilles alternes, sessiles, filiformes, presque cylindriques: les pédoncules axillaires, uniflores, pourvus de deux bractées vers leur sommet; les fleurs inclinées; le calice court, à cinq découpures; la corolle très-étroite à sa base, pubescente un peu au-dessus; le limbe plane; ses découpures en forme d'ailes ascendantes; les deux supérieures plus étroites; les anthères glabres. (Poir.)

DIAPENSIA. (*Bot.*) Ce nom, appliqué par Linnæus à un genre voisin de la famille des convolvulacées, étoit anciennement donné par quelques auteurs à la sanicle. (J.)

DIAPENSIE (*Bot.*); *Diapensia*, Linn. Genre de plantes de la pentandrie monogynie, Linn., et que M. de Jussieu regarde comme ayant de l'affinité avec les convolvulacées. Ses caractères principaux sont les suivans : Calice de cinq folioles; corolle monopétale, hypocratériforme, ayant son limbe partagé en cinq lobes; cinq étamines insérées au sommet du tube de la corolle et entre ses divisions; un ovaire supérieur, arrondi, surmonté d'un style à stigmate simple; capsule arrondie, à trois valves et à trois loges polyspermes. Ce genre ne renferme qu'une seule espèce.

Diapensie de Laponie; *Diapensia lapponica*, Linn., *Spec.*, 202, *Flor. Lapp.*, 88, t. 1, f. 1. Sa racine, fibreuse, vivace, donne naissance à une tige divisée, presque dès sa base, en petits rameaux simples, couchés, longs d'un à deux pouces, et garnis de feuilles oblongues ou linéaires, rapprochées les unes des autres et presque imbriquées. Les fleurs sont blanches, assez grandes pour le volume de la plante, solitaires au sommet de chaque rameau, et portées sur des pédoncules de six à dix lignes de longueur; la base de leur calice est munie de trois bractées. Cette plante est indigène des montagnes de la Laponie. (L. D.)

DIAPÉRALES. (*Entom.*) M. Latreille avoit d'abord désigné sous ce nom de famille un groupe d'insectes coléoptères hétéromérés, qu'il a ensuite réuni à celui des cossyphes, puis aux ténébrions et enfin aux taxicornes, qui correspond à la famille que nous appelons des fongivores ou MYCÉTOBIES (voyez ce dernier mot), parce qu'on les rencontre dans les champignons. (C. D.)

DIAPÈRE. (*Entom.*) Nom d'un genre d'insectes coléoptères hétéromérés, de la famille des fongivores ou mycétobies.

Ce nom de diapère a été donné par Geoffroy aux insectes qui font l'objet de cet article, parce que leurs antennes sont composées d'anneaux lenticulaires aplatis et qui paroissent comme enfilés les uns à la suite des autres par leur centre. Mais cette étymologie pourroit aussi se rapporter aux mœurs des diapères, qui, sous les deux états de larves et d'insectes parfaits, se trouvent dans les champignons ligneux, dans les bolets, qu'ils perforent d'outre en outre : du mot grec, Διαπείρω, *transfigo*, percer de part en part.

Les caractères de ce genre pourroient être ainsi exprimés:

Coléoptères à cinq articles aux tarses des deux premières pattes seulement, et quatre aux postérieures ; à élytres dures, non soudées, avec des ailes membraneuses ; des antennes grenues, perfoliées, en masse arrondie, alongée, composées de huit articles ; à corps ovale, bombé, lisse, étroit en devant ; à corselet arrondi, rebordé ; à écusson très-petit, triangulaire.

Nous ne comparons pas les insectes de ce genre avec ceux qu'on a rapportés à la même famille. On trouvera ces détails à l'article MYCÉTOBIES.

On n'a encore rapporté à ce genre que six espèces, dont la moitié seulement se rencontrent en France. Toutes proviennent d'une larve molle, sans poils, dont le corps est composé de douze anneaux ; la tête seule est écailleuse. On en trouve plusieurs ensemble, ordinairement dans les hydnes, les bolets et les agarics ; elles s'y métamorphosent en nymphes, de sorte que le meilleur moyen de se procurer l'insecte parfait est de renfermer les bolets desséchés dans des boîtes bien closes, d'où les diapères ne puissent s'échapper : c'est ainsi que nous en avons obtenu, très-souvent.

L'espèce la plus commune aux environs de Paris est :

1.° La DIAPÈRE DU BOLET; *Diaperis boleti*, Olivier, Coléoptères, planche N.° 55, n.° 1. Elle ressemble à une chrysomèle ou à une grosse coccinelle ; elle est noire, et l'on voit sur ses élytres trois larges bandes fauves ondulées, comme découpées, dont une à la partie moyenne et les deux autres aux extrémités : comme dans la plupart des chrysomèles, on voit sur ses élytres des lignes longitudinales très-régulières, formées par des séries de points enfoncés. Lorsque l'insecte n'a point été exposé à la lumière, ou qu'il vient de se métamorphoser nouvellement, la teinte fauve des bandes des élytres est beaucoup plus jaune, et tout ce qui doit être noir est d'une teinte ferrugineuse pâle.

2.º La DIAPÈRE VIOLETTE; *Diaperis violacea*. Nous n'en connoissons pas de figure : elle est d'un noir bleu-rougeâtre; les antennes sont rouillées à la pointe.

3.º La DIAPÈRE CUIVREUSE, *Diaperis ænea bicolor*, Fab. Panzer l'a représentée dans son huitième cahier de la Faune d'Allemagne, à la planche 2 : elle est beaucoup plus alongée, semblable à une galéruque; elle est d'un noir brillant, comme métallique ou cuivreux; la tête et le corselet sont d'un roux terne.

Nous l'avons trouvée à Fontainebleau dans un bolet. (C. D.)

DIAPHORÉE DE LA COCHINCHINE (*Bot.*); *Diaphorea cochinchinensis*, Lour., *Fl. Cochin.*, 2, page 709. Plante de la Cochinchine, pour laquelle Loureiro a établi un genre particulier de la famille des *cypéracées* de la *monoécie décandrie* de Linnæus : son caractère essentiel consiste dans des fleurs monoïques; trois valves calicinales, uniflores, la troisième surmontée d'une arête; une corolle à deux valves mutiques; environ dix étamines presque sessiles, placées sur un réceptacle garni de plusieurs paillettes. Dans les fleurs femelles point d'étamines, trois stigmates sessiles, une semence trigone.

Ses tiges sont droites, triangulaires, hautes de deux pieds, garnies de feuilles alternes, rudes, subulées, pileuses à leur base; les fleurs axillaires disposées en épis paniculés; les fleurs mâles placées au sommet des épis; leur calice à trois valves courtes, aiguës, l'intérieure aristée; celles de la corolle mutique plus longues que le calice; environ dix anthères presque sessiles, inégales, filiformes, prolongées à leur sommet en une queue aiguë; les paillettes du réceptacle de la longueur de la corolle. Les fleurs femelles sont

placées sur le même épi que les mâles, mais à sa partie inférieure ; le calice et la corolle comme dans les fleurs mâles ;
l'ovaire trigone ; point de style ; trois stigmates filiformes,
alongés ; une semence trigone, un peu arrondie. (Poir.)

DIAPHORÉTIQUE MINÉRAL. (*Chim.*) Quand on a pro-
jeté dans un creuset chaud un mélange de parties égales de
nitrate de potasse et d'antimoine, ou de trois parties de
nitre et une de sulfure d'antimoine, on obtient dans le premier cas du peroxide d'antimoine, de la potasse et un peu de
nitre non décomposé, et dans le second cas ces mêmes corps,
plus du sulfate de potasse. C'est au peroxide d'antimoine
produit de cette manière que les anciens chimistes avoient
donné le nom de *diaphorétique minéral* ou *antimoine diaphoré-*
tique, parce que, n'étant ni émétique ni purgatif, ils lui
attribuoient la propriété de faire transpirer. (Ch.)

DIAPRÉE, (*Bot.*) On connoit sous ce nom trois variétés de
prunes qu'on distingue à leur couleur blanche, rouge ou
violette. (L. D.)

DIAPRIE, *Diapria.* (*Entom.*) M. Latreille a nommé ainsi
un genre d'insectes hyménoptères, de la famille des abdito-
larves, voisin des cynips ou diplolèpes, dont M. Jurine a fait
le genre Psile, parce que ses ailes n'offrent ni cellule radiale
ni cellule cubitale, par le défaut de toute nervure interne.
Le *chalcis conica* est de ce genre : le psile élégant, figuré
par Jurine sous le n.° 48 de sa planche 13, est la diaprie
verticillée de M. Latreille. Voyez Psile. (C. D.)

DIASIA. (*Bot.*) M. Decandolle, dans les Liliacées de Redouté, vol. 3, page 163, a établi ce genre pour le *gladiolus*
gramineus, Linn. (voyez Glayeul), figuré dans Andrew,
Bot. repos., tab. 62. M. Persoon en a fait une division sous
le nom d'*aglaea* pour le genre *Gladiolus.* Enfin le *melas-*
phœrula de Curtis, *Botan. Magaz.*, tab. 615, est encore le
même genre : il diffère des glayeuls par la forme de sa corolle ; elle n'est point tubulée, mais presque à deux lèvres,
un peu campanulée ; les capsules à trois lobes émoussés ; les
semences arrondies, mucronées ; une spathe double : la première placée immédiatement sous la corolle, s'ouvrant en
deux parties ; la seconde située à la base du pédoncule, à
deux ou trois divisions profondes.

Le Diasia graminifolia, Decand., *l. c.* (*Gladiolus gramineus*, Linn., *Suppl.*; Jacq., *Icon. rar.*, 2, tab. 236; *Asphodelus foliis planis*, etc., Miller, *Icon.*, 38, tab. 56), est une plante du cap de Bonne-Espérance, que l'on cultive dans les jardins de botanique de l'Europe pour l'élégance de ses fleurs, assez petites, blanchâtres, de couleur violette dans le fond. Sa tige est lisse, cylindrique, haute d'un pied et plus, rameuse à son sommet; les feuilles planes, semblables à celles des graminées, glabres, nerveuses, de la longueur des tiges. Les fleurs naissent à l'extrémité des rameaux; elles sont petites, à six découpures profondes, lancéolées, acuminées, terminées par un filet, placées au sommet de la tige et des rameaux.

On en cultive une autre espèce au Jardin du Roi sous le nom de *diasia iridifolia*, Redout., Lil., 1, tab. 54. Elle diffère de la précédente par les feuilles plus larges, approchant de celles de l'*iris*, plus courtes que les tiges, engainées et fortement comprimées à leur partie inférieure; les fleurs sessiles, éparses sur les rameaux; la corolle jaunâtre, marquée d'une raie purpurine, à six divisions profondes, lancéolées, très-aiguës; la supérieure un peu plus grande. Elle croît au cap de Bonne-Espérance. (Poir.)

DIASIK. (*Erpétol.*) Suivant Adanson, au Sénégal, on donne ce nom au crocodile. Voyez Crocodile. (H. C.)

DIASPORE [Haüy]. (*Minér.*) Cette pierre, encore fort rare, est en masse composée de lames légèrement curvilignes, d'un gris nacré, assez éclatant, et faciles à séparer les unes des autres. Si on expose un fragment de diaspore à la flamme d'une bougie, il pétille et se disperse en une multitude de paillettes brillantes. C'est une propriété qui ne se trouve que dans la gadolinite et le diaspore, et qui caractérise ce dernier d'une manière remarquable. Les joints qui séparent ces lames conduisent à un prisme rhomboïdal, dont les angles seroient d'environ 130° et 50°, subdivisibles dans le sens de la petite diagonale de sa base.

Cette pierre raie le verre par ses angles. Sa pesanteur spécifique est de 3,432.

M. Vauquelin, ayant analysé le diaspore, l'a trouvé composé d'alumine, 0,80; de fer, 0,03; d'eau, 0,17 : ce qui rapproche ce minéral du wavellite, près duquel nous l'avions placé.

Il paroît que la présence de l'eau est la cause de la décrépitation que cette pierre éprouve par l'action du feu.

On doit la connoissance du diaspore à M. Lelièvre; mais on ne sait encore rien ni sur son gisement, ni sur le lieu où on l'a trouvé.

La gangue des échantillons connus est une roche argiloferrugineuse. (B.)

DIASPRO. (*Minér.*) C'est le nom italien du jaspe, d'où dérive le mot françois *diapré*, c'est-à-dire, peint de couleurs variées et irrégulièrement disposées, comme le sont celles de certains jaspes. Voyez JASPE. (B.)

DIATOMA. (*Bot.*) Arbre qui croît dans les forêts de la Cochinchine, et que Loureiro, dans sa Flore de ce pays, a présenté comme devant former un genre particulier de la famille des *myrtacées*, de la *dodécandrie monogynie* de Linnæus: cependant, à s'en tenir à la description que l'auteur en a donnée, il paroît que cette plante ne peut être séparée du genre *Alangium* (angolan), et qu'elle n'en diffère que par son stigmate à quatre ou cinq divisions; elle se rapproche beaucoup de l'*alangium hexapetalum*. Ses feuilles sont glabres, ovales, opposées, très-entières; les fleurs disposées en grappes courtes, presque terminales, d'un jaune de safran; le calice campanulé, à huit divisions aiguës; la corolle composée de six à sept pétales; les baies fort petites, arrondies, monospermes. M. Decandolle a employé la dénomination de *diatoma* pour quelques plantes marines que Roth avoit placées parmi les conferves. (POIR.)

DIATOMA. (*Bot.*) Filamens simples, articulés; articulations finissant par se séparer transversalement les unes des autres, excepté par un de leurs angles.

Les *diatoma* sont des plantes à peine distinctes à l'œil, et qui forment sur les plantes marines une sorte de duvet gris ou verdâtre qui, par la dessiccation, devient fragile et presque pulvérulent.

Les *diatoma* sont peu connus, et, quoique placés dans la famille des algues par MM. Decandolle et Agardh, il seroit possible qu'ils appartinssent, ainsi que les oscillatoires et les conferves proprement dites, au règne animal, ou à un groupe intermédiaire entre les végétaux et les animaux.

Quelques espèces, examinées au microscope, laissent voir dans l'intérieur une matière verte granulaire, qui paroît être la poussière séminifère. Dans quelques autres espèces les articulations finissent par se diviser en deux parties, ou paroissent formées de plaques cylindriques qui semblent devoir se séparer pour créer de nouveaux individus. Ces observations placent les *diatoma* près des conferves, des arthrodia et même des bacillaria, avec lesquels on les a confondus. L'on a remarqué que les *diatoma* jouissoient de ce mouvement particulier aux espèces de ces genres de la famille des algues.

L'on connoît huit à neuf espèces de *diatoma*. Muller, Roth et Dillwin en ont connu trois, qu'ils plaçoient dans le genre *Conferva* de Linnæus.

DIATOMA ROIDE : *Diatoma rigidum*, Decand., Fl. fr. n.° 115; *Conferva mucor*, Roth, *Catal. bot.* 1, p. 191 ? Dillw., *Musc.*, tab. 85, fig. 2. Semblable à une moisissure de couleur glauque, qui par la dessiccation devient pulvérulente et un peu luisante; filamens courts, simples, tenaces; articulations cylindriques, se séparant avec facilité, et composées de plaques cylindriques. On trouve communément cette espèce sur les varecs et autres plantes maritimes, à Dieppe, Brest et sur presque toutes les côtes d'Europe baignées par l'Océan.

DIATOMA FLOCONNEUX, *Diatoma flocculosum*, Decand., *l. c.*, n.° 116; *Conferva flocculosa*, Roth, *Cat. bot.* 1, p. 192, tab. 4, fig. 4, et tab. 5, fig. 6. Semblable à un duvet verdâtre; filamens très-menus, simples ou un peu rameux, flexibles; articulations simples et ovoïdes, se divisant longitudinalement en deux quadrilatères. Se trouve dans les mêmes lieux et les mêmes circonstances que l'espèce précédente.

Les autres espèces remarquables de ce genre sont : le *Diatoma Schwartzii*; le *Diatoma desiliens* (*conferva*, Dillw.); le *Diatoma pectinalis* (*conferva*, Mull., *Nov. act. petr. 3*), et le *Diatoma fasciculata*, d'Agardh. (LEM.)

DIAVOLICCHIO DI MARE. (*Ichthyol.*) Les pêcheurs Siciliens donnent ce nom à l'*etmopterus aculeatus* de M. Rafinesque-Schmaltz. Voyez ETMOPTÈRE. (H. C.)

DIC. (*Ornith.*) Les Sarrazins nomment ainsi le coq. (Cʜ. D.)

DICAÈLE, *Dicœlus*. (*Entom.*) M. Bonelli a décrit sous ce nom, dans les Mémoires de l'Académie de Turin, 5.ᵉ volume, un genre d'insectes coléoptères, voisin des carabes aptères, qui ont sur la tête deux impressions considérables, d'où il a tiré le nom qui fait l'objet de cet article. Il n'y a rapporté que quatre espèces, qui sont toutes originaires de l'Amérique du Nord. (C. D.)

DICALICE DE LA COCHINCHINE (*Bot.*) : *Dicalix Cochinchinensis*, Lour., *Flor. Cochin.*, 2, page 816, vulgairement *Deung-bop, an arbor rediviva?* Rumph., *Amb.*, 3, page 165, tab. 104, *ex* Loureiro. Genre de plantes dicotylédones, à fleurs polygames, dioïques, dont la famille naturelle n'est point déterminée, appartenant à la *polygamie dioécie* de Linnæus, offrant pour caractère essentiel, dans les fleurs hermaphrodites, un calice double ; l'extérieur à trois folioles (trois bractées) ; l'intérieur court, à cinq dents ; une corolle en roue, à cinq divisions ; un très-grand nombre d'étamines insérées sur la corolle ; un ovaire inférieur ; le style épais, turbiné, le stigmate obtus. Le fruit consiste en un drupe fort petit, couronné par le calice intérieur, soutenu par l'extérieur, renfermant une noix resserrée à son sommet en forme de bouteille, à une seule loge monosperme. Les fleurs mâles et les femelles offrent les mêmes caractères ; le pistil manque dans les premières, les étamines dans les secondes.

Cet arbre parvient à une grande hauteur : ses branches se divisent en rameaux ascendans, garnis de feuilles alternes, glabres, lancéolées, légèrement dentées en scie. Les fleurs sont blanches, petites, disposées en grappes simples, presque terminales ; les trois folioles du calice extérieur aiguës, persistantes, courbées en dedans ; les divisions de la corolle ovales, plus longues que le calice ; les filamens plus longs que la corolle ; les anthères arrondies, à deux loges ; l'ovaire presque rond. Cet arbre croît sur les montagnes, dans les forêts de la Cochinchine. Son bois est employé dans les constructions par les naturels du pays.

Je ne cite qu'avec doute l'*arbor rediviva*, Rumph., dont la figure indique ou des épines, ou plutôt des verrues sur les feuilles (dont il ne parle pas dans sa description), assez semblables à celles qui se forment sur celles du hêtre. Les fruits ne se rapportent,qu'imparfaitement à ceux décrits par Lou-reiro. (Poir.)

DICARPHUS. (*Bot.*) Genre de champignons établi par Rafinesque-Schmaltz, qui est intermédiaire entre les *telephora* (auriculaires) et les *hydnum* : il ressemble. par sa surface supérieure au premier, et au second par sa surface inférieure. M. Rafinesque n'a point fait connoitre les autres caractères de ce genre, auquel il rapporte un champignon des États-Unis, qu'il nomme *dicarphus rubens*. (Lem.)

DICÉE, *Dicæum*. (*Ornith.*) Ælien parle, au 4.e livre de son Traité de la nature des animaux, chap. 41, de très-petits oiseaux, de couleur rouge, qui habitent le sommet de ro-chers inaccessibles, et dont il compare la grosseur à celle d'un œuf de perdrix, *quarum magnitudo accedit ad ovum per-dicum*. Il dit que les Indiens les nomment *dicærum*, et les Grecs *dicæum*. Si l'on fait dissoudre, ajoute-t-il, et si l'on avale une portion de leurs excrémens pas plus considérable qu'un grain de millet, ce breuvage assoupissant donne la mort sans faire éprouver aucun sentiment de douleur. Les Indiens font un cas extrême de ce remède aux maux désespérés, dont un souverain de leur pays, le seul de ces états qui le possédât à cette époque, avoit fait présent au roi de Perse.

Ce passage d'Ælien a été rapporté par Gyllius, livre 16, chap. 14, mais sans commentaire; et Gesner, p. 367, ne l'a également accompagné d'aucunes réflexions. Il paroît néan-moins impossible de n'être point frappé de ce qu'on y lit d'étrange et d'incroyable. Les rochers escarpés ne sont pas habités par des oiseaux aussi petits que les oiseaux-mouches, et Belon, liv. 1.er, chap. 24, a cru devoir traduire les termes par lesquels la grosseur du dicée est comparée à celle d'un œuf de perdrix, comme si la comparaison étoit faite avec la perdrix elle-même. Mais, outre que l'idée d'un oiseau de si petite taille que le dit Ælien, est incompatible avec celle de l'habitation qu'il lui suppose, comment auroit-on pu en recueillir la fiente? Il paroît plus naturel de ne voir dans le récit de l'auteur grec qu'un conte imaginé lors-que l'opium étoit encore peu connu, pour détourner le peuple de la recherche des matières qui entroient dans cette préparation mystérieuse, dont les vertus sont ici décrites avec une exactitude remarquable. Le mot *dicée* ne devroit peut-être point, d'après cela, figurer dans une nomenclature ornithologique ; mais il a été employé par M. Cuvier pour désigner un des genres secondaires de la famille des grimpereaux, et cette application est bien suffisante pour le faire adopter sans remonter à une autre origine.

Les caractères des dicées sont d'avoir le bec aigu, arqué, pas plus long que la tête, déprimé et élargi à la base. Ces oiseaux, fort petits et qui portent en général de l'écarlate dans leur plumage, se distinguent des grimpereaux proprement dits en ce qu'ils ne grimpent pas, et n'ont point, comme eux, la queue usée.

Les espèces de dicées qu'a indiquées M. Cuvier sont au nombre de cinq : M. Vieillot en a ajouté trois autres.

Dicée a dos rouge ; *Dicœum erythronotos*, Vieill. Cette espèce, figurée sous le nom de souï-manga à dos rouge, pl. 33 du 2.ᵉ volume des Oiseaux dorés, a trois pouces un quart de longueur : elle offre un mélange des couleurs rouge, blanche et bleue, le dessus de la tête, le cou, le dos et les plumes uropygiales étant d'un rouge de cinabre, les plumes alaires et caudales d'un noir vineux, et les joues bleuâtres, ainsi que les côtés du cou, dont le devant est d'un blanc qui prend une teinte grise sur la poitrine et sur les côtés du ventre ; le bec et les pieds sont noirs, l'iris est rouge. La femelle diffère du mâle en ce qu'elle est d'un brun foncé, et a les ailes et la queue d'un noir rembruni. Le petit grimpereau noir et blanc d'Edwards, pl. 81, *certhia cruentata*, Linn., qui a le dos traversé de quatre bandes noires, n'est regardé par M. Cuvier que comme une différence d'âge de cette espèce, dont, suivant M. Vieillot, le petit grimpereau à dos rouge de la Chine, figuré dans le Voyage de Sonnerat aux Indes orientales, pl. 117, n.º 1, est aussi une variété, qui a le dessous du corps d'un blanc roussâtre. Le figuier rouge de M. Levaillant paroît encore au même auteur devoir appartenir à cette espèce.

Dicée écarlate. Cet oiseau, qui est le *certhia rubra* de Gmelin, a reçu de M. Vieillot la dénomination spécifique d'*atripes* ; mais ce n'est pas le seul dont les pieds soient noirs ;

et ne pouvant caractériser celui-ci par un trait particulier et exclusif, il sembleroit plus convenable de ne point changer l'ancienne épithète, et d'appeler *dicæum rubrum* l'espèce chez laquelle le rouge domine, puisque sa tête, sa gorge, sa poitrine et tout le dessous du corps sont de cette couleur, et que d'ailleurs il n'y a que les pennes alaires et caudales qui soient noires, et le bas-ventre blanc. M. Vieillot rapproche de cette espèce l'oiseau de Java, figuré dans le 4.ᵉ fascicule de Sparrman, pl. 98, sous le nom de *motacilla flammea*, et qui n'en diffère qu'en ce que le ventre est d'un gris pâle.

Dicée a croupion rouge; *Dicæum erythropygium*, Dum.; *Certhia erythropygia*, Lath. Cette espèce, décrite dans le Supplément à l'*Index ornithologicus*, p. 17, et dans le 2.ᵉ Supplément au *Synopsis*, p. 169, a été trouvée à la Nouvelle-Galles du Sud, où elle est très-rare : le dessus de son corps est d'un brun pâle, le dessous d'un blanc noirâtre, le croupion est d'un rouge cramoisi, ainsi que les bords des mandibules. La langue est terminée par des soies; le bec et les pieds sont noirs.

Dicée gris : *Dicæum flavipes*, Vieill.; *Certhia grisea*, Lath.; *Certhia tæniata*, Cuv. Cet oiseau a été rapporté de la Chine par Sonnerat, qui en a donné la figure, pl. 117, n.º3, de son Voyage aux Indes, et l'a décrite sous le nom de grimpereau de la Chine, comme ayant le dessus de la tête, le derrière du cou, le dos et les petites couvertures des ailes d'un gris cendré; la gorge, la poitrine et le ventre d'un roux clair; les pennes des ailes d'un brun terreux; la queue étagée; et dont les premières pennes sont brunes, avec une bande transversale noire à l'extrémité, et les latérales grises, avec une bande noire demi-circulaire; l'iris rouge, le bec noir et les pieds jaunes.

Dicée siffleur; *Dicæum cantillans*, Vieill. Cette espèce, figurée dans le même Voyage, pl. 117, n.º 2, avec la dénomination de grimpereau siffleur de la Chine, a la tête, le derrière du cou, les ailes et la queue d'un gris cendré bleuâtre, ainsi que le dos, sur lequel on remarque une tache triangulaire d'un jaune orangé; le devant du cou et la gorge ont une teinte plus claire; la poitrine et le ventre sont de la même couleur que la tache du dos, et les plumes anales d'un jaune plus clair; le bec et les pieds sont noirs, et l'iris rouge. Cet oiseau se trouve, comme le précédent, à la Chine.

Dicée crombec; *Dicæum rufescens*, Vieill. Le mâle et la femelle sont représentés, dans l'Ornithologie d'Afrique de M. Levaillant, tom. 3, pl. 135, sous le nom de *crombec*, ou figuier à bec courbé. La partie supérieure du corps de cet oiseau, la tête, le derrière du cou, les ailes et la queue sont d'un brun cendré; les parties inférieures sont d'un roux clair, un peu plus foncé sous le ventre et sous la queue; les pieds sont roussâtres, les yeux de couleur noisette, et le bec d'un brun clair. La femelle ne se distingue point du mâle. M. Levaillant a trouvé ces oiseaux dans les mimosas, sur les bords de la rivière Verte, de la rivière d'Orange, et surtout de celle des Éléphans.

— Dicée rougeatre; *Dicæum rubescens*, Vieill. Cette espèce, figurée tom. 2, pl. 36, des Oiseaux dorés, sous le nom de souï-manga rouge et gris, habite les Indes orientales, comme le dicée à dos rouge, et elle a de tels rapports avec lui qu'il est fort douteux que ce ne soit pas le même oiseau dans un âge différent. Quoi qu'il en soit, le rouge moins foncé couvre non-seulement les parties supérieures du corps, mais aussi le haut de la poitrine, dont la partie inférieure est grise.

Dicée a dos vert; *Dicæum chloronothos*, Vieill. Cette espèce, qui se trouve dans l'Inde, est figurée, sous le nom de souï-manga gris, dans le tome 2.ᵉ des Oiseaux dorés, pl. 28. Elle a trois pouces deux tiers de longueur. La tête, le cou, la gorge et la poitrine sont d'un gris qui offre des nuances verdâtres, ardoisées, blanches et rousses: les autres parties du corps sont d'un vert olivâtre. La queue est fourchue; les pieds sont jaunâtres, et les ongles noirs. M. Vieillot croit cet oiseau de la même espèce que le grimpereau de l'île de Bourbon, représenté dans les planches enluminées de Buffon, n.° 681, fig. 2, *certhia borbonica*, Gmel. (Ch. D.)

DIC EL BAR (*Ichthyol.*), nom arabe du *labrus gallus* de Forskaël, poisson de la mer Rouge, qui passe pour très-venimeux. Voyez Labre. (H. C.)

DICÉPHALE. (*Bot.*) Le point d'attache des styles ou des stigmates, soit que ces parties subsistent ou se détruisent, marquent les sommets organiques des fruits. Quand un fruit n'a qu'un sommet organique, il est *monocéphale* (pèche, cerise); quand il en a deux, il est *dicéphale* (saxifrage); quand il en a plusieurs, il est *polycéphale* (*sida abutylon*). (MASS.)

DICERA. (*Bot.*) Forster avoit établi sous ce nom un genre particulier qu'on a cru devoir réunir à l'*elœocarpus* (ganitre), ne formant qu'une même espèce avec l'*elœocarpus serrata*. Vahl l'en a séparé, comme espèce distincte : peut-être même pourroit-on conserver le *dicera* comme genre, ayant pour fruit des capsules à deux loges polyspermes, tandis qu'elles sont à quatre loges dispermes dans l'*elœocarpus serrata*. Voyez GANITRE. (POIR.)

DICERATE. (*Foss.*) On n'a encore rencontré qu'à l'état fossile les espèces connues qui dépendent de ce genre, et il paroit qu'elles appartiennent aux couches les plus anciennes du globe.

La DICERATE ARIÉTINE : *Diceras arietina*, Lamk., Ann. du Mus., tom. 5, pag. 300, pl. 55, fig. 2. Coquille bivalve, inéquivalve, adhérente par sa plus grande valve, à crochets coniques très-grands, divergens, inégaux, contournés en spirale irrégulière. La dent cardinale est épaisse, concave et auriculaire dans la plus grande valve. Deux impressions musculaires. Ses crochets, contournés, ont quelques rapports avec certaines cames; mais elle en diffère essentiellement par sa charnière. Longueur des deux valves jointes ensemble, trois pouces. On trouve cette espèce dans les environs de S. Mihiel, département de la Meuse.

La DICERATE DE DELUC; *Diceras lucii*, Def. Coquille bivalve, à sommets contournés, beaucoup plus abaissés que dans l'espèce précédente. Il paroit que M. Lamark l'a confondue avec elle; mais elle en diffère beaucoup par l'abaissement de ses sommets, et surtout par sa dent cardinale, d'une grandeur et d'une largeur étonnantes. Celle d'une valve de cette espèce que je possède, et qui n'a pas trois pouces, d'ouverture, a plus d'un pouce de largeur sur sept lignes de hauteur. Cette dent n'est pas perpendiculaire comme dans les cames; son sommet s'épaissit et est porté considérablement en arrière. On trouve cette espèce dans la gorge de Monetier, près de Geneve, à mille pieds au-dessus du

13. 12

niveau du lac, avec des coraux et des madrépores. De toutes les coquilles bivalves vivantes qui sont connues, aucune n'offre de charnière aussi grande et aussi fortement articulée. On trouve une espèce à peu près semblable, quoique plus petite, dans les couches de marbre de Valognes. (D. F.)

DICEROBATE, *Dicerobatus*. (*Ichthyol.*) M. de Blainville donne ce nom à un genre de poissons de la famille des plagiostomes et voisin des raies. Ce mot est tiré du grec, et signifie *raie à deux cornes*; il vient de δις, deux, κερας, corne, et βατυς, raie. Voyez CÉPHALOPTÈRE. (H. C.)

DICEROS. (*Bot.*) Ce genre, de la Cochinchine, publié par Lourciro, est rapporté par Willdenow à l'*achimenes* de P. Browne, dont le nom avoit été changé en celui de *cyrilla*, mais mal à propos, puisqu'il existoit antérieurement un autre *cyrilla*, qui doit être conservé dans la famille des éricinées. (J.)

DICHAPÉTALE DE MADAGASCAR (*Bot.*) : *Dichapetalum madagascariense*, Pet. Th., *Nov. gen. Madag.*, pag. 23. M. du Petit-Thouars cite sous ce nom, comme genre particulier, un arbrisseau qu'il a observé à l'île de Madagascar, appartenant à la famille des *térébinthacées*, de la *pentandrie monogynie* de Linnæus, caractérisé par un calice campanulé, à cinq divisions profondes; cinq pétales linéaires à leur base, bifurqués à leur sommet, alternes avec les divisions du calice; cinq étamines insérées sur le calice; les filamens oblongs; les anthères en cœur, attachées pár leur sommet, alternes avec les pétales; un ovaire entouré à sa base par cinq écailles; un style simple, trifide à son sommet. Le fruit consiste en une baie charnue à trois loges; trois semences dans chaque loge, dont deux avortent très-souvent; point de périsperme; les cotylédons épais; la radicule fort petite, supérieure.

Les tiges se divisent en rameaux grimpans, peu garnis de feuilles; celles-ci sont alternes, entières; les fleurs petites, réunies par paquets dans les aisselles des feuilles. (Poir.)

DICHELESTION. (*Crustacés.*) Hermann, fils, avoit désigné sous ce nom un entomostracé qui se fixe aux bronchies de l'esturgeon. Il l'a figuré à la planche 5 de son Mémoire apté-

rologique, pag. 25, fig. 7 et 8. (C. D.) Voyez Entomostracés. (W. E. L.)

DICHOLOPHUS (*Ornith.*), nom générique, tiré de la
huppe séparée en deux, et donné par Illiger au Cariama.
Voyez ce mot. (Ch. D.)

DICHONDRA. (*Bot.*) Genre de plantes dicotylédones, à
fleurs complètes, monopétalées, régulières, de la famille
des *convolaulacées* de la *pentandrie digynie* de Linnæus, offrant
pour caractère essentiel : Un calice à cinq découpures profondes, presque spatulées; une corolle légèrement campanulée, à cinq divisions; le tube court; un ovaire à deux
lobes; deux styles; une capsule supérieure, un peu comprimée, à deux lobes, à deux loges; une semence dans
chaque loge.

On pourroit presque rapporter à l'espèce suivante toutes
celles que l'on a renfermées jusqu'à ce jour dans ce genre, qui
a reçu différens noms, celui de *demidofia* par Waltherius,
celui de *steripha* par Gærtner.

Dichondra rampante : *Dichondra repens*, Forst., *Prodr.*;
Smith, *Icon. ined.*, tab. 8; Lamk., *Ill. gen.*, tab. 183 : *Sibthorpia evolvulacea*, Linn., *Sup.* Ses tiges sont grêles, couchées, rampantes, herbacées, cylindriques, un peu rameuses; les feuilles alternes, pétiolées, réniformes, fortement échancrées, pubescentes en-dessous, entières à leur
contour; les pétioles presque aussi longs que les feuilles;
les fleurs sont fort petites, solitaires, axillaires, inclinées à
l'extrémité d'un pédoncule simple. Cette plante croît à la
Nouvelle-Grenade et dans la Nouvelle-Zélande. Le *dichondra
Caroliniensis* de Michaux, *Flor. Amer.*, 1, pag. 136 (*seu demidofia repens*, Walth. et Gmel. *Syst.*), est pubescent sur toutes
ses parties; les feuilles réniformes, mais à peine échancrées;
les calices velus et ciliés. Dans le *dichondra peruviana*, *Flor.
Per.*, 3, pag. 22, les feuilles sont nerveuses et soyeuses en-dessous, échancrées et réniformes. Le *dichondra sericea*, Swartz,
Fl. Ind. occid., pag. 556, a ses feuilles également réniformes,
mais très-émoussées à leur sommet, soyeuses en-dessous. (Poir.)

DICHOSTYLIS. (*Bot.*) M. Rob. Brown a établi parmi les
scirpes plusieurs genres particuliers, tel que l'*isolepis*. M. de
Beauvois, en admettant ce genre, en a séparé les espèces

qui n'étoient pourvues que de deux stigmates au lieu de trois, et dont les semences n'avoient que deux angles. Il a nommé ce genre *dichostylis*. Voyez Isolepis. (Poir.)

DICHOTOME, *Dichotomus* (*Bot.*) : divisé et subdivisé par bifurcation. La tige du *valeriana locusta*, du gui, etc. ; les feuilles du *ceratophyllum*, etc. ; les pédoncules du fusain, du *stellaria holostea*, etc. ; le style du *cordia*, du *varronia*, etc., sont dichotomes. (Mass.)

DICHOTOPHYLLON (*Bot.*), nom que Dillen donnoit à la cornifle, *ceratophyllum*. (J.)

DICHROA FÉBRIFUGE (*Bot.*) ; *Dichroa febrifuga*, Lour., *Fl. Cochin.*, 1, pag. 369. Arbrisseau de la Cochinchine, dont Loureiro a fait un genre particulier qui paroît se rapprocher de là famille des *rosacées*, et appartenir à l'*icosandrie tétragynie* de Linnæus, offrant pour caractère essentiel : Un calice à quatre dents; cinq pétales; un ovaire renfermé dans le calice; douze à quinze étamines; quatre *styles*; une baie formée par le calice, à quatre loges polyspermes.

Cet arbrisseau a une tige droite, haute de neuf pieds; ses rameaux sont étalés, garnis de feuilles sessiles, opposées, glabres, lancéolées, légèrement dentées ; des grappes de fleurs terminales, disposées en corymbe ; le calice globuleux, surmonté d'un limbe court, à quatre dents étalées; les pétales épais, étalés, ovales-lancéolés, plus longs que le calice ; les étamines plus courtes que la corolle; les filamens inégaux ; les anthères ovales, à deux loges; l'ovaire arrondi, renfermé dans le calice, qui devient une baie à quatre loges. Loureiro dit que les feuilles et les racines de cette plante sont un très-bon fébrifuge dans les fièvres tierces et quartes, et que leur effet se confirme par des succès journaliers. Elles sont vomitives lorsqu'on les prend fraîches; mais elles ne purgent que par le bas, lorsqu'on les fait bouillir sur un petit feu dans du vin, jusqu'à l'entière évaporation du liquide. Ce remède réussit mieux sur les adultes que sur les vieillards et les enfans. Les Chinois préfèrent l'usage des feuilles à celui des racines. (Poir.)

DICHROÏTE. (*Min.*) C'est M. Cordier qui, le premier, a décrit ce minéral d'une manière systématique, qui l'a élevé au rang d'espèce et qui lui a assigné son nom. Il en avoit déjà reçu un grand nombre, tous assez peu méthodiques, et même composés la plupart contre les règles d'une bonne nomenclature ; mais ils étoient faits ; et il eût peut-être mieux valu admettre le plus ancien, sans avoir égard à sa signification, que d'en faire un nouveau, qu'on critique déjà, et qu'on veut encore changer pour y substituer celui de *Cordiérite,* en l'honneur de l'auteur de la description de cette espèce. Nous avons dit ce que nous pensons de ce changement, et pourquoi nous ne l'adoptons pas, au mot CORDIÉRITE.

L'iolite est le premier nom qui a été donné à ce minéral, en 1806, par Werner ; il a été adopté par Karsten, dans la description qu'il en a publiée en 1808, et ensuite par tous les élèves de l'école de Freyberg. C'est donc le nom qu'il falloit conserver, en oubliant qu'il vouloit dire *violet,* comme on a oublié, et avec raison, tant d'autres étymologies de noms, dont la signification n'a plus aucun rapport avec les objets qu'ils désignent, tels que quarz, felspath ou feldspath, strontiane, potasse, ammoniaque, grenat, pyroxène, manganèse, antimoine, etc. Nous serions donc portés à respecter l'ancien nom d'iolite, si nous étions sûrs que les minéralogistes qui l'ont donné et qui l'emploient, l'appliquent à tous les minéraux auxquels MM. Cordier, Haüy et de Bournon consacrent le nom de dichroïte.

Cette espèce, telle que l'a établie M. Cordier, se présente ordinairement sous forme de grains irréguliers, confusément aggrégés, et sous celle de petits cristaux prismatiques hexaèdres ou dodécaèdres, dont la couleur est le bleu d'indigo, le violet ou le jaune brunâtre, selon les variétés et selon la manière de les regarder.

Leur cassure est ordinairement vitreuse et même éclatante ; mais on y voit aussi des indices de lames dont les joints conduisent à un prisme hexaèdre régulier, subdivisible en triangles rectangles scalènes par des plans perpendiculaires aux côtés de la base.

Dans ce prisme un côté de la base est à la hauteur comme 10 est à 9, en sorte que le dichroïte a pour forme primitive un prisme hexaèdre régulier, caractérisé par les joints surnuméraires et par les dimensions que nous venons d'indiquer.

Le dichroïte est plus dur que le verre, mais moins dur que le quarz ; il se fond assez difficilement au chalumeau en un émail gris : sa pesanteur spécifique est de 2,56.

Jusqu'aux analyses qui ont été publiées dernièrement par M. Léopold Gmelin, de Heidelberg, sa composition avoit été inconnue ; mais ce chimiste a reconnu dans le dichroïte du cap de Gates les principes suivans :

Silice	42,6
Alumine	34,4
Magnésie	5,8
Chaux	1,7
Protoxyde de fer	15,0
Oxyde de manganèse	1,7
	101,2

Cette analyse distingue essentiellement le dichroïte du béril ou éméraude, dont on l'avoit rapproché à cause de sa forme ; mais elle le rapprocheroit un peu de la tourmaline, si ses formes ne sembloient pas l'en distinguer suffisamment.

Les jeux de lumière que présente le dichroïte, offrent un caractère assez remarquable dans cette pierre pour lui mériter le nom qu'on lui a donné, si elle n'en avoit pas déjà eu un autre. Lorsqu'on regarde les cristaux, en les plaçant entre l'œil et la lumière, dans le sens de l'axe du prisme, ils paroissent d'un bleu intense ; mais, lorsqu'on les regarde dans le sens perpendiculaire à l'axe, ils paroissent d'un jaune brunâtre assez clair.

Les variétés de formes reconnues jusqu'à présent sont peu nombreuses, et se réduisent au prisme hexaèdre *primitif*, au prisme hexaèdre *émarginé* et au prisme *péridodécaèdre*.

La manière d'être la plus ordinaire du dichroïte est de se présenter sous forme de grains tantôt arrondis, tantôt irréguliers, disséminés dans diverses roches. Ces grains et les cristaux eux-mêmes sont souvent recouverts d'un enduit blanchâtre tirant un peu sur le bleu.

L'une des variétés de cette pierre, celle qui a été l'objet de la description spéciale de M. Cordier et de l'analyse ci-dessus, a été rapportée, il y a environ vingt ans, des environs du cap de Gates, en Espagne, par un marchand de minéraux, qui l'a vendue sous le nom de luchs-saphir.

M. Cordier l'a recueillie lui-même, il y a quelques années, dans deux parties différentes de l'Espagne : 1.° au lieu dit *le Granatillo*, près Nijar, dans une diabase altérée, mêlée d'argile bleuâtre, et renfermant abondamment du mica et des grenats d'un rouge tirant sur le violâtre ; 2.° au pied des montagnes qui entourent la baie de San-Pedro. Le dichroïte y est engagé dans une brèche volcanique composée de scories, de laves vitreuses noires, et de laves basaltiques et pétrosiliceuses : c'est dans cette dernière lave qu'on rencontre spécialement le dichroïte en grains disséminés. On le trouve encore dans le tuffa blanchâtre qui sert de base à la brèche, et dans le granite feuilleté qu'elle contient. Les cristaux de dichroïte ont éprouvé, comme les roches qui les renferment, des altérations de la part du feu, qui les a gercés et même frittés. Ils sont recouverts de cet enduit blanchâtre, très-mince, dont nous avons parlé et qui ternit leur éclat naturel.

M. Jameson dit qu'on a découvert depuis peu le dichroïte disséminé dans un trappite primordial, à Arendal, en Norwége.

Mais depuis cette détermination on a trouvé à Bodenmais, en Bavière, un minéral bleu, à cassure vitreuse et quelquefois à texture fibreuse, ayant la couleur bleue sombre et la plupart des caractères extérieurs du dichroïte ; il est disséminé en morceaux, tantôt amorphes, et tantôt présentant la forme d'un prisme hexaèdre régulier émarginé sur toutes ses arêtes, ce qui donne le moyen de déterminer les dimensions de la forme primitive. Werner et les minéralogistes de son école distinguent ce minéral de l'iolite, et lui donnent le nom de *peliom*. Cette variété de dichroïte est assez constamment accompagnée de cette poussière blanc-bleuâtre que nous venons d'indiquer sur les dichroïtes du cap de Gates. Il paroit qu'on lui a donné aussi le nom de *saphirin* et d'*indicolite*. On rapporte à cette même espèce le minéral bleu qu'on a trouvé en Sibérie en gros cailloux roulés, mêlé avec du felspath.

On a également reconnu le dichroïte disséminé en grains

irréguliers à peu près parallélipipédiques de 25 millimètres de côté, à cassure vitreuse et ayant tout-à-fait l'aspect d'un quarz bleu, dans une roche granitoïde du Saint-Gothard, composée principalement de felspath couleur de bois de noyer.

Nous ne connoissons pas encore d'analyse des dichroïtes de ces lieux.

Enfin, on rapporte de l'Inde ou de la Macédoine, sous le nom de *saphirin*, de *luchs - saphir* ou *leuco - saphir*, de *saphir d'eau*, des minéraux bleus de la grosseur d'une amande, souvent percés, et qu'on avoit associés au quarz, non - seulement sans preuve suffisante, mais probablement à tort, comme le prouve l'analyse suivante, faite également par M. Léopold Gmelin.

Analyse des pierres bleues rapportées de l'Inde sous le nom de saphir d'eau :

Silice	43,6
Alumine	37,6
Magnésie	9,7
Chaux	3
Potasse ?	1
Protoxyde de fer	4,5
Oxyde de manganèse.	trace.
	99,5

Cette composition présente une grande ressemblance avec celle des dichroïtes d'Espagne, et aussi avec celle de quelques variétés de tourmaline. M. Cordier n'hésité pas à réunir ces pierres à l'espèce des dichroïtes.

M. Werner pensoit qu'on devoit exclure de l'espèce du peliom, 1.º le véritable quarz bleu de Pargas près Finbo en Finlande, qu'on nomme aussi quarz - saphir et *Steinheilit*, et 2.º celui de Gölling dans le pays de Salzbourg, auquel on a donné les noms de *Lazurquarz* et de sidérite.

On voit que, malgré le bon travail de M. Cordier sur cette curieuse espèce, il y a encore de l'obscurité sur la syno-nymie des minéraux bleus d'apparence quarzeuse qu'on doit y rapporter, et qu'on ne doit regarder avec certitude comme dichroïtes que les variétés provenant des lieux suivans :

1.° Ceux d'Espagne (iolite de Werner);

2.° Celui de Bodenmais, en Bavière (peliom de Werner), et probablement celui du pays de Salzbourg ;

3.° Celui du Saint-Gothard ;

4.° Celui de l'Orient (lynx-saphir et saphir d'eau). (B.)

DICHROMA (*Bot.*), nom donné par M. Persoon au *dichromena* de Michaux, genre de la famille des cypérinées. Dans les *Icones* de Cavanilles, tab. 582, il existe un autre *dichroma*, qui est le même genre que l'*ourisia* de Commerson, rapporté à la famille des rhinantées. (J.)

DICHROMÈNE, *Dichromena*. (*Bot.*) Genre de plantes monocotylédones, à fleurs glumacées, de la famille des *cypéracées*, de la *triandrie monogynie* de Linnæus, qui a de grands rapports avec les *schœnus* (choins), et qui offre pour caractère essentiel : Des fleurs composées d'écailles imbriquées en tous sens; point de corolle; trois étamines, un style bifide; une semence presque lenticulaire, ridée, ondulée transversalement, surmontée d'une pointe obtuse; point de soies à la base de l'ovaire.

Ce genre comprend des espèces jusqu'à ce jour toutes originaires de l'Amérique méridionale; leurs tiges sont très-ordinairement triangulaires, particulièrement vers leur sommet, simples, point articulées; elles se terminent par des fleurs disposées sur des épillets sessiles, réunies en tête, accompagnées à leur base de feuilles florales en forme d'involucre. Les principales espèces sont :

DICHROMÈNE A TÊTE BLANCHE : *Dichromena leucocephala*, Vahl, *Enum.*, pl. 2, pag. 240; Mich., *Fl. Amer.*, 1, page 37 : *Schœnus stellatus*, Lamk.; Sloan., *Hist.*, 1, tab. 78, fig. 1. Plante de la Floride et des îles Caïman, remarquable par ses fleurs réunies au sommet de la tige en une petite tête fort blanche, composée d'environ cinq épillets, dont les écailles sont lancéolées, les extérieures stériles. Ses tiges sont droites, menues, longues de huit ou dix pouces; les feuilles glabres, étroites, toutes radicales, à peine larges d'une ligne; les folioles de l'involucre assez grandes, non rabattues, au nombre de cinq, blanches vers leur base.

DICHROMÈNE CILIÉE : *Dichromena ciliata*, Vahl, *l. c.*; *Gramen quarta species*, Marcgr., *Hist.*, 1. Ses tiges sont filiformes, longues d'un pied, glabres ou un peu pileuses; les feuilles toutes radicales, plus courtes que les tiges, hérissées à leurs bords ou sur leur gaine de poils caducs; un involucre à six folioles inégales, d'un blanc jaunâtre à leur base; cinq à six épillets réunis en tête, glabres et blanchâtres; les semences purpurines à leur base, noires à la pointe de leur sommet. Elle croît à Porto-Ricco et dans plusieurs autres contrées de l'Amérique méridionale.

Dichromène nerveuse; *Dichromena nervosa*, Vahl, *l. c.* Elle se distingue par ses involucres marqués de dix à douze nervures, composés de cinq folioles longues de cinq à six pouces. Ses tiges sont glabres, longues d'un pied et demi; les feuilles étroites, plus longues que les tiges; trois à cinq épillets réunis en tête; les écailles parsemées de points nombreux, de couleur purpurine ou un peu blanchâtre. Elle croît dans l'Amérique méridionale.

Dichromène pubescente: *Dichromena pubera*, Vahl, *l. c.*; *Schœnus pubescens*, Kunth *in* Humb. et Bonpl., *Nov. Gen.*, 1, pag. 228. Cette espèce croît sur les bords de l'Orénoque et à l'île de la Trinité : ses tiges sont presque sétacées, hautes de cinq à six pouces; les feuilles planes, ciliées, à peine plus courtes que les tiges, glabres sur leur gaine; un involucre à trois folioles, la plus grande longue de deux pouces; trois ou quatre épillets réunis en tête; les écailles blanchâtres, ponctuées de pourpre, pubescentes et ciliées; les semences profondément ondulées et striées.

Dichromene rampante: *Dichromena repens*, Vahl, *l. c.*; *Scirpus reptans*, Rich., *Act. soc. Linn. par.*, 1, page 106. Plante de la Guiane, dont les racines ou les souches sont rampantes, filiformes, articulées, radicantes à leurs articulations; les tiges solitaires, redressées, longues de trois pouces; deux ou trois feuilles à chaque articulation, denticulées, longues de deux pouces; l'involucre à trois folioles, la plus grande longue d'un pouce; deux ou trois épillets d'un blanc de neige; les écailles lancéolées; les semences lenticulaires, un peu globuleuses, jaunâtres; une seule étamine. Le *dichromena seu schœnus tenuifolius* de Kunth *in* Humb. et Bonpl., *Nov. Gen.*, 1, pag. 228, des rives de l'Orénoque, se rapproche beaucoup de cette espèce. Ses tiges, en gazon, s'élèvent d'une souche rampante; elles sont glabres, striées, longues d'un pied et demi : les feuilles glauques, très-étroites, rudes à leurs bords, presque de la longueur des tiges; un involucre à quatre ou cinq folioles linéaires, subulées, pubescentes à leur base; les épillets nombreux, réunis en tête; les écailles ovales, glabres, blanchâtres, aiguës; les semences ridées, lenticulaires.

DICHROMÈNE GLOBULEUSE; *Dichromena globosa*, Kunth, *l. c.*; *sub Schœno*. Cette espèce diffère peu du *dichromena ciliata*. Elle s'en distingue par ses feuilles, de la longueur des tiges, et même plus longues, rudes à leurs bords, glabres sur leur gaine; les épillets sont nombreux, réunis en une tête globuleuse, épaisse; l'involucre vert et non coloré. Elle croît sur le mont Quindiu, dans l'Amérique méridionale. Le *schœnus spadiceus* (Kunth *in* Humb., *l. c.*, tab. 69, fig. 1; Vahl, *Enum.*, *l. c.*), *eriocaulon spadiceum*, Lamk., me paroît devoir se rapporter à ce genre : ses tiges sont très-courtes, ramassées en gazon, glabres, à cinq angles; les feuilles sétacées, rudes, anguleuses, membraneuses et ciliées à leur base; un seul épi nu, solitaire; les semences trigones, ondulées; le style trifide, bulbeux à sa base; les stigmates un peu pileux. Elle croît dans l'Amérique méridionale. (POIR.)

DICHROMOS (*Bot.*), un des noms grecs de la verveine, cités par Ruellius, traducteur de Dioscoride. (J.)

DICKIA. (*Bot.*) Scopoli, pour conserver la mémoire de Dick, botaniste du Dauphiné, avoit ainsi nommé le *matourea* d'Aublet : mais ce genre a été détruit par Vahl et par M. Persoon, et réuni par eux au *vandellia* (J.)

DICKSONIA. (*Bot.*) Ehrhard, dans ses Fascicules de plantes cryptogames desséchées, présentoit, sous le nom de *dicksonia pusilla*, le *mnium osmundaceum* de Dickson (*Crypt.* 1, tab. 1, fig. 4), qui est le *gymnostomum pennatum* d'Hedwig et de Bridel, et le *gymnostomum osmundaceum* d'Hoffmann et de Smith. (LEM.)

DICKSONIA. (*Bot.* = *Fougères.*) Ce genre, établi par l'Héritier, est ainsi caractérisé :

Fructification sous forme de points marginaux, distincts et presque ronds; tégument double : l'un superficiel, s'ouvrant en dehors; l'autre marginal, s'ouvrant en dedans : capsule munie d'un anneau élastique.

On peut considérer le double tégument qui recouvre la fructification comme deux valves : l'une formée par la surface même de la fronde ; l'autre, par le bord de la fronde, refléchi en dedans : aussi R. Brown l'appelle-t-il involucre pseudo-bivalve.

Plus de vingt espèces composent ce genre : aucune ne se trouve en Europe ; toutes habitent les climats chauds, et notamment dans les Indes. Elles ont un, deux et trois pieds de hauteur ; quelques-unes sont de petits arbres : leur fronde est toujours découpée et une ou plusieurs fois ailée. L'une de ces espèces a servi de type au genre *Dennstœdia* de Bernhardi ; c'est le *dicksonia flaccida*, Sw. Aucune des espèces n'a été connue de Linnæus ; la plupart même sont dues à des découvertes modernes : plusieurs ont été placées dans les *polypodium* par Thunberg et Swartz, dans les *trichomanes* par Thunberg et Forster.

Voici l'indication de quelques-unes des espèces les plus remarquables.

§. 1.er *Fronde simplement ailée.*

1.° Dicksonia abrupte ; *Dicksonia abrupta,-* Bory-S.-Vinc., *Itin. Borb.*, 2, p. 187, tab. 3o. Frondes stériles, à frondules presque rejetées du même côté, ovales-oblongues, obtuses, finement dentelées, sessiles, légèrement en cœur à la base ; lobe inférieur le plus grand : frondes fertiles à frondules lancéolées-linéaires, obtuses, dentées ; chaque dentelure garnie d'un groupe fructifère. Cette fougère, haute d'un pied, croît dans les lieux arides, parmi les scories et les laves du volcan de l'île de Bourbon.

§. 2. *Fronde deux fois ailée, ou presque deux fois ailée.*

2.° Dicksonia pubescente ; *Dicksonia pubescens*, Schkuhr, *Crypt.*, 125, tab. 131. Frondes deux fois ailées ; frondules oblongues, lancéolées, pinnatifides, à découpures dentées profondément en leur partie supérieure ; rachis légèrement poilu.

Cette fougère, haute de deux pieds, croît en Pensylvanie : c'est la seule espèce de ce genre que l'on cultive en Europe.

3.° **Dicksonia en arbre** ; *Dicksonia arborescens*, l'Héritier, *Sert. angl.* 31. Frondes deux fois ailées; frondules ovales, pointues, entières ou anguleuses, et confluentes, poilues en-dessous sur les veines et les côtes; stipe s'élevant en forme de petit arbre de quelques pieds de haut. Cette fougère croît à Sainte-Hélène.

§. 3. *Frondes trois fois ailées.*

4.° **Dicksonia culcite** ; *Dicksonia culcita*, l'Héritier, *Sert. angl.* 31. Frondules stériles, ovales, oblongues, en coin, dentées et aiguës; les supérieures confluentes; frondules fertiles, oblongues et cunéiformes, dentées au sommet, munies chacune d'un seul groupe fructifère ; rachis glabres. Cette fougère croît à l'île de Madère et dans les Açores. Ce n'est pas elle qui produit la fameuse racine dite autrefois *agneau de Scythie*, qui avoit reçu ce nom parce qu'on nous l'apportoit d'Asie. Loureiro l'attribue à son *polypodium baromez*, placé parmi les *aspidium* par Willdenow. (Voyez Kieu-tsie.)

Le genre *Dicksonia* est intermédiaire entre le *davallia* et le *trichomanes* ; il est consacré a Jacob Dickson, botaniste anglois, très-versé dans la connoissance des plantes cryptogames. On a de lui plusieurs ouvrages, dont un principalement, le *Plantarum cryptogamicarum Britanniæ fasciculi*, 1790, est fréquemment cité. (Lem.)

DICLIA. (*Bot.*) Voyez Dithyambrion. (J.)

DICLIPTÈRE, *Dicliptera*. (*Bot.*) Ce genre a été établi par M. de Jussieu pour plusieurs espèces de *justicia*, qui en diffèrent par le caractère de leur capsule, ainsi que je l'ai exposé à l'article Carmantine (voyez ce mot). Les *dicliptera* s'en distinguent par les valves de la capsule ; chacune d'elles, redressant sa carène par suite de l'écartement, conserve ses deux parties latérales attachées au sommet sous forme d'ailes, un appendice entre les deux ailes, formant une demi-cloison, les dents inférieures portant les semences (Juss., *Ann. Mus.*, 9, pag. 251).

Les principales espèces de *justicia* à rapporter à ce genre sont les suivantes, distribuées en cinq sous-divisions.

* *Fleurs axillaires , presque verticillées , à deux grandes bractées , formant comme un calice extérieur.*

Dicliptère de Chine : *Dicliptera chinensis,* Linn. ; Burman, *Fl. Ind.,* pag. 8 , tab. 4 , fig. 1. Ses tiges sont rameuses, herbacées, anguleuses; ses feuilles pétiolées, opposées, ovales, aiguës; les fleurs axillaires, verticillées, trois à cinq ensemble dans chaque aisselle ; les pédoncules propres fort courts; les bractées ovales, aussi longues que les fleurs.

Dicliptère bivalve : *Dicliptera bivalvis,* Linn., Rumph., *Amb.* 6, p. 51, t. 22, fig. 1 (*folium tinctorium*). Plante qui croît aux lieux sablonneux au Malabar et dans les Indes : elle s'élève à la hauteur de cinq à six pieds. Ses tiges sont rameuses et cendrées; ses feuilles opposées, ovales-lancéolées, aiguës, d'un vert-brun; les pédoncules axillaires, chargés à leur sommet de plusieurs fleurs cachées en partie dans des bractées ovales, la corolle presque bivalve; sa lèvre supérieure lancéolée; l'inférieure droite, ovale, à trois lobes.

Dicliptère de la Martinique ; *Dicliptera martinicensis,* Jacq., *Amer.,* 5, tab. 2, fig. 3. Elle croît dans les haies et sur le bord des bois. Ses tiges sont herbacées; ses feuilles pétiolées, elliptiques, entières, acuminées; les pédoncules courts, axillaires, opposés, à trois fleurs pédicellées ; les bractées inégales , à trois nervures; la corolle rougeâtre, longue d'un pouce et demi ; le tube tors; la lèvre supérieure souvent échancrée; l'inférieure oblongue, obtuse, un peu tridentée.

Dicliptère multiflore : *Dicliptera multiflora,* Flor. Per., 1, tab. 14, fig. 6.; *sub Dianthera.* Ses tiges sont un peu hispides, à six angles, herbacées, hautes d'un pied et demi, rameuses à leur base : les feuilles oblongues, entières, pubescentes, aiguës; les fleurs disposées en ombelles axillaires, ternées, à deux ou quatre rayons; les bractées linéaires, subulées; deux ou trois fleurs sessiles sur chaque pédicelle; les divisions du calice subulées, pubescentes; la corolle purpurine; la lèvre inférieure à trois dents. Elle croît au Pérou, aux lieux ombragés.

Dicliptère a bractées émoussées : *Dicliptera retusa,* Vahl, Symb., 2, page 8, et *Enum.,* pl. 1, pag. 136 ; *sub Justicia.* Cette espèce croît dans l'Amérique méridionale : ses tiges sont herbacées, cylindriques; ses feuilles ovales, acuminées, entières; le pédoncule terminal soutenant des fleurs solitaires, opposées, formant un épi simple, long d'un pouce; les bractées ovales, imbriquées, légèrement pileuses et ciliées; l'extérieure plus large; les divisions du calice lancéolées; la corolle grande, purpurine; la lèvre supérieure lancéolée; bidentée, l'inférieure plus longue et beaucoup plus large, à trois lobes alongés.

DICLIPTÈRE EN FAUCILLE : *Dicliptera falcata*, Lamk., Enc., 1, pag. 629; *Justicia lœvigata*, Vahl, *Symb.* et *Enum.*, 1, pag. 149. Plante de l'île de France, dont les tiges sont ligneuses, les rameaux glabres; les feuilles opposées, ovales-lancéolées ; les fleurs latérales ; les pédoncules très-courts; le calice double, l'extérieur de deux pièces inégales; la lèvre supérieure de la corolle très-longue, un peu courbée en faucille.

DICLIPTÈRE DU PÉROU : *Dicliptera peruviana*, Lamk., Encycl., n.° 42; Vahl, *Enum.*, 1, p. 149, *sub Justicia*; *Dianthera mucronata*, *Fl. Per.*, 1, tab. 16, fig. *a.* Ses tiges sont simples, velues, herbacées, longues d'un pied ; les feuilles ovales, opposées, médiocrement pétiolées; les épis courts, sessiles, axillaires et terminaux, imbriqués d'écailles lancéolées, petites, terminées par une pointe en forme d'épine; les folioles qui enveloppent le calice sont sétacées.

DICLIPTÈRE RENVERSÉE : *Dicliptera resupinata*, Vahl, *Enum.*, 1, pag. 114; *Justicia sexangularis*, Cavan., *Ic. rar.*, 3, tab. 203, non Lamk. Ses tiges sont hautes d'un pied et demi, à six angles ; les rameaux un peu pileux; les feuilles glabres, ovales, entières, un peu obtuses ; les fleurs axillaires, presque sessiles, d'une à trois dans chaque aisselle; deux bractées inférieures, sétacées; deux autres presque en cœur, conniventes à leur base, le calice double; la corolle à demi renversée ; le tube tors, blanchâtre, un peu pubescent; le limbe d'un pourpre violet. Elle croît dans la Nouvelle-Espagne.

DICLIPTÈRE VERTICILLÉE : *Dicliptera verticillaris*, Linn., *Sup.*; *sub Justicia.* Toute la plante est velue; les feuilles et les bractées ovales; les fleurs axillaires, verticillées; les divisions du calice extérieur mutiques, presque obtuses. Elle croît au cap de Bonne-Espérance.

**** *Fleurs axillaires, presque verticillées, à deux bractées étroites, en forme d'involucre ou de calice extérieur.***

Dicliptère ombellée; *Dicliptera umbellata*, Poir. Cette plante a été recueillie à Galam, dans le Sénégal. Ses tiges sont glabres, un peu ligneuses, à six pans; les feuilles glabres, distantes, pétiolées, oblongues, entières, aiguës à leurs deux extrémités, longues de six lignes; les pédoncules géminés ou solitaires, soutenant quatre fleurs pédicellées, en ombelle; les bractées opposées, oblongues, inégales; l'involucre plus long que le calice; ses découpures subulées, ciliées, aristées.

Dicliptère a feuilles de basilic; *Dicliptera ocymoïdes*, Lamk., Pluken., *Almag.*, tab. 279, fig. 6. Plante des pays chauds de l'Amérique, haute d'un pied et plus, glabre, rameuse, herbacée, quadrangulaire à sa base; les rameaux paniculés; les feuilles pétiolées, ovales, entières; les fleurs disposées par faisceaux axillaires, presque sessiles; les bractées lancéolées, velues, ainsi que le calice.

Dicliptere acuminée : *Dicliptera acuminata*, Fl. Per., tab. 16, fig. 6; *sub Dianthera*. Espèce du Pérou, à tige velue, herbacée; les poils glanduleux; les feuilles oblongues, lancéolées, entières, très-aiguës; les pédoncules très-courts, solitaires, géminés ou ternés; les bractées lancéolées, ciliées; les découpures du calice subulées et ciliées; la corolle purpurine, pubescente; la lèvre supérieure entière, l'inférieure un peu tridentée; les semences un peu hispides.

***** *Fleurs en épis denses, à une seule bractée plus large que le calice.***

Dicliptère pectinée; *Dicliptera pectinata*, Linn., *Amœn.*, sub *Justicia*. Elle est remarquable par ses épis de fleurs, qui semblent faits en forme de peigne. Ses tiges sont grêles, rameuses, herbacées, diffuses, étalées sur la terre, longues de cinq à huit pouces; les feuilles petites, ovales-oblongues, vertes, entières, presque glabres; les épis sessiles, axillaires, longs de quatre à six lignes; les fleurs très-petites, cotonneuses. Elle croît dans les Indes orientales.

Diclieptère rampante : *Dicliptera repens*, Linn., *sub Justicia ;* Burm., *Zeyl.*, tab. 3, fig. 2. Espèce de l'île de Ceilan et des Indes orientales. Ses tiges sont un peu velues, étalées sur la terre, longues de six à dix pouces ; les feuilles ovales-lancéolées, médiocrement velues, entières, un peu ondulées à leurs bords ; les épis courts, denses, imbriqués d'écailles lancéolées, barbues, terminées par une pointe épineuse.

Diclieptère a trois nervures ; *Dicliptera trinervia*, Vahl, *Enum.*, 1, p. 156, *sub Justicia*. Ses tiges sont glabres, herbacées et rameuses ; les rameaux alternes ; les feuilles sessiles, linéaires, lancéolées, glabres, longues d'un pouce et demi ; les bractées colorées, blanches à leur base, traversées par trois nervures vertes ; les divisions du calice glabres, linéaires-lancéolées ; la corolle velue ; les capsules pubescentes ; l'anthère inférieure munie à sa base d'une arête blanche. Cette plante croît dans les Indes orientales.

✳✳✳✳ *Fleurs distantes en épis lâches, à deux bractées ou involucres plus étroites que le calice.*

Diclieptère a .queue de scorpion : *Dicliptera scorpioides*, Linn.; Houst., *Reliq.*, 1, tab. 1, *sub Justicia*. Espèce recueillie à la Vera-Cruz : ses tiges sont ligneuses ; ses feuilles sessiles, ovales-lancéolées, velues; ses fleurs disposées en épis axillaires, recourbés ; la corolle oblongue, un peu courbe ; ses deux lèvres entières.

Diclieptère a six angles ; *Dicliptera sexangularis*, Linn., *Hort. Cliff.*, 10, *sub Justicia*. Ses tiges sont herbacées, pileuses sur leurs angles ; les feuilles ovales, mucronées ; les pédoncules chargés de trois fleurs, munis à leur sommet de deux folioles sétacées ; les bractées mucronées, plus longues que le calice. Elle croît à la Jamaïque.

Diclieptère ascendante : *Dicliptera assurgens*, Linn., *Amœn.;* Brown, *Jam.*, 118, tab. 2, fig. 1, *sub Justicia*. Plante de la Jamaïque, dont les tiges sont cylindriques, herbacées, ascendantes ; les feuilles ovales-aiguës, entières; les pétioles alongés; les pédoncules alternes, axillaires, presque paniculés ; les bractées subulées.

✾✾✾✾✾ *Pédoncules axillaires, dichotomes ou trichotomes.*

Dicliptère pubescente : *Dicliptera pubescens*, Lamk., Encycl., n.º 81 ; *Justicia stricta*, Vahl, *Symb.*, et *Enum.*, 1, pag. 129. Ses tiges sont cannelées ; ses rameaux pubescens ; ses feuilles longuement pétiolées, elliptiques, lancéolées ; les pédoncules trois fois plus courts que les feuilles, bifides, à fleurs opposées ; les calices alongés ; les filamens des étamines glabres. Elle croît au Malabar.

Dicliptère en massue : *Dicliptera clavata*, Vahl, *Enum.*, 1, pag. 146 ; *Dianthera clavata*, Forst., *Prodr.*, n.º 15. Plante des îles de la Société, dont les rameaux sont glabres, tétragones ; les feuilles glabres, elliptiques, rétrécies à leurs deux bouts, un peu ondulées à leurs bords ; les pédoncules opposés, axillaires, presque paniculés ; les fleurs petites ; les bractées fort petites, subulées.

Dicliptère feuillée ; *Dicliptera frondosa*, Vahl, *Symb.*, et *Enum.*, 1, p. 145, *sub Justicia*. Ses tiges sont glabres, herbacées, cylindriques ; ses feuilles pétiolées, glabres, ovales, aiguës, très-entières ; les pédoncules axillaires, opposés, pubescens à leur sommet, à quatre divisions ; les bractées oblongues, acuminées ; les florales rhomboïdales, obtuses ; celles du calice linéaires, subulées ; la corolle pubescente, ainsi que le calice ; la lèvre inférieure à trois dents. Cette plante croît dans l'île d'Otaïti. (Poir.)

DICŒUM ou DICŒRUM. (*Ornith.*) Voyez Dicée. (Ch. D.)

DICOME. (*Bot.*) [*Cinarocéphales*, Juss. ; *Syngénésie polygamie égale*, Linn.] Ce nouveau genre de plantes, que nous avons établi dans la famille des synanthérées (Bull. de la Soc. philom., Janvier 1817), appartient à notre tribu naturelle des carlinées, dans laquelle nous le plaçons auprès du *stobœa*, que nous ne connoissons pourtant que par la description de Thunberg.

La calathide est incouronnée, équaliflore, pluriflore, régulariflore, androgyniflore. Le péricline, supérieur aux fleurs et subcylindracé, est formé de squames imbriquées, appliquées, ovales-lancéolées, coriaces, membraneuses sur les bords, uninervées, surmontées d'un long appendice en forme d'arête spinescente. Le clinanthe est plane , dépourvu de squamelles et de fimbrilles , mais alvéolé, à cloisons membraneuses. L'ovaire est court , subcylindracé , hérissé de très-longs poils roux , dressés et fourchus. L'aigrette est double : l'extérieure composée de squamellules nombreuses , plurisériées, inégales, filiformes , fortement barbellulées ; l'intérieure, de squamellules plurisériées , paléiformes-laminées , lancéolées, membraneuses, munies d'une forte nervure. La corolle a le limbe plus long que le tube , et divisé, presque jusqu'à la base, par des incisions à peu près égales, en cinq lanières longues, étroites , linéaires. Les étamines ont les filets glabres , les articles anthérifères grêles ; leurs anthères sont munies de longs appendices apicilaires linéaires , aigus , coriaces, entregreffés , et de longs appendices basilaires plumeux ou barbus à rebours, les barbes étant rebroussées en haut. Le style est analogue à ceux des carlinées.

La Dicome cotonneuse (*Dicoma tomentosa* , H. Cass. , Bull. de la Soc. philom., Mars 1818) a la racine simple , pivotante ; la tige herbacée, haute de deux pieds environ , droite, rameuse, cylindrique ; les feuilles alternes , sessiles , spatulées , entières, couvertes, ainsi que les branches , d'un duvet laineux, grisâtre ; les calathides solitaires au sommet des rameaux. Cette plante, qui paroit avoir été rapportée du Sénégal par Adanson , se trouve dans les herbiers de M. de Jussieu , où nous l'avons étudiée. (H. Cass.)

DICONANGIA. (*Bot.*) Mitchell et Adanson nomment ainsi l'*itea* de Linnæus, genre auparavant joint aux rhodoracées, mais maintenant associé plus justement par M. R. Brown à sa famille nouvelle des cunoniacées. Quelques auteurs lui avoient réuni mal à propos le *cyrilla* de Garden et de Linnæus . qui doit rester auprès des éricinées. (J.)

DICOQUE, *Dicoccus* (*Bot.*) : composé de deux Coques (voy. ce mot). Le fruit du caille-lait, celui de la mercuriale, etc., sont dicoques. (Mass.)

DICORYPHE DE MADAGASCAR (*Bot.*) : *Dicoryphe madagascariensis*, Petit-Thouars, Végét. des îles austr. d'Afr., pag. 15, tab. 7. Arbrisseau découvert à l'île de Madagascar par M. du Petit-Thouars, qui seul constitue un genre particulier de la *tétrandrie digynie* de Linnæus, et dont la famille naturelle n'est pas encore déterminée. Il se rapproche un peu de l'*hamamelis*, et offre pour caractère essentiel : Un calice tubulé à quatre lobes caducs ; quatre pétales ; quatre étamines fertiles, quatre autres alternes, stériles ; les filamens connivens à leur base ; deux ovaires connivens ; deux styles ; une capsule inférieure, à deux coques corniculées, s'ouvrant avec élasticité ; une semence dans chaque coque.

Cet arbrisseau s'élève au plus à la hauteur de dix à douze pieds. Ses rameaux sont foibles, élancés, de couleur brune ; les feuilles alternes, médiocrement pétiolées, lisses, fermes, oblongues, entières, aiguës, longues de trois à quatre pouces ; les pétioles courts, épais, munis à leur base de stipules pédicellées, ovales, aiguës ; les fleurs terminales, fasciculées, pédonculées ; le calice velu ; les pétales un peu plus longs que le calice, étalés, alternes avec les lobes du calice ; les étamines de la longueur du calice ; les filamens connivens à leur base, insérés sur le réceptacle, ainsi que les pétales ; les anthères oblongues, sagittées, à deux loges, creusées dans la substance même du filament, et fermées chacune par une valve qui s'ouvre en dehors ; les quatre filamens stériles subulés ; deux ovaires adhérens entre eux, faisant corps avec le fond du calice ; deux styles, ou un seul profondément bifide ; deux stigmates simples. Le fruit est une capsule couronnée par la base du calice, terminée par deux mamelons ; elle se fend en deux à son sommet, et laisse à découvert deux coques corniculées, s'ouvrant par le haut avec élasticité, contenant chacune une semence d'un noir luisant, pourvue d'un périsperme corné. L'embryon est renversé ; les cotylédons minces, foliacés. (Poir.)

DICOTYLÉDON [Embryon], (*Bot.*) : ayant deux cotylédons, premières feuilles déjà visibles dans la graine (labiées, ombellifères, crucifères, légumineuses). Au lieu de dire les plantes à embryon dicotylédon, on dit simplement les plantes dicotylédones, ou les dicotylédones. (Mass.)

DICOTYLÉDONES. (*Bot.*) Ce nom est donné aux plantes dont les graines contiennent un embryon muni de deux lobes ou cotylédons insérés aux deux côtés opposés du point de réunion de la radicule et de la plumule, qui sont ses parties essentielles. Ces lobes sont dirigés vers la plumule, qu'ils embrassent et recouvrent entièrement, et ils servent à fournir à cette jeune tige la première nourriture, jusqu'à ce que la radicule, destinée à devenir racine, ait pris assez d'accroissement et de force pour pomper les sucs de la terre et les lui transmettre.

Cette organisation distingue ces plantes des monocotylédones, qui n'ont qu'un lobe, et des acotylédones, qui sont réputées n'en avoir aucun ; elle influe beaucoup sur la structure de la tige et de la racine, qui, dans les dicotylédones, sont toujours formées de couches fibreuses concentriques liées ensemble par un tissu réticulaire, et recouvertes par une écorce composée de couches pareilles, dont la texture est plus lâche, et dont l'extérieure, surtout celle des arbres, est souvent gercée à cause de son contact avec l'air, qui produit en elle un commencement de dessiccation. Nous avons déjà parlé des différences observées dans les acotylédones. L'organisation des monocotylédones, dont il sera fait mention à leur article, offre également des caractères très-distinctifs dans la graine et dans les plantes qu'elle produit. Le plus apparent de ces caractères, l'unité de lobe, n'a point échappé à Césalpin, le premier auteur d'une méthode fondée principalement sur la fructification, qui emploie ce signe comme accessoire dans deux de ses classes ou sections. Cet auteur n'avoit pas encore apprécié le degré d'importance du nombre des lobes de l'embryon, lequel a été reconnu plus tard par Van-Royen, qui en a fait la base de sa méthode, mais qui ensuite a été moins heureux dans ses subdivisions. La preuve en sera fournie lorsque, dans l'article Méthode, on développera les principes sur lesquels est fondée celle de la nature. On y verra pourquoi le caractère tiré de l'embryon, du nombre de ses lobes et de sa germination, doit tenir le premier rang ; pourquoi, après lui, les organes sexuels doivent ensemble donner le caractère des premières subdivisions, lequel consiste dans leur situation respective ou dans l'insertion des étamines relativement au pistil. On reconnoîtra que leurs insertions sur le pistil, sous le pistil, ou au calice, sont essentiellement distinctes, et incompatibles dans une même famille ; que l'insertion à la corolle peut, au contraire, se retrouver séparément avec chacune des trois précédentes ; que cette corolle staminifère présente à son tour trois insertions pareillement distinctes et incompatibles dans une même série naturelle, mais qui peuvent se lier chacune avec l'insertion correspondante des étamines elles-mêmes. On expliquera cette singularité en regardant la corolle staminifère comme un support intermédiaire des étamines aux trois points précédemment désignés, en distinguant l'insertion immédiate des étamines sur ces trois points, et leur insertion médiate aux mêmes points par l'intermède de la corolle. Si l'on remarque ensuite que la corolle staminifère est presque toujours monopétale, tandis que celle qui ne porte pas les étamines est généralement polypétale, on en conclura facilement que les caractères d'insertion médiate et de corolle monopétale sont ordinairement liés, et peuvent, jusqu'à un certain point, être substitués l'un à l'autre. On tirera la même conséquence pour l'insertion immédiate et la corolle polypétale, mais en observant que ces deux caractères ne peuvent être accolés que dans le cas de l'existence de cette corolle, et qu'alors cette insertion est simplement immédiate, c'est-à-dire, peut accidentellement devenir médiate, si les étamines, qui ont avec cette corolle une même origine, se soudent avec sa base, et semblent alors être supportées par elle. Si, au contraire, la corolle n'existe pas, il est impossible que l'insertion puisse devenir médiate ; et comme alors elle est essentiellement immédiate, ce dernier caractère est identique avec celui des plantes apétales ou sans corolle. Ainsi, en admettant quelques exceptions, les termes ou caractères d'insertion essentiellement ou simplement immédiate, et d'insertion médiate, sont généralement représentés par ceux de plantes apétales, polypétales, monopétales.

Cette vérité une fois reconnue, on a un moyen facile de subdiviser les dicotylédones. La première idée qui se présente, et qui est la plus naturelle, se rattache aux trois insertions primitives des étamines, sous le pistil ou hypogynes, sur le pistil ou épigynes, au calice ou périgynes, lesquelles semblent devoir former les trois premières subdivisions. Si l'on partage ensuite chacune en trois, d'après la considération des insertions médiates ou immédiates, c'est-à-dire des corolles monopétales, polypétales ou nulles, on obtient par ce moyen neuf divisions ou classes, dans lesquelles presque toutes les familles peuvent facilement, à l'aide de quelques exceptions, être distribuées sans souffrir aucun démembrement. Il faut remarquer cependant que les caractères primitifs, tirés de l'insertion des étamines, sont moins apparens, moins faciles à observer, que ceux de la corolle. Nous avons pensé en conséquence que, pour l'avantage de l'étude, sans enfreindre trop fortement les lois de la nature, on pouvoit, en faisant une simple inversion, distinguer d'abord les dicotylédones en monopétales, polypétales et apétales, et subdiviser ensuite ces trois classes chacune en trois autres, caractérisées par les insertions hypogynes, épigynes et périgynes, avec cette différence que, pour les monopétales ordinairement staminifères, c'est l'insertion de la corolle qui remplace celle des étamines. Les neuf classes de dicotylédones se retrouvent ainsi les mêmes, mais placées dans un ordre différent. De plus, comme la loi des insertions ne peut avoir son application pour les plantes dicotylédones monoïques ou dioïques, qui ont les organes sexuels séparés dans des fleurs distinctes, il a été nécessaire de repousser ces plantes dans une dixième classe, caractérisée par cette séparation des sexes, et portant pour cette raison le nom de *diclines*.

A ces dix classes de dicotylédones on peut, pour la facilité de l'étude et sans décomposer les familles, en ajouter une onzième. Les composées de Tournefort, comprises dans la syngénésie de Linnæus, forment une grande famille très-naturelle, subdivisée en plusieurs, laquelle, dans toutes les méthodes artificielles, a toujours été présentée sous le nom de classe. Ces plantes sont ici rassemblées dans une grande section des monopétales à corolle épigyne, caractérisée par la réunion des anthères en un tube, et distinguée ainsi d'une autre section dont les anthères sont séparées. Si, à raison de cette unité de caractère, suffisante pour définir ces deux sections, le nom de classe leur est imposé, cette addition devient utile, parce qu'elle multiplie dans la méthode les grandes divisions, sans les surcharger de caractères classiques trop compliqués.

Nous pouvons joindre à ces avantages celui que la plupart des méthodistes n'ont pas négligé, savoir, de désigner leurs classes par un seul mot significatif, exprimant le caractère distinctif ou principal de la classe. Pour cela, après avoir rappelé la division première des dicotylédones en monopétales, polypétales et apétales ; après avoir remarqué que dans les premières la corolle indivise conserve son nom de corolle ; que ses diverses parties dans les secondes sont nommées pétales, on pourra sans inconvénient donner à ces secondes le nom de *pétalées*, et aux premières celui de *corollées*. D'une autre part, on peut, avec Tournefort, désigner les plantes sans corolle sous le nom de *staminées*. Il n'est plus question que d'ajouter à ces termes une préposition qui désigne l'insertion des parties qu'ils expriment. Ainsi les staminées seront divisées en hypostaminées, épistaminées, péristaminées ; les pétalées, en hypopétalées, épipétalées, péripétalées ; les corollées, en hypocorollées, péricorollées et épicorollées, et ces dernières seront, à raison des anthères réunies ou distinctes, synanthères ou corisanthères. Ces locutions peuvent être contraires aux règles strictes de la langue grecque, et exprimer par leur inversion un sens différent de celui qu'on veut leur donner ; mais, par une définition précise, on sauvera toutes les difficultés. Les diclines qui terminent les dicotylédones, conserveront leur nom primitif, assez expressif. Il suffira, pour les monocotylédones qui n'ont point de corolle, de faire précéder par le terme *mono* ceux d'épigynes, hypogynes et périgynes, qui caractérisent leurs trois seules classes. Enfin les acotylédones, non divisées jusqu'à présent, n'éprouveront aucun changement dans leur nom collectif. (J.)

DICRÆIA. (*Bot.*) Le genre de plantes que M. du Petit-Thouars a publié sous ce nom, paroît n'être qu'une espèce du genre *Podostemum*, établi par Michaux. Cependant il parle d'une espèce de godet ou calice formé par la réunion des feuilles radicales ; il ajoute que les jeunes feuilles élevées au-dessus de l'eau sont roulées à la manière des fougères, et que les tiges qui portent la fructification, également hors de l'eau, sont nues. Ces observations n'ont pas été faites sur le *podostemum*. On a attribué à ce dernier des fleurs monoïques qui doivent plutôt-être regardées comme hermaphrodites, puisque l'étamine est insérée immédiatement contre la base de l'ovaire. (J.)

DICRANOPTERIS. (*Bot.* = *Fougères.*) Ce genre, établi par Bernhardi, est le même que le *mertensia* de Willdenow. Il a pour type le *polypodium dichotomum* de Forster et de Thunberg. R. Brown, qui réunit le *gleichenia* et le *mertensia* de Willdenow, fait observer que le *dicranopteris* en diffère, par sa fructification en petits paquets, dont le nombre est indéterminé; par ses capsules un peu pédicellées, entourées d'un anneau élastique peu apparent, et par les stipes divisés et nus à la base. Voyez MERTENSIA. (LEM.)

DICRANUM. (*Bot.*) Voyez BIFURQUE, vol. 4, p. 391, Suppl. pag. 92, et CECALYPHUM. Depuis la publication de ce volume on a publié deux nouveaux genres TAYLORIA et LEUCODON, qui ont pour types des espèces de *dicranum* des auteurs. Voyez ces mots. (LEM.)

DICROATUS. (*Ornith.*) Klein désigne par ce terme, dans son *Prodromus historiæ avium*, les oiseaux de sa huitième famille, qui, comme les grèbes et les foulques, ont les doigts garnis de membranes frangées. (CH. D.)

DICROCÈRE, *Dicrocerus.* (*Entomoz.*) Genre de vers probablement assez rapproché des néréides, établi par M. Rafinesque-Schmaltz dans son Précis de somiologie, et qui a pour caractères : corps filiforme, trois yeux, deux antennes ? sur la tête, les flancs mutiques. Il ne comprend qu'une seule espèce, que M. Rafinesque nomme *dicrocère rougeâtre, dicrocerus rubescens*, dont la tête est obtuse, la queue aiguë, les anneaux plus larges que longs et rougeâtres. Elle est marine. (DE B.)

DICTAME, *Dictamnus.* (*Bot.*) Il paroît que la première plante qui a porté ce nom est le dictame de Crète, maintenant réuni à l'origan, *origanum dictamnus*, et célèbre par les vertus qu'on lui attribuoit pour la guérison des plaies. On a donné le même nom à quelques espèces de marrube, appelées autrement *pseudodictamnus*, faux dictame, et à la fraxinelle, qui, par le choix de Linnæus, en est restée en possession. On la nomme *dictamnus albus*, dictame blanc. Voyez FRAXINELLE. (J.)

DICTILEMA. (*Bot.*) Plantes de la famille des algues, de

la division des conferves : des filamens anastomosés, réticulés, inarticulés, offrant, à leur surface ou à leurs points de contact, des gongyles ou tubercules séminifères, forment ces végétaux.

1.° DICTILEMA A FRUITS JAUNES, *Dictilema xanthosperma* : lobé, velu ; gongyles arrondis, jaunes, épars.

2.° DICTILEMA GLOMÉRULÉ, *Dictilema glomerata* : aggloméré, irrégulier, roussâtre ; gongyles au contact des anastomoses.

Ces deux plantes paroissent marines : nous en devons la connoissance, ainsi que celle du genre qu'elles forment, à M. Rafinesque-Schmaltz (voy. son Précis des découvertes somiol.) ; il ne nous apprend pas la patrie de ces plantes, qui paroissent rappeler le genre *Hydrodictyon*. (LEM.)

DICTYARIA. (*Bot. = Champignons.*) C'est ainsi que Hill désigne le genre de champignons nommé *phallus* par Linnæus. Voyez PHALLUS. (LEM.)

DICTYCIA. (*Bot. = Champignons.*) Genre établi par Rafinesque-Schmaltz près du *clathrus*, et qui en diffère par l'abscence du volva. La seule espèce de ce genre, le *dictycia clathroïdes*, croît dans l'état de Delaware. (LEM.)

DICTYDIUM. (*Bot.=Champignons.*) Ce sont des champignons sessiles ou stipités, formés par une membrane blanchâtre, sur laquelle sont les péridium : ceux-ci sont globuleux, simples, membraneux, composés de nervures ou veines anastomosées et réticulées, qui enveloppent un amas de séminules. Les séminules, lorsqu'elles sont mûres, s'échappent, sous forme de poussière, à travers les mailles du péridium, qui se déchirent inégalement et s'évanouissent en presque-totalité avec l'àge.

Ces caractères placent le genre *Dictydium*, dont l'établissement est dû à Schrader, dans le genre *Cribraria* de Persoon. Il en forme la première division, celle des espèces dont le péridium se détruit complétement ; il se trouve compris dans le *sphærocarpus* de Bulliard.

Depuis, M. Decandolle a formé du *cribraria* la troisième section de son genre *Trichia*, qui comprend aussi les genres *Physarum*, *Trichia* et *Arcyria* de Persoon.

Les espèces de *dictydium*, comme celles du genre *Trichia*, sont fort petites et très-délicates, et se trouvent de même sur les écorces des arbres et le bois mort. Six espèces composent ce genre. Les deux suivantes sont les plus connues:

DICTYDIUM OMBILIQUÉ : *Dictydium umbilicatum*, Schrad., *Nov. gen.*, tab. 4, fig. 5 ; *Mucor cancellatus*, Batsch, *Ell. fung.*, 2, tab. 42, fig. 252 ; *Cribraria cernua*, Pers., *Syn.* 189. D'un brun pourpre ; stipe alongé ; péridium ombiliqué, pendant. Se trouve sur les troncs d'arbres morts.

DICTYDIUM BRILLANT : *Dictydium splendens*, Schrad., *l. c.*, fig. 5 ; *Cribraria*, Pers. Péridium droit, presque sphérique, brillant et d'un beau jaune d'or mussif ; poussière séminifère jaune-brunâtre. Se trouve sur les pins.

Dictydium, d'un mot grec qui signifie *réseau* ou filet. (LEM.)

DICTYE, *Dictya*. (*Entom.*) M. Latreille avoit désigné ainsi un genre d'insectes diptères auxquels nous avions donné le nom de tétanocères. L'auteur a depuis supprimé la première dénomination, et adopté en partie la seconde pour quelques-unes au moins des espèces qu'il y avoit d'abord rapportées. (C. D.)

DICTYOPHORA. (*Bot.* = *Champignons.*) Parmi les espèces de *phallus* décrites par Ventenat, il en est une fort remarquable, le PHALLUS en chemise (*Phallus indusiatus*, Vent., *Mem. instit.* 1, tab. 7, fig. 3), qui présente un organe particulier, qu'on n'a point encore observé dans les autres espèces. Cet organe est un réseau fixé au haut du pédicule, qui semble d'abord le réunir au chapeau seulement par le limbe, et puis qui, près du parfait développement de ce champignon, s'épanouit et se rabat presque jusqu'à terre en enveloppant le pédicule. La présence de cet organe et sa forme ont paru suffisantes à M. Desveaux pour présenter le champignon en question comme un genre distinct, qu'il nomme *dictyophora*, et l'espèce *phalloidea*. Le pédicule est blanc, celluleux, court ; le chapeau campaniforme, ombiliqué, couvert d'alvéoles bleuâtres, bordées de blanc.

Quoique ce champignon ait un pédicule creux, et un chapeau alvéolaire à la surface et quelquefois ombiliqué au sommet, comme les *morilles* et les *phallus*, il n'est pas, comme eux, fétide ou odorant, et ne tombe point en déliquescence. Ventenat, après avoir fait remarquer qu'on pourroit séparer ce champignon d'avec les *phallus*, fait observer qu'il peut avoir un volva : c'est ce qu'on ne sauroit affirmer ou constater jusqu'à ce qu'on l'ait étudié dans son pays natal, la Guiane hollandoise. Peut-être, dit M. Persoon, le réseau remplace le volva ; mais ce réseau paroit plutôt représenter l'anneau ou la collerette particulière à certains *agaricus* et *boletus*.

Ce champignon, plus grand que le *phallus impudicus*, Linn., croît aux environs de Surinam, près des bords de la mer et sur les rives du fleuve. Il a été découvert par Levaillant, père du célèbre voyageur de ce nom. Voyez Phallus. (Lem.)

DICTYOPTERIS (*Bot.* = *Algues.*), *Neurocarpus* de Weber et Mohr. Fronde rameuse, partagée dans son milieu par une nervure qui s'évanouit vers l'extrémité ; substance de la fronde confusément et irrégulièrement réticulée ; fructifications en petits amas saillans, épars sur les deux surfaces de la fronde, et composés de petites capsules.

Tels sont les caractères de ce genre de la famille des algues, établi par M. Lamouroux : il comprend environ huit espèces de plantes marines, dont deux croissent sur les côtes d'Europe, et les autres sur celles de l'Afrique, de l'Amérique et de la Nouvelle-Hollande. Elles ont jusqu'à un pied de longueur. Lorsqu'on les retire de la mer, elles sont un peu charnues, roides, presque cassantes, et on y observe aisément leur organisation réticulée. Desséchées, elles deviennent très-minces, très-flexibles. Quelques espèces ont été placées dans les genres *Fucus* et *Ulva* : nous ne ferons connoître que les suivantes.

Dictyopteris de Justi ; *Dictyopteris Justii*, Lamx., Nouv. Bull. philom., 1, pag. 332, pl. 6, fig. 2, A, et Journ. bot., 2, pag. 130. Fronde rameuse, subdichotome ; frondules ovales, très-alongées, ondulées ; amas fructifères, épars ; stipe poilu.

La fronde a sept ou huit pouces de longueur, et chaque découpure a trois pouces environ de long sur une ligne de large. Cette espèce a été rapportée des Antilles par M. Poiteau.

Dictyopteris alongée : *Dictyopteris elongata*, Lamx., Journ. bot. 1, pag. 130 ; *Fucus membranaceus*, Stackh., *Ner. brit.*, tab. 6 ; *Fucus polypodioides*, Lamx., Diss. 1, tab. 24, fig. 1 ; *Ulva polypodioides*, Decand., Fl. fr. Fronde membraneuse, rameuse ; frondules alongées, tendres, couvertes d'une multitude de petits amas fructifères. Cette plante acquiert jusqu'à sept pouces de longueur. On la trouve sur les côtes de l'Océan, en France et ailleurs en Europe.

Dictyopteris polypodioide : *Dictyopteris polypodioides*, Lamx. *l. c.*, pag. 131; *Fucus polypodioides* β, Lamx., Diss., tab. 24, fig. 2. Fronde membraneuse, rameuse, étroite, presque opaque; frondules étroites; fructifications plus nombreuses près de la nervure que près des bords. Ce *dictyopteris* se trouve aussi en France, mais sur les côtes baignées par la Méditerranée.

Dictyopteris dentelé : *Dictyopteris serrulata*, Lamx., *Thalass., in Annal. Mus.*, vol. 20, tab. 2, fig. 6. Fronde très-rameuse; frondules très-étroites, à bords dentés comme une scie; fructifications rassemblées le long de la nervure. Cette jolie espèce croît à la Nouvelle-Hollande. (Lem.)

DICTYOTA. (*Bot. = Algues.*) Genre de plantes, établi par M. Lamouroux, et qui renferme un grand nombre d'espèces presque toutes placées parmi les *ulva* par les auteurs. Ce genre est lui-même le type d'une section que M. Lamouroux nomme les Dictyotées. (Voyez ce mot.)

Dans le genre *Dictyota*, la substance de la fronde est semblable à un réseau d'une finesse extrême, à peine sensible et même invisible à l'œil nu. Les mailles de ce réseau sont tantôt régulièrement disposées, et tantôt inégales et éparses; le plus souvent elles sont hexagones. Les fibres longitudinales ont plus de grandeur et sont plus visibles. C'est dans le parenchyme et dans ses mailles que se développe la fructification sous forme de points ou de taches brunâtres, visibles à l'œil. Au microscope on reconnoît que ce sont de petits amas de tubercules ou de coques séminifères. Ces fructifications affectent diverses dispositions, comme on le verra bientôt.

Un caractère essentiel qui distingue ce genre de ceux de la même section, c'est que la fronde n'est jamais partagée dans son milieu par une nervure. Agardh le nomme *zonaria*.

Tous les dictyota sont foliacés, minces et pourvus de tige et de racine. Celle-ci est une callosité plus ou moins grosse, entièrement couverte de poils laineux, simples, articulés et flexibles. Ces poils couvrent souvent la tige, quelquefois aussi ses divisions inférieures ou l'une de ses deux surfaces.

Trente espèces composent ce genre; elles se font remarquer par leur consistance foliacée et leur couleur olivâtre : environ douze espèces se trouvent sur nos côtes, les autres habitent principalement les mers des Indes orientales.

On peut diviser les dictyota en deux sections, qui pourroient être considérées comme deux genres.

§. 1.*er* *Frondes réniformes ou flabelliformes*: Fructifications situées en lignes transversales courbées en segmens de cercle et concentriques (*Pterigospermum*, Donat.; *Padina*, Adans.; *Zonaria*, Draparn.).

DICTYOTA QUEUE-DE-PAON, *Dictyota pavonia*, Lamx. : *Ulva pavonia*, Linn.; Decand., Fl. fr., n.° 57 : *Fucus maritimus gallopavonis pennas referens*, C. B.; Morison, *Ox.*, 3, tab. 8, fig. 7; Ellis, *Corall.*, 103, tab. 33, fig. c; vulgairement la PLUME DE COQ D'INDE MARINE. Frondes réniformes, rétrécies à la base, semblables à des éventails étendus, simples ou divisées en long, vert-jaunâtre ou blanchâtres, striées longitudinalement; sillonnées et marquées de bandes, de lignes et de raies brunes, fructifères, concentriques et parallèles au bord supérieur.

Les frondes naissent plusieurs ensemble : elles tiennent par des racines qui ressemblent à de petits tubes, formés de plusieurs articulations, dont chacune contient une substance molle. Ces tubes ne sont que le prolongement de la fronde et sont rapprochés sur le même plan. La surface entière de chaque fronde est couverte d'une pellicule mince, blanchâtre : les amas fructifères, lorsqu'ils sont mûrs, rompent cette pellicule et forment les lignes brunes transverses; chacun des amas est comparé par Ellis à un pepin de raisin, enveloppé de tout côté, excepté à la base, par une substance visqueuse et transparente. Cette espèce de pepin contient plusieurs séminules. (Voyez la figure de cette plante dans les cahiers de planches qui accompagnent cet ouvrage.)

Le dictyota queue-de-paon est une plante marine très-élégante, qu'on rencontre dans toutes les mers, en Amérique, à la Nouvelle-Hollande, dans les Indes, en Europe, etc.; il croît sur les rochers plongés dans la mer, et très-rarement sur les grands *fucus*. Il offre un grand nombre de variétés, parmi lesquelles il en est une qui se fait remarquer par sa grandeur, chacune de ses frondes ayant près de quatre pouces de longueur : on la trouve aux Antilles et sur les côtes de Barbarie. Les frondes n'ont habituellement qu'un ou deux pouces.

DICTYOTA ÉCAILLE, *Dictyota squammaria*, Lamourx.: *Ulva squammaria*, Decand., Fl. fr., n.° 38; *Fucus squammarius*, Gmel., *Fuc.*, tab. 20, fig. 1. Frondes réniformes, lobées, presque imbriquées, coriaces, brunes, striées longitudinalement, nues en-dessus, poilues en-dessous. Cette espèce se trouve dans la Méditerranée sur les rochers.

Huit autres espèces rentrent dans ce groupe, suivant M. Lamouroux : deux sont figurées dans son Essai sur les thalassiophytes non articulées, imprimé dans les Annales du Muséum, vol. XX : la première est le *dictyota variegata*, tab. 5, fig. 7, 8 et 9, qui se trouve aux Antilles, et la seconde le *dictyota interrupta*, tab. 6, fig. 1, qui croît dans les Indes orientales.

§. 2. *Frondes dichotomes, linéaires ou rétrécies :* Fructifications situées en lignes longitudinales ou flexueuses, ou bien entièrement ou en parties éparses.

DICTYOTA CILIÉ, *Dictyota ciliata*, Lamx. : *Ulva serrata*, Decand., Fl. fr., n.° 24. Fronde vert-fauve, foliacée, plane, dentée irrégulièrement en scie sur les bords, dichotome, rameuse ou même déchiquetée; protubérances fructifères, éparses ou disposées en lignes flexueuses interrompues. On trouve cette plante sur nos côtes, dans l'Océan et la Méditerranée; elle se rencontre aussi en Amérique. M. Decandolle a observé que chaque protubérance contient un tubercule ovale, épais et opaque.

DICTYOTA DICHOTOME, *Dictyota dichotoma*, Lamx. : *Ulva dichotoma*, Huds.; Light., *Scot.*, 2, t. 34; Decand., Fl. fr., n.° 25. Fronde d'un vert fauve, foliacée, très-mince, dichotome, entière sur les bords; les dernières divisions toutes terminées par deux lobes obtus écartés; fructifications punctiformes ou maculiformes, éparses sur le milieu de la fronde. Cette espèce offre un grand nombre de variétés, dont quelques-unes ont été considérées comme des espèces. Elle a deux à trois pouces de long, et forme des touffes adhérentes au sable, aux rochers ou aux plantes marines. Ses frondes ont d'une à quatre lignes de largeur. Elle est commune sur toutes les côtes d'Europe.

Dix-huit autres espèces rentrent dans ce groupe; parmi elles, dix se trouvent dans la Méditerranée, une à la Nouvelle-Hollande, une dans les Indes orientales, et quatre dans les Antilles, entre autres le *dictyota polypodioides*, Lamx., *Ess. Thal.*, tab. 6, fig. 2 et 3. (LEM.)

DICTYOTÉES. (*Bot.* = *Algues.*) Nom de la troisième section établie par M. Lamouroux dans sa distribution des genres composant la famille des thalassiophytes non articulées, et qui répond au second groupe de la troisième section de la famille des ALGUES (voyez ce mot, Suppl. au vol. 1.ᵉʳ).

Dans les dictyotées, dit M. Lamouroux, l'organisation est réticulée et foliacée; la couleur est verdâtre, et lorsque ces plantes sont exposées à l'air, elles ne noircissent pas. Elles sont divisées en quatre genres, savoir, *Amansia*, *Dictyopteris*, *Dictyota* et *Flabellaria*; elles avoient été confondues avec les *ulva* et les *conferva*. (LEM.)

DICUTDALAGA. (*Bot.*) Camelli, cité par Roi, pag. 92, dit que cet arbrisseau des Philippines, croissant sur le bord de la mer, a de jeunes rameaux très-flexibles, comme l'osier, auquel on le substitue pour divers usages. Les feuilles, opposées, ont une mauvaise odeur et une saveur d'absinthe; les fleurs, plus petites que celles du jasmin, et munies de cinq étamines, sont ordinairement portées au nombre de trois sur le même pédoncule. La figure qu'en donne Camelli paroît appartenir à une plante rubiacée. (J.)

DIDACTYLE. (*Ornith.*) Ce terme, qu'on emploie pour désigner un oiseau n'ayant que deux doigts, s'applique à l'autruche proprement dite, *struthio camelus*, Linn. Klein a établi la première famille de son *Prodromus* sur ce caractère de deux doigts en devant, sans pouce. (CH. D.)

DIDAPPER (*Ornith.*), nom anglois du petit grèbe, *colymbus minor*, Linn., qui est aussi écrit *didapser* et *dipper* dans le *Prodromus* de Klein et dans le *Synopsis* de Ray. (CH. D.)

DIDAR, DIRDAR, LUZACH (*Bot.*), noms arabes de l'orme, selon Dalechamps. Celui de *khar khafty*, cité par M. Delile, ressemble peu aux précédens. Aux environs de Constantinople son nom grec est *gauro*, suivant Forskaël. (J.)

DIDELPHE. (*Mamm.*) Nom donné par Linnæus à cinq marsupiaux connus de son temps, et tous originaires d'Amérique.

Les généralités dont ils furent le sujet, n'embrassant que quelques animaux et s'appliquant plus particulièrement à un nombre de parties jusqu'alors inobservées, devinrent les caractères distinctifs d'un genre fait dans les règles, et, par conséquent, d'un genre l'un des plus naturels de la méthode. Ses caractères donnés par Linnæus furent : *Dix dents incisives à la mâchoire supérieure, huit à celle d'en-bas ; des canines saillantes ; des molaires nombreuses, et une poche sous le ventre des femelles.*

Gmélin, continuateur du *Systema naturæ*, ne considéra guère cet ouvrage que comme un catalogue d'animaux qu'il falloit tenir au complet. Pallas, Daubenton, Camper, Banks, etc., avoient publié de nouvelles espèces à poche : d'après la considération de la bourse, et sur cette unique donnée, Gmélin fit autant de didelphes de ces animaux, paroissant oublier que ce n'étoit pas sur ce seul renseignement que Linnæus s'étoit déterminé ; et, comme pour ajouter plus de confusion dans son travail, il y ajouta une espèce voisine des makis, le tarsier, qui ne lui offroit pas même cette considération, et par conséquent cette excuse.

Je revis ce travail en 1798 (voy. le Magasin encyclopéd., tome IX, p. 446), et j'établis les quatre genres Dasyure, Phalanger, Kanguroo et Didelphe.

Nous ne devons nous occuper dans cet article que des généralités du dernier de ces genres.

Notre attention se portera particulièrement sur la naissance prématurée des espèces, dont les petits naissent en effet dans un état à peine comparable à celui que présentent les fœtus ordinaires.

Les jeunes didelphes, incapables de mouvement, et montrant à peine des germes de membres et d'autres organes extérieurs, restent collés aux mamelles de leur mère jusqu'à ce qu'ils soient parvenus au degré auquel naissent ordinairement les autres animaux. Un ou plusieurs replis

15. 14

de la peau sont étendus aux mamelles, de manière à former le plus souvent, et seulement dans les femelles, une poche ample et profonde, où ces petits, si imparfaits, sont préservés comme dans une seconde matrice : c'est à cause de cette circonstance, et pour en rappeler la singularité, que fut imaginé le nom de *didelphis*, mot qui signifie *double utérus*.

Deux os particuliers, attachés au pubis, et dont il paroît que les points rudimentaires se retrouvent chez d'autres mammifères, semblent former un des appuis nécessaires de tout l'appareil. On voit ces *os surnuméraires du bassin*, ces os aussi nommés *os marsupiaux*, aussi bien chez les mâles que chez les femelles. On a supposé jusqu'ici qu'ils n'avoient d'utilité qu'à l'égard de la bourse ; et, en effet, interposés parmi les muscles de l'abdomen, ils ont bien quelques relations avec la bourse, mais des relations qui ne sont pas assez prononcées pour qu'on se soit réuni d'opinion sur ce point.

La naissance des didelphes, qu'on pourroit plutôt prendre pour un avortement, et des secours en harmonie préparés en quelque sorte et répandus tout en dehors des mères, sont des faits si dignes d'attention, que ces singularités avoient préparé à d'autres anomalies, telles qu'en présente la conformation des organes sexuels.

Chez les mâles, le scrotum seul est apparent, et traîne presque à terre : il renferme des testicules d'un très-gros volume, dont la dimension contraste avec la petitesse du pédicule qui sert à leur suspension. Le pénis existe dessus et à la suite du scrotum, au contraire des autres quadrupèdes : dirigé de devant en arrière, il est engagé dans un repli de l'anus. On ne peut l'y voir qu'en écartant les lèvres formées par ce repli. On aperçoit d'abord une ouverture, celle du prépuce, et peu après, plus profondément dans le fourreau, un gland divisé en deux branches : celles-ci sont une continuation des corps caverneux. Enfin, l'orifice de l'urètre est placé dans le sinus de leur bifurcation.

Chez la femelle ce sont toutes parties correspondantes : le gland du clitoris est également fourchu, et chaque branche pareillement pointue. La matrice n'est point ouverte par un seul orifice vers le fond du vagin ; elle communique avec ce canal par deux tubes latéraux en forme d'anse, ou plutôt ce sont deux matrices du même ordre que celles des lapins, mais qui, au lieu d'être droites, sont recourbées l'une vers l'autre et qui s'anastomosent ensemble, à peu de distance et au-dessous de leurs orifices dans les trompes de Fallope. L'existence de ces deux matrices justifie d'autant mieux la convenance des deux glands de la verge des mâles qu'elles sont développées à l'excès, et que, par suite de ce développement, ou mieux de l'état habituel de leur déplissement, il n'y a point de col ou de rétrécissement à leur entrée dans le vagin. Aucun obstacle ne s'opposant à la sortie des œufs parvenus dans les matrices, c'est, je le suppose du moins ainsi, c'est à cette circonstance qu'il faudroit attribuer la naissance prématurée des fœtus, et que par suite l'existence de la bourse devient un si grand bienfait pour des êtres aussi frêles.

Ainsi s'expliquent (dans l'hypothèse, généralement regardée comme vraie, que les didelphes sont soumis au même mode de génération que les autres mammifères), ou paroissent s'expliquer les irrégularités que quelques différences dans la forme des organes introduisent dans leurs fonctions. Ou bien, disoit-on, ou bien les petits, contraints à le faire par le défaut d'ouverture immédiate du fond des matrices au vagin, traversent les matrices lorsqu'ils sont encore au degré de petitesse convenable pour que cela soit possible : ou bien, il arrive, comme l'a annoncé M. Home au sujet du kanguroo, qu'il se forme, après la fécondation, dans le fond du vagin, une ouverture donnant directement sur le centre des matrices ; ouverture, poursuit-on, fort sensible, dès qu'elle se prolonge en bourrelet peu après la mise-bas.

Cette dernière observation tendroit à faire cesser la contradiction où sont tombés sur ce point les anatomistes, dont les uns ont dit avoir vu, et les autres n'avoir pu apercevoir d'ouverture immédiate du fond des matrices au vagin : ceux-ci auroient observé des individus vierges, et ceux-là des individus fécondés.

Mais, dans ce dernier système, les faits perdroient leur caractère d'une dépendance mutuelle ; car nous ne pourrions plus nous expliquer, comme nous l'avons fait plus haut, la naissance prématurée des marsupiaux : et, dans l'une et l'autre hypothèse, nous nous expliquerions encore moins comment les petits des didelphes, qui à leur sortie de l'utérus sont d'une consistance gélatineuse, peuvent alors supporter, sans en être écrasés, les efforts et la pression qu'exercent ou doivent exercer sur eux les parois convulsives de la matrice ; comment ils sont apportés aux tétines ; quelle force les y attache, et ce qui amène la soudure de deux êtres dans des rapports si différens : soudure alors non équivoque, puisqu'il est connu que les tégumens de la mère servent par continuation d'enveloppes à ses génitures. Encore moins, enfin, nous expliquerions-nous comment il arrive qu'on ne trouve chez les fœtus, bien peu après leur apparition, ni le moindre signe de placenta, ni la plus petite trace d'ombilic : observation dont nous sommes redevables à MM. Home et Barton, et qui vient d'être vérifiée par le secrétaire de la Société philomatique ; ce dernier n'ayant aussi, de son côté, aperçu ni veine ombilicale, ni ouraque, ni ligament suspenseur du foie, ni généralement aucune des dispositions qui, dans les autres mammifères, deviennent les premiers moyens de nutrition des embryons. (Bulletin des sciences, 1818, p. 27.)

Ce sont là de réelles difficultés, dans la supposition que les didelphes engendrent leurs petits à la manière ordinaire des mammifères. Aussi nous disposent-elles à revenir sur quelques observations publiées dans les diverses contrées où habitent des marsupiaux. On y croit possible un fait contraire à l'analogie, cette règle de toute bonne philosophie, cet appui, ce guide sûr de tous nos raisonnemens : on y regarde comme certain que les didelphes naissent aux tétines de leurs mères. On se fonde pour cela sur des témoignages qu'il faut bien admettre comme irrécusables, l'observation oculaire ; on a vu la chose, on insiste sur des circonstances bien propres à l'établir. Il y a près de deux siècles que Marcgrave a écrit : « La bourse [1] est proprement

---

1 *Hæc bursa ipse uterus est animalis ; nam alium non habet, uti ex sectione illius comperi : in hac semen concipitur et catuli formantur ; et hæc ipsa, quam describo, bestia sex catulos vivos et omnibus membris absolutos, sed sine pilis, in hac bursa habebat.* (Marcgr., p. 223.)

« la matrice du *carigueya;* je m'en suis assuré par la dissec-
« tion ; la semence y est élaborée, et les petits y sont
« formés. » Pison confirme ces faits, pour avoir, dit-il, disséqué plusieurs de ces carigueyas. Valentin, auteur très-véri-
dique, malgré ce qu'on a dit à son sujet, Valentin, qui a
donné une histoire naturelle fort étendue de l'île d'Amboine,
donne les mêmes observations. « La poche des *philandres* est
« une matrice dans laquelle sont conçus les petits; ou si
« cette poche, ajoute-t-il, n'est pas ce que nous en pensons,
« les mamelles sont, à l'égard des petits de ces animaux, ce
« que des pédicules sont à leurs fruits : ces petits restent
« attachés aux mamelles jusqu'à ce qu'ils aient atteint une
« sorte de maturité, pour s'en séparer dans la suite de la
« même manière que le fruit quitte son pédicule. »

Un homme de lettres qui n'étoit point étranger à l'esprit
méthodique des sciences, feu M. Roume de S. Laurent,
correspondant de l'Institut, rapporte (Buffon, Supp. 3,
p. 243) des observations d'après lesquelles on auroit vu
très-distinctement au bout de chaque mamelon d'un didelphe
de petites bosses claires où étoient autant d'embryons ébau-
chés ; il auroit suivi lui-même par la dissection les voies
par lesquelles il présumoit que les embryons se seroient fait
jour à travers les glandes mammaires.

J'ai trouvé, auroit aussi écrit le marquis de Chastelux,
dans son Voyage à l'Amérique septentrionale, vol. 2, p. 330,
« j'ai trouvé, dit-il, l'opinion établie en Virginie, même
« parmi les médecins, que les petits de l'*opossum* (le sarigue
« des Illinois de Buffon) sortoient du ventre de leur mère
« par les mamelles. »

Enfin, quelques pages plus loin, le même auteur rapporte
très au long l'observation de son estimable ami et compagnon
de voyage, feu M. le comte d'Aboville, observation qui
comprend et les détails de l'acte de la génération et tous les
développemens des fœtus dans la bourse. M. d'Aboville donne
là, jour par jour, avec une habileté admirable, la plupart
des renseignemens qu'on eût souhaité recueillir soi-même.
Extraire cet important travail, ce seroit le priver de tout
son intérêt: j'y renvoie le lecteur. Il me suffira d'ajouter que
l'observation embrasse les trois premiers mois du développement des petits didelphes.

On ne cite, au contraire, aucune observation de fœtus trouvé dans les matrices. Les tétines, si petites, avant la fécondation, que Tyson nioit qu'elles existassent, parviennent après à un développement extraordinaire, s'alongeant, se renflant et passant à un diamètre qui n'est en rien comparable à ce qui se voit ailleurs. On les suit avec le scalpel sur le fœtus jusque bien près du larynx. Enfin, il est parfaitement connu qu'on compte et qu'il se développe à chaque portée autant de mamelons qu'il y a d'individus croissant ensemble dans la poche. Si l'on se rappelle que tous les autres mammifères se font remarquer par la disposition régulière et par la fixité dans le nombre de leurs mamelles, l'on saura apprécier tout l'intérêt d'une anomalie qui porte à la fois, dans une même espèce, sur le nombre, la symétrie et la situation des parties.

Ces témoignages réunissant le caractère d'observations faites *de visu*, serons-nous en droit de les rejeter par la considération qu'ils sont contraires à l'analogie, et que l'état présent de la science ne sauroit s'accommoder de pareilles données? En seroit-il aujourd'hui sur ce point comme au jour des premières insinuations relatives à la chute des aérolites? Et de pareils faits, si vulgairement connus aux Indes et en Amérique, ne seroient-ils repoussés que parce que nous ne pourrions les concevoir?

Cependant, voudroit-on appuyer ce système, on pourroit alléguer en sa faveur que c'est là tout simplement une génération gemmipare, comme bien des animaux en présentent des exemples. A l'objection que ce seroit, comme à plaisir, frapper de stérilité et réduire à zéro de fonctions des appareils de génération qui, dans le vrai, ne diffèrent en rien d'essentiel de ceux des autres mammifères, on pourroit répondre par des faits tout semblables. Les mulets naissent avec les mêmes organes génitaux que les autres solipèdes, et n'en font aucun usage. Que de plantes qui ont les organes sexuels dans un état parfait, et qui cependant n'amènent que difficilement à bien leur fruit, parce qu'une partie de la nourriture a y appliquer se trouve détournée au profit d'excroissances extraordinaires, lesquelles deviennent autant de *gemmas* ou bourgeons à germes? Toutes les solanées se re-

produisent tout naturellement par des semences, et la pomme
de terre, *solanum tuberōsum*, bien difficilement, au contraire,
parce qu'elle a de plus un autre mode de reproduction. On cite
aussi plusieurs plantes fournissant, dans l'aisselle des feuilles,
quelques bourgeons reproductifs, indépendamment de leurs
graines, dont c'est spécialement la fonction. Et sans sortir du
cercle de nos considérations habituelles, combien d'exemples
que nous pourrions également citer, où il est manifeste qu'un
organe énergique, tout-puissant dans un groupe, existe
ailleurs avec un tout semblable degré de développement,
mais non avec la même énergie, et, pour l'usage, se trouve
sans objet? La queue des poissons est chez ces animaux l'organe essentiel du mouvement progressif; et cette partie,
tout aussi composée et quelquefois encore mieux développée
dans beaucoup de mammifères, et particulièrement dans la
plupart des singes de l'ancien continent, y est d'une insigni-
fiance tout-à-fait curieuse, d'effet vraiment nul, on peut
l'affirmer, une partie absolument réduite à rien comme
fonction.

Mais, enfin, s'il falloit envisager sous ces nouveaux rapports
le mode de génération des didelphes, qu'est-ce au fond, et
que présenteroit-il de si extraordinaire? Les didelphes,
trouverois-je à répondre, les didelphes dans ce cas réuni-
roient les deux modes que la nature s'est accordés pour la
reproduction des espèces; c'est à-dire : 1.° celui au moyen
duquel les germes se développent à l'un des points de la
surface des animaux, ou la génération gemmipare; et 2.°
le mode où, au contraire, les germes ne se développent
qu'au dedans d'une cavité, et qu'en s'aidant du concours
de plusieurs organes fort actifs, ou la génération ovipare.
Qu'y auroit-il de si surprenant que, toute activité étant dé-
volue dans les didelphes aux organes de la génération gemmipare, les autres organes génitaux, frappés par là d'affaisse-
ment, restassent sans emploi?

Ce résultat est celui que présente partout l'ouvrage[1] que

---

1 *Philosophie anatomique: des organes respiratoires, sous le rapport
de la détermination et de l'identité de leurs pièces osseuses;* avec
figures de 116 nouvelles préparations anatomiques; in-8.° de 560 pages.

je viens de publier. De toutes parts j'aperçois en effet que la nature s'est, dans les animaux d'un haut rang, accordé de doubles moyens pour une seule et même fonction. L'un des deux moyens, parvenu à son plus haut point de développement, va plus directement au but, lorsque l'autre, restreint dans son accroissement et dans des conditions secondaires, n'est plus que subsidiairement utile, qu'il borne son influence à s'interposer dans quelques vides, et qu'il n'intervient que pour mieux assurer la marche du premier.

C'est ainsi dans une famille; c'est l'inverse dans une autre. Car ce qui formoit d'abord l'organe rudimentaire, l'assistant pour un rôle secondaire, l'être en état de souffrance ou tout au moins de subordination, est, à son tour, élevé aux qualités principales, c'est-à-dire, devient un organe porté au plus haut point de développement et de fonctions; lorsque l'autre, frappé par cela même d'amaigrissement, se trouve déchu du premier rang, et tenu à ne plus jouer qu'un rôle très-secondaire.

Les didelphes ne doivent pas, eu égard aux considérations qui nous occupent, être apportés seuls en exemple de cette théorie. Voyons la question de plus haut, et montrons que la totalité des mammifères en fournit une application tout-à-fait remarquable.

Avant que tout jeune mammifère soit amené au régime diététique de ses parens, il est forcé de vivre à leurs dépens de sucs nutritifs qui se dégagent chez sa mère et qu'il parvient à absorber. Il le fait de deux manières, ayant successivement recours à deux organes, qu'on peut à la rigueur embrasser sous la même considération : et, en effet, tout fœtus commence à appliquer à son premier développement des sucs extravasés dans la matrice, et qui y arrivent avec d'autant plus d'abondance que le corps étranger, qui y prend son accroissement, y devient plus gros et y procure plus d'irritation. Ces effets sont produits et durent tout autant que se prolonge l'état de la gestation. Mais un fœtus de mammifère n'a pas plus tôt quitté la cavité intérieure où il étoit contenu, qu'il lui faut recourir de nouveau aux mêmes expédiens : il ne peut fournir à sa nutrition que par de nouveaux emprunts à sa mère, qu'en allant puiser chez elle des sucs de même nature, qu'en portant aussi l'irritation sur un des points de sa surface, qu'en agissant sur un tout autre organe pouvant à ce moment remplacer la matrice, et qu'en appauvrissant constamment cet organe, afin d'y ramener de nouveau l'abondance. On sait que c'est à ces exercices que s'appliquent les nouveau‑nés, et que c'est l'objet de la seconde époque de leur développement, dite la lactation.

Qui ne voit, qu'excepté peut-être le moment de la conception, les deux organes sont employés de la même manière; qu'ils sont pareillement mis en mouvement par la survenance et l'excitation d'un corps qui leur est de même, jusqu'à un certain point, étranger; qu'ils tendent également à faire arriver sur ce corps, ou le fœtus, une même nourriture; qu'en agissant l'un après l'autre, ils agissent cependant et exactement l'un comme l'autre, et qu'ils se proposent les mêmes fins, se trouvant tous deux et tout aussi parfaitement des *organes éducateurs?*

Les organes internes ou sexuels seroient, dans cette théorie, portés au *maximum* de composition chez la plupart des mammifères, quand les organes externes ou ceux de la lactation s'y trouveroient à proportion moins développés; et ce qu'on auroit de plus, dans cette direction, à remarquer à l'égard des premiers, c'est que ces organes se présentent en outre avec une autre fonction, avec une seconde fonction surajoutée à la première. Tous deux, avons-nous vu, sont organes éducateurs, organes de nutrition : ce qui n'empêche pas que l'un d'eux ne soit en outre employé à l'incubation du fœtus. Mais, que ces rapports viennent à changer; que cette proportion soit inverse; que les glandes mammaires, comme cela arrive dans les didelphes, au lieu de se trouver partagées en fragmens et disséminées çà et là sous la poitrine et l'abdomen, soient rassemblées en un seul foyer; et que, soit à cause de cette réunion, soit en raison d'un calibre plus fort de l'artère épigastrique, et par conséquent d'un afflux plus considérable du sang, elles existent portées à tout le développement dont la chose est susceptible, il pourra se faire que, tout en restant consacrées à leur principal objet, la nourriture du fœtus, ou, ce qui revient à la même proposition, tout en se montrant fidèles au devoir de la fonction générale, elles soient, y faisant concourir les enveloppes dont se compose la bourse, pareillement employées à l'incubation et à la nutrition d'un embryon. Ne peut-il pas arriver, en effet, qu'il se développe vers les points mamillaires, ou profondément, ou plus extérieurement, à la membrane du tissu muqueux (la glande mammaire ayant acquis le plus haut degré d'organisation), un appareil de vaisseaux nourriciers analogues à ceux dont se compose le placenta, mais adaptés dans ce nouvel ordre de faits, non plus à une ouverture d'une courte durée, à l'ouverture ventrale ou l'ombilic, mais à un orifice permanent, celui de la bouche elle-même, entrée plus naturelle peut-être, pour la substance nutritive, que celle que nous sommes cependant et journellement à portée d'observer ?

Cette manière d'envisager les mamelles des animaux, et de les considérer comme pouvant dans quelques cas servir de gangue à des embryons, rentre dans ce qu'on connoît des conceptions extra-utérines à l'égard de l'homme : il n'arrive pas toujours au fœtus humain d'être formé ou de parvenir tout formé dans la matrice, et tout germe alors qui se développe hors de cette poche, pose et se greffe en quelque sorte sur l'un des viscères abdominaux. C'est là un cas pathologique, voudra-t-on objecter, une sorte de monstruosité peu favorable à ces déductions. Mais tous les divers développemens des animaux, toute variation quelconque de leurs formes, qu'est-ce à la rigueur pour un philosophe qui compare et embrasse dans une même pensée l'action ou le jeu de tous ces phénomènes ? Des cas pathologiques permanens, des monstruosités qui reparoissent les mêmes dans des cas déterminés, c'est-à-dire, des déviations d'une règle suivie dans une espèce, qui deviennent normales dans une autre. On a cité des hommes à queue : la queue, dans cet exemple, est une excroissance extraordinaire, pathologique, si je puis me servir de cette expression, et la manière dont je l'emploie ici indique dans quelle acception ; c'est, enfin, une vraie monstruosité. Dans des espèces très-voisines, la queue est toujours reproduite : elle est de règle pour le plus grand nombre des singes.

Ma théorie des doubles moyens pour un résultat unique, s'il est par la suite prouvé qu'elle s'applique à la reproduction des êtres, c'est-à-dire, si mes pressentimens à l'égard des animaux à bourse se trouvent un jour confirmés par des observations et des expériences positives, ne bornera pas ses avantages à donner la solution de beaucoup de phénomènes physiologiques d'un haut intérêt; elle exercera de plus une grande influence sur nos lois zoologiques.

Et en effet, si les considérations qui forment les principaux caractères des marsupiaux ne dépendent dans le vrai que d'une concentration en un seul foyer des parties des glandes mammaires, et par suite d'un plus haut degré de développement de tout l'appareil, on ne devra plus s'étonner que ce système d'organisation se trouve chez des animaux carnassiers, insectivores, herbivores et rongeurs. On aperçoit, au contraire, qu'un nouvel arrangement des parties sexuelles est compatible et peut fort bien se combiner avec les autres conditions organiques sur lesquelles repose la notion de ces divers genres de mammifères. Des différences aux pieds, qui suivent dans leur progression les différences dans lesquelles se modifient les organes de la génération, ne sauroient être considérées comme une objection sérieuse contre ces vues, puisque toutes ces différences chez les marsupiaux n'affectent jamais que les pieds postérieurs. On connoît la correspondance des pieds de derrière avec les os du bassin, comme aussi celle des pieds de devant avec les parties de l'épaule. Une modification survenue à l'un des bouts entraîne la modification, ou du moins est toujours accompagnée d'une modification du même ordre à l'autre extrémité.

Pour revenir au principal objet de cette digression, nous dirons que la conséquence de ce qui précède est, que les mammifères, avec leurs doubles moyens pour perpétuer leur espèce, ne diffèrent des autres animaux qu'à raison de cette double combinaison d'organes éducateurs ou sexuels. En dehors des mammifères sont effectivement d'autres animaux moins parfaits, et dont alors le caractère d'imperfection consisteroit principalement en ce qu'ils ne montrent qu'un seul de ces systèmes nutritifs, au lieu des deux réunis : tous autres animaux sont, ou seulement ovipares, ou seulement gemmipares.

Les vues que je viens d'exposer conservent trop encore le caractère d'idées systématiques; je me garderai donc bien d'en tirer des conclusions trop absolues. Ainsi, sans adopter définitivement l'opinion que les petits des didelphes naissent sur les tétines de leur mère, je remarquerai qu'on l'a vu, qu'on l'a dit; et je me bornerai à ajouter qu'il faut y regarder de nouveau.

Nous ne sommes pas, dans la présente circonstance, réduits à nous en tenir à des données insuffisantes, ainsi qu'il a bien fallu le faire par rapport au phénomène des pierres venues du ciel. Toutes les conjectures qu'on peut se permettre peuvent être vérifiées par l'observation; et puisqu'il est évidemment très-utile aux progrès de la physiologie qu'elles le soient, il est convenable que nous saisissions toutes les occasions possibles d'engager les personnes éclairées qui, aux Indes et en Amérique, se trouvent à portée de suivre ces recherches, d'en vouloir bien prendre la peine. C'est à cet effet que je suis entré ici dans d'aussi grands détails, bien persuadé, comme je le suis, que, pour avoir la solution de ces intéressantes questions, il n'est besoin que de dire et de répéter de nouveau qu'on en est encore, en Europe, à se demander *si effectivement les petits des didelphes naissent sur les mamelles de leur mère.*

Les didelphes, dont Linnæus n'a réellement connu que cinq à six espèces, forment aujourd'hui une famille extrêmement nombreuse. Tous d'Amérique, ce sont les seuls marsupiaux qui ont cinquante dents, nombre le plus grand que l'on ait encore observé parmi les mammifères onguiculés. Les incisives sont au nombre de dix à la mâchoire supérieure, et de huit à l'inférieure; les dents mitoyennes d'en-haut sont les plus longues et les deux seules qui se présentent de front en avant. Les autres dents sont quatre canines très-alongées, et vingt-huit molaires : de celles-ci il en est trois, de chaque côté et à chaque mâchoire, qui sont de vraies mâchelières très-comprimées; les quatre autres, plus dans le fond du palais, sont de grosses molaires hérissées, les supérieures étant triangulaires et les inférieures oblongues. Ce grand nombre de dents feroit seul présumer que la bouche est très-fendue : et cette circonstance est très-remarquable quand la bouche, réduite d'abord à n'être qu'un suçoir, n'est formée dans le premier âge que par un orifice rond et très-étroit.

La tête est longue et régulièrement triangulaire; de grandes oreilles nues donnent à ces animaux une physionomie très-singulière. Leur queue fortement prenante, et leur pouce des pieds de derrière, qui est long, écarté et opposable aux autres doigts, déterminent leur instinct, et les portent à vivre sur les arbres. C'est là qu'ils nichent en effet, et qu'ils poursuivent les petits oiseaux, dont ils sont friands, principalement de leurs œufs. Les didelphes sont bien forcés aux mêmes habitudes que les oiseaux, quand ils s'occupent de la reproduction de leur espèce. Le développement des petits dans la bourse ressemble à beaucoup d'égards à celui des poulets sous leur mère : c'est une véritable incubation, qui doit asservir au genre de vie des oiseaux principalement les espèces qui sont privées de bourse, et qui ne peuvent conserver à leurs fœtus la chaleur nécessaire à cette époque de leur développement qu'en demeurant ainsi long-temps avec eux. Nous apprendrons sans doute un jour que les mâles viennent alors au secours de leurs femelles, et se chargent de leur procurer la nourriture que celles-ci sont hors d'état d'aller chercher elles-mêmes.

Les didelphes sont des animaux fétides et nocturnes : leur marche étant très-lente, ils n'ont pas beaucoup d'habileté comme chasseurs; mais ils vivent de fruits et de racines. Tout-à-fait omnivores, leur estomac est simple et petit, leur cœcum médiocre et sans boursouflures.

On distingue aujourd'hui trois subdivisions dans ce genre. Les uns sont des animaux terrestres et à pattes libres, quand il en est qui vont à l'eau, et qui ont les doigts des pieds de derrière réunis par une membrane; et parmi les premiers on distingue ceux qui ont une bourse, des espèces qui en sont privées. Nous ferons connoître ces trois sous-genres et les espèces qui en font partie, aux mots SARIGUE, MARMOTTE et YAPOCK. (G. S. H.)

DIDELTA. (*Bot.*) [*Corymbifères*, Juss. ; *Syngénésie polygamie superflue*, Linn.] Ce genre de plantes, établi par l'Héritier dans la famille des synanthérées, appartient à notre tribu

naturelle des arctotidées, et à la section des arctotidées-gor-
tériées, dans laquelle nous le plaçons auprès du *favonium* de
Gærtner, qui n'en diffère que très-peu, et peut-être pas assez
pour constituer un genre distinct. Le *didelta* étoit nommé par
Buchoz *breteuillia*, et par Thunberg *choristea*, nom que Solander
avoit appliqué au *favonium*. Linnæus fils confondoit le *didelta*
et le *favonium* avec le *polymnia*. Nous avons analysé une
calathide sèche qui nous a offert une partie des caractères
attribués au *didelta*, combinés avec une partie de ceux attribués au *favonium*. Cette analyse, jointe à la comparaison des
genres voisins, nous a aidé à interpréter les descriptions des
auteurs, pour y démêler les vrais caractères génériques du
didelta, que nous décrivons de la manière suivante.

La calathide est radiée, composée d'un disque pluriflore,
régulariflore, masculiflore au centre, androgyniflore à la circonférence, et d'une couronne unisériée, liguliflore, féminis-
flore. Le péricline est plécolépide, formé de squames entregreffées, très-courtes, bisériées : les extérieures au nombre
de trois, dont chacune est surmontée d'un grand appendice
libre, cordiforme ; les intérieures, au nombre de douze,
surmontées d'autant d'appendices libres, alternativement inégaux, linéaires-lancéolés, dentés en scie. Le clinanthe est
simple sous les fleurs mâles situées au centre du disque, et
très-profondément alvéolé sous les fleurs hermaphrodites et
femelles qui composent le reste de la calathide. Les ovaires
des fleurs hermaphrodites et femelles sont oblongs, et chacun
d'eux est complétement enchâssé dans une alvéole du clinanthe ; leurs aigrettes, qui s'élèvent au-dessus des alvéoles,
sont formées de squamellules filiformes, roides, barbellulées.
Les faux-ovaires des fleurs mâles sont semi-avortés, et courtement aigrettés. A l'époque de la maturité, la partie du
clinanthe qui renferme les fruits, étant devenue presque
osseuse, se détache de la partie centrale, et se partage en
même temps en trois portions, dont chacune demeure accompagnée de la portion correspondante du péricline qui lui
est adhérente, et qu'elle emporte avec elle.

La Didelte a feuilles de tétragonie (*Didelta tetragoniæ-
folia*, l'Hérit., *Stirp. nov. fasc.* 3, p. 55, t. 28) est une
plante herbacée, dont la tige, haute d'un pied et demi,

est rameuse, cylindrique, pubescente au sommet; les feuilles sont alternes, sessiles, longues de deux à trois pouces, linéaires-lancéolées, entières, un peu charnues, les supérieures pubescentes; les calathides, grandes et composées de fleurs jaunes, sont solitaires à l'extrémité des rameaux, qui leur servent de pédoncules. Cette belle plante habite le cap de Bonne-Espérance.

Nous croyons utile d'ajouter ici la description de la calathide que nous avons analysée, et qui semble exactement intermédiaire entre le *didelta* et le *favonium*. Elle étoit sèche et en mauvais état; cependant on peut compter sur l'exactitude des caractères suivans.

Calathide radiée, composée d'un disque multiflore, régulariflore, androgyniflore, et d'une couronne unisériée, liguliflore, neutriflore: péricline supérieur aux fleurs du disque, plécolépide, formé de squames entregreffées, excessivement courtes, presque nulles, manifestes seulement par leurs appendices, et bisériées; les extérieures au nombre de trois, dont chacune est surmontée d'un grand appendice libre, foliacé, ovale; les intérieures, plus nombreuses, surmontées d'appendices plus courts et plus étroits, libres, foliacés, linéaires-lancéolés: clinanthe large, plane, alvéolé, hérissé de fimbrilles spiniformes, qui sont nulles sur sa partie centrale; ovaires petits, obconiques, enchâssés dans les alvéoles du clinanthe; aigrettes courtes, composées de squamellules inégales, filiformes, épaisses, aiguës, barbellulées: corolles de la couronne, tridentées au sommet; corolles du disque à lobes longs, linéaires, noirâtres au sommet: étamines à appendices apicilaires, arrondis, noirâtres; style d'arctotidée. (H. Cass.)

DIDERMA. (*Bot.=Champignons.*) Péridiums ou conceptacles situés sur une membrane commune, sessiles ou portés sur des pédicelles ordinairement simples; chaque péridium globuleux ou pyriforme, composé d'une double enveloppe: l'une extérieure, se déchirant irrégulièrement ou en lanières radiées; l'autre, globuleuse ou conoïde, remplie de filamens entremêlés qui contiennent la poussière séminulifère. Il arrive quelquefois qu'il existe une troisième enveloppe, souvent très-difficile à voir; alors la plus intérieure est considérée comme une columelle.

Ces caractères réunissent les genres *Diderma* et *Didymium* de Link. Le premier ne contient que les *diderma* sans columelle, et le second quelques espéces de *didymium* de Schrader et de *diderma* de Persoon, qui en présentent une.

Ce genre se distingue difficilement des *leocarpus*, *leangium*, *physarum* et *cionium*. Celles de ses espéces connues avant Persoon et Link étoient comprises dans les genres *Reticularia* et *Sphærocarpus*, Bull.; *Lycoperdon*, Linn.; *Trichia*, etc.

Ce genre, ainsi considéré, comprend environ dix-huit espéces. Elles se trouvent sur le bois, les écorces et les feuilles mortes des arbres. Ce sont toutes des espéces microscopiques, qui sont aux *trichia* ce que les *geastrum* sont aux *lycoperdon*.

§. 1.er *Péridium pédicellé.*

1.° DIDERMA FLORIFORME : *Diderma floriforme*, Pers., Dec., Fl. fr., n.° 694; *Sphærocarpus floriformis*, Bull., Champ., 371; *Didymium*, Schrad., *Nov. gen.*, pag. 25. Coriace, jaunâtre; membrane épaisse; pédicelles grêles, lisses, simples; péridium globuleux, enveloppe externe s'ouvrant complétement en cinq, six ou sept lanières rayonnantes; enveloppe interne pyriforme, ridée, persistante, laissant échapper une poussière brune et le tissu filamenteux. Il croît sur le bois mort et est assez rare.

2.° DIDERMA DES MOUSSES : *Diderma muscicola*, Link, *Berl. Mag.*, 1813, pag. 42, *sub Didymio*. D'un gris enfumé; péridiums pédicellés, globuleux, presque rapprochés en grappe; pédicelles fauves. Il croît sur les mousses en Silésie.

3.° DIDERMA RAMEUX : *Diderma ramosum*, Pers., Decand., Fl. fr., n.° 695; *Reticularia stipitata*, Bull., Champ., tab. 380, fig. 3. Membrane commune, blanche et coriace; pédicelles rameux à la base; péridium sub-globuleux, d'abord blanc et mucilagineux, ensuite jaune, puis gris-noirâtre. Il croît sur les arbres morts.

§. 2. *Péridium sessile.*

DIDERMA DIFFORME ; *Diderma difforme*, Pers. Blanc ; péridium lisse, difforme; enveloppe du péridium interne bleuâtre, contenant une poussière brune. On trouve cette espèce sur les tiges et les feuilles de la pomme de terre.

2.° DIDERMA GÉASTRE; *Diderma geaster*, Link, *Berl. Mag.*, *l. c.*, *sub Didymio*. Péridium sessile, blanc-brunâtre, globuleux; enveloppe externe s'ouvrant en lanières rayonnantes réfléchies et noircies en dedans par la poussière séminifère ; columelle blanche. Cette espèce n'est pas plus grosse qu'un grain de mil (*panicum italicum*). On la trouve sur le bois mort. Elle rappelle en petit la vesse-loup étoilée. (LEM.)

DIDESMUS. (*Bot.*) Genre proposé par M. Desvaux (*Journ. bot.*, 3, pag. 160, tab. 24, fig. 11) pour quelques espèces de *myagrum* et de *bunias*, qu'il distingue par leurs silicules coriaces, alongées, anguleuses, divisées en deux articulations monospermes, placées l'une au-dessus de l'autre, ainsi qu'on peut l'observer dans le *myagrum ægyptiacum*, Linn., et le *bunias myagroides*, Linn. (POIR.)

DIDICILIS ou DIDICLIS. (*Bot. = Lycopodiacées.*) Ce genre, établi par M. Beauvois aux dépens des *lycopodium*, a été appelé depuis par lui GYMNOGYNUM : voyez ce mot et LYCOPODIACÉES. (LEM.)

DIDIRÉ (*Bot.*), espèces de haricot ou dolie d'Arabie, qui sont les *dolichos didire* et *dolichos cultratus* de Forskaël. (J.)

DIDJADI EL BAHR. (*Ichthyol.*) A Damiette, on appelle ainsi la daurade porte-épines. Voyez DAURADE. (H. C.)

DIDJAR (*Bot.*), nom d'une plante de l'Arabie , dont Forskaël a fait son genre *Digera*, qui appartient à la famille des amarantacées. Il dit aussi que le *cassia tora* est nommé *didjar el akbar*. (J.)

DIDRIC (*Ornith.*), espèce de coucou d'Afrique , *cuculus auratus*, Gmel. (CH. D.)

DIDUS (*Ornith.*), nom latin du DRONTE. Voyez ce mot. (CH. D.)

DIDYMANDRA PURPURINE (*Bot.*) : *Didymandra purpurea*, Willd., *Sp.* 4, pag. 971 ; *Synzyganthera purpurea*, *Syst.*, *Fl. Per.*, 1, pag. 273. Grand arbre du Pérou, de la *polygamie monoécie* de Linnæus, qui paroît devoir appartenir à la famille des *euphorbiacées*. Ses fleurs sont polygames, réunies en un chaton cylindrique, muni d'écailles imbriquées. Les fleurs hermaphrodites sont pourvues d'un calice à quatre découpures ; une corolle (calice interne? Juss.) monopétale à quatre divisions ; un seul filament, soutenant une anthère double ; un ovaire supérieur, surmonté de trois styles courts. Le fruit est une baie à trois loges, une semence dans chaque loge. Les fleurs femelles ressemblent aux fleurs mâles ; mais elles n'ont point d'étamines : elles sont placées sur le même chaton.

Cet arbre s'élève à la hauteur de trente-six à quarante pieds : ses rameaux sont garnis de feuilles oblongues, entières, lancéolées, acuminées ; les fleurs disposées en chatons. Il croît au Pérou, dans les lieux ombragés des grandes forêts. (Poir.)

DIDYME (*Bot.*), à deux lobes arrondis, réunis par un seul point et paroissant ainsi formé de deux parties distinctes. Les étamines de l'euphorbe, de la mercuriale, de l'épinard, etc., ont les anthères *didymes*. Parmi les fruits, la silicule du *biscutella*, le regmate de la mercuriale, etc., sont également *didymes*. (Mass.)

DIDYMÉLÉE DE MADAGASCAR (*Bot.*) : *Didymeles madagascariensis*, Pet. Thou., Végét. des îles d'Afr., pag. 9, tab. 3. Genre établi par M. du Petit-Thouars pour un arbre de Madagascar, dont la famille naturelle n'est point encore déterminée. Il appartient à la *dioécie diandrie* de Linnæus. Son caractère essentiel consiste dans des fleurs dioïques : dans les mâles, deux écailles pour calice, point de corolle, deux anthères sessiles, adhérentes ; dans les fleurs femelles, le calice comme dans les mâles, point d'étamines, un stigmate sessile à deux lobes, un drupe monosperme.

Cet arbre ne s'élève qu'à une hauteur médiocre ; il supporte une cime en tête assez élégante. Ses rameaux sont alongés, revêtus d'une écorce lisse et jaunâtre, garnis de grandes feuilles alternes, pétiolées, ovales-oblongues, acuminées, glabres, très-entières. Ses fleurs sont peu apparentes : les mâles réunies sur une sorte de chaton axillaire et rameux ; ces fleurs sont éparses, sans calice ni corolle ; elles offrent deux anthères sessiles, cunéiformes, accompagnées de deux petites écailles latérales : les fleurs femelles disposées sur un chaton simple, plus épais ; chaque fleur pédicellée, composée de deux ovaires terminés chacun par un stigmate à deux lobes, accompagnés d'une écaille dorsale et non latérale, comme dans les mâles. Le fruit consiste en un ou deux drupes monospermes, ovales, d'environ un pouce et demi de long; le noyau revêtu d'un arille charnu; la coque dure, osseuse, réticuléo en-dessus par des nervures; l'embryon renversé; les cotylédons épais, sans périsperme, d'une très-grande amertume, comme ceux du marron d'Inde. Les habitans de l'île de Madagascar lui donnent le nom de *fangan-babé*. Il fleurit et fructifie pendant une grande partie de l'année. (Poir.)

DIDYMIUM. (*Bot.* = *Champignons.*) Schrader avoit créé ce genre pour y placer des champignons microscopiques dont le péridium, sessile ou pédicellé, étoit formé de deux enveloppes entre lesquelles les séminules se trouvoient logées dans un réseau filamenteux, et dont l'enveloppe interne, considérée comme une columelle par MM. Persoon et Link, est fermée et remplie d'une matière pulvériforme, composée, selon quelques mycologistes, de séminules nues. Ces caractères, extrêmement difficiles à apercevoir et minutieux, ont contribué à faire modifier ce genre. Il comprenoit huit espèces: quatre d'entre elles, les *didymium floriforme*, *stellare*, *testaceum* et *complanatum*, sont restées dans le genre *Diderma* de M. Persoon et sont la base du genre *Didymium* de Link. Deux autres, les *didymium tigrinum* et *farinaceum*, sont placées dans les *physarum* par Persoon, et une, le *didymium parietinum*, est le *licea bicolor*, Pers. Voyez Diderma. (Lem.)

DIDYMOCHLÆNA. (*Bot.* = *Fougères.*) Groupes fructifères, alongés, solitaires, recouverts chacun par un tégument fixé longitudinalement, et par sa partie moyenne, sur la veine des frondules, et s'ouvrant de droite et de gauche de dehors en dedans.

Didymochlæna sinueux; *Didymochlæna sinuosa*, Desv., Journ. bot., 3, tab. 2, fig. 4. Stipe et côtes des frondes recouvertes d'écailles; frondes deux fois ailées : frondules principales linéaires-lancéolées; les secondaires glabres, rhomboïdales, égales à la base, auriculées en avant, et à bords sinueux; fructification presque marginale.

Cette fougère croît dans les Indes orientales; elle paroît devoir rentrer dans le genre *Diplazium*. (Lem.)

DIDYMODON. (*Bot.* = *Mousses.*) Didymode. Brid.; *Double-*

dents, P. B. Urne terminale, oblongue, sans apophyse; péristome simple à seize ou trente-deux dents filiformes, libres, mais rapprochées par paires; coiffe fendue latéralement; fleurs mâles axillaires.

Ces caractères, donnés par Hedwig, Bridel et Schwægrichen, ne placent dans ce genre que quatre espèces de mousses. Le genre *Cynontodium* de Hedwig, qui n'en diffère essentiellement que par la position terminale des fleurs mâles, et qui contient huit espèces, y a été réuni par plusieurs botanistes (voyez Cynodontium). Smith, Turner, Schrader les ont rapportés au *trichostomum*. Les quatre espèces de *didymodum* croissent en Europe dans les endroits tourbeux ou sablonneux. Elles naissent en touffes : leurs tiges, simples ou rameuses, sont longues de deux à six lignes; elles sont garnies de petites feuilles imbriquées, et portent des urnes soutenues par des pédicelles rouges, terminaux, longs de six à douze lignes et privés de périchèze.

Didymodon nain : *Didymodon pusillum*, Hedw., *Musc. frond.*, 1, p. 74, tab. 28; Decand., Fl. fr., n.° 1224. Tige simple; feuilles ovales, concaves à la base, puis subulées; urne droite, ovale, oblongue, garnie d'un opercule oblique et en bec à la pointe. Se trouve en Provence dans les lieux sablonneux, exposés au soleil et à l'abri du vent; elle croît aussi dans toute l'Europe tempérée et boréale : elle n'a guère plus d'un pouce de hauteur.

Didymodon roide : *Didymodon rigidulum*, Hedw., *St. cr.* 3, p. 8, t. 4; Decand., Fl. fr., n.° 1226. Tige rameuse vers le haut; feuilles lancéolées, à nervures du milieu roides, terminées en pointe; urne droite, oblongue, munie d'un opercule conique, ou subulé et courbe. Cette mousse, de la même grandeur que la précédente, se trouve sur les murs, les pierres, les rochers, en France et dans presque toute l'Europe. (Lem.)

DIDYNAMIE (*Bot.*), nom formé de deux mots grecs qui signifient *domination de deux*. Linnæus a donné ce nom à la quatorzième classe de son système sexuel, dans laquelle sont réunies les plantes à quatre étamines, dont deux plus grandes semblent dominer les deux autres (*lamium*, brunelle). (Mass.)

DIEBEL (*Ichthyol.*), voyez Dobel. (H. C.)

DIECTOMIS. (*Bot.*) Genre de plantes monocotylédones, à fleurs glumacées, de la famille des *graminées*, de la *polygamie monoécie* de Linnæus, offrant pour caractère essentiel des épillets géminés, uniflores; l'un hermaphrodite, sessile; l'autre neutre, pédicellé. Les valves du calice, dans l'épillet hermaphrodite, sont inégales; l'inférieure comprimée en carène, munie d'une arête; les valves de la corolle membraneuses, l'inférieure aristée : dans l'épillet neutre, les valves du calice planes, aristées; celles de la corolle mutiques; trois étamines, deux styles.

Ce genre a été séparé des *andropogon*, avec lesquels il a de très-grands rapports, et établi par M. de Beauvois. On y rapporte l'espèce suivante :

DIECTOMIS FASTIGIÉ : *Diectomis fastigiata*, Palis. de Beauv., *Agrost.*, 152, tab. 23, fig. 5; Kunth *in* Humb. et Bonpl., *Nov. gen.*, 1, pag. 193, tab. 64. Plante de l'Amérique méridionale, dont les tiges sont droites, longues de trois pieds, glabres, rameuses à leur base; les rameaux pubescens au-dessous de l'épi; les feuilles planes, rudes à leurs bords; les gaines glabres, plus courtes que les entre-nœuds, les supérieures lâches, sans feuilles; une languette très-longue, lancéolée; les épis solitaires, terminaux, longs de deux pouces; leur rachis divisé par articulations cunéiformes et pileuses; les épillets géminés, uniflores; dans l'hermaphrodite, la valve inférieure du calice pileuse à sa base et sur la carène; l'arête rude, presque droite, trois fois plus longue que la valve : la valve supérieure linéaire, aiguë; les valves de la corolle un peu plus petites; l'inférieure bidentée, surmontée d'une arête torse, géniculée. Dans l'épillet neutre, les valves du calice glabres; l'inférieure brune, plane, acuminée, bifide; l'arête de la longueur des valves : la supérieure blanche, très-petite, munie d'une arête droite, un peu plus longue que la valve : les valves de la corolle glabres, blanchâtres, mutiques, lancéolées, un peu concaves. (POIR.)

DIÉMÊL. (*Mamm.*) Eldemiri donne ce nom comme un de ceux du chameau chez les Arabes. (F. C.)

DIERAD EL BAHR (*Ichthyol.*), nom arabe de l'exocet sauteur. V. EXOCET. (H. C.)

DIÉRÉSILE. (*Bot.*) Il est des fruits simples dont les loges, formées par des valves rentrantes primitivement soudées les unes aux autres par les côtés, sē séparent à la maturité en parties distinctes qui prennent le nom de coques. M. Mirbel a nommé ces fruits diérésiliens, et les a distribués en trois genres : le crémocarpe, le regmate et la diérésile. Le crémocarpe, fruit particulier à la famille des ombellifères , est composé de deux coques toujours closes, qui contiennent chacune une graine renversée, périspermée, adhérente à la paroi de la coque. Le regmate, qui caractérise la plupart des euphorbiacées, se dépouille ordinairement de sa substance extérieure, et ses coques à deux valves s'ouvrent par un mouvement élastique. La diérésile, fruit très-variable, réunit tous les fruits diérésiliens qui ne peuvent prendre place avec les crémocarpes et les regmates.

Il y a des diérésiles à deux coques (*galium*), à trois coques (*capucine*), à quatre coques (*clerodendrum infortunatum*), à cinq coques (*géranium*), à six coques (*lavatera arborea*), à plusieurs coques (*alisma plantago*, *mauve*). La diérésile adhère au calice dans les rubiacées; elle est libre dans la mauve. Dans l'althæa, les coques divergent en forme d'étoile; dans le géranium, le *lavatera arborea*, elles sont disposées autour d'un axe commun, qui devient libre par leur chute : elles s'ouvrent dans le géranium; elles restent closes dans la capucine : celles de l'althæa n'ont qu'une loge; celles du *tribulus* en ont plusieurs.

Dans la cynoglosse officinale, la diérésile a l'aspect d'un CÉNOBION (voyez ce mot). Ses coques, peu différentes des érêmes qui composent ce dernier fruit, sont, comme eux, attachées à un axe saillant.

Dans le kalmia, le rhododendrum, le *linum perenne*, etc., la capsule s'approche du caractère de la diérésile ; ses loges, formées, comme dans cette dernière, par des valves rentrantes, se séparent également lors de la maturité, mais à moitié seulement, et c'est là toute la différence.

Diérésile est formé d'un mot grec qui signifie *division*. (MASS.)

DIERVILLA. (*Bot.*) Ce genre faisoit d'abord, comme espèce, partie du genre *Lonicera* de Linnæus. Il en a été ensuite séparé, comme devant constituer, par ses fruits capsulaires et non en baie, un genre particulier, offrant pour caractère essentiel : Un calice oblong, à cinq divisions, accompagné de deux bractées; une corolle infundibuliforme, une fois plus longue que le calice; le limbe à cinq découpures; cinq étamines saillantes; un ovaire inférieur; un style; le stigmate en tête, une capsule oblongue, à quatre loges polyspermes. On ne rapporte à ce genre que l'espèce suivante :

DIERVILLA DE TOURNEFORT : *Diervilla Tournefortii*, Mich., Amer.; Tourn., *Act. Paris.*, 1706, tab. 7, fig. 1; Duham., *Arbr.*, 1, pag. 209, tab. 87: *Diervilla humilis*, Pers., *Synops.*; *Diervilla lutea*, Pursh, *Amer.*; *Lonicea diervilla*, Linn. Arbrisseau de l'Amérique septentrionale, touffu, haut de deux à quatre pieds, apporté de l'Acadie, par le chirurgien françois Dierville, au commencement du siècle dernier, et que depuis l'on a cultivé avec succès dans les jardins de l'Europe. Ses racines sont traçantes; elles fournissent des tiges nombreuses, glabres, presque simples; les rameaux sont légèrement tétragones, garnis de feuilles opposées, vertes, glabres, un peu pétiolées, ovales, aiguës, finement dentées, un peu échancrées en cœur à leur base, un peu velues à leurs bords, longues d'environ trois pouces, larges de deux. Les fleurs sont jaunâtres, légèrement odorantes, et naissent en bouquets peu garnis à l'extrémité des tiges, ainsi que dans l'aisselle des feuilles, soutenues par un pédoncule filiforme. Le calice est divisé à son limbe en cinq découpures presque filiformes, accompagné à sa base de deux bractées opposées, linéaires, très-étroites : le limbe de la corolle un peu irrégulier, une de ses divisions velues à l'intérieur; une capsule oblongue, un peu pyramidale, à quatre loges, renfermant un grand nombre de semences fort petites. Cet arbrisseau croît avec facilité dans toute sorte de terrain; il ne craint pas le froid; on le propage de drageons, de marcottes; il trace beaucoup et fournit quantité de rejets enracinés : il est très-propre à orner les bosquets de la fin du printemps, où ses fleurs, qui paroissent à cette époque, se succèdent jusqu'aux gelées. (POIR.)

DIES HALCIONIDES. (*Ornith.*) Les anciens ont ainsi nommé les jours pendant lesquels ils avoient observé que les alcyons ou martins-pêcheurs faisoient leur nid. (CH. D.)

DIFFLAH. (*Bot.*) Voyez DEFLE. (J.)

DIFFLUGIE , *Difflugia*. (*Agastr.*) Genre d'animaux microscopiques, établi par M. Léon le Clerc pour un petit animal observé dans les eaux des environs de Laval, et qu'il est fort difficile de placer convenablement dans la série animale, tant il nous paroît encore incomplétement connu ; ses caractères, suivant ces observations, sont : Corps très-petit, gélatineux, contractile, pourvu de tentacules irréguliers et rétractiles, contenu dans un fourreau ovale, formé de grains de sable agglutinés, et tronqué à l'extrémité, par laquelle sortent les tentacules. M. Bosc, qui paroît avoir essayé de l'observer, dit qu'on peut le comparer à un protée qui seroit recouvert d'un têt ; car, ajoute-t-il, les tentacules ont positivement l'apparence et le jeu des difflugences de ces derniers. (De B.)

DIFFORMES. (*Entom.*) C'est le nom sous lequel nous avons désigné, comme synonyme d'anomides, la famille naturelle des insectes orthoptères correspondant au genre Mante de Linnæus, qui comprend aussi les phyllies et les phasmes. Voyez, pag. 65 du Supplément au 2.ᵉ volume de ce Dictionnaire, l'article ANOMIDES. (C. D.)

DIGESTEUR. (*Chim.*) On a donné ce nom à la *marmite de Papin*.

Le digesteur est un vase de métal, ordinairement de cuivre allié de laiton, de forme cylindrique, ou renflé par le bas, dont les bords de l'ouverture ont été tellement usés que le vase peut être hermétiquement fermé par un disque de métal, que l'on y maintient fixé au moyen d'une ou de plusieurs vis de pression.

On conçoit que, si l'on renferme un liquide dans cet appareil et qu'on l'expose ensuite au feu, le liquide, ne pouvant pas se réduire en vapeur, pourra être échauffé beaucoup au-dessus du degré où il entre en ébullition sous la pression de l'atmosphère, si toutefois les parois du vase sont assez fortes pour résister à la force expansive du liquide ; mais, la force de cohésion étant limitée, et la force expansive du liquide étant susceptible de s'accroître indéfiniment avec l'élévation de la température, il s'en suit que le digesteur pourroit produire une explosion comparable à celle d'une bombe, s'il étoit chauffé sans précaution : c'est pour cette raison que Papin y a adapté une soupape qui exige, pour être soulevée, des forces toujours moindres que celles nécessaires pour rompre les parois du vase.

Papin avoit particulièrement destiné son appareil à ramollir les os, afin d'en extraire facilement la partie nutritive, qui ne se dissout qu'en très-petite quantité dans l'eau sous la pression ordinaire de l'atmosphère.

Ayant eu l'occasion d'observer, dans les expériences que M. Vauquelin fit sur les cheveux et auxquelles je coopérai, combien le digesteur pouvoit être utile pour les recherches chimiques, et en même temps combien il présentoit de difficultés dans son usage, je fus conduit à faire construire le digesteur que j'ai appelé *distillatoire*. (Сн.)

DIGESTEUR DISTILLATOIRE. (*Chim.*) J'ai donné ce nom à un appareil qui est essentiellement composé, 1.° d'un digesteur de Papin (voyez l'article précédent), dont la cavité, parfaitement cylindrique, reçoit à frottement un cylindre d'argent, dont le bord est plié et perpendiculaire à l'axe du cylindre; ce bord s'applique exactement sur le bord du digesteur. Un segment de sphère en cuivre et doublé en argent ferme l'ouverture du cylindre d'argent, en s'appliquant sur son bord et en l'emboîtant. 2.° D'une soupape conique, qui est reçue dans une cavité pratiquée au centre du segment de sphère servant de couvercle au digesteur. Cette soupape est pressée par un ressort en spirale, dont la force varie suivant les expériences que l'on veut faire, et dont l'action s'estime au moyen d'une romaine. Ce ressort est renfermé dans une boîte en cuivre, percée de quatre trous, laquelle se visse sur un filet qui se trouve à l'extérieur du couvercle. 3.° D'un tube qui se visse sur un second filet placé au-dessous du précédent : il renferme la boîte de la soupape; c'est pourquoi il est plus large à sa base que dans le reste de sa longueur : il est courbé; à son extrémité s'adapte un ajutage que l'on met en communication avec le col d'un ballon tubulé, que l'on peut faire communiquer à des flacons de Woulf si le besoin des expériences l'exige.

Lorsqu'on opère sur des matières solides, qui pourroient être projetées par le liquide dans la cavité de la soupape, après avoir introduit ces matières dans le cylindre d'argent, on met pardessus un disque de ce métal, qui est percé en écumoire et qui porte dans son milieu un gros fil d'argent terminé en croissant.

Les avantages de cet appareil, dans l'analyse des matières organiques, sont les suivans. 1.º L'eau, l'alcool, l'éther, y acquièrent une grande énergie; ils deviennent capables d'attaquer des substances sur lesquelles ils n'auroient pas d'action à la pression ordinaire de l'atmosphère. 2.º On fait varier la température à laquelle les matières renfermées dans le digesteur sont exposées, en faisant varier la force du ressort qui presse la soupape. 3.º On recueille les produits qui peuvent se volatiliser. 4.º On recueille en même temps l'eau, l'alcool et l'éther, qui sont volatilisés, et qui se perdroient si l'on opéroit avec le digesteur ordinaire : cela donne le moyen de connoître à quelle époque il faut arrêter une opération; car, si l'on a divisé la capacité du ballon en parties correspondantes à la capacité du cylindre, sachant le volume de liquide que l'on a mis dans celui-ci, on peut connoître le volume de celui qui y reste par le volume du liquide qui s'est condensé dans le ballon : on évite par là que les matières organiques se charbonnent. Un autre avantage, c'est de recueillir l'alcool et l'éther, et de les faire reservir à plusieurs traitemens. 5.º On peut transvaser sans perte les matières contenues dans le cylindre d'argent, parce qu'il est beaucoup plus facile à manier que le cylindre de cuivre.

Je renvoie, pour de plus grands détails, à un Mémoire où j'ai décrit cet appareil (Annales de chimie, tom. 96, page 141), sans lequel je n'aurois pu faire l'analyse du liège, d'un sédiment gris qui se précipite de l'infusion de noix de galle, etc. (Ch.)

DIGESTION. (*Chim.*) Opération par laquelle on expose deux ou plusieurs corps à une douce chaleur pendant un temps plus ou moins long.

La digestion se fait ordinairement dans des balons, dans des matras, en un mot, dans des appareils qui n'ont que de très-petites ouvertures en comparaison de leur capacité. Ordinairement on place les vaisseaux digestoires dans un bain de sable. (Ch.)

DIGESTION. (*Physiol.*) Cette fonction consiste dans la séparation et l'absorption du suc nourricier des matières alimentaires, et dans l'expulsion de la partie de ces matières qui ne sont point propres à la nutrition. Elle n'est admise que chez les animaux, quoiqu'il y ait quelque chose d'analogue dans la nutrition des plantes, c'est-à-dire, une absorption et une expulsion, en un mot une force élective.

La digestion s'opère dans des organes particuliers, qui présentent des variations infinies de structure, depuis les animaux où ils forment un canal plus ou moins irrégulier (voyez Estomac et Intestins), jusqu'à ceux où ils semblent se réduire à une simple cavité. « L'organe, dit M. G. Cuvier, dans lequel « s'opère le premier acte de la nutrition, est une continuation « de la peau, et se compose de lames semblables aux siennes; « les fibres mêmes qui l'entourent, sont analogues à celles qui « adhèrent à la face interne de la peau, et qu'on nomme le « panicule charnu : il se fait dans tout l'intérieur du canal « une transsudation qui a des rapports avec la transpiration « cutanée, et qui devient plus abondante quand celle-ci est « supprimée. La peau exerce même une absorption fort ana- « logue à celle des intestins. »

Les organes de la digestion sont en rapport médiat avec le reste de l'organisation, ou en rapport direct; c'est-à-dire que le suc nourricier, dans le premier cas, passe dans le sang avant de s'assimiler au corps (les mammifères, les oiseaux, etc.), et que, dans le second, il va, sans intermédiaire, se confondre aux diverses parties qu'il doit entretenir (les insectes, etc.).

Les alimens, en traversant ces organes, sont imbibés de divers sucs (voyez Bile), qui sont destinés à faciliter la digestion, c'est-à-dire, la séparation et peut-être même la formation du fluide nourricier. Ce fluide prend le nom de Chyle (voyez ce mot) dans les animaux vertébrés et à sang rouge, lorsqu'il passe des intestins dans le sang par les vaisseaux lactés. (F. C.)

DIGITAIRE (*Bot.*); *Digitaria*, Haller. Genre de plantes, de la famille des *graminées*, Juss., et de la *triandrie digynie*, Linn., dont les principaux caractères sont les suivans : Calice de deux glumes uniflores, serrées contre la corolle; la glume extérieure munie, à sa base, du rudiment d'une troisième glume; corolle de deux balles, dont l'extérieure embrasse l'intérieure ; trois étamines; un ovaire supérieur, surmonté de deux styles à stigmates plumeux ; une graine libre , à peine sillonnée. Ce genre comprend une vingtaine d'espèces répandues dans les différentes parties du monde et dans divers climats. Comme aucune d'elles ne présente rien d'intéressant , nous parlerons seulement de trois espèces qui croissent naturellement en France.

DIGITAIRE ROUGE : *Digitaria sanguinalis* , Pers. , *Synops.* , 1 , p. 84 ; *Panicum sanguinale* , Linn. , *Spec.* 84 ; Schreb. , *Gram.* 1 , p. 119 , t. 16. Ses tiges sont couchées à leur base , redressées dans le reste de leur longueur , hautes de douze à dixhuit pouces , garnies de feuilles un peu velues , surtout en leurs gaines. Ses fleurs sont verdâtres , ou le plus souvent rougeâtres , tournées toutes d'un même côté et disposées au sommet des tiges sur quatre à six épis placés en manière de digitations ; leurs glumes sont fort inégales entre elles , et l'extérieure est très-légèrement pubescente sur ses bords. Cette plante est commune dans les champs cultivés et les lieux sablonneux , en France , en Allemagne , en Suisse et dans une grande partie de l'Europe.

DIGITAIRE CILIÉE : *Digitaria ciliaris* , Kœl. , *Gram.* 27 ; *Panicum ciliare* , Willd. , *Spec.* 1 , p. 344. Cette espèce a tout le port de la précédente , mais elle en diffère par ses fleurs ciliées. Elle croît en Allemagne et dans le midi de la France.

DIGITAIRE GLABRE , *Digitaria glabra ; Syntherisma glabrum ,* Schrad. , *Fl. germ.* 1 , p. 163 , t. 3 , f. 6. Cette plante ne diffère point des deux précédentes par le port ; mais elle s'en distingue aisément , parce qu'elle est glabre dans toutes ses parties , ordinairement un peu plus basse , et surtout parce que ses glumes sont ovales et égales entre elles. Elle croît dans les champs et les lieux cultivés , en France , en Allemagne. (L. D.)

DIGITAL AURORE ou PANACHÉ. (*Bot.*) C'est le nom que Paulet donne au *clavaria digitellus* de Schæffer , *Fung. Bav.* , 292 et 326. (LEM.)

DIGITAL BLANC, ou LA MAIN DE L'HOMME (*Bot.* = *Champ.*) , figuré par Paulet (Champ. , 2 , pag. 420 , pl. 192 , fig. 1 , 2 , 3). C'est encore une espèce de clavaire qui imite , en quelque sorte , par ses groupemens , la main de l'homme. Elle est d'un blanc satiné , longue de deux ou trois pouces ; ses sommités sont d'une légère teinte rousse ; ses doigts , qui sont autant d'individus pressés les uns contre les autres, sont fibreux, soyeux et fragiles. On la trouve fréquemment, dit Paulet, à l'Hôtel-Dieu de Paris; en automne, sur les fanons qui servent à l'appareil des fractures et qui sont de bois blanc. Lémery paroit avoir examiné le premier ce champignon (Dictionn. des drog., pag. 358, 2.ᵉ édit., 1714). (LEM.)

DIGITALE (*Bot.*); *Digitalis*, Linn. Genre de plantes de la famille des *personnées*, Juss., et de la *didynamie angiospermie*, Linn. Ses principaux caractères sont les suivans : Calice de cinq folioles inégales, persistantes; corolle monopétale, tubulée à sa base, ensuite élargie, ventrue, beaucoup plus grande que le calice, à limbe oblique, partagé en quatre lobes inégaux; quatre étamines didynames, ayant leurs filamens attachés à la base du tube et portant des anthères à deux lobes; un ovaire supérieur, à style simple, terminé par un stigmate presque ovale; une capsule ovale ou conique, à deux valves et à deux loges, contenant des graines nombreuses.

Les digitales sont des plantes herbacées ou suffrutescentes, à feuilles alternes, et à fleurs disposées en grappe terminale. Les espèces connues, au nombre de quinze à seize, sont presque toutes naturelles à l'ancien continent. Nous allons parler des principales.

DIGITALE POURPRÉE : *Digitalis purpurea*, Linn., *Spec.* 866 ; Bull., *Herb.*, t. 21. Sa tige est herbacée, glabre ou légèrement pubescente, simple, haute de deux à trois pieds, garnie de feuilles ovales-lancéolées, presque cotonneuses, molles au toucher, dentées en leurs bords. Ses fleurs sont grandes, purpurines, agréablement tachetées intérieurement, pendantes, nombreuses, tournées d'un même côté, et disposées en une longue grappe simple et terminale. Cette plante croît dans les bois et sur les collines en France et dans plusieurs autres parties de l'Europe tempérée et méridionale.

La digitale pourprée a une saveur très-amère, jointe à un peu d'âcreté : elle est fortement émétique et purgative; mais on ne l'emploie que peu ou point en médecine sous ces rapports, parce qu'elle agit souvent avec trop de violence lorsqu'on la donne à des doses un peu élevées. Administrée au contraire en petite quantité à la fois, sa manière d'agir est toute différente ; elle rallentit le plus souvent les battemens du cœur, et elle augmente la sécrétion des urines. Quand on veut employer la digitale sous ces derniers rapports, il faut commençer par en donner seulement un demi-grain à un grain. On en a proposé l'usage dans la phthisie pulmonaire, les anévrismes du cœur et des gros vaisseaux, les scrofules, le croup, les hydropisies. C'est principalement dans ces dernières, lorsqu'elles étoient essentielles et non causées par des lésions organiques, qu'elle a eu le plus de succès.

DIGITALE, A FLEURS ROSES ; *Digitalis minor*, Linn., *Mant.*, 567. Cette espèce s'élève moitié moins que la précédente ; ses feuilles sont vertes en-dessus et en-dessous, chargées de quelques poils lâches ; ses fleurs, d'un rose tendre, ont le lobe supérieur de leur corolle légèrement bifide, et elles forment une grappe peu garnie. Elle est indigène de l'Espagne.

DIGITALE PURPURESCENTE ; *Digitalis purpurascens*, Roth, *Catal.* 2, p. 62. Sa tige est herbacée, un peu pubescente ; ses feuilles sont glabres en-dessus ; ses fleurs, d'un pourpre pâle, forment une grappe penchée à son sommet, et le lobe supérieur de leur corolle est obtus et échancré. Cette plante croît en Allemagne.

DIGITALE JAUNATRE ; *Digitalis ochroleuca*, Jacq., *Flor. Aust.*, vol. 1, t. 57. Sa tige est herbacée, haute d'un pied et demi à deux pieds, simple, un peu velue, garnie de feuilles lancéolées, amplexicaules, à peine dentées, glabres en-dessus, velues en leurs bords. Les fleurs sont jaunâtres, tachetées de pourpre intérieurement, et légèrement velues extérieurement. Cette plante croît dans les lieux montagneux, en France, en Suisse, en Allemagne.

DIGITALE JAUNE : *Digitalis lutea*, Linn., *Spec.*, 867 ; Jacq., *Hort. Vind.*, 2, t. 105. Cette espèce diffère de l'espèce précédente par sa tige plus élevée, glabre ; par ses feuilles plus étroites, sensiblement dentées en leurs bords ; par ses fleurs plus petites, mais plus alongées, moins ventrues, disposées en une grappe très-longue, très-garnie : les corolles sont d'un jaune uniforme, et elles ont leurs lobes pointus.

Cette plante croît dans les terrains sablonneux en France et en Italie.

DIGITALE FERRUGINEUSE; *Digitalis ferruginea*, Linn., *Spec.*, 867. Sa tige est herbacée, haute de trois à cinq pieds, souvent simple, garnie de feuilles sessiles, oblongues, lancéolées, glabres en-dessus, velues en leurs bords. Les fleurs sont d'un jaune ferrugineux, très-nombreuses, disposées en un long épi droit : elles se font remarquer par le lobe inférieur de leur corolle, qui est très-alongé et lanugineux. Cette plante croît naturellement en Italie et dans le Levant.

DIGITALE OBSCURE; *Digitalis obscura*, Linn., *Spec.* 867. Sa tige est un peu ligneuse dans sa partie inférieure, divisée en quelques rameaux redressés, hauts de douze à quinze pouces, garnis de feuilles linéaires-lancéolées, semi-amplexicaules. Ses corolles sont d'un jaune foncé et roussâtre, ou d'une couleur rougeâtre mêlée de brun; elles sont velues en leur bord, et leur lobe supérieur est échancré. Cette plante est originaire de l'Espagne : on la cultive dans les jardins.

DIGITALE DES CANARIES : *Digitalis canariensis*, Linn., *Spec.* 868; *Digitalis acanthoides*, etc., Commel., *Hort.* 2, p. 105, t. 55. Cette espèce est un arbrisseau médiocrement rameux, qui s'élève à la hauteur de quatre à cinq pieds. Ses feuilles sont lancéolées, sessiles, glabres en-dessus, légèrement velues en-dessous. Ses fleurs, d'un beau jaune safrané, légèrement pédiculées, horizontales, forment une grappe simple au sommet de chaque rameau ; elles sont remarquables par le lobe supérieur de leur corolle, qui est plus long que l'inférieur. Cette digitale est originaire des Canaries, et on la cultive dans les jardins à cause de la beauté de ses fleurs, qui durent ou se succèdent les unes aux autres pendant une partie de l'été. Il faut la planter en terre de bruyère et la rentrer dans l'orangerie pendant l'hiver.

DIGITALE DE MADÈRE; *Digitalis sceptrum*, Linn. fils, *Suppl.* 282. Sa tige est ligneuse, divisée en rameaux velus, garnis de feuilles oblongues, spatulées, acuminées, dentées en scie, glabres en-dessus, blanchâtres et hérissées de poils en-dessous. Les fleurs sont pendantes, ramassées au sommet de chaque rameau en une grappe ovale, pédonculée, dont la partie supérieure, avant son parfait développement, est terminée par une sorte de toupet formé par les bractées linéaires, fort longues, qui accompagnent les fleurs. Cette plante croît dans les bois de l'île de Madère. (L. D.)

DIGITALE. (*Ichthyol.*) D'après M. Bosc, on donne vulgairement ce nom aux plus petits saumons. (H. C.)

DIGITALE FAUSSE. On a donné ce nom vulgaire à la cataleptique, *dracocephalum virginianum*. (J.)

DIGITALE ORIENTALE. (*Bot.*) On a indiqué sous ce nom le sésame, *sesamum orientale*. Desportes, parmi les plantes de Saint-Domingue, cite la même sous le nom de *gigeri* ou *sazeli*, *digitalis africana*, et Nicolson le répète après lui. (J.)

DIGITALES. (*Foss.*) On a quelquefois désigné sous ce nom les pointes d'oursins, les solens, les bélemnites et les dentales fossiles. (D. F.)

DIGITÉE [Feuille], (*Bot.*): composée de folioles qui, comme autant de digitations, terminent le pétiole commun, au lieu d'être disposées sur ses deux côtés (lupin, marronier d'Inde). (Mass.)

DIGITÉE-PENNÉE [Feuille]. (*Bot.*) Dans la feuille digitée le pétiole commun est terminé par des folioles ; ici, il est terminé par des pétioles secondaires, et c'est sur les côtés de ces pétioles que les folioles sont attachées. Cette feuille, suivant que les pétioles secondaires sont au nombre de deux (*mimosa purpurea*), de trois (*hoffmannsegia*), de quatre (*mimosa pudica*), etc., prend le nom de bidigitée-pennée, tridigitée-pennée, etc. (Mass.)

DIGITELLI. (*Bot.*) Le Book, plus connu sous le nom de Tragus, donne ce nom aux *clavaires coralloïdes*, appelées *maninæ* par Césalpin. Voyez Clavaires. (Lem.)

DIGITELLUS de Paulet (*Bot.*), *Prosp.*, pag. 34. Voyez Digital blanc. (Lem.)

DIGITÉS. (*Bot.*) Petite famille établie par Paulet dans son genre du *Doigtier*, et qui comprend deux espèces semblables à deux doigts réunis : l'une est le Digital blanc ou la main de l'homme, l'autre est le Digital aurore ou panaché. Voyez ces mots. (Lem.)

DIGITIGRADES. (*Mamm.*) On se sert de ce nom, en histoire naturelle, pour désigner collectivement les animaux et surtout les mammifères ongulés (voyez ce mot), qui dans la marche n'appuient sur le sol que l'extrémité des doigts : tels sont les chiens, les chats, etc. (F. C.)

DIGLOSSUS. (*Bot.*) [*Corymbifèr.*, Juss.; *Syngénésie polygamie superflue, Linn.*] Ce nouveau genre de plantes, que nous avons établi dans la famille des synanthérées (Bull. de la Soc. philom., Mai 1817), appartient à la tribu des hélianthées, et à la section naturelle des hélianthées-tagétinées, dans laquelle nous le plaçons immédiatement auprès du *tagetes*, dont il n'est peut-être qu'un sous-genre. En effet, le *diglossus* ne diffère essentiellement du *tagetes* que par sa couronne, composée seulement de deux ou trois fleurs au plus, situées du même côté, et entièrement ou presque entièrement cachées dans le péricline. Il a aussi quelque rapport avec notre *cryptopetalon*.

La calathide est demi-couronnée, tantôt discoïde, tantôt quasi-radiée ; composée d'un disque multiflore, régulariflore, androgyniflore, et d'une demi-couronne bi-triflore, liguliflore, féminiflore, tantôt inradiante, tantôt quasi-radiante. Le péricline, presque égal aux fleurs du disque, et subcylindracé, est plécolépide, formé de cinq à six squames unisériées, entregreffées, uninervées, glandulifères, arrondies au sommet, qui porte un petit appendice sétiforme. Le clinanthe est conique, inappendiculé, fovéolé. Les ovaires sont grêles, striés ; leurs aigrettes, plus longues que les corolles, sont composées de squamellules peu nombreuses, unisériées : les unes paléiformes et plus courtes ; les autres triquètres-filiformes, barbellulées, alternant avec les premières. La languette des fleurs femelles, toujours très-petite et souvent anomale, est tantôt plus courte que le style et entièrement incluse dans le péricline, tantôt plus longue que le style et un peu exserte.

Le Diglosse variable (*Diglossus variabilis*, H. Cass.) est une plante herbacée, probablement annuelle, haute de six pouces, glabre ; à tige rameuse, un peu diffuse, tortueuse, striée ; à feuilles opposées, pinnées, linéaires, grêles, dont les pinnules sont linéaires, et munies de très-petites dents rares, aculéiformes ; à calathides portées sur de longs pédoncules grêles, axillaires et terminaux, et composées de fleurs jaunes. Nous avons observé, dans l'herbier de M. de Jussieu, deux échan-

13.   16

tillons de cette espèce, recueillis au Pérou par Joseph de Jus-
sïeu : la calathide est discoïde dans l'un, et quasi-radiée dans
l'autre ; il y a encore entre eux, sur d'autres points, plusieurs différences assez légères. Doit-on les considérer comme
constituant deux espèces ou deux variétés ? (H. Cass.)

DIGRAMME (*Ichthyol.*), nom spécifique d'un labre découvert par Commerson. Voyez LABRE. (H. C.)

DIGSULU. (*Ornith.*) L'hirondelle de rivage, *hirundo riparia*, Linn., porte en Norwége ce nom et celui de *sand-sulu*.
(Ch. D.)

DIGYNE [FLEUR], (*Bot.*), ayant deux pistils. Voyez DIGYNIE.
(Mass.)

DIGYNIE (*Bot.*), nom composé de deux mots grecs qui
signifient *deux femmes*. Dans les treize premières classes de
son système sexuel, fondées sur le nombre des étamines,
Linnæus, ayant établi les ordres sur le nombre des pistils,
indique par le nom de *Digynie* le deuxième ordre, qui réunit
les plantes pourvues de deux organes femelles (pistils, styles
ou stigmates sessiles). (Mass.)

DIK-SMOULER (*Ornith.*) L'oiseau ainsi nommé dans Gesner est le troglodyte, *motacilla troglodytes*, Linn. (Ch. D.)

DIKAIA PIKALIZA. (*Ornith.*) Le pluvier social, *charadrius gregarius*, Linn., porte en Sibérie ce nom et celui de
pischik. (Ch. D.)

DILADILA. (*Bot.*) L'arbre des Philippines qui porte ce
nom a, suivant la description et la figure données par Camelli, un fruit ovale, aplati, contenant une seule graine,
de même forme, attachée par le côté. Ce caractère lui
donne beaucoup d'affinité avec quelques légumineuses, et
particulièrement avec le pungam, *pungamia*, ou avec l'*andira*.
(J.)

DILASKARFR (*Ornith.*), nom islandois du pélican, *pelecanus carbo*, Linn. (Ch. D.)

DILATRIS. (*Bot.*) Genre de plantes monocotylédones, à
fleurs incomplètes, de la famille des *iridées*, de la *triandrie
monogynie* de Linnæus, offrant pour caractère essentiel :
Une corolle velue, à six divisions très-profondes, persistantes; trois étamines fertiles; une anthère plus longue que
les autres, portée sur un filament plus court; trois autres

filamens stériles et fort courts ; un ovaire inférieur ; un style ; un stigmate simple. Le fruit est une capsule globuleuse, très-velue, à trois loges, à trois valves, une semence dans chaque loge.

Ce genre se distingue par ses fleurs velues extérieurement, disposées en corymbe terminal et en panicule : son principal caractère porte sur les étamines, dont trois seulement sont fertiles, pourvues d'anthères ; en quoi il diffère de l'*argolasia*, qui en est très-voisin, mais pourvu de six étamines fertiles : l'un et l'autre sont très-rapprochés du *wachendorfia*. Les feuilles sont simples ; les radicales engainées comme celles des glayeuls. La plupart des espèces sont originaires du cap de Bonne-Espérance. On distingue les suivantes :

DILATRIS A CORYMBES, Thunb., Smith, *Exot.*, tab. 16 ; *Dilatris umbellata*, Linn., *Sup.*; *Wachendorfia umbellata*, Linn., *Syst.*; *Ixia hirsuta*, Linn., *Mant.*; *Dilatris*, Berg., *Cap.*, tab. 3, fig. 5. Toute cette plante est blanchâtre et velue, excepté les feuilles ; sa racine est fibreuse ; ses feuilles radicales sont lisses, droites, assez semblables à celles des souchets ; les caulinaires alternes, amplexicaules, courtes, lancéolées, peu nombreuses ; les fleurs disposées en corymbe rameux, presque ombelliforme, de couleur purpurine' en dedans ; les divisions de la corolle ovales. Le *Dilatris ixioides*, Lamk., Encycl., 2, pag. 282, est si peu différent de l'espèce précédente, qu'il est très-probable qu'il doit lui appartenir : les fleurs sont purpurines ; leurs divisions ovales ; les étamines plus alongées.

DILATRIS VISQUEUSE : *Dilatris viscosa*, Linn., *Sup.*; Lamk., *Ill.*, tab. 34. Ses tiges sont velues, hautes de huit à dix pouces : les feuilles radicales glabres, comprimées ; les caulinaires courtes, alternes ; les supérieures velues : les corymbes chargés de poils roussàtres et visqueux ; les divisions de la corolle étroites, linéaires. Dans le *Dilatris paniculata*, Linn., *Suppl.*, les fleurs sont d'un pourpre jaunâtre ; leurs divisions lancéolées ; les panicules oblongues, velues et visqueuses. Toutes ces plantes naissent au cap de Bonne-Espérance. Le *Dilatris hexandra*, Lamk., *l. c.*, n.° 4, doit être rapporté au genre *Argolasia*. Il se rapproche de l'*heritiera* de Mich., *Fl.*

Amer., 1, tab. 4; cette dernière plante n'a que trois étamines, et sous ce rapport doit être placée parmi les dilatris. (Poir.)

DILEG, DILI. (*Bot.*) Les Arabes, suivant Dalechamps, donnent ces deux noms, et plusieurs autres encore, au pastel, *isatis tinctoria.* (J.)

DILEGINE (*Bot.*), épithète par laquelle Micheli désigne les champignons du genre *Agaricus*, qui sont tendres, frêles, à tiges minces et qui se réduisent en eau. (Lem.)

DILEPYRUM. (*Bot.*) Genre de plantes monocotylédones à fleurs glumacées, de la famille des *graminées*, de la *triandrie digynie* de Linnæus, qui a des rapports avec les *agrostis*, et se caractérise par un calice à peine visible, uniflore, à deux valves frangées ou dentées; une corolle à deux valves, pileuses à leur base; la valve extérieure munie d'une arête; trois étamines; deux styles; une semence libre.

Ce genre est le même que le *muhlenbergia* de Willdenow. Il faut y rapporter l'espèce suivante:

Dilepyrum a petites fleurs; *Dilepyrum minutiflorum*, Mich., *Fl. Amer.*, 1, pag. 40: *Muhlenbergia diffusa*, Willd., *Sp.*, 1, pag. 320; Palis. Beauv., *Agrost.*, 27, tab. 7, fig. 9. Ses tiges sont très-grêles, un peu rameuses, coudées à leurs articulations; les feuilles planes, étroites, linéaires: les fleurs disposées en une panicule capillaire, alongée, très-étroite; les rameaux serrés contre l'axe, quelquefois étalés; les valves calicinales très-finement dentées ou frangées, ne renfermant qu'une seule fleur à deux valves un peu inégales, velues à leur base; l'extérieure terminée par une arête de la longueur de la valve; l'ovaire subulé à son sommet, pourvu d'un style bifide, très-court, et de deux stigmates velus; une semence acuminée. Cette plante croît dans les prairies sèches de l'Amérique septentrionale.

Le *Dilepyrum aristosum* de Michaux, ayant le calice à deux fleurs, dont une stérile, a été considéré par M. de Beauvois comme devant former un genre particulier, qu'il a établi sous le nom de Brachyelytrum (voyez ce mot au Supplément du tome V). Peut-être vaudroit-il mieux conserver ces deux plantes dans le même genre, ayant entre elles de grands rapports, et n'offrant d'autre distinction qu'une fleur stérile, et la valve supérieure de la corolle bifide à son sommet. (Poir.)

DILIVAIRE, *Dilivaria*. (*Bot.*) Genre de plantes dicotylédones, très-rapproché des *acanthes*, à fleurs complètes, monopétalées, irrégulières, de la famille des *acanthacées*, de la
didynamie angiospermie de Linnæus, offrant pour caractère
essentiel : Un calice à quatre divisions, entouré de trois
bractées un peu imbriquées et arrondies, ainsi que les divisions du calice; une corolle labiée; le tube court, resserré,
fermé par des écailles; quelques dents à la place de la lèvre
supérieure; l'inférieure très-ample, à trois lobes sensibles;
quatre étamines didynames; un style; un stigmate très-
simple; une capsule ovale à deux loges; une ou deux semences dans chaque loge.

Ce genre faisoit partie de celui des acanthes : il en a été
séparé par M. de Jussieu, d'après les caractères exposés plus
haut et le port des espèces. On y rapporte les suivantes :

Dilivaire a feuilles de houx : *Dilivaria ilicifolia*, Juss.;
Acanthus ilicifolius, Linn.; Petiv.; *Gazoph.*, tab. 94, fig. 15 :
Paina-schulli, Rheed., *Malab.*, 2, tab. 48. Plante observée
aux lieux humides et fangeux dans les Indes orientales. Ses
tiges sont dures, cylindriques, garnies à leurs nœuds d'épines
courtes et quaternées. Les feuilles sont alternes, longues de
deux ou trois pouces, larges d'un pouce, sinuées à leurs
bords, dentées, épineuses à leurs lobes; les fleurs purpurines,
disposées en épis à l'extrémité des rameaux; les divisions
du calice lisses, fort petites.

Dilivaire sans bractées : *Dilivaria ebracteata*, Vahl, *Symb.*, 2,
pag. 75, tab. 40; *Acanthus ilicifolius*, Lour., *Cochin.*, 455 P
Aquifolium indicum, Rumph., *Amb.*, 6, tab. 71, fig. 1 P Cette
espèce, très-rapprochée de la précédente, en diffère par ses
tiges sans épines, par ses feuilles plus alongées, rétrécies à
leur sommet; par ses fleurs beaucoup plus petites; par ses
calices, dont les bractées sont nulles ou très-caduques, sous
la forme d'une petite foliole courte, non épineuse. Elle s'é-
lève à la hauteur de quatre ou cinq pieds, sur une tige ligneuse, glabre, articulée, rameuse à sa base; les dentelures des feuilles sont courtes et deviennent épineuses dans
leur vieillesse; la corolle blanche; la lèvre oblongue, pileuse dans son milieu; les étamines purpurines, lanugi-
neuses; les eapsules luisantes, oblongues, terminées par

deux pointes. Elle croît dans les Indes orientales et à la Cochinchine.

Dilivaire a longues feuilles; *Dilivaria longifolia*, Poir., Encycl., Supp. n.º 3. Plante recueillie dans les Indes orientales par M. dé la Billardière, remarquable par ses tiges cylindriques inférieurement, puis comprimées, enfin tout-à-fait plattes et comme membraneuses à leur sommet, lisses, dépourvues d'épines; les feuilles opposées, pétiolées, oblongues, lancéolées, très-entières, acquérant en vieillissant quelques angles vers leur sommet, terminées par une petite épine courte. Les fleurs sont sessiles, disposées en un épi terminal un peu lâche; le calice non épineux; la corolle presque purpurine; les anthères droites, oblongues, purpurines, couvertes en devant de poils blancs et touffus. (Poir.)

DILIVARIA. (*Bot.*) Voyez Dilivaire. (Poir.)

DILLENIA, vulgairement Sialite. (*Bot.*) Genre de plantes dicotylédones, à fleurs complètes, polypétalées, de la famille des *dilléniacées*, de la *polyandrie polygynie* de Linnæus, dont le caractère essentiel consiste dans un calice à cinq folioles; cinq pétales persistans; des étamines nombreuses insérées sur le réceptacle, égales entre elles; les anthères linéaires; dix à vingt ovaires connivens, surmontés d'autant de styles et qui se convertissent en autant de capsules réunies en un seul fruit charnu, à loges nombreuses; les semences fort petites, nombreuses; les styles persistans, étalés en rayons à la surface du fruit.

Ce genre comprend des arbres tous originaires des Indes orientales, dont les feuilles sont amples, très-simples, coriaces; point de stipules; les fleurs grandes, axillaires ou terminales; les pédoncules simples, chargés d'une ou de plusieurs fleurs. Les fruits sont la plupart bons à manger. On a retranché de ce genre un certain nombre d'espèces réunies aux genres Hibbertia, Wormia, Colbertia, etc. (Voyez ces mots.) On a conservé les suivantes:

Dillenia a grandes fleurs : *Dillenia speciosa*, Thunb., Willd., *Spec.* 2, pag. 1251; Smith, *Exot. Bot.*, tab. 2, 3 : *Dillenia indica*, Linn.; *Syalita*, Rheede, *Malab.*, 3, tab. 38, 39. Grand et bel arbre, qui croît dans l'île de Java et sur la côte du Malabar. Ses rameaux sont étalés, ridés, de couleur cendrée; les feuilles alternes, médiocrement pétiolées, oblongues-elliptiques, glabres, pubescentes en-dessous dans leur jeunesse, de couleur brune, longues d'environ un pied, légèrement denticulées; les pédoncules axillaires, solitaires, uniflores; le calice ample, persistant, agrandi avec le fruit; la corolle blanche; les pétales presque longs de deux pouces, en ovale renversé; les capsules réunies en une baie sphérique, sillonnée, à vingt loges. Elle est d'une saveur très-acide: les indigènes la mangent, l'emploient dans les sauces; mêlée avec le sucre, on en forme un sirop béchique et rafraîchissant.

DILLENIA A FLEURS JAUNES; *Dillenia aurea*, Smith, *Exot. Bot.*, tab. 92, 93. Cette espèce est remarquable par ses fleurs d'un beau jaune doré. Ses rameaux sont bruns, cylindriques, garnis de feuilles presque sessiles, alongées, elliptiques, d'un beau vert, à dentelures inégales: les fleurs solitaires, pédonculées; les pétales larges, spatulés, une fois plus longs que le calice; le fruit à douze loges, de la grosseur d'une petite orange. Elle croît dans les Indes orientales.

DILLENIA A FEUILLES ENTIÈRES : *Dillenia integra*, Thunb., Willd., *Spec.* 2, pag. 1251; Lamk., *Ill. gen.*, tab. 492, fig. 1. Arbre de l'île de Ceilan, dont les rameaux sont ridés, de couleur brune; les feuilles glabres, ovales-oblongues, obtuses, à peine denticulées à leur moitié supérieure; les pétioles velus à leur base; les fleurs presque solitaires, pédonculées; la corolle grande; les pétales ovales, presque ronds et rayés.

DILLENIA A FEUILLES ELLIPTIQUES : *Dillenia elliptica*, Thunb., Willd., *Spec.* 2, pag. 1252; *Songium*, Rumph., *Amb.*, 2, tab. 45. Ses feuilles sont pétiolées, ovales, elliptiques, aiguës, presque acuminées, profondément dentées en scie; les pédoncules simples, uniflores; la corolle blanche, caduque; les fruits de la grosseur d'une orange, un peu comprimés, à vingt loges, contenant un suc jaunâtre et muqueux; les semences brunes, planes, au nombre de huit dans chaque loge. Ces fruits sont d'une saveur douce, un peu acide; on les mange, ou crus, ou cuits avec du poisson. Le bois est tendre; il se durcit en vieillissant : on retire de son tronc, par incision, un suc très-abondant. Il croît dans les Indes, aux îles d'Amboine et des Célèbes.

Dillenia a feuilles dentées : *Dillenia serrata*, Thunb., Willd., *Spec.* 2, pag. 1252 ; *Sangius*, Rumph., *Amb.*, 2, tab. 46. Plante de Java et des îles Célèbes : son tronc est revêtu d'une écorce ridée, d'un blanc cendré ; les rameaux courbés ; les feuilles médiocrement pétiolées, ovales-elliptiques, aiguës, dentées en scie, un peu épineuses, longues de neuf à dix-huit pouces, larges de cinq à neuf ; les nervures latérales et parallèles : le fruit a la forme et la grosseur d'une orange ; il est bon à manger, d'une saveur acide assez douce ; il varie dans sa couleur du jaune au blanc ou au rouge.

Dillenia a feuilles émoussées : *Dillenia retusa*, Thunb., Willd., *Spec.* 2, pag. 1253 ; Lam., *Ill. gen*, tab. 492, fig. 2. Arbre découvert dans les forêts de Ceilan : ses rameaux sont glabres, ridés, de couleur brune ; les feuilles rapprochées, pétiolées, rétrécies à leur base, dentées et comme tronquées à leur partie supérieure, longues de six à sept pouces sur trois de large ; les pétioles hérissés à leur base ; les fleurs solitaires, pédonculées ; la corolle d'une grandeur médiocre, à peine d'un tiers plus longue que le calice ; les pétales ovales, rétrécis à leur base. (Poir.)

DILLÉNIACÉES. (*Bot.*) Les genres qui composent cette famille nouvelle de plantes, étoient auparavant épars. Le *dillenia*, qui lui donne son nom, et le *curatella*, avoient été placés à la suite des magnoliacées, dont ils devront rester voisins. Le *tetracera* et le *delima*, dont on croyoit les étamines perigynes, occupoient par cette raison une place dans les rosacées. D'autres genres, étrangers comme les précédens, et dès-lors moins connus, étoient relégués parmi ceux dont la fructification n'a pas été assez observée. Plusieurs, découverts récemment, n'ont pu être examinés que par très-peu de savans. M. Decandolle a le premier proposé l'établissement de cette famille, qu'il a ensuite traitée complétement dans son *Systema naturale*. On en trouve aussi le caractère dans le *Paradisus* de M. de Salisbury. Nous suivrons le premier de ces auteurs dans l'énoncé du caractère général et des genres de la famille.

On y remarque d'abord un calice monophylle, divisé pro-

fondément en plusieurs parties (ordinairement cinq), lesquelles sont persistantes. Les pétales, en nombre égal, et alternes avec ses divisions, sont insérés au support du pistil. Les
étamines, portées sur le même point, sont en nombre indéfini
ou très-rarement défini; leurs filets sont distincts ou rarement réunis par le bas. Les anthères sont, dans les uns, longues et adnées aux filets; dans d'autres elles sont courtes et
arrondies. Le pistil est composé de plusieurs ovaires disposés
en rond, surmontés chacun d'un style et d'un stigmate. Ils
deviennent autant de capsules, quelquefois charnues, toujours uniloculaires, terminées en pointe, et s'ouvrant en
long du côté intérieur, contenant une ou plusieurs graines,
attachées au bas de la loge; assez souvent plusieurs ovaires
avortent, et quelquefois il ne subsiste qu'une seule capsule.
Chaque graine, recouverte de ses tégumens, est remplie par
un périsperme charnu, dont l'ombilic est creusé d'une petite
cavité, dans laquelle est niché un embryon très-petit et droit,
à radicale dirigée vers le point d'attache. Cette famille ne
contient que des arbres ou des arbrisseaux à feuilles simples, ordinairement alternes, stipulées ou non stipulées. Les
fleurs n'affectent point de disposition uniforme.

Les genres réunis dans cette série sont renfermés dans
deux sections.

La première, caractérisée par des filets élargis supérieurement et des anthères arrondies, renferme les genres *Tetracera*
et *Tigarea* réunis, *Davilla*, *Doliocarpus* qui comprend aussi
le *cœlinea* et le *soramia* d'Aublet, *Delima*, *Curatella*; *Trachy•
tella*, auquel se rapportent l'*actœa aspera* et le *calligonum* de
Loureiro; *Recchia*, genre nouveau.

Dans la seconde section, dont les anthères sont alongées et les
filets non élargis, sont les genres *Pachinema* de R. Brown, *He-
mistemma* de Jussieu, *Plevranda* et *Candollea* de Labillardière,
Adrastea de Decandolle, *Hibbertia* d'Andrews; *Wormia* de
Roth, avec lequel se confond le *lenidea* de du Petit-Thouars;
Colbertia de Salisbury, et *Dillenia*. On voit, d'après cette énumération, combien cette série est enrichie de genres nouveaux. Il faudra encore en rapprocher le *quillaia*, qui en
diffère cependant en plusieurs points. (J.)

DILLWINA (*Bot.*=*Algues.*), nom que M. Grateloup donne

à un nouveau genre inédit, qu'il établit sur le *conferva pellu-cida*, Draparnaud.

Ce nom devra être changé, car il existe déjà en bota-nique un genre *Dillwinia*. On pourroit lui substituer celui de *hyalinophyton*. (Lem.)

DILLWINIA. (*Bot.*) Genre de plantes dicotylédones, à fleurs complètes, papillonacées, de la famille des *légumi-neuses*, de la *décandrie monogynie* de Linnæus, très-rapproché des *pultenea*, offrant pour caractère essentiel : Un calice à cinq découpures en deux lèvres; une corolle papillonacée; dix étamines libres; un style réfléchi; un stigmate obtus, pubescent; une gousse ventrue, bivalve, à une seule loge; deux semences munies d'une caroncule à ombilic.

Ce genre, établi par M. Smith, se compose d'arbrisseaux découverts sur les côtes de la Nouvelle-Hollande, à feuilles simples, à fleurs latérales ou terminales. Parmi les espèces il faut retrancher le *dillwinia ovata*, Labill., qui doit, d'après M. Brown, former un genre particulier, auquel il a donné le nom d'Eutaxia (voyez ce mot). Les autres espèces sont:

Dillwinia a feuilles glabres : *Dillwinia glaberrima*, Smith, *Nov. Holl.*, 12; Labill., *Nov. Holl.*, 1, tab. 139; *Bot. Magaz.*, tab. 944. Arbrisseau de trois ou quatre pieds, dont les tiges, droites et glabres, se divisent en rameaux roides, très-droits; leurs ramifications courtes, anguleuses; les feuilles éparses, très-étroites, linéaires, presque sessiles, longues d'un pouce; deux stipules à peine sensibles; les fleurs terminales, dispo-sées en petites grappes réunies en tête; les pédoncules courts; quelques bractées légèrement ciliées; les divisions du calice aiguës, un peu ciliées; les pétales onguiculés; l'étendard élargi, à deux lobes arrondis; les ailes presque aussi lon-gues, obtuses, appendiculées; la carène plus courte, blan-châtre, bifide ou à deux pétales légèrement ciliés à leur bord supérieur; l'ovaire pileux; le style court, réfléchi; une gousse légèrement pédicellée, ovale, acuminée par le style; les se-mences réniformes, d'un brun marron, attachées à la suture supérieure par un pédicule court. Cette plante croît au cap Van-Diemen.

Dillwinia a feuilles de bruyère : *Dillwinia ericifolia*, Smith, *Exot. Bot.*, tab. 25; *Pultenæa retorta*, Wendl., *Hort.*

Herr., 2, tab. 9. Arbrisseau de la Nouvelle-Hollande, dont les rameaux sont cotonneux, étalés; les feuilles éparses, sessiles, glabres, linéaires, mucronées, très-étroites, longues d'un pouce, rudes et un peu roulées à leurs bords; les fleurs d'un beau jaune, réunies en une tête terminale; les pédoncules courts; le calice glabre; ses découpures ovales, aiguës; deux plus étroites, colorées; les pétales marqués à leur base de stries rougeâtres et nombreuses; les anthères globuleuses, à deux lobes.

Dillwinia a fleurs nombreuses; *Dillwinia floribunda*, Smith, *Exot. Bot.*, tab. 26. Ses tiges sont velues, hautes de cinq ou six pieds; les rameaux chargés de feuilles nombreuses, éparses, linéaires, très-aiguës, un peu élargies, quelquefois légèrement velues, garnies à leurs bords de tubercules un peu rougeâtres. Les fleurs sont axillaires, latérales, solitaires, accompagnées d'une seule bractée; la corolle d'un jaune pâle; les gousses très-velues. (Poir.)

DILOBEIA (*Bot.*); Pt. Thou., *Nov. gen. Madag.*, 7. M. du Petit-Thouars fait mention, sous ce nom, d'un grand arbre qu'il a observé dans l'île de Madagascar, dont le fruit ne lui est pas connu. Cet arbre a des feuilles alternes, bilobées au sommet, munies d'une glande; les lobes anguleux; les fleurs petites, disposées en panicules; le calice divisé en quatre folioles, point de corolle; quatre étamines; un seul ovaire. (Poir.)

DILOPHE. (*Ornith.*) M. Vieillot avoit, dans son Analyse d'une nouvelle ornithologie, établi, sous cette dénomination, un genre de sa famille des caronculés, qu'il caractérisoit par un bec droit, un peu grêle, entier, très-comprimé latéralement et fléchi à la pointe; mais ce genre ne se retrouve plus dans la seconde édition de sa méthode. La seule espèce qui le composoit, étoit le mainate porte-lambeaux, *gracula carunculata*, Gmel., *sturnus gallinaceus*, Lath., oiseau d'Afrique, très-reconnoissable à l'espèce de coqueluchon charnu et noir dont le devant de la tête est enveloppé chez les individus adultes. M. Cuvier l'a placé dans son genre *Philedon*. (Ch. D.)

DILOPHE. (*Entom.*) Ce nom, qui signifie deux crêtes ou deux panaches (Δὶς λόφος), a été donné par M. Meigen à un genre d'insectes à deux ailes, voisin des Bibions de Geoffroy, auquel nous conservons le nom de Hirtée. Voyez ces deux articles, et surtout l'Hirtée fébrile, qui est le bibion de S. Marc, noir, de Geoffroy et le type de ce genre. (C. D.)

DILS. (*Bot.*) Voyez Dulesh. (J.)

DILSE. (*Bot.*) Voyez Delesseria palmée, à l'article Delesseria. (Lem.)

DILYCHNUS. (*Ichthyol.*) Dans l'énumération des poissons du Nil, liv. 17, Strabon parle d'un de ces poissons sous le nom grec de διλυχνος. Nous ne savons à quelle espèce le rapporter. (H. C.)

DIMB, RIMBOT (*Bot.*), noms que porte au Sénégal, suivant Adanson, l'*oncoba* de Forskaël, genre rapporté à la famille des tiliacées, mais qui mérite un nouvel examen et peut-être une autre place dans l'ordre naturel. (J.)

DIMBOS ou DIMBRIOS. (*Entom.*) On donne ce nom, à Ceilan, à une espèce de grosse fourmi qui vit sur les arbres, suivant Knoch. Les nids sont de la grosseur de la tête d'un homme. Sont-ce des fourmis ou des termites neutres? Il n'y en a pas de description assez détaillée pour permettre de décider cette question. (C. D.)

DIMÉRÈDES. (*Ichthyol.*) Famille de poissons osseux holobranches abdominaux, et correspondant aux dactylés des thorachiques. M. Duméril, qui l'a créée, a formé son nom de deux mots grecs, qui signifient *membres doubles* : δις, deux ; μερος, membre. Le caractère principal de cette famille consiste en effet dans l'isolement de plusieurs des rayons des nageoires pectorales. Elle ne renferme que peu de genres : le tableau suivant donnera une idée de leurs rapports entre eux.

Famille des Dimérèdes.

Nageoire dorsale	unique ; rayons pectoraux	libres . . . . *Chéilodactyle.*
		retenus par la peau, *Cirrhite.*
	double ; tête	couverte de petites écailles . . . . . . *Polynéme.*
		sans écailles . . . . . *Polydactyle.*

Voyez, à leurs places respectives, ces différens mots. (H. C.)

DIMÉRÉS. (*Entom.*) Ce nom, tiré des deux mots grecs,

δισ, deux, et *μεροσ, partie, division,* a été appliqué à un cinquième sous-ordre des insectes coléoptères, dont les tarses ne seroient composés que de deux articles seulement; mais, d'après des observations plus exactes, il a été reconnu par Illiger et Reichenbach que cette division du tarse en deux articles seulement n'est qu'apparente, parce que celui qui est le plus près de la jambe ou du tibia est tellement petit qu'il est difficile à distinguer. Les genres que l'on avoit rapportés d'abord à cette division, sont ceux des *psélaphes,* des *chennies* et des *clavigères.* Maintenant on les rapporte à la famille des coléoptères tridactyles, près des Scymnes de Herbst. Voyez ce dernier mot. (C. D.)

DIMÉRIE DOUBLE-ÉPI (*Bot.*); *Dimeria acinaciformis,* Rob. Brown, *Nov. Holl.,* 204. Genre établi par M. Rob. Brown pour une plante de la Nouvelle-Hollande qui ne me paroît pas devoir être séparée des *saccharum* (cannamelle), malgré le port de ses fleurs, disposées en un double épi terminal, caractère qui lui donne l'apparence d'un *andropogon* ou d'un *chloris.* Ses tiges sont tendres, grêles, annuelles, munies à leur partie inférieure de feuilles courtes et pileuses : les fleurs sessiles, alternes, lancéolées, placées sur deux rangs, le long d'un double épi terminal; elles sont hermaphrodites, pileuses à leur base; leur calice est bivalve, à deux fleurs; les valves coriaces, naviculaires; l'une des deux fleurs stérile, univalve; l'autre, hermaphrodite, bivalve; la valve extérieure munie d'une arête vers le sommet, l'intérieure trèspetite; deux petites écailles à la base de l'ovaire; les semences cylindriques, renfermées dans la valve extérieure. (Poir.)

DIMEROSTEMMA. (*Bot.*) [*Corymbifères,* Juss. ; *Syngénésie polygamie égale,* Linn.] Ce nouveau genre de plantes, que nous avons établi dans la famille des Synanthérées (Bull. de la Soc. philom., Janvier 1817), appartient à la tribu des hélianthées, et à la section des hélianthées-héléniées, dans laquelle nous le plaçons auprès du *trattenikia,* Pers., dont il diffère par l'aigrette.

La calathide est incouronnée, équaliflore, multiflore, régulariflore, androgyniflore, subglobuleuse. Le péricline, à peu près égal aux fleurs, est irrégulier, formé de squames diffuses, paucisériées, inégales : les extérieures plus grandes, bractéiformes, ovales, dentées; les intérieures plus petites, squamelliformes, oblongues, entières. Le clinanthe est planiuscule, muni de squamelles égales aux fleurs, demi-embrassantes, oblongues, aiguës et comme spinescentes au sommet. Les ovaires sont un peu grêles; leur aigrette est irrégulière, variable, composée de deux squamellules paléiformes, coriaces, très-grandes, demi-lancéolées, entregreffées inférieurement, souvent découpées irrégulièrement. Les corolles ont le tube court et le limbe long.

La DIMÉROSTEMME BRÉSILIENNE (*Dimerostemma brasiliana*, H. Cass., Bull. Soc. philom., Avril 1818) est une plante du Brésil, dont quelques échantillons secs, apportés de Lisbonne par M. Geoffroy, se trouvent dans les herbiers de MM. de Jussieu et Desfontaines, où nous les avons observés. Cette plante, très-velue sur toutes ses parties, a la tige herbacée, droite; de longs rameaux simples, dressés; ses feuilles, alternes, distantes, courtement pétiolées, un peu décurrentes sur leur pétiole, sont longues d'environ deux pouces et demi, ovales, dentées-crénelées, comme triplinervées; les calathides, composées de fleurs jaunes, sont terminales et solitaires. (H. CASS.)

DIMOCARPUS. (*Bot.*) Ce genre de plantes de Loureiro doit être rapporté à l'*euphoria* de Commerson, dans la famille des sapindées; le *litchi* et le *longan*, deux bons fruits de la Chine, en sont des espèces. (J.)

DIMORPHA (*Bot.*), nom générique substitué par Schreber à celui de PARIVOA, employé d'abord par Aublet. Voyez ce mot. (POIR.)

DIMORPHANTHE, *Dimorphanthes*. (*Bot.*) [*Corymbifères*, Juss.; *Syngénésie polygamie superflue*, Linn.] Ce nouveau genre de plantes, que nous avons établi dans la famille des Synanthérées (Bull. de la Soc. philom., Février 1818), appartient à notre tribu naturelle des astérées, dans laquelle il doit être placé auprès des genres *Erigeron*, *Trimorpha*, *Fimbrillaria*, *Baccharis*. Il diffère des deux premiers par l'absence d'une couronne radiante, liguliflore; du troisième, par le clinanthe non fimbrillé; et du quatrième, parce que chaque calathide réunit les deux sexes. On doit encore moins le confondre avec le *conyza*, puisque ce dernier genre est de la tribu des

inulées. Nous rapportons au *dimorphanthes* les *erigeron siculum*, *Gouani*, *ægyptiacum*, *chinense*, etc.

La calathide est discoïde, composée d'un disque pluriflore,
régulariflore, androgyniflore ou masculiflore ; et d'une couronne plurisériée, multiflore, tubuliflore, féminiflore. Le
péricline est formé de squames imbriquées, linéaires, aiguës,
rarement ovales. Le clinanthe est planiuscule, alvéolé. Les
ovaires sont oblongs, comprimés, hispidules ; leurs aigrettes
sont composées de squamellules filiformes, barbellulées. Les
corolles de la couronne sont tubuleuses, grêles, tridentées,
ou comme tronquées au sommet, rarement terminées en
une sorte de languette irrégulière, très-courte, avortée.

Le Dimorphanthe sicilien (*Dimorphanthes sicula*, H. Cass. ;
Erigeron siculum, Linn. ; *Conyza sicula*, Willd.) est une plante
herbacée, annuelle, haute d'un pied et demi, ayant une
odeur forte et désagréable ; sa tige est rougeâtre, divisée latéralement en un grand nombre de petits rameaux chargés
de feuilles et de calathides ; ses feuilles radicales sont assez
larges, oblongues ; les autres sont étroites, linéaires-lancéolées, presque entières, glabres, un peu rudes, quelquefois
roulées sur les bords ; les calathides, nombreuses et composées de fleurs jaunes, ont le péricline égal aux fleurs, et
formé de squames linéaires, glabres, lâches. Elle habite les
lieux humides, dans la Barbarie, la Sicile, l'Italie, ainsi
que dans nos provinces méridionales, où elle fleurit à la fin
de l'été. Les botanistes l'ont rapportée aux genres *Erigeron*,
Conyza, *Inula*, *Solidago*, ce qui suffiroit presque pour prou-
ver qu'elle ne pouvoit convenir à aucun genre connu, et
qu'on doit la considérer comme le type d'un nouveau genre.
Linnæus, qui faisoit des *erigeron* de cette plante et de ses
congénères, les attribuoit au genre dont elles approchent
le plus.

Le Dimorphanthe de Gouan (*Dimorphanthes Gouani*, H.
Cass. ; *Erigeron Gouani*, Linn. ; *Conyza Gouani*, Willd.) est
bisannuel ou vivace, et habite les îles Canaries. Sa tige est
herbacée, haute d'un pied, un peu nne : ses feuilles sont alternes, écartées les unes des autres, sessiles, linéaires-lancéolées, dentées en scie supérieurement, nues, munies de
poils roides sur les bords ; les inférieures sont obovales, pé-

tiolées : les calathides sont agglomérées , disposées en corymbe , et les squames de leur péricline sont ovales , membraneuses sur les bords.

Le Dimorphanthe bidenté (*Dimorphanthes bidentata* , H.
Cass.) est une plante herbacée , hérissée sur toutes ses parties de poils un peu roides; sa tige est rameuse , cylindrique;
ses feuilles sont rapprochées, alternes, sessiles, semi-amplexicaules , longues d'un demi-pouce , oblongues, subspatulées , uninervées, entières, presque toujours munies de deux
très-petites dents situées sur les bords de leur partie supérieure; les calathides, composées de fleurs jaunes, terminent
les rameaux , qui sont tantôt simples , tantôt divisés au
sommet en quelques pédoncules; le disque est masculiflore.
Nous avons observé cette espèce dans l'herbier de M. de
Jussieu , sur des échantillons recueillis à l'île de Bourbon par
Commerson.

Le Dimorphanthe égyptien (*Dimorphanthes ægyptiaca* , H.
Cass.; *Erigeron ægyptiacum*, Linn.; *Conyza ægyptiaca*, Willd.)
est une plante d'Égypte et de Sicile , annuelle suivant les
uns , vivace selon d'autres; à tige herbacée , garnie de poils
mous, un peu visqueux; à feuilles oblongues-spatulées, dentées, poilues; les calathides, disposées en une sorte de panicule, sont globuleuses et composées de fleurs jaunes; les
squames de leur péricline sont subulées et molles. (H. Cass.)

DIMORPHE, *Dimorpha*. (*Entom.*) M. Jurine a désigné
sous ce nom, tiré du grec, et qui signifie *deux formes*, un
petit genre d'insectes hyménoptères, auquel il ne rapporte
encore qu'une seule espèce dans sa Méthode de classer les
hyménoptères; c'est la *tiphia abdominalis* de Panzer, et la
tiphia oculata, qu'il regarde comme le mâle, et chez lequel
les yeux se touchent sur le front et semblent se confondre,
comme on le voit dans les mâles de plusieurs diptères, surtout dans les *bibions* ou les *hirtées*, tandis que ces yeux sont
distincts et séparés dans les femelles : de là probablement
le nom de dimorphe. M. Latreille avoit rangé ces espèces dans son genre Astate. Nous avions rapporté ce genre
à notre famille des oryctères ou fouisseurs. M. Jurine a figuré
le mâle de la dimorphe sous le numéro 10 de la planche IX.
(C. D.)

DIMORPHOTHECA. (*Bot.*) Vaillant et Mœnch ont proposé de réunir sous ce nom générique certaines espèces de *calendula*, telles que le *pluvialis* et l'*hybrida*, dont les cypséles sont droites, égales entre elles, et de deux sortes : celles de la couronne triquétres, oblongues, non ailées, mais muriquées sur les angles ; celles du disque planes, comprimées, bordées, cordiformes-arrondies, glabres. Voyez CARDISPERMUM et METEORINA. (H. CASS.)

DINDE. (*Ornith.*) Ce nom de la femelle du dindon est employé vulgairement avec l'épithète *sauvage*, dans quelques cantons de la ci-devant Bourgogne, pour désigner le *coucou*. (CH. D.)

DINDING-ARY (*Bot.*), nom malais d'une ruellie de Ceilan, *ruellia alternata*, suivant Burmann. (J.)

DINDON (*Ornith.*); *Meleagris*, Linn. Cet oiseau, auquel on a donné le nom de coq d'Inde à cause de ses rapports avec le coq et de son origine, et qu'on a aussi appelé *gallopavus* ou *gallo-pavo*, d'après ses ressemblances avec le paon, ou même d'après l'opinion, énoncée par Sperling dans sa *Zoologia physica*, que le dindon provenoit du mélange de ces deux espèces, appartient à l'ordre des gallinacés comme celles-ci ; mais il s'en éloigne par la peau mamelonnée qui lui couvre la tête et le cou, en formant sur la gorge une membrane lâche, et par la caroncule conique et extensible qui, partant du front, retombe le long du bec dans les momens de passion. Ses autres caractères génériques sont d'avoir le bec court, robuste ; la mandibule supérieure convexe, dépassant l'inférieure ; les narines placées obliquement et ouvertes en-dessous ; la langue charnue, entière ; les trois doigts antérieurs réunis jusqu'à la première articulation, et le doigt postérieur ne portant à terre que par son extrémité ; les ailes composées de vingt-huit pennes et ne s'étendant guères au-delà de l'origine de la queue, qui en a dix-huit, susceptibles, ainsi que les couvertures supérieures, de se relever en forme de roue chez le mâle, qui se distingue en outre de la femelle en ce qu'il a seul le tarse muni d'un éperon obtus, et que, parvenu à l'âge adulte, le bas de son cou offre un pinceau de crins ou poils roides et longs de cinq à six pouces.

Ces oiseaux polygames, qui nichent à terre, et font une ponte nombreuse, n'étoient pas connus des anciens : originaires d'Amérique, ils n'ont été apportés en Europe qu'après la découverte de cette partie du monde. C'est en 1524, sous le règne de Henri VIII, que les premiers dindons ont été introduits en Angleterre, où ils avoient été envoyés d'Espagne, et cette puissance les avoit elle-même reçus du Mexique ou du Yacathan. Suivant Blumenbach, on n'en a vu en Allemagne que six années plus tard, et Anderson prétend, dans son Dictionnaire du commerce, t. I, p. 420, qu'il n'en a paru en France qu'en 1570, aux festins de noces de Charles IX. Quoi qu'il en soit, les naturalistes les plus voisins de cette époque, tels qu'Aldrovande, Gesner, Belon, Ray, habitués à rechercher dans les ouvrages d'Aristote, d'Ælien, de Pline, les analogues des individus qui parvenoient à leur connoissance, n'ont pas accueilli l'idée de regarder le dindon comme aborigène des Indes nouvellement découvertes; et, sans faire attention qu'il auroit été impossible à des oiseaux aussi pesans et dont le vol est si peu élevé de traverser l'espace qui sépare les deux continens, chacun d'eux s'est évertué à leur appliquer d'anciennes descriptions.

C'est ainsi qu'Aldrovande a cru retrouver les dindons dans les méléagrides ou poules d'Afrique et de Numidie, dont la tête est casquée, qui n'ont d'appendices membraneuses qu'aux deux côtés des joues, et dont le plumage présente, sur un fond noir, ces nombreuses taches blanches et rondes qui leur ont fait donner le nom de peintades. Gesner n'a pas été plus heureux dans son interprétation du passage d'Ælien, *De natura animalium*, liv. 16, chap. 2, où cet auteur parle de gros coqs qui se trouvent aux grandes Indes, et dont la tête est ornée d'une crête de couleurs variées, tandis que les dindons n'ont pas de crête. Il en est de même de la distinction que Belon a tenté de faire, liv. 5, chap. 10, comme s'il s'agissoit de deux oiseaux d'espèces différentes dans le passage du livre *De re rustica* où Columelle parle de la méléagride et de la poule d'Afrique, qu'il dit se ressembler, à l'exception de la couleur du casque et de la crête, rouges chez celle-ci, tandis que ces mêmes parties sont bleues dans la première. Loin de pouvoir induire de

ce passage que la poule africaine seroit la peintade, et la méléagride le dindon, il n'est question ici que d'une variété
dans des oiseaux également casqués, c'est-à-dire étrangers
au dindon absolument dépourvu de casque, et peut-être
même une simple différence de sexe, les peintades mâles
ayant, en général, les appendices des joues de couleur
·bleue, et les femelles les ayant de couleur rouge. Quant
au naturaliste Ray, on ne trouve à l'art. 16, p. 182, de
l'*appendix* de son *Synopsis*, qu'une confusion entre les mots
gallo-pavo, *avis numidica*, *meleagris* et *turkey*, qu'il suppose
exister dans le nouveau comme dans l'ancien monde, et cette
erreur est trop manifeste pour avoir besoin d'être relevée.

Au silence des anciens sur les dindons, si l'on ajoute les
témoignages négatifs des voyageurs modernes, on voit
que, suivant Gemelli-Carreri, les jésuites du Halde et de
Bourzes, Dampier, Chardin, Tavernier, Bosman, ces oiseaux
n'existent point aux Philippines, à la Chine, dans la presqu'île en-deçà du Gange, et dans les autres contrées de
l'Asie et de l'Afrique, ou qu'il n'y en a que dans les comp-
toirs et les îles où on les a transportés.

Quoique la race domestique des dindons soit de nos jours
répandue dans presque tous les pays, à raison de son utilité, il est·donc constant qu'ils sont originaires des Indes
occidentales, et que l'Amérique est la seule partie du globe
où l'on en ait trouvé dans l'état sauvage. Plus gros et plus
noirs que les autres, ceux-ci ont les mêmes mœurs et les
mêmes habitudes. Fernandez, *Hist. avium nov. Hisp.*, chap.
59, dit qu'ils se perchent dans les bois sur les branches
sèches, et qu'ils ont si peu de ruse et de méfiance, qu'on
peut les faire successivement tomber sous les coups d'armes
à feu sans qu'ils s'envolent. Le même auteur ajoute qu'ils
sont deux fois plus gros que les dindons domestiques, et que
leur chair est plus dure et moins agréable. Les Mexicains
appellent le mâle *huexolotl*, et la femelle *cihuatotolin*.

C'est dans l'Amérique septentrionale qu'on trouve encore
plus communément les dindons sauvages, qui s'éloignent successivement des pays mis en culture. Ils vivent en petites
bandes dans les forêts, où ils se nourrissent de fruits sauvages et particulièrement des glands du chêne vert, qui

n'ont point d'amertume. Pendant tout l'été ils font entendre leurs gloussemens depuis le point du jour jusqu'au lever du soleil, moment où ils descendent des arbres, et où les mâles se pavanent aux yeux de leurs compagnes et se livrent pour elles des combats acharnés. Quand les désirs des vainqueurs sont satisfaits, ils se réunissent tous et vont en commun chercher leur pâture. Des voyageurs aux États-Unis ont trou-. vé la chair de ces dindons sauvages plus délicate et plus succulente que celle des dindons domestiques, quoique Fernandez ait fait une observation toute contraire au Mexique.

Ce qui est certain, c'est qu'elle est fort recherchée, et qu'à l'époque où ces oiseaux quittent les bois écartés pour se rapprocher des habitations, les naturels du Nord de l'Amérique les chassent et font geler leurs corps pour les apporter dans les établissemens des Européens, où ils en ont un débit avantageux. Les petites plumes de ces oiseaux sont tressées par les sauvages pour en faire des mantes, et celles de la queue servent à la construction d'éventails et de parasols. Quoique les dindons ne soient pas encore devenus assez méfians pour se soustraire par la fuite au danger qui les menace lorsqu'après la nuit close leurs compagnons, perchés sur les mêmes arbres, tombent à côté d'eux sous les coups d'armes à feu, il est difficile de les atteindre dans le jour : ils savent alors éviter les chasseurs et les oiseaux de proie, en se cachant dans les herbes hautes et dans les broussailles au premier cri d'alarme jeté par l'un d'eux, et les premiers ne réussissent à découvrir leur retraite nocturne qu'en se rendant, un peu avant le coucher du soleil, près des lieux où, pour se rallier, ces oiseaux font entendre les gloussemens répétés qui décèlent leur retraite.

Le plumage des mâles paroît d'un noir uniforme; mais il est effectivement d'un brun foncé, et sur le cou, la poitrine, le dos et les couvertures supérieures des ailes et de la queue, la bordure des plumes offre des reflets divers qui, suivant l'incidence de la lumière, présentent des nuances pourpres, violettes, cuivrées ou bronzées. Ces reflets sont moins sensibles chez les femelles, qui sont d'une teinte plus claire et dont la taille est plus petite. Tous les deux ont le bec et les pieds noirs.

Bartram a vu, dans son Voyage au sud de l'Amérique

septentrionale, plusieurs de ces dindons sauvages qui pesoient vingt, trente et quarante livres, et avoient le cou et les jambes bien plus longs que ceux d'Europe. Il en a même observé un dont la hauteur étoit de trois pieds, et qui ne paroissoit pas insensible à l'admiration qu'excitoit sa beauté : il provenoit d'un œuf trouvé dans les bois et couvé par une poule. Des différences aussi considérables l'ont porté à regarder les dindons d'Amérique comme d'une autre espéce que ceux d'Europe et d'Asie; mais, ces derniers ayant la même origine, il est plus naturel d'attribuer l'altération des formes primitives au changement de climat, de nourriture, et à la domesticité.

Le peu de fondement des conjectures exposées par Aldrovande et par d'autres naturalistes de cette époque, ayant été reconnu, l'on a lieu d'être surpris, avec Gueneau de Montbeillard, que Linnæus ait conservé au dindon la dénomination de *meleagris*, qui ne lui convenoit pas, et qu'on savoit dès-lors appartenir exclusivement à la peintade. Le nom composé de *gallo-pavo* ne pouvoit pas convenir davantage à un oiseau qui n'étoit ni du genre coq, ni du genre faisan, mais d'un genre particulier, *sui generis;* et c'étoit bien plutôt le cas de créer, pour le dindon, un nom propre et distinct, que d'enlever à la peintade le nom de *meleagris*, sous lequel elle étoit anciennement connue, pour l'appliquer à un oiseau originaire d'une partie du globe dont l'existence étoit alors ignorée.

L'inconvenance est encore plus manifeste quand on voit cet auteur, toujours si exact, et qui, pour établir une nomenclature plus précise, a si peu respecté celle de ses devanciers, tirer, pour la peintade, le nom générique *numida* de la périphrase *avis numidica*, synonyme de *meleagris*.

Mœhring a, dans son quarante-septième genre, consacré au dindon le terme *cenchramus*, en réservant, au genre suivant, le mot *meleagris* pour la peintade; mais ce nom, qui s'écrit aussi *cynchramus*, a également l'inconvénient d'être tiré du grec, et en outre celui d'être généralement considéré comme désignant le proyer. Au reste, on tenteroit maintenant sans succès de changer une dénomination qui, malgré son impropriété, a été admise par tous les naturalistes.

L'unique espèce de dindon est donc le *meleagris gallo-pavo*, Linn., planch. enlum. de Buffon, n.° 97, et pl. 37 de Schæffer, *Elementa ornithologica*. Cet oiseau est actuellement répandu dans presque toutes les contrées du globe, où son asservissement a produit plusieurs variétés plus ou moins remarquables. Son plumage est le plus souvent noir; mais on en voit de roux, de blancs, de gris, et d'autres variés de toutes ces couleurs. Les plumes de la partie supérieure du dos et du dessus des ailes sont carrées par le bout. Plusieurs de celles qui recouvrent le croupion et la poitrine, offrent des reflets d'autant plus sensibles que l'animal est plus âgé.

Les mamelons de la peau nue sont plus petits et plus rapprochés dans la partie supérieure de la tête et derrière le cou, et plus gros en devant, où ils forment inférieurement des sortes de paquets. Ces mamelons, entremêlés de quelques poils noirs ou plumes décomposées, sont d'un rouge assez vif sur le devant du cou, et variés, dans les autres parties, de blanc, de rouge et de bleuâtre. La caroncule du front, qui, dans l'état de repos, n'a chez les deux sexes qu'environ un pouce de longueur, recouvre entièrement le bec et retombe même de deux ou trois pouces lorsque le mâle est agité: cet effet se remarque également après la mort de l'oiseau, ce qui est assez étonnant; mais il n'a pas lieu chez la femelle. Les pieds, noirs, ainsi que le bec, chez les jeunes dindons, prennent une teinte rougeâtre avec l'âge, et blanchissent dans l'extrême vieillesse.

Le port du dindon n'a ordinairement rien que d'humble et de simple, et son maintien est celui d'un animal craintif; mais, lorsqu'un objet étranger se présente inopinément, il se rengorge avec fierté, sa tête et son cou se gonflent, ses parties charnues se colorent d'un rouge plus vif, ses plumes se hérissent, sa queue se relève en éventail, et il fait entendre des cris perçans. La couleur rouge excite surtout sa colère; il s'élance sur la personne qui la porte, et l'attaque à coups de bec. Dans la saison des amours il se présente avec la même attitude, mais sans fureur, devant la femelle, autour de laquelle il piaffe en tenant ses ailes abaissées jusqu'à terre, et faisant sortir de la poitrine un bruit sourd, suivi d'un long bourdonnement. Les mâles témoignent une grande ardeur pour les femelles, et ils se battent contre leurs rivaux, mais avec moins de violence que les coqs ordinaires. Leur accouplement dure plus long-temps, mais il leur faut moins de femelles, et leurs approches sont plus rares.

Les dindons boivent, mangent, avalent des cailloux, et digèrent à peu près comme les coqs; ils ont, comme eux, un jabot et un gésier. Leur tube intestinal est environ quatre fois aussi long que l'animal, mesuré de la pointe du bec à l'extrémité du croupion : ils ont deux cœcums, qui en font plus du quart, et les parties de la génération se présentent chez eux comme dans les autres gallinacés.

Cet animal pacifique, mais néanmoins susceptible d'affections très-vives, paroît devoir principalement sa réputation de stupidité aux mouvemens gênés qu'il se donne lorsqu'on l'irrite, à une gravité qui semble ridicule quand on la met en opposition avec la colère violente qu'il témoigne, et à un air de fierté que ses actions démentent. Sa forte taille, la bonté de sa chair, les avantages qu'on en retire, demandent qu'on s'occupe avec soin de sa propagation; et nous entrerons dans quelques détails à ce sujet, après avoir fait observer qu'Albin a décrit et figuré, liv. 2, pl. 33, un individu qui avoit sur le sommet de la tête une grande huppe ou touffe de plumes blanches, et qu'Edwards a aussi donné dans ses Glanures, pl. 337, la figure d'un autre individu, par lui regardé comme un mulet provenant du mélange de l'espèce du dindon et du faisan, lequel étoit d'une grosseur moyenne entre les deux autres, et avoit une petite aigrette de plumes noires sur la tête, qui n'étoit pas couverte d'une peau nue, mais de plumes fort courtes. Les yeux de cet oiseau étoient entourés d'une peau rouge; sa queue n'avoit que seize pennes au lieu de dix-huit, et ces circonstances sont propres à faire douter de l'exactitude du mélange supposé par Edwards. Quant à l'oiseau décrit par Brisson, tom. 1, pag. 162, sous le nom de dindon du Brésil, *gallo-pavo brasiliensis*, c'est le hocco, *jacupema* de Marcgrave, *guan* ou *quan* d'Edwards, *penelope cristata*, Linn. Le *napaul* a aussi été placé par Latham avec le dindon; mais il est étranger à ce genre.

Les poules d'Inde font, en général, chaque année, dans les mois de Février et d'Août, deux pontes composées de quinze œufs, parsemés de taches jaunes et rougeâtres sur un fond blanc, dont la figure se trouve pl. 13, n.° 4, des *Ova avium* de Klein. Suivant la chaleur de la saison, ces femelles pondent tous les jours, ou de deux jours l'un. Un mâle suffit à cinq ou six femelles, et l'époque de l'accouplement, qui n'a ordinairement lieu qu'après la première année révolue, peut être devancée en donnant au mâle ou à la femelle une nourriture échauffante, telle que l'avoine, le chenevis et des pâtes dans lesquelles on fait entrer le cumin, l'anis ou autres plantes aromatiques; mais ces stimulans ne sont pas nécessaires pour un animal aussi lubrique que le dindon, auquel l'excitation artificielle peut même devenir dangereuse en faisant trop réitérer une fréquentation d'où résulteroient des œufs clairs. C'est en nourrissant et soignant convenablement les dindons pendant l'hiver qu'on peut procurer aux deux sexes un état de santé propre à remplir le but d'obtenir de la femelle deux pontes fécondes, l'une au printemps, l'autre à la fin de l'été.

La précaution la plus importante pour l'éducation de ces animaux est de leur choisir une habitation saine, et de les dérober à l'infection qui résulteroit d'un logement trop étroit, trop peu aéré, d'une litière trop rarement renouvelée. Les hangars non clos hermétiquement et garnis de barres suffisamment épaisses, sont préférables à des poulaillers resserrés, où ils sont exposés à des maladies et où leur chair contracte un mauvais goût.

Lorsque la femelle commence à éprouver le besoin de pondre, elle le manifeste par ses efforts pour se soustraire aux regards et pour donner le change à ceux qui veulent découvrir son nid. Si elle a la liberté de sortir, après être restée avec le mâle et ses compagnes jusqu'à neuf ou dix heures du matin, elle va chercher au loin un fourré de bois, un buisson épais, vers lequel elle se rend en faisant semblant de manger, revenant sur ses pas si on la regarde, et se rapprochant toujours de l'endroit qu'elle a choisi. Quand on se cache pour ne la point perdre de vue, elle s'élève sur ses jambes, monte même sur de petits tertres, afin de s'assurer si elle n'est point aperçue, et, hâtant enfin le pas, elle va se rendre à sa destination, et donne ainsi un démenti suffisant à ceux qui font de son espèce un emblême de la sottise.

Il arrive souvent qu'avec ces dindes vagabondes on perd des nichées entières, que les belettes et d'autres animaux détruisent. La mère même se laisse quelquefois mourir de faim sur ses œufs plutôt que de les quitter pour aller prendre sa nourriture. On fera donc prudemment d'empêcher les dindes de sortir dans la matinée, partie du jour durant laquelle la ponte s'effectue ordinairement, et de ménager, aux environs de leur demeure, des cases ou cachettes dans lesquelles elle puissent déposer leurs œufs. Il seroit aussi convenable de séparer à cette époque les femelles des mâles, qui les battent lorsqu'ils les trouvent sur les nids, les chassent et cassent leurs œufs. Pour ne pas exposer les œufs au danger d'être brisés jusqu'au moment de l'incubation, on peut n'en laisser qu'un dans le nid, et même un œuf de poule; on retire successivement ceux qui sont pondus pour ne les réunir qu'après le complément de la ponte, et lorsque la femelle annonce le désir qu'elle a de couver, soit par ses gloussemens réitérés, soit en restant sur son nid. Il arrive quelquefois que la femelle pond encore après avoir commencé la couvaison, et comme elle a l'habitude de quitter le nid dès qu'elle aperçoit des petits, ses derniers œufs sont exposés à ne pas éclore. Pour ne pas éprouver cet inconvénient, on peut faire une marque sur tous les œufs pondus d'abord, et retirer ceux qui, après peu de jours, en excéderoient le nombre. Toutes les couveuses peuvent être placées dans le même local, qui doit être sec, chaud, sombre, et donner dans une cour séparée, où les poussins soient en liberté dans les premiers momens de leur éducation. On pratique ces nids, de quinze à seize pouces de diamètre, avec des brins de bois recouverts d'une suffisante quantité de paille froissée, et on les entoure d'un bourrelet assez élevé pour que la couveuse n'en puisse faire sortir les œufs par ses mouvemens. Ces attentions ne sont nécessaires que dans le cas où la couveuse ne se seroit pas choisi elle-même un emplacement exposé à de trop grands dangers; car le succès de la nichée ainsi abandonnée n'en seroit d'ailleurs que plus certain.

Les poules d'Inde paroissent être dans l'usage de retourner journellement leurs œufs, et de ramener successivement ceux du centre à la circonférence, pour leur communiquer une chaleur plus uniforme ; mais il faut se garder de toucher à ces œufs, à moins qu'on n'en trouve hors du nid, afin de ne contrarier en rien les couveuses avant que les petits ne soient éclos. L'incubation dure trente à trente-deux jours, pendant lesquels on doit tenir la nourriture et la boisson à portée de la couveuse, qui ne sort pas du nid et ne quitte point la position qu'elle a choisie. Comme la durée de la même attitude l'échauffe, elle boit beaucoup plus qu'elle ne mange. Tous les poussins ne naissent pas à la fois. Il y a des personnes qui sont dans l'usage d'ouvrir la coquille pour faciliter leur sortie ; mais l'impossibilité de reconnoître où est la tête de l'animal, rend ce procédé sujet à beaucoup d'inconvéniens, et l'on doit laisser le soin de briser la coquille aux petits eux-mêmes, dont le bec a été pourvu à cet effet d'une protubérance caduque, à l'aide de laquelle, par un simple mouvement de tête, ils usent cette coquille et achèvent, avec leurs pattes, de la pousser derrière eux. Le seul cas où l'on pourroit se déterminer à aider le poussin, seroit celui où l'on remarqueroit, par une ouverture déjà commencée, l'insuffisance de ses efforts renouvelés depuis long-temps ; mais une observation de cette nature ne sauroit se faire sans s'exposer à rendre le secours partiel nuisible à la couvée entière.

Les oiseaux quittant, au moment où ils sortent de la coquille, une chaleur de vingt-cinq à trente degrés, il importe de les maintenir dans une température assez élevée, et de les mettre dans le voisinage d'un four, d'un poële, d'une plaque de cheminée, ou, au moins, dans une pièce bien close. Quand il est question de couvées nombreuses, pour lesquelles on a en même temps recueilli dans une seule grange, peu éclairée, toutes les femelles qui vouloient se livrer à l'incubation, on peut, après la naissance des poussins, tirer un parti avantageux de l'attrait qui porte les mères à continuer de vaquer aux mêmes soins. Pour cet effet on tâche de les attirer hors du nid en leur présentant de la nourriture, et, réunissant promptement deux couvées en une, on transporte la moitié des couveuses dans une autre grange où l'on a préparé, pour les recevoir, de nouveaux nids, contenant des œufs de poules ou de canards.

La première nourriture des petits consiste en mie de pain et en œufs cuits durs, et mélangés avec des orties et du persil également cuits et hachés très-menus, qu'on leur présente d'abord dans le creux de la main ou sur une palette, et qu'on distribue ensuite sur des briques ou autres pierres plates, tant pour les empêcher de se nuire réciproquement, qu'afin de prévenir l'empâtement de leurs pieds et de leurs plumes. Il ne paroît pas nécessaire de leur ouvrir le bec pour l'emplir de cette pâtée, les divers gallinacés ayant l'habitude de prendre eux-mêmes la nourriture qu'il suffit de tenir à leur portée ; mais une attention qu'il est bon d'avoir pour empêcher la mère de s'emparer de cette nourriture, c'est de la déposer sous une cage à poulets élevée de quelques pouces, de manière que les petits puissent l'aller prendre sans que celle-ci ait les moyens d'y atteindre. On supprime peu à peu les œufs, et les orties cuites, mêlées avec de la farine et du son, ou de l'orge et de l'avoine bouillis dans du lait, deviennent suffisans. On peut même substituer à cette nourriture des tourteaux ou marcs d'huile de noix et de lin. La digestion étant fort prompte chez les dindonneaux, il faut leur donner souvent à manger. Leurs piaulemens annoncent les besoins qu'ils éprouvent ; mais, si l'on s'aperçoit, au contraire, qu'ils ne mangent pas avec leur avidité habituelle, on la rétablit aisément en leur faisant avaler à propos quelques gouttes de vin.

Lorsque le temps est beau, l'on peut assez promptement faire sortir les poussins avec leur mère, en les tenant dans un lieu très-sec où de petits toits leur donnent la facilité de se mettre à l'ombre sans être privés de la chaleur du soleil, et où l'on aura couvert le terrain de sable dans lequel ils puissent se rouler à leur aise. Il est bon de leur faire prendre d'abord cet exercice dans une cour séparée, où ils soient à l'abri des attaques d'autres animaux de la basse-cour. On doit aussi mettre à leur disposition de l'eau propre ; et comme ils sont très-sujets à la diarrhée, il seroit bon que les vases continssent, suivant les circonstances, du fer rouillé.

Les dindonneaux n'acquièrent une certaine force qu'après avoir *poussé le rouge*, c'est-à-dire après l'époque à laquelle se gonflent et se colorent les mamelons qui succèdent au duvet dont leur tête et une partie du cou étoient couvertes. Ce développement, qui a lieu à l'âge de six semaines ou deux mois, est pour ces oiseaux ce que la sortie de la crête est aux coqs et la dentition aux enfans. Il faut, pendant ce temps critique, les tenir dans un lieu sec et chaud, et, comme alors ils sont tristes et languissans, on doit les soutenir avec un peu de vin et des nourritures toniques, dans lesquelles on fait entrer du chenevis écrasé, du fenouil et des herbes aromatiques.

Quand aucun obstacle ne s'oppose à ce que les dindonneaux aillent aux champs avec leur mère, les lieux élevés et exposés à l'orient ou au midi sont les plus convenables ; mais il faut faire arracher, des endroits qu'ils doivent parcourir, la grande digitale, la jusquiame, la ciguë, qui sont pour eux des poisons. Les dindonneaux n'ont plus besoin alors de nourriture particulière, et ils peuvent, jusqu'au mois d'Octobre, être conduits pendant que leur mère s'occupe d'une nouvelle couvée, dans les guérets, les prairies, les bois, et dans tous les lieux où ils trouvent des grains, des insectes et des fruits sauvages. Les heures les plus convenables pour laisser sortir ces oiseaux, auxquels l'ardeur du soleil est aussi nuisible que l'humidité, sont le matin depuis huit heures jusqu'à dix, et le soir depuis quatre heures jusqu'à sept. A l'approche des froids et lorsque les dindons ont atteint environ six mois, on s'occupe d'augmenter leur volume et leur embonpoint en leur fournissant une nourriture plus recherchée et plus abondante, dont le choix dépend des ressources locales. Tantôt on leur fait avaler des boulettes formées de pommes de terre cuites, pilées et mêlées avec du lait : tantôt on emploie la farine de sarrazin ou blé noir ; tantôt la faîne, la châtaigne, le gland, cuits et broyés avec une farine quelconque. Il y a même des personnes qui ont recours à la castration ; mais ce moyen dangereux n'est pas nécessaire pour engraisser des animaux aussi gloutons.

Les dindons sont sujets à plusieurs maladies. Celle qui les attaque dans la première jeunesse, et qui les fait appeler *dindons échauffés*, se reconnoit à leur aspect languissant, et l'on prétend que, pour leur rendre la santé, il suffit de leur arracher deux ou trois plumes uropygiales dont le tuyau se trouve rempli de sang. On peut aussi, en les réchauffant, prévenir les suites fâcheuses de deux maladies dont les causes ne devroient cependant pas être les mêmes, la constipation et le dévoiement, qui donnent un air triste à l'animal et lui font traîner les ailes.

Lorsque les dindonneaux, surpris par une pluie froide, restent engourdis, c'est aussi la chaleur qui fournit des moyens de guérison. On est dans l'usage de leur souffler de l'air chaud dans le bec, de les envelopper de linges également chauds et de leur faire avaler quelques gouttes de vin. La *pépie*, dont l'existence se manifeste par la couleur blanche ou jaune de la langue, exige l'enlèvement de l'épiderme affecté, ce qui se fait aisément avec la pointe d'une épingle. La maladie qu'on nomme improprement *clavelée*, et qui occasionne des pustules au cou, à la tête, à la face interne des ailes et des cuisses, ou même dans l'intérieur du bec et jusque dans le gosier, est de très-difficile guérison. Cependant, après avoir séparé les individus qui en sont attaqués, pour empêcher toute communication avec les autres, on conseille de brûler avec un fer chaud les pustules extérieures, et de laver les pustules intérieures avec du vinaigre dans lequel on a mis un peu de vitriol, en donnant à l'animal du vin ou du quinquina, comme cordial et tonique ; mais, la guérison étant fort douteuse, les fermiers sont dans l'usage de tuer ceux qui sont atteints de cette maladie. On remarque quelquefois, à la tête des dindons, des tumeurs boutonneuses qui n'ont pas le même caractère de malignité, et qu'on parvient à faire disparoître en les étuvant avec une décoction dont le vinaigre fait la base, et à laquelle on ajoute des oignons et du poivre ; on leur fait en même temps manger du chenevis, et si ce traitement est sans effet, on sépare la tête de l'animal, dont le corps, dit-on, n'en est pas moins bon à manger.

Il ne paroît pas que la couleur des dindons doive leur faire donner une préférence dans les usages domestiques, à moins que ceux dont la robe est blanche, ne puissent, dans quelques circonstances, suppléer aux plumes d'autruche. Les femelles passent pour avoir la chair la plus tendre et la plus délicate, et ce sont elles qu'on a coutume de farcir avec des truffes, ou de remplir avec des boulettes composées de viandes hachées et de marrons rôtis. On doit vider les dindons, comme les autres volailles, peu de temps après les avoir tués, le séjour prolongé des intestins donnant à leur chair un goût désagréable. Les vieux, qu'on ne pourroit plus mettre à la broche, ni même en daube, fourniroient encore un bon aliment si on les faisoit bouillir; et l'on peut en manger toute l'année dans les fermes, en les tuant en même temps que les cochons, les divisant par quartiers, les conservant avec du sel dans des pots de terre, et en suppléant par la graisse de porc à celle qu'ils ne peuvent fournir.

Les femelles ne pondant guères plus d'œufs qu'elles n'en peuvent couver, et ceux de la seconde ponte formant la base de la nourriture des poussins dans leur premier âge, il en reste peu qu'on puisse employer dans la cuisine; mais on les préfère à ceux des poules pour la pâtisserie.

Enfin, la fiente des dindons convient aux terres fortes, et elle fournit un bon engrais pour certaines productions. (Ch. D.)

DINDON DU BRÉSIL. (*Ornith.*) L'oiseau que Brisson décrit sous ce nom, tom. I, p. 162, est le *jacupema* de Marcgrave, le *guan* ou *quan* d'Edwards et le *meleagris cristata* de Linnæus, ou l'yacou, que Mauduyt, d'après Bajon, ne distingue pas du marail, mais dont Gmelin fait deux espèces d'un nouveau genre, en dénommant le premier *penelope cristata*, et le second *penelope marail*. (Ch. D.)

DINDONNEAU (*Ornith.*), jeune dindon. (Ch. D.)

DINDOU (*Ornith.*), nom piémontois du dindon. (Ch. D.)

DINDOULETTE (*Ornith.*), nom provençal des hirondelles. (Ch. D.)

DINÉBRA ou DINÉBA. (*Bot.*) Genre de plantes monocotylédones, à fleurs glumacées, de la famille des *graminées*, de la *triandrie digynie* de Linnæus, offrant pour caractère essentiel : Des épillets unilatéraux, à deux fleurs étalées,

l'une hermaphrodite, sessile, l'autre stérile, à trois arêtes ;
les valves du calice mutiques, en carène ; la valve inférieure
de la corolle à trois dents ; la dent du milieu prolongée én
arête ; trois étamines, deux styles.

Ce genre réunit plusieurs espèces, distribuées d'abord en
d'autres genres, tels que le *chloris curtipendula*, Mich. ; l'*aristida americana*, Linn. ; peut-être le *cynosurus retroflexus*,
Linn., etc. On pourroit peut-être y joindre également les
genres *Chondrosium*, *Polyodon*, qui n'en sont que médiocrement distingués, et encore mieux le genre HETEROSTEGA de
Desvaux, pour l'*aristida americana* de Linnæus (voyez ARIS-
TIDE). MM. de Humboldt et Bonpland ont découvert dans
l'Amérique méridionale plusieurs autres espèces, que je vais
mentionner.

DINÉBRA A ÉPIS PENDANS : *Dinebra curtipendula*, Mich., *Fl.
Amer.*, 1, pag. 57, *sub Chloride*; *Botelua racemosa*, Lagasc.,
Varid. Cienc., 1805, 141. Plante de la contrée des Illinois,
dans l'Amérique septentrionale, remarquable principalement par la disposition de ses épillets, et cultivée au jàrdin
du Roi. Ses tiges sont glabres, cylindriques, couchées à leur
base, garnies dans toute leur longueur de feuilles roides,
lancéolées, très-ouvertes, rudes, légèrement pileuses, denticulées à leurs bords. Les fleurs sont disposées en un épi
droit, simple et terminal, composé d'épis particuliers, courts,
distans, sessiles, alternes, pendans, lancéolés, unilatéraux,
composés d'environ six épillets tournés du même côté ; les
valves calicinales roides, lancéolées, aiguës, renfermant une
fleur hermaphrodite, une stérile, à deux valves subulées, et
très-souvent le rudiment de deux autres sétacées; les valves
de la corolle mutiques dans la fleur hermaphrodite.

DINÉBRA FAUSSE-ARISTIDE ; *Dinebra aristidoides*, Kunth *in*
Humb. et Bonpl., *Nov. Gen.*, 1, pag. 171. Plante du Mexique, dont les tiges sont glabres, rameuses, réunies en gazon ;
les feuilles glabres et striées sur leur gaine avec une languette courte, presque frangée ; sept à huit épis disposés en
une grappe latérale, linéaires, distans, pédicellés, glabres,
un peu comprimés ; les pédicelles pileux et pubescens ; trois
ou quatre épillets sessiles, linéaires, serrés contre le rachis,
presque unilatéraux et biflores ; les fleurs glabres, verdàtres ;

la valve inférieure de la corolle pileuse; la fleur stérile à trois arêtes.

DINÉBRA FAUX-BROME; *Dinebra bromoides*, Kunth, *l. c.*, pag. 172, tab. 51. Ses tiges sont à peine rameuses; ses feuilles planes, linéaires, rudes à leurs bords; les épis oblongs, médiocrement pédicellés, alternes, distans, contenant environ huit épillets lancéolés, presque unilatéraux; les valves du calice purpurines, rudes et ciliées sur le dos, inégales. Elle croît au Mexique.

DINÉBRA RAMPANTE; *Dinebra repens*, Kunth, *l. c.*, tab. 52. Cette espèce, recueillie proche Acapulco, au Mexique, a des tiges glabres, rameuses, rampantes, puis redressées; les feuilles rudes à leurs bords; les gaines pileuses à leur orifice; quatre à cinq épis alternes, disposés en une grappe unilatérale; sept à huit épillets sessiles, oblongs et biflores; les valves du calice purpurines, inégales, rudes et hispides sur leur carène; celles de la corolle lancéolées, l'inférieure à trois dents subulées, la supérieure bidentée, à double carène.

DINÉBRA EN GAZON; *Dinebra chondrosioides*, Kunth, *l. c.*, tab. 53. Plante de la Nouvelle-Espagne, à tiges droites, longues de cinq à neuf pouces, pubescentes sur leur sommet; les feuilles planes, pileuses à leurs deux faces; les gaines glabres; quatre ou six épis sessiles, alternes, distans; le rachis pubescent; huit à dix épillets sessiles, unilatéraux, disposés sur deux rangs; les valves du calice purpurines, lancéolées, pubescentes, inégales. (POIR.)

DINEMURE, *Dinemurus*. (*Entomoz.*) Genre plutôt indiqué que réellement établi par M. Rafinesque-Schmaltz, dans son Précis de Somiologie, pour un animal articulé, dont le corps, cylindrique, composé d'environ dix anneaux deux fois plus longs que larges, est terminé antérieurement par une tête obtuse, unie, et postérieurement par une queue avec deux filets latéraux. Cet animal, qui vit dans les eaux douces de la Sicile et que M. Rafinesque nomme dinemure ponctué, *dinemurus punctatus*, parce que son corps blanchâtre est ponctué de roussâtre, ne seroit-il pas une larve d'insecte hexapode? c'est ce que le nombre des anneaux du corps et les appendices qui terminent la queue portent à soupçonner. (DE B.)

DINÈTE, *Dinetus*. (*Entom.*) C'est sous ce nom de genre que M. Jurine a indiqué, dans sa Méthode des hyménoptères, une espèce d'insectes voisine des crabrons, ou mieux des pompiles, et qu'il a figurée dans cet ouvrage sous le n.° 26 de la planche XI. Fabricius les avoit indiqués sous les noms de *pompilus pictus* le mâle, et de *guttatus* la femelle, parce que les taches jaunes de l'abdomen sont différentes. M. Latreille en a fait à tort, suivant M. Jurine, des espèces de larres; mais il a observé qu'elles creusent le sable, et qu'elles y nourrissent leurs larves de petites espèces de mouches à deux ailes. D'après l'analyse, cet insecte appartient à la famille des oryctères ou fouisseurs. (C. D.)

DINGLA. (*Ornith.*) L'oiseau de mer qu'on nomme ainsi à Alep, suivant Forskaël, *Descript. anim.*, p. 8, est regardé par Linnæus comme une variété de son *larus cinerarius*, ou petite mouette cendrée de Buffon. (Ch. D.)

DINO (*Bot.*), nom brame du *nalugu* des Malabares, qui est une espèce d'*aquilicia*, dont Linnæus faisoit son *aralia chinensis*. (J.)

DINOSMOS. (*Bot.*) Ruellius cite ce nom grec comme un de ceux qui ont été donnés anciennement à la conyze. (J.)

DINOTE, *Dinotus*. (*Chetopod.*) Guettard, dans sa Dissertation sur la classification des vers à tuyaux, insérée dans le 3.° volume de ses Mémoires, a réuni sous ce nom de genre toutes les espèces de tubes calcaires fixés sur les corps marins, et enroulés ordinairement d'une manière assez régulière pour imiter une coquille de planorbe : d'où l'on voit que c'est le même genre que M. de Lamarck, et les zoologistes qui l'ont suivi, nomment Spirorbe. Voyez ce mot. (De B.)

DIOCH. (*Ornith.*) Les Yolofes, qui habitent l'Afrique dans les environs du cap Vert, appellent ainsi l'oiseau que Montbeillard a décrit sous le nom de moineau du Sénégal, et qui est l'*emberiza quelea* de Linnæus. On trouve la figure du mâle et de la femelle dans l'Histoire naturelle des oiseaux chanteurs de M. Vieillot, pl. 22 et 23. (Ch. D.)

DIOCHEN (*Bot.*), nom arabe donné par Avicenne au millet, suivant Mentzel. (J.)

DIOCTOPHYME, *Dioctophyma*. (*Entoz.*) M. Collet-Maigret, Journal de physiq., an 11 (1803), décrivit et figura un ver intestinal, qu'il regarda comme nouveau et dont il crut devoir former un genre distinct, parce qu'il crut que cet animal avoit chacune de ses extrémités terminée par huit tubercules, ce qu'indique le nom qu'il lui donna. Le fait est que ce n'étoit autre chose que le strongle géant, *strongylus gigas*, dont Redi a parlé depuis long-temps, et qui se trouve assez fréquemment dans les reins des animaux mammifères carnassiers et de l'homme. Voyez STRONGLE. (DE B.)

DIOCTRIE, *Dioctria*. (*Entom.*) MM. Latreille et Meigen, et par suite Fabricius, ont employé ce nom pour indiquer un genre ou une subdivision des *asiles*, insectes diptères de la famille des haustellés ou sclérostomes, dont les antennes, portées sur un pédicule commun, sont plus longues que la tête. Ces auteurs y rapportent, parmi les espèces que nous avons décrites au tome III, article ASILE, pag. 208 et suivantes, l'*asile d'Œlande*, n.° 4. (C. D.)

DIODE, *Diodia*. (*Bot.*) Genre de plantes dicotylédones, à fleurs complètes, monopétalées, régulières, de la famille des *rubiacées*, de la *tétrandrie monogynie* de Linnæus, caractérisé par un calice à deux folioles persistantes; une corolle infundibuliforme, à tube grêle, le limbe à quatre divisions; quatre étamines; un ovaire inférieur; un style; un stigmate bifide. Le fruit est une capsule tétragone, couronnée par le calice, à deux valves, à deux loges; une semence dans chaque loge.

Ce genre comprend des plantes, la plupart herbacées, originaires de l'Amérique, à feuilles opposées ou verticillées, réunies à leur base par une membrane stipulée; les fleurs axillaires et solitaires. Les principales espèces sont:

DIODE DE VIRGINIE; *Diodia virginica*, Linn.; Lamk., *Ill. gen.*, tab. 63. Ses tiges sont couchées, rougeâtres, tétragones, longues d'un pied; les rameaux alternes; les feuilles opposées, presque sessiles, entières, lancéolées, aiguës, glabres, souvent un peu ciliées à leur base, et réunies par une membrane tronquée; les fleurs blanches, presque sessiles, opposées et solitaires. Elle croît aux lieux aquatiques et sablonneux sur le bord des grandes rivières dans la Virginie.

DIODE VERTICILLÉE; *Diodia verticillata*, Vahl, *Symb.*, 2, pag. 28. Plante de l'île de Sainte-Croix, dans l'Amérique, dont les tiges sont droites , glabres, longues d'un pied , très-simples , garnies de feuilles réunies cinq à huit en verticille, lancéolées, inégales, rétrécies à leurs deux extrémités, réunies à leur base par une membrane ciliée : les fleurs verticillées , entourées par la stipule membraneuse ; le verticille supérieur beaucoup plus grand ; les capsules linéaires, à deux loges, un peu comprimées, ciliées à leurs deux bords supérieurs, couronnées par deux dents ; une seule semence linéaire dans chaque loge.

DIODE A ÉPI SIMPLE ; *Diodia simplex*, Swartz, *Fl. Ind. occid.*, 1, pag. 226. Ses tiges sont simples, tétragones, hautes d'un demi-pied ; les feuilles opposées, presque sessiles, glabres, entières, élargies, lancéolées ; les fleurs sessiles blanchâtres, solitaires, axillaires ; la corolle plus longue que le calice ; les divisions du limbe aiguës ; les capsules oblongues, anguleuses, à deux loges monospermes. Elle croît à la Jamaïque, sur les hautes montagnes.

DIODE COUCHÉE ; *Diodia prostrata* , Swartz, *l. c.* Cette espèce croît dans les champs sablonneux, à la Jamaïque. Ses racines sont filiformes ; ses tiges couchées, peu rameuses, longues de trois à cinq pouces, roides, blanchâtres, hérissées ; les feuilles sessiles, linéaires, aiguës, hispides et pubescentes, roulées à leurs bords ; une stipule vaginale, bordée de cils rougeâtres ; les fleurs blanches, petites, sessiles, réunies deux ou trois dans les aisselles des feuilles ; le calice velu, à quatre dents fort petites ; les capsules presque rondes, à deux coques ; les semences noires.

, DIODE GRIMPANTE ; *Diodia scandens*, Swartz, *l. c.* Ses tiges sont grêles, presque ligneuses, grimpantes, longues de huit à dix pieds ; les rameaux simples, très-longs ; les feuilles pétiolées ; les supérieures sessiles, rudes, hispides, ovales-lancéolées, très-entières ; les stipules à demi amplexicaules, ciliées à leurs bords ; les fleurs blanchâtres, sessiles, au nombre de quatre ou six dans l'aisselle des feuilles ; le tube de la corolle de la longueur du calice, velu à son orifice ; les capsules oblongues et noirâtres. Elle croît à la Nouvelle-Espagne, aux lieux arides.

DIODE SARMENTEUSE ; *Diodia sarmentosa*, Swartz, *l. c.* Espèce originaire de la Jamaïque. dont les tiges sont ligneuses, grimpantes, très-élevées, hispides sur leurs angles ; les feuilles presque sessiles, roides, oblongues, aiguës, un peu rudes ; les fleurs sessiles axillaires, presque solitaires ; le calice à quatre dents lancéolées, les deux plus longues persistantes ; le tube tétragone ; les anthères bleuàtres ; une capsule oblongue, divisée en deux loges, qui offrent, par leur séparation, l'apparence de deux capsules monospermes.

Diode velue ; *Diodia hirsuta*, Pursh, *Fl. Amer.*, 1, pag. 106. Plante de la Nouvelle-Géorgie, très-hérissée sur toutes ses parties ; ses tiges sont tombantes, tétragones ; ses feuilles linéaires-lancéolées ; la corolle garnie en dedans, à son orifice, de poils touffus ; les capsules ovales, hérissées. (Poir.)

DIODON (*Ichthyol.*), *Diodon*. On a donné ce nom à un genre de poissons de la famille des ostéodermes de M. Duméril, et de celle des plectognathes gymnodontes de M. Cuvier.

Ce genre est reconnoissable aux caractères suivans :

Mâchoires avancées, nues ou plutôt garnies d'une substance éburnée, divisées intérieurement en lames, et dont l'ensemble représente une espèce de bec de perroquet, formé de deux pièces seulement, une en haut et l'autre en bas. Peau armée de toutes parts de gros aiguillons pointus, mobiles, nombreux et disséminés sur toute la surface ; catopes nuls.

Les diodons ont un squelette fibreux et presque cartilagineux ; les opercules et les rayons sont cachés sous une peau épaisse qui ne laisse voir à l'extérieur qu'une petite fente branchiale ; le canal intestinal est ample, mais sans cœcums, malgré l'assertion contraire de Bloch ; la vessie natatoire est considérable, bilobée.

Ils vivent de crustacés et de fucus : leur chair est généralement muqueuse et peu estimée.

Ils peuvent se gonfler, comme des ballons, en avalant de l'air et en remplissant de ce fluide leur estomac, ou plutôt une sorte de jabot très-mince et très-extensible, qui occupe toute la longueur de l'abdomen en adhérant intimement au péritoine, ce qui l'a fait prendre tantôt pour le péritoine même, tantôt pour un épiploon. Lorsqu'ils sont ainsi gonflés, ils culbutent ; leur ventre prend le dessus, et ils flottent à la surface sans pouvoir se diriger : c'est pour eux un moyen de défense, parce que les épines qui garnissent leur peau se relèvent ainsi de toutes parts.

C'est cette faculté d'être ainsi susceptibles d'être distendus par de l'air, qui a fait donner à ces poissons le nom vulgaire de *boursouflus* et celui d'*orbes*, tandis que celui de *diodon* vient de la disposition de leurs dents, qu'il exprime en grec (*Δις*, *deux*, et *οδϐς*, *dent*), et qui correspond à l'expression françoise de *deux-dents*, par laquelle on les désigne quelquefois.

On ne leur compte que trois branchies de chaque côté, exception peut-être unique parmi les poissons. Leurs reins, placés très-haut, ont été pris mal à propos pour des poumons; car il est probable que ce sont eux qu'ont voulu désigner ainsi Schœpf (Écrits des naturalistes de Berlin, VIII, 190), Plumier (voyez Schneider, 513), et Garden (*Syst. nat. Linn.*, edit. XII, I, p. 348, *not.*). Les diodons, sous le rapport de la respiration, ne diffèrent en rien des autres animaux de la classe des poissons, et l'on ne sait encore ce que sont des organes celluleux que Broussonnet leur a accordés. (Académ. royale des sciences, année 1780.)

Les diodons ont de très-grands rapports de ressemblance, pour l'apparence extérieure et pour l'organisation intérieure, avec les tétraodons; mais ils en diffèrent en ce que chaque mâchoire de ces derniers est partagée en deux dents. Ils en diffèrent encore par la nature de leurs piquans, beaucoup plus longs, plus gros et plus forts que ceux des tétraodons les mieux armés. (Voyez, au reste, OSTÉODERMES ET TÉTRAODON.)

Les espèces de ce genre vivent dans les mers des pays chauds : on ne possède encore que peu de détails sur chacune d'elles; nous allons examiner successivement les plus importantes, en avertissant toutefois qu'il règne une grande confusion dans leur détermination.

L'ATINGA OU ATINGUA : *Diodon atinga*, Linnæus; *Deux-dents courte-épine*, Bonnaterre, Encycl. méthod., pl. XIX, fig. 60; *Deux-dents longue-épine*, Daubenton; *Guamajacu atinga*, Marcgrave, Bloch, 125. Corps alongé; piquans très-rapprochés les uns des autres; nageoires dorsale et anale petites et placées au-dessus l'une de l'autre; nageoire caudale arrondie; tête petite, élargie par le haut.

Les ouvertures des narines de l'atinga sont simples et tubulées ; l'ouverture de la bouche est petite et la mâchoire avance un peu ; les yeux sont rapprochés du museau ; l'anus est voisin de la queue, qui est très-courte.

Dans cette espèce, les piquans mobiles sont très-forts, très-longs, creux vers leur racine, variés de blanc et de noir, et partagés à leur base en trois pointes divergentes, qui vont se fixer au-dessous des tégumens. Ils sont revêtus d'un épiderme délié, qui le plus souvent ne s'étend pas jusqu'au sommet de l'aiguillon, mais qui quelquefois le dépasse.

L'atinga a le dos rond, large et brun ou bleuâtre ; ses côtés sont un peu aplatis et bleuâtres ; le ventre est blanc ; toutes ses nageoires sont jaunes, tachetées de noir et bordées de brun ; presque tout le corps est, du reste, parsemé de petites taches noires lenticulaires.

Ce poisson habite les mers de l'Inde, de l'Amérique et de l'Afrique méridionale ; on le trouve abondamment entre les tropiques et dans les environs du cap de Bonne-Espérance. Il se nourrit de petits poissons, de crustacés et de coquillages, dont il brise aisément l'enveloppe calcaire au moyen de ses robustes mâchoires. Il ne s'éloigne guère des côtes.

Les mâles sont plus petits que les femelles, qui atteignent ordinairement quinze à dix-huit pouces de longueur.

Il est difficile et même dangereux de prendre ce poisson à la main, car il sait fort bien se défendre en hérissant ses piquans ; c'est principalement lorsqu'on l'attaque, qu'il fait enfler son corps, puis souvent, tout-à-coup, il chasse avec force l'air qu'il a avalé, et celui-ci, en sortant par la bouche et par les ouvertures des branchies, produit un bruissement semblable à celui que font entendre les balistes, les coffres et les tétraodons.

Marcgrave est le premier naturaliste qui en ait parlé.

On le pêche ordinairement dans les filets avec les autres poissons ; on le prend aussi à l'hameçon, en y attachant une queue de crustacé pour appât.

Sa chair est dure et peu savoureuse ; on la mange cependant. Pison assure que son fiel est vénéneux, et que, si l'on néglige de l'enlever, il cause la mort à ceux qui ont l'imprudence de manger de l'animal ainsi mal préparé : leurs sens s'émoussent, leur langue devient immobile, leurs membres se roidissent, et la vie s'éteint pendant qu'une sueur froide et colliquative inonde tout le corps. La piqûre de ses aiguillons passe également pour dangereuse. On éprouve aussi, dit-on, des accidens graves, si l'on ne retire point des viscères de ceux de ces poissons que l'on veut servir sur la table les restes d'alimens qui peuvent s'y rencontrer.

La vessie natatoire des atingas est très-grande ; M. de Lacépède pense qu'en la préparant convenablement on en fabriqueroit une fort bonne colle de poisson.

L'estomac de ces diodons est mince et garni de beaucoup d'appendices qui, comme autant de petites poches cœcales, peuvent augmenter la quantité des fluides gastriques, ou contribuer à l'achèvement convenable de la digestion en retardant le cours des matières alimentaires. Leur foie, gros et trilobé, s'étend jusqu'à l'anus. Leur bouche est garnie, outre les deux dents dont nous avons parlé, de deux véritables dents molaires, très-grandes, à peine convexes et sillonnées transversalement : l'une occupe presque tout le palais, et l'autre revêt la partie opposée de la gueule dans l'endroit le plus voisin du devant de la mâchoire inférieure.

Le Diodon de Plumier ; *Diodon Plumierii*, Lacép. Corps alongé, étranglé entre les yeux et les nageoires pectorales ; point de piquans sur les côtés de la tête, qui est plus grosse que la partie antérieure du corps ; nageoire caudale arrondie ; queue dépourvue d'aiguillons ; corps bleuâtre avec des taches blanches, presque rondes, assez petites et très-nombreuses.

Ce poisson, des mers de la zone torride et du voisinage des côtes orientales de l'Amérique, et qui a beaucoup de ressemblance avec l'atinga, a été dessiné par Plumier. M. Schneider ne le regarde point comme une espèce distincte.

Le Guara, *Diodon holocanthus* : *Diodon histrix*, Bloch, 126 ; *Diodon atinga holocanthus*, Linnæus. Corps moins alongé que celui des espèces précédentes ; piquans très - rapprochés les uns des autres ; nageoire caudale fourchue ; couleurs semblables à celles de l'atinga.

Ce poisson vit dans toutes les mers entre les tropiques ; comme l'atinga, il se livre à des mouvemens très-violens et très-rapides lorsqu'il se sent pris, et particulièrement lors-

qu'il a mordu à l'hameçon. Il se gonfle et se comprime alternativement, redresse et couche ses dards, s'élève et s'abaisse
avec vîtesse, pour se débarrasser du crochet qui le retient,
et, comme ses piquans sont très-longs, on redoute beaucoup
de le saisir.

Il paroît qu'on le pêche dans la mer Rouge et dans celle
du Japon. Sa chair est maigre et dure.

Selon le père Dutertre, il faut pour le prendre amorcer
la ligne avec un crustacé : il s'en approche d'abord avec précaution, le goûte, se retire, revient, et enfin l'avale ; dès
qu'il se sent accroché, il s'enfle comme un ballon, rend un
bruit sourd comme le coq d'Inde quand il fait la roue, et
entre en fureur : mais bientôt, voyant ses efforts inutiles, il a
recours à la ruse ; il baisse ses piquans, se dégonfle et devient
aussi flasque qu'un gant mouillé : il ne reprend son activité
que quand il s'aperçoit que le pêcheur le tire à lui.

Le Diodon tacheté ; *Diodon maculatus*, Lacépède. Corps
encore moins alongé que dans l'holocanthe ; piquans très-rapprochés les uns des autres, et deux ou trois fois plus longs sur
le dos que sur le ventre ; nageoire de la queue arrondie :
brun en-dessus, blanchâtre en-dessous ; trois grandes taches
de chaque côté du corps ; une tache en forme de croissant
sur la nuque ; une tache nuageuse sous le museau ; une autre
tache presque ronde, au-dessus du dos, autour de la nageoire dorsale : toutes ces taches sont noires. Nageoires d'un
jaune verdâtre ; piquans blancs, renfermés dans des gaines
brunes, et beaucoup plus longs sur le dos que sous le ventre.
Bords de l'ouverture des narines relevés en manière de
verrue.

Les yeux de ce poisson sont gros et saillans ; l'épiderme les
recouvre comme tout le reste du corps.

Commerson l'a observé auprès des côtes de la Nouvelle-
Cythère.

Le Diodon mole ; *Diodon mola*, Pallas, Linnæus, Lacépède. Corps très-comprimé, demi-ovale, comme tronqué
par derrière ; sommet de la tête creusé en un canal dont les
deux bouts sont armés d'une pointe ; museau saillant ; la
matière qui recouvre les mâchoires plutôt cartilagineuse
qu'éburnée ; deux piquans et trois tubercules sur le dos ; deux

aiguillons auprès de la gorge; des piquans sur les côtés du corps. Dos et côtés noirâtres ; ventre d'un blanc argenté. Taille de quelques pouces.

Ce poisson , décrit pour la première fois par le célèbre Pallas , vit dans les mers des tropiques.

Le Diodon hérisson ou orbe : *Diodon hystrix*, Linnæus ; *Diodon orbicularis*, Bloch , 127; Seba, t. 25, fig. 5. Corps sphérique ou presque sphérique; piquans forts , courts et clair-semés; nageoires très-courtes; museau peu avancé. Teinte générale d'un gris livide ; des gouttes blanchâtres sur tout le dos; quatre taches plus grandes, noires, arrondies, situées, une auprès de chaque nageoire pectorale , et une de chaque côté du corps; une cinquième tache noire, très-échancrée auprès de la nageoire caudale ; un croissant noirâtre au-dessous de chaque œil ; la base de chacun des aiguillons plantés sur le ventre d'un jaune plus ou moins pâle.

Ce poisson, que Commerson a observé vivant dans la baie de Rio-Janéiro , se trouve aussi près du cap de Bonne-Espérance et aux Moluques. Sa chair est un aliment plus ou moins dangereux , au moins dans certaines circonstances. Autrefois sa dépouille , sous la dénomination de *poisson-armé* , étoit suspendue à la voûte de presque tous les cabinets d'histoire naturelle, et même dans les officines des pharmaciens et les magasins des droguistes.

Le Diodon géométrique; *Diodon geometricus* , Schneider, t. 96. Corps oblong, marqué de figures hexagonales contiguës et de cinq taches noires et rondes ; teinte générale jaune ; épines courtes , en forme de lame de couteau , courbées en arrière; deux petits barbillons sous le menton. Taille de quatre pouces.

Des mers d'Amérique.

Le Diodon a bras ; *Diodon brachiatus* , Schneider. Nageoires pectorales, dorsale et anale, supportées par un appendice en forme de petit bras ; des points noirs sur un fond d'un fauve cannelle.

Le Diodon a antennes ; *Diodon antennatus* , Cuvier. Plusieurs filamens charnus sur le devant de la tête et dans quelques autres parties du corps. Teinte générale d'un gris roussâtre avec des taches symétriques d'un roux foncé. (H. C.)

DIODON (*Mamm.*), nom formé du grec, qui veut dire *deux dents*, et qu'on a donné comme spécifique à une espèce de dauphin. Voyez Cachalot. (F. C.)

DIOÉCIE (*Bot.*), nom composé de deux mots grecs qui signifient *deux maisons*. Linnæus désigne par ce nom la vingt-deuxième classe de son système sexuel, dans laquelle sont réunies les plantes qui portent des fleurs mâles sur un individu et des fleurs femelles sur un autre (chanvre, épinard, mercuriale, saule, valisnère, etc.). Dioécie est encore le nom d'un ordre de la vingt-troisième classe, la polygamie. (Mass.)

DIOGGOT (*Bot.*), huile ou goudron retiré du Bouleau. Voyez ce mot. (J.)

DIOIQUES [Plantes]. (*Bot.*) Plantes de la dioécie. Dans ces plantes les fleurs mâles sont sur un individu, et les fleurs femelles sur un autre individu. (Mass.)

DIOMEDEA. (*Ornith.*) Les oiseaux, dont Pline, Gesner, Aldrovande, etc., ont parlé sous la dénomination d'*aves diomedeæ*, et qu'ils ont dit habiter l'île de Diomède, près de Tarente, où ils accueilloient les Grecs, tandis qu'ils se jetoient sur les étrangers, sont désignés par les uns comme d'une très-grande taille, d'un plumage entièrement blanc et jouissant éminemment de la faculté de voler. D'autres les ont comparés à des pétrels, à des goélands; et Gesner, après avoir énoncé ces diverses opinions, livre 3, p. 367, expose dans ses *Paralipomena*, p. 771, une opinion encore différente, puisque ce seroit un oiseau de proie de couleur brune, ayant le bec et les doigts crochus, se tenant caché pendant le jour, et ne sortant que la nuit de trous creusés par lui-même, pour aller à la pêche des poissons, dont il faisoit sa nourriture; toutes circonstances propres à établir une analogie avec les *diables-de-mer* ou *diablotins* des Pères du Tertre et Labat. Quoi qu'il en soit, le *diomedea avis* de Gesner a été rapporté par Linnæus au pétrel-puffin, *procellaria puffinus;* et le même naturaliste, ayant formé un autre genre, sous le nom de *Diomedea*, y a placé deux espèces différentes, dont la première, *diomedea exulans*, est l'albatros, et la seconde, *diomedea demersa*, le grand manchot, plus convenablement rangé ensuite par Gmelin dans son genre *Aptenodytes*. (Ch. D.)

DIOMÉDÉE, *Diomedea.* (*Bot.*) [*Corymbifères*, Juss. ; *Syn-génésie polygamie superflue*, Linn.] Ce nouveau genre de plantes , de la famille des Synanthérées , a été d'abord pro-posé dans notre troisième Mémoire sur cette famille , lu à l'Institut en 1814 , et plus amplement décrit depuis dans le Bulletin de la Société philomatique de Mai 1817. M. de Jussieu, dont le coup d'œil est si juste, l'avoit entrevu depuis long-temps (*Gener. plant.* p. 186), en exprimant le doute que les espèces de *buphtalmum* à tige ligneuse et à feuilles opposées fussent vraiment congénères des espèces herbacées à feuilles alternes. Mais il étoit presque impossible d'établir entre elles aucune distinction générique solide, avant d'avoir signalé les diverses tribus naturelles dont se compose la fa-mille. Cette distinction est devenue très-facile , depuis que nous avons reconnu que les vrais *buphtalmum* étoient des inulées , tandis que les faux *buphtalmum* à tige ligneuse et à feuilles opposées étoient des hélianthées. Notre *diomedea*, qui comprend les *B. frutescens* , *arborescens* , *lineare* , etc. , appartient donc à la tribu naturelle des hélianthées, et à la section des hélianthées-rudbeckiées , dans laquelle nous le rangeons auprès de l'*heliopsis* et du *wedelia.* Il diffère du *wedelia* , en ce que la cypsèle n'est point rétrécie au sommet en une sorte de col court portant l'aigrette; et de l'*heliopsis,* parce que la cypsèle est aigrettée.

La calathide est radiée , composée d'un disque multiflore , régulariflore , androgyniflore , et d'une couronne unisériée , liguliflore , féminiflore ; le péricline est formé de squames paucisériées , inégales , subfoliacées , arrondies ; le clinanthe est plane , squamellifère ; les cypsèles sont tétragones , gla-bres, et chacune est surmontée d'une aigrette coroniforme , cartilagineuse , courte , continue , irrégulièrement découpée.

La DIOMÉDÉE BIDENTÉE (*Diomedea bidentata*, H. Cass. ; *Buph-talmum frutescens* , Linn.) est un arbrisseau élevé de trois à quatre pieds ; à tiges droites, souvent simples; à feuilles opposées, connées, oblongues, obovales, acuminées, entières, veinées en dessus, unies en-dessous, épaisses, blanchâtres et glauques, étrécies inférieurement en un pétiole muni de deux petites dents subulées; les feuilles des rameaux n'ont point de dents , et sont lancéolées ; les calathides sont terminales , so-

litaires, grandes, composées de fleurs jaunes, et chaque squa-
melle se termine par une longue corne spinescente. Cette
espèce habite la Virginie, la Jamaïque.

La DIOMÉDÉE INDENTÉE (*Diomedea indentata*, H. Cass.; *Buphtalmum arborescens*, Linn.) est un arbuste toujours vert,
haut de trois à quatre pieds, à rameaux bruns, à feuilles
opposées, connées, étroites, lancéolées, étrécies à la base,
très-entières, nullement dentées, et vertes; à calathides terminales, solitaires, composées de fleurs jaunes, et dont les
squamelles sont subspatulées. Cette espèce habite les iles
Bermudes et celles de Bahama. (H. Cass.)

DIONE (*Erpétol.*), nom d'une couleuvre des déserts
salés qui avoisinent la mer Caspienne. Voyez Couleuvre.
(H. C.)

DIONÉE ATTRAPE - MOUCHE (*Bot.*): *Dionea muscipula*,
Linn., *Mant.*; Ellis, *in Nov. Act. Ups.*, 1, pag. 88, tab. 8;
Lamk., *Ill. gen.*, tab. 362; Vent., *Malm.*, 1, tab. 29. Genre
de plantes dycotylédones, à fleurs complètes, polypétalées,
qui a des rapports avec les *drosera* (*rossolis*). Il appartient à la
décandrie monogynie de Linnæus, et se caractérise par un calice
persistant, à cinq folioles; cinq pétales étalés; dix étamines,
les anthères arrondies; un ovaire supérieur; un style; un
stigmate élargi et frangé; une capsule enflée, arrondie, à
une seule loge; un grand nombre de semences fort menues,
attachées au fond de la capsule.

Cette espèce croît dans les lieux humides ét marécageux de
la Caroline. Ses feuilles sont toutes radicales, étalées en rosette sur la terre, pétiolées, glabres, un peu charnues, arrondies, échancrées, divisées en deux lobes demi-ovales, ciliés sur les bords, chargés à leur face supérieure de petites
glandes rougeàtres, et de trois ou quatre pointes fort courtes,
placées entre ces glandes; les pétioles ailés, comme dans les
orangers, cunéiformes, au moins aussi longs que la feuille. Du
milieu de ces feuilles s'élève une hampe grêle, droite, herbacée, haute de six à sept pouces, soutenant à son sommet
plusieurs fleurs blanches, pédonculées, disposées en un corymbe terminal; les pédoncules uniflores, sortant chacun de
l'aisselle d'une petite bractée aiguë; les folioles du calice sont
oblongues, aiguës; les pétales ovales-oblongs, concaves, ob-

tus, à sept stries longitudinales; les filamens subulés, plus courts que les pétales.

Cette plante est très-curieuse par la grande irritabilité des lobes de ses feuilles, qui se ferment avec rapidité au moindre attouchement, phénomène occasioné fréquemment par les insectes qui viennent s'y poser ou y sucer la liqueur distillée par les glandes, et dont quelques-uns sont très-avides. A peine se sont-ils posés sur la feuille, qu'aussitôt celle-ci rapproche ses lobes l'un de l'autre; les cils qui les bordent, se croisent et tiennent l'insecte renfermé comme dans une souricière. Plus celui-ci se meut et se débat, plus sa prison se resserre; mais lorsque, épuisé de fatigue, l'insecte cesse de se mouvoir, alors les lobes s'ouvrent d'eux-mêmes, et le prisonnier recouvre sa liberté. Il est à regretter que cette plante, qui a été cultivée dans plusieurs jardins, ne puisse pas s'y propager. On parvient, avec des soins, à en obtenir des fleurs, mais les graines ne mûrissent que très-rarement. On ne peut la multiplier que par des pieds apportés de l'Amérique. Elle exige une terre tourbeuse, tenue toujours humide; la serre tempérée pour l'hiver. Lorsqu'elle est bien soignée, on parvient encore à la propager par la séparation des rosettes de feuilles enracinées. (Poir.)

DIONIUM. (*Min.*) Pline distingue trois sortes de sardes, pierres qui paroissent renfermer nos tourmalines et nos sardoines ; la seconde paroît être plus particulièrement notre sardoine : c'est à celle-ci que Pline donne le nom de *dionium*, à cause de sa grandeur. Grosse pense que c'est un ancien nom indien qui se rapporte au sardilus mâle de Théophraste, qui est d'un brun jaunâtre (Delaunay), grandeur et couleur qui conviennent parfaitement à l'agate que nous nommons sardoine. (B.)

DIONYSIA. (*Bot.*) Voyez HEDEFA. (J.)

DIONYSIADES. (*Bot.*) Un des noms anciens de la toute-saine, *hypericum androsæmum*, cité par Ruellius. Il est nommé *dionysia* par Mentzel; et ce dernier nom est aussi donné au lierre, suivant Ruellius. (J.)

DIONYSIAS. (*Min.*) C'est une de ces pierres dont Pline ne dit presque rien, et qu'on ne peut rapporter par conséquent à aucune des pierres connues. Elle étoit noire et dure, marquée de taches rougeâtres : broyée dans l'eau, elle lui donnoit la saveur du vin, etc. (B.)

DIOPSIDE. (*Minér.*) M. Haüy a réuni sous ce nom, dans son Cours de minéralogie de 1806, des minéraux envoyés de Piémont par M. Bonvoisin, de l'académie de Turin, sous les dénominations de *mussite* et d'*alatite*. Néanmoins il remarquoit déjà les rapports que ce minéral avoit avec le pyroxène, malgré l'extrême différence des caractères extérieurs de ces deux pierres; car, dans la description que M. Tonnelier a publiée du diopside dans le Journal des mines, tom. 20, pag. 65, il disoit toujours, en parlant au nom de M. Haüy, que la place destinée au diopside est *immédiatement après le pyroxène, dont la forme primitive a quelque analogie avec celle de la première*, etc.

Mais, ayant eu occasion de voir un plus grand nombre de cristaux, d'en examiner de plus gros et de plus nets, et d'étudier toutes les variétés intermédiaires entre le diopside et le pyroxène, il reconnut, 1.º que les différences qui l'avoient frappé au premier moment entre la diopside et le pyroxène, tenoient aux difficultés qu'il avoit trouvées pour mesurer, dans les premiers cristaux qu'il avoit eus, des angles qui ne différoient réellement entre eux que d'environ un degré; 2.º que des caractères de clivage et des caractères physiques, qui paroissoient propres au diopside, se retrouvoient dans quelque variété de pyroxène du Vésuve et d'Arendal. Il s'est donc déterminé à réunir le diopside au pyroxène et à le regarder comme une variété de cette espèce. Il a donné les motifs de cette réunion dans un Mémoire qu'il a publié en 1808.

Nous admettons cette réunion, malgré les différences assez notables que ces deux pierres semblent présenter dans leur composition, et nous traiterons particulièrement de cette variété et de ses caractères particuliers sous le nom de PYROXÈNE DIOPSIDE. Voyez ce mot. (B.)

DIOPSIS, *Diopsis.* (*Entom.*) C'est le nom d'un genre et d'une espèce d'insectes diptères de la famille des sarcostomes ou proboscidés, tout-à-fait anomal par la disposition singulière des yeux, qui sont portés sur un long prolongement transversal de la tête; d'où la dénomination de *diopsis*, qui indique ces deux yeux très-remarquables. Cet insecte a été rapporté d'Afrique, de Guinée et de la côte d'Angole. Fabricius l'a décrit avec détails, d'après M. de Sehestedt, sur des individus venant de Sumatra, dans son Système des antliates, page 201. Linnæus l'a fait figurer dans une dissertation soutenue sous sa présidence à Upsal, par Dahal, en 1775, sous le titre de *Bigas insectorum*. Fuesly l'a aussi représenté dans ses Archives des insectes, 1, pl. 4. C'est la *diopsis ichneumonée* de Linnæus. (C. D.)

DIOPTASE. (*Minér.*) C'est un minérai de cuivre hydrosilicé. Voyez CUIVRE DIOPTASE, huitième espèce. (B.)

DIORITE. (*Min.*) Voyez DIABASE. (B.)

DIOSANTHOS. (*Bot.*) Anguillara, cité par C. Bauhin, applique ce nom de Théophraste à une espèce d'œillet à pétales laciniés, voisine du *dianthus superbus*. C'est peut-être ce nom qui a donné à Linnæus l'idée d'imposer celui de *dianthus* à l'œillet. (J.)

DIOSCOREA. (*Bot.*) Voyez IGNAME. (POIR.)

DIOSMA. (*Bot.*) On décrit, dans le genre Diosma, un disque placé sous l'ovaire, et se prolongeant en cinq crénelures ou cinq languettes opposées aux cinq pétales et alternes avec les cinq étamines, que les uns prendroient pour des pétales plus petits, d'autres pour des étamines avortées. C'est sur ces organes et sur le nombre des graines dans chaque loge du fruit, que Wendland fonde une division du diosma en quatre genres secondaires, savoir : 1.° le *diosma*, qui a cinq pétales, cinq étamines et des loges monospermes; 2.° le *bucco*, différent du précédent par l'addition de cinq autres pétales; 3.° le *glandulifera*, auquel il attribue cinq pétales, dix étamines, dont cinq alternes, à filets stériles, et deux graines dans chaque loge; 4.° le *parapetalifera*, qui a dix pétales, cinq étamines et un fruit tuberculeux, dont les loges sont monospermes. Willdenow, dans l'*Hort. Berol.*, adopte cette division, et substitue seulement au second nom celui d'*agathosma*, au troisième celui d'*adenandra*, et au quatrième celui de *barosma*. Linnæus avoit antérieurement divisé le genre primitif en *diosma* et *hartogia*, à raison du disque crénelé ou prolongé en languettes; mais il avoit renoncé ensuite à ce partage, et réuni les deux genres en un seul.

Peut-être jugera-t-on que la division de Wendland ne devra pas plus être adoptée, ou qu'elle sera utile seulement pour faire des sections dans le genre Diosma, décrit ci-après. (J.)

Le diosma est un genre de plantes dicotylédones, à fleurs complètes, polypétalées, régulières, de la famille des *diosmées*, de la *pentandrie monogynie* de Linnæus, dont le caractère essentiel consiste dans un calice persistant, à cinq divisions profondes, muni intérieurement à sa base d'un disque à cinq crénelures ou à cinq écailles ; cinq pétales opposés aux écailles du disque ; cinq étamines alternes avec les pétales ; un ovaire supérieur entouré par le disque ; un style, un stigmate en tête. Le fruit consiste en trois ou cinq capsules oblongues, comprimées, conniventes, s'ouvrant en dedans, contenant une gaine ou une sorte d'arille dans lequel sont renfermées une ou plusieurs semences.

Ce genre comprend de jolis arbustes, la plupart originaires du cap de Bonne-Espérance, d'un port élégant, souvent odorans ; munis de feuilles opposées ou éparses, ordinairement ponctuées en-dessous ; les fleurs solitaires, ou réunies en bouquets au sommet des rameaux. Nous ne connoissons qu'imparfaitement le plus grand nombre des espèces rapportées à ce genre ; d'autres sont cultivées dans quelques jardins de botanique. On peut les multiplier de graines ; mais, comme elles perdent très-promptement leur vertu germinative, on préfère les multiplier de boutures que l'on forme dans le courant de l'été : les branches adultes sont préférables aux plus jeunes et à celles trop âgées ; on les place dans des pots remplis d'une terre légère, que l'on plonge dans la tannée d'une serre médiocrement chaude. Ces plantes contribuent à la décoration des orangeries pendant l'hiver, à celle de nos jardins pendant les autres saisons : elles s'y distinguent par leur forme agréable, leur verdure constante et leur odeur aromatique. Les espèces les mieux connues sont :

DIOSMA VELU : *Diosma hirsuta*, Linn. ; Lamk., *Ill. gen.*, tab. 127, fig. 4. Arbrisseau de cinq à six pieds, à tige simple, divisée vers son sommet en rameaux grêles, épars, velus à leur partie supérieure, garnis de feuilles droites, éparses, linéaires, très-étroites, hérissées de poils blancs. Les

fleurs sont blanches, peu nombreuses, disposées en petits corymbes, presque ombellés et terminaux ; les pédoncules courts
et velus ; les calices turbinés, velus à leur base ; leurs divisions ovales, un peu ciliées ; la corolle une fois plus longue
que le calice ; les pétales ovales, obtus, presque arrondis; les
étamines non saillantes. Ses feuilles et ses capsules exhalent
une odeur aromatique très-agréable, qui approche de l'anis
étoilé de la Chine.

Diosma a feuilles opposées : *Diosma oppositifolia*, Linn., *Hort.
Cliff.* ; *Spiræa Africana*, etc., Commel., *Rar.*, 1, tab. 1 ; *Hipe-
ricum Africanum vulgare* ; *Bocho Hottentorum*, Seba, *Thes.*, 2,
tab. 40, fig. 5 ; vulgairement Bucco. Arbrisseau très-rameux,
d'un aspect agréable, peu élevé, revêtu d'une écorce grisàtre ; ses feuilles sont fort petites, opposées en croix, trigones, subulées, glabres, quelquefois légèrement ciliées sur
leurs bords ; les rameaux, presque paniculés à la partie supérieure des tiges, se terminent par des fleurs blanches, peu
nombreuses, presque réunies en ombelle. Seba dit que cette
plante est fort estimée chez les Hottentots, qui l'emploient à
la guérison d'un grand nombre de maladies. Les habitans
du cap de Bonne-Espérance en tirent, par la distillation,
une huile aromatique très-pénétrante, dont on se sert à
l'extérieur pour fortifier les nerfs : l'usage intérieur de cette
plante est utile dans les rétentions d'urine. Les *diosma scabra*
et *decussata*, Lamk., Dict., n.os 1 et 2, sont très-rapprochés
de cette espèce.

Diosma rouge : *Diosma rubra*, Linn. ; *Erica æthiopica*, etc.,
Pluk., tab. 347, fig. 4 ; *Spiræa africana*, *odorata*, etc.,
Commel., *Rar.*, 2, tab. 2. Ses rameaux sont nombreux, rougeàtres et cylindriques ; ses feuilles d'un beau vert, approchant de celles d'un genévrier, éparses, presque glabres,
linéaires, mucronées ; les fleurs peu nombreuses, presque
sessiles, réunies en petits corymbes terminaux. Le fruit
est composé de cinq capsules comprimées, terminées par
des pointes divergentes. Cette plante croît en Afrique ; on
la cultive au jardin du Roi avec une autre, qui en est très-
rapprochée, sous le nom de *diosma purpurea*.

Diosma a feuilles de bruyère : *Diosma ericoides*, Linn. ;
Pluk., tab. 279, fig. 5 ; *Diosma aspalathoides*, Lamk., Dict.,

n.º 12. Cet élégant arbuste croît presque en buisson : ses feuilles sont très-rapprochées, presque imbriquées, linéaires, lancéolées, glabres, canaliculées en-dessus, convexes et ponctuées en-dessous, presque courbées en une pointe crochue au sommet, placées sur deux rangs opposés ; elles répandent une odeur aromatique très-agréable : les fleurs sont blanches, petites, presque solitaires et terminales. On la cultive dans quelques jardins de botanique, ainsi que le *diosma imbricata*, dont les fleurs sont purpurines, en ombelles ; les feuilles ovales, mucronées et ciliées ; les pétales longuement onguiculés.

Diosma effilé ; *Diosma virgata*, Lamk., Dict., n.º 10. Ses tiges sont grêles, hautes d'environ un pied et demi ; les rameaux glabres, effilés, droits, presque filiformes ; les feuilles éparses, très-menues, glabres, linéaires, trigones, ponctuées en-dessous ; les fleurs blanches, pédonculées, en ombellules terminales ; les divisions du calice lancéolées, aiguës ; les pétales linéaires, onguiculés, obtus, une fois plus longs que le calice ; cinq languettes pétaliformes et tronquées placées entre les étamines.

Diosma élégant ; *Diosma pulchella*, Linn. ; *Hartogia*, Berg, *pl.*, *cap.* 69. Arbrisseau fort élégant, d'environ un·pied de haut, dont les feuilles approchent de celles de la germandrée ; elles sont éparses, pétiolées, ovales, glabres, glanduleuses et crénelées : les fleurs solitaires ou géminées, d'un violet bleuàtre, portées sur un pédoncule capillaire ; les pétales ovales, une fois plus longs que le calice.

Diosma cilié : *Diosma ciliata*, Linn. ; Pluk., tab. 411, fig. 3 ; Seba, *Mus.*, 2, tab. 17, fig. 5. Arbrisseau très-rameux, d'un port agréable. Ses rameaux sont nombreux, les plus jeunes pubescens ; les feuilles petites, éparses, planes, ovales-lancéolées, un peu pileuses et ciliées, longues de deux ou trois lignes ; les pétioles courts ; les fleurs blanches ou teintes d'un pourpre clair, assez nombreuses, réuhies en une tête ombelliforme ; les pédoncules velus ; les divisions du calice lancéolées ; les pétales oblongs, obtus, deux fois plus longs que le calice ; les onglets barbus ; cinq écailles blanches, linéaires-lancéolées, barbues ; les anthères d'un pourpre violet.

Diosma uniflore : *Diosma uniflora*, Linn. ; *Hartogia uniflora*,

Berg; *Glandulifolia uniflora*, Wendl., *Sert. icon.* Ses tiges sont hautes d'un pied et plus,. un peu raboteuses, divisées en quelques rameaux presque simples, garnis de feuilles ovales-oblongues, un peu obtuses, glabres, planes, bordées de points transparens; les pétioles courts; les fleurs grandes, blanches, solitaires, sessiles et terminales; les folioles du calice ovales-lancéolées, d'un rouge brun, un peu ciliées à leurs bords.

Diosma a fleurs de ciste; *Diosma cistoides*, Lamk., *Ill. gen.*, tab. 127, fig. 1. Cet arbrisseau a l'aspect d'un ciste, et se distingue par ses grandes fleurs blanches en dedans, terminales, rougeàtres en dehors, pédonculées, presque en corymbe; les feuilles sont éparses, lancéolées, repliées à leurs bords, vertes, glabres, ponctuées. Le calice à demi divisé en cinq grandes découpures lancéolées, ciliées à leurs bords; les pétales ovales, rétrécis en onglet; cinq gros filets velus, stériles, alternés avec les étamines; cinq capsules rudes, réunies et entièrement renfermées dans le calice.

Diosma hérissé; *Diosma hirta*, Lamk., *Ill. gen.*, tab. 127, fig. 3. Ses branches sont longues de près d'un pied, raboteuses, sillonnées par les bases décurrentes des feuilles, divisées vers le sommet en rameaux presque ombellés; les feuilles éparses, imbriquées, linéaires, très-aiguës, un peu canaliculées, rudes et pileuses sur leur dos; les fleurs blanches, nombreuses, pédonculées, en corymbes touffus et terminaux; les calices prismatiques; leurs divisions barbues à leurs bords; les pétales oblongs, barbus à leur onglet; cinq écailles linéaires, calleuses à leur sommet, barbues. Le *diosma barbigera*, Linn., est très-rapproché de cette espèce, qui est peut-être le *diosma villosa* de Thunberg.

Diosma a feuilles de bouleau; *Diosma betulina*, Lamk., *Ill. gen.*, tab. 127, fig. 2. Peut-être faudroit-il rapporter cette espèce au *diosma betulina*, Linn., *Supp.*, ou bien au *diosma crenata*, Linn.? Elle a l'aspect d'un bouleau nain : ses rameaux sont pubescens; ses feuilles éparses, pétiolées, ovales, crénelées, bordées de points transparens, de la grandeur de celles du buis; les pédoncules axillaires, presque géminés ou fasciculés; les pétales blancs ou d'un bleu très-pâle, ovales-oblongs, à onglets courts.

Diosma a feuilles denticulées : *Diosma serratifolia*, Vent.,

Malm., 2, tab. 77; Curt., *Bot. Magaz.*, tab. 456. Arbrisseau originaire de Botany-Bay, distingué par ses feuilles lancéolées, étroites, longues d'un pouce et plus, ponctuées, à trois nervures, rétrécies en pétiole à leur base, finement denticulées, glanduleuses entre les dentelures; les rameaux opposés; les fleurs blanches, axillaires, solitaires, quelquefois terminales; les pédoncules courts, munis vers leur sommet de bractées croisées; dix étamines, dont cinq stériles; cinq écailles munies d'un onglet, placées autour de l'ovaire. Cette espèce appartiendroit, par ses cinq filamens stériles, à l'*adenandra*, Willd. (si ce genre étoit conservé), dans lequel les cinq filamens paroissent être les mêmes organes que les cinq écailles dans les *agathosma*.

Diosma a odeur de cerfeuil; *Diosma cerefolium*, Vent., *Malm.*, 2, tab. 93. Cette espèce, par ses cinq filamens stériles ou ses cinq écailles, appartient, comme la précédente, au genre *Adenandra*, qui ne me paroît pas devoir être plus conservé que le genre *Agathosma*. Elle se rapproche du *diosma pubescens*, Thunb., *seu hartogia ciliata*, Thunb., et se distingue par ses feuilles imbriquées, un peu étalées, lancéolées, aiguës, ciliées à leurs bords, exhalant, lorsqu'on les froisse, une odeur de cerfeuil. Ses rameaux sont nombreux, disposés en pyramide, offrant le port d'une bruyère; ses fleurs petites, blanchâtres, un peu pédonculées, réunies en têtes terminales; l'ovaire globuleux, entouré d'un disque peu saillant. Elle croît au cap de Bonne-Espérance.

On rapporte encore à ce genre beaucoup d'autres espèces, la plupart peu connues, telles que les *Diosma deflexa*, *prolifera*, *acuminata*, Desf., Cat. paris., cultivés au jardin du Roi; le *Diosma brevifolia*, *rosmarinifolia*, Lamk., Dict. et Ill.; *Diosma capensis*, *capitata*, *cupressina*, *marginata*, *lanceolata*, Linn.; *Diosma speciosa*, *Bot. Magaz.*, tab. 1271; *Diosma obtusata*, *linearis*, *alba*, *pectinata*, *bifurca*, *villosa*, *rugosa*, *ovata*, *betulina* (non Lamck.), *orbicularis*, *asiatica*, etc., Thunb., Prodr. Cap. Le *Diosma capsularis*, Linn., est l'*emplevrum serrulatum*, Smith, *Exot. Bot.*, tab. 63. On a établi pour plusieurs espèces de *diosma* quelques genres particuliers, tels que le *buco*, Wendl., *seu agathosma*, Willd.; *glandulifolia*, Wendl., *seu adenandra*, Willd., etc. (Poir.)

DIOSMÉES. (*Bot.*) M. R. Brown, dans ses *Generals remarks*, propose l'établissement d'une nouvelle famille des diosmées, dont il paroît que le genre *Diosma* doit être le type. Il indique les genres qu'il croit devoir faire partie de cette famille, dont il ne présente cependant pas le caractère général. Nous avions déjà rapproché ce genre des rutacées avec l'*emplevrum* et le *melianthus*, et plus récemment nous avions groupé autour de lui, comme M. Brown, les genres *Boronia*, *Crowea* dont l'*eriostemon* nous paroissoit congénère, *Zieria*, *Phebalium*, *Francoa* et *Melicope*. Nous retrouvions dans tous ces genres un calice monophylle divisé jusque vers la base en plusieurs lobes; des pétales (quelquefois nuls) alternes avec ces lobes et en nombre égal, insérés autour d'un disque hypogyne, quelquefois relevé sur plusieurs points de ses bords; des étamines en nombre égal ou double, portées sur ce disque, qui entoure un pistil surmonté d'un seul style et d'un stigmate; un fruit composé de trois à cinq capsules rapprochées en une seule, ou écartées, uniloculaires, s'ouvrant chacune du côté intérieur, et contenant une ou plusieurs graines renfermées dans une seconde capsule intérieure et coriace, un peu élastique, qui est en quelque manière une doublure de la première, et que Linnæus distinguoit par le nom d'arille, dont l'existence n'est pas encore vérifiée dans tous les genres cités plus haut; chaque graine munie de son hile et revêtue d'un tégument solide, lisse et quelquefois luisant; un embryon droit, à lobes aplatis, à radicule dirigée vers le hile, entouré d'un périsperme charnu et mince; une tige ligneuse en arbrisseau; des feuilles non stipulées, alternes ou rarement opposées; des points glanduleux, répandus sur diverses parties de ces plantes, et principalement sur celles de la fructification.

Tel est à peu près le caractère général des diosmées. S'il est admis, on peut, avec M. Brown, leur associer son *diplolæna*, quoiqu'il ait plusieurs fleurs réunies dans un involucre commun, et que ces fleurs manquent de corolle. On réunira à la même série le *jambolifera*, dont les loges du fruit ne sont pas écartées. Ce genre entraîne nécessairement après lui le *calodendrum* de Thunberg, arbrisseau réuni par Linnæus fils à la fraxinelle, *dictamnus*, qui est herbacée, et que l'on ne

peut séparer de la rue et de l'harmale, *peganum*. Il en résulteroit par suite que ces derniers genres ne pourroient être
séparés des diosmées, quoiqu'ils soient herbacés, à feuilles
composées et différens dans le port. Bernard de Jussieu les
avoit déjà rapprochés du *diosma*, et on leur retrouve une
grande partie des caractères énoncés plus haut. Il convient
de faire de nouvelles observations pour déterminer le vrai
degré d'affinité de ces genres, et pour savoir si le *melianthus*
et quelques autres peuvent rester dans cette série.

Doit-on également, avec M. Brown, ramener près des
diosmées les genres *Fagara*, *Evodia*, *Zanthoxylum*, *Pilocarpus*,
Ochroxylum, qui ont, en effet, de l'affinité en plusieurs points,
et dont nous formions avec le *ptelea* un groupe très-éloigné,
parce que nous avions cru que leurs étamines étoient insérées
au calice? Ils diffèrent des diosmées en ce que leur pistil est
composé de plusieurs ovaires distincts, munis chacun de leur
style et de leur stigmate. Pour atténuer cette différence, on
peut dire que le style unique des diosmées n'est qu'une
réunion de plusieurs styles collés ensemble; que cette adhérence se montre dans le *melicope*, dont le style est quadrangulaire, et le stigmate à quatre lobes; que dans le
fagara, dont un seul ovaire subsiste le plus souvent, on
trouve un seul style, mais surmonté de deux ou trois
stigmates.

Ces détails nous ont paru nécessaires pour ramener l'attention des botanistes sur la proposition de M. Brown, qui n'est
pas faite sans une méditation approfondie. Ces derniers
genres, qui formoient pour nous une nouvelle famille des
zanthoxylées, peuvent bien avoir les étamines hypogynes, et
dès-lors ils doivent, ou être réunis aux diosmées dans une
section distincte, en donnant de l'extension au caractère
général, ou constituer une famille voisine : ce qui est assez
indifférent dans l'ordre naturel.

Quant aux genres *Ticorea* et *Cusparia*, dont M. Brown
fait ici mention, ils appartiennent mieux aux méliacées,
parmi lesquelles le *ticorea* est déjà placé depuis long-temps
à cause de ses étamines monadelphes. Cet auteur parle aussi
du *galipea* et du *monnicra*, genres monopétales, auxquels il
trouve quelque affinité avec les précédens; mais on ne pourra

la déterminer avec précision que lorsqu'on connoîtra bien ces genres dans toutes leurs parties. (J.)

DIOSPOGON. (*Bot.*) Ruellius cite ce nom comme un des synonymes grecs anciens du *chrysocome* de Dioscoride, nommé aussi par d'autres *chrysitis*, qui paroît être le *gnaphalium orientale*. Voyez CHRYSITIS. (J.)

DIOSPOROS (*Bot.*), un des noms grecs anciens du gremil, *lithospermum*, suivant Ruellius et Mentzel. (J.)

DIOSPYROS. (*Bot.*) Voyez PLAQUEMINIER. (POIR.)

DIOTIS. (*Bot.*) L'*axyris ceratoides* de Linnæus a des caractères qui doivent le distinguer du genre *Axyris*. Adanson le premier en a fait son *eurotia*. Long-temps après Guldenstedt l'a nommé *krascheninnikovia*, en l'honneur de Krascheninnikof, auteur d'un ouvrage sur le Kamtschatka. Il a été ensuite le *gueldenstedia* de Necker, le *diotis* de Schreber, le *ceratospermum* de M. Persoon. Ces deux derniers noms sont déjà appliqués à d'autres genres, dont l'un est décrit ci-après; les deux qui précèdent auroient besoin d'être adoucis ou raccourcis. Dans ce conflit de nomenclatures, il paroît que le nom d'*eurotia*, comme plus ancien et appliqué à cette seule plante, doit être préféré. (J.)

DIOTIS. (*Bot.*) [*Corymbifères*, Juss.; *Syngénésie polygamie égale*, Linn.] Ce genre de plantes, de la famille des Synanthérées, appartient à notre tribu naturelle des anthémidées.

La calathide est incouronnée, équaliflore, multiflore, régulariflore, androgyniflore. Le péricline est hémisphérique, et formé de squames imbriquées, appliquées, oblongues. Le clinanthe est petit, convexe, et pourvu de squamelles oblongues, concaves. Les cypsèles sont oblongues et inaigrettées. La base du tube de la corolle se prolonge inférieurement, en formant d'abord un anneau qui emboîte le sommet de l'ovaire, puis deux queues qui rampent sur ses deux côtés opposés jusqu'au milieu de sa hauteur, et qui contractent quelque adhérence avec lui.

La DIOTIDE MARITIME (*Diotis maritima*, Desf.; *Athanasia maritima*, Linn.) est une plante herbacée, un peu ligneuse, très-cotonneuse et blanche sur toutes ses parties, à racine vivace, très-longue; ses tiges, longues de huit à douze pouces, cylindriques, presque simples, se divisent au sommet en quatre ou cinq rameaux courts , disposés en une sorte de corymbe , et terminés par autant de calathides composées de fleurs jaunes ; les feuilles sont nombreuses , éparses , alternes , étalées , longues de huit lignes , larges de quatre , oblongues-lancéolées , un peu obtuses , planes , légèrement crénelées. Cette espèce , la seule que l'on connoisse dans ce genre , habite les plages maritimes de nos provinces méridionales , et fleurit en Juillet et Août. On la trouve aussi en Angleterre et en divers lieux de l'Europe australe. Elle porte les noms vulgaires de Fraisée , d'Herbe blanche.

Caspar Bauhin donnoit le nom de *gnaphalium* à cette plante , ainsi qu'à plusieurs autres qui n'ont avec elle qu'une affinité apparente. Tournefort , plus exact , a fondé sur cette seule espèce son genre *Gnaphalium* , dont il a reconnu le vrai caractère distinctif. Adanson et Gærtner ont adopté le genre de Tournefort , et sous le même nom , malgré l'opinion contraire de Vaillant. Mais comme Linnæus , et d'après lui presque tous les botanistes , appellent *gnaphalium* un genre très-différent , M. Desfontaines a donné au *gnaphalium* de Tournefort le nom de *diotis* , qui signifie double - oreille , et que Schreber et Willdenow ont appliqué à l'*axyris ceratoides* , nommé par Persoon *ceratospermum*. Linnæus avoit d'abord rapporté le *diotis* au genre *Santolina* , puis au *filago* ; ensuite il en a fait un *athanasia*. MM. de Jussieu , de Lamarck , Willdenow , Persoon , Smith considèrent cette plante comme une espèce du genre *Santolina*.

Pour faire apprécier le seul caractère générique qui puisse distinguer le *diotis* des *santolina* , nous devons dire que , dans beaucoup de plantes de la tribu des anthémidées , telles que notre *cladanthus* , l'*anthemis mixta* , etc. , la base du tube de la corolle se prolonge inférieurement sur l'ovaire d'une manière presque aussi remarquable que dans le *diotis*. (H. Cass,)

DIOTOTHECA. (*Bot.*) Vaillant nommoit ainsi le *morina* décrit par Tournefort dans son Voyage du Levant. (J.)

DIOX. (*Ichthyol.*) Festus donne ce nom à un poisson abondant dans l'ancien royaume de Pont. Nous ne savons à quel genre le rapporter. (H. C.)

DIP. (*Conchyl.*) Adanson a désigné sous ce nom vulgaire

une très-petite espèce de buccin de six lignes de long, d'un blanc sans mélange, et chagrinée de petits tubercules disposés par rangs longitudinaux, qui paroit être fort commune dans les rochers de l'île de Gorée, mais qui n'a point été reprise par Gmelin, ni par les conchyliologistes systématiques. (DE B.)

DIPCADI. (*Bot.*) Ce nom, qui paroît oriental, a été donné primitivement à quelques espèces du genre *Muscari*, réuni par Linnæus à l'*hyacinthus*, dont il a été séparé plus récemment. Mœnch, qui a adopté cette séparation en conservant au genre rétabli le nom de *muscari*, a employé celui de *dipcadi* pour désigner un autre genre voisin, qu'il caractérise par un calice à trois divisions intérieures courtes et trois extérieures profondes, auquel il rapporte le *hyacinthus scrotinus;* mais ce caractère ne paroit pas suffisant pour séparer cette plante de la jacinthe. (J.)

DIPÉTALE [Corolle], (*Bot.*), composée de deux pétales (circée). (Mass.)

DIPHACA. (*Bot.*) Ce genre de plantes de Loureiro est, selon lui, l'*ecastaphyllum* de P. Browne, que Linnæus avoit réuni d'abord à l'*hedysarum*, et ensuite à son *pterocarpus*. Le genre de Browne avoit été conservé avec raison par Adanson. Il doit être maintenu, et le *diphaca* ne peut être cité ici que comme son synonyme. (J.)

DIPHIE, *Diphies*. (*Malacoz.*) M. G. Cuvier (Règne anim., tom. 4, pag. 61) forme sous ce nom un petit genre dans la famille des méduses, pour une espèce assez singulière, figurée par M. Bory-Saint-Vincent, pl. 6 de son Voyage dans les quatre principales îles des mers d'Afrique, sous le nom de Biphore biparti. Son corps, d'une substance ferme et très-transparente, a la forme d'une pyramide anguleuse, avec deux ouvertures à la base : l'une, que M. Cuvier regarde comme la bouche, est petite et ronde, entourée de cinq pointes; elle conduit dans une sorte d'intestin aveugle, prolongé vers le sommet du corps : l'autre ouverture, plus grande, donne dans une cavité moins prolongée, qui communique en arrière avec une troisième cavité ovale, d'où sort une grappe de filamens qui traverse la seconde cavité et pend en dehors; M. Cuvier paroît penser que c'est l'ovaire. Ces animaux, qui ont été trouvés dans la mer Atlantique, se tiennent, à ce qu'il paroît, d'ordinaire deux à deux. (De B.)

DIPHISE DE CARTHAGÈNE (*Bot.*) : *Diphisa* ou *Diphysa Carthaginensis*, Jacq., *Amer.*, tab. 181, fig. 51 ; Lamck., *Ill. gen.*, tab. 605. Arbrisseau qui croît dans l'Amérique, aux environs de Carthagène, constituant un genre particulier de la famille des *légumineuses*, de la *diadelphie décandrie* de Linnæus, offrant pour caractère essentiel : Un calice campanulé, à cinq découpures inégales ; une corolle papillonacée ; l'étendard courbé en arrière, plus long que les ailes, et la carène également recourbée ; dix étamines diadelphes ; un ovaire pédicellé ; un style, un stigmate simple. Le fruit est une gousse linéaire, comprimée, articulée, uniloculaire, indéhiscente, munie dans sa longueur de chaque côté d'une vessie fort grande, membraneuse, enflée ; autant de semences que d'articulations, qui se rompent transversalement, après que ces gousses sont restées long-temps suspendues à l'arbre.

Arbrisseau droit, rameux, haut d'environ dix pieds ; les feuilles sont ailées avec une impaire, composées d'environ onze folioles fort petites, oblongues, échancrées à leur sommet ; les pédoncules filiformes, axillaires, de la longueur des feuilles, soutenant chacun deux ou trois fleurs jaunes peu odorantes ; les deux divisions supérieures du calice arrondies, obtuses, les trois inférieures aiguës ; l'étendard ovale-oblong, échancré ; les ailes oblongues, ascendantes, divergentes antérieurement ; la carène courbée en faucille, plus courte que les ailes ; les anthères ovales, petites ; l'ovaire linéaire ; le style plus long que la carène. (Poir.)

DIPHRYLLUM A DEUX FEUILLES (*Bot.*) : *Diphryllum bifolium*, Schmaltz, Journ. bot., 1, pag. 220. Plante de la Pensylvanie, qui constitue un genre particulier de la famille des *orchidées*, de la *gynandrie digynie* de Linnæus, caractérisé par une corolle à six pétales ; les trois extérieurs linéaires, lancéolés, acuminés ; les deux intérieurs sétacés et bifides ; le sixième ou la lèvre divergente, en ovale renversé, entière, aiguë ; une étamine à deux lobes, placée sur la colonne du stigmate ; une capsule filiforme, polysperme.

Cette plante a une tige droite, simple, pourvue vers le

milieu de deux feuilles presque opposées, en ovale renversé, terminée par des fleurs disposées en un épi lâche. (Poir.)

DIPHYITE. (*Foss.*) Pline a donné ce nom à celles des hystérolites qui se rapportent aux deux sexes (*Hist. nat.*, *lib. XXXVII, cap. X*). Voyez Hystérolites. (D. F.)

DIPHYLLE [Spathe], (*Bot.*), composée de deux pièces (*allium carinatum*). (Mass.)

DIPHYLLÉE EN CIME (*Bot.*); *Diphylleia cymosa*, Mich., *Fl. Amer.*, 1, tab. 19, 20. Plante de la Caroline septentrionale, qui croît sur les hautes montagnes, dans les ruisseaux. Elle constitue un genre particulier, à fleurs complètes, polypétalées, régulières, de la famille des *berbéridées*, de l'*hexandrie monogynie* de Linnæus, dont le caractère essentiel consiste dans un calice à trois folioles caduques; six pétales, six étamines insérées sur le réceptacle; un ovaire supérieur; un style très-court; un stigmate en tête. Le fruit est une baie presque globuleuse, à une seule loge, contenant deux ou trois semences.

Les racines sont longues, articulées, cylindriques; les tiges droites, glabres, cylindriques, presque simples, pourvues seulement vers leur sommet de deux grandes feuilles alternes; pétiolées, peltées, presque palmées ou lobées; les lobes très-glabres, peu profonds, inégaux, anguleux, acuminés, dentés en scie; les fleurs blanches, nombreuses, pédonculées, disposées en une cime terminale; les folioles du calice ovales, concaves; les pétales plus grands que le calice, ovales, concaves, caducs; les filamens de moitié plus courts que les pétales, planes, soutenant des anthères alongées, à deux loges réunies par une membrane dans toute leur longueur, s'ouvrant par elle; l'ovaire ovale; un style presque nul; les baies sessiles, d'un bleu foncé; les semences arrondies et purpurines. (Poir.)

DIPHYLLEIA. (*Bot.*) Voyez Diphyllée. (Poir.)

DIPHYLLIDE, *Diphyllidia*. (*Malacoz.*) M. G. Cuvier (Règne anim., tom. 2, pag. 395) sépare des véritables phyllidies une espèce nouvelle, qu'il a vue dans le cabinet de M. Brugmann à Leyde, et qui, dit-il, a à peu près les branchies des phyllidies, mais le manteau plus pointu en arrière, la tête en demi-cercle, avec un tentacule pointu et un léger tubercule de chaque côté ; l'anus du côté droit. Je supposerois volontiers que cette espèce appartient à mon genre Lin-guelle ; mais c'est ce que je ne puis assurer, ce qu'en dit M. Cuvier étant trop incomplet. (De B.)

DIPHYSCIUM (*Bot.* = *Mousses.*), *Double-vessie.* Bridel persiste à regarder comme distinct ce genre fondé sur le *buxbaumia foliosa* par Weber et Mohr.

Schwægrichen continue à le laisser réuni avec le *buxbaumia aphylla*, Linn. A l'exception de la différence des péristomes, ces deux espèces, dit Schwægrichen, se conviennent parfaitement par la structure de l'urne ; le péristome externe seulement manque dans le *buxbaumia foliosa.* Voyez au mot Buxbaumia (Suppl. du tome V). (Lem.)

DIPLACRE NAINE (*Bot.*) ; *Diplacrum caricinum*, Rob. Brown, *Nov. Holl.*, 1, pag. 40. Genre de plantes monocotylédones, à fleurs glumacées, de la famille des *cypéracées*, de la *monoécie triandrie* de Linnæus, très-rapproché des *scleria*, offrant pour caractère essentiel des fleurs androgynes ; les fleurs mâles latérales munies d'écailles scarieuses ; trois étamines ; la fleur femelle placée parmi les fleurs mâles, pourvue d'un calice à deux valves ; un style ; trois stigmates ; une semence sphérique enveloppée par le calice ; point d'écaille à sa base.

Cette plante croît aux lieux humides dans la Nouvelle-Hollande ; elle est fort petite : ses tiges sont simples, feuillées, peu élevées, pourvues de gaines entières ; les fleurs réunies en paquets agglomérés, axillaires et terminaux ; les deux valves du calice acuminées, fortement conniventes, en forme d'utricule, et se séparant en deux pointes à leur sommet. (Poir.)

DIPLANCHIAS, *Diplanchias.* (*Ichthyol.*) C'est ainsi que M. Rafinesque-Schmaltz a nommé un genre de poissons fort singulier, et qui paroît tenir le milieu entre la famille des chismopnés et celle des plagiostomes. Il lui donne les caractères suivans :

Mâchoires osseuses, entières, semblables à celles des diodons ; point de catopes ; des nageoires pectorales ; une nageoire dorsale, une caudale et une anale libres ; deux ouvertures aux branchies de chaque côté.

Le Diplanchias nez ; *Diplanchias nasus*, Rafin. Schmaltz.
Plus long que large ; brun en-dessus, blanchàtre en-dessous ;
museau saillant ; yeux grands, alongés, obliques ; ouvertures
des branchies linéaires et en croissant ; les antérieures plus
grandes que les postérieures. Taille de trois à quatre pieds,
ordinairement, et souvent plus.

Le nom vulgaire de cette espèce, en Sicile, est *pesce tam-
burro* : on la pêche dans les madragues avec les thons.

Nous aurions besoin de détails plus circonstanciés pour
bien apprécier la valeur de ce genre. (H. C.)

DIPLANTHÈRE A QUATRE FEUILLES (*Bot.*) ; *Diplanthera tetraphylla*, Rob. Brown, *Nov. Holl.*, 1, pag. 449.
Arbre observé par M. Rob. Brown sur les côtes de la Nouvelle - Hollande, formant un genre particulier, à fleurs
complètes, monopétalées, irrégulières, dont le fruit n'a pas
été observé, mais que ses autres caractères désignent comme
devant appartenir à la famille des *solanées* ou à celle des
personnées. Son caractère essentiel cohsiste dans un calice à
trois découpures, les deux latérales bifides ; une corolle à
deux lèvres, resserrée à son orifice, la lèvre supérieure en
cœur renversé ; l'inférieure à trois lobes arrondis ; quatre
étamines, plus longues que la corolle et insérées à sa base ;
un ovaire à deux loges polyspermes ; un style ; un stigmate
à deux lames.

Cet arbre s'élève peu ; il supporte à l'extrémité de son
tronc une cime irrégulière et diffuse. Les rameaux sont cylindriques et tomenteux, garnis de grandes feuilles pétiolées, entières, disposées quatre par quatre, munies de deux
glandes au-dessus de leur base. Les fleurs sont élégantes,
terminales, et forment une sorte de thyrse un peu arrondi
et déprimé ; les pédoncules partiels, verticillés ; les pédicelles
trichotomes ; le calice à demi coloré, à trois découpures,
une inférieure entière, les deux latérales bifides. La corolle
est jaune, à deux lèvres ; la supérieure presque en cœur,
l'inférieure divisée en trois lobes arrondis ; quatre étamines
insérées au fond de la corolle ; les filamens saillans, ascendans, presque égaux ; les anthères à deux loges distinctes,
divergentes ; l'ovaire supérieur. Le fruit n'a point été observé.

Observation. M. du Petit-Thouars avoit mentionné, avant

M. Brown, sous le nom de *diplanthera*, une plante qu'il avoit découverte le long des côtes maritimes à l'île de Madagascar, mais qui n'est encore connue qu'imparfaitement, la fleur femelle n'ayant pas été observée. Cette plante est dioïque, et appartient à la famille des naïades. Ses fleurs mâles sont dépourvues de calice et de corolle; elles n'ont qu'un seul filament alongé, axillaire, terminé par deux anthères soudées à leur dos, l'une des deux plus petite, toutes deux à deux lobes; le pollen est une masse visqueuse, agglomérée. Les racines sont rampantes; les feuilles graminiformes, semblables à celles du *zostera*, mais beaucoup plus petites, en gaine à leur base. (Poir.)

DIPLAZIUM. (*Bot. = Fougères.*) Ce genre, établi par Swartz, est le même que le *callipteris* de Bory-Saint-Vincent, selon Willdenow. Il en a été question à l'article Calliptère; mais nous sommes forcés d'y revenir ici, parce que son caractère générique demande à être modifié: il consiste dans la fructification, qui est formée par des lignes simples ou rameuses, accolées deux à deux et éparses; chaque ligne a un tégument (*indusium*) qui s'ouvre de dehors en dedans; mais les tégumens des deux lignes sont fixés à la même nervure.

Willdenow rapporte à ce genre onze espèces, sous trois sections :

La première section comprend les espèces à frondes simples, comme la calliptère à feuilles de châtaignier ,(*Dipl. castaneifolium*, Sw.).

La deuxième section renferme des fougères à frondes ailées, telle que la calliptère silvatique (*Dipl. sylvaticum*, Sw.).

La troisième section n'offre que des espèces dont la fronde est deux fois ailée, ainsi qu'on l'observe dans la caliptère en arbre (*Dipl. arborescens*, Sw.).

Cinq espèces de ce genre croissent à la Jamaïque, à la Martinique, deux à Caracas; une dans les îles Mariannes, et une dans les Indes orientales. Cette dernière est l'*hemionitis esculenta* de Retz.

La calliptère prolifère est exclue de ce genre par Swartz et par Willdenow; celui-ci, en reconnoissant que c'est la même plante que l'*asplenium proliferum*, Lamk., l'a nommée

A. decussatum, parce qu'il existe déjà un *A. proliferum,* Linn.

Les botanistes rapportent au genre *Diplazium* les *asplenium plantagineum,* Linn., et *juglandifolium,* Lamk. (Lem.)

DIPLECTHRUM. (*Bot.*) D'après les réformes établies par MM. Swartz, Willdenow, etc., parmi les orchidées, le genre *Satyrium* de Linnæus avoit entièrement disparu, et celui que l'on a formé depuis sous ce même nom n'avoit aucun rapport avec l'ancien, aucune des premières espèces n'y ayant été conservée. Pour éviter la confusion, M. Persoon y a substitué, avec assez de raison, celui de *diplecthrum,* genre de la famille des *orchidées,* de la *gynandrie diandrie* de Linnæus, caractérisé par une corolle à cinq pétales presque en masque, réunis par leur base avec un sixième pétale inférieur en lèvre; le supérieur en forme de casque, prolongé en deux éperons à sa partie inférieure; une anthère soudée avec le style alongé, placée sous le stigmate terminal; une capsule à une seule loge, à trois valves polyspermes.

Ce genre, si bien caractérisé par les deux éperons du pétale supérieur, distingué du genre *Disa,* qui n'en a qu'un, renferme quelques espèces placées d'abord parmi les *orchis* et les *ophrys.* Celles qu'on y a depuis ajoutées sont nouvelles, et toutes originaires du cap de Bonne-Espérance. Les plus remarquables sont :

Diplecthrum en capuchon : *Diplecthrum cucullatum,* Swartz, *Act. Holm.,* 1800, pag. 216, *sub Satyrio; Orchis bicornis,* Linn., *Buxb.,* cent. 3, tab. 8. Ses racines sont munies de deux bulbes : il s'en élève une tige rougeâtre, géniculée, munie à sa base de deux feuilles opposées, larges, en cœur, aiguës; celles des tiges courtes, vaginales, en forme de capuchon, avec des stries purpurines à leur base. Les fleurs sont jaunes, disposées en un épi court; le casque ou le pétale supérieur grand, aigu, muni de deux cornes; les deux pétales latéraux un peu plus larges; la lèvre à cinq divisions linéaires, égales; la colonne des parties sexuelles oblongue, recourbée, à deux lobes arrondis sous le sommet. Elle croît au cap de Bonne-Espérance. Dans le *diplecthrum membranaceum,* Swartz, *l. c.,* les deux feuilles radicales sont ovales, échancrées en cœur; les caulinaires très-rapprochées, vaginales, membraneuses, émoussées; les fleurs inclinées; les pétales denticulés. Le *diplecthrum coriifolium* (Swartz, *l. c.*, *Buxb.*, cent. 3, tab. 20), a ses tiges parsemées de taches purpurines, garnies de feuilles coriaces, ovales, acuminées, vaginales, un peu réfléchies, membraneuses et crénelées à leurs bords; les fleurs renversées, ainsi que le casque : elles sont relevées dans le *diplec-thrum*, Swartz, *l. c.*, dont les feuilles radicales sont ovales, les caulinaires rapprochées, concaves, en carène, membraneuses. L'*orchis cornuta* d'Houttuyn, II, tab. 36, fig. 2, s'en rapproche beaucoup.

DIPLECTHRUM FEUILLÉ : *Diplecthrum foliosum*, Swartz, *l. c.*, sub *Satyrio*; *Orchis cornea*, *Act. Hort. Kew.*, 3, pag. 294? Cette plante, originaire, ainsi que les précédentes, du cap de Bonne-Espérance, a ses tiges garnies de feuilles alternes, très-rapprochées, ovales, concaves, aiguës, en forme de capuchon à leur base; les fleurs et les bractées redressées dans le *diplecthrum parviflorum*, Swartz, *l. c.* (*orchis bicornis*, *Act. Hort. Kew.*; Jacq, *Schœnbr.*, 2, tab. 179). Les feuilles radicales sont ovales-lancéolées; celles des tiges vaginales, ouvertes latéralement; les fleurs inclinées, arrondies. Le *diplecthrum pumilum* (Thunb. et Swartz, *l. c.*) a ses feuilles concaves, ovales, aiguës; un épi composé d'environ quatre fleurs; les bractées redressées, plus longues que les fleurs; le casque muni de deux éperons courts, obtus; les tiges courtes.

DIPLECTHRUM A LONGUES BRACTÉES : *Diplecthrum bracteatum*, Thunb.; Swartz, *l. c.*, sub *Satyrio*; *Ophrys bracteata*, Linn., *Supp.* 403. Ses bulbes sont arrondies; sa tige s'élève à peine à la hauteur de six ou sept pouces. Les feuilles radicales sont ovales, à trois nervures; celles des tiges, ovales-oblongues, alternes; les fleurs nombreuses, disposées en un épi touffu; les bractées ovales, étalées, plus longues que les fleurs; le pétale supérieur arrondi et en forme de casque; la lèvre pendante, plus courte, à trois lobes; les éperons très-courts, semblables à deux callosités. Le *diplecthrum bicallosum*, Swartz, *l. c.*, en est très-rapproché : ses bractées sont droites, lancéolées, très-étroites, plus longues que les fleurs; les feuilles nerveuses. Dans le *diplecthrum striatum*, Swartz, *l. c.*, les feuilles sont ovales, acuminées, en capuchon; l'épi ovale; les bractées droites, rhomboïdales, aiguës; les éperons très-courts et obtus. Elle croît, ainsi que les précédentes, au cap de Bonne-Espérance. (Poir.)

DIPLECTRON (*Ornith.*), nom sous lequel M. Vieillot désigne l'éperonnier, appelé par M. Temminck *polyplectron*, parce que le nombre de ses éperons ou ergots est variable. (Ch. D.)

DIPLOCOMIUM (*Bot.* = *Mousses.*), *Double-cil.* Une seule espèce de mousse rentre dans ce genre, établi par Weber et Mohr; c'est celle décrite dans presque tous les ouvrages sous le nom de *meesia longiseta.* En effet, comme les *meesia*, elle a un péristome double; l'extérieur a seize dents courtes, obtuses, et l'intérieur a seize cils; mais, dans le *meesia*, les cils sont réunis par une espèce de réseau, tandis que dans le *diplocomium* ils sont entièrement libres et rapprochés par paires. La fleur mâle est pareille dans les deux : elle est discoïde et terminale.

Diplocomium a long pédicelle : *Diplocomium longisetum*, Weber et Mohr, *Taschenb.*, pag. 373 : *Meesia longiseta*, Hedw., *Musc. frond.* V, I, p. 56, t. 21*, 22; Decand., Fl. fr., n.º 1294. Mousse remarquable par son pédicelle, qui a jusqu'à cinq pouces de longueur. Tige droite, rameuse; feuilles disposées sur trois rangs, ovales, lancéolées, concaves, finement dentelées; urne pyriforme, pendante, à opercule conique, portée par un pédicelle capillaire.

Cette mousse se trouve dans les marais tourbeux de l'Europe tempérée et septentrionale, ainsi que dans l'Amérique boréale, au Canada. Elle fleurit au printemps; ses pédicelles et ses urnes deviennent rouges en été, époque à laquelle cette mousse fructifie.

Diplocomium (deux chevelures, en grec), allusion à la structure du péristome et à la finesse du pédicelle de cette plante. (Lem.)

DIPLODERMA. (*Bot.*) Genre de la famille des champignons, établi par Link, et qui appartient à la cinquième série (*Mycétodéens*) du deuxième ordre (*Gastromyciens*) de sa méthode.

Ce genre est très-voisin des *scleroderma* et des *lycoperdon.* Ses caractères sont :

Champignons globuleux, sessiles, formés par un péridium

double : l'un extérieur dur, ligneux, indéhiscent; l'autre interne, d'une consistance de carton, contenant des séminules éparses et non agglomérées.

DIPLODERMA TUBÉREUX ; *Diploderma tuberosum*, Link, *Berl. Mag.*, 1813, pag. 44. Presque globuleux et tubériforme, d'un brun jaunâtre; sporidies ou séminules de couleur baie, dans un réseau floconneux de même couleur. Ce champignon, qui devient par la sécheresse dur comme du bois, est plus gros qu'une noix. On le trouve à terre, dans les lieux sablonneux, en Italie, en Espagne et dans diverses autres parties de l'Europe.

Ce champignon a des rapports avec le *reticularia lycoperdon* de Bulliard, placé maintenant dans le genre *Lycogala*. (LEM.)

DIPLOGON SÉTACÉ (*Bot.*): *Diplogon setaceus*, Rob. Brown, *Nov. Holl.*, pag. 176. Plante découverte par M. Brown sur les côtes de la Nouvelle-Hollande, formant un genre particulier de la famille des *graminées*, de la *triandrie digynie* de Linnæus, offrant pour caractère essentiel : Un calice uniflore, à deux valves lâches, membraneuses, munies d'une arête terminale ; une corolle bivalve ; la valve extérieure terminée par trois arêtes ; l'arête du milieu torse ; la valve intérieure pourvue de deux arêtes.

Les fleurs sont disposées en un épi court, terminal, en forme de tête ; les fleurs extérieures sont stériles et forment une sorte d'involucre. Quoique M. Brown n'ait rien dit des parties sexuelles, les rapports de cette plante indiquent suffisamment qu'elle doit avoir trois étamines et deux styles. Elle se rapproche des *stipa*, et plus particulièrement de l'*amphipogon*. (POIR.)

DIPLOLÈNE, *Diplolæna*. (*Bot.*) Genre de plantes dicotylédones, à fleurs incomplètes, de la famille des *diosmées*, de la *décandrie monogynie* de Linnæus, offrant pour caractère essentiel : Un involucre commun, composé d'un double rang de folioles, cinq extérieures ovales, dix intérieures plus longues, colorées, radiées, elliptiques, enveloppant sur le même réceptacle plusieurs fleurs sessiles, munies d'un involucre partiel (ou calice) à quatre ou cinq paillettes linéaires ; point de corolle ; dix étamines hypogynes ; un style ;

un stigmate obtus, à cinq dents; l'ovaire supérieur à cinq côtes, tuberculé, entouré à sa base d'un anneau glanduleux; cinq capsules aggrégées, uniloculaires, bivalves, monospermes, s'ouvrant à leur bord intérieur; une seule semence attachée à la suture des valves.

Ce genre, indiqué par M. Rob. Brown (dans son ouvrage intitulé *General Remarks geogr. and syst. of the botan. of ter. austr.*, pag. 14), a été développé et figuré dans tous ses détails par M. Desfontaines. Il comprend des arbrisseaux découverts à la terre d'Endracht, sur la côte occidentale de la Nouvelle-Hollande, à feuilles simples, alternes, glanduleuses; les fleurs réunies dans un involucre commun. On distingue les deux espèces suivantes :

DIPLOLÈNE A GRANDES FLEURS ; *Diplolæna grandiflora*, Desfont., Mém. du Mus. d'hist. nat., vol. 3, *Icon.* Cet arbrisseau s'élève à la hauteur de cinq à six pieds sur une tige chargée de rameaux épars, nombreux, couverts d'une écorce grisâtre, garnis de feuilles un peu coriaces, ovales-elliptiques, entières, persistantes, longues de huit à douze lignes, larges de cinq à six, parsemées de petits points glanduleux, blanchâtres et cotonneuses en-dessous; les pétioles courts; le duvet roussâtre sur les jeunes feuilles et les rameaux. Les fleurs sont d'un rouge jaune, larges d'environ deux pouces, solitaires au sommet des rameaux, sessiles ou à peine pédonculées, composées de plusieurs petites fleurs sessiles, nombreuses, distinctes, très-rapprochées sur un réceptacle commun, entourées d'un involucre ou calice commun, cotonneux, composé de plusieurs folioles placées sur deux rangs, les intérieures colorées : les filamens des étamines sont longs, colorés, élargis, garnis de soies rousses à leur base; le style de la longueur des étamines; les capsules obtuses, élargies de la base au sommet, un peu comprimées, sillonnées et ridées transversalement; les semences brunes et oblongues.

DIPLOLÈNE DE DAMPIÈRE : *Diplolæna Dampieri*, Desf., Mém., *l. c.*; Dampière, Voyage aux terr. austr., 4, pag. 141, tab. 3, fig. 3. Cette espèce diffère de la précédente par ses feuilles plus étroites, vertes en-dessus, blanches et cotonneuses en-dessous; par ses fleurs une fois plus petites; par les divisions extérieures de l'involucre moins larges, plus profondes, un peu aiguës. Les fleurs, d'après M. Léchenault, ont une odeur qui approche de celle du *tagetes* ou œillet d'Inde. (Poir.)

DIPLOLÉPAIRES. (*Entom.*) M. Latreille avoit ainsi désigné la famille des insectes hyménoptères à laquelle il rapportoit les diplolèpes ; il en a fait depuis la tribu des gallicoles. Voyez Néottocryptes et l'article suivant. (C. D.)

DIPLOLÈPE, *Diplolepis*. (*Entom.*) Geoffroi avoit désigné sous ce nom de genre des hyménoptères qui produisent les galles sur les végétaux, et que Linnæus avoit appelés des *cynips*. D'un autre côté, Fabricius avoit donné le nom de *diplolèpes* aux insectes que Geoffroi avoit appelés les *cynips*. Pour éviter toute confusion, nous avons détruit ou plutôt laissé de côté le nom de diplolèpe, qui d'ailleurs est actuellement celui d'un genre de plantes. Nous restituons, d'après Linnæus, ces espèces au genre Cynips. Voyez ce mot. (C. D.)

DIPLOPAPPUS. (*Bot.*) [*Corymbifères*, Juss.; *Syngénésie polygamie superflue*, Linn.] Ce nouveau genre de plantes, que nous avons établi dans la famille des Synanthérées (Bull. de la Soc. philom., Septembre 1817), appartient à notre tribu naturelle des astérées, dans laquelle nous le plaçons entre notre *callistemma*, dont il diffère par le péricline, et notre *heterotheca*, dont il diffère par les cypsèles de la couronne. Nous rapportons au *diplopappus* plusieurs espèces mal à propos attribuées par les botanistes aux genres *Aster* ou *Erigeron*, qui en diffèrent par l'aigrette, et plus mal à propos encore aux genres *Inula* ou *Pulicaria*, qui sont de la tribu des inulées.

La calathide est radiée, composée d'un disque multiflore, régulariflore, androgyniflore, et d'une couronne unisériée, liguliflore, féminiflore. Le péricline, à peu près égal aux fleurs du disque, et subhémisphérique, est formé de squames imbriquées, linéaires. Le clinanthe est inappendiculé, plane, fovéolé. Les cypsèles sont obovales, comprimées bilatéralement, hispides. L'aigrette est double : l'extérieure courte, blanchâtre, composée de squamellules laminées ; l'intérieure longue, rougeâtre, composée de squamellules filiformes, barbellulées.

Le Diplopappe laineux (*Diplopappus lanatus*, H. Cass.; *Inula gossypina*, Mich.) est une plante herbacée, à racine fibreuse: sa tige, haute d'un à deux pieds, est dressée, presque simple, et garnie, ainsi que les feuilles, d'une laine grise ou roussâtre; elle est divisée au sommet en quelques rameaux, qui sont terminés chacun par une calathide, et qui forment un corymbe : les feuilles sont alternes, sessiles, spathulées, entières; les supérieures petites, linéaires, aiguës : les calathides, composées de fleurs jaunes, ont le péricline glabre. Cette espèce habite les lieux maritimes de la Caroline et de la Floride. Nous l'avons décrite sur des échantillons de l'herbier de M. de Jussieu, qui lui ont été donnés par Michaux.

Le Diplopappe intermédiaire (*Diplopappus intermedius*, H. Cass.) diffère très-peu du précédent, et tient le milieu entre lui et l'espèce suivante. La tige, herbacée, haute de plus d'un pied, dressée, presque simple, se divise supérieurement en rameaux paniculés, dont chacun se termine par une calathide composée de fleurs jaunes; les feuilles sont alternes, sessiles, oblongues-obovales, sublancéolées, munies de quelques petites dents rares, spinuliformes, et elles sont garnies, ainsi que la tige, de poils très-longs, épars. Cette espèce habite la haute et la basse Caroline. Ses échantillons, que nous avons observés dans l'herbier de M. de Jussieu (où ils sont étiquetés, avec doute, *inula subaxillaris*, Lam. Dict.), ont été donnés par Michaux.

Le Diplopappe velu (*Diplopappus villosus*, H. Cass.) est une plante herbacée, à tige dressée, très-rameuse, garnie de longs poils, ainsi que les feuilles; celles-ci sont alternes, sessiles, lancéolées-aiguës, entières, velues sur les deux faces : les calathides, composées de fleurs jaunes, sont disposées en une panicule corymbiforme, irrégulière, et leur péricline est ordinairement velu. Nous ignorons la patrie de cette plante, que nous avons étudiée dans l'herbier de M. de Jussieu, où elle est étiquetée, par erreur sans doute, *Aster alpinus β*, Linn.

Le Diplopappe douteux (*Diplopappus dubius*, H. Cass.; *Aster annuus*, Linn.; *Erigeron annuum*, Pers., Desf.; *Pulicaria*, Gærtn.) est une plante herbacée, annuelle, originaire du

Canada, et naturalisée en Europe, croissant spontanément en France, dans le département de l'Isère, et cultivée dans quelques jardins, où elle fleurit au mois d'Août. La tige, haute d'un pied et demi, est droite, rameuse au sommet, presque glabre ; les feuilles caulinaires sont nombreuses, sessiles, lancéolées, pointues, entières, et portent quelques poils épars; les radicales sont pétiolées, ovales-obtuses, dentées, crénelées, presque sinuées; les calathides, composées d'un disque jaune et d'une couronne blanche, sont disposées en un corymbe terminal. Cette espèce diffère un peu des vrais *diplopappus* en plusieurs points, et surtout parce que l'aigrette intérieure est complétement avortée sur les cypsèles de la couronne ; ce qui sembleroit devoir la faire rapporter à notre genre *Heterotheca*. Mais nous avons observé, au Jardin du Roi, sous l'étiquette *Erigeron delphinifolium*, une cinquième espèce de *diplopappus*, évidemment congénère de celle-ci, quoique les aigrettes de la couronne y soient parfaitement semblables à celles du disque. Dans l'une et l'autre espèce, les squames du péricline sont à peu près égales entre elles, de sorte que le péricline n'est pas à proprement parler imbriqué, comme dans les vrais *diplopappus*. (H. Cass.)

DIPLO - PÉRISTOMATI, (*Bot.* = *Mousses.*) C'est ainsi que Bridel nomme la classe dans laquelle il ramène les mousses munies d'un *péristome double*. M. Palisot-Beauvois fait usage dans ce cas du terme de *diplopogon*, qui signifie *barbe double.* (Voyez Mousses.)

Bridel la divise en deux sections; savoir :

§. 1.er *Péristome à cil dentiforme.*

a. Cils libres.

Orthotrichum, Schlotheimia, Neckera, Climatium, Leskia, Hypnum, Gymnocephalum, Bryum, Webera, Arrhenopterum, Mnium.

b. Cils soudés par l'extrémité supérieure.
Funaria.

§. 2. *Péristome membrano-denté ou réticulaire.*

Paludella, Pohlia, Bartramia, Timmia, Diplocomium, Meesia, Cinclidium, Fontinalis, Diphyscium, Buxbaumia.

M. Beauvois dispose ainsi les genres de sa tribu des *diplopogon.*

<table>
<tr><td rowspan="2">Cils réunis......</td><td>coiffe campaniforme.</td><td>Buxbaumia (sacco-
phorus).
Fontinalis.</td></tr>
<tr><td>coiffe cuculliforme..</td><td>Bartramia (cepha-
loxis).
Orthopyxis.
Mnium.
Amblyodum.
Cyatophorum.
Hypnum.</td></tr>
<tr><td rowspan="2">Cils libres......</td><td>coiffe cuculliforme...</td><td>Neckera (eleuteria).</td></tr>
<tr><td>coiffe campaniforme</td><td>Racopilum.
Pilotrichum.
Orthotrichum.</td></tr>
</table>

Voyez ces divers noms et l'article Mousses. (Lem.)

DIPLOPHRACTUM. (*Bot.*) Genre de plantes dicotylédones, polypétalées, régulières, de la famille des *tiliacées,* de la *polyandrie monogynie* de Linnæus, offrant pour caractère essentiel : Un calice à cinq folioles; cinq pétales alternes avec les divisions du calice; des étamines nombreuses insérées sur le réceptacle; un ovaire supérieur, à cinq côtes, surmonté d'un seul style et de cinq stigmates rapprochés. Le fruit est une capsule globuleuse, indéhiscente, à cinq ailes, à dix loges partagées par des cloisons transversales en plusieurs petites loges monospermes : des semences arillées, attachées aux parois de la capsule.

Ce genre, établi par M. Desfontaines, est borné à la seule espèce suivante.

Diplophractum auriculé; *Diplophractum auriculatum,* Desf., Mém. du Mus., *Icon.* Arbre ou arbrisseau découvert dans l'île de Java par M. Lechénault. Ses rameaux sont cylindriques, cotonneux dans leur jeunesse, garnis de feuilles sessiles, alternes, oblongues, ridées, cotonneuses en-dessous, bordées vers leur sommet de dents aiguës, terminées par une pointe, ordinairement un peu rétrécies sur les côtés dans leur partie moyenne, longues de trois à six pouces sur un ou deux de largeur, tronquées obliquement à leur base, dont le côté supérieur forme un lobe arrondi et saillant qui se prolonge au-delà de l'inférieur, marquées de trois nervures longitudinales, ramifiées en réseau : chaque feuille est accompagnée de deux stipules, l'une intérieure à deux lobes arrondis, du milieu desquels sort un appendice sétiforme et barbu ; l'autre orbiculaire, plus petite, à un seul lobe, également muni d'une soie placée latéralement.

Les fleurs sont solitaires à l'extrémité des rameaux, soutenues par des pédoncules courts, soudés avec la base d'une foliole ou bractée sessile, lancéolée, aiguë, entière. Le calice se divise en cinq folioles elliptiques, ouvertes, obtuses, cotonneuses en dehors. La corolle, d'environ six à huit lignes de diamètre, est composée de cinq pétales alternes avec les découpures du calice et de la même longueur, insérés sur le réceptacle, élargis en spatule et munis à leur base d'une petite écaille. Les étamines sont nombreuses, attachées sur le réceptacle par des filamens grêles, aigus, soutenant des anthères presque globuleuses, à deux loges, s'ouvrant longitudinalement, attachées par la base au sommet des filamens ; l'ovaire est velu, obtus, à cinq côtes arrondies ; le style court, et cinq petits stigmates rapprochés. Le fruit consiste en une capsule épaisse, arrondie, cotonneuse, indéhiscente, de la grosseur du pouce, à cinq ailes obtuses, ondulées, divisée intérieurement en dix loges partagées, par des cloisons transversales, en plusieurs autres petites loges partielles, renfermant chacune une semence brune, ovale, parsemée de petits enfoncemens, entourée d'une arille, attachée aux parois de la capsule, couverte d'un tégument épais, coriace ; l'embryon placé à la base de la semence, accompagné d'un périsperme charnu. (Poir.)

DIPLOPOGON. (*Bot.*) Voyez Diplo-peristomati. (Lem.)

DIPLOPTÈRES. (*Entom.*) M. Latreille a nommé ainsi la famille d'insectes hyménoptères que nous avions déjà désignée, sous le nom de duplicipennes ou de ptérodiples, dans les tableaux faisant suite au premier volume des Leçons d'anatomie comparée, par M. Cuvier. Ces genres correspondent aux *guépes* et aux *masares*, qui ont les ailes supérieures comme doublées ou pliées suivant leur longueur dans l'état de repos. Voyez PTÉRODIPLES. (C. D.)

DIPLOSTACHYUM. (*Bot.* = *Lycopodiacées.*) *Double-épi.* Genre établi par M. Beauvois pour placer quelques espèces de *lycopodes* qui diffèrent des autres. Ses caractères sont : Monoïque ; fleurs en épis terminaux, solitaires, sessiles et fort courts : fleurs mâles, sessiles, réniformes, bivalves, nichées sous des bractées herbacées, semblables aux feuilles, imbriquées et éparses; fleurs femelles : des capsules à trois coques, trivalves, trispermes; semences sphériques, blanches et scabres.

Le *lycopodium helveticum* et sa variété *radicans*, le *lycop. apodum*, Linn., et une nouvelle espèce, *diplostachyum tenellum*, sont rapportés à ce genre par M. Palisot-Beauvois. Voyez LYCOPODES. (LEM.)

DIPLOSTEMA. (*Bot.*) Necker a substitué ce nom à celui de *taligalea*, donné par Aublet à un genre de la famille des verbénacées. C'est le même que Linnæus fils a nommé *amasonia.* (J.)

DIPODE, *Dipodium.* (*Bot.*) Genre de plantes monocotylédones, à fleurs incomplètes, polypétalées, irrégulières, de la famille des *orchidées*, de la *gynandrie monogynie* de Linnæus, très-rapproché des *cymbidium*, offrant pour caractère essentiel : Une corolle à cinq pétales égaux, étalés, un sixième en lèvre, trifide, barbu sur le disque, en forme de bourse à sa base ; la colonne des. organes sexuels à demi cylindrique ; une anthère terminale, caduque, mobile, à deux loges ; un seul paquet de pollen dans chaque loge ; une capsule inférieure, uniloculaire, à trois valves polyspermes. On distingue particulièrement les espèces suivantes :

DIPODE PONCTUÉ : *Dipodium punctatum*, Rob. Brown , *Nov. Holl.*, pag. 330 ; *Dendrobium punctatum*, Smith , *Exot. Bot.*, 1, pag. 21, tab. 12. Plante entièrement glabre, dépourvue de feuilles, dont les racines sont épaisses, rameuses; les tiges droites, très-simples, entourées à leur base de gaines larges, ovales, aiguës, imbriquées, sans carène ; les supérieures distantes, fendues longitudinalement ; les fleurs purpurines, disposées en grappes à l'extrémité des tiges. Elle croît sur la terre, à la Nouvelle-Hollande.

DIPODE ÉCAILLEUX : *Dipodium squamatum*, Brown, *l. c.*; *Cymbidium squamatum*, Swartz, Willd., *Spec.*, 4, pag. 109; *Ophrys squamata*, Forst., *Prodr.*, 310. Elle est très-rapprochée de la précédente; elle en diffère par ses gaines radicales oblongues, en carène; les supérieures entières à leur base. Les tiges se terminent par des fleurs disposées en épi; le pétale inférieur (ou la lèvre) est rabattu, trifide et barbu. Elle croît à la Nouvelle-Calédonie. (Poir.)

DIPODE, *Dipodus*. (*Erpétol.*) On a proposé ce nom, tiré du grec (δις, deux, et πȣς, pied), pour remplacer celui de bipède, donné à un genre de reptiles. Voyez Bipède. (H. C.)

DIPODES, *Dipodi*. (*Ichthyol.*) En suivant la même étymologie, M. de Blainville a appelé *dipodes* un ordre de poissons écailleux qui n'ont que des catopes ou des nageoires pectorales. Le genre *Ovoïde* rentreroit dans cette division. (H. C.)

DIPODIUM. (*Bot.*) Voyez Dipode. (Poir.)

DIPPER (*Ornith.*), un des noms anglois du grèbe de rivière ou castagneux, *colymbus minor*, Linn. (Ch. D.)

DIPROSIE, *Diprosia*. (*Crust.*) Genre des malacostracés, établi par Rafinesque (Précis, 25), et, suivant lui, de la famille des cymothoadées.

Manteau déprimé, oblong, fendu, sans articulations postérieurement; queue inférieure plus longue et échancrée; deux yeux lisses en-dessous; six paires de jambes à trois articles; deux suçoirs antérieurement en-dessous.

DIPROSIE RAYÉE, *Diprosia vittata*. Blanc-bleuâtre, rayé longitudinalement de pourpre-violet; dos lisse, légèrement convexe: parasite du *sparus erythrinus*. (W. E. L.)

DIPSACÉES. (*Bot.*) Cette famille de plantes, qui tire son nom de la cardère, *dipsacus*, un de ses genres principaux, appartient à la classe des épicorollées corisanthères, c'est-à-dire, des monopétales à corolle portée sur l'ovaire et à anthères distinctes. Les fleurs dans cette famille, comme dans la classe des épicorollées synanthères qu'elle avoisine, sont réunies plusieurs ensemble sur un réceptacle commun, couvert de paillettes qui les séparent les unes des autres, et entouré d'un calice commun, ou plutôt d'un périanthe ou involucre caliciforme, composé de plusieurs bractées ou écailles disposées sur un ou plusieurs rangs. (Dans le *morina* seul ces fleurs sont distinctes et disposées en anneaux accompagnés de bractées.) Chaque fleur, sessile sur le réceptacle, est munie d'un calice propre qui est double : l'intérieur, monophylle, embrasse entièrement l'ovaire, se resserre au-dessus et se termine en un limbe élargi au-dessus de l'étranglement ; l'extérieur, également monophylle et tubulé, adhère presque toujours à l'intérieur, quelquefois il en est distinct. La corolle, portée sur le sommet de l'ovaire, est tubulée, et divisée seulement à son limbe. Les étamines, en nombre défini, sont insérées au tube de la corolle ; les anthères sont distinctes et arrondies. L'ovaire simple, renfermé dans le calice intérieur, faisant corps avec lui et couronné par son limbe, est surmonté d'un seul style terminé par un stigmate simple ou bifide ; il devient avec ce calice une capsule monosperme et indéhiscente, au fond de laquelle est insérée la graine. L'embryon, contenu dans celle-ci, est dénué de périsperme et dans une situation renversée, ayant sa radicule dirigée supérieurement. Les tiges sont ligneuses ou plus souvent herbacées et rameuses. Les feuilles sont opposées (verticillées dans le *morina*). Les têtes de fleurs, portées sur leur pédoncule, sont terminales sur les rameaux.

Il faut observer que les opinions sont partagées sur la véritable organisation de la fleur et du fruit des dipsacées. On avoit généralement admis un ovaire infère, c'est-à-dire, faisant corps avec le calice : les observations de M. Richard confirment cette opinion. Cependant M. Decandolle assure que le calice recouvre seulement l'ovaire sans y adhérer ; et M. Auguste Saint-Hilaire dit avoir vu l'ovaire infère dans plusieurs dipsacées, et supère dans quelques autres. Nous persistons pour le moment à croire que le calice fait corps avec la capsule indéhiscente qui renferme la graine, et qu'il ne fait qu'un avec elle : l'inspection du fruit du *morina* contribuera à confirmer cette opinion.

Les dipsacées diffèrent des composées ou synanthères par les étamines distinctes et la situation renversée de l'embryon, de la nouvelle famille des boopidées par le premier de ces caractères.

Les genres qui s'y rapportent sont le *morina*, le *dipsacus*, le *scabiosa* et le *knautia*. (J.)

DIPSACON. (*Bot.*) Voyez DIACHETON. (J.)

DIPSACUS (*Bot.*), nom latin du genre Cardère. (L. D.)

DIPSADE ou DIPSAS. (*Erpétol.*) Les Grecs donnoient le nom de Διψας à un serpent très-célèbre dans les anciens temps, et dont la morsure passoit pour causer une soif mortelle. Galien, néanmoins (*Synops. medicam. II*), dit qu'en Asie on nommoit *vipères* les serpens des terres marécageuses, et *dipsades* ceux qui se retirent dans les terres salées, ce qui sembleroit faire de διψας un nom générique. D'autres auteurs ont confondu le reptile dont il s'agit avec le μελάνερος, l'αμμοβάτυς et le πρησͅὴρ des Grecs, contre le sentiment d'Agricola, combattu par Dioscoride. Ce dernier et Lucain surtout ont peint en traits énergiques les accidens qu'il détermine. (Voyez, dans le 9.ᵉ livre de la Pharsale, la mort d'Aulus Tuscus, soldat de Caton.) Actuarius, Abensina, Aëtius, Celse, Sostrate, en ont également parlé et ont donné des remèdes pour guérir ceux que la dipsade mordoit. Dioscoride assure cependant que sa blessure est incurable. Kolbe, dans sa Description de l'Afrique, et Seba ont également parlé de ce serpent : mais nous ne pouvons rapporter à aucun genre de nos classifications la dipsade des anciens ; nous n'avons point sur son compte de renseignemens assez précis.

Plus récemment, Laurenti a établi, sous le nom de dipsade, *dipsas*, un genre de serpens de la famille des hétérodermes et très-voisins des couleuvres. Ce genre, qui est le genre *Bungarus* de M. Oppel, est reconnoissable aux caractères suivans :

Corps comprimé, beaucoup moins large que la tête ; écailles de la rangée moyenne du dos plus grandes que les autres, comme dans les bongares ; des plaques doubles sous la queue, qui est cylindrique.

Ce dernier caractère établit la différence entre les bongares et les dipsades.

La DIPSADE DES INDES : *Dipsas indica*, Laurenti ; Seba, 1, 43 : *Coluber bucephalus*, Shaw.

Ce serpent a été confondu à tort par Seba avec le *cobra de capello* des Portugais, et par Linnæus, Laurenti et Daudin, avec la *vipera atrox*, figurée dans le Muséum du prince Adolphe-Fréderic, XXII, 2. Il vient des Indes et est peu connu. (H. C.)

DIPSAS. (*Conchyl.*) M. le doct. Leach, dans le premier volume de ses Mélanges de zoologie, a proposé de former sous ce nom un petit genre de coquilles bivalves margaritifères, fort voisin des anodontes, et qui n'en diffère réellement que parce qu'elles sont sub-auriculées, et que la lame marginale de la place de la charnière est plus prononcée que dans les espèces de nos pays, ce qu'il définit une dent lamelliforme dans chaque valve. Quant aux trois impressions musculaires, elles se retrouvent dans toutes les espèces de la famille des unios et des anodontes. La seule espèce que M. Leach place dans ce genre, et qu'il nomme la Dipsade plissée, *dipsas plicatus*, figurée pl. 53 de l'ouvrage cité, est une coquille de trois pouces de long sur deux de hauteur environ, assez épaisse, d'un jaune verdâtre en-dessus, nacrée en dedans, et pourvue de chaque côté du sommet de deux appendices ou oreilles, dont l'antérieure offre des plis nombreux, provenant des stries d'accroissement. Il paroît qu'elle provient d'une rivière de Bohême, du moins d'après l'étiquette qu'elle avoit dans la collection de Hans Sloane. (De B.)

DIPSE. (*Erpét.*) Voyez Dipsade. (H. C.)

DIPTERA. (*Bot.*) Sous ce nom Borckhausen a séparé du genre Saxifrage le *saxifraga sarmentosa*, remarquable par deux pétales plus longs que les autres. Medicus et Mœnch ont adopté le même genre sous le nom de *sekika*, emprunté de Kæmpfer. (J.)

DIPTÈRE. (*Ichthyol.*) On a donné ce nom au *loricaria plecostomus* de Linnæus. Voyez Loricaire. (H. C.)

DIPTÈRE; *Dipterus, bialatus, bipennis.* (*Entom.*) Nom adjectif, par lequel on désigne le plus ordinairement un insecte à deux ailes. C'est de ce nombre des ailes qu'un ordre entier d'insectes a reçu, depuis Aristote, le nom de *Diptères*, comme on le verra dans l'article suivant. Cependant l'ordre des diptères ne comprend pas tous les insectes qui n'ont que deux ailes, de même qu'il en réunit quelques-uns chez lesquels ces ailes, étant devenues inutiles, ne se développent pas.

C'est à cause de ces particularités que nous avons fait cet article séparé, pour indiquer, 1.° les insectes à deux ailes qui ne sont pas des diptères ; 2.° les aptères, qui paroissent se rapprocher des insectes à deux ailes par leur conformation et leurs métamorphoses.

Plusieurs Coléoptères ont les élytres trop courtes pour cacher les ailes membraneuses, qui restent ainsi toujours à nu. Tels sont le *molorque raccourci*, qu'on a nommé long-temps *mouche capricorne*; le *ripiphore subdiptère*. Plusieurs espèces du genre *Éphémère* nous offrent un exemple semblable parmi les Névroptères ; et, dans l'ordre des Hémiptères, plusieurs pucerons n'ont que deux ailes, et surtout les mâles des *cochenilles*, des *chermès* et des *psylles*. Les *xénos* et *stylops* sont peut-être dans le même cas.

Les diptères, ou du moins les insectes qui par leurs mœurs ou leur conformation semblent appartenir à cet ordre, sans avoir cependant d'ailes, sont les *mélobosques* ou *hippobosques du mouton*, et peut-être quelques insectes parasites, tels que les espèces du genre de la *puce*. (C. D.)

DIPTÈRES, *Diptera insecta*. (*Entom.*) On appelle ainsi la sous-classe ou l'ordre des insectes à six pattes, à deux ailes nues, et privés de mâchoires.

Ce nom est formé de deux mots grecs, *δὶσ*, *deux*, et *τ]ερα*, *ailes*. Il est très-ancien dans la science : on le trouve souvent dans l'Histoire des animaux d'Aristote, et toujours employé d'une manière générale, pour indiquer les *mouches*, les *cousins*, les *asiles* ou *oëstres*, et comme une division d'ordre. (Histoire des animaux, livre I, chap. 5; livre IV, chapitres 1 et 7.)

Depuis, quelques auteurs systématiques ont employé, comme synonymes de diptères, et par opposition avec les autres ordres de la même classe des insectes, les dénominations suivantes. Les uns, en tirant les caractères des ailes, les ont nommés les *anélytres bipennes*, ou *gymnoptères à balanciers* (*halterata*); d'autres, d'après Fabricius, ne considérant que la structure de la bouche des diptères, *antliatés* (*antliata*).

Nous avons dit, dans l'article précédent, que tous les insectes à deux ailes apparentes n'étoient pas rapportés à cet ordre : qu'il falloit de plus que ces ailes ne fussent pas protégées par des rudimens d'élytres; que ces insectes fussent privés de mâchoires, et enfin qu'ils présentassent une même conformation et des métamorphoses analogues.

Les diptères correspondent à l'ordre des antliatés de Fabricius, ainsi nommés d'après la forme de leur bouche, qui présente un suçoir, du mot grec αντλη, un biberon (*biborium*). Cet instrument, qui caractérise réellement ces insectes, présente trois modifications différentes. Tantôt il est solide, comme corné, saillant au dehors, même dans l'état de repos, comme dans les *asiles*, les *stomoxes*, les *cousins*, et il consiste en une sorte de gaine à la base de laquelle on voit des écailles qui correspondent aux palpes, et dans l'intérieur plusieurs soies roides, mobiles les unes sur les autres; c'est là un véritable suçoir en pipette (*haustellum*), et les diptères ainsi organisés sont dits *haustellés*, ou à suçoir corné, *sclérostomes*.

Tantôt cette bouche des diptères forme une sorte de suçoir charnu, rétractile, alongeable, rentrant dans une cavité du front, terminé ordinairement par une partie plus large, souvent divisé en deux lèvres qui font l'office d'une ventouse; c'est ce que l'on nomme une *trompe* (*proboscis*), et les insectes ainsi conformés sont appelés *sarcostomes* ou à bouche charnue, comme dans les *mouches*, les *syrphes*, les *stratyomes*.

Enfin, tantôt la bouche des diptères simule une sorte de museau, garni de palpes plus ou moins longs et articulés avec une trompe très-courte ou un suçoir caché dans l'épaisseur du museau, qui est aplati et saillant; ce qui les a fait nommer des mouches à museau ou *bec-mouches*, comme on peut l'observer dans les *hydromyes*, telles que les *tipules*, les *hirtées*, les *scatopses*.

Quoique l'ordre des diptères soit assez naturel, il l'est cependant beaucoup moins que la plupart des autres, à l'exception de celui des aptères; car les métamorphoses, les larves, les nymphes, sont tout-à-fait différentes dans quelques genres, comme nous aurons occasion de le développer par la suite. Les seuls rapports bien évidens que les espèces d'insectes diptères aient entre elles, ce sont les deux ailes, qui le plus souvent offrent au-dessous de leur base, sur le dos du corselet, deux appendices plus ou moins alongés, quelquefois recouverts par une espèce d'écaille ou de cuilleron, et terminés par une sorte de petite masse ou de renflement arrondi, que l'on nomme *balanciers*.

La tête des diptères est ordinairement arrondie dans tous les sens, excepté en arrière, où elle est comme tronquée transversalement et accolée sur le devant de la poitrine, qui la reçoit comme sur un pivot entièrement ligamenteux, et susceptible de se tordre ou de tourner sur une portion de cercle saillant qui se remarque au-dessus de l'ouverture qui donne un passage au conduit des alimens, qu'on nomme l'œsophage. Dans quelques espèces, cette portion d'anneau est saillante, et l'insecte paroît porter la tête sur une sorte de cou, comme dans les *mulions*, les *ceyx* et quelques *tipules*. Dans la plupart, au contraire, la tête est sessile ou appliquée immédiatement sur la poitrine; c'est ce qu'on voit dans les *mouches*, les *asiles*, les *thérèves*, etc.

Les antennes des diptères sont en général très-courtes, excepté dans la famille des hydromyes; elles sont insérées sur le devant de la tête, entre les yeux et au-dessus de la bouche. Elles sont en général très-rapprochées. Il est même des genres, comme ceux des *asiles* et des *céries*, qui les portent sur une base commune. Le plus souvent les antennes, que nous nommerons courtes, par opposition à celles des *bec-mouches* ou *hydromyes*, ne sont composées que de trois ou quatre articles, dont le dernier l'emporte en longueur sur tous les autres : il est tantôt à fuseau ou en fer d'alène, comme dans les *empis*, les *stratyomes*, les *asiles*; tantôt en palette aplatie, comme chez les *mouches*, les *syrphes*; ou en croissant, comme dans les *taons*. Ce dernier article porte toujours chez les chétoloxes un appendice simple ou composé; quelquefois comme un poil plus ou moins alongé, comme dans les *tétanocères*, les *syrphes*, les *échinomyes*, etc. Quelquefois ce poil porte lui-même d'autres poils latéraux : il est dit alors plumeux ou barbu, comme dans les *cénogastres*, les *mouches* proprement dites. On ne voit pas cette sorte d'appendice latéral dans la famille nombreuse des *aplocères*, qui comprend entre autres genres ceux des *bibions*, *rhagions*, *stratyomes*, etc.

Les antennes qui présentent le plus de variétés, sont celles des *hydromyes*, chez lesquelles elles offrent autant de modifications que dans les lépidoptères à antennes en soie ou en fil, avec lesquelles elles semblent d'ailleurs former le passage; de même que, dans ces genres, les mâles ont en général les antennes beaucoup plus longues et plus développées que les femelles. Le seul genre des *cousins*, parmi les sclérostomes, présente la même particularité.

Les yeux des insectes à deux ailes sont ordinairement très-grands, à réseaux, et taillés à facettes; dans les mâles, ils sont souvent beaucoup plus gros et plus étendus que chez les femelles, ce qui donne à leur tête des proportions toutes différentes, comme on peut le voir dans les *taons*, les *chrysops*, les *stratiomes*, les *hirtées* ou *bibions* de Geoffroy, etc. : dans le genre *Diopside*, ces yeux sont portés sur une partie de la tête qui se trouve très-prolongée dans le sens transversal.

Outre ces yeux à réseaux, qu'on a nommés à facettes ou réticulés, les diptères ont aussi sur le sommet de la tête des points saillans arrondis, lisses, au nombre de trois, disposés en triangle; c'est ce que l'on nomme des stemmates : on en ignore l'usage. Plusieurs mâles en sont privés, et même les deux sexes dans quelques espèces.

La bouche des diptères présente, comme nous l'avons dit, trois sortes de modifications différentes. Jamais ces insectes n'ont de mandibules, ni de mâchoires : par conséquent sous l'état parfait ils ne peuvent faire leur nourriture d'alimens solides. On retrouve cependant, dans les parties qui constituent leurs instrumens cibaires, des restes des organes qui forment la bouche dans les insectes dits mâcheurs; savoir, les lèvres supérieure et inférieure, les mandibules, les mâchoires et les palpes. Les espèces qui ont la bouche la plus compliquée sont celles dites *sclérostomes*, comme chez les Cousins, les Asiles, les Taons. (Voyez à chacun de ces articles ce que nous avons exposé de la forme de la bouche.) C'est une sorte de siphon ou de pipette qui fait l'office de pompe.

13.   21

Dans l'intérieur de ce tuyau sont disposées des lames alongées, pointues, qui agissent en même temps, comme des
lancettes, pour percer le tissu des corps organisés dont l'insecte veut pomper les sucs. Dans d'autres diptères, qui prennent leur nourriture à la surface des corps vivans, la trompe
n'est point munie de ces sortes de dards intérieurs : elle se
termine par une partie évasée en pavillon, le plus souvent
formée en même temps de deux lèvres charnues, contractiles, qui s'appliquent exactement par la circonférence,
comme les bords d'une ventouse, au centre de laquelle est
situé le tube aspirateur qui livre passage aux humeurs ab-
sorbées.

La partie qui vient immédiatement après la tête, quand
on considère le tronc des diptères, reçoit la première paire
de pattes. Comme dans la plupart des hyménoptères, cette
sorte d'avant-corselet ne se voit pas du côté du dos, parce
qu'elle n'atteint pas le haut de cette partie ; elle est comme
taillée en coin, et placée entre la tête et la poitrine.

Le corselet ou thorax, qui fait la partie moyenne du
tronc, et qui est situé entre la tête et l'abdomen, est en
général fort gros dans les diptères ; car il renferme les muscles et les articulations des ailes et des deux paires de pattes
postérieures. Il est percé latéralement par les orifices de
deux paires de trachées qu'on nomme stigmates. On voit
souvent sur le dos du corselet, en arrière, une partie saillante, qu'on nomme *écusson*, et qui offre deux ou plusieurs
pointes dans les *stratyomes* ou *mouches armées*. Sur les côtés,
en arrière des articulations des ailes, sont les cavités destinées à l'articulation des balanciers haltères (*halteres, libra-
menta*). On a regardé ces parties comme les rudimens des
ailes inférieures ; mais on ignore tout-à-fait leur usage. Dans
les hydromyes, les balanciers sont à nu, ou non recouverts par les cuillerons : les sarcostomes les ont plus courts
en général que les sclérostomes ; à peine peut-on les distinguer dans les hippobosques. Il n'y en a plus du tout dans
les mélobosques.

Les ailes des diptères varient beaucoup pour la forme ;
elles sont alongées, et dans l'état de repos l'insecte les porte
horizontalement : soit disposées en triangle, comme dans les

mouches, les *thérèves;* soit en longueur ou au-dessus de l'abdomen, comme dans le *ceyx*, les *asiles;* soit enfin en travers, comme dans quelques *anthrax*, quelques *tipules.* Leur bord intérieur est en général très-mince et sans nervures : l'extérieur, qu'on appelle la côte, est ordinairement renforcé et comme doublé pour donner à l'aile plus de solidité. Cette côte ou ce bord externe est souvent cilié à la base. Dans les *psychodes*, *phalénoïdes*, les *cousins*, les nervures des ailes sont ciliées ou garnies de poils aplatis en forme d'écailles, très-régulièrement disposés. La base de l'aile des diptères est le plus souvent échancrée en dedans près de l'articulation, et la partie qui paroît comme emportée se retrouve repliée en-dessous, de manière à se développer lorsque l'aile est étendue dans le vol. On remarque en outre, au-dessous de l'aile, dans beaucoup d'espèces, excepté dans la famille des hydromyes, une petite écaille arrondie, concave en-dessous, qu'on nomme *aileron* ou *cuilleron.* On a regardé cet aileron, ainsi que le nom l'indique, comme le rudiment d'une seconde aile. Ces parties sont surtout très-développées dans les *thérèves* et dans les *mouches* domestiques; elles sont très-petites dans les *anthrax* et dans les *ceyx;* il n'y en a plus, de distincts au moins, dans les *cousins* et dans les *bombyles.* Dans l'hippobosque des hirondelles, l'aile n'est plus qu'une sorte de style, qui n'est presque plus propre au vol.

Les pattes des diptères sont ordinairement alongées et très-grêles; elles sont composées de quatre parties : 1.º d'une hanche ou omoplate articulaire, qui est reçue sur le tronc, qui est très-courte et bornée dans ses mouvemens; 2.º d'une cuisse, ou bras, qui est quelquefois renflée et dentée, comme dans les *scatopses*, les *hirtées*, quelques *syrphes;* 3.º vient ensuite la jambe ou tibia, qui offre aussi beaucoup de différences suivant les espèces; et 4.º, enfin, le tarse, qui est presque constamment composé de cinq articles, mais qui se termine diversement, suivant les mœurs de l'insecte parfait.

Le tarse des diptères, outre les deux crochets qui le terminent, est souvent garni en-dessous, sous le dernier article, de mamelons ou de pelottes formées de lames entaillées qui s'appliquent exactement sur les surfaces les plus lisses, et y font adhérer le corps des insectes, qui peuvent alors s'y accrocher et s'y suspendre contre leur propre poids. Dans l'hippobosque de l'hirondelle, il y a six crochets à chacun des tarses.

Le ventre ou l'abdomen des diptères n'est le plus souvent lié et adhérent à la poitrine que par une très-petite portion de sa base, laquelle forme comme un pédicule, quelquefois sur une coupe transversale, et alors le ventre est dit sessile, comme dans quelques *syrphes*, les *cénogastres*, les *mouches*; tantôt ce pédicule est alongé, comme dans les *ceyx*, les *cosmies*, les *céries*, les *conops*, etc. On compte de cinq à neuf anneaux dans l'abdomen, dont la forme générale varie : il est court, alongé, plat, conique, en massue, pointu, arrondi, terminé par une sorte de stilet corné, échancré; enfin il présente un très-grand nombre de variétés suivant les sexes et les mœurs, qu'il indique jusqu'à un certain point.

Les insectes à deux ailes vivent peu de temps sous l'état parfait, seulement pendant l'espace nécessaire pour la réunion des sexes, et la ponte ou la propagation des germes dans les lieux qui conviennent à leur développement, et que la mère sait choisir par instinct, quoique souvent de nature tout-à-fait différente de celle qui forme l'aliment de l'animal à son dernier période d'existence.

Les diptères marchent peu : aussi, comme nous l'avons dit, leurs pattes sont-elles généralement très-grêles; cependant les asiles les ont très-alongées et très-fortes, terminées par des ongles crochus et acérés, qui sont destinés, ainsi que les serres des éperviers, à retenir la proie saisie vivante, afin que l'insecte puisse la dévorer à son aise et sans résistance.

Beaucoup ont la faculté de s'appliquer sur les corps les plus lisses, et d'y adhérer à l'aide de papilles veloutées ou garnies de lames placées en recouvrement les unes sur les autres, à peu près comme celles que l'on distingue si bien sous les tarses de quelques reptiles qu'on nomme des *geckos*; tels sont en particulier les mouches domestiques, les syrphes, les thérèves, les asiles. Chez d'autres, comme dans les *dolichopes*, les *tipules*, les *ceyx*, les tarses sont tellement alongés que l'insecte peut s'en servir pour se soutenir, comme les hydromètres, à la surface de l'eau, et y courir avec prestesse : ce qui en a fait nommer quelques-unes les mouches de

Saint-Pierre. Enfin les tarses de quelques espèces parasites, comme dans les *hippobosques, mélobosques*, ont des appendices crochus, et sont terminés par des griffes en tire-bouchon, qui donnent à ces insectes la faculté d'adhérer aux plumes et aux poils des animaux dont ils sucent les humeurs.

Le vol des diptères est généralement fort rapide. Il en est, comme certaines tipules, qui forment en l'air des danses ou des chorées régulières, pendant des journées entières, ou à des heures et dans des lieux déterminés ; quelques-uns, comme certains *syrphes*, persistent à planer constamment dans les mêmes lieux ; les *asiles* ont à peu près le vol des oiseaux de proie et leur chute foudroyante lorsqu'ils veulent saisir leur proie ; les *bombyles*, les *anthrax*, les *cénogastres* voltigent long-temps avant de s'arrêter et de se fixer sur le point qu'ils semblent examiner long-temps d'avance. La plupart font entendre dans le vol un Bourdonnement (voyez ce mot), ou un murmure très-incommode ; tels sont les *cousins*, les *syrphes* : on l'a attribué long-temps au balancier qui battroit sur le cuilleron ; ce ne seroit pas le cas des cousins, puisqu'ils en sont privés. Plusieurs *échinomyes*, *cénogastres* et *syrphes* font entendre ce bruit même lorsqu'on s'oppose au mouvement de leurs ailes.

Tous les diptères semblent doués des organes des sens, et leurs sensations paroissent même assez développées. Ils sont attirés par les odeurs à tel point que les mouches de la viande viennent déposer leurs larves sur des plantes dont les fleurs sont infectes, telles que celles des *stapélies* et de la *serpentaire* (*arum dracunculus*). On sait que les fruits, même soustraits à leur vue, attirent les mouches de toutes parts ; qu'on les allicie par le miel. A peine des matières propres à la nourriture des diptères ou à celle de leurs larves sont-elles déposées sur le sol, qu'on y voit arriver de toute part, alléchées par l'odeur, des nuées de diptères, qui bientôt se disputent la place. Presque tous sont diurnes : ce n'est que dans le jour qu'ils distinguent parfaitement les objets et qu'ils savent éviter tout ce qui peut leur nuire ; aussi leur vue perçante les soustrait-elle souvent aux dangers. Ils paroissent percevoir parfaitement les sons, et quoique la plupart des espèces ne fassent entendre, à l'époque de la fécondation, aucun son particulier, il est facile de reconnoître, lorsqu'on les saisit, que le bourdonnement varie suivant la durée ou la gravité du danger, que l'insecte semble prévoir. Quant au goût, il n'y a pas le moindre doute que chaque espèce n'en soit douée, puisque les unes recherchent les matières fermentées uniquement, d'autres les sucs naturels, tels que les sécrètent les divers organes des végétaux; que certaines fleurs les attirent, que d'autres semblent les repousser; que celles des ombellifères, par exemple, et des synanthérées, en sont couvertes, tandis qu'on en voit peu sur celles des *anémones*, des *labiées*, ou de telle autre famille.

Nous avons déjà dit que les diptères ne se nourrissoient guère que des humeurs ou des sucs des corps organisés. On voit cependant quelquefois ces insectes saisir, emporter des matières solides, comme de petites parcelles de sucre ou de matières gommeuses; mais, pour les avaler, ces animaux ont l'instinct de dégorger dessus une sorte de salive qui les fluidifie, et leur donne ainsi la facilité de les pomper, de les absorber par une sorte de succion. Quoique, sous leur dernière forme, les diptères ne croissent plus, la plupart ont besoin de prendre beaucoup de nourriture, ou plutôt de boire beaucoup. Leur canal intestinal est assez compliqué, et plusieurs ont des appendices à l'estomac ou un estomac divisé en plusieurs loges, et le résidu de leurs alimens est toujours liquide.

Le mode de génération varie dans les diptères des différentes familles. Chez les hydromyes, comme dans quelques *tipules*, les *hirtées*, l'accouplement ou la réunion des sexes dure très-long-temps; et, outre la différence de la taille, qui est beaucoup plus grande dans les femelles, et la forme des antennes, qui sont plus développées dans les mâles, l'extrémité libre de l'abdomen indique de suite la différence sexuelle : le ventre se termine en massue dans les mâles, parce qu'il y a là des crochets propres à retenir la femelle, tandis que celle-ci offre ordinairement un ventre terminé par une pointe plus ou moins acérée et protractile, qui sert en même temps d'oviducte, et souvent de tarrière pour insinuer les œufs dans le lieu propre à la nourriture de la larve. Chez d'autres, comme dans les *mouches* et les *syrphes*, l'accouplement est rapide, comme dans les oiseaux, et souvent la femelle porte elle-même l'extrémité de l'abdomen contre les organes du mâle, qui ne sont pas propres à l'intromission : les asiles, ainsi que les hydromyes, restent souvent réunis la tête opposée, à peu près comme les bombyces et d'autres lépidoptères nocturnes.

Les mâles, périssant presque toujours après l'accouplement, ne prennent aucun soin de leur progéniture; mais la femelle en apporte de bien remarquables dans certaines espèces.

La plupart des diptères sont ovipares ; cependant il en est d'ovovivipares, et même de *pupipares*, c'est-à-dire que quelques espèces ne se séparent de leurs germes que sous la forme de nymphes ou de chrysalides : tels sont les *hippobosques* et quelques genres voisins.

Les diptères proviennent de larves sans pattes, qui, selon les espèces, se développent dans la terre, dans l'eau, et dans l'intérieur de parties déterminées des corps organisés végétaux et animaux. Ces larves paroissent destinées à remplir des offices bien importans dans l'économie générale de la nature. La plupart sont appelées à faire rentrer dans la masse des élémens les matériaux des corps organisés qui ont été soustraits à l'action générale des forces physiques, d'une manière beaucoup plus rapide que s'ils étoient abandonnés à eux-mêmes, et tout semble prévu pour arriver à ce but. Parmi un très-grand nombre d'exemples que nous pourrions citer en preuve de cette assertion, qu'il nous suffise de faire observer ce qui arrive aux corps des animaux privés de la vie. A peine le cadavre est-il gissant, et souvent même avant que l'animal ait expiré, que déjà les grosses mouches bleues de la viande, celles des cimetières et beaucoup d'autres espèces analogues, viennent s'introduire dans toutes les ouvertures qui peuvent leur livrer passage; elles y déposent de suite et très-rapidement leurs larves toutes vivantes : celles-ci s'occupent aussitôt à absorber les humeurs putrides que la décomposition met à nu. Alors ces larves ont pris tout leur accroissement; elles se meuvent les unes sur les autres, et il ne reste du cadavre infect qu'une masse de matière animale vivante qui, bientôt métamorphosée et s'élevant dans l'atmosphère, servira elle-même de pâture à des oiseaux ou à d'autres espèces qui ne doivent se nourrir que d'insectes.

Les œufs des diptères sont en général très-mous. Ils ne conservent que pendant peu de temps leur forme. Leur figure varie : le plus souvent ils sont ovales; quelquefois aplatis, comme ceux de quelques tipules; en forme de bouteille ou de petits pots, comme ceux des cousins; garnis de lames écartées ou d'ailerons qui les empêchent de trop s'enfoncer dans des matières trop liquides, comme dans la mouche stercorale. Toutes ces larves paroissent avoir besoin de vivre dans un lieu humide, et les œufs qui les produisent y sont aussi déposés : d'autres sont pondus par leur mère sur les poils des animaux, qui les lèchent et les introduisent ainsi dans leurs intestins, etc.

On reconnoît les larves des diptères, parce qu'elles sont apodes, comme celles d'un très-grand nombre d'hyménoptères, telles que celles des *mellites*, des *myrméges*, des *néottocryptes*, etc.; quoique quelques-unes paroissent munies de pattes, ces appendices n'en sont que des simulacres. Leur corps est formé d'articulations distinctes : à l'une des extrémités, qui est la tête, on distingue le plus souvent deux crochets, qui servent, sinon à la mastication, au moins à retenir la larve dans les lieux où elle absorbe sa nourriture.

Le plus souvent aussi les deux orifices principaux de la respiration, qui correspondent à deux longues trachées longitudinales, s'aperçoivent vers l'extrémité postérieure du corps: quelquefois ce sont deux stigmates simples; mais dans les larves des *syrphes* et de quelques autres qu'on nomme, à cause de cela, *vers à queue de rat*, ce sont deux longs tuyaux que Réaumur a parfaitement décrits et figurés dans ses Mémoires, tome IV, mémoire 11, planches 30, 31 et 32. Chez d'autres larves, comme dans celles des mouches armées ou *stratyomes*, l'extrémité de l'abdomen se termine par une sorte d'aigrette semblable à celle des fleurs composées (*pappus*), à l'aide de laquelle la larve se soutient à la surface des eaux tranquilles, pour y respirer l'air par un mécanisme admirable. Swammerdam en a donné une très-bonne figure à la planche 39 de sa Bible de la nature.-Enfin, chez d'autres larves, comme dans celles des *oëstres*, et à ce qu'il paroît dans celles des *conops*, l'animal, quoique renfermé dans le corps d'un être vivant et enveloppé d'humeurs liquides, s'attache de manière à respirer, soit l'air extérieur par une sorte de fistule qui correspond à l'ulcère produit par sa présence, soit en adhérant à l'une des principales trachées de l'insecte dans lequel cette larve vit en parasite, comme MM. Lachat et Audoin l'ont observé dans la larve d'un diptère trouvé dans l'abdomen d'une abeille-bourdon.

La forme des larves diffère beaucoup, suivant les genres et le milieu qu'elles habitent. Ainsi, parmi les *hydromyes*, les tipules terrestres proviennent de larves qui ressemblent un peu à des chenilles sans pattes : elles ont en effet une sorte de tête écailleuse ; mais elles en diffèrent beaucoup par les métamorphoses, comme nous l'indiquerons plus bas, dans les espèces aquatiques, au moins par les larves. Celles-ci ont à l'extrémité postérieure du corps des appendices écailleux, frangés ou lamelleux, qui servent probablement à la respiration : telles sont les espèces que Réaumur a nommées vers-polypes et qu'il a si. bien figurées dans le tome V de ses Mémoires. Quelques-uns de ces insectes se développent dans les galles ou productions monstrueuses de quelques végétaux : leur corps est mou, et à peine peut-il produire le plus petit mouvement. Chez d'autres, comme dans les larves d'oëstres, l'animal est arrondi, à articulations verticillées, garnies d'épines, toutes dirigées dans le même sens, qui servent à sa progression : celles des *syrphes* se meuvent aussi à la manière des lombrics. Dans les *stratyomes* le corps de la larve est aplati, alongé, à articulations coriaces. Enfin, dans la larve de la mouche du fromage, à l'étude de laquelle l'immortel Swammerdam a consacré ses veilles et dont il a fait connoître l'organisation, sous le nom d'*acarus* dans la 43.ᵉ planche de sa Bible, le mouvement s'opère par un mécanisme bien singulier : le corps se contourne en anneau ; l'animal saisit sa queue avec les deux crochets dont sa tête est munie ; il paroît qu'alors il se contracte avec violence et que, les crochets lâchant prise tout à coup, le corps se débande comme un ressort et rejaillit quelquefois à près d'un demi-pied de distance. Enfin il n'est presque pas de famille qui n'offre des particularités très-remarquables dans les larves, comme on le verra avec plus de détails dans les articles concernant les insectes que nous venons de nommer, et de plus aux mots Cousin, Mouche, Oestre, Hippobosque, que nous prierons le lecteur de consulter, pour ne pas nous répéter ici.

Quant aux nymphes des diptères, elles varient, comme on le conçoit, autant que leurs larves, pour les formes et le séjour. En général, elles ne quittent pas la dernière peau sous laquelle elles subissent leur métamorphose, qui est complète, et dans laquelle elles restent absolument immobiles. Il en est qui se filent une sorte de cocon, comme celles des grandes tipules terrestres; d'autres, comme celles des *échinomyes*, des *mouches de la viande*, quittent leur peau de larves et prennent une forme de sphéroïde alongée, semblable à la graine de quelques légumineuses, qui ne laisse apercevoir au dehors aucune des formes de l'insecte qu'elle renferme. Cette sorte de coque s'ouvre, à l'une des extrémités correspondantes à la tête, par une espèce de charnière ménagée d'avance, et qui s'écarte constamment de la même manière. Enfin il est des nymphes aquatiques, comme celles des cousins et de quelques petites tipules, qui sont mobiles sous leur dernière forme et qui laissent distinguer au dehors les diverses parties de l'insecte parfait.

Telles sont les généralités pour lesquelles nous avons cru utile de faire précéder la division méthodique de l'ordre des insectes qui nous occupent, afin de n'avoir plus à faire connoître, en traitant des familles ou des genres, que les particularités qui les concernent. Nous avons dû abréger beaucoup les détails sur lesquels nous serons obligés de revenir; on peut voir cependant, par ceux que nous avons rapportés, combien est important le rôle que ces insectes remplissent dans l'économie générale.

En assignant aux diptères le caractère essentiel d'*insectes à deux ailes nues, privées de mâchoires*, on peut les partager d'abord en deux grands sous-ordres.

Le premier sous-ordre réunit des insectes qui ont tous la même manière de vivre sous l'état parfait; il comprend les espèces dont la bouche est formée par un suçoir saillant, alongé, souvent coudé, mais toujours sortant de la cavité du front dans l'état de repos : tels sont les *cousins*, les *taons*, les *hippobosques*, les *asiles*, les *empis*, les *rhingies*, les *myopes*, les *conops*, les *bombyles*, etc. Nous avons nommé cette famille celle des Sclérostomes.

Chez tous les autres diptères la bouche est dépourvue de ce suçoir saillant et corné. Chez les uns, comme les *oëstres*, et dans quelques genres voisins, la bouche n'en offre plus qu'un rudiment remplacé par trois tubercules; c'est la famille que nous avons appelée les Astomes. Chez les autres diptères la bouche est distincte. Ceux-ci se partagent en trois familles.

Les Hydromyes ou Becs-mouches, comme les *tipules*, les *hirtées*, les *scatopses*, les *cératoplates*, les *psychodes*, etc., qui ont un front prolongé en manière de museau ou de bec aplati et saillant, garni de palpes articulés.

Les espèces d'insectes à deux ailes qui ont une sorte de trompe charnue, rétractile dans une cavité du front, d'où elle peut sortir librement, et qu'on pourroit nommer les Sarcostomes, se réunissent en si grand nombre par ce caractère qu'on a cru nécessaire de les partager en deux autres familles, d'après la structure des antennes. Chez les uns, en effet, ces antennes ont sur le côté un appendice singulier en forme de poil roide, simple ou barbu : on les a nommés Chétoloxes, ou à soie latérale, *latéralisètes*; tels sont entre autres les genres *Mouche*, *Syrphe*, *Sarge*, *Cénogastre*, *Échinomye*, *Tétanocère*, *Thérève*, *Mution*, *Ceyx*, *Dolychope*, *Cosmie*, etc. Chez les autres genres, qu'on désigne sous le nom de *Simplicicornes* ou Aplocères, les antennes ne portent pas ce poil isolé latéral; tels sont les *Rhagions*, *Bibions*, *Anthrax*, *Siques*, *Stratyomes*, *Hypoléons*, *Cyrtes*, *Némotèles*, *Céries*, *Mydas*, etc.

En résumé, si l'on vouloit à l'aide de l'analyse arriver à la détermination d'un insecte diptère, voici un tableau à l'aide duquel il seroit facile de reconnoître la famille à laquelle un diptère doit appartenir. Arrivé à l'indication du nom de la famille, on trouvera sous ce nom toutes les particularités et les détails d'organisations et de mœurs qui pourront intéresser, avec la dénomination des genres compris dans chacune des familles.

ORDRE DES DIPTÈRES.

Insectes à deux ailes nues ; bouche sans mandibules.

Bouche
{ distincte,
{ saillante, cornée, { en suçoir arrondi , SCLÉROSTOMES.
{ en museau plat. . . HYDROMIES.
{ enfoncée , char- { à poil latéral . . . CHÉTOLOXES.
nue ; antennes { sans poil isolé. . . APLOCÈRES.
{ nulle, remplacée par trois points ou pores . . . ASTOMES.

Voyez SCLÉROSTOMES, HYDROMYES, CHÉTOLOXES, APLOCÈRES, ASTOMES. (C. D.)

DIPTERIX. (*Bot.*) Schreber et Willdenow ont donné ce nom au genre *Coumarouna* ou *Cumaruna* d'Aublet, rangé parmi les légumineuses, dont le fruit, semblable à une amande alongée, revêtue de son brou velouté, renferme une seule graine de même forme , laquelle, mêlée dans le tabac sous le nom de *féve de Tonca*, lui communique une odeur particulière, très-agréable. C'est le même genre que Gærtnēr a décrit et figuré sous le nom de *baryosma*, et que Scopoli a nommé *heinzia*. (J.)

DIPTEROCARPUS. (*Bot.*) Le fruit que M. Gærtner fils a décrit et figuré sous ce nom, paroît appartenir au genre *Pterigium*, établi par M. Corréa dans les Ann. du Mus. d'hist. nat., tom. 8 et 10. C'est au même genre qu'il faut encore rapporter le *shorea* et le *dryobalanops* du même, qui ne diffèrent que par des caractères peu importans. Le *caryolobis* de Gærtner père est aussi peut-être congénère ou au moins très-voisin. Lorsqu'on connoîtra sa fleur, on portera un jugement plus certain. (J.)

DIPTÉRODON , *Dipterodon.* (*Ichthyol.*) On a donné ce nom à un genre de poissons de la famille des léiopomes de M. Duméril, et que plusieurs naturalistes, M. Cuvier, entre autres, n'ont point admis. M. de Lacépède lui assigne les caractères suivans :

Lèvres peu ou point extensibles; dents incisives ou molaires, disposées sur un ou sur plusieurs rangs ; point de piquans ni de dentelures aux opercules ; deux nageoires dorsales ; corps aussi haut que long.

Le mot *diptérodon* est tiré du grec, et signifie *poisson à deux nageoires du dos et armé de dents* : δὶς, *deux* ; πτερον, *nageoire*, et ὀδὺς, *dent*. Il rappelle ainsi les notes à l'aide desquelles on peut distinguer ce genre de ceux qui composent avec lui la famille des léiopomes. Ainsi on le distingue des Chéilodipteres et des Mulets, qui comme lui ont deux nageoires du dos, parce que les premiers n'ont qu'un seul rang de dents, et que les seconds ont un double rang de dents peu apparentes ; et de tous les autres genres, parce que ceux-ci n'ont qu'une seule nageoire dorsale.

Le Diptérodon plumier ; *Dipterodon Plumierii*, Lacépède. Nageoires pectorales grandes et triangulaires ; mâchoire inférieure avancée ; dents comprimées, pointues, triangulaires, placées à égale distance les unes des autres ; yeux gros ; chaque opercule composée de deux pièces, dont la seconde est terminée en pointe ; point d'écailles sur la tête ni sur les opercules ; des raies longitudinales sur les joues ; des gouttes irrégulières sur les opercules, et des taches figurées comme de petites raies longitudinales sur le corps et sur la queue.

Plumier a découvert ce poisson dans les mers de l'Amérique.

Le Diptérodon noté : *Dipterodon notatus*, Lacépède ; *Sparus notatus*, Linnæus. Tête comprimée et couverte de lames écailleuses, argentées et très-alongées ; opercules et queue tachetées de noir.

La patrie de ce poisson est la mer du Japon. Houttuyn l'a décrit dans les *Act. Haarl.*, XX, 2, p. 320, n.° 8.

Le Diptérodon queue-jaune : *Dipterodon chrysouros*, Lacépède ; *Perca chrysoptera*, Linnæus. Nageoire caudale jaune et rectiligne ; tête argentée ; des lignes et des points noirs sur le corps.

Des mers voisines de la Caroline.

Les Diptérodons apron et zingel ont été décrits au mot Cingle.

Le Diptérodon hexacanthe (*Dipterodon hexacanthus*, Lacépède), découvert par Commerson dans le grand Océan équinoxial, paroît appartenir au genre Apogon. Voy. ce mot. (H. C.)

DIPTÉRYGIENS, *Dipterygii*. (*Ichthyol.*) M. Schneider a

donné ce nom à la dixième classe de ses poissons, ceux qui n'ont que deux nageoires. Elle renferme les genres Petromyzon, Ovum et Leptocéphale. (Voyez ces mots.)

On trouve encore dans cet auteur l'indication d'une raie de la mer des Indes, sous le nom de *raja dipterygia*, parce qu'elle a deux nageoires sur la face dorsale de la queue. (H. C.)

DIPTURUS. (*Ichthyol.*) M. Rafinesque-Schmaltz propose de faire, sous ce nom, un genre de la raie cendrée, *raja batis* de Linnæus. Il lui donne pour caractères d'avoir la queue dépourvue de nageoire à l'extrémité, et garnie de deux nageoires dorsales. Voyez Raie. (H. C.)

DIPUS (*Mamm.*), nom tiré du grec, donné par Gmelin au genre Gerboise. Voyez ce mot. (F. C.)

DIPYRE. (*Min.*) Ce minéral se présente sous forme de très-petits cristaux prismatiques, qu'on reconnoît à deux caractères assez faciles à saisir. Ils sont fusibles au chalumeau avec bouillonnement, et, jetés sur les charbons, ils répandent une lueur phosphorique peu vive. Ce sont des prismes droits rectangulaires, et ils paroissent dériver de cette même forme primitive. Ils sont assez durs pour rayer le verre; leur cassure transversale est conchoïde; ils offrent une structure laminaire parallèlement à leurs pans, et des joints parallèles à leur diagonale, ce qui paroît indiquer que le prisme de la molécule intégrante est plus large que haut. Leur pesanteur spécifique est de 2,63.

M. Vauquelin a trouvé le dipyre composé de

Silice.	0,60
Alumine.	0,24
Chaux.	0,10
Eau	0,02
Il y a de perte.	0,04

Les cristaux de dipyre ont assez d'éclat; leur couleur varie du blanc grisâtre au gris rougeâtre.

M. Haüy a reconnu deux variétés de forme de dipyre, qu'il a nommées *rectangulaire* et *périoctogone* : ces noms indiquent suffisamment leur forme.

Le dipyre a été trouvé dans les Pyrénées occidentales, sur la rive droite du Gave ou torrent de Mauléon, par MM.

Gillet de Laumont et Le Lièvre. Il est en petits prismes accolés, disséminés dans une stéatite blanchâtre ou rougeâtre, mêlée de fer sulfuré, ou dans une stéatite grise argiloïde. M. de Charpentier l'a trouvé depuis dans la vallée de Luc, département de l'Arriége, engagé dans un calcaire gris jaunâtre.

Ce minéral a déjà reçu plusieurs noms. L'école-de Werner le nomme *Schmelzstein*; de la Métherie l'a nommé *leucolithe de Mauléon*. (B.)

DIRCA DES MARAIS (*Bot.*) : *Dirca palustris*, Linn., *Amœn. Acad.*, 1, pag. 211, tab. 88 ; Lamck., *Ill. gen.*, tab. 293, vulgairement *Bois de plomb des Canadiens*, *Bois de cuir*. Petit arbrisseau cultivé au Jardin du Roi, qui croit naturellement dans les lieux humides, marécageux et ombragés, de l'Amérique septentrionale. Il constitue seul un genre particulier de la famille des *thymélées*, de l'*octandrie monogynie* de Linnæus, caractérisé par une corolle monopétale, turbinée ; le limbe à quatre divisions peu sensibles, inégales ; point de calice ; huit étamines saillantes, attachées vers le milieu du tube de la corolle ; un ovaire supérieur ; un style ; un stigmate simple. Le fruit est une baie ovale, monosperme.

Ses tiges sont droites, hautes de cinq à six pieds ; ses rameaux glabres, articulés ; le bois mou, léger, très-souple ; l'écorce et les rameaux fort tenaces ; les feuilles alternes, très-médiocrement pétiolées, glabres, ovales, assez grandes, entières, vertes en-dessus, pâles ou blanchâtres en-dessous, avec quelques poils peu sensibles. Les fleurs paroissent de très-bonne heure avant le développement des feuilles ; elles sont verdâtres ou d'un blanc pâle, pendantes, latérales, réunies ordinairement trois ensemble à chaque bourgeon, soutenues par des pédoncules très-courts, axillaires : elles n'ont point de calice ; leur corolle est tubuleuse, rétrécie vers sa base, élargie vers son sommet, terminée par un limbe droit, à quatre lobes inégaux, très-courts ; les anthères droites et ovales ; le style un peu plus long que les étamines, diversement courbé.

Cet arbrisseau se propage de drageons, de marcottes et de graines : on ne peut guère le conserver qu'en le plaçant à l'ombre, dans une terre bourbeuse, tenue humide. Son feuillage est élégant, son port agréable. Dans le nord de l'Amé-rique, on emploie son écorce à faire des paniers et des cordes qui ont beaucoup de force. Sa souplesse et sa té-nacité lui ont fait donner le nom de *bois de cuir*, et par dé-rision, *bois de plomb*. (Poir.)

DIRCÆA. (*Bot.*) Anciennement ce nom et celui de *circœa* étoient donnés également, suivant Dalechamps, à la plante plus connue maintenant sous ce dernier nom. (J.)

DIRCÉE, *Dircea*. (*Entom.*) C'est le nom sous lequel Fabri-cius a désigné, dans son dernier ouvrage sur les éleuthé-rates ou coléoptères, les espèces rapportées par la plupart des auteurs au genre *Serropalpe* du sous-ordre des hétéro-mérés et de la famille des *ornéphiles* ou *sylvicoles*. Ce nom, changé sans raison pour détruire celui de *serropalpe*, n'a pas été adopté, le dernier ayant prévalu. Voy. Serropalpe. (C. D.)

DIRDAR. (*Bot.*) Voyez Didar. (J.)

DIRIGANG. (*Ornith.*) L'oiseau que les habitans de la Nou-velle-Gallès méridionale nomment ainsi, et que les Anglois appellent *wood-picker* (pique-bois), est d'une taille un peu supérieure à celle du grimpereau commun. Le dessus de son corps est d'un brun olivâtre, et le dessous d'un blanc dont la teinte est plus terne sur le ventre. Sa tête a des raies transversales noires, et l'on remarque sous l'œil une tache jaune et derrière une autre rougeâtre. Le bec et les pieds sont noirs. Latham, sans parler de la forme du bec ni de celle de la queue, a placé cet oiseau parmi les grimpe-reaux, et il l'a désigné, dans le supplément de son *Index ornithologicus*, p. 36, sous le nom de *certhia leucophœa*. (Ch. D.)

DIRINGUO. (*Bot.*) Voyez Darirhe. (J.)

DIS (*Bot.*), nom arabe du jonc, *juncus*, selon Dale-champs. (J.)

DISA. (*Bot.*) Genre de plantes monocotylédones, à fleurs incomplètes, polypétalées, irrégulières, de la famille des *orchidées*, de la *gynandrie digynie* de Linnæus, très-rappro-ché des *diplectrum* ; offrant pour caractère essentiel : Une co-rolle à cinq pétales renversés, presque en masque ; le pétale supérieur concave, en casque, muni d'un éperon ; les deux latéraux assez grands ; deux autres plus petits, redressés et rapprochés des organes sexuels ; le sixième pétale, ou la lèvre pendante, sans éperon; une anthère à deux lobes. Le fruit est une capsule oblongue, à trois valves polyspermes.

On voit par l'exposition du caractère de ce genre, qu'il est facile à distinguer par le pétale supérieur, prolongé en éperon à sa base; tandis que, dans la plupart des autres genres, l'éperon est placé au pétale inférieur, excepté dans les *diplecthrum*, qui ont deux éperons. Il a fallu ramener dans ce genre plusieurs plantes placées d'abord parmi les orchis, toutes originaires du cap de Bonne-Espérance. Thunberg les a présentées sous le nom de *satyrium*. Les plus remarquables sont :

* *Espèces pourvues d'un éperon très-long.*

Disa a grandes fleurs : *Disa grandiflora*, Linn., *Suppl.*; Lamk., *Ill. gen*, tab. 727, fig. 1 : *Disa uniflora*, Berg, *Pl.*, cap. 548, tab. 4, fig. 7 ; *Satyrium grandiflorum*, Thunb., *Prodr.*, 4. Très-belle espèce, remarquable par une grande fleur ordinairement solitaire et terminale ; elle est de couleur rouge : les trois pétales supérieurs ovales, mucronés, veinés, larges d'un pouce et plus ; l'éperon long de six lignes : la tige est droite, haute d'un pied, garnie de feuilles alternes, courtes, engainées, aiguës; les radicales linéaires-lancéolées. Elle croit au cap de Bonne-Espérance. Le *disa longicornu*, Linn., *Supp.* (Lamk., *Ill. gen.*, tab. 727, fig. 2), est très-rapproché du précédent : sa fleur est bleuâtre, plus petite, solitaire; l'éperon pendant, long d'un pouce et demi, à pointe recourbée. Il croît aux mêmes lieux, ainsi que le *disa cornuta*, Swartz, *seu orchis cornuta*, Linn., *Spec.*, et le *disa macrantha*, Swartz, qui ont beaucoup de rapports avec les espèces précédentes : dans la première le casque est obtus, aigu dans la seconde.

Disa dragon : *Disa draconis*, Linn., *Supp.*, sub Orchide ; *Satyrium draconis*, Thunb., *Prod.*. Sa racine est bulbeuse : sa tige haute d'un pied et demi ; les feuilles radicales de moitié plus courtes que la tige, larges d'un pouce, lancéolées; celles des tiges vaginales, aiguës, réticulées et veinées; les fleurs peu nombreuses, disposées en un épi lâche; les bractées lancéolées, élargies, de la longueur de l'ovaire ; le pétale supérieur ovale, concave, obtus, muni d'un long éperon ; les latéraux lancéolés ; la lèvre inférieure linéaire, obtuse. Dans le *disa rufescens* les feuilles sont ensiformes, l'éperon plus court. Il est subulé et rabattu dans le *disa ferruginea*, Swartz ; le casque conique, acuminé ; les pétales intérieurs cuspidés. Ils sont bidentés dans le *disa porrecta*, Swartz ; l'éperon redressé ; la lèvre oblongue, ondulée. Le *disa cernua*, Swartz, a le casque aigu, l'éperon oblong, comprimé, incliné ; les pétales intérieurs acuminés ; la lèvre linéaire. Le *disa physodes*, Swartz, en diffère par le casque obtus, l'éperon renflé, un peu arrondi ; les pétales intérieurs échancrés, obtus : tandis que, dans le *disa chrysostachya*, Swartz, l'éperon est oblong, rabattu ; les pétales intérieurs ovales ; l'épi très-long, les bractées réfléchies à leur sommet. Elles sont droites, beaucoup plus longues que les fleurs dans le *disa bracteata*, Swartz ; la lèvre linéaire élargie à son sommet ; l'épi cylindrique.

DISA TORS : *Disa torta*, Swartz ; *Orchis biflora*, Linn., *Sp.* 1330 ; *Orchis flexuosa*, Linn., *Supp.* Ses tiges sont filiformes, longues de six pouces, flexueuses à leur partie supérieure ; les feuilles radicales, pétiolées, ovales, aiguës ; les caulinaires petites, lancéolées ; trois à cinq fleurs en grappes ; leur casque acuminé ; l'éperon ascendant, obtus ; les pétales intérieurs bidentés ; la lèvre oblongue, subulée et roulée à son sommet. On avoit confondu avec cette espèce le *disa flexuosa*, Swartz ; *orchis flexuosa*, Linn., *Spec.* 1331, non *Suppl.* : mais le casque est un peu obtus, l'éperon point ascendant ; les pétales intérieurs linéaires, aigus à leur sommet ; la lèvre ovale, acuminée, crépue. Dans le *disa bifida*, Swartz, le casque est obtus, l'éperon ascendant, bifide à son sommet ; les pétales intérieurs et la lèvre lancéolés, aigus. Mais le *disa tenella*, Swartz (*orchis*, Linn., *Supp.*), a la lèvre linéaire, obtuse, les pétales intérieurs rhomboïdaux ; le casque aigu, ainsi que l'éperon. Dans le *disa sagittalis*, Swartz (*orchis*, Linn., *Supp.*), le casque est dilaté en trois lobes, l'éperon subulé ; la lèvre lancéolée, ondulée.

DISA BARBU : *Disa barbata*, Swartz ; *Orchis*, Linn., *Supp.* Ses bulbes sont entières, oblongues, très-pileuses ; ses tiges hautes d'un pied; toutes les feuilles radicales, linéaires, presque sétacées, inégales, très-longues; le casque aigu, conique à sa base; l'éperon aigu; la lèvre ovale, presque déchiquetée à son bord en lanières très-étroites. Dans le *disa lacera*, Swartz, le casque est un peu obtus, l'éperon porté en avant; la lèvre oblongue, concave, laciniée à son sommet.

** *Éperon court, conique, obtus, porté en avant.*

Disa taCHeté; *Disa maculata*, Linn., *Supp.* La tige et la gaine de cette tige sont tachetées de rouge; les feuilles radicales oblongues; la fleur bleue, solitaire au sommet de la tige; le casque renversé, un peu obtus, en forme de bourse; les pétales intérieurs linéaires; la lèvre lancéolée, obtuse; l'éperon conique, très-court. Dans le *disa secunda*, Swartz (*disa racemosa*, Linn., *Supp.*), le casque est droit, aigu; la lèvre presque filiforme; la tige flexueuse; les fleurs unilatérales.

Disa élevé : *Disa excelsa*, Swartz; *Orchis tripetaloides*, Linn., *Supp.* Ses tiges sont lisses, hautes d'un pied; les feuilles radicales lancéolées; celles des tiges alternes, amplexicaules, longues d'un pouce; les fleurs nombreuses, disposées en épi; le casque arrondi, très-profond; l'éperon conique, alongé; les pétales intérieurs dentés à leur sommet, courts, oblongs, unis aux organes de la reproduction; les deux extérieurs ouverts, arrondis, beaucoup plus grands que les autres, donnant à cette fleur l'aspect d'une corolle à trois pétales; la lèvre petite, lancéolée, obtuse. Dans le *disa venosa*, Swartz, le casque est relevé, aigu, rayé; les pétales intérieurs lancéolés, entiers; la lèvre presque filiforme; les feuilles glauques, lancéolées; les fleurs peu nombreuses. Dans le *disa spathulata*, Swartz (*orchis*, Linn., *Supp.*), la lèvre a la forme d'une spatule dilatée et à trois lobes à son sommet, rétrécie à sa partie inférieure en un pédicelle une fois plus long que la fleur; les feuilles sont linéaires; les fleurs peu nombreuses. Le *disa cylindrica*, Swartz, a le casque obtus; la lèvre linéaire, élargie et obtuse au sommet; l'épi cylindrique : tandis que, dans le *disa melaleuca*, Swartz (*ophrys bival-*

vata, Linn., *Supp.*), le casque est aigu, un peu renversé, concave, sans éperon apparent; la lèvre linéaire, obtuse; l'épi fastigié; les feuilles linéaires lancéolées.

Disa a feuilles menues : *Disa tenuifolia*, Swartz; *Ophrys patens*, Linn., *Sup.* Cette espèce, ainsi que la précédente et la suivante, étant dépourvues d'éperons, ne conviennent qu'imparfaitement à ce genre. Celle-ci est fort petite : sa tige haute d'envion trois pouces, et toute couverte de feuilles imbriquées, vaginales, subulées; les radicales courtes, linéaires; les fleurs assez grandes, au nombre de trois ou quatre; leur casque droit, étalé, acuminé; les latéraux petits; la lèvre filiforme. Dans le *disa patens*, Swartz, *orchis filicornis*, Linn., *Supp.*, les feuilles sont linéaires, lancéolées; les fleurs assez nombreuses, réunies en un épi ovale; le casque acuminé; la lèvre filiforme. (Poir.)

DISANDRE, *Disandra*. (*Bot.*) Genre de plantes dicotylédones, à fleurs complètes monopétalées, de la famille des *personnées*, de l'*heptandrie monogynie* de Linnæus, caractérisé par un calice campanulé, à cinq ou sept découpures; une corolle en roue, à cinq où sept divisions, autant d'étamines; un ovaire supérieur; un style; le stigmate simple. Le fruit consiste en une capsule ovale, biloculaire, à plusieurs semences.

Ce genre diffère peu des *sibthorpia*, si ce n'est par le nombre des divisions du calice et de la corolle, ainsi que par celui des étamines (caractères d'ailleurs très-variables), mais qui ne se trouvent jamais au nombre de quatre, comme dans les *sibthorpia*. L'espèce la mieux connue est

La Disandre couchée : *Disandra prostrata*, Linn., *Syst. veg.*; Lamk., *Ill. gen.*, tab. 275 : *Sibthorpia peregrina*, Linn., *Spec.*, 880; Pluken., *Alm.*, tab. 257, fig. 5. Ses tiges sont grêles, cylindriques, couchées, étalées, pubescentes; les feuilles alternes, pétiolées, arrondies en forme de rein, crénelées, chargées, dans leur jeunesse, de poils courts et blanchâtres. Les pédoncules naissent deux ou trois ensemble dans l'aisselle des feuilles : ils sont velus, plus longs que les pétioles, et portent chacun une petite fleur variable dans le nombre de ses divisions, mais jamais au-dessous de cinq. Les découpures du calice sont velues, lancéolées, droites et

persistantes; la corolle un peu irrégulière, presque en roue;
son tube court; le limbe plane, ouvert; ses découpures ovales; les étamines plus courtes que la corolle; les anthères
sagittées; le style hispide, de la longueur des étamines.
Cette plante croît dans le Levant : on la cultive au Jardin
du Roi.

Le *Disandra africana*, Linn.; *Chrysosplenii foliis, planta
aquatica, etc.*, Shaw, *Afr.*, n.° 149, fig. 149, diffère peu de la
précédente; peut-être n'en est-elle qu'une variété. Les divisions de sa fleur sont au nombre de cinq au lieu de sept.

Cette plante est d'ailleurs beaucoup plus grêle; ses fleurs
plus petites, à cinq étamines; les feuilles deux ou trois fois
plus petites, point échancrées à leur base; les pédoncules
sont solitaires. Elle croît dans la Barbarie. (Poir.)

DISARRÈNE ANTARCTIQUE (*Bot.*) : *Disarrenum antarc-
ticum*, Labill., *Nov. Holl.*, 2, pag. 83, tab. 332; *Hierochloe*,
Brown, *Nov. Holl.*, 209. Plante de la Nouvelle-Hollande,
constituant un genre particulier, à fleurs glumacées, de la
famille des *graminées*, de la *polygamie monoécie* de Linnæus,
offrant pour caractère essentiel : Un calice bivalve à trois
fleurs, deux latérales mâles, à trois étamines; une terminale hermaphrodite, à deux étamines; deux styles; les stigmates velus; une semence oblongue, renfermée dans la valve
de la corolle.

Cette plante, glabre sur toutes ses parties, répand une
odeur semblable à celle de l'*anthoxanthum odoratum* : ses tiges
sont droites, cylindriques, géniculées, hautes de trois pieds
et plus; les feuilles planes, linéaires, aiguës, rudes, striées;
les fleurs disposées en une panicule étalée, un peu inclinée;
les valves du calice lisses sur leur carène, ovales-oblongues,
aiguës, inégales, renfermant trois fleurs; les deux latérales
mâles, pubescentes; leurs valves terminées par une arête,
chargées sur leur carène et à leurs bords de poils recourbés;
la fleur hermaphrodite un peu pédicellée, presque mutique; la valve extérieure d'un brun clair, ovale-oblongue,
coriace, presque à cinq nervures, pileuse en-dessus; la
valve intérieure plus petite, échancrée au sommet.

Ce genre, dit M. Brown, est remarquable par la fleur
du milieu, plus complète que les deux latérales, ce qui n'ar-

rive pas ordinairement dans les genres de cet ordre. D'ailleurs ce caractère semble indiquer la véritable construction de plusieurs autres genres, particulièrement de l'*anthoxanthum odoratum*, duquel il se rapproche, et dont les deux fleurs, univalves, latérales, stériles, ont été considérées jusqu'à ce jour comme une corolle bivalve, et la fleur du milieu comme un appendice ou nectaire à deux folioles. La même observation peut convenir aux *ehrharta*, aux *phalaris*, aux *pomereulla*, etc. L'*holcus redolens* de Forster est très-rapproché du *disarrenum* : il en diffère par la valve intérieure du calice, marquée de trois nervures à sa base ; par les poils des valves de la corolle, roides et beaucoup plus longs. L'*holcus redolens* de Vahl, *Symb.*, 2, pag. 102, diffère aussi de ces deux plantes par une panicule plus resserrée, par les fleurs plus grandes, par les valves du calice hérissées d'aspérités sur leur carène. L'*aira antarctica* de Forster, rapporté avec doute, par M. de Labillardière, au *disarrenum*, est en effet une plante très-différente : elle appartient aux avoines. (POIR.)

DISCHIDIE NUMMULAIRE (*Bot.*) : *Dischidia nummularia*, Rob. Brown, *Nov. Holl.*, 461 ; *Nummularia lactea minor*, Rumph, *Amb.*, 5, pag. 472, tab. 176, fig. 1. Plante parasite de la Nouvelle-Hollande, couverte sur toutes ses parties d'une farine blanchâtre : il en découle un suc laiteux. Ses tiges sont grêles, herbacées, pendantes, rameuses, radicantes à leurs articulations ; les feuilles opposées, médiocrement pétiolées, glabres, épaisses, charnues, arrondies ; les fleurs petites, disposées en petites ombelles latérales.

Cette plante forme un genre particulier de la famille des *apocinées*, de la *pentandrie digynie* de Linnæus, offrant pour caractère essentiel : Un calice à cinq découpures ; une corolle urcéolée à cinq divisions ; un anneau intérieur à cinq lanières bifides ; les découpures subulées, étalées, recourbées à leur sommet ; cinq anthères surmontées d'une membrane ; les stigmates mutiques. Le fruit consiste en deux follicules lisses, renfermant des semences aigretées. Cette plante croît également dans les Indes orientales, sur le tronc des vieux arbres. Au rapport de Rumph, le suc laiteux qui en découle a une vertu réfrigérante : il est employé pour la guérison des piqûres envenimées des arêtes de certains poissons épineux. On fait usage de ses feuilles dans la gonorrhée. Le même auteur assure qu'on les mange quand elles sont jeunes, et que la liqueur laiteuse de la plante sert à guérir les aphtes de la bouche des enfans. (Poir.)

DISCHIRIE, *Dyschirius.* (*Entom.*) On trouve ce nom de genre dans le tableau synoptique des *carabes* par M. Bonelli, imprimé dans les Mémoires de l'Académie de Turin. Ce sont des *scarites* dont les pattes de devant forment une sorte de main ou de pince avec une pointe mobile qui fait l'office de pouce : tels sont le *scarite thoracique* et le *bossu*, figurés par Panzer dans sa Faune d'Allemagne ; le premier dans le cahier 83, pl. 11, et le deuxième dans le cahier 5, pl. 1. Voyez Scarite. (C. D.)

DISCIPLINE DE RELIGIEUSE (*Bot.*), nom vulgaire d'une espèce d'amaranthe, *amaranthus caudatus*, Linn. (L. D.)

DISCITES. (*Foss.*) On a appelé ainsi les peignes fossiles dont la surface est lisse. (D. F.)

DISCOBOLES, *Discoboli.* (*Ichthyol.*) M. Cuvier appelle ainsi une famille de ses poissons malacoptérygiens subbrachiens qui correspond à celle dont nous ferons l'histoire à l'article Plécoptères. Il a assigné ce nom aux poissons qui s'y trouvent groupés, à cause du disque que forment les catopes sous le ventre. (H. C.)

DISCŒLIE, *Discœlius.* (*Entom.*) M. Latreille a désigné sous ce nom une espèce de *guépe*, *vespa zonalis*, Panzer, cahier 81, pl. 18. (C. D.)

DISCOIDE. (*Bot.*) Suivant la nouvelle terminologie que nous avons proposée pour la famille des Synanthérées, nous disons que la calathide couronnée est discoïde, quand les fleurs de la couronne ne sont pas plus longues que celles du disque, et qu'elles suivent la même direction, comme dans l'*artemisia*, le *carpesium*, le *sphœranthus*. En effet, dans ce cas, la calathide ressemble extérieurement au disque d'une calathide radiée. Lorsqu'il y a deux couronnes, l'une intérieure inradiante, l'autre extérieure radiante, comme dans l'*erigeron acre*, nous disons de cette calathide qu'elle est discoïde-radiée. (Voyez notre article Composées ou Synanthérées.)

Les botanistes qui nous ont précédés, n'ont pas attaché au mot discoïde une idée aussi précise. Ils appellent *discoïdes* ou *discoïdées* les synanthérées dont la calathide, non radiée ni radiatiforme, est petite, ordinairement déprimée ou planiuscule au sommet, composée de fleurs courtes, droites, parallèles, entassées ; et ils les opposent aux *capitées*, dont la calathide est, selon eux, composée de fleurs alongées, à corolles non fendues ni ligulées, écartées, ou étalées au sommet, entourées d'un grand péricline globuleux ou cylindrique, et portées sur un clinanthe fimbrillifère, squamellifère, ou alvéolé. (H. Cass.)

DISCOIDE, *Discoiformis* (*Bot.*) : orbiculaire, aplati et à bord obtus. La noix vomique offre un exemple de graines discoïdes. Le fruit du phytolacca, de l'*alisma plantago*, du *hura crepitans*, etc.; le nectaire de la gratiole, etc., sont également discoïdes. (Mass.)

DISCOIDE, *Discoidea.* (*Conchyl.*) Terme de conchyliologie, employé pour indiquer des coquilles dont les tours de spire s'enroulent verticalement, plus ou moins complétement, sur un même plan, de manière à former un disque. Les ammonites, les nautiles et genres voisins en offrent un exemple rigoureux; les planorbes et certaines espèces d'*helix* sont un peu moins discoïdes. Voyez l'article Conchyliologie. (De B.)

DISCOLITE, *Discolites.* (*Conchyl.*) Ce nom a été généralisé par Fortis dans une de ses Dissertations, pour les corps crétacés, plus ordinairement connus sous la dénomination de numismales ou de camérines, parce qu'il ne les considéroit guères que comme des corps minéraux, et qu'il ne faisoit attention qu'à leur forme générale. M. Denys de Monfort l'a appliqué d'une manière spéciale aux espèces qui sont aplaties, très-minces au centre et plus épaisses à la circonférence, qui est criblée de pores. L'espèce qui sert de type à ce genre, et que M. Denys de Monfort nomme la Discolite concentrique, *Discolites concentricus*, se trouve très-fréquemment dans les sables coquilliers de Grignon et de Courtagnon : elle a quelquefois près d'un pouce de diamètre sur un quart de ligne d'épaisseur à sa circonférence, est toute blanche, et extrêmement fragile. (De B.)

DISCOLORE [Feuille] (*Bot.*), ayant chaque face d'une couleur différente. Le *lemna polyrrhiza*, le *senecio discolor*, l'*antirrhinum cymballaria*, etc., ont, par exemple, le dessus de la feuille vert et le dessous rouge. Discolore et bicolore ne sont pas synonymes : bicolore signifie ayant deux couleurs sur la même face. (Mass.)

DISCOPORE, *Discopora.* (*Polyp.*) C'est à M. de Lamarck que nous devons l'établissement de ce genre de la famille des flustres ou des polypiers *rétépores*, dans lequel il range des espèces regardées comme appartenant aux cellépores et même aux millépores. Les caractères de ce genre peuvent être exprimés ainsi : Polypes inconnus, mais très-probablement peu différens de ceux des escares, contenus dans des cellules à ouverture non resserrée, subcrustacées, petites, courtes, contiguës, favéolaires et régulièrement disposées par rangées subquinconciales à la surface supérieure d'un polypier aplati, étendu en lame discoïde, ondée et lapidescente. D'après cela on voit que ce genre est fort voisin des cellépores, dont il diffère essentiellement parce qu'il n'offre que fort rarement des expansions lobées, et surtout que les cellules ne sont jamais confuses.

M. de Lamarck définit neuf espèces de ce genre.

1.º Le Discopore verruqueux : *Discopora verrucosá*, Lamk.; *Cellep. verrucosa*, Linn., *Esper.*, vol. 1, tab. 2. Cellules inclinées obliquement, à ouverture peu resserrée, avec une dent conique à leur bord antérieur, réunies de manière à former des lames assez minces, en partie fixées, larges de trois à quatre centimètres, et de couleur fauve ou blanchâtre. Des mers d'Europe et de l'Inde.

2.º Le D. réticulaire; *D. reticularis*, Lamk. Cellules en fossettes arrondies et superficielles, formant un réseau régulier à la surface d'une expansion fort mince, fixée seulement par une portion de la surface inférieure. Patrie inconnue.

3.º Le D. fornicin; *D. fornicina*, Lamk. Cellules suborbiculaires, dont le bord supérieur s'avance en voûte, et formant une lame crustacée en partie fixée. Rapportée des mers de l'Australasie par MM. Péron et le Sueur.

4.º Le D. crible; *D. cribrum*, Lamk. Cellules tronquées obliquement, sans rebord saillant, distantes, formant à la surface de la lame crustacée et blanche une sorte de crible. Patrie inconnue.

5.° Le Discopore rape; *Discopora scobinata*, Lamk. Cellules proéminentes, tubuleuses, distantes, formant par leur réunion une lame mince, fragile, contournée et roulée en cornet.

6.° Le D. petit-rets: *D. reticulum*, Lamk.; *Millep. reticulum*, Gmel., *Esper.*, vol. 1, pag. 205, tab. 11. Cellules réunies de manière à former un réseau blanc, fort petit, qui s'applique comme une croûte à la surface des corps marins. De la Méditerranée.

7.° Le D. coriace: *D. coriacea*, Lamk.; *Frustra coriacea*, *Esper.*, Suppl. 2, tab. 2. Cellules tubuleuses, sériales, couchées, percées au sommet, et formant un polypier extrêmement mince, transparent, fixé en partie.

8.° Le D. arénulé; *D. arenulata*, Lamk. Cellules inclinées, petites, à ouverture demi-ronde, à la surface d'une lame libre, arrondie, ondée et assez transparente.

9.° Le D. rude; *D. scabra*. Lamk. Cellules ovales, bordées de petits tubercules élevés, écartés et percés au sommet; ce qui rend le polypier lamelliforme, rude.

On ignore la patrie de ces trois dernières espèces. (De B.)

DISCORBE. (*Foss.*) Quoique jusqu'à présent on ait rencontré rarement à l'état frais des coquilles de ce genre, on en trouve assez abondamment dans les couches du calcaire coquillier; mais il y a tout lieu de croire que, si l'on faisoit des recherches plus approfondies, on en rencontreroit plus souvent à l'état vivant, puisque je possède trois espèces qui paroissent évidemment appartenir à ce genre : l'une vient de la Nouvelle-Hollande, l'autre de la mer Rouge, et la troisième a été trouvée sur les côtes de Cherbourg; voici celles que je connois à l'état fossile.

Discorbe vésiculaire: *Discorbites vesicularis*, Lamk.; Ann. du Mus. d'hist. nat., tom. 8, pl. 62, fig. 7. Petite coquille orbiculaire et discoïde; sa spire, que l'on n'aperçoit en entier que sur l'une des faces de la coquille, est composée de dix à douze loges sans siphon, qui présentent chacune un renflement, ce qui fait paroître la coquille noueuse et comme composée d'une suite de globules vésiculeux. Le côté opposé à la spire ne laisse apercevoir que le dernier tour. La dernière loge est toujours fermée quand la coquille n'est pas brisée. Par cette raison il y a tout lieu de croire que cette dernière étoit contenue tout entière dans le corps de l'animal, puisqu'elle ne présente aucune place pour le loger. Certains individus tournent de droite à gauche, et d'autres de gauche à droite. On trouve cette espèce à Grignon, près de Versailles, à Fontenai-Saints-Pères, près de Mantes, et dans la falunière de Hauteville, département de la Manche.

DISCORBE DU PIÉMONT ; *Discorbites pedemontanus*, Def. Coquille orbiculaire, discoïde, à spire visible en entier seulement d'un côté ; les loges sont moins grandes et beaucoup plus nombreuses que dans l'espèce qui précède, puisque j'en ai compté vingt dans une de ces petites coquilles que j'ai ouverte, et qui n'a qu'une ligne de diamètre ; du reste, elle a beaucoup de rapports avec elle. On la trouve dans le Piémont et en Italie.

On rencontre encore à l'état fossile de petites coquilles multiloculaires, qui paroissent se rapprocher beaucoup des discorbes ; mais les caractères en sont si difficiles à saisir que nous n'avons pas cru devoir en parler. (D. F.)

DISCORBITE, *Discorbites*. (*Conchyl.*) Il paroît que M. de Lamarck se propose d'appliquer cette dénomination aux corps organisés fossiles qu'il a long-temps réunis sous le nom de PLANULITE. Voyez ce mot et DISCORBE. (DE B.)

DISÉPALE. (*Bot.*) Quelques auteurs nomment *sépales* les pièces qui composent le calice, de même qu'on nomme *pétales* les pièces qui composent la corolle. Le pavot, la fumeterre, la balsamine offrent des exemples de calice *disépale* ou composé de deux pièces. (MASS.)

DISIBOI. (*Bot.*) Le *prenanthes debilis* de Thunberg, plante chicoracée, est ainsi nommé au Japon. (J.)

DISODÉE FÉTIDE (*Bot.*): *Disodea fœtida*, Pers. ; *Lygodisodea fœtida*, Fl. Per., 2, pag. 48, tab. 188, fig. *a*. Genre de plantes dicotylédones, à fleurs complètes, monopétalées, régulières, de la famille des *rubiacées*, de la *pentandrie monogynie* de Linnæus, dont le caractère essentiel consiste dans un calice à cinq divisions ; une corolle infundibuliforme ; cinq étamines ; une capsule inférieure, comprimée, à une seule loge, s'ouvrant en deux valves à sa base; deux semences orbiculaires, membraneuses à leur circonférence; un réceptacle filiforme.

Ce genre ne renferme qu'une seule espèce, dont la tige est grimpante, ligneuse, très-rameuse, alternativement comprimée et cannelée; les rameaux souples, plians, cylindriques, très-étalés; les feuilles opposées, pétiolées, assez grandes, glabres, ovales, aiguës, entières; les pétioles courts et réfléchis; les stipules axillaires ovales, aiguës; les fleurs disposées en corymbes axillaires; les ramifications du pédoncule opposées; les pédicelles courts, uniflores, chargés de petites bractées ovales, acuminées; la corolle d'un blanc mélangé de pourpre, beaucoup plus longue que le calice; les capsules pâles, contenant des semences noires, entourées d'un rebord blanc, membraneux. Cette plante, d'une odeur fétide, croît au Pérou. Les naturels emploient ses rameaux à former des liens. (POIR.)

DISOMÈNE. (*Bot.*) La plante que Commerson avoit trouvée dans le détroit de Magellan, et qu'il avoit décrite sous le nom de *misandra*, a été aussi vue dans les mêmes lieux par MM. Banks et Solander, qui l'ont nommée *disomène* : elle a été reportée plus récemment au genre *Gunnera*, et avec raison. (J.)

DISPARAGO. (*Bot.*) [*Corymbifères*, Juss.; *Syngénésie polygamie séparée*, Linn.] Ce genre de plantes, établi par Gærtner dans la famille des Synanthérées, appartient à notre tribu naturelle des inulées, dans laquelle nous le plaçons auprès des *seriphium* et *stœbe*, dont il diffère en ce que la calathide est demi-couronnée, biflore, au lieu d'être incouronnée, uniflore.

La calathide est semi-radiée, composée d'un disque uniflore, régulariflore, androgyniflore, et d'une demi-couronne uniflore, liguliflore ou biliguliflore, neutriflore. Le péricline est formé de squames imbriquées, subulées, scarieuses. Le clinanthe est très-petit et inappendiculé. La cypsèle est oblongue, surmontée d'une aigrette persistante, régulière, laquelle est composée de cinq squamellules unisériées, égales, filiformes, inappendiculées inférieurement, barbées supérieurement. La corolle de la couronne est tantôt uniligulée, tantôt biligulée, à languette extérieure plus grande, ovale, tridentée au sommet, et à languette intérieure plus petite, linéaire, récourbée. Les calathides sont réunies plusieurs ensemble, en un capitule non involucré, sur un calathiphore subglobuleux, garni de bractées spatulées, tomenteuses extérieurement, plus nombreuses et plus courtes que les calathides qu'elles environnent.

On ne connoît qu'une seule espèce de ce genre ; Gærtner l'a nommée *Disparago ericoides* : c'est une plante du cap de Bonne-Espérance, décrite par Bergius, et que Linnæus appeloit, d'après lui, *Stœbe ericoides*. La tige est ligneuse, haute d'un pied, cylindrique, glabriuscule, noueuse ; divisée en branches rapprochées, dressées, un peu velues, couvertes de feuilles mortes, et subdivisée en rameaux également rapprochés et dressés, filiformes, blanchâtres, garnis de feuilles : celles-ci sont éparses, un peu rapprochées, sessiles, longues d'une ligne, subulées, obtuses-acuminées, blanchâtres. Les capitules, solitaires et sessiles à l'extrémité des rameaux, sont de la grosseur d'un pois, arrondis, et composés de calathides dont les fleurs ont la corolle bleue.

M. Decandolle a classé le *disparago* parmi ses labiatiflores douteuses, entre le *denekia* et le *polyachurus*. Nous avons démontré, dans notre article DENEKIA, la source de cette erreur ; contentons-nous de répéter ici qu'elle vient de ce que ce botaniste confond très-mal à propos les corolles biligulées avec les corolles labiées. (H. Cass.)

DISPARATE. (*Ornith.*) On trouve sous cette seule dénomination, dans la trentième planche des Oiseaux de l'Encyclopédie méthodique, n.° 3, la figure de l'*anas dispar*, mâle, d'après celle que Sparmann a donnée de cette espèce de canard, pl. 7 du *Musœum Carlsonianum*. (Ch. D.)

DISPÉRIS. (*Bot.*) Genre de plantes monocotylédones, composé de plusieurs espèces enlevées au genre *Arethusa*, et de quelques autres récemment découvertes. Il appartient à la famille des *orchidées*, de la *gynandrie monogynie* de Linnæus, caractérisé par une corolle à cinq pétales presque en masque ; les deux latéraux extérieurs étalés horizontalement, à peine éperonnés ; la lèvre redressée, soudée à la base du style ; l'anthère recouverte par une membrane prolongée en devant en deux découpures roulées. On distingue les espèces suivantes, la plupart originaires du cap de Bonne-Espérance :

Dispéris velu : *Disperis villosa*, Swartz, *Act. Holm.*, 1800, pag. 220 ; *Arethusa villosa*, Linn., *Supp.*, 405. Cette espèce a le port d'un *commelina ;* elle est pubescente sur toutes ses parties : ses racines sont pourvues de bulbes arrondies ; ses tiges sont simples, droites, garnies seulement de deux feuilles ovales en cœur, glabres en-dessous, ciliées à leurs bords ; une seule fleur terminale ; les bractées et les ovaires velus. Dans le *disperis capensis*, Swartz (*Arethusa capensis*, Linn., *Supp.*), les feuilles sont glabres, au nombre de deux. alternes, vaginales à leur base, lancéolées, subulées ; la tige uniflore. Le *disperis cucullata*, Swartz, *l. c.*, est très-rapproché des deux précédentes : les ovaires sont glabres ; la tige uniflore, munie de deux feuilles oblongues, pubescentes à leur face inférieure, ainsi que les bractées.

Dispéris unilatéral : *Disperis secunda*, Swartz, *l. c.;* *Ophrys circumflexa*, Linn. Cette plante est pourvue de deux bulbes entières, arrondies et noirâtres ; sa tige est droite, munie de deux feuilles alternes, linéaires ; les fleurs, au nombre de quatre ou cinq, réunies en un épi terminal, presque uni-latéral ; le pétale supérieur hémisphérique, en voûte, mucroné à son sommet ; les pétales latéraux formant deux ailes étalées, à deux lobes inégaux ; la lèvre droite, à trois divisions : celle du milieu aiguë ; les deux latérales linéaires, recourbées et roulées. Le *disperis cordata*, Swartz, *l. c.*, de l'île Maurice, est pourvu d'une tige chargée de plusieurs fleurs ; de deux feuilles glabres, en cœur ; les fleurs distinctes. Le *disperis alata*, Labill., est placé par M. Rob. Brown dans son genre Pterostylis. Voyez ce mot. (Poir.)

DISPERMA (*Bot.*) : Gmel., *Syst. nat.*, 2, p. 892. Plante rampante, jusqu'à ce jour très-peu connue, dont Walterius a fait un genre particulier, sous le nom d'*anonymos*, dans sa Flore de la Caroline, pag. 160 ; appartenant à la famille des *rubiacées*, rapproché du *diodia :* offrant une corolle tubuleuse, à quatre découpures, enveloppée par un calice à deux folioles ; quatre étamines didynames ; deux semences bordées, couronnées par le calice, appliquées l'une contre l'autre, planes à une de leurs faces, convexes à l'autre. Elle croît dans la Caroline. (Poir.)

DISPERME (*Bot.*), renfermant deux graines. La baie de l'épine-vinette, par exemple, le légume du pois chiche, etc., sont dispermes. (Mass.)

DISPORIUM; *Amphisporium*, Link. (*Bot.*) Genre de champignons, de la troisième série du deuxième ordre, *Gastromyciens*, de la famille des champignons dans la méthode de Link. Ses caractères sont :

Champignons très-petits, presque globuleux, formés d'un péridium rempli de sporidies ou de séminules élytrés, les unes globuleuses, très-petites et pellucides, ramassées sur les parois du champignon; les autres fusiformes, opaques, formant dans le centre une masse granuleuse.

Disporium versicolor; *Amphisporium versicolor*, Link. Presque globuleux, s'aplanissant avec l'âge, d'abord blanc, puis jaune, enfin gris. Ce champignon, qui n'a pas plus d'une demi-ligne de diamètre, naît sur les oignons des jacinthes et d'autres plantes bulbeuses qu'on met dans des carafes avec de l'eau pour les faire fleurir. (Lem.)

DISQUE, *Discus*. (*Bot.*) Adanson désigne sous le nom de disque, le corps glanduleux qui, dans beaucoup de plantes, placé sur le réceptacle, est tantôt resserré sous l'ovaire (labiées, *ruta*); tantôt déborde un peu l'ovaire (*rhamnus*, bourrache); tantôt s'étend bien avant, comme un enduit, sur la paroi intérieure du calice (grenadier), et semble quelquefois repousser l'insertion des étamines vers l'ouverture du calice. (Voyez Nectaire.)

Dans les synanthérées radiées, la partie centrale de la calathide, occupée par les fleurons, porte aussi le nom de disque. (Mass.)

DISQUE DU SOLEIL. (*Bot.*) C'est le nom imposé par Paulet à un champignon poreux (bolet) inédit, et dont la gravure existe parmi les vélins et les dessins conservés dans la Bibliothèque du Muséum d'histoire naturelle de Paris. Il y est appelé *Fungus italicus porosus ex luteo et rubro variegatus*. La couleur rouge domine. Son pédicule est légèrement fusiforme. (Lem.)

DISSEMBLABLES. (*Bot.*) Il est des plantes dont les feuilles sont différentes sur le même individu (mûrier à papier, laurier sassafras, chêne noir, *ludia heterophylla*). On observe aussi dans une même fleur des étamines qui ont leurs anthères disparates (*cassia*), et des anthères qui ont leurs lobes dissemblables (la plupart des sauges). (Mass.)

DISSÉMINATION. (*Bot.*) La dispersion naturelle des graines à la surface de la terre est nommée dissémination. Ce phénomène, qui garantit la durée de l'espèce, annonce le terme de la végétation annuelle. La dissémination faite, tous les organes tendent visiblement au repos dans les individus dont l'existence se prolonge au-delà d'une année, et à la désorganisation dans ceux qui n'ont qu'une année à vivre. La dissémination elle-même n'est que le commencement de la destruction de l'herbe annuelle. Qu'un péricarpe se sépare de la plante-mère, que ses valves s'entrouvrent, que les liens qui attachent les graines au placentaire se rompent, ce n'est pas l'effet de l'activité vitale, c'est, au contraire, la preuve que le fruit a cessé de végéter. Le fruit a le sort des feuilles à la fin de l'automne ; il ne tarde pas à rentrer, comme elles, sous l'empire des lois qui régissent la matière inorganisée. Est-il d'une nature succulente et pulpeuse, ses fluides fermentent et s'aigrissent, son tissu se détruit et tombe en putréfaction. Est-il d'une nature sèche et ligneuse, il se comporte de même que le bois ou les feuilles dont la végétation est terminée, et il est soumis aux mêmes accidens.

L'amour que les animaux portent à leur progéniture, leur instinct admirable pour la préserver des dangers ou pour subvenir à ses premiers besoins, leur force, leur courage, leurs ruses, sont autant de moyens qui assurent la durée des espèces : mais la sensibilité, aussi bien que les ressorts nécessaires pour les mouvemens spontanés, a été refusée aux plantes, et cependant les races nombreuses du règne végétal se reproduisent annuellement sous nos yeux, telles qu'elles se dûrent montrer aux premiers jours du monde. Examinons les causes de cette admirable stabilité des races.

La cause la plus puissante, sans doute, est l'extrême fécondité des plantes. Au rapport de Sir Digby, les Pères de la Doctrine chrétienne conservoient à Paris, vers 1660, un pied d'orge qui avoit poussé quarante-neuf tiges chargées de plus de 18,000 grains. Rai en a compté 32,000 sur un pied de pavot, et 360,000 sur un pied de tabac. Selon Dodart, un orme en donna 529,000. Mais il s'en faut bien que le pavot, le tabac, l'orme, soient les végétaux les plus féconds : le nombre de graines que produit un pied de *begonia*, de vanille, et surtout de fougère, étonne l'imagination.

S'il est beaucoup de graines, telles que celles de l'angélique, de la fraxinelle, du cafeyer, qui se détériorent en peu de temps, et que, pour cette raison, on doit semer sans retard après la récolte, il en est un bien plus grand nombre qui conservent pendant des années, et même pendant des siècles, leur propriété germinative. Dernièrement on a vu germer des haricots tirés de l'herbier de Tournefort. Home a semé, avec un plein succès, des grains d'orge recueillis depuis cent quarante ans. On a découvert, dans des matamores oubliés depuis un temps immémorial, des blés aussi sains qu'au moment où ils avoient été détachés de l'épi.

A la vérité, les insectes, les oiseaux, les quadrupèdes, sont de grands consommateurs de graines ; mais elles sont trop nombreuses pour qu'ils puissent les dévorer toutes. Il en est même auxquelles ils ne touchent jamais, à cause de la dureté de leurs enveloppes ou des épines dont elles sont hérissées, ou des sucs âcres et corrosifs dont leur tissu est rempli.

La dissémination des graines, qui favorise le développement des individus en empêchant qu'ils ne se rassemblent en trop grand nombre sur un terrain trop resserré, s'opère par différens moyens. Les valves du péricarpe de la balsamine, du *dionæa*, de la fraxinelle, du *hura crepitans*, etc., se disjoignent subitement par force de ressort, et projettent les graines à quelque distance de la plante-mère. Le pepon du *momordica elaterium* se contracte au moment où il se détache du pédoncule, et, par une ouverture pratiquée à sa base, il lance ses graines et son suc corrosif. La graine de l'*oxalis* est contenue dans un arille extensible, qui se dilate d'abord à proportion que le fruit se développe ; mais il arrive enfin un moment où cette poche, ne pouvant plus s'étendre, se déchire et chasse la graine par un mouvement élastique. Les plantes d'un ordre inférieur, telles que les champignons, ont aussi des moyens de disséminer leurs poussières régénératrices. Ainsi quelques pézizes secouent leur chapeau, quand les séminules dont il est couvert, sont arrivées à maturité. Les vesse-loups, autres champignons, se percent à leur sommet comme un cratère, et leurs séminules sont si nombreuses et si fines, qu'au moment où elles s'échappent elles ressemblent à une épaisse fumée. Les ovaires des fougères s'ouvrent par secousses, effet naturel de la contraction de leur tissu quand il vient à se dessécher. Une cause analogue fait mouvoir les cils qui bordent l'orifice de l'urne des mousses. Ces phénomènes particuliers, très-curieux, sans doute, ne jouent pourtant pas un grand rôle dans la dissémination. Il est des causes plus générales et plus puissantes, que nous allons examiner.

Beaucoup de semences sont fines et légères, comme les grains du pollen; les vents les emportent et les déposent sur les plaines, les montagnes, les édifices et jusque dans le fond des cavernes. Aucun réduit ne paroît assez clos pour interdire l'entrée aux séminules impalpables des moisissures.

Des graines et des fruits plus pesans sont munis d'ailes qui les soutiennent dans les airs et leur servent à franchir des distances considérables. La carcérule de l'orme est bordée d'une aile circulaire; celle du frêne se termine par une aile alongée; la diérésile de l'érable a deux grandes ailes latérales. La cupule du pin, du sapin, du cèdre, du mélèze, se prolonge à sa partie inférieure en une aile extrêmement mince. Le pédoncule du tilleul est accolé à une sorte de bractée qui fait fonction d'aile.

Les cypsèles aigrettées des synanthérées ressemblent à de petits volans. Les filets déliés qui composent leurs aigrettes, s'écartant par l'effet de la dessiccation, leur servent de leviers pour sortir de l'involucre qui les environne, et de parachute pour se soutenir dans l'atmosphère.

Linnæus soupçonne que l'*erigeron canadense* est venu par les airs de l'Amérique en Europe. Du moment que cette synanthérée est introduite dans un canton, elle se disperse et se ressème d'elle-même dans tous les lieux environnans.

Le funicule des graines de l'apocin, de l'asclépias, du *periploca*, etc., le calice de beaucoup de valérianes et de scabieuses, forment d'élégantes aigrettes, semblables à celles des synanthérées.

Les trombes de vent transportent bien loin du sol natal des graines de toute espèce. Quelquefois ces tourbillons impétueux couvrent tout à coup les campagnes maritimes du midi de l'Espagne de graines originaires des côtes septentrionales de l'Afrique.

Il y a des fruits fermés hermétiquement et construits de telle manière qu'ils peuvent voguer sur les eaux. Les torrens, les fleuves, la mer les transportent à des distances plus ou moins considérables. Les drupes du cocotier, les carcérules de l'*anacardium occidentale*, connues sous le nom de noix d'acajou, les gousses du *mimosa scandens*, qui ont jusqu'à deux mètres de longueur, et beaucoup d'autres fruits des pays chauds, sont jetés quelquefois sur les grèves de la Norwége. Sans doute, leurs graines se développeroient sur ce sol étranger, si la température des climats du Nord pouvoit convenir à des végétaux originaires des contrées brûlantes de l'équateur.

Des courans réguliers portent les doubles cocos des Séchelles sur les côtes du Malabar, à 400 lieues de la terre sur laquelle ils ont pris naissance. Souvent les fruits nautiques ont indiqué aux peuples sauvages les îles situées au vent des contrées qu'ils habitoient. Ce fut à de pareils indices que Christophe Colomb, voguant vers l'Amérique, reconnut qu'il n'étoit pas éloigné du continent dont il avoit deviné l'existence.

Linnæus remarque que les animaux travaillent très-efficacement à la dissémination.

L'écureuil et la loxie à bec croisé sont très-friands de la graine des pins : ils désunissent les écailles des cônes, en les frappant à coups redoublés contre les rochers, et par ce moyen ils en dispersent les semences.

Les corbeaux, les rats, les marmottes, les loirs, transportent des graines et des fruits dans des lieux écartés ; ils en font des magasins sous la terre pour l'arrière-saison : mais ces magasins sont souvent oubliés ou perdus, et les graines germent au retour du printemps.

Les oiseaux avalent des baies dont ils digèrent la pulpe ;

ils rendent les graines intactes et prêtes à germer. C'est ainsi que les grives et d'autres oiseaux déposent sur les arbres les graines du gui, qui, privées comme elles le sont d'ailes et d'aigrettes, et ne pouvant se développer sur la terre, ne se répandent que par ce moyen.

Le *phytolacca decandra*, originaire de la Virginie, introduit, en 1770, par les moines de Carbonnieux, dans les environs de Bordeaux, pour y être employé à colorer les vins, a été porté par les oiseaux dans les départemens méridionaux de la France et jusque dans le fond des vallées des Pyrénées.

Les Hollandois, voulant s'assurer le commerce exclusif de la muscade, détruisirent les muscadiers dans beaucoup d'îles sur lesquelles ils ne pouvoient exercer une surveillance active ; mais on assure qu'en peu de temps les oiseaux repeuplèrent ces îles de muscadiers, comme si la nature n'avoit pas voulu permettre cette atteinte à ses droits.

Les quadrupèdes granivores disséminent aussi les graines qu'ils ne digèrent point. Tout le monde sait que les chevaux infestent les prairies.

Les fruits de l'aigremoine, du *myosotis lappula*, du *galium aparine*, du *sanicula*, etc., sont pourvus d'hameçons au moyen desquels ils s'accrochent à la toison des animaux lanigères et voyagent avec eux.

Il est des plantes, telles que la pariétaire, l'ortie, l'oseille, qui recherchent, pour ainsi dire, la société de l'homme et qui s'attachent à ses pas. Elles croissent le long des murs dans les villages et jusque dans les rues des villes; elles suivent les pasteurs et s'élèvent avec eux sur les plus hautes montagnes. Lorsque, dans ma jeunesse, je parcourus les monts Pyrénées avec M. Ramond, plus d'une fois ce savant naturaliste me fit remarquer ces végétaux émigrés de la plaine, croissant sur les ruines des cabanes abandonnées, et se maintenant là, malgré la rigueur des hivers, comme des monumens en témoignage du séjour des hommes et des troupeaux.

Les distances, les chaînes de montagnes, les fleuves, les mers mêmes, n'opposent que des obstacles insuffisans à la migration des graines. L'influence du climat met seule des bornes à la dispersion des végétaux : c'est le climat qui fixe des limites que les espèces ne peuvent franchir. Il est probable qu'un temps viendra où la plupart des végétaux croissant entre les mêmes parallèles seront communs à toutes les contrées de cette zone. Ce doit être un des beaux résultats de l'industrie et de la persévérance des nations civilisées. Mais aucune puissance humaine ne parviendra jamais à faire croître sous les pôles les végétaux des tropiques, et sous les tropiques les végétaux des pôles. En ceci la nature est plus forte que l'homme.

Les espèces ne se propagent pas d'elles-mêmes d'un pôle à l'autre, parce que la chaleur des contrées intermédiaires s'y oppose; mais nous pouvons favoriser leur migration, et c'est ce que nous avons fait déjà pour beaucoup d'espèces. Nous cultivons en ces climats les *eucalyptus*, les *metrosideros*, les *mimosa*, les *casuarina*, etc., des terres australes; et les jardins de Botani-Bay sont peuplés des légumes et des arbres fruitiers de l'Europe.

La dissémination des graines ferme le cercle de la végétation. Les arbrisseaux et les arbres ont perdu leur feuillage; les herbes desséchées se décomposent, et rendent à la terre les élémens qu'elles ont puisés dans son sein. Cette terre, dans sa triste nudité, semble privée pour toujours de sa brillante parure; et cependant d'innombrables germes n'attendent qu'un ciel favorable pour la décorer encore de verdure et de fleurs. Telle est la prodigieuse fécondité de la nature, qu'une surface mille fois plus étendue que celle de notre globe ne suffiroit pas aux végétaux que produiroient les graines d'une seule année, si toutes venoient à se développer; mais la destruction des graines est immense, et ce n'est que le moindre nombre qui se conserve. Ces graines privilégiées, recouvertes de terre ou de dépouilles végétales, ou cachées dans les fissures des rochers, enfin protégées par un abri quelconque, demeurent engourdies, tant que règne la froide saison, et germent sitôt que les premières chaleurs du printemps se font sentir. Alors le botaniste diligent qui parcourt les campagnes et considère d'un œil curieux les espèces végétales dont la terre commence à se revêtir, voyant reparoître successivement tous les types des générations passées, admire la puissance de la nature et l'immuabilité de ses lois. (Mirbel.)

Voyez, pour de plus amples détails, dans les *Amœnitates academicœ* de Linnæus, les dissertations intitulées : *Œconomia naturœ; Oratio de telluris habitabilis incremento; Politia naturœ; Coloniœ plantarum.* (Mass.)

DISSÉQUEUR ou SCARABÉE DISSÉQUEUR. (*Entom.*) On a donné ce nom au *dermeste*, d'après Goëdart. (C. D.)

DISSIVALVES. (*Conchyl.*) M. Denys de Monfort, dans l'explication des termes usités en conchyliologie, qui se trouve à la tête du premier volume de sa Conchyliologie systématique, dit qu'il a imaginé ce mot pour indiquer les mollusques munis de plusieurs valves, mais non réunies et distinctes entre elles, c'est-à-dire, qui ne sont pas assemblées entre elles par des nerfs ou des charnières; aussi ajoute-t-il que les tarets dont le corps est renfermé dans un tuyau, dont la tête est armée de deux valves et dont le corps en porte deux autres, sont des mollusques dissivalves. (De B.)

DISSOLENA VERTICILLÉ (*Bot.*); *Dissolena verticillata,* Lour., *Fl. Cochin.*, 1, pag. 170. Arbrisseau des environs de Canton, dont Loureiro a formé un genre particulier de la *pentandrie monogynie* de Linnæus : caractérisé par un calice tubulé, à cinq découpures; une corolle infundibuliforme; le tube cylindrique à cinq découpures étalées; un appendice épais, pentagone, tubulé, soutenant, vers sa base, cinq étamines; un ovaire supérieur; un style; un stigmate épais; un drupe enveloppant une noix rude et comprimée, dans laquelle se trouve un noyau à une seule loge.

Cet arbrisseau s'élève au plus à la hauteur de huit pieds : ses rameaux sont étalés, garnis de feuilles glabres, lancéolées, très-entières; les inférieures opposées, les supérieures ternées ou quaternées ; les fleurs blanches, disposées en grappes terminales, presque simples; les divisions du calice droites, subulées; le tube de la corolle alongé; les filamens courts, capillaires, insérés vers la base du tube intérieur; l'ovaire ovale, petit; le style filiforme, plus court que les étamines; le stigmate rude, épais, un peu ovale; le drupe petit et ovale. (Poir.)

DISSOLUTION. (*Chim.*) Ce mot peut être employé pour désigner un phénomène, une opération, enfin le résultat matériel d'une certaine combinaison.

a) *Phénomène.* On dit qu'il y a dissolution, 1.° lorsqu'un solide, en s'unissant à un liquide, devient liquide lui-même; c'est ce qui arrive au sucre, au sel, que l'on met dans l'eau : 2.° lorsqu'un gaz forme une combinaison liquide avec un liquide, ainsi qu'on l'observe quand on fait passer un courant de gaz acide carbonique, de gaz ammoniaque, dans l'eau : 3.° lorsque deux liquides de différente nature n'en forment plus qu'un seul, parfaitement homogène à l'œil, quand on les a agités ensemble; tels sont l'acide sulfurique et l'eau, l'alcool et l'éther, etc.

b) *Opération.* C'est faire qu'un corps, dans un état quelconque, produise une combinaison liquide avec un corps déjà liquide.

c) *Le résultat matériel* de la dissolution, considérée comme une opération chimique, est lui-même appelé dissolution : ainsi on dit une dissolution de sel dans l'eau, une dissolution de sucre dans l'eau.

S'il existe des corps qui, comme le sel marin, le sucre, se dissolvent dans l'eau sans éprouver aucun changement de nature et sans en faire éprouver au liquide qui les dissout, il y en a qui se conduisent autrement : tels sont les métaux, qui ne se dissolvent dans les acides qu'en s'oxidant, soit en décomposant une portion d'acide, soit en décomposant l'eau à laquelle ces acides peuvent être unis. Plusieurs chimistes avoient proposé d'appliquer le mot *solution* aux dissolutions qui sont dans le premier cas, et de ne réserver le mot *dissolution* qu'à celles qui sont dans le second. Cette distinction n'a pas été admise.

D'après ce que nous avons dit de la dissolution, on voit qu'elle est caractérisée par l'état liquide qu'un corps liquide donne à un autre corps qui est dans un état quelconque.

M. Proust, frappé de cette idée, qu'il y a des combinaisons qui se font en proportions définies et d'autres en proportions indéfinies, comme les dissolutions salines, avoit proposé de désigner toutes les combinaisons indéfinies par le nom de *dissolution*, quel que fût l'état de la combinaison : c'est ainsi qu'il a dit que le sulfure d'antimoine pouvoit se dissoudre en toutes proportions dans l'oxide de la poudre d'algaroth.

Il seroit à désirer que le mot *dissolution* fût restreint au cas où le corps qui change d'état éprouve un écartement dans ses particules, et qu'un mot fût créé pour les cas où le corps qui change d'état subit un rapprochement dans ses particules. C'est bien cette dernière idée qu'exprime le mot *absorber;* mais son substantif *absorption* ne s'emploie pas comme *dissolution*, pris dans le sens de résultat matériel d'une certaine combinaison : ainsi on dit que l'eau absorbe l'acide carbonique, et l'on appelle l'eau qui en est imprégnée, dissolution d'acide carbonique. (CH.)

DISSOLVANDE. (*Chim.*) Mot peu usité aujourd'hui ; autrefois on l'appliquoit aux corps que l'on devoit dissoudre dans un liquide. (CH.)

DISSOLVANT. (*Chim.*) C'est le nom qu'on donne à un liquide qui a la propriété de dissoudre telle ou telle substance. (CH.)

DISTEIRE (*Erpétol.*), *Disteira.* M. le comte de Lacépède a désigné sous ce nom un nouveau genre de serpens de la famille des hétérodermes, et auquel il donne les caractères suivans :

Point de crochets à venin; la queue très-comprimée, mince, élevée et conformée comme une nageoire. Le dessous de cette partie garni d'un rang longitudinal d'écailles presque semblables à celles du dos; le dessous du corps revêtu d'une rangée longitudinale de petites lames relevées par deux petites crêtes.

C'est ce dernier caractère qu'indique le mot *disteire*, tiré du grec, δις, *deux,* et σ]ειρα, *carène.*

On ne connoît encore qu'une seule espèce dans ce genre ; c'est

La DISTEIRE CERCLÉE; *Disteira doliata,* Lacép. Deux cent vingt-trois lames doublement striées sous le corps ; une rangée longitudinale de quarante-huit écailles sous la queue; neuf lames sur la tête ; les écailles du dos striées et pointues ; la couleur générale relevée par des cercles irréguliers et blanchâtres. Taille de trois à quatre pieds.

Ce serpent a été envoyé de la Nouvelle-Hollande par Péron, vers la fin de l'an XI. Il est figuré dans le tome 4 des Annales du Muséum d'Hist. nat., pl. 57.

M. Cuvier regarde la disteire comme un HYDROPHIS. Voyez ce mot. (H. C.)

DISTEL-FINCK. (*Ornith.*) Ce nom et celui de *Distelvogel* désignent, en allemand, le chardonneret, *fringilla carduelis*, Linn. (Cʜ. D.)

DISTÉPHANE, *Distephanus.* (*Bot.*) [*Corymbifères*, Juss.; *Syngénésie polygamie égale*, Linn.] Ce nouveau genre de plantes, que nous avons établi dans la famille des Synanthérées (Bull. de la Soc. philom., Sept. 1817), appartient à notre tribu naturelle des vernoniées, et à la section des vernoniées-prototypes, dans laquelle nous le classons auprès du *vernonia*, dont on peut le considérer comme un sous-genre, quoiqu'il en diffère essentiellement par la nature de l'aigrette.

La calathide est incouronnée, équaliflore, multiflore, régulariflore, androgyniflore. Le péricline, inférieur aux fleurs, hémisphérique, est formé de squames imbriquées, appliquées, coriaces, oblongues, surmontées d'un petit appendice foliacé, inappliqué, demi-lancéolé. Le clinanthe est large, plane, hérissé de papilles charnues, coniques. Les cypsèles sont cylindracées, cannelées, hispides, pourvues d'un bourrelet basilaire; leur aigrette est double : l'extérieure, plus courte, composée de dix squamellules unisériées, inégales, droites, laminées, coriaces, larges, irrégulièrement denticulées; l'intérieure, double ou triple de l'extérieure, et alternant avec elle, composée de dix squamellules unisériées, égales, flexueuses, laminées, coriaces, linéaires, longuement barbellulées sur les deux bords seulement. Les corolles ont les lobes longs et linéaires.

Le Dɪsᴛᴇ́ᴘʜᴀɴᴇ ᴀ ꜰᴇᴜɪʟʟᴇs ᴅᴇ ᴘᴇᴜᴘʟɪᴇʀ (*Distephanus populifolius*, H. Cass.; *Conyza populifolia*, Lam.) est un arbrisseau de l'Isle-de-France, dont la tige est épaisse, divisée en rameaux anguleux, tomenteux, dont les feuilles sont alternes, pétiolées, longues de trois pouces, larges de deux, ovales-aiguës, subcordiformes, entières, épaisses, tomenteuses sur les deux faces, comme glauques en-dessus, très-blanches en-dessous, et dont les calathides sont grandes, composées de fleurs jaunes, et réunies en petits corymbes serrés aux extrémités des rameaux. (H. Cᴀss.)

DISTHÈNE. (*Min.*) Cette pierre se présente ordinairement sous la forme de prismes aplatis, composés de lames parallèles à l'axe et qu'on peut aisément séparer. Elle se laisse facilement rayer par le verre lorsqu'on agit perpendiculairement aux lames, tandis qu'elle raie elle-même le verre lorsqu'on fait agir les lames par leur tranchant.

Ce minéral a pour forme primitive, d'après M. Haüy, un prisme oblique dont la base est presque rhomboïdale ; ce prisme est beaucoup plus étendu en largeur qu'en hauteur, et le rapport d'un côté de sa base B ou C à sa hauteur G ou H est :: 19 : 5. Un des pans du prisme est un rectangle ; l'autre est un parallélogramme obliquangle. L'incidence de sa base sur le pan rectangulaire est de 106° 6′, et celle des pans l'un sur l'autre de 102° 50′ et 77′ 50.

Le disthène est absolument infusible au chalumeau : il acquiert indistinctement l'électricité résineuse ou vitrée par le frottement, quel que soit le poli des faces que l'on frotte. Sa pesanteur spécifique est de 3,51.

Ce minéral contient, d'après les analyses de MM. Théodore de Saussure, Laugier et Klaproth :

	Saussure.	Laugier.	Klaproth : Disthène fibreux d'Aschaffenb.
Alumine	0,54	à 55	 53
Silice	0,29	— 38	 39
Chaux.	0,02	— 0,50	.... trace.
Magnésie	0,02	— 0	
Fer	0,0665	— 1,75	 3,5
Eau et perte	0,05	— 2	 2

Le disthène ne pourroit se confondre qu'avec le talc ou le mica : mais il n'a ni l'onctuosité ni la flexibilité du premier ; il ne jouit pas non plus de l'élasticité du second. D'ailleurs, ces deux pierres sont fusibles.

Les cristaux de disthène sont ordinairement des prismes hexaèdres tronqués obliquement et irrégulièrement : les seules variétés de formes que M. Haüy y ait reconnues, sont le *périhexaèdre*, le *péridécaèdre* à bases obliques et le *dioctaèdre*, prisme à huit pans, terminé par un pointement très-obtus à quatre faces. Presque tous ces cristaux sont maclés, c'est-à-dire, composés de deux prismes collés l'un contre l'autre, suivant leur longueur.

La couleur dominante du disthène est le bleu de ciel, et

de là vient le nom de cyanite, sous lequel ce minéral est décrit dans un grand nombre d'ouvrages; mais on en connoît aussi de bleu très-pâle, de jaunâtre, de verdâtre, de blanc, et enfin de rougeâtre, si du moins on doit placer dans cette espèce un minéral rapporté du Tyrol par M. Maclure et cité par de la Métherie, Journ. de ph., t. 84, p. 34.

Gisement. Le disthène se trouve toujours disséminé dans les roches. Je ne crois pas qu'on le connoisse implanté. Ses prismes, fort alongés, forment des faisceaux à rayons parallèles ou des groupes à rayons divergens. On ne le rencontre que dans les roches primitives, notamment dans celles de talc, dans les gneiss, ou même dans les micaschistes : il est accompagné de quarz, de mica, de tourmaline, de staurotide, de grenats, etc.

On a trouvé le disthène d'abord en Ecosse, ensuite au Greiner, dans le Zillerthal en Tyrol; en Sibérie; auprès de Lyon, dans des granites; au Saint-Gothard, dans du talc; en Bavière et en Carinthie (il y est accompagné d'amphibole, de felspath, de pyrites, de zinc sulfuré et de stéatite); près d'Aschaffenbourg, en filon dans du gneiss (Nau) : on l'a trouvé aussi dans l'Amérique septentrionale, dans l'Amérique méridionale, dans l'Inde, etc.

On dit que le disthène, taillé en cabochon, a été quelquefois donné pour du saphir. Ces deux pierres sont cependant tellement différentes qu'il nous semble difficile qu'on ait jamais pu les confondre.

Le disthène, en raison de son infusibilité, a été employé par de Saussure, comme support, dans l'essai des pierres au chalumeau.

Cette pierre a d'abord été nommée très-improprement *schorl bleu*, ensuite *sappare* par de Saussure (il falloit lui conserver ce nom), puis cyanite. Enfin, on vient de décrire, sous le nom de sapparite, une variété de ce minéral qui accompagnoit des spinelles apportés de l'Inde. (B.)

DISTIGMATIE. (*Bot.*) M. Richard divise sa classe Synanthérie, c'est-à-dire la famille des Synanthérées, en deux ordres, qu'il nomme, l'un *Monostigmatie*, et l'autre, *Distigmatie;* il les caractérise en attribuant un seul stigmate au premier, et deux stigmates au second. Dans notre article

Composées ou Synanthérées , nous avons démontré que cette distinction étoit absolument inadmissible et fondée sur une méprise évidente. Contentons-nous ici de dire que , dans cette famille , la substance stigmatique est presque toujours continue d'une branche du style à l'autre , et que l'interruption , quand elle existe , n'est guères qu'accidentelle , ce que M. Richard auroit infailliblement reconnu , s'il n'avoit pas pris les collecteurs pour le stigmate. (H. Cass.)

DISTILLATION. (*Chim.*) Dans l'origine ce mot désignoit une opération par laquelle on réduisoit d'abord un corps en vapeur, pour le condenser ensuite en liquide, afin de l'obtenir séparé en tout ou en partie de corps plus fixes qui s'y trouvoient unis. Aujourd'hui ce mot s'applique en outre à toutes les opérations dont le but est de réduire, par la chaleur, une matière en produits qui diffèrent en volatilité : c'est ainsi que par la distillation on réduit le chlorate de potasse en gaz oxigène et en chlorure de potassium fixe ; le bois en eau , en acide acétique, en huile, en gaz acide carbonique et hydrogène carboné, et en charbon. Dans le premier cas il n'y a pas de liquide séparé ; dans le second, tous les produits liquides et gazeux sont de nouvelle formation : c'est donc par extension que le mot *distillation* a été appliqué à ces opérations.

La distillation se fait dans des alambics et dans des cornues, auxquels on adapte des ballons pour recevoir les produits liquides , et des tubes courbés pour conduire les produits gazeux dans des cloches de verre pleines d'eau ou de mercure.

Lorsqu'on distille des liquides dans des cornues de verre placées au bain de sable, il est bon d'entourer d'une chemise de papier blanc la partie supérieure qui n'est pas dans le sable ; par ce moyen on s'oppose à la perte d'une grande quantité de calorique rayonnant. Il est nécessaire aussi que la surface du bain de sable ne soit jamais au-dessus du niveau du liquide, surtout vers la fin de la distillation , par la raison que, le sable étant susceptible de s'échauffer plus que le liquide , il arriveroit que la couche de sable située au-dessus du liquide communiqueroit son excès de température au verre qu'elle touche ; dès-lors, celui-ci se trouvant plus chaud que le liquide et les couches de verre inférieures, la différence de température pourroit produire la rupture de la cornue. Toutes les fois que les liqueurs se recouvrent de pellicules par la concentration, il faut, si on les distille dans une cornue, en mettre peu à la fois; autrement ces pellicules passeroient dans le ballon. Pour éviter les soubresauts qui se produisent dans certaines distillations, il est bon de mettre quelques fragmens de verre ou un fil de platine dans la cornue. (Ch.)

DISTINCT (*Bot.*) : sans connexion, sans soudure. Les étamines du lis, par exemple, sont *distinctes;* celles de la mauve et du grand soleil sont conjointes. Les stipules du rosier sont *distinctes;* celles du houblon sont réunies en une seule. Dans le nénuphar, le tegmen, enveloppe immédiate de l'amande, est distinct de la lorique, qui est l'enveloppe extérieure: dans le citron, ces deux enveloppes sont soudées ensemble. (Mass.) .

DISTINGUÉ. (*Ornith.*) Sonnini a traduit par ce mot le terme espagnol *caracterizados*, dont s'est servi M. d'Azara pour désigner une famille d'oiseaux ayant des rapports avec les pies-grièches, et particulièrement avec les bécardes. Cet auteur en a décrit quatre espèces sous les n.ºs 207 à 210. Voyez Bécardes, au Supplément du 4.e volume de ce Dictionnaire. (Ch D.)

DISTIQUE (*Bot.*), rangé en deux séries opposées. Les rameaux de l'orme, du sapin de Canada, les feuilles de l'orme, du micocoulier d'Orient, les fleurs du *triticum monococcum*, etc., sont distiques. (Mass.)

DISTOME, *Distoma.* (*Entoz.*) Retz, Zeder, Rudolphi et la plupart des naturalistes allemands 'qui ont traité des vers intestinaux, ont désigné sons ce nom (qui veut dire deux bouches), les animaux que les auteurs françois nomment Fasciole ou Douve. Voyez ces mots. (De B.)

DISTOME, *Distomus.* (*Malacoz.*) Gærtner, dans ses Lettres à Pallas, *Spicil. zool.*, *fasc.* X, pag. 40, établit ce genre pour les espèces d'ascidies fixées, papilliformes, qui, en se soudant pour ainsi dire entre elles par leur circonférence, forment une sorte de croûte fixée sur les corps sous-marins, et peuvent par conséquent prendre des formes très-différentes. Pallas et Gmelin en firent long-temps des espèces d'alcyons, qu'ils désignèrent sous le nom d'alcyons ascidioïdes, voulant sans doute indiquer par là leurs rapports apparens avec les alcyons et surtout avec les ascidies. Ce genre (que, dans notre cours sur les mollusques, à la Faculté des sciences, en 1813, nous avons caractérisé ainsi : corps très-déprimé, à siphons ou ouvertures peu saillantes, pourvu de six tentacules rayonnés, comme mamelonnés ; groupé et réuni en nombre variable au moyen de son enveloppe extérieure, et formant une sorte de croûte adhérente aux corps sous-marins) a été adopté par M. de Lamarck dans la nouvelle édition de ses Animaux sans vertèbres : il est probable qu'il rentre dans les espèces d'alcyons à double ouverture, que M. Savigny nomme *encælium*. M. Cuvier en fait une espèce de son genre Polyclinum. On n'en connoit en effet encore, à ce qu'il paroit, qu'une seule espèce que Gærtner nomme le DISTOME VARIOLEUX, *D. variolosus*, figuré *loc. cit.*, tab. 3, fig. 7. Elle forme une croûte coriace, tenace, un peu épaisse, couverte en-dessus d'un grand nombre de verrues de différente grandeur, d'un rouge clair, ou d'une couleur de safran blanchâtre. Les verrues sont pour la plupart ovales ; chacune est percée de deux petits orifices entourés d'un bord un peu renflé, et divisée en six parties ou dents. Quoique cette espèce d'ascidie soit fort commune, à ce qu'il paroît, dans la mer d'Angleterre, Gærtner dit ne l'avoir jamais trouvée que sur les tiges du *fucus palmatus* de Linnæus. (DE B.)

DISTREPTE, *Distreptus*. (*Bot.*) [*Corymbif.*, Juss. ; *Syngénésie polygamie séparée*, Linn.] Ce nouveau genre de plantes, que nous avons établi dans la famille des Synanthérées (Bull. de la Soc. philom., Avril 1817), appartient à notre tribu naturelle des vernoniées, et à la section des vernoniées-prototypes, dans laquelle nous le plaçons auprès de l'*elephantopus*, dont il diffère tellement par l'aigrette, qu'on ne peut guères se dispenser de le distinguer au moins comme sous-genre.

La calathide est incouronnée, équaliflore, quadriflore, palmatiflore, androgyniflore, cylindracée. Le péricline, inférieur aux fleurs et cylindracé, est composé de huit squames quadrisériées : chaque rang formé de deux squames opposées, les quatre paires croisées ; les deux paires extérieures égales entre elles, et notablement plus courtes que les deux paires

intérieures, qui sont aussi égales entre elles : toutes ces squames sont lancéolées, acuminées, coriaces-membraneuses, appliquées. Le clinanthe est très-petit, convexe, inappendiculé. Les cypsèles sont alongées, subcylindracées, comprimées sur la face postérieure ou extérieure, munies de dix côtes hispides, et parsemées de glandes entre les côtes; leur aréole basilaire est oblique-antérieure, et pourvue d'un bourrelet basilaire dimidié-postérieur. L'aigrette, plus longue que la cypsèle, et plus courte que la corolle, est composée de six squamellules unisériées, filiformes, cornées, presque lisses : les deux squamellules latérales, plus longues et plus épaisses, ont leur partie inférieure élargie, épaissie, triquètre, et leur partie supérieure pliée en bas, puis repliée en haut; les deux squamellules antérieures ont leur partie inférieure élargie, laminée-paléiforme, laciniée, et leur partie supérieure droite; les deux squamellules postérieures sont demi-avortées, ou le plus souvent complétement avortées, auquel cas l'aigrette est dimidiée. Les corolles sont palmées : leur tube est long et grêle; le limbe, plus court que le tube, est large, campaniforme, divisé en cinq lobes longs, étroits, linéaires, par autant d'incisions, dont l'antérieure ou intérieure descend presque jusqu'à la base du limbe, tandis que les quatre autres s'arrêtent à la moitié de sa hauteur.

Les calathides sont réunies en capitules, lesquels sont disposés en épi : chaque capitule, sessile dans l'aisselle d'une grande bractée squamiforme à la base, est composé de quelques calathides immédiatement rapprochées et sessiles le long d'un calathiphore axiforme, très-court, hispide; et chaque calathide est accompagnée d'une petite bractée squamiforme.

Le Distrepte en épi (*Distreptus spicatus*, H. Cass.; *Elephantopus spicatus*, Gærtn., Lam.) croît à Saint-Domingue, à la Jamaïque, dans les champs cultivés et dans les décombres. Sa tige, haute d'un pied et demi ou davantage, est ramifiée et paniculée presque en corymbe : ses feuilles sont lancéolées, étrécies aux deux bouts, un peu rudes au toucher et amplexicaules; les inférieures sont larges d'un pouce et demi, mais toutes les autres sont beaucoup plus étroites : les capitules sont sessiles, axillaires, disposés alternativement et en manière d'épi dans presque toute la longueur des derniers rameaux.

On devra sans doute rapporter aussi au *distreptus* les *elephantopus nudiflorus* et *angustifolius*.

Linnæus avoit dit que les corolles étoient ligulées ; Gærtner, qui lui reproche cette assertion comme étant une *erreur insigne*, se trompe encore davantage en soutenant que ces corolles sont parfaitement régulières. La vérité est qu'elles ne sont ni régulières ni ligulées, mais palmées, suivant notre terminologie. Cette espèce particulière de corolle méritoit d'être remarquée et dénommée ; car on la retrouve dans plusieurs autres genres, et notamment dans la tribu des vernoniées, dont elle confirme les rapports avec les lactucées. (H. Cass.)

DISTRON. (*Bot.*) Dans le nord de la Suède on nomme ainsi le cassis, espèce de groseillier. (J.)

DISTYLE (*Bot.*), ayant deux styles. L'ovaire de l'œillet, de la saponaire, etc., sont distyles. (Mass.)

DIT (*Bot.*), nom que donnoient les Maures d'Espagne au gainier ou arbre de Judée, *cercis*, suivant Clusius. (J.)

DITA. (*Bot.*) Camelli, cité par Rai, dit que cet arbre des Philippines est très-élevé, rameux et couvert d'une écorce grise, tirant sur le roux ; ses feuilles, verticillées, au nombre de quatre ou quelquefois plus à chaque nœud, ont environ dix pouces de longueur sur un ou deux de largeur. L'auteur ne parle pas de sa fructification ; il dit seulement que cet arbre rend un suc laiteux, très-vénéneux, lequel tue les animaux blessés avec un instrument qui en seroit infecté. Il ajoute que sa racine est elle-même l'antidote de ce poison, et qu'on la fait mâcher pour produire cet effet. (J.)

DITHYAMBRION (*Bot.*), un des noms grecs de la jusquiame, cité par Ruellius. Le même ajoute que chez les Daces il est nommé *diclia*. (J.)

DITI-AZOU (*Bot.*), fruit de Madagascar, ayant la forme d'une petite poire, cité, sans autre indication, dans le Voyage de Rochon. (J.)

DITILER (*Ornith.*), un des noms que porte en Suisse la sittelle, *sitta europæa*, Linn. (Ch. D.)

DITIQUE. (*Entom.*) Quoique quelques auteurs aient ainsi écrit le nom d'un genre d'insectes coléoptères, son étymologie exige qu'on l'orthographie DYTISQUE. Voy. ce mot. (C. D.)

DITOCA. (*Bot.*) Gærtner, d'après M. Banks, nomme ainsi le *mniarum* de Forster, plante basse des terres Magellaniques. (J.)

DITOLA ET DITOLE. (*Bot.*) Ce sont les noms qu'on donne en Italie aux clavaires rameuses qui se mangent. Voyez CLAVAIRES. (LEM.)

DITOMA. (*Entom.*) M. Latreille préfère, à cause de l'étymologie, ce nom de *ditome* à celui de *bitome*, employé par Herbst, pour désigner de petits coléoptères tétramérés de la famille des OMALOÏDES, décrits par Fabricius sous le nom de LYCTES. Voyez ce mot. (C. D.)

DITOME, *Ditomus*. (*Entom.*) M. Bonelli a désigné sous ce nom quelques espèces de *scarites* qui n'ont pas les tibias ou les jambes dentelées. M. Latreille en a fait le genre *Ariste*, d'après M. Ziegler. (C. D.)

DITOXIA. (*Bot.*) Genre proposé par Schmaltz (Journ. bot., 4, pag. 270) pour le *celsia cretica*, Linn., et le *celsia betonicifolia*, Desf., deux espèces qui diffèrent du *celsia* par un calice à cinq divisions inégales, dentées en scie; quatre étamines, les deux supérieures plus courtes; une capsule à double cloison. Voyez CELSIE. (POIR.)

DITRACHYCÈRE, *Ditrachyceros*. (*Entoz.*) Ce nom, composé de trois mots grecs qui signifient *deux cornes rudes*, a été imaginé par Hermann pour désigner un ver intestinal trouvé en quantité considérable dans les déjections alvines d'une femme, par M. Sulzer, qui a publié à Strasbourg, en 1801, une Dissertation spéciale à son sujet. Cet animalcule, dont il est assez difficile de se faire une idée un peu rationnelle, avoit six millimètres environ de longueur totale, et étoit formé de deux parties distinctes et d'égale étendue, le corps proprement dit, et ce que M. Sulzer nomme les cornes. Le corps, un peu en forme de poire à poudre, c'est-à-dire, comprimé latéralement, est appointi par une de ses extrémités, et renflé à l'autre; le bord supérieur offre une sorte de carène ou de crête adhérente dans toute sa longueur, et l'inférieur une éminence avec un prolongement cylindrique, adhérent au

13. 34

corps, dont la moitié antérieure est dirigée vers l'extrémité renflée du corps, où elle se termine par une petite membrane flottante. De l'extrémité pointue et antérieure, suivant Sulzer, et de l'éminence dont il a été parlé plus haut, naît, par un petit pédicule conique, une paire d'appendices ou cornes, sétacées, coniques, de l'épaisseur d'un crin, variables par leurs courbures et entièrement couvertes d'aspérités, formées par des filamens aplatis de longueur variable. Tel est l'aspect extérieur. Quant à l'organisation intérieure, le corps proprement dit est contenu dans une enveloppe extérieure, comme réticulée, non adhérente, si ce n'est par la partie inférieure du prolongement cylindrique; quand il en est dépouillé, sa surface paroît entièrement tuberculeuse, et ses parois, assez épaisses, formées d'une substance celluleuse située entre deux lames minces. La cavité intérieure est ovale et pleine d'un fluide limpide; toute la surface est couverte des mêmes tubercules dentelés que l'externe. On n'y trouve qu'un seul organe, que Sulzer nomme la bosse; elle est petite, oblongue, solide, de couleur brun-foncé, sillonnée dans une partie de son étendue, et correspond à l'éminence d'où partent le pédoncule des cornes et le prolongement cylindrique : mais il a été impossible de s'assurer s'il existe quelque communication entre ces trois parties; ce qui nous paroit cependant probable, surtout pour le prolongement cylindrique. Quant à la structure des cornes, elle est partout identique, et, de quelque manière qu'on les coupe, on ne peut y apercevoir qu'une masse spongieuse, d'autant moins serrée qu'on est plus près du pédoncule. D'après cette description, il sembleroit que cet animal n'auroit aucun orifice : aussi Sulzer pense-t-il qu'il puise le fluide nourricier au moyen de ses cornes, et que ce fluide parvient ensuite dans la bosse; ce qui nous paroit assez peu probable. Nous serions plus portés à croire que l'orifice de la bouche est à l'extrémité du prolongement cylindrique, et qu'il y a une véritable communication avec la bosse, qui semble avoir beaucoup d'analogie avec ce qu'on trouve dans les hydatides. Alors on pourroit se faire une idée un peu suffisante de ce singulier animalcule, qui n'en différeroit que par la présence de la paire d'appendices que Sulzer a nommés cornes. Quoi qu'il en soit, voici comme on peut provisoirement exprimer les caractères de ce genre : Corps ovale, comprimé, caréné en-dessus, contenu dans une vésicule externe adhérente dans un seul point, pourvue inférieurement d'un corps cylindrique prolongé en une sorte de trompe libre et pourvue à sa racine supérieure d'une paire d'appendices coniques, hérissés d'aspérités filamenteuses, et portés sur un pédicule commun.

Ce genre ne contient encore qu'une espèce, qui jusqu'alors n'avoit été observée que par Sulzer; mais dans ces derniers temps (Juillet 1818) M. Le Sauvage, chirurgien de Caen, l'a retrouvée dans le canal intestinal d'une femme. Malheureusement je n'ai vu ni sa Dissertation ni l'animal lui-même. (De B.)

DITRIC, *Ditrichum.* (*Bot.*) [*Corymbifères*, Juss.; *Syngénésie polygamie égale*, Linn.] Ce nouveau genre de plantes, que nous avons établi dans la famille des Synanthérées (Bull. de la Soc. philom., Février 1817), appartient à la tribu naturelle des hélianthées, et à notre section des hélianthées-prototypes, dans laquelle nous le plaçons auprès du *spilanthus*, dont il diffère principalement par le clinanthe.

La calathide est incouronnée, équaliflore, pluriflore, régulariflore, androgyniflore. Le péricline, supérieur aux fleurs, cylindracé, irrégulier, est formé de squames peu nombreuses, bisériées, diffuses : les extérieures très-courtes, inégales, inappliquées; les intérieures, très-longues, inégales, appliquées, squamelliformes, oblongues, coriaces, à sommet foliacé, acuminé. Le clinanthe est plane, garni de squamelles supérieures aux fleurs, squamiformes, et terminées par un appendice subulé, membraneux. Les cypsèles sont comprimées bilatéralement, obovales et glabres; leur aigrette consiste en deux longues squamellules opposées, l'une antérieure, l'autre postérieure, filiformes, épaisses, à peine barbellulées. Les corolles ont le tube hérissé de longs poils membraneux.

Le Ditric a grandes feuilles (*Ditrichum macrophyllum*, H. Cass.; Bull. de la Soc. philom., Avril 1818) est une plante herbacée qui, d'après l'échantillon sec que nous décrivons, paroît devoir être très-élevée. La tige est simple dans l'échantillon incomplet, épaisse, cylindrique, striée, pubes-cente. Les feuilles sont alternes, sessiles, longues d'environ un pied, larges de trois à quatre pouces, oblongues-lancéo-lées, sinuées latéralement et irrégulièrement, de manière à former des lobes inégaux, irréguliers, larges, aigus; ces feuilles sont vertes et très-scabres ou âpres par l'effet de petits poils épars, courts, épais, coniques; leur base est auriculée et décurrente sur la tige, ce qui offre l'apparence de stipules. Les calathides, composées de fleurs jaunes, sont nombreuses, et disposées en une panicule corymbiforme qui termine la tige. Nous avons étudié cette plante dans l'herbier de M. de Jussieu, où elle est étiquetée, avec doute, d'après Vahl, *Conyza lobata*, L.

La véritable place de notre *ditrichum* est entre le *spilanthus* et le *verbesina* : il diffère du premier par le clinanthe, qui est plane au lieu d'être conique, et du second, par la calathide, qui est incouronnée au lieu d'être radiée. Il faut bien se garder de le confondre avec le *bidens* ou tout autre genre de la section des hélianthées-coréopsidées, dans laquelle les cypsèles sont obcomprimées, c'est-à-dire aplaties en devant et en arrière, au lieu d'être comprimées, c'est-à-dire aplaties à droite et à gauche. Le *ditrichum* diffère aussi du *salmea* de M. Decandolle, qui a le clinanthe conique comme le *spilanthus*, et du *petrobium* de M. R. Brown, dont les calathides sont unisexuelles; mais il est immédiatement voisin de ces deux genres, qu'il faut placer avec lui dans la section des hélianthées-prototypes, entre le *spilanthus* et le *verbesina*. (H. Cass.)

DI-TRIDACTYLES. (*Ornith.*) M. Vieillot a donné cette dénomination à la première tribu des échassiers, *grallæ*, Linn., laquelle comprend trois familles, dont les espèces ont deux ou trois doigts en devant et point derrière. (Ch. D.)

DIUCA. (*Ornith.*) Molina a trouvé au Chili un oiseau portant ce nom, dont la taille excède un peu celle du chardonneret, et dont la gorge est blanche et le reste du plumage bleu. Il se tient près des habitations, où il fait entendre, au point du jour, un chant fort agréable. Cet auteur pense que le diuca est de la même espèce que le moineau bleu du Congo , dont parlent Merolla et Cavazzi , et l'oiseau de la Nouvelle - Zélande qui , au rapport de Cook , chantoit si harmonieusement au lever du soleil. Gmelin lui a conservé la dénomination latine de *fringilla diuca*. (Ch. D.)

DIUCA-LAGUEN. (*Bot.*) Feuillée, parmi ses plantes du Chili , cite sous ce nom une espèce de verge d'or à feuilles longues, étroites, entières et satinées, dont les supérieures ont à leur aisselle de petits bouquets de fleurs blanches radiées ; leurs graines, menues, sont aigretées : elle passe dans le pays pour un très-bon vulnéraire. (J.)

DIURETICA. (*Bot.*) Reneaulme, au commencement du dix-septième siècle, nommoit ainsi la plante connue maintenant dans les pharmacies sous le nom d'*arnica*. (J.)

DIURIS. (*Bot.*) Genre de plantes monocotylédones, à fleurs incomplètes, irrégulières, de la famille des *orchidées*, de la *gynandrie diandrie* de Linnæus : caractérisé par une corolle à six pétales étalés, irrégulière ; deux antérieurs linéaires ; les deux intérieurs latéraux étalés, onguiculés ; la lèvre ou le sixième pétale trifide, point éperonné ; une anthère parallèle au stigmate, accompagnée des deux lobes latéraux de la colonne en forme de pétale.

La plupart des espèces renfermées dans ce genre croissent à la Nouvelle-Hollande : elles ne sont encore que trèspeu connues. M. Brown considère les deux pétales antérieurs, mentionnés plus haut, comme deux filamens d'étamines stériles. Ne seroient-ils pas plutôt deux grands lobes appartenant au pétale inférieur ? On distingue parmi les espèces :

Diuris maculé : *Diuris maculata*, Brown, *Nov. Holl.*, 515 ; Smith , *Exot. Bot.*, 1 , pag. 57 , tab. 30. Ses tiges sont simples , droites, glabres, dépourvues de feuilles , munies seulement de quelques stipules alternes en forme de gaines. Les feuilles sont toutes radicales, glabres, linéaires, très-étroites ; les fleurs jaunes, pendantes, disposées, à l'extrémité des tiges, en une grappe peu garnie ; la lèvre à double carène à sa base ; ses deux divisions latérales presque égales à celle du milieu ; les pétales intérieurs élargis, en ovale renversé. Dans le *diuris aurea*, Smith, *l. c.*, tab. 9 (Brown, *l. c.*; *diuris spatulata*, Swartz), les feuilles sont linéaires, canaliculées, plus

courtes que les tiges; point de feuilles caulinaires; les fleurs
d'un jaune doré; la découpure intermédiaire de la lèvre
munie d'une double carène à sa base, une fois plus longue
que les deux latérales : les pétales antérieurs spatulés, entiers à leur sommet; les intérieurs elliptiques, aigus. Le
diuris emarginata, Brown, *l. c.*, en diffère par les pétales antérieurs échancrés à leur sommet; les feuilles subulées, canaliculées; les fleurs peu nombreuses, en épi.

DIURIS PÉDONCULÉ; *Diuris pedunculata*, Brown, *l. c.* Ses feuilles
sont menues, deux ou trois fois plus longues que les tiges; les
fleurs jaunes, au nombre de deux ou trois; les pétales onguiculés; la lèvre à trois découpures, celle du milieu en carène
à sa base, pubescente, trois fois plus longue que les latérales; les pétales antérieurs un peu plus longs que la lèvre,
les intérieurs lancéolés, très-aigus. Dans le *diuris setacea*,
Brown, *l. c.*, les tiges ne portent qu'une ou deux fleurs; les
feuilles sont sétacées, beaucoup plus courtes que les tiges.
Le *diuris sulphurea*, Brown, *l. c.*, a les fleurs d'un beau jaune
de soufre; les feuilles linéaires, canaliculées, une fois plus
courtes que les tiges; un épi terminal à trois ou cinq fleurs;
point de carène à la base de la découpure intermédiaire de
la lèvre; les pétales antérieurs une fois plus longs que la
lèvre. Le *diuris pauciflora*, Brown, *l. c.*, est marqué d'une
carène à la base de la découpure intermédiaire de la lèvre;
les découpures latérales plus courtes; les pétales intérieurs
elliptiques, aigus; les feuilles subulées, canaliculées, quatre
fois plus longues que la tige; celle-ci terminée par une ou
deux fleurs.

DIURIS PONCTUÉ : *Diuris punctata*, Smith, *Exot. Bot.*, tab. 8;
Swartz, *Act. Holm.*, 1800, pag. 229, tab. 3, fig. M. Cette
espèce, découverte dans l'Amérique méridionale, a des
fleurs purpurines, ponctuées; les deux pétales supérieurs
plus grands, lancéolés, obtus; les deux intérieurs une fois
plus courts; les autres très-petits, elliptiques. Le *diuris elongata*, Brown, *l. c.*, croît, ainsi que les suivans, à la Nouvelle-
Hollande : ses feuilles sont une fois plus courtes que les tiges;
la découpure intermédiaire de la lèvre marquée d'une
double carène à sa base; les découpures latérales de la colonne crépues à leur base. Les fleurs sont blanches dans le

diuris alba, Brown, *l. c.;* les feuilles de la longueur des tiges; les découpures latérales de la colonne simples. Dans le *diuris longifolia*, la découpure intermédiaire de la lèvre n'a qu'une seule carène à sa base; les feuilles sont aussi longues que les tiges; les fleurs, au nombre de trois ou quatre, disposées en grappes. (Poir.)

DIURNE [Fleur]. (*Bot.*) Parmi les fleurs qui s'ouvrent et se ferment à des heures fixes, il en est qui restent ouvertes pendant la nuit et se ferment pendant le jour (belle de nuit, *geranium triste*); d'autres, au contraire, s'ouvrent et se ferment pendant le jour (*anagallis-arvensis*, ciste, souci des champs, etc.). Ces dernières sont des fleurs diurnes. (Mass.)

DIURNES. (*Ornith.*) La grande famille des rapaces a été divisée par les naturalistes en *diurnes* et *nocturnes*. (Ch. D.)

DIURNES [Papillons]. (*Entom.*) M. Latreille appelle de ce nom de famille les lépidoptères que nous nommons *ropalocères*, tels que les *papillons, hespéries, hétéroptères*, dont les antennes sont terminées en massue. (C. D.)

DIVARIQUÉ. (*Bot.*) Lorsque les rameaux s'écartent beaucoup dès leur origine et se portent brusquement en différens sens, on les dit divariqués (*chicorium intybus, cucubalus bacciferus*, etc.). Lorsqu'ils sont étalés sans direction fixe, on les dit diffus (*fumaria officinalis, geranium dissectum*). Le *prenanthes muralis*, le *juncus sylvaticus*, le *polygonum divaricatum*, etc., offrent des exemples de panicules divariquées. (Mass.)

DIVER (*Ornith.*), nom générique anglois des plongeons, en latin *colymbus*. (Ch. D.)

DIVERGENT (*Bot.*), s'écartant à angle très-ouvert en partant d'un point commun. Les branches du sapin, les follicules de la pervenche, les camares du fruit de la pivoine, etc., sont divergens. Pendant le sommeil, le mélilot a aussi ses folioles divergentes; toutes trois, redressées, sont alors rapprochées par leur base et écartées par le sommet. (Mass.)

DIVERGI-NERVÉE [Feuille]. (*Bot.*) Les nervures des feuilles se dirigent en ligne droite, ou en décrivant des courbes. Dans le premier cas, tantôt elles conservent entre elles une distance à peu près égale (châtaignier); tantôt elles se portent en divergeant de la base au sommet (*viburnum opulus*, *alchimilla vulgaris*, etc.), et la feuille est alors divergi-nervée. (Mass.)

DIVERSIFLORE [Ombelles]. (*Bot.*) Les fleurs dans une ombelle sont ordinairement toutes semblables (impératoire, fenouil); mais il est des cas où elles sont régulières au centre de l'ombelle, et irrégulières à la circonférence (*tordylium officinale*, coriandre). Ces dernières ombelles sont dites diversiflores; on les dit aussi couronnées, rayonnantes. (Mass.)

DIVERSISPORÉES, *Amphispori.* (*Bot.*= *Champ.*) Troisième série du deuxième ordre (voyez Gastromyciens) de la famille des champignons dans la méthode de Link. Elle comprend des champignons persistans, à réceptacles (*sporangium*) contenant de très-petits globules (*sporidia*) de diverses formes. Un seul genre rentre dans cette série, c'est l'*amphisporium*, Link. Voyez Disporium. (Lem.)

DIVISION. (*Chim.*) C'est l'opération mécanique par laquelle on réduit un corps solide en parties plus ou moins ténues. On opère la division dans des mortiers de marbre avec des pilons de bois; dans des mortiers de silex, d'acier, de laiton, avec des pilons de même matière; sur une table de porphyre, au moyen d'une mollette, etc. On fait usage de râpes, de limes, etc., pour les matières ductiles. (Ch.)

DIVISION MÉCANIQUE. (*Minér.*) M. Haüy a désigné sous ce nom la propriété qu'ont un grand nombre de minéraux cristallisés de se laisser diviser mécaniquement dans des directions planes. C'est ce que nous avons indiqué sous le nom de *clivage* dans l'article *Cristallisation*, où nous avons rapporté les principales observations qui ont été faites sur cette propriété, qui fournit à la cristallographie le moyen le plus exact de déterminer le système cristallin de chaque substance, et dont par suite les minéralogistes ont tiré le meilleur caractère pour distinguer les espèces. Voyez Cristallisation, §§. 7 à 16 et 62 à 64. (Br. de V.)

DIWIPAHURU et DIWIPASSURU (*Bot.*), noms donnés, dans l'île de Ceilan, suivant Hermann, à l'*ipomœa-pes tigridis* et à l'*ipomœa hepaticifolia*. (J.)

DIWOKY (*Ornith.*), nom illyrien du pigeon ramier, *columba palumbus*, Linn. (Ch. D.)

DIWUL. (*Bot.*) A Ceilan, suivant Hermann et Burmann, on nomme ainsi le *limonia acidissima*, genre de la famille des aurantiacées. (J.)

DIXADOUSTI. (*Bot.*) Voyez DEWENDA. (J.)

DIX-HUIT (*Ornith.*), nom vulgairement donné, d'après son cri, au vanneau commun, *tringa vanellus*, Linn. (CH. D.)

DIX-LIVRES. (*Ichthyol.*) Quelques voyageurs et lexicographes donnent ce nom à un poisson fort commun sur la côte d'Afrique et analogue au mulet. Arkins en parle dans sa Relation de Sierra-Leona. (H. C.)

DJADMEL (*Bot.*), nom arabe du *stapelia dentata* de Forskaël. (J.)

DJÆMDE. (*Bot.*) Le *fagonia scabra* de Forskaël est ainsi nommé dans l'Arabie. M. Delile cite le nom *gemdeh* sous le *fagonia arabica*. (J.)

DJÆRDJIR (*Bot.*), nom égyptien de la roquette, *brassica eruca*, suivant Forskaël. (J.)

DJAHA. (*Bot.*) Aux environs de Hadie, dans l'Arabie, on donne ce nom au *volutella* de Forskaël, qui est la même plante que le *cassytha filiformis*. Cette plante, qui a le port d'une cuscute, grimpe sur les arbres et s'entrelace dans leur feuillage. (J.)

DJAHY (*Bot.*), nom javanais du gingembre, suivant Rumph. Dans l'île de Baly il est nommé *djahe*. (J.)

DJALIF (*Bot.*), nom arabe de la commeline ordinaire, suivant Forskaël. (J.)

DJAMMA. (*Bot.*) A Java ce nom est donné au *fucus natans*, suivant Burmann. (J.)

DJAMONS (*Mamm.*), nom des buffles en arabe. Hist. des animaux, d'Eldemiri. (F. C.)

DJANTAM (*Ichthyol.*), nom qu'aux Indes orientales on donne au *chætodon cornutus* de Linnæus, que nous décrirons à l'article HENIOCHUS. (H. C.)

DJARAD. (*Bot.*) Voyez GARADAH. (J.)

DJARAK-GORITO. (*Bot.*) La plante euphorbiacée ainsi nommée à Java est le *ricinus speciosus* de Burmann. (J.)

DJARBA. (*Bot.*) Voyez GARBA. (J.)

DJARMAL. (*Bot.*) Ce nom égyptien est donné, suivant Forskaël, à une fabagelle, *zygophyllum portulacoides*. (J.)

DJARNA, GARNA, (*Bot.*), noms arabes du *geranium mala-coides*, selon Forskaël. Cette espèce fait partie du nouveau genre *Erodium*. (J.)

DJARONG (*Bot.*), nom malais de l'*ixora coccinea*, suivant Burmann. (J.)

DJAUZ (*Bot.*), nom arabe du noyer, suivant Forskaël. (J.)

DJAZAR (*Bot.*), nom égyptien de la carotte, suivant Fors-kaël. Dans l'Arabie il est prononcé *djissar*. Il est écrit *gezar* par M. Delile. (J.)

DJEDABA. Voyez Dsjedaba. (H. C.)

DJELLO-DJELLO. (*Bot.*) Voyez Crithmus. (J.)

DJERUM (*Bot.*) nom arabe, duquel est dérivé celui de *geruma*, donné par Forskaël à un de ses genres de plantes. Voyez Geruma. (J.)

DJEVANN (*Bot.*), nom turc ou arabe du *serratula spinosa* de Forskaël, fréquent, selon cet auteur, dans les lieux secs de l'île de Ténédos. (J.)

DJINGI, DJINKA, TJINGI (*Bot.*), noms malais, cités par Rumph, d'une plante cucurbitacée, qui est le *petola bengalensis* de cet auteur, le *cucumis acutangulus* de Linnæus. (J.)

DJIRDAMA. (*Bot.*) Voyez Chasjir. (J.)

DJISSAB. (*Bot.*) Les Arabes nomment ainsi l'*orchis flava* de Forskaël, dont ils disent que le suc, appliqué sur les plaies faites avec des épines, les guérit promptement en favorisant la sortie de l'épine. (J.)

DJISSAR. (*Bot.*) Voyez Djazar. (J.)

DJIZAR-HENDI. (*Bot.*) Ce nom arabe, qui signifie carotte de l'Inde, est celui de l'espèce de concombre que Forskaël nomme *cucumis daucus indicus*, qui est originaire de l'Inde, apporté en Égypte sous le nom de *gadjer* ou *schekarkand*, et cultivé seulement dans quelques jardins. (J.)

DJORZ (*Ornith.*), nom persan de l'outarde, *otis tarda*, Linn., suivant Kazwini. (Ch. D.)

DJOU (*Ornith.*), nom donné par les habitans de la Nou-velle-Galles du Sud à un moucherolle dont le chant imite le bruit éclatant d'un fouet de cocher; c'est le *muscicapa crepitans* de Latham. (Ch. D.)

DJU-MALI (*Bot.*), nom malais, donné dans quelques lieux au *daun putry* de l'Inde, qui est le *muscænda formosa* des botanistes. (J.)

DJUMMEIZ, GIMMEIZ. (*Bot.*) Une espèce de figuier, *ficus sycomorus*, est ainsi nommée dans l'Égypte, où elle est très-cultivée. Ses rameaux, qui s'étendent beaucoup, peuvent couvrir un espace de quarante pas de diamètre. Il porte, comme le figuier caprifiguier, deux espèces de fruits : les uns sont mâles et n'offrent plus que des rudimens d'étamines ; les autres contiennent beaucoup de graines. C'est probablement le même que Pokoke, dans son Voyage en Égypte, nomme *dumez*, et qu'il dit être le sycomore des anciens, le fruit de Pharaon des Européens. Il ajoute que sa figue est petite, bonne à manger, cependant peu recherchée, et que, pour la faire mûrir, il faut percer une poche remplie d'eau qui se forme à sa pointe. (J.)

DJYL-DJYLAN. (*Bot.*) Les Arabes nomment ainsi la jugeoline ou le sésame, *sesamum orientale*, qui est le *semsem* des Égyptiens. (J.)

DJYOUNDOU, GYOUNDOU. (*Bot.*) Dans la Nubie, suivant M. Delile, on nomme ainsi l'*hibiscus præcox* de Forskaël, qu'il dit être une variété de l'*hibiscus esculentus*, et qui est, selon Forskaël, le *bamia uæki* ou *bæledi* des Arabes. (J.)

DLASK (*Ornith.*), nom que le bouvreuil, *loxia pyrrhula*, Linn., porte en Illyrie. (Ch. D.)

DOAM-SAMEC. (*Bot.*) Suivant Rauwolf, aux environs d'Alep, ce nom arabe est donné à la coque du Levant, *menispermum cocculus*. (J.)

DOBA. Voyez Domba. (J.)

DOBB, DHOBBA (*Bot.*), noms arabes d'un acacie, qui est le *mimosa unguis-cati* de Forskaël. Vahl le nomme *mimosa mellifera*, parce que les abeilles tirent de ses fleurs un miel blanc très-abondant : il est dans la section des acacies épineux. (J.)

DOBBELT-SNEPPE (*Ornith.*), nom danois de la bécassine commune, *scolopax gallinago*, Linn. (Ch. D.)

DOB-CHICK (*Ornith.*), un des noms anglois du petit grèbe ou castagneux, *colymbus minor*, Linn., qu'on appelle aussi *doocker*, *didapses* et *dipper*. (Ch. D.)

DOBEL (*Ichthyol.*), nom allemand du dobule ou meu·nier. V. Dobule. (H. C.)

DOBELER (*Ichthyol.*), nom que les habitans des bords de l'Elbe donnent au dobule ou meunier, *leuciscus dobula.* Voyez Able , dans le supplément du premier volume. (H. C.)

DOBER (*Bot.*), nom arabe du *tomex glabra* de Forskaël, que nous avons nommé *dobera*, parce qu'il existe un autre genre *Tomex.* (J.)

DOBERA. (*Bot.*) Nom arabe, employé par M. de Jussieu pour un genre que Forskaël avoit nommé *tomex* : mais ce dernier nom a été appliqué par Thunberg à un autre genre ; il l'avoit été également par Linnæus pour une espèce de *callicarpa.* Le *dobera* appartient à la *tétrandrie monogynie* de Linnæus ; sa place parmi les familles naturelles n'est point encore déterminée. Son principal caractère consiste dans un calice urcéolé, à quatre dents ; quatre pétales ; quatre étamines ; les filamens réunis à leur base en un tube tétragone ; quatre petites écailles entre les pétales et les étamines ; un ovaire supérieur ; un style court ; deux stigmates ; un fruit charnu, ovale, tuberculeux, rempli d'un suc visqueux ; une seule semence. Ce genre est borné à l'espèce suivante :

Dobera a feuilles glabres : *Dobera glabra* , Juss. , *Gen.* ; Poir. , Encycl. , Supp. , pag. 492 ; *Tomex*, Forsk. , *Ægypt.* , pag. 32. Arbre découvert dans l'Arabie : son tronc est fort élevé ; ses rameaux cylindriques, garnis de feuilles opposées , pétiolées, planes, glabres, ovales, coriaces, aiguës à leurs deux bouts ; le pétiole cylindrique , jaunâtre, renflé à sa base ; les fleurs disposées en épis axillaires, nus, terminaux, paniculés. Leur calice est urcéolé, un peu ventru, d'un vert pâle, à quatre petites dents étalées ; la corolle blanche, une fois plus longue que le calice ; les pétales linéaires-lancéolés ; les filamens droits, subulés , soudés à leur base entre eux et les pétales ; quatre écailles charnues, verdâtres, presque orbiculaires ; le fruit verdâtre, tuberculé, long d'un pouce ; une semence ovale, oblongue , charnue. Ce fruit est bon à manger. (Poir.)

DOBULE. (*Ichthyol.*) On appelle de ce nom un poisson de la famille des cyprins, que l'on nomme aussi vulgairement *meunier.* Voyez **Able**, dans le Supplément du premier volume. (H. C.)

DOBUSESI, KIMPOGE, TAGARAS. (*Bot.*) La renoncule des jardins, *ranunculus asiaticus*, porte ces divers noms dans le Japon, suivant Thunberg. (J.)

DOCHAF (*Bot.*), nom arabe de l'*arum flavum* de Forskaël. (J.)

DOCHON (*Bot.*), nom arabe, suivant Dalechamps, du millet, *panicum miliaceum.* Il a quelque rapport avec celui de *dokhn*, rapportée par M. Delile pour la même plante; mais non avec ceux de *kossœib* et *milœb*, cités par Forskaël. (J.)

DOCIMASIE. (*Chim.*) C'est l'art qui a pour objet de déterminer la nature et la proportion des élémens qui constituent une mine. (Cʜ.)

DOCIMIN ou DOCIMITE. (*Min.*) Agricola donne ce nom, d'après Strabon, à un marbre qui se tiroit de Docimia, bourg voisin de Synnada. Les Phrygiens l'appeloient pierre *docimite*, et les Romains, *marbre synnadique.* Strabon le compare à l'alabastrite, et si l'**Alabastrite** (voyez ce mot) est, comme nous le supposons, l'albâtre oriental, il devoit être jaunâtre et marqué de veines sinueuses à peu près parallèles. (B.)

DOCLÉE, *Doclea.* (*Crust.*) Voyez **Maïadées.** (W. E. L.)

DOCMAC (*Ichthyol.*), nom arabe d'un poisson du Nil que Forskaël, Linnæus et Bonnaterre ont rangé parmi les silures, dont M. de Lacépède a fait un pimélode, et que nous décrivons à l'article **Bayad** dans le Supplément du IV.ᵉ volume. (H. C.)

DOD-AERTS (*Ornith.*), nom sous lequel les voyageurs hollandois ont parlé du dronte, *didus ineptus*, Linn., et que d'autres écrivent *dod-aersen.* (Cʜ. D.)

DODART, *Dodartia.* (*Bot.*) Genre de plantes dicotylédones, à fleurs complètes, monopétalées, irrégulières, de la famille des *personnées*, de la *didynamie angiospermie* de Linnæus, offrant pour caractère essentiel : Un calice court, anguleux, campanulé, à cinq dents; une corolle tubulée, à deux lèvres, la supérieure échancrée, l'inférieure alongée, plus large, à trois découpures; quatre étamines didynames; un ovaire supérieur; un style; le stigmate bifide; une capsule globuleuse à deux loges, recouverte par le calice; dans chaque loge des semences petites et nombreuses, attachées à un placenta convexe adhérent à la cloison.

Ce genre ne comprend que les deux espèces suivantes:

DODART ORIENTAL : *Dodartia orientalis*, Linn.; Lamk., *Ill. gen.*, tab. 53o; Mill., *Icon.*, tab. 24; Pall., *Itin.*, 2, p. 472 : *Coris juncea aphyllos*, etc., Amm., *Ruth.*, tab. 5. Plante herbacée, qui trace beaucoup par sa racine et pousse des tiges droites, hautes d'un pied et demi, très-rameuses, glabres, presque nues, à rameaux éfilés, en forme de jonc. Les feuilles sont sessiles, linéaires, glabres, aiguës; les inférieures souvent opposées, assez longues, munies de quelques dents rares dans leur partie moyenne; les feuilles supérieures fort étroites, plus petites, très-entières, la plupart alternes; les fleurs presque sessiles, d'un pourpre noirâtre, placées alternativement dans les aisselles des feuilles supérieures, formant, à l'extrémité des rameaux, de petites grappes fort lâches; la lèvre inférieure de la corolle est velue intérieurement dans sa partie moyenne.

Cette plante a été découverte dans le Levant, sur le mont Ararat, dans l'Arménie et dans la Tartarie : elle est cultivée au Jardin du Roi; on la multiplie par ses graines, semées en automne dans une terre légère.

DODART DES INDES; *Dodartia Indica*, Linn. Cette espèce, moins connue que la précédente, croît naturellement dans les Indes orientales. Ses tiges sont velues, un peu cylindriques, médiocrement rameuses, garnies de feuilles pétiolées, velues, ovales, obtuses, dentées. Les fleurs sont jaunes, presque sessiles, opposées, unilatérales, disposées en une grappe terminale munie de feuilles plus petites que les autres; le calice velu; la lèvre supérieure de la corolle courte et droite.

Le genre GALVEZIA de Dombey (voyez ce mot) a paru aux auteurs de la Flore du Pérou appartenir aux *dodartia*. C'est un arbrisseau du Pérou à feuilles alternes; les fleurs solitaires, axillaires; leur calice petit, à cinq découpures; la corolle tubulée, légèrement ventrue à sa base; son limbe partagé en deux lèvres; la supérieure à deux lobes, l'infé-

rieure à trois divisions profondes ; les étamines didynames,
non saillantes ; une capsule globuleuse. (Poir.)

DODDA - MARE, PUNU - KERE. (*Bot.*) C'est sous ces
noms qu'est étiqueté, dans l'Herbier de M. le chevalier
Banks, le *glochidion* de Forster, observé par Gærtner, qui
le rapporte au *bradleia*, genre de la famille des euphorbiacées. (J.)

DODECADIA. (*Bot.*) Genre établi par Loureiro dans sa
Flore de la Cochinchine, qui paroît devoir être rapporté
aux *grewia*. Voyez Grévier. (Poir.)

DODÉCAEDRE. (*Minéralogie, Cristaux.*) Ce nom désigne
en général un solide polyédrique terminé par douze faces.
Néanmoins on restreint ordinairement cette acception en
n'appelant ainsi que les solides dont les douze faces sont des
polygones, d'une même espèce par le nombre de leurs côtés,
et parallèles deux à deux.

Lorsque ces douze faces sont des pentagones, ils peuvent
être tous réguliers et égaux. On distingue ce solide sous le
nom de *dodécaèdre pentagonal régulier*, ou seulement *dodécaèdre régulier*, parce qu'il est le seul dodécaèdre qui ait ce
genre de régularité qu'on vient de définir d'après les géomètres.

Tous les autres dodécaèdres peuvent être nommés *dodécaèdres symétriques;* et on peut les partager en deux classes :
ceux dont tous les polygones, quoique non réguliers, sont
égaux et semblables ; et ceux dont les polygones, quoique
d'une même espèce par le nombre de leurs côtés, sont de
deux espèces par leurs angles. Ces derniers sont beaucoup
moins symétriques que les premiers.

Dans les cristaux on a observé plusieurs espèces de dodécaèdres ; mais aucun d'eux n'est régulier dans l'acception de
la géométrie. Néanmoins il en est un qui, par ses rapports avec
le cube et l'octaèdre régulier, et en raison de la possibilité
de l'en faire dériver par des modifications très-régulières,
mérite aussi l'épithète de *régulier*. Il est terminé par douze
plans rhombes, égaux et semblables. Nous le nommons
dodécaèdre rhomboïdal régulier, pour le distinguer d'autres
dodécaèdres rhomboïdaux qui ne sont que *symétriques*.

On a encore observé dans les cristaux d'autres espèces

de dodécaèdres *symétriques* ; savoir : plusieurs *dodécaèdres triangulaires isocèles*, plusieurs *dodécaèdres triangulaires scalènes*, et un *dodécaèdre pentagonal symétrique*.

Nous n'entrerons ici dans aucun détail sur les propriétés géométriques de ces diverses formes cristallines de dodécaèdres, les ayant déjà décrites fort au long dans l'article *Cristallisation*, et ayant représenté ces formes dans les planches relatives à cet article, figures 38, 39, 41, 47 et 48. Voyez Cristallisation, §§. 55 à 58 ; et aussi, pour la symétrie des modifications de ces solides, les §§. 72, 78 à 81, et pour leurs passages à d'autres formes, les §§. 85, 86, 87 et 90. (Br. de V.)

DODÉCAÈDRE [Pollen]. (*Bot.*) La forme des grains du pollen varie dans les divers végétaux. Ces grains sont, par exemple, globuleux, cylindriques, en forme de rein, trilobés, hérissés de pointes, taillés à facettes. Dans le geropogon ils sont à douze facettes ou dodécaèdres. (Mass.)

DODÉCANDRE [Fleur], (*Bot.*), ayant douze étamines. Voy. Dodécandrie. (Mass.)

DODÉCANDRIE (*Bot.*), nom formé de deux mots grecs, qui signifient *douze maris* : il désigne la onzième classe du système sexuel de Linnæus. Les treize premières classes de ce système étant fondées sur le nombre des étamines, les plantes à douze étamines devroient être naturellement de la douzième classe ; mais, comme on ne connoît pas de plantes à onze étamines, celles à douze étamines prennent la place que ces dernières auroient occupée. (Mass.)

DODECATHEON. (*Bot.*) La plante que Pline nommoit ainsi, est, selon Gesner et Camerarius cités par C. Bauhin, la grassette, *pinguicula vulgaris*. Anguillara donnoit le même nom à la primevère ordinaire. Linnæus, le trouvant plus récemment sans emploi, l'a appliqué à un nouveau genre de la famille des primulacées. (J.)

DODHAM-PANA. (*Bot.*) Dans la collection des graines recueillies à Ceilan par Hermann, celles qui sont inscrites sous ce nom ont été décrites par Gærtner sous celui de *pectinœa zeylanica*. (J.)

DODIEKU. (*Bot.*) C'est, suivant Thunberg, la même plante que l'Abrasin du Japon. Voyez ce mot. (J.)

DODO (*Ornith.*), un des noms du dronte, *didus ineptus*, Linn., qui s'appelle aussi dondon. (Cʜ. D.)

DODONÆA. (*Bot.*) Le genre que Plumier avoit fait sous ce nom, étoit devenu pour Linnæus une espèce de houx-, *ilex*. Un nouvel examen nous a déterminé à le rapporter au *comocladia*, dans la famille des térébintacées. Linnæus a appliqué ensuite ce nom à un genre que nous avions laissé dans les térébintacées, mais qui est mieux rangé dans les sapindées. (J.)

DODONÉ, *Dodonæa*. (*Bot.*) Genre de plantes dicotylédones, à fleurs incomplètes, très-rapproché de la famille des *térébinthacées*, de l'*octandrie monogynie* de Linnæus, offrant pour caractère essentiel : Un calice caduc, à quatre divisions profondes; point de corolle; huit étamines; les anthères ovales, presque sessiles; un ovaire supérieur; un style, un stigmate légèrement trifide. Le fruit est une capsule renflée, munie latéralement de trois ailes membraneuses, divisée intérieurement en trois loges; deux semences dans chaque loge, point de périsperme.

Ce genre renferme des arbrisseaux toujours verts, à feuilles simples, alternes, odorantes et visqueuses : plusieurs sont cultivés au Jardin du Roi. On les propage de drageons, de boutures et de graines, que l'on sème sur couche au printemps. Ils exigent une terre franche, mélangée avec du terreau de bruyère : on les tient dans l'orangerie pendant l'hiver. Leurs fleurs sont petites, sans éclat; mais leur verdure est agréable, leur forme élégante. Ses espèces sont :

Dᴏᴅᴏɴᴇ́ ᴠɪsQᴜᴇᴜx : *Dodonæa viscosa*, Linn.; Lamk., *Ill. gen.*, tab. 304, fig. 1; Jacq., *Amer.*, *Icon. pict.*, 56; Trew, *Ehret.*, 12, tab. 9; Sloan., *Jam.* 2, tab. 162, fig. 3 : *Caryophyllaster littoreus*, Rumph, *Amb.*, 4, tab. 50; Pluk., *Alm.*, tab. 141, fig. 1. Arbrisseau qui croît aux lieux sablonneux et maritimes des pays chauds de l'Amérique et de l'Asie : il est droit, rameux, visqueux, haut de six à dix pieds. Son bois est blanchâtre, assez solide; son écorce brune, ridée; ses rameaux anguleux; les feuilles alternes, médiocrement pétiolées, oblongues, obtuses, glabres, entières, longues de trois ou quatre pouces; les fleurs petites, de couleur herbacée, disposées en petites grappes lâches, presque paniculées ; les capsules membraneuses, vésiculeuses, distinguées par les larges ailes dont elles sont munies.

Dodoné a feuilles étroites : *Dodonœa angustifolia*, Linn., *Supp.*; Lamk., *Ill. gen.*, tab. 304, fig. 2 : vulgairement Bois de reinette. Cet arbrisseau tire son nom vulgaire de la propriété qu'ont ses feuilles d'exhaler une odeur approchant de celle de la pomme de reinette lorsqu'on les froisse entre les doigts : d'ailleurs il ressemble beaucoup au précédent; mais ses feuilles sont plus longues, beaucoup plus étroites, linéaires, aiguës, visqueuses dans leur jeunesse. Linnæus fils dit que les fleurs sont polygames; les fruits paroissent plus petits. Cet arbrisseau croît dans l'Inde.

Dodoné a trois angles : *Dodonœa triquetra*, Willd., *Spec.*, 2, pag. 343; Andr., *Bot. repos.*, tab. 230; Wendl., *Obs.*, 44. Cet arbrisseau, originaire de la Nouvelle-Hollande, cultivé aujourd'hui au Jardin du Roi, est remarquable par ses fleurs dioïques, probablement par avortement. Ses tiges sont glabres; ses rameaux presque triangulaires; les feuilles alternes, pétiolées, glabres, ovales-lancéolées, aiguës à leurs deux extrémités; les fleurs disposées en cimes axillaires; les fleurs femelles privées d'étamines, pourvues d'un style long et rougeàtre. (Poir.)

DOEDOEK. (*Bot.*) On nomme ainsi à Java le *ludwigia trifolia* de Burmann. (J.)

DOEL. (*Ornith.*) Voyez Dohle. (Ch. D.)

DOEPOE (*Bot.*), nom brame, suivant Rheede, du *pœnoe* des Malabares, *vateria indica.* (J.)

DOERI et DOERINJA. (*Ichthyol.*) Aux Indes, les Hollandois donnent ces noms au guara, espèce de Diodon. Voyez ce dernier mot. (H. C.)

DŒRLING. (*Ornith.*) Les oiseleurs d'Allemagne appellent ainsi le rossignol, *motacilla luscinia*, Linn. (Ch. D.)

DOERY. (*Bot.*) Deux espèces de *gmelina* portent ce nom à Java : l'une est le *dœry-radak* ou *gmelina asiatica;* l'autre, le *dœry-rockun* ou *gmelina indica* de Burmann. (J.)

DOF (*Mamm.*), nom suédois du Daim. (F. C.)

DOFAN. (*Malacoz.*) Adanson (Sénégal, pag. 164, tab. 11) décrit et figure avec cette dénomination une espèce de vermet ou de vermiculaire de M. de Lamarck, que Gmelin et plusieurs autres auteurs systématiques ont placée, sous le nom de *serpula goreensis*, dans le genre Serpule. Voyez Vermet. (De B.)

DOFFER. (*Ornith.*) Voyez Duffer. (Ch. D.)

DOFIA (*Bot.*), nom donné par Adanson au genre de plante plus connu sous celui de *dirca*, dans la famille des thymélées. (J.)

DOGLING, DOGLINGE. (*Mamm.*) On dit que c'est le nom d'une espèce de baleine des îles Féroë; mais on ignore quels sont ses caractères distinctifs, et quels rapports il peut se trouver entre elle et les espèces qui nous sont déjà connues. Tout ce qu'on dit d'extraordinaire de son huile et de sa chair, paroît n'avoir aucun fondement. (F. C.)

DOGMAK. (*Ichthyol.*) L'abbé Bonnaterre a appelé silure-dogmak notre bayad-docmac. Voyez Bayad et Docmac. (H. C.)

DOGS-TOOTH (*Ichthyol.*), nom anglois du *sparus cynodon*. Voyez Denté. (H. C.)

DOGUE (*Mamm.*), nom d'une variété de l'espèce du chien qui se caractérisè par sa taille et les formes de sa tête. Voyez Chien. (F. C.)

DOGUET (*Ichthyol.*), nom que les pêcheurs donnent aux petites morues. Voyez Morue. (H. C.)

DOHLE (*Ornith.*), nom allemand du choucas, *corvus monedula*, Linn., qu'on écrit aussi *doel*. (Ch. D.)

DOHRÆDJ (*Bot.*), espèce de gesse, *lathyrus articulatus*, mentionnée par Forskaël dans sa Flore d'Égypte. (J.)

DOIGT. (*Conchyl.*) Quelques auteurs français traduisent ainsi le mot latin *dactylus*, employé pour désigner une espèce du genre Solen. Voyez ce mot. (De B.)

DOIGT-DE-NÈGRE, *Pimelodus nigrodigitatus*. (*Ichthyol.*) On a ainsi nommé une espèce de pimélode qui atteint de grandes dimensions. Voyez Pimélode. (H. C.)

DOIGTIER. (*Bot.*) Nom que Paulet donne au seizième genre qu'il établit dans les champignons. Il comprend des plantes fongueuses, digitées, dont la substance est filandreuse, un peu molle et compacte. Il ne contient qu'une famille, celle dite les Digitées. C'est un démembrement du genre *Clavaria* des botanistes. (Lem.)

DOIGTIER. (*Bot.*) La digitale pourprée porte vulgairement ce nom. (L. D.)

DOIGTS. (*Zool.*) On donne ce nom, en histoire naturelle, aux organes composés de phalanges qui terminent les membres des mammifères, des oiseaux et des reptiles.

Les doigts ne sont jamais au nombre de plus de cinq, ni de moins de trois dans les mammifères, et ils n'ont jamais plus de trois articulations ou de trois phalanges : mais quelquefois ils n'en ont que deux, et même qu'une seule; et le nombre des doigts des membres antérieurs peut être différent de celui des membres postérieurs.

Chez les oiseaux on trouve trois doigts à l'extrémité des ailes, mais cachés sous la peau ; une espèce de pouce composé d'un seul os, un second doigt formé de deux phalanges, et un troisième qui, comme le premier, ne se compose aussi que d'un seul os. Aux pieds ils ont depuis deux jusqu'à quatre doigts, qui sont composés de deux, de trois, de quatre ou de cinq phalanges.

Les reptiles ont jusqu'à cinq doigts, mais quelques espèces en sont tout-à-fait privées, et il paroît que le nombre des phalanges ne varie que d'une à quatre. Le nombre de leurs doigts aux pieds de devant diffère, dans quelques espèces, de celui des pieds de derrière.

Considérés quant à leur position respective, les doigts sont à côté les uns des autres et dans la même direction, comme dans la plupart des mammifères et des reptiles, ou séparés en certain nombre; et dans ce cas ils peuvent plus ou moins s'opposer l'un à l'autre : ainsi les singes ont les pouces des mains et des pieds séparés des autres doigts; les perroquets ont deux doigts dirigés en avant et deux en arrière, et les caméléons trois doigts en avant et deux en arrière, etc.

Ces organes remplissent des fonctions différentes, suivant leurs plus ou moins grandes complications et les divers mouvemens dont ils sont susceptibles. Lorsqu'ils sont libres et qu'ils terminent de véritables pieds, ils servent à faciliter la marche et à rendre la station plus sûre : dans ce cas ils deviennent aussi de puissantes armes; car l'emploi que les chats font de leurs griffes, tient à l'organisation particulière de leurs doigts. Quelquefois, et surtout lorsqu'ils sont dans des directions opposées, ils sont des organes d'appréhension, comme chez les quadrumanes et les oiseaux. Enfin on les voit,

chez l'homme et chez quelques quadrumanes, se transformer
en organes très-délicats du toucher. Dans les animaux qui
sont destinés à vivre dans l'eau et à nager, les doigts sont
réunis par une membrane plus ou moins large, et ils constituent alors les pieds palmés et les nageoires : tels sont ceux
des castors, des loutres, des phoques, des pélicans, des cygnes,
des crocodiles, des grenouilles, et ceux des cétacés, etc. Chez
quelques reptiles ils sont pourvus de disques charnus, au
moyen desquels, en faisant peut-être le vide, ces animaux
s'attachent aux surfaces les plus lisses et marchent renversés;
tels sont les anolis, les geckos, etc. Réunis à l'extrémité des
ailes, ils n'ont point de mouvemens particuliers; mais ils
contribuent à la facilité du vol : le pouce porte les pennes
bâtardes, et le grand doigt les pennes primaires; le petit
doigt, caché sous la peau, paroît n'être d'aucune utilité.

Quelques philosophes ont cru pouvoir attribuer la supé-
riorité de l'homme sur les animaux à la grande perfection
de ses mains, quoique ce principe conduisit directement à
transformer en animal l'homme qui auroit le malheur de
naitre manchot : c'est qu'un système n'a point de conséquences
absurdes aux yeux de ceux qui l'ont adopté. (F. C.)

DOIGTS. (*Mamm.*) Les doigts, par leurs rapports avec le
reste de l'organisation des mammifères et avec le naturel de
ces animaux, ont fourni aux auteurs systématiques un des
meilleurs caractères de leurs méthodes. Linnæus avoit déjà
donné des noms communs à quelques-uns de ses quadrupèdes par la considération des doigts, qu'il employoit comme
caractères génériques. Klein fonda tout son système sur ces
organes. Il sépara d'abord les mammifères qui ont les doigts
enveloppés dans les ongles, de ceux qui ont les ongles à l'extrémité des doigts : les premiers sont ses *ungulata*, et les
seconds ses *digitata;* et il divise ces deux ordres en familles
d'après le nombre des doigts. Les ongulés comprennent les
monochelops (solipèdes) et les dichelons (les cochons et les
ruminans, excepté le genre Chameau); les digités contiennent les didactyles (chameau, etc.), les tridactyles (paresseux à trois doigts, fourmilliers), les tétradactyles (les ta-
tons, les cabiais, etc.), et les pentadactyles (les chiens, les
chats, les phoques et la plupart des rongeurs). Mais ce sys-

tème n'a pas été adopté, parce qu'il conduisoit à réunir des animaux très-étrangers les uns aux autres, et l'on en est revenu à n'employer les doigts, comme caractères, que conformément à la valeur que l'expérience directe leur assignoit. Ils caractérisent l'ordre des quadrumanes, des solipèdes, des ruminans ; ils ne sont plus que des caractères génériques pour les chiens, les chats, les lièvres, etc. ; et enfin les espèces, dans le genre Paresseux, se distinguent surtout par le nombre des doigts, etc. Quant aux diverses modifications dont les doigts des mammifères sont susceptibles, voyez l'article précédent. (F. C.)

DOIGTS. (*Ornith.*) Les pieds des oiseaux ont été considérés par tous les naturalistes comme fournissant, ainsi que leur bec, des signes essentiels, et propres à donner des notions assez justes sur les alimens dont ils se nourrissent, sur les lieux qu'ils fréquentent, sur leurs habitudes générales ; et si la hauteur, la force ou la ténuité des tarses sont, à cet égard, des circonstances à examiner, le nombre, la structure, la distribution des doigts ne sont pas d'une moindre importance.

Les oiseaux ont deux, trois ou quatre doigts, ce qui s'exprime par les mots *didactyles*, *tridactyles*, *tétradactyles*. Les didactyles et les tridactyles ont les doigts en avant. Les tétradactyles ont, le plus souvent, trois doigts devant et un derrière, qui s'appelle *pouce*, et qui est versatile ou susceptible de se porter en devant, comme chez les martinets, lorsqu'il est implanté sur le côté du tarse. Quelquefois aussi les quatre doigts sont naturellement tournés en devant, comme chez les pélicans, les anhingas. Un certain nombre a deux doigts devant et deux derrière.

On appelle *antérieurs*, les doigts qui sont placés en-devant du tarse, et *postérieurs*, ceux qui sont placés derrière. Les trois doigts de devant se nomment *interne*, *intermédiaire* et *externe*, selon la place qu'ils occupent ; et lorsqu'ils sont distribués deux à deux, les antérieurs et les postérieurs se distinguent également par les noms d'*internes* et d'*externes*. Les mêmes dénominations s'appliquent à deux doigts de chaque côté, si les quatre sont tous dirigés en avant. Le doigt intermédiaire ou du milieu, en général le plus long, est articulé avec la portion moyenne de l'extrémité inférieure du tarse : le doigt

interne s'articule sur le bord interne de l'extrémité inférieure du même os, et le doigt externe sur le bord extérieur.
Le pouce, ordinairement le plus court des doigts, et qui
manque dans certains individus, s'articule un peu plus haut
que les précédens et sur la partie postérieure du bord interne du tarse.

Les os du métatarse, qui composent les doigts des oiseaux,
se nomment *phalanges*, comme chez les mammifères; et ces
os qui, quelquefois au nombre de quatre, sont en général à
celui de trois dans le doigt du milieu, de deux dans les doigts
latéraux, et d'un ou deux dans le pouce, forment cinq,
quatre, trois ou deux articulations. Illiger, malgré le penchant qu'il montre, dans son *Prodromus*, pour affecter des
termes particuliers aux simples modifications d'organes qui
n'ont pas besoin d'être distinguées par des noms substantifs,
n'en a pas imaginé pour chacune des phalanges; mais il en
a créé pour exprimer les faces diverses des pieds et des
doigts. Cet auteur appelle *acropodium* la partie supérieure
du pied entier; *pelma*, sa partie inférieure, et *pterna*, la portion de cette dernière qui est située à la région du talon. Il
nomme ensuite *acrodactylum* la face inférieure de chaque
doigt, et *paradactylum* la face latérale. La dernière phalange,
qui porte l'ongle, prend le nom de *rhyzonichium*, et les tubé-
rosités qui se trouvent sous chaque phalange, celui de *tylari*.
Les membranes qui s'étendent le long de chaque doigt dans
certaines espèces, sont des *loma*; celles dans lesquelles plusieurs doigts, ou même tous, sont engagés depuis la base
jusqu'à leur extrémité, ou à peu près, des *palama*, etc.

Les oiseaux qui sont pourvus de trois ou de quatre doigts,
offrent au premier coup d'œil une différence principale et
très-remarquable dans leur structure : ces doigts sont libres;
ou ils sont engagés, soit en totalité, soit en partie, dans des
membranes.

Les doigts *libres* sont ou entièrement séparés jusqu'à leur
articulation avec le tarse, comme chez les oiseaux nommés
par Linnæus à *pieds ambulatoires;* ou le doigt intermédiaire
est étroitement uni au doigt externe, jusqu'à la première
phalange seulement, comme chez le pique-bœuf, et jusqu'à la
troisième, comme dans les martins-pêcheurs et autres oiseaux

à pieds *marcheurs;* ou tous trois sont séparés dans les deux tiers de leur longueur, comme chez la plupart des gallinacés; ou le doigt du milieu est uni à l'extérieur seulement jusqu'à la première phalange; comme chez les *pluviers* et autres oiseaux *coureurs;* ou, enfin, les doigts sont divisés deux en avant et deux en arrière, comme chez les *pics* et autres oiseaux dits improprement *grimpeurs,* puisque, d'un côté, le *torcol,* qui a les pieds ainsi conformés, ne grimpe pas, et que, d'un autre, les *mésanges* et les oiseaux appelés *grimpereaux* par excellence ont trois doigts antérieurs et un postérieur.

En considérant les doigts libres sous d'autres rapports, tels que leur longueur, leur proportion, leur surface, on observe, 1.° qu'ils sont très-longs dans les *râles,* les *poules d'eau,* les *jacanas :* 2.° que le *torcol* a les deux doigts externes beaucoup plus longs que les internes; que le doigt antérieur des *toucans* est presque aussi long que le pied tout entier; que le doigt intermédiaire du *secrétaire* est d'une longueur presque double de celle des doigts latéraux : 3.° que les doigts, revêtus d'une peau lisse dans un grand nombre d'oiseaux, le sont d'une peau écailleuse dans plusieurs autres; que, garnis de duvet à leur surface supérieure, chez les *rapaces nocturnes,* ils sont, chez les *pigeons,* etc., couverts, jusqu'à l'origine des phalanges, de plumes qui s'étendent même jusqu'aux ongles chez le *coq du Japon;* et que, raboteux et verruqueux à leur surface inférieure chez les *rapaces diurnes,* les doigts sont dentelés à cette surface chez les *tétras,* et velus chez le *lagopède :* 4.° enfin, que la couleur des pieds ne varie pas seulement dans les espèces, mais qu'à l'instar de celle du bec elle prend des teintes différentes selon l'âge ou d'autres circonstances.

Les doigts engagés dans des membranes se divisent en *palmés, demi-palmés, lobés, pinnés,* et *ailés.*

Les doigts *palmés* sont ceux dont la membrane continue embrasse, jusqu'à leur extrémité, les trois doigts de devant, comme chez les *cygnes,* les *canards,* les *harles,* les *goëlands,* etc., ou même les quatre doigts, comme chez les *pélicans,* les *cormorans,* les *fous,* les *anhingas,* les *paille-en-queue.*

Les membranes des doigts *demi-palmés* ne s'étendent que

jusqu'à la seconde phalange, comme chez les *sternes* ou *hiron-delles de mer.*

Les doigts *lobés* sont entourés, chacun isolément, d'une membrane qui s'élargit à mesure qu'elle approche de leur ex-trémité, et qui n'a ni festons ni découpures sur les bords : tels sont ceux des *grèbes*, qui offrent, d'ailleurs, comme les cor-morans, cette particularité, que le doigt extérieur est le plus long de tous, et que, la plus grande largeur de la rame se trouvant ainsi du côté du plus grand arc de son mouvement, il en résulte la conformation la plus favorable à l'action de nager.

La membrane dans laquelle sont engagés les doigts *pinnés*, est découpée, à chaque phalange, en lobes ou festons, qui sont lisses chez les *foulques*, et finement dentelés sur les bords chez une espèce de *phalarope*.

On a, enfin, donné le nom d'*ailés* aux doigts garnis, dans toute leur longueur, d'une membrane étroite, lisse, qui n'est ni découpée ni festonnée, et dont les *poules d'eau* ou *gallinules* fournissent un exemple.

On peut, relativement à ces diverses sortes de doigts, faire des remarques analogues à celles qui viennent d'avoir lieu pour les doigts libres, en examinant leur longueur, leur proportion, leur figure, leur surface, leur couleur. Voyez ONGLES, PIEDS. (CH. D.)

DOIGTS. (*Erpétol.*) Si la forme générale des organes du mouvement offre chez les reptiles, comme chez tous les autres animaux, un caractère important pour leur classifi-cation, le nombre et la forme des doigts, par-contre, ne peuvent guère être considérés que comme caractères de genre ou d'espèce dans cette classe d'animaux singuliers dans la pro-duction desquels, comme le dit M. G. Cuvier, « la nature « semble s'être jouée à imaginer des formes bizarres, et à « modifier, dans tous les sens possibles, le plan général qu'elle « a suivi pour les animaux vertébrés et spécialement pour les « classes ovipares. » Encore ces organes, considérés isolément, ne peuvent-ils que rarement servir de caractères de genre ; ils ne prennent pour cela de valeur suffisante que par leur réunion à d'autres caractères. Les tortues d'eau douce, les tortues de terre et les chélides, ne diffèrent presque point par les doigts.

Les lacertiens et les iguaniens ont *des doigts* semblables et différens des autres sauriens, qui diffèrent aussi entre eux par ce caractère, etc.; et les mêmes anomalies s'observent chez les batraciens. Au reste, les doigts des reptiles éprouvent toutes les modifications que nous avons fait remarquer en considérant ces organes d'une manière générale : il y en a de libres, de palmés, de lobés, d'onguiculés; et ce sont ces animaux seuls qui ont des doigts garnis de disques, de ventouses propres à les attacher aux corps polis qui ne donneroient point de prise aux ongles, ou qui ne pourroient point être empoignés. (F. C.)

DOKHAN. (*Bot.*) On a donné en Égypte, suivant M. Delile, ce nom, qui signifie fumée, au tabac, à cause de l'usage qu'on en fait. (J.)

DOKHN. (*Bot.*) Suivant M. Delile, ce nom arabe, qui signifie millet, est donné en Égypte, soit au vrai millet, *panicum miliaceum*, soit à l'*holcus spicatus* de Linnæus, que M. de Beauvois rapporte à son genre *Penicillaria*, et M. Richard au *pennisetum*. Le *sorghum saccharatum* (*holcus saccharatus* de Linnæus) a la même dénomination, et on l'emploie encore pour désigner l'*holcus dochna* de Forskaël. (J.)

DOKU-DAMI. (*Bot.*) Suivant Thunberg, le *houtuynia* porte ce nom au Japon; celui de *doku-kuats* est donné à l'*aralia cordata*, et celui de *doku-simira* à la grenesienne, *amaryllis sarniensis*. (J.)

DOLABELLE, *Dolabella*. (*Malacoz.*) Genre de mollusques céphalophores monopleurobranches, établi par M. de Lamarck pour des animaux extrêmement voisins des aplysies, au point qu'il pourroit sans inconvénient leur être réuni. On peut le caractériser ainsi : Corps alongé, sub-cylindrique, renflé et aplati en arrière, sans appendices latéraux natatoires, et pourvu d'un pied abdominal un peu plus distinct que dans les aplysies; les appendices tentaculaires et les organes de la génération comme dans celles-ci; les organes de la respiration contenus dans une sorte de cavité dorsale à ouverture ovalaire, presque symétrique, antérieure, communiquant avec un autre orifice postérieur correspondant à l'anus, à la partie moyenne et postérieure du dos; le plus souvent une sorte de coquille rudimentaire, presque plane, à sommet épaissi, calleux et un peu en spirale, cachée dans les chairs.

Quoique, d'après les détails anatomiques que nous devons à M. G. Cuvier sur l'espèce la plus connue de ce genre, il soit aisé de voir qu'elle a beaucoup de rapports avec les aplysies, il me semble cependant que la forme de la cavité branchiale à son orifice, et surtout l'absence de prolongemens latéraux du manteau propres à la natation, dénotent des mœurs et des habitudes un peu différentes, et que par conséquent on devra conserver le genre proposé par M. de Lamarck, en l'appuyant cependant sur d'autres caractères que ceux offerts par la forme du rudiment de coquille, seule partie qui avoit été envisagée dans son établissement. En effet, on sait, d'après le rapport de M. Péron, que les dolabelles se cachent dans la vase, ce que la forme tubuleuse de leur ouverture branchiale leur permet, et probablement leur mode de locomotion se fait au moyen du pied, ce qui a assez rarement lieu chez les aplysies, qui nagent au contraire fort bien et souvent à l'aide des larges appendices de leur manteau.

Je pense qu'il y a trois espèces au moins dans ce genre.

1.° La Dolabelle de Péron : *Dolabella Peronii* (Bv.): Dolabelle, G. Cuvier, Ann. du mus., tom. 5, pl. 29, fig. 1. Cette espèce, qui a trois ou quatre pouces de long, est remarquable parce que tout son corps est couvert de petits tubercules charnus ; son rudiment de coquille parfaitement calcaire forme évidemment près d'un tour et demi de spirale. Elle vient de l'île de France, d'où elle a été rapportée par Péron. Elle se trouve dans les baies tranquilles, où elle se recouvre d'une légère couche de vase, ce qui la rend assez difficile à apercevoir.

2.° La D. lisse, *D. lævis* (Bv.). Cette espèce, dont j'ai vu un bel individu dans la collection du Muséum britannique, diffère essentiellement de la précédente par la forme du corps plus renflée, parce que la peau est entièrement lisse, et enfin parce que la coquille, au lieu d'être calcaire, est fort mince, presque membraneuse, et en forme de hache. J'ignore sa patrie.

3.° La D. de Rumphius, *D. Rumphii* (Bv.), diffère de celle

de Péron par une peau beaucoup plus tuberculeuse, une moindre grandeur du disque postérieur, la présence de véritables appendices natatoires, quoique moins grands que dans les aplysies, et enfin par l'existence d'un tube plus long à l'entrée de la cavité respiratoire. C'est sur la coquille figurée pl. 40, fig. N, dans Rumphius, *Thesaur.*, que M. de Lamarck a établi ce genre. C'est à Péron que l'on doit l'observation qu'elle provenoit de l'animal qu'il a rapporté de l'île de France. Je ne vois cependant pas qu'il soit certain que cette coquille provienne de la même espèce d'animal figurée par Rumphius, pl. 10, fig. E. (De B.)

DOLABRIFORME [Feuille], (*Bot.*), en forme de doloire. Feuille charnue, presque cylindrique à la base, platte au sommet, ayant deux bords, l'un épais et rectiligne, et l'autre circulaire et tranchant. On en a un exemple dans le *mesembrianthemum dolabriforme*. (Mass.)

DOLARI (*Bot.*), nom brame du chunda des Malabares, qui est le *solanum undatum* de M. de Lamarck. (J.)

DOLERE, *Dolerus.* (*Entomol.*) C'est le nom donné par M. Jurine, dans sa Nouvelle méthode de classification des hyménoptères, à un genre de cet ordre d'insectes de la famille des uropristes ou serricaudes, correspondans aux *tenthrèdes* et aux *hylotomes* de Fabricius.

La forme des antennes, qui sont en soie et composées de neuf articles, ainsi que le nombre des cellules qu'offrent les ailes, deux radiales et trois cubitales, ont servi à caractériser ce genre, dont le nom, emprunté du grec, δολερος, signifie astucieux, *dolosus.* Les espèces de *mouches à scie* ou *hylotomes* désignés sous les noms de *tenthredo eglanteriæ, opaca, gonagra, germanica, tristis, nigra, cincta, rufa, tibialis*, etc., appartiennent à ce genre. Voyez Uropristes. (C. D.)

DOLERINE. (*Min.*) M. Jurine a cru devoir distinguer par un nom particulier une roche qu'on trouve abondamment sur le glacier de Miage, au pied du Mont-Blanc, et qui est composée d'une pâte felspathique non cristallisée, dans laquelle la chlorite est disséminée en petites lamelles ou en petits grains microscopiques. Nous n'avons pas cru cette roche assez *généralement* répandue et assez distincte de la protogyne pour en adopter encore la spécification dans notre classification minéralogique des roches mélangées. (B.)

DOLERITE. (*Min.*) M. Haüy avoit d'abord donné à cette roche le nom de *mimose*, et c'est sous ce nom que je l'ai indiquée et définie dans mon Essai de classification des roches mélangées, publié en Juillet 1815. Quelques observations critiques qu'on a faites sur ce nom, ont engagé M. Haüy à le remplacer par celui de *dolerite*. Mais si *mimose* a été abandonné, parce qu'il ressembloit trop à celui de *mimosa*, genre de plantes, ne doit-on pas craindre que le nom de *dolerite* ne prête bien plus à la confusion ; car il diffère à peine de celui de *dolerine*, nom donné par M. Jurine à une sorte de roche ? Or, si on vient à adopter l'espèce proposée par M. Jurine, il est bien plus probable qu'on confondra *dolerite*, roche, avec *dolerine*, roche, que *mimose*, roche, avec *mimosa*, végétal.

Néanmoins, M. Haüy paroissant décidé à ne point changer ce nom, nous l'adopterons pour désigner en françois la roche que les géognostes allemands, suivant Reuss, ont nommée *Graustein*.

La dolerite est une roche isomère, c'est-à-dire, dans laquelle il n'y a pas de principe dominant constant : elle est composée essentiellement de pyroxène et de felspath.

La texture de cette roche est au moins aussi souvent grenue qu'empâtée ; cependant il y a quelquefois une sorte de pâte ou de base compacte très-distincte, renfermant toujours des cristaux très-reconnoissables de pyroxène et de felspath, tantôt commun, tantôt vitreux. Ces cristaux sont très-serrés et même mêlés les uns dans les autres, ce qui indique une formation par voie chimique, et une cristallisation à peu près contemporaine des parties.

Les parties constituantes accessoires sont le fer titané, qui n'y manque presque jamais et qui est assez également disséminé, et le péridot. Les parties éventuelles sont le mica et l'amphigène ; mais elles y sont fort rares.

La *cohésion* de cette roche est généralement assez foible ; sa *cassure* est toujours raboteuse, ce qui est une suite naturelle de la foible aggrégation des parties. Mais ces parties, prises séparément, sont dures, quoiqu'elles soient encore assez fragiles. Il résulte de cette disposition que cette roche n'est point susceptible d'être polie.

Sa couleur est le noir piqueté de blanc sale, ou le gris piqueté de noir et de blanc sale. La couleur de la dolerite tire toujours sur le noir, tandis que celle de la diabase tire sur le verdâtre.

Quand les cristaux qui composent la dolerite diminuent de volume, et se mêlent au point qu'on ne peut plus discerner clairement une espèce de l'autre, elle passe au basanite pyroxénique et au basanite felspathique, et même au stigmite, suivant la prédominance ou l'état d'un de ses deux principes. C'est même le passage très-remarquable de la dolerite au basalte qui a mis M. Cordier sur la voie de découvrir que le basalte, au lieu d'être une roche homogène d'amphibole compacte, étoit plutôt une roche d'apparence homogène de pyroxène compacte, enfin une dolerite pyroxénique à parties indiscernables à l'œil nu et souvent même à la loupe, mais séparables et reconnoissables par les moyens ingénieux qu'il a mis en usage.

La dolerite, encore peu connue, parce qu'elle a été long-temps confondue avec d'autres roches, présente peu de variétés, et ne peut être indiquée d'une manière certaine que dans un petit nombre de lieux, quoiqu'il soit très-probable qu'elle est extrêmement répandue. Nous croyons devoir citer particulièrement les variétés suivantes:

1.º La DOLERITE PORPHYROÏDE, dans laquelle les parties constituantes sont très-distinctes, et assez nettement cristallisées et disséminées dans une pâte assez abondante.

Elle se trouve en blocs épars et en masse, qui paroissent être en place au sommet du mont Meissner en Hesse. Elle y recouvre le basalte qui forme le plateau ou chapeau de cette montagne; on voit entre elle et ce basalte des transitions nombreuses et évidentes, qui sont, comme nous l'avons indiqué plus haut, une des preuves les plus remarquables de la nature pyroxénique du basalte, reconnue par M. Cordier.

On trouve aussi cette dolerite à Saint-Sandoux en Auvergne.

Je crois pouvoir rapporter à cette variété une dolerite de Houelmont, montagne volcanique de la Guadeloupe, qui

présente une pâte solide, rougeâtre sale, à cassure un peu
écailleuse, et remplie de cristaux de felspath assez nettement terminés, tantôt vitreux, tantôt presque terreux, et de
cristaux de pyroxène très-nets qui appartiennent à la variété
soustractive de M. Haüy. Elle a été recueillie par M. Coussin.

On la cite également en Italie, près de Portici, au cap
Misène, et même au sommet du Vésuve; mais il paroît très-
douteux qu'on trouve réellement cette roche dans ce dernier
lieu, que nous citons d'après Reuss.

2.° La Dolerite granitoïde. Les cristaux de felspath vitreux
blancs et de pyroxène noirs sont mêlés sans pâte ou ciment
sensible.

Elle vient du Houelmont, à la Guadeloupe.

On pourroit peut-être établir une troisième variété, sous
le nom de *Dolerite subvitreuse,* d'une roche venant également
de la Guadeloupe, d'un aspect porphyroïde, dont la pâte
noire est cependant granulaire, à grains dont la cassure
constamment vitreuse ne permet pas d'y reconnoître le clivage ou la forme du pyroxène. Cette pâte est altérée et
paroît se décomposer en matière terreuse rougeâtre. Elle
est remplie d'une quantité considérable de cristaux de felspath vitreux.

On voit que la dolerite appartient aux terrains pyrogènes,
mais plus certainement aux anciens qu'aux modernes; que
c'est une roche volcanique dans l'acception la plus claire de
ce terme, et qu'elle doit avoir, comme elle a en effet, la
disposition en amas ou coulées, plutôt qu'en couches parallèles
régulières, disposition générale des roches volcaniques; enfin,
qu'elle ne renferme, comme ces roches, ni métaux en
filons ou amas, ni débris de corps organisés, etc.

Il paroît que la dolerite est une des roches des plus nouvelles parmi celles qui composent les terrains pyrogènes anciens, puisqu'elle se trouve presque toujours vers la surface
des plateaux recouvrant le basalte ou pénétrant dans ses
fissures. (B.)

DOLIATÆ VOLVOLÆ. (*Foss.*) Luid a nommé ainsi les articulations d'encrines fossiles peu épaisses et à dos bombé. (D.F.)

DOLIC, *Dolichos.* (*Bot.*) Genre de plantes dicotylédones,
à fleurs complètes, papillonacées, de la famille des *légu-*

mineuses, de la *diadelphie décandrie* de Linnæus, dont le ca-ractère essentiel consiste dans un calice à cinq dents inégales; une corolle papillonacée ; deux callosités à la base de l'é-tendard, qui compriment les ailes ; la carène en croissant, comprimée ; dix étamines diadelphes ; un ovaire supérieur comprimé ; un style coudé ; le stigmate calleux et barbu. Le fruit est une gousse alongée, bivalve, polysperme, de forme variable.

Ce genre renferme un grand nombre d'espèces, le plus grand nombre originaires des Indes orientales ou de l'Amérique. Elles se distinguent par leurs feuilles constamment ter-nées, assez semblables à celles des haricots par leur tige, très-souvent grimpante, herbacée, rarement ligneuse. Au sommet des pétioles et des pédicelles on distingue très-sou-vent deux filets opposés et stipulaires. La variété des formes dans leur gousse a déterminé quelques auteurs modernes à diviser ce genre en plusieurs autres. M. Adanson avoit déjà établi cette même réforme : c'est ainsi que le *dolichos tetragonolobus*, Linn., est le genre *Botor* d'Adanson. Il appelle *mucuna* le *dolichos urens*, Linn., qui appartient au genre *Citta* de Loureiro ; *Negretia* de la Flore du Pérou ; *Stizolobium*, Brown, *Jam.* Swartz a établi le genre TERAMNUS pour le DOLICHOS UNCINATUS, etc. (Voyez ces mots.) La plupart de ces espèces intéressent par la vigueur de leur végétation, plus particulièrement par leurs propriétés économiques et alimentaires. Toutes se multiplient de graines semées en Mars dans une terre substantielle et légère. Les principales espèces, distribuées en deux sections, sont :

* *Tiges grimpantes.*

DOLIC LABLAB ; *Dolichos lablab*, Linn. ; Lamk., *Ill. gen.*, tab. 610. Cette espèce est une des plus anciennement con-nues ; elle a été découverte en Égypte par Prosper Alpin : mais on ne conçoit pas comment il a pu l'annoncer comme un arbre sarmenteux, toujours vert, qui vit plus de cent ans. Cette plante est annuelle dans nos jardins. Ses tiges s'élèvent, en grimpant, jusqu'à la hauteur de six pieds. Ses feuilles sont composées de trois folioles ovales-arrondies, pubescentes seulement à leurs bords et sur les pétioles ;

ceux-ci portent à leur sommet deux filets stipulaires, opposés, plus longs que dans les autres espèces. Ses fleurs sont
panachées de pourpre, de violet et de blanc, disposées en
belles grappes terminales, accompagnées, au-dessous de leur
calice, de deux bractées ovales : les gousses sont glabres,
ovales, comprimées, en sabre, terminées par une pointe
en crochet; les semences noires ou rougeâtres, marquées
d'un ombilic blanc, arqué, presque en demi-cercle. Les
Égyptiens se nourrissent de ses fruits, qu'on dit être aussi
agréables que nos haricots; mais ils mûrissent très-difficile-
ment en France. Le *dolichos purpureus*, Linn., et Smith,
Exot., tab. 74, est très-rapproché de cette espèce. Il diffère
peu du *dolichos sanguineus*, Jacq., *Fragm.*, pag. 45, tab. 55.

Dolic de Chine : *Dolichos sinensis*, Linn.; Rumph., *Amb.*, 5,
tab. 134. Plante de la Chine dont les semences sont très-
bonnes à manger, et dont les matelots font des provisions
pour leurs voyages. Ses rameaux sont grêles, herbacés et
grimpans; les folioles très-glabres, ovales, aiguës; les pédoncules courts, axillaires, chargés de deux ou trois fleurs
pâles, un peu purpurines; les gousses sont fort longues,
grêles, cylindriques, pendantes, un peu noueuses; les semences blanches ou rougeâtres dans une variété. Le *dolichos
sesquipedalis*, Linn., et Jacq., *Hort.*, 1, tab. 67, ne se distingue essentiellement de la précédente que par ses gousses
pendantes, légèrement cylindriques, longues d'un pied et
demi et plus. Cette plante croît en Amérique.

Dolic onguiculé : *Dolichos unguiculatus*, Linn.; Jacq., *Hort.*,
tab. 23. Cette espèce, des îles Barbades, cultivée au jardin
du Roi, s'élève à deux ou trois pieds, sur une tige peu
sarmenteuse : les folioles sont ovales, aiguës, un peu coudées
vers leur base; les pédoncules axillaires, presque solitaires,
terminés par deux ou trois fleurs presque sessiles, d'un
pourpre pâle; l'étendard un peu violet; les gousses droites,
glabres, cylindriques, peu noueuses, terminées par une
pointe en crochet. Le *dolichos tranquebaricus*, Linn., *Syst.
veg.*, et Jacq., *Hort.*, 2, tab. 70, paroît différer bien peu
de cette espèce : les gousses sont plus cylindriques ; leur
pointe droite, et non en crochet.

Dolic en sabre : *Dolichos ensiformis*, Linn.; Sloan., *Jam.*, 1.
13.   26

tab. 114, fig. 1, 2, 4; *Dolichos acinaciformis*, Jacq., *Icon. rar.*, 3, tab. 559; vulgairement POIS-SABRE. Plante de la Jamaïque, remarquable par la grandeur de ses gousses en forme de sabre, longues d'environ deux pieds, larges d'un pouce et demi, un peu aplaties sur le côté, ayant le dos large, muni de trois nervures en forme d'aile; les semences blanches ou roussàtres, longues d'un pouce; les fleurs purpurines, disposées en grappes axillaires. On avoit confondu avec cette espèce le *lobus machæroïdes*, Rumph., *Amb.*, 5, tab. 135, fig. 1; *bara mareka*, Rheed., *Malab.*, 8, tab. 44, qui est le *dolichos gladiatus*, Jacq., *Ic. rar.*, 3, tab. 560: espèce des Indes orientales, dont les fleurs sont d'un blanc lavé de rose; les gousses pendantes, fort grandes, longues de quatre à sept pouces, larges de deux, épaisses, un peu courbées en sabre, à trois carènes sur le dos, terminées par une pointe droite; les semences grosses, ovales, arillées; les tiges glabres, grimpantes; les folioles ovales, aiguës, un peu rudes.

DOLIC A FEUILLES RONDES : *Dolichos rotundifolius*, Vahl, *Symb.*, 2, pag. 81; *Dolichos emarginatus?* Jacq., *Schænbr.*, 2, tab. 221; *an Dolichos obtusifolius?* Lamk., *Encycl.*, n.° 10. Ses tiges sont ligneuses, glabres, anguleuses vers leur sommet; les deux folioles latérales ovales, la terminale arrondie, toutes glabres, échancrées; les pédicelles pileux, de couleur purpurine; les grappes axillaires; les pédoncules parsemés de gros tubercules; la corolle grande, purpurine; les gousses longues de trois pouces, larges de six lignes, comprimées obliquement, aiguës à leurs deux extrémités, parsemées de poils fort petits et couchés. Elle croît dans l'Amérique et dans les Indes orientales. Elle paroît devoir appartenir au genre *Negrétia*, ainsi que le *dolichos altissimus*, Linn., qui en est très-rapproché, et le *dolichos giganteus*, Willd., ou *kaku-valli*, Rheed., *Malab.*, 8, tab. 36, qui en diffère peu : la première de la Martinique; la seconde des Indes orientales.

DOLIC TUBÉREUX : *Dolichos tuberosus*, Lamk., *Encycl.*, n.° 12; *Phaseolus radice tuberosa*, etc. Plum., *Spec.*, 8; Burm. *Amer.*, tab. 220 : vulgairement POIS-PATATE. Plante de la Martinique remarquable par ses racines tubéreuses, de la grosseur des deux poings, d'une consistance et d'une saveur assez semblables à celles de nos raves, bonnes à manger, ainsi que les semences. Les folioles sont larges, presque arrondies; les pédoncules axillaires souvent longs d'un pied; les gousses un peu arquées en faucille, presque longues d'un pied, légèrement comprimées et toruleuses, couvertes de poils roussâtres; les semences réniformes, noires et luisantes. Le *dolichos articulatus*, Lamk., Enc., n.° 13, Plum., *Amer.*, tab. 221, ne doit pas être confondu avec le *dolichos urens* : ses feuilles sont grandes, à trois folioles bordées de dents un peu anguleuses, les latérales presque auriculées; les rameaux ligneux, grimpans, fort longs; les pédoncules axillaires, longs d'un pied et demi; les fleurs grandes, d'un pourpre violet; les gousses longues, comprimées, divisées par articulations nombreuses, couvertes de poils roux; une semence réniforme et luisante dans chaque articulation. Elle croît aux Antilles.

DOLIC A PETITES GOUSSES : *Dolichos minimus*, Linn.; *Phaseolus fructu minimo*, Plum., *Spec.*, 8, et *Mss.*, vol. 2, tab. 100; Sloan., *Jam.*, 1, tab. 115, fig. 1; Jacq., *Obs.*, 1, pag. 34, tab. 22. Cette plante croît, parmi les haies, à la Jamaïque et aux Antilles. Elle se distingue par ses gousses à peine longues d'un pouce, un peu en sabre, comprimées, velues, acuminées, ne renfermant souvent que deux semences noirâtres, tachetées de blanc. Ses tiges sont très-grêles, ligneuses à leur base; les folioles assez petites, rhomboïdales, ponctuées en-dessous, d'un vert gai, à trois nervures; les fleurs petites, disposées en grappes axillaires; le calice ponctué, à quatre dents courtes, la cinquième presque en alêne; l'étendard jaune, strié de brun; les deux ailes d'un beau jaune; la carène pâle ou blanchâtre, avec une tache violette au sommet : elle conserve ses tiges et ses feuilles dans la serre chaude pendant tout l'hiver au jardin du Roi. Les gousses sont également petites et velues dans le *dolichos medicagineus*, Lamk., Encycl., n.° 16; Burm., *Zeyl.*, tab. 84, fig. 2 : ses tiges sont pubescentes; ses folioles petites, arrondies, cunéiformes; les fleurs rougeâtres, disposées en grappes axillaires; le calice velu; ses divisions presque subulées. Elle croît à Ceilan. Dans le *dolichos scarabæoides*, Linn., Pluk., *Almag.*, tab. 52, fig. 3, les gousses sont petites, velues, toruleuses, à quatre ou cinq semences; les pédoncules courts, latéraux, à une ou deux fleurs; les folioles ovales, obtuses, cotonneuses; les tiges grêles, ligneuses à leur base, longues de deux ou trois pieds.

Dolic bulbeux : *Dolichos bulbosus*, Linn., Pluk., *Alm.*, tab. 52, fig. 4; *Cacara bulbosa*, Rumph., *Amb.*, 5, tab. 132. Espèce des Indes orientales, intéressante par sa racine, qui est une grosse tubérosité arrondie ou en navet, que l'on mange plutôt cuite que crue. On en prépare un mets assez délicat, en la coupant en morceaux, et la faisant cuire avec du beurre, du sucre et de la cannelle. Il faut l'arracher de terre lorsque la plante est dans sa vigueur, et que ses fruits ne sont pas encore mûrs. Ses tiges sont glabres, menues et grimpantes; les folioles glabres, lobées, anguleuses et dentées; les fleurs rougeàtres, disposées en grappes pédonculées et axillaires; les gousses glabres, oblongues, un peu toruleuses, cylindriques, aiguës.

Plusieurs autres espèces se rapportent encore à cette sous-division, sans parler de celles qui seront mentionnées dans les genres que j'ai indiqués plus haut. Tels sont le *Dolichos capensis, aristatus, filiformis, polystachios*, Linn.; *Dolichos lineatus, incurvus, cultratus, umbellatus, hirsutus*, Thunb. et Banks, *Icon.*, Kæmpf., tab. 41; *Dolichos pilosus, tetraspermus, subracemosus, falcatus, lobatus seu trilobus*, Houtt., *Syst.*, 8, tab., 64., fig. 1.; *argenteus, ciliatus, luteus, roseus, angularis*, Willd.; *Dolichos ruber*, Jacq., *Amer.*, tab. 123; *reticulatus*, Ait., *H. Kew.*; *regularis*, Linn.; enfin le *Dolichos lignosus*, Linn., *Hort. Cliff.*, tab. 20, originaire des Indes orientales, dont les gousses, brunes, peu comprimées, oblongues ou linéaires, sont employées comme alimentaires dans toute l'Inde, mais seulement lorsqu'elles sont vertes : très-joli arbrisseau sarmenteux, dit M. Desfontaines, qui croît avec la plus grande rapidité sous un climat chaud, et pousse un grand nombre de jets grêles et flexibles. Il fleurit pendant une partie de l'été. Ses fleurs sont très-nombreuses, d'une belle couleur rose. A Alger on en fait des berceaux, et on en tapisse les murs des jardins; à Paris on l'abrite dans l'orangerie en hiver, et dans le Midi il se cultive en pleine terre : il aime un terrain léger, un peu humide. On le multiplie aisément de graines, de drageons et de boutures.

** *Tiges droites ou couchées, mais point grimpantes.*

Dolic soja : *Dolichos soja*, Linn., Kæmpf. *Amœn. exot.*, 837, **tab.** 838; Jacq., *Icon. rar.*, 1, **tab.** 145. Plante herbacée du Japon, intéressante par ses semences, avec lesquelles les Japonois préparent une sorte de bouillie qui leur tient lieu de beurre, et dont ils font une sauce qui se sert avec les viandes rôties. La bouillie se nomme *miso*, et la sauce *sooia* ou *soja*. La tige est droite, haute d'un pied et demi, chargée de poils roussàtres; les folioles molles, velues, ovales, obtuses; les fleurs presque sessiles, axillaires, fort petites, velues; la corolle à peine plus longue que le calice; les gousses pendantes, comprimées, longues d'un pouce et demi, chargées de poils roussàtres.

Dolic a gousses menues : *Dolichos cattang*, Linn.; *Phaseolus minor*, Rumph., *Amb.*, 5, tab. 139, fig. 1; *an Peru*, Rheed., *Malab.*, 8, tab. 41? Les fruits de cette plante sont, après le riz, dans les Indes orientales, l'aliment dont les naturels font le plus d'usage; ceux qui ont les graines blanches sont préférés, comme plus délicats et plus sains. Ses tiges sont menues, droites, anguleuses, peu rameuses; les folioles vertes, ovales, aiguës; les fleurs blanches ou bleuâtres; les gousses menues, linéaires, presque droites : les semences varient dans leur couleur. Dans le *dolichos biflorus*, Linn., Pluk., tab., 213, fig. 4, la tige est glabre, persistante; les folioles ovales, aiguës, les fleurs jaunes, axillaires, au nombre de deux sur chaque pédoncule; les gousses redressées, arquées en faucille, aiguës. Le *dolichos uniflorus*, Lamk., Encycl., n.° 31, est très-rapproché de l'espèce précédente par ses fleurs et ses fruits : ses rameaux sont velus, ainsi que les stipules et les feuilles. Elle croît dans l'Inde. Toute la plante est pubescente dans le *dolichos repens*, Linn.; la tige rampante; les fleurs en grappes géminées; les gousses grêles, linéaires, cylindriques. On la trouve à la Jamaïque.

On rapporte encore à cette sous-division beaucoup d'autres espèces; les principales sont : *Dolichos albus*, Lour., *seu cacara alba*, Rumph., *Amb.*, 5, tab. 137; *Dolichos montanus*, *hastatus*, Lour.; *Dolichos pubescens*, Willd.; *fabæformis*, Willd., qui est le *dolichos psoraloïdes*, Lamk., et *lupinus trifoliatus*, Cavan., *Ic.*; *Dolichos stipulaceus*, Lamk., *seu trilobus*, Burm.,

Ind., tab. 5o, fig. 1 ; *Dolichos dissectus*, Lamk., *seu phaseolus aconitifolius*, Jacq., *Obs.* 3, tab. 52 ; *Dolichos scaber, virgatus*, Rich., *Act. soc. Linn. Paris.; Dolichos gibbosus, decumbens*, Thunb., *Prodr.; Dolichos mollis*, Jacq., *Fragm.*, tab. 88, fig. 1. (POIR.)

DOLICHLASIUM. (*Bot.*) [*Corymbifères*, Juss. ; *Syngénésie polygamie égale*, Linn.] Ce genre de plantes, établi par M. Lagasca dans la famille des synanthérées, appartient probablement à notre tribu naturelle des mutisiées, dans laquelle nous croyons pouvoir le placer auprès du *leria.*

La calathide est incouronnée, équaliflore, multiflore, labiatiflore, androgyniflore. Le péricline est oblong, subovoïde, et formé de squames nombreuses, imbriquées, inappliquées, foliacées, lancéolées, acuminées. Le clinanthe est plane et inappendiculé. Les cypsèles sont amincies supérieurement en un col, qui porte une aigrette composée de squamellules filiformes, barbellulées. Les corolles sont labiées, et ont la lèvre intérieure bipartie et roulée. Les anthères sont munies d'appendices basilaires sétacés extrêmement longs.

Le DOLICHLASE GLANDULIFÈRE (*Dolichlasium glanduliferum*) est une plante herbacée, toute couverte de glandes, et ressemblant par le port aux *mutisia :* ses feuilles sont alternes, pinnées ou profondément pinnatifides, sans vrilles; les calathides sont grandes, solitaires et terminales. M. Lagasca n'a point indiqué la patrie de cette plante, que nous ne connoissons que par sa description. Il l'a nommée *dolichlasium*, pour exprimer la longueur des appendices basilaires des anthères.

Ce genre est placé par l'auteur dans son ordre des chénantophores, entre le *lasiorrhiza* ou *chabræa* et le *proustia;* et par M. Decandolle, dans sa tribu des labiatiflores, entre le *chaptali* et le *perdicium*. (H. CASS.)

DOLICHOPE, *Dolichopus*. (*Entom.*) Ce nom, tiré de deux mots grecs, δολιχος, alongé (*prolixus*), et πους, pied, signifie pattes alongées, et caractérise ainsi un genre d'insectes à deux ailes, de la famille des *chétoloxes*, ou à antennes à poil isolé, latéral et à trompe charnue, rentrant dans une cavité du front.

Ces insectes ont été long-temps rangés, même par Linnæus et par Fabricius, dans le genre Mouche. Harris les a distingués un des premiers. Degéer a fait connoître le développement et l'histoire de l'une des espèces, et M. Cuvier, en 1792, a décrit plusieurs mâles dans le Journal d'histoire naturelle de Paris, tome II. Nous tirerons de ces deux sources les observations qui vont suivre, n'ayant pas eu occasion d'étudier les mœurs de ces espèces, qui sont cependant très-communes sous l'état parfait.

Voici d'abord les caractères auxquels on peut distinguer les espèces de ce genre de toutes celles de la même famille des chétoloxes.

Les antennes, ayant un poil isolé simple ou non barbu ni plumeux, les séparent des *mouches* et des *cénogastres*. L'article intermédiaire ou la seconde pièce de ces antennes est courte et se confond avec la troisième, ce qui les éloigne des *échinomyes* et des *tétanocères*, qui ont constamment ce second article alongé et beaucoup plus considérable que le troisième. La tête des dolichopes est accolée au corselet, au lieu d'être portée sur une sorte de cou, comme dans les *ceyx*, qu'on a aussi nommés *calobates*.

Les dolichopes ont l'abdomen conique, alongé et courbé en-dessous chez les mâles; dans tous les autres genres de la même famille, excepté chez les *cosmies*, le ventre ne se termine pas en pointe, comme on peut l'observer dans les *syrphes*, les *sarges*, les *thérèves*, les *mulions*. Les *cosmies*, que M. Latreille a nommées depuis *téphrites*, pourroient donc être confondues avec les *dolichopes*; mais les premiers ont les pattes courtes et égales, tandis que les autres les ont alongées, grêles, bordées de poils, ou ciliées avec trois petites pelottes sous les tarses.

On observe les dolichopes très-communément sous l'état parfait dans les lieux humides, sur les murailles, sur les troncs d'arbres ou sur la terre, dans le voisinage des eaux tranquilles, sur lesquelles on les voit souvent marcher avec célérité, et à la surface desquelles ils attaquent les podures et les autres petits insectes mous dont ils se nourrissent.

D'après les observations que Dégéer a insérées dans le tome VI de ses Mémoires sous le n.° 15 de la page 194, et qu'il a figurées à la planche XI sous les n.°⁵ 19 et 20, il paroîtroit que la larve du dolichope à crochets (*ungulatus*) auroit quelques rapports avec celles des tipules par la forme de la bouche et par les tubercules dont le dessous du corps est garni. La nymphe seroit aussi tout-à-fait différente de celles du plus grand nombre de diptères, puisqu'elle ne seroit pas obtectée, mais qu'on y observeroit, comme chez celles des cousins, la tête, le corselet, le rudiment des ailes, des pattes, et que l'abdomen seroit alongé et très-mobile.

M. Cuvier, dans le Mémoire déjà cité, a fait connoître la structure et la conformation des organes mâles et l'organisation des antennes.

M. Meigen a rapporté plusieurs espèces de ce genre à ceux qu'il nomme *callomye, platypeza, satyra*.

Voici les caractères des principales espèces de *dolichopes*.

1.° DOLICHOPE A CROCHETS, *Dolichopus ungulatus* : figurée par Degéer, comme nous l'avons déjà dit.

Car. Corps brillant, cuivreux ; ailes sans taches ; pattes d'un brun pâle ou livide.

2.° DOLICHOPE ENNOBLI, *Dolichopus nobilitatus*.

C'est la mouche verte cuivreuse, à ailes mi-parties de brun et de blanc, de Geoffroy, tom. II, p. 523, n.° 55, et que Schæffer a figurée sous le n.° 5 de la planche 206.

3.° DOLICHOPE LISSÉ, *Dolichopus glabratus*.

Cette espèce, qui se trouve aux environs de Paris, et qui a été décrite d'après un individu de la collection de M. Bosc, est fort commune. Elle est d'un vert bronzé brillant, mais avec la tête noire et les antennes pâles.

4.° DOLICHOPE A QUATRE BANDES, *Dolichopus fasciatus*.

Il est pâle, avec quatre bandes noires sur l'abdomen, et les ailes transparentes. (C. D.)

DOLICHOS. (*Bot.*) Voyez DOLIC. (POIR.)

DOLICHURE, *Dolichurus*. (*Entom.*) M. Maximilien Spinola a désigné sous ce nom, qui indique le prolongement du ventre formant une sorte de queue alongée, δολιχος ᾄρα, une espèce d'insecte hyménoptère de la famille des fouisseurs ou oryctères, voisin des *sphéges*. M. Latreille croit que cet insecte, car on n'en a encore rapporté qu'un seul à ce genre, vit dans les vieux bois. Il se rencontre en Italie ; mais M. Bazoches de Sez l'a trouvé dans le département du Calvados. (C. D.)

DOLICQLITE. (*Foss.*) Quelques naturalistes ont désigné sous ce nom un assemblage d'articulations d'encrines fossiles. (D. F.)

DOLIOCARPE, *Doliocarpus*. (*Bot.*) En conservant le *doliocarpus*, que Willdenow a réuni au *tetracera*, on aura un genre de la famille des *dilléniacées*, d'après M. Decandolle, de la *polyandrie monogynie* de Linnæus, offrant pour caractère essentiel : Un calice persistant à cinq folioles concaves, inégales ; trois à cinq pétales arrondis ; des étamines nombreuses, insérées sur le réceptacle ; un ovaire supérieur, globuleux ; un style souvent recourbé ; une baie indéhiscente, à une seule loge ; deux semences arillées.

Ce genre renferme quelques arbrisseaux de l'Amérique méridionale, à tige droite ou grimpante, à feuilles alternes ; les pédoncules très-souvent latéraux, axillaires, chargés d'une ou de plusieurs fleurs. On distingue parmi les espèces :

DOLIOCARPE GRIMPANT : *Doliocarpus scandens*, Poir., Encycl., Supp. ; *Doliocarpus Rolandri*, Dec., *Syst.*, p. 405 ; Roland., *Act. Holm.*, 1756, pag. 260, tab. 9, fig. 1, 2, 3. Arbrisseau de Surinam, dont les tiges sont grimpantes ; les feuilles oblongues ou ovales, acuminées, dentées vers leur sommet ; les pédoncules latéraux, uniflores ; leur calice composé de cinq folioles inégales, concaves, oblongues-arrondies ; trois pétales ; les étamines plus longues que le calice ; un style flexueux : le fruit est une baie globuleuse. Dans le *doliocarpus strictus*, Soland., *l. c.*, les tiges sont roides et droites ; les feuilles rabattues, ovales-lancéolées, dentées à leur contour ; les fleurs terminales. Cette espèce croît à Surinam.

DOLIOCARPE CALINEA : *Doliocarpus calinea*, Gml., *Syst.* ; Dec., *Syst.* : *Soramia*, Lamk., *Ill. gen.*, tab. 463, fig. 2. ; *Calinea scandens*, Aubl., *Guian.*, tab. 221 ; *Tetracera calinea*, Willd. Arbrisseau de la Guiane, qui s'élève en grimpant jusqu'au-dessus des arbres : ses tiges sont noueuses, ramifiées ; les feuilles roides, glabres, médiocrement pétiolées, oblongues, elliptiques, acuminées, entières à leurs bords ; les fleurs disposées en grappes axillaires un peu épaisses, beaucoup plus courtes que les feuilles ; deux bractées à la base de chaque pédoncule ; leur calice composé de cinq folioles presque orbiculaires, deux extérieures plus courtes ; la corolle blanche ; les pétales orbiculaires, un peu denticulés ; le style fortement courbé, terminé par un stigmate concave en entonnoir ; l'ovaire supérieur à deux ovules.

Le *soramia guianensis* d'Aublet paroît pouvoir être également rapporté à ce genre. C'est le genre *Mappia* de Schreber, le *tetracera obovata*, Willd. Voyez Soramia. (Poir.)

DOLIOLUM. (*Foss.*) On a quelquefois donné ce nom aux articulations cylindriques des encrines fossiles. (D. F.)

DOLIQUE, *Dolichus*. (*Entom.*) M. Bonelli a indiqué sous ce nom de genre des insectes coléoptères pentamérés créophages, de la division des carabes, et en particulier le *carabus flavicornis* de Fabricius, dont le troisième article des antennes est réellement plus court que les deux précédens pris ensemble. Tel est encore le *carabus angusticollis*, figuré par Panzer, dans sa Faune, cahier 83, n.° 9. (C. D.)

DOLIUM (*Conchyl.*) nom latin du genre Tonne. Voyez ce mot. (De B.)

DOLKEN. (*Ornith.*) On appelle ainsi, en Danemarck, le pluvier gris, *tringa squatarola*, Linn. (Ch. D.)

DOLOMEDE, *Dolomedes*. (*Entom.*) M. Latreille, et par suite M. Walckenaer, ont désigné sous ce nom un genre d'*aranéides*, voisin des araignées-loups, de la tribu de celles qu'il nomme citigrades. Telle est l'espèce que Clerck a figurée dans son ouvrage sur les araignées de Suède, sous le nom de *mirabilis*, qui est l'*aranea obscura* de Fabricius, et la *fasciata* de Degéer ; l'*aranea fimbriata* de la plupart des auteurs constitue la seconde espèce. (C. D.)

DOLOMIE. (*Min.*) C'est le nom d'usage qu'on donne à cette variété de chaux carbonatée qui se distingue des autres par la présence de la magnésie et par sa texture grenue. Voyez Chaux carbonatée, 19.ᵉ var., Calcaire lent, Dolomie. (B.)

DOLOMIEU (*Ichth.*), nom spécifique d'un poisson du genre Microptère, et consacré à perpétuer la mémoire du célèbre minéralogiste françois Dolomieu. Voyez Microptère. (H. C.)

DOLONOT, HINDERAMAY, PEGAPEGA (*Bot.*) : noms donnés dans les Philippines, suivant Camelli, cité par Rai, p. 48, à un arbrisseau élevé dont l'écorce est textile. Les feuilles, presque semblables à celles de la grande ortie, sont alternes, âpres au toucher, et s'attachent aux vêtemens. Les fleurs sont très-petites, rassemblées, sur la tige et aux aisselles des feuilles, en petites têtes sphériques et sessiles. Cette plante, figurée par Camelli, a le port d'un *boehmeria* ou d'un *procris* dans la famille des urticées. (J.)

DOLPHIN (*Ichthyol.*), nom anglois (en allemand *Delphin*) du *coryphæna hippurus*. Voyez CORYPHÈNE. (H. C.)

DOLUK ou HOTAM. (*Bot.*) Ces noms arabes sont donnés, suivant Forskaël, à l'alcali que l'on retire, par incinération, d'un *suæda*, genre qui se confond avec la soude. Cet alcali sert dans les lessives aux mêmes usages que celui que fournit la soude. (J.)

DOLZOLINI (*Bot.*), nom italien, suivant Dalechamps, des tubercules de la racine du *cyperus esculentus*, qui sont bons à manger. (J.)

DOMANITE. (*Min.*) M. Fischer, dans son Tableau systématique des minéraux du cabinet de l'université de Moscou, a donné ce nom comme synonyme du schiste bitumineux ou de l'AMPELITE. Voyez ce mot. (B.)

DOMBA, DOBA. (*Bot.*) A Ceilan on nomme ainsi l'*inophyllum* de Burmann, qui est le *calophyllum inophyllum* de Linnæus, dans la famille des guttifères. (J.)

DOMBAGEDY. (*Bot.*) L'arbre nommé ainsi à Ceilan, suivant Commelin, paroît être, d'après la gravure qu'il en a donnée dans son *Hort. Amstelod.*, 1, *t.* 61, voisin de l'*andira* et du *geoffrœa*, dans les légumineuses. Il le regardoit comme un noyer, et Linnæus, dans sa *Flor. zeyl.*, l'indique comme le même que l'*œmbarella* du même lieu, cité par Hermann. (J.)

DOMBEY, *Dombeya*. (*Bot.*) Genre de plantes dicotylédones, à fleurs complètes, de la famille des *malvacées*, de la *monadelphie dodécandrie* de Linnæus, caractérisé par un double calice, l'extérieur à trois folioles caduques, souvent inégales et pédicellées; l'intérieur d'une seule pièce, à cinq divisions : une corolle à cinq pétales; vingt étamines, dont cinq stériles; les filamens réunis à leur base en un tube très-court; un ovaire supérieur à cinq sillons; un style; cinq stigmates filiformes, recourbés. Le fruit est globuleux ou turbiné, composé de cinq capsules réunies circulairement, se séparant à l'époque de la maturité ; chaque capsule bivalve, uniloculaire, à une ou à plusieurs semences.

L'emploi du mot *dombeya*, comme nom générique, a beaucoup varié. M. de Lamarck l'a appliqué à une plante du Pérou que M. de Jussieu a nommée ARAUCARIA (voyez ce mot); l'Héritier l'a substitué au *tourretia*, nom donné par Dombey à une autre plante du Pérou. Enfin, Cavanilles a employé le nom de *dombeya* pour le genre dont il est ici question, que M. de Lamarck désigne sous le nom de *pentapetes*, qui n'est pas parfaitement celui de Linnæus. Gmelin, dans son *Systema naturæ*, a conservé les genres *tourretia* et *dombeya*, l'Hérit., quoiqu'ils désignent la même plante sous une double dénomination, et il substitue le nom de *cavanilla* à celui de *dombeya*, Cavan. : preuve évidente du désordre qu'introduisent dans la science les changemens de nom, et qui justifie tout ce que j'en ai dit ailleurs très au long. (*Voyez Encycl., Supp. Disc. prél., nomenclature, termes, synonymie*, etc.) Les *dombeya* sont presque tous originaires de l'île de Bourbon, composés d'arbrisseaux à feuilles simples, alternes, munies de stipules; les fleurs axillaires ou terminales, disposées en corymbe. On distingue les espèces suivantes :

* *Calice extérieur, à trois folioles élargies, souvent inégales.*

DOMBEY PALMÉ : *Dombeya palmata*, Cavan., *Diss. bot.*, 3, tab. 38, fig. 1; *Stewartia*, Commers., *Herb. et Icon.* Plante de l'île de Bourbon, que les habitans du pays nomment *mahottan-tan*, à cause de la ressemblance de ses feuilles avec celles du *riccin*, qu'ils désignent sous le nom de *tan-tan.* Ses rameaux sont alternes, garnis de feuilles en cœur, palmées, divisées en sept découpures glabres, étroites, oblongues, lancéolées, acuminées, dentées en scie, à sept nervures; les stipules lancéolées, tomenteuses et caduques; les fleurs en corymbe; les pédoncules solitaires, axillaires, placés à l'extrémité des rameaux, plus longs que le pétiole, ramifiés presque en corymbe à leur sommet, souvent un peu cotonneux et roussâtres. La corolle est blanche; elle prend en vieillissant une couleur jaune-rouillé : le fruit est presque ovale, lanugineux, à cinq angles obtus, autant de capsules monospermes.

DOMBEY A ANGLES AIGUS; *Dombeya acutangula*, Cavan., *l. c.* tab. 38, fig. 2. Elle se distingue de la précédente par ses fleurs un peu plus petites; par ses feuilles en cœur, mais non palmées, divisées en trois angles aigus, couvertes dans leur jeunesse d'un duvet roussâtre. Le fruit est tomenteux, presque pyriforme, composé de cinq capsules monospermes. Elle croît à l'Isle de France. Dans le *Dombeya angulata*, Cavan., *l. c.*, tab. 39, fig. 1, les feuilles sont un peu arrondies en cœur, à trois angles courts, et quelquefois deux autres peu marqués à leur partie inférieure, dentées en scie, à sept nervures tomenteuses; les stipules grandes, ovales-lancéolées; les fleurs disposées en une ombelle simple, latérale; les capsules tomenteuses et monospermes. Elle croît aux mêmes lieux.

Dᴏᴍʙᴇʏ ᴀ ꜰᴇᴜɪʟʟᴇs ᴅᴇ ᴛɪʟʟᴇᴜʟ; *Dombeya tiliæfolia*, Cavan., *l. c.*, tab. 39, fig. 2. On distingue cette espèce à la forme arrondie de ses feuilles, crénelées à leurs bords, mais non anguleuses ni lobées, aiguës à leur sommet, tomenteuses dans leur jeunesse; les fleurs disposées en corymbes axillaires; la corolle est longue d'un pouce; les pétales arrondis, rétrécis en onglet à leur base. Elle croît à l'île de Bourbon.

Dᴏᴍʙᴇʏ ᴛᴏᴍᴇɴᴛᴇᴜx : *Dombeya tomentosa*, Cavan., *l. c.*, tab. 39, fig. 3. Arbrisseau de l'île de Madagascar, distingué par ses feuilles en cœur, orbiculaires, acuminéés à leur sommet, tomenteuses et crénelées; les stipules ovales, élargies et ciliées; les rameaux tomenteux; les fleurs disposées en deux ombelles au sommet de la bifurcation du pédoncule commun, axillaire et velu.

⁑ *Calice extérieur à trois folioles très-étroites.*

Dᴏᴍʙᴇʏ ᴘᴏɴᴄᴛᴜᴇ́; *Dombeya punctata*, Cavan., *l. c.*, tab. 40, fig. 1. Arbre d'une médiocre grandeur, dont l'écorce est d'un brun noirâtre, les jeunes rameaux tomenteux et comme rouillés à leur sommet; les feuilles ovales-lancéolées, entières ou à peine crénelées, hérissées en-dessus de points rudes, formés par des poils très-courts, en étoile; les stipules longues, étroites, tomenteuses; les fleurs rapprochées et disposées en corymbes sur des pédoncules longs et axillaires; les calices tomenteux; les pétales rapprochés à leur base, un peu échancrés latéralement; l'ovaire arrondi et tomenteux.

Dᴏᴍʙᴇʏ ᴀ ᴅᴏᴜʙʟᴇ ᴀɴᴛʜᴇ̀ʀᴇ; *Dombeya decanthera*, Cavan., *l. c.*, tab. 40, fig. 2. Arbrisseau de Madagascar, dont les tiges sont revêtues d'une écorce brune, crevassée; les feuilles éparses, ovales, longuement acuminées, glabres, crénelées à leurs bords; les fleurs réunies en une seule ombelle terminale; les calices glabres; la corolle petite; les étamines au nombre de dix, portant chacune deux anthères, l'une sessile, l'autre pédicellée; cinq filamens stériles et alternes, plus larges et plus longs que les autres; le style court, simple; deux ou trois stigmates rougeâtres et réfléchis; le fruit est petit, pentagone, à cinq capsules monospermes. Dans le *Dombeya umbellata*, Cavan., *l. c.*, tab. 41, fig. 1, les organes de la reproduction reprennent les caractères du genre; les fleurs sont plus grandes; les feuilles en cœur, ovales-oblongues, acuminées, glabres, sinuées à leur contour; les pétales arrondis à leur sommet, courbés latéralement en faucille : le fruit est tomenteux, globuleux, composé de cinq capsules bivalves, monospermes. Elle croît à l'île de Bourbon. On fabrique avec les filamens de son écorce des cordes d'un assez bon usage.

DOMBEY ROUILLÉ : *Dombeya ferruginea*, Cavan., *l. c.*, tab. 42, fig. 2. Ses tiges sont hautes de huit à dix pieds; les rameaux couverts dans leur jeunesse d'un duvet roux et tomenteux; les feuilles éparses, ovales, acuminées, dentées à leurs bords, roussâtres et tomenteuses en-dessous, vertes en-dessus, à sept nervures arquées; les stipules tomenteuses et subulées; les pédoncules très-longs, bifurqués à leur sommet, soutenant des fleurs en corymbe; les fruits tomenteux, arrondis, à cinq capsules monospermes. Elle croît à l'île Maurice.

DOMBEY VELOUTÉ : *Dombeya velutina*, Willd. ; *Pentapetes velutina*, Vahl, *Symb.* 1, pag. 49; *Melhania velutina*, Forsk., *Desc.*, 64. Arbrisseau de trois à quatre pieds, chargé de rameaux diffus, tomenteux dans leur jeunesse; les feuilles molles, velues à leurs deux faces, ovales-lancéolées, réticulées en-dessous : les pédoncules solitaires, bifurqués, soutenant une ombelle à quatre fleurs; les calices velus; les pétales jaunes, cunéiformes; cinq étamines fertiles, cinq autres alternes, stériles; les filamens jaunes; les anthères lancéolées, de la longueur des filamens; les capsules velues, à cinq loges, renfermant chacune quatre semences ponctuées et purpurines. Elle se rapproche beaucoup des *pentapètes*. Elle croît dans l'Arabie heureuse, sur le mont Melhan.

DOMBEY OVALE : *Dombeya ovata*, Cavan., *l. c.*, tab. 41, fig. 2; Lamk., *Ill. gen.*, tab. 576, fig. 2. Ses tiges sont ligneuses, couvertes d'un duvet roussâtre; les feuilles ovales, elliptiques, dentées, un peu aiguës, rudes en-dessus, blanches et tomenteuses en-dessous ; les fleurs disposées en un corymbe bifurqué ; la corolle petite , un peu plus grande que le calice ; le fruit globuleux , à cinq côtes saillantes , composé de cinq capsules bivalves, uniloculaires, monospermes. Quelques autres espèces de *Dombeya* seront mentionnées parmi les *pentapètes* et les *pterospermum*. (Poir.)

DOME. (*Chim.*) C'est la partie supérieure ou la voûte d'un fourneau à réverbère : elle est destinée à réfléchir le calorique rayonnant, développé par la combustion, sur les cornues ou les creusets qui sont placés dans le fourneau. (Ch.)

DOMEYRY. (*Bot.*) Voyez Dummeiri. (J.)

DOM-HERRE. (*Ornith.*) L'oiseau auquel les Suédois appliquent ce nom, équivalant à celui de chanoine, et que les Allemands appellent *Dom-Pfaff* et les Danois *Dom-Pape*, est le bouvreuil, *loxia pyrrhula*, Linn. (Ch. D.)

DOMINE (Pierre du). (*Min.*) Nous ne pouvons rien dire sur cette pierre que ce que Bertrand en rapporte dans son Dictionnaire des fossiles.

« C'est une pierre de la grosseur d'un œuf, tuberculeuse ,
« lisse néanmoins, facile à polir, d'où sort une matière vis-
« queuse : elle a été trouvée par un pasteur hollandois, ou
« *Domine*, dans une rivière de l'île d'Amboine près la for-
« teresse de Victoria. » (B.)

DOMINICAIN. (*Ornith.*) M. d'Azara a ainsi nommé la première espèce de ses suiriris, n.° 175, qui a été rapportée par Sonnini au gillit ou gobe-mouche-pie de Cayenne, de Buffon, *muscicapa bicolor*, Gmel. (Ch. D.)

DOMINO (*Ornith.*), nom que l'on donne à de petites espèces de gros-becs de l'île de Bourbon, des Moluques, de Java, etc., à cause de la distribution des couleurs, blanche , noire et brune de leur plumage : il a été plus particulièrement appliqué par M. Vieillot au *loxia punctularia*, Linn. (Ch. D.)

DOMINUS SYLVARUM. (*Ornith.*) L'oiseau auquel Rzaczynski applique cette dénomination, est la pie-grièche grise, *lanius major*, Linn. (Ch. D.)

DOMITE. (*Min.*) M. de Buch a donné ce nom à une roche, assez distincte de toutes les autres, qui forme la plus grande partie du Puy-de-Dôme en Auvergne. Il l'a dédiée à cette montagne, dans laquelle il l'a observée pour la première fois avec attention ; et nous espérons qu'à l'aide de cette explication on ne regardera pas ce nom comme un nom de lieu, et qu'on ne le changera pas, si du moins on trouve cette roche assez caractérisée pour mériter une dénomination particulière : elle n'a encore reçu d'autre nom que celui de lave, nom qui a été appliqué à tant de roches différentes, qu'il ne peut plus servir pour en désigner aucune particulièrement.

La domite est une roche anisomère, dont la base ou partie dominante est une argilolite âpre enveloppant des paillettes de mica. Ce sont ses *principes constituans essentiels*. Ses *principes constituans accessoires* sont le felspath vitreux en cristaux rares ; et ses *parties éventuelles* sont le pyroxène ou l'amphibole disséminés irrégulièrement, mais rarement.

La *texture* de la domite est, au premier aspect, grenue, à grain très-fin, et même terreuse et terne ; mais, examinée au soleil, elle fait voir un grand nombre de petits points brillans. Les cristaux de felspath y sont toujours vitreux, fendillés et jamais nacrés.

Cette roche a très-peu de *cohésion ;* elle est aigre et même friable, et cependant un peu sonore.

Sa cassure est raboteuse, quelquefois presque unie.

La domite est peu dure en masse ; mais elle est âpre au toucher, et sa poussière est dure comme celle du tripoli. Elle a enfin tous les caractères de l'argilolite.

Sa couleur la plus ordinaire est le blanc tirant sur le gris ; il y en a aussi de gris de cendre, de rosâtres, de jaunâtres. L'amphibole et le mica y forment de petites taches noirâtres, et ce dernier a souvent l'aspect métallique.

Sa base étant de l'argilolite, elle en a tous *les caractères chimiques ;* elle est infusible comme elle : mais celle que M. Vauquelin a analysée et qui venoit du Puy de Sarcouy, en Auvergne, renfermoit de l'acide muriatique, avec les principes suivans :

Silice. 91
Fer aluminé et magnésie. 2,5
Acide muriatique libre 5,5

                                           99

La domite *passe* au trachyte, et il est quelquefois si diffi-

cile de l'en distinguer, qu'on doute si l'on doit en faire une
sorte distincte ; cependant sa pâte est plus poreuse, plus
légère par conséquent que celle du trachyte : les cristaux
de felspath vitreux n'y sont point *partie essentielle* comme
dans le trachyte, et quand ils s'y trouvent, ils sont plus rares
et plus petits, en sorte que la pâte est, comparativement à
ces cristaux, beaucoup plus abondante. Dans ce cas elle passe
à l'argilolite, roche homogène dans laquelle sont quelquefois
disséminés, en parties trop éventuelles et trop rares pour la
constituer roche mélangée, de petits cristaux de felspath et
de mica.

Certaines laves ponceuses ont aussi de très-grandes ressemblances avec la domite.

On ne connoît pas encore assez d'exemples authentiques
de domite pour avoir pu établir dans cette espèce des variétés
bien distinctes. Cependant on peut en reconnoître deux.

1.° La Domite blanchatre, à pâte blanche ou blanchâtre,
avec une légère teinte de rose ou de jaune, renfermant du
mica bronzé et peu d'amphibole.

De la partie méridionale du Puy-de-Dôme : elle est très-
blanche.

Des îles Ponces : elle est rosâtre ; sa pâte un peu fibreuse
la rapproche des ponces.

2.° La Domite brunatre, à pâte gris de cendre ou brune,
renfermant des cristaux d'amphibole alongés, du mica mé-
talloide et du felspath vitreux très-distinct.

De la partie orientale du Puy-de-Dôme : elle est brun-
pâle tirant sur le rougeâtre.

De la vallée du Cantal, à la descente du Liorant : elle
est grise, et paroît renfermer des fragmens de tuf volcanique.

La domite se trouve principalement au Puy-de-Dôme,
en Auvergne ; elle en forme, comme nous l'avons dit, la
masse principale : les Puys qui paroissent dépendre de celui-ci,
tels que le Puy-Sarcouy, en sont également composés en
grande partie.

La domite appartient aux terrains pyrogènes anciens, qui
n'ont probablement pas été formés à la manière de nos terrains
pyrogènes volcaniques. Elle forme presqu'à elle seule des montagnes coniques isolées, qui présentent, dans l'âpreté de leur

13.   27

roche, leur porosité, leur association avec des roches bour-soufléés et scoriacées, tous les caractères de l'action du feu; qui n'offrent aucune sorte de stratification, mais qui n'offrent non plus aucune trace réelle de fusion ni de coulées, et par conséquent aucun cratère ni aucun courant; enfin, qui sont par leur aspect si différentes des montagnes volcaniques pro-prement dites, qu'on a supposé tantôt qu'elles étoient sorties tout entières du sein de la terre, poussées par des gaz doués d'une grande puissance élastique, tantôt qu'elles avoient été des montagnes ou portions de montagnes granitiques chauffées en place.

L'opinion qui attribue leur origine à une altération ignée, mais particulière, des roches granitiques, a été principale-ment émise par M. de Buch. Il la fonde sur la ressemblance des principes constituans des domites, analogue à celle des granites. Comme nous ne pourrions discuter ces hypothèses sans entrer dans des détails qui nous feroient sortir des limites que nous nous sommes prescrites, nous nous con-tenterons de faire remarquer qu'il n'y a pas de granite qui ne renferme du quarz, et que les domites n'en contiennent pas; qu'on ne peut pas le supposer fondu ou altéré: tandis qu'on trouve dans ces mêmes roches le felspath, l'amphi-bole et le mica, sans aucun indice de fusion, et on sait que ces trois minéraux sont et beaucoup plus fusibles et beaucoup plus altérables que le quarz, etc. (B.)

DOMP-HORN. (*Ornith.*) Suivant Gesner et Aldrovande, les bas Allemands donnent ce nom, qui s'écrit aussi *domps-horn*, au butor, *ardea stellaris*, Linn. (Cʜ. D.)

DOMPTE-VENIN (*Bot.*), nom françois d'un *asclepias* que les anciens nommoient *vincetoxicum*, et qui est l'*asclepias vincetoxicum* de Linnæus. (J.)

DOM-SNEPPE (*Ornith.*), nom danois du courlis vert ou d'Italie, de Buffon, *tantalus falcinellus*, Linn. (Cʜ. D.)

DONA. (*Ornith.*) L'effraie, *strix flammea*, Linn., s'appelle ainsi en Piémont. (Cʜ. D.)

DONACE; *Donax*, Linn. (*Conchyl.*) Genre de mollusques lamellibranches ou acéphales, à deux siphons bien distincts, à pied sécuriforme, extrêmement voisin des tellines, au point que Poli (Test. des Deux-Siciles) les réunit sous le même nom de *peronœa*, et qui en a été séparé par Linnæus et par la plupart des conchyliologistes, parce que la coquille a une forme assez singulière dans la manière dont elle semble tronquée vers l'une de ses extrémités. Les caractères de ce genre, en admettant qu'il doive être conservé, peuvent être exprimés ainsi : Animal des tellines, contenu en entier dans une coquille subtrigone, équivalve, très-inéquilatérale ; l'un des côtés beaucoup plus court et comme tronqué ; le sommet vertical ; charnière complexe, dissemblable ; une dent cardinale sur une valve se plaçant entre deux sur l'autre ; une dent latérale écartée sur chaque côté de chaque valve ; deux ligamens, un très-foible sur le grand côté, et un autre court, bombé, profond, sur le petit ; deux impressions musculaires ; excavation de l'impression abdominale dirigée vers le petit côté. Ainsi, même pour la coquille, les donaces ne diffèrent réellement des tellines que parce que l'un des côtés des valves est encore beaucoup plus court que l'autre, ce qui leur donne une forme de coin ; qu'elles n'ont pas de pli flexueux, et que généralement elles sont moins lisses, et offrent des stries verticales assez marquées pour que les bords des deux valves s'engrènent : en sorte que ce genre pourroit bien avoir quelques rapports avec les *cardium*. Il reste maintenant à déterminer si, commme le disent les conchyliologistes les plus modernes, dans ces coquilles c'est réellement le côté antérieur qui est le plus court, et si le ligament est antérieur ou postérieur au sommet ; ce qui est le contraire de ce qu'on trouve dans les vénus, les cythérées, etc. Au premier aspect il n'est pas étonnant qu'on ait été conduit à penser ainsi ; mais, lorsqu'on vient à envisager la forme et la direction de l'impression abdominale, on voit que ce doit être le contraire, c'est-à-dire que, son excavation étant tournée vers le petit côté, ce doit être là le côté des siphons ou l'extrémité postérieure de l'animal, et l'autre, au contraire, celle de la bouche, c'est-à-dire, par où sort le pied : alors le ligament véritable ou le plus fort se trouve, comme il doit être, en arrière des sommets ; c'est ce dont on se peut convaincre aisément en comparant une donace avec une telline, et celle-ci avec une vénus. Il semble réellement que l'animal ait été retourné dans une coquille de ce dernier genre, et

que le ligament occupe l'espace appelé écusson dans les vénus. Quoi qu'il en soit de cette opinion, que je crois fondée
(quoique je ne doive pas cacher qu'Adanson représente l'a-
nimal de son pamet, *donax elongata*, Lamck., avec les siphons
à l'extrémité du grand côté; ce qui prouve, ou que cet
animal n'est pas de ce genre, ou que la figure a été faite
de mémoire), les donaces ont les mêmes mœurs que les tellines; elles vivent verticalement enfoncées à un demi-pied
environ sous le sable, le siphon en haut et le pied en bas;
et lorsqu'on vient à les découvrir, elles sautent avec une
grande facilité au moyen de cet organe, quelquefois à plus
d'un pied de distance, et cherchent ainsi à gagner les lieux
couverts d'eau. C'est cette habitude de sauter ainsi, qu'ont
un assez grand nombre de mollusques bivalves, qui avoit fait
employer le nom de *subsilientia*, par Poli, pour désigner
tous les animaux que l'on nomme maintenant acéphales,
conchifères ou lamellibranches.

Les donaces sont quelquefois extrêmement abondantes
dans certaines localités, et, comme la plupart de ce groupe,
on les trouve réunies par espèce, formant une couche plus
ou moins épaisse, les plus jeunes ayant étouffé les plus anciennes, qui sont au-dessous.

Certains peuples des bords de la mer en mangent la chair
comme celle des cardiums, des vénus, etc.

Ce genre contient, à ce qu'il paroît, un assez grand nombre
d'espèces, mais qui n'ont pu être encore suffisamment comparées pour être bien caractérisées. M. de Lamarck, dans la
nouvelle édition de ses Animaux sans vertèbres, n'en cite
que vingt-sept, qu'il divise en deux sections, ainsi qu'il suit:

A. *Espèces dont le bord interne des valves est entier
ou presque entier.*

1.º La DONACE BEC-DE-FLUTE; *Donax scortum*, Linn., Encycl.
méth., pl. 260, fig. 2. Coquille blanchâtre, un peu violette,
triangulaire, aiguë postérieurement, striée dans les deux
sens; les bords presque unis. De l'Océan indien.

2.º La D. PUBESCENTE; *D. pubescens*, Linn., Encycl. méth.,
tab. 25, fig. 248. Très-voisine de la précédente, mais moins

grande, et en différant, parce que ses stries sont comme lamelleuses, et que ses bords sont dentelés. Des mêmes mers.

, 3.° La D. en coin; *D. cuneata,* Linn., Encycl. méth., pl. 261, fig. 5. Cunéiforme, comprimée, rousse, radiée de blanc, avec des stries longitudinales extrêmement fines. Océan indien.

4.° La D. comprimée; *D. compressa,* Lamck., Enc. méth., pl. 262, fig. 6, *a, b, c.* Assez rapprochée de la précédente; mais sa couleur est d'un fauve couleur de chair irradié, et les bords sont anguleux.

5.° La D. deltoïde; *D. deltoides,* Lamck. Coquille triangulaire, un peu lisse, d'un blanc rosacé; l'écusson assez plane et strié longitudinalement. Rapportée par Péron et Lesueur de l'île des Kanguroos.

6.° La D. rayonnante; *D. radians,* Lamck., Enc. méth., pl. 261, fig. 7. Assez rapprochée de la donace en coin; mais plus ovale, striée transversalement, rayonnée de blanc et de fauve; l'écusson strié obliquement. Patrie?

7.° La D. raccourcie; *D. abbreviata,* Lamck. Coquille de 28 millimètres, trigone, très-courte, striée très-foiblement transversalement, rugueuse en avant, blanchâtre, avec deux rayons roux et un bleu. Patrie?

8.° La D. granuleuse; *D. granosa,* Lamck. Coquille trigone, un peu ovale, striée très-foiblement, blanche, avec des linéoles longitudinales violettes, interrompues; l'écusson anguleux et subgranuleux. Patrie?

9.° La D. colombelle; *D. columbella,* Lamck. Coquille de vingt-quatre à vingt-cinq millimètres, de forme triangulaire ovale, avec le côté antérieur court et tronqué obliquement; striée transversalement; d'un blanc violacé; avec des linéoles interrompues. Nouvelle-Hollande.

10.° La D. vénériforme; *D. veneriformis,* Lamck. Coquille de vingt-sept millimètres, trigone-orbiculaire, striée transversalement, grise, avec des rayons obscurs; les stries de l'écusson crénelées. Du voyage de Péron.

11.° La D. australe; *D. australis,* Lamck. Coquille de trente millimètres, ovale-trigone, striée transversalement, blanche ou fauve en dehors, violette en dedans; l'écusson subgranuleux et très-lisse. Rapportée des mers de l'Australasie par Péron et Lesueur.

12.º La D. épidermie; *D. epidermia*, Lamck. Coquille trigone, cunéiforme, obtuse d'un côté, assez lisse, et couverte d'un épiderme d'un jaune verdâtre; écusson strié longitudinalement. Mers de la Nouvelle-Hollande.

13.º La D. bicolore : *D. bicolor*, Lamck.; Gualt., *Test.*, tab. 88, fig. S. Ovale, cunéiforme, blanche, teintée de brun en dehors, tachée de violet en dedans; stries longitudinales très-fines, en croisant de transversales peu nombreuses; des sillons un peu onduleux à l'une des extrémités. Mers des Indes.

14.º La D. subrayonnée; *D. vittata*, Lamarck. Coquille ovale, un peu déprimée, à grandes stries longitudinales, de couleur blanche, avec quelques rayons bruns. Océan britannique.

15.º La D. triquêtre; *D. triquetra*, Lamck. Coquille de quinze millimètres, petite, luisante, triangulaire, sub-équilatérale, avec des stries longitudinales très-fines, de couleur blanche en dehors, avec quelques vestiges de rayons, et ayant à l'intérieur une tache violâtre obscure.

B. *Espèces dont le bord interne des valves est distinctement crenelé ou denté.*

16.º La D. grimaçante; *D. ringens*, Lamck., Enc. méth., pl. 260, fig. 3, *a*, *b*. Coquille grande (74 millim.), trigone-ovale, bâillante, grimaçante à l'angle supérieur du corselet; l'écusson gibbeux, rugueux : couleur blanche, violâtre en dedans. Océan indien.

17.º La D. ridée; *D. rugosa*, Linn. ; Encycl. méth., pl. 262, fig. 5, *a, b*. Coquille triangulaire, renflée, tronquée obliquement à une extrémité, rendue rugueuse par des sillons verticaux très-serrés; écusson en forme de cœur, les bords anguleux. Cette espèce, qui est blanche, ou rougeâtre, ou violette, selon les variétés, vient des mers d'Amérique et de la Nouvelle-Hollande.

18.º La D. de Cayenne; *D. Caianensis*, Lamck. Cette espèce, qui paroît fort voisine de la précédente, en diffère principalement parce qu'elle est moins gonflée, moins triangulaire, et que les sillons sont très-petits : elle est pourprée, et vient de l'Océan de Cayenne.

19.° La D. alongée : *D. elongata*, Lamck. ; le Pamet, Adanson, Sénég., tab. 18, fig. 1. Cette espèce est assez alongée, sillonnée verticalement, très-obtuse à l'une de ses extrémités : elle est blanche et lisse en dehors, et violette en dedans. Elle habite l'Océan atlantique, et surtout la côte du Sénégal, où Adanson l'a trouvée en grande abondance à un pied sous le sable. On en mange l'animal.

20.° La D. denticulée ; *D. denticulata*, Linn. ; Encycl. méth., pl. 262, fig. 7, *a*, *b*, *c*. Coquille médiocre, très-obtuse, ornée de stries verticales, ponctuées, de couleur blanche, radiée de bleu ou de pourpre. De la Méditerranée et de l'Océan atlantique.

21.° La D. cardioïde ; *D. cardioides*, Lamck. Coquille de vingt-huit ou trente millimètres, renflée, courte, sillonnée comme un cardium, blanche, maculée de rouge-brun en dehors, ou toute blanche, avec une tache orangée en dedans. Des mers de la Nouvelle-Hollande.

22.° La D. a réseau : *D. meroe*, *Venus meroe*, Linn. ; Enc., pl. 261, fig. 1, *a*, *b*. Jolie coquille de cinquante millimètres, ovale-triangulaire, comprimée, avec des stries parallèles longitudinales, de couleur blanche, agréablement ornée de lignes pourpres subréticulées. De l'Océan indien.

23.° La D. ondée ; *D. scripta*, Lamck., Encycl. méth., pl. 261, fig. 2, 3, 4. Moins grande que la précédente, dont elle diffère surtout parce qu'elle n'est pas, comme elle, sillonnée longitudinalement. Des mêmes mers.

24.° La D. tronquée : *D. trunculus*, Linn. ; le Gafet, Adanson, Sénég., tab. 18, fig. 2. Petite coquille assez alongée, très-inéquilatérale, avec des stries verticales extrêmement fines, olivâtre en dehors, violette en dedans. De l'Océan atlantique et de la Méditerranée.

25.° La D. fabagelle ; *D. fabagella*, Lamck. Petite coquille de vingt-six millimètres, assez oblongue, luisante, avec des stries verticales très-fines, croisant les longitudinales, d'un blanc rougeâtre, avec des rayons presque effacés. Son petit côté est court, oblique, convexe, subcarené. Sa patrie est inconnue.

26.° La D. des canards: *D. anatinum*, Lamck.; Gualt., *Test.*, tab. 88, fig. N. C'est une petite coquille fort commune sur nos côtes, et qui fait la principale nourriture des macreuses des bords de la Manche : elle est assez alongée, luisante, blanche, de couleur de corne ; tantôt sans rayons, et tantôt obscurément rayonnée, avec des stries verticales extrême-ment fines. Elle a jusqu'à quarante millimètres de longueur. De toutes les mers d'Europe.

27.° La D. de la Martinique ; *D. martinicensis*, Lamck. Coquille aplatie, de cinquante millimètres de long, ovale, striée longitudinalement et très-finement dans le sens ver-tical, tronquée à une extrémité et alongée à l'autre ; cou-leur blanchâtre, teintée de rose. (De B.)

DONACE. (*Foss.*) Les espéces de ce genre qui se présen-tent à l'état fossile, proviennent des couches marines les plus nouvelles.

La Donace émoussée ; *Donax retusa*, Lamck., Ann. du Mus., tom. 12, pl. 41, fig. 1. Coquille ovale-transverse, cunéi-forme, aplatie, sans dentelures sur le bord interne de ses valves, et couverte de légéres stries transverses. La char-nière est composée de deux dents sur chaque valve ; les latérales sont presque nulles. Largeur, huit lignes ; longueur, un pouce. Elle a beaucoup de rapport avec la *donax cuneata*, que l'on possède à l'état frais ; mais son côté antérieur est plus court, et cette dernière n'est point striée. J'ignore où cette espéce a été trouvée.

La Donace incomplète ; *Donax incompleta*, Lamck., Ann. du Mus., même planche, fig. 3. Coquille mince, lisse, lui-sante, ovale-triangulaire, transverse, ayant le côté antérieur court et arrondi, et le postérieur se rétrécissant presque en pointe. Le bord de ses valves n'offre intérieurement aucune dentelure : elle n'a que deux dents cardinales sur chaque valve. Il se trouve à côté du crochet de chaque valve une petite dent rejetée en dehors. Longueur, cinq lignes ; largeur, trois lignes. On la trouve à Beynes, département de Seine et Oise.

La Donace tellinelle ; *Donax tellinella*, Lamck., Ann. du Mus., même planche, fig. 2. Coquille ovale-oblongue, cou-verte de fines stries transverses : chaque valve porte deux dents cardinales et deux dents latérales, qui en sont très-écartées. Elle a beaucoup de rapports avec les tellines; mais son bord antérieur est sans pli. Longueur, quatre lignes; largeur, deux lignes. On trouve cette espèce à Grignon, département de Seine et Oise.

La Donace luisante; *Donax nitida*, Lamck., Ann. du Mus., même planche, fig. 6. Coquille ovale-oblongue et luisante : elle a beaucoup de rapports avec la donace tellinelle; mais son côté antérieur est plus raccourci et plus anguleux. Longueur, trois lignes; largeur, deux lignes. On la trouve à Grignon, où elle n'est pas rare.

La Donace lunulée; *Donax lunulata*, Lamck., Ann. du Mus., même planche, fig. 5. Coquille suborbiculaire, ovoïde, oblique, fort aplatie, à côté antérieur court et très-obtus. Sa surface extérieure est chargée de stries transverses, fines et très-régulières; elle porte deux dents cardinales, dont une est bifide, et une dent latérale plus exprimée d'un côté que de l'autre. Longueur, neuf lignes; largeur à peu près égale. On trouve cette espèce près de Houdan, département de Seine et Oise; mais elle est rare.

La Donace oblique; *Donax obliqua*, Lamck., Ann. du Mus., vélin n.° 27, fig. 6. Coquille très-singulière, en ce qu'elle a la forme alongée d'une moule ou d'une lime. Elle est lisse; sa charnière est composée d'une dent sur une valve, et de deux très-petites sur l'autre. Longueur, trois lignes et demie; largeur, quatre lignes. On trouve cette espèce à Grignon; mais elle est rare. M. de Lamarck n'est pas assuré qu'elle n'appartienne pas à un autre genre que celui des donaces.

La Donace de Bordeaux; *Donax burdigalensis*, Def. Coquille ovale-oblongue, lisse, à bord supérieur denté intérieurement, et à côté antérieur court. Longueur, six lignes; largeur, trois lignes. On la trouve à Laugnan, près de Bordeaux, et dans le Piémont.

La Donace petite; *Donax exilis*, Def. Coquille ovale-oblongue, mince, lisse, à bord supérieur non denté intérieurement, et à côté antérieur court. Longueur, deux lignes. On la trouve dans le Piémont.

La Donace sillonnée; *Donax sulcata*, Brocchi, *Conch. foss. subapp.*, tab. 13, fig. 9. Coquille bombée, cunéiforme,

couverte de stries transverses et à bord antérieur un peu sinueux. Longueur, neuf lignes; largeur, six lignes. On la
trouve près d'Ast, en Italie.

On connoît encore à l'état fossile la Donace fragile de
Grignon, la Donace subcarinée et la Donace douteuse du
Piémont, la Donace mince du Plaisantin, et la Donace de
Nice.

Toutes ces espèces de donaces, à l'exception de la donace
sillonnée, se trouvent dans ma collection. (D. F.)

DONACIE, *Donacia*. (*Entom.*) Genre d'insectes coléoptères, à quatre articles à tous les tarses, ou pentamérés; à
antennes filiformes, non portées sur un bec; et par conséquent de la famille des HERBIVORES ou PHYTOPHAGES.

Ce nom de *donacie*, donné d'abord par Fabricius, est tiré
d'un mot grec, δοναζ, qui signifie *roseau*, parce qu'on
trouve ces insectes sur les tiges des plantes aquatiques dont
ils se nourrissent.

Ces insectes avoient été rangés par Linnæus avec les *lep-
tures* ou *capricornes*, et par Geoffroy avec les *stencores*; dont
Fabricius a fait depuis des *rhagium*. Les donacies lient en
effet les deux familles des XYLOPHAGES et des PHYTOPHAGES
par leurs formes et leurs habitudes, ainsi que nous l'avons
indiqué les premiers dans la Zoologie analytique, et comme
nous le rappellerons aux articles consacrés à l'étude de ces
deux familles de coléoptères.

Outre les caractères des phytophages que nous avons
d'abord indiqués, les donacies offrent les suivans, qui les
distinguent sous l'état parfait de tous les autres genres voisins : *Antennes filiformes, de la longueur du ventre et à articulations trois fois plus longues que larges, à corselet non rebordé.*

Au moyen de ces observations, on distingue le genre
des donacies, d'abord de ceux des *chrysomèles*, *cassides*,
érotyles et *hélodes*, dont les antennes, quoique filiformes,
grossissent insensiblement vers leur extrémité libre.

La conformation du corselet dans les espèces qui ont aussi
les antennes en fils ou de même grosseur dans toute leur
étendue, présente deux dispositions remarquables, qui les
réunissent en deux groupes de genres. On remarque, chez
les uns, une ligne saillante qui sépare sur les côtés la partie

supérieure du corselet d'avec l'inférieure. Cette ligne ressemble à une sorte de suture saillante, à un repli, que les entomologistes ont appelé un rebord, un surjet. C'est ce qu'on observe dans les *gribouris*, les *clytres*, les *galéruques*, les *altises* et les *lupères*; tandis que les *alurnes*, les *criocères* et les *hispes* n'ont pas le corselet rebordé. Mais, dans ces deux derniers genres, les articles des antennes sont courts et rapprochés entre eux. Dans les espèces du premier, les antennes sont plus courtes que le ventre, et les articulations sont beaucoup plus longues que larges.

La forme générale des-donacies tient le milieu entre celles des criocères et des capricornes. Elles sont alongées, aplaties, le plus souvent ornées de couleurs brillantes à reflet métallique. La tête et le corselet sont plus étroits que les élytres, qui sont rétrécies à l'extrémité. Leurs longues pattes sont terminées par des articles larges, dont le pénultième surtout est garni de lamelles et partagé en deux lobes, à l'aide desquels l'insecte adhère avec force sur les corps les plus lisses. Les cuisses des pattes postérieures sont souvent renflées, et quelquefois garnies d'épines ou de tubercules dans l'un des sexes.

Les donacies volent rarement : on les trouve constamment sur les plantes aquatiques de la famille des naïades, des iridées et des joncs, telles que le trèfle d'eau, la sagittaire, le nénuphar, l'hydrocharis, la massette, le zostère, etc. Quand on veut les saisir, ou elles adhèrent fortement aux feuilles et aux tiges, ou bien elles entrent dans une sorte de paralysie volontaire. Tous leurs membres se replient sous le corps ; elles se laissent précipiter, et elles restent dans l'immobilité la plus absolue tant que dure le danger. Leur corps laisse suinter une sorte de glauque ou de matière grasse, qui les empêche d'être mouillées par l'eau ; souvent même l'air qui adhère à cette substance grasse, forme autour du corps une sphère de gaz qui soutient l'insecte à la surface de l'eau.

Les larves des donacies se développent dans l'intérieur des tiges des plantes aquatiques : elles y subissent leur métamorphose. Il paroît qu'elles s'y filent une sorte de cocon pour y prendre la forme de nymphes.

Les principales espèces de ce genre sont celles qui suivent.

1.º DONACIE CRASSIPEDE, *Donacia crassipes*, figurée par Olivier, Entomologie, tom. IV, n.º 75, fig. 1, *a b c*. C'est le stencore n.º 12, p. 229, de Geoffroy, tom. I.

Car. Corps d'un vert doré brillant; élytres égales, arrondies; cuisses de derrière renflées, et à une dent.

2.º DONACIE DE LA SAGITTAIRE, *Donacia sagittariœ*.

Car. Cuivreuse en-dessus et peu brillante, velue et dorée en-dessous; cuisses postérieures dentelées. •

Elle est figurée par Panzer dans le 29.ᵉ cahier de sa Faune d'Allemagne, pl. 2 et 3.

. On la trouve sur la fléchière et le plantain d'eau.

3.º DONACIE NOIRE, *Donacia nigra*.

Olivier l'a figurée sous le n.º 3 de la planche citée.

Car. Noire, à élytres striées; le ventre et les pattes sont roux.

Hoppe, qui a fait une monographie de ce genre, regarde comme une variété de sexe la donacie qu'on a nommée *discolore*, et dont les élytres ont un reflet cuivreux. Il la regarde comme une femelle.

4.º DONACIE DU NÉNUPHAR, *Donacia nympheœ*.

Car. Toute cuivreuse; corps cendré et très-velu en-dessous.

5.º DONACIE DE L'HYDROCHARIS, *Donacia hydrocharidis*.

Car. Cuivreuse; à duvet cendré; argentée et velue en-dessous; pattes simples ou à cuisses peu renflées.

6.º DONACIE DE LA FÉTUQUE, *Donacia festucœ*.

Car. D'un beau bleu métallique en-dessus, noire en-dessous; à pattes rousses.

On en trouve au moins dix espèces aux environs de Paris. (C. D.)

DONACILLE, *Donacilla*. (*Conchyl.*) M. de Lamarck, dans l'extrait de son Cours, etc., pag. 107, avoit donné ce nom de genre à une coquille bivalve, ayant l'aspect d'une donace, qu'il a fait entrer depuis dans le genre qu'il a nommé AMPHIDESME. Hist. nat.ᵉ des anim. sans vert., 2.ᵉ édit., t. 5, p. 489. (DE B.)

DONACITIS (*Bot*), l'un des anciens noms de l'*echinops* cités dans l'ouvrage de Dioscoride. (H. CASS.)

DONATIA DE MAGELLAN (*Bot.*) : *Donatia magellanica*,

Lamk., *Ill. gen.*, tab. 51 : *Polycarpon magellanicum*, Linn., *Supp.*; Forst., *Comm. Gætt.*, 9, tab. 3. Plante du détroit de Magellan, réunie d'abord aux *polycarpon*, dont M. de Lamarck a fait depuis un genre particulier, qui paroît appartenir à la famille des *caryophyllées*, à la *triandrie trigynie* de Linnæus : caractérisé par un calice à trois folioles courtes, subulées; neuf pétales entiers; trois étamines; un ovaire fort petit, surmonté de trois styles : le fruit inconnu.

Ses tiges sont à peine hautes de deux pouces, médiocrement rameuses, réunies en petits gazons serrés et touffus; les feuilles petites, nombreuses, glabres, imbriquées, sessiles, un peu épaisses, lancéolées ou linéaires, obtuses, entières; les fleurs solitaires et terminales; les pétales entiers, oblongs, linéaires, étalés, plus longs que le calice; les filamens filiformes, plus courts que la corolle; les anthères presque globuleuses, à deux loges; l'ovaire fort petit, supérieur; les styles filiformes; les stigmates un peu obtus. (Poir.)

DONAX. (*Bot.*) Dioscoride a nommé ainsi le roseau cultivé, *arundo donax* de Linnæus, séparé maintenant de l'*arundo*, comme genre distinct, sous son nom primitif. Le même nom a été donné par Loureiro à une plante de la famille des amomées, qui a le plus grand rapport avec le *maranta tonckat* d'Aublet. (J.)

DONDERPAD. (*Ichthyol.*) En Hollande on donne ce nom au cotte-scorpion, *cottus scorpius*. Voyez COTTE. (H. C.)

DONDIA. (*Bot.*) Adanson désigne sous ce nom le *lechea* de Kalm et de Linnæus, que Gronovius nomme *menandra*. (J.)

DONDISIA. (*Bot.*) Tournefort distinguoit du *raphanus* le *raphanistrum*, à raison de sa silique uniloculaire. Linnæus les avoit réunis. Gærtner et Mœnch ont rétabli le genre de Tournefort avec le même nom. Necker, en l'adoptant, l'a nommé *dondisia*. (J.)

DONDON. (*Ornith.*) Voyez DODO. (CH. D.)

DONGON. (*Ornith.*) Les habitans de l'île de Luçon donnent ce nom à une espèce de grue. (CH. D.)

DONIA. (*Bot.*) M. Robert Brown a nommé ainsi, en 1815, un genre de synanthérées, que nous avions positivement indiqué, sans lui donner de nom, en 1812, et que nous avons appelé, en 1814, *Aurelia*, ignorant alors que M.

Brown eût nommé avant nous ce genre, dont nous avions, avant lui, établi le fondement. Dans son opuscule sur les synanthérées, publié en 1817, ce botaniste abandonne lui-même son *donia*, pour le réunir au *grindelia* de Willdenow. Nous persistons à conserver le genre *Aurelia* ou *Donia*, et M. Brown reviendra peut-être à cette opinion, s'il observe, comme nous, qu'indépendamment du nombre, un peu variable à la vérité, des squamellules de l'aigrette, les deux genres diffèrent en ce que, dans l'*aurelia*, les squamellules de l'aigrette sont barbellulées, et les anthères dépourvues d'appendices basilaires ; tandis que, dans le *grindelia*, les squamellules sont inappendiculées, et les anthères appendiculées à la base. Voyez notre article Aurelia, T. III, Suppl., p. 129. (H. Cass.)

DONNER KROTE. (*Ichthyol.*) Dans la Livonie on appelle ainsi le cotte-scorpion. Voyez Cotte. (H. C.)

DONNOLA (*Mamm.*), nom italien du furet. (F. C.)

DON-PATMA (*Bot.*), nom donné, dans l'île de Java, suivant Burmann, à une espèce de dentelaire de l'Inde, *plumbago rosea.* (J.)

DONSEUL (*Ornith.*), nom que porte, dans la vallée de Lanzo, en Piémont, le scops ou petit duc, *strix scops*, Linn. (Ch. D.)

DONTFOE. (*Erpét.*) Lachênaye des Bois, j'ignore d'après quelle autorité, donne ce nom à une sorte de caméléon qui se trouve au pays des Nègres : ceux-ci le regardent comme un animal de mauvais augure, et, quand ils en voient un, ils s'imaginent que quelqu'un de leurs parens va mourir, ou, s'il est absent, ils le croient mort. (H. C.)

DONTOSTOMA. (*Conchyl.*) Klein, *Tentam. meth. ostracol.*, désigne sous ce nom générique les véritables nérites, c'est-à-dire celles qui ont des dents au bord columellaire. (De B.)

DONZELLA. (*Ichthyol.*) A Palerme on appelle ainsi, ou *pizzi di Re imperiali*, un petit poisson long de trois pouces au plus, et que M. Rafinesque-Schmaltz rapporte au genre Labre, sous le nom de *labrus donzella.* Ce poisson a la queue entière, la ligne latérale droite, les deux dents antérieures de la mâchoire supérieure plus longues ; la tête rousse, avec quelques lignes bleues; le corps rougeâtre, avec trois raies longitudinales vertes, et cinq bandes transversales bleues; une tache noire de chaque côté du dos.

A Iviça, suivant M. François de la Roche, on nomme *donzella* le *labrus iulis* de Linnæus, lequel sera décrit à l'article Girelle. (H. C.)

DONZELLAS. (*Bot.*) A Curaçao on donne ce nom espagnol, qui signifie vierge, à un frangipanier, *plumeria pudica*, dont les fleurs, d'une odeur agréable, restent toujours à moitié fermées. (J.)

DONZELLE, *Ophidium.* (*Ichthyol.*) On donne ce nom à un genre de poissons de la famille des pantoptères de M. Duméril, ou de celle des malacoptérygiens apodes anguilliformes de M. Cuvier. On le reconnoît aux caractères suivans:

Nageoires dorsale et anale réunies à celle de la queue; corps alongé, comprimé en forme de lame, recouvert de petites écailles irrégulièrement semées dans l'épaisseur de la peau (voyez Écailles des poissons *); branchies bien ouvertes, munies d'une opercule large et d'une membrane à rayons courts; deux petits barbillons adhérens à la pointe de l'os hyoïde.*

On distinguera facilement les donzelles des Fierasfers, qui n'ont point de barbillons; des Anguilles, qui ont le corps arrondi; des Anarhiques, des Coméphores et des autres genres de la famille des pantoptères, qui ont les nageoires impaires séparées entre elles. (Voyez Pantoptères.)

La tête de ces poissons est recouverte de grandes plaques écailleuses.

La Donzelle de la Méditerranée: *Ophidium barbatum*, Linnæus; Bloch, 459. Quatre barbillons inégaux à la mâchoire inférieure ; mâchoire supérieure avancée ; yeux grands, voilés par une membrane demi-transparente ; lèvre supérieure double et épaisse; petites dents aux mâchoires, sur le palais, et auprès du gosier; langue étroite, courte et lisse; ligne latérale droite; anus plus près de la tête que du bout de la queue. Taille de huit à dix pouces au plus.

Le corps et la queue sont d'un argenté mêlé de teintes couleur de chair, relevées sur le dos par du bleuâtre et variées par une infinité de petites taches arrondies; ligne latérale brune; nageoires grises, bordées de noir; iris argenté, prunelle bleue.

Le foie de ce poisson est blanchâtre ; son estomac est long et mince ; son canal intestinal, courbé en deux endroits, manque de cœcum ; sa vessie aérienne, ovale, assez grande, et fort épaisse, est supportée par trois pièces osseuses particulières, suspendues sous les premières vertèbres, et dont la mitoyenne se meut par quelques muscles propres.

La donzelle a la chair délicate et fort bonne ; les Romains en faisoient grand cas.

Elle vit particulièrement dans la mer Rouge et dans la mer Méditerranée, dont elle fréquente même les rivages septentrionaux. A Nice, suivant M. Risso, l'on n'en prend qu'en été. On la pêche au filet et même au hameçon, avec des vers de terre pour appât.

La Donzelle Vassali ; *Ophidium Vassali*, Risso. Quatre barbillons égaux à la mâchoire inférieure ; mâchoires égales, garnies de dents fines ; yeux petits ; anus situé près de la gorge ; ligne latérale droite : taille de six à huit pouces.

Corps roussâtre, transparent, nuancé sur le dos de teintes obscures ; côtés dorés ; abdomen argenté ; tête jaune ; mâchoire supérieure noirâtre ; iris doré ; prunelle noire ; nageoires orangées.

On trouve ce poisson dans la mer de Nice pendant toute l'année, parmi les rochers qui bordent le rivage : il est fort commun. M. Risso, qui l'a décrit le premier, l'a dédié au célèbre physicien Vassali Eandi, de Turin.

Sa chair est inférieure à celle du précédent.

La Donzelle blacode ; *Ophidium blacodes*, Schneider. Corps arrondi, comprimé vers la queue ; tête déprimée ; des points un peu alongés et enfoncés sur tout le corps ; mâchoire supérieure prolongée ; lèvres simples ; dents de la mâchoire supérieure très-serrées, sur trois rangs ; yeux élevés, grands, voisins du museau, qui est muni de tubercules arrondis ; narines simples, oblongues ; barbillons inégaux ; dos droit, arrondi ; abdomen saillant et comme enflé ; ligne latérale parallèle au dos. Taille de plus de six pieds.

La teinte générale est couleur de chair ; le ventre est d'un rougeâtre argenté ; l'iris est doré.

Ce poisson très-vorace, engourdi et lent, vit dans les mers de la Nouvelle-Zélande, dans les endroits profonds et munis de rochers. Sa chair est fort recherchée; et au cap de Bonne-Espérance on la vend à haut prix, sous le nom de *Koning van klipvischen*.

Pour ce qui est des *ophidium imberbe*, *viride*, *chinense*, *unernak*, voyez à l'article Fierasfer.

L'*ophidium ocellatum* de M. Tilésius est une Gonelle. (Voyez ce mot.)

On a aussi donné le nom de donzelle à la Girelle. Voyez ce mot. (H. C.)

DOOCKER. (*Ornith.*) Voyez Doucker. (Ch. D.)

DOODIA. (*Bot.* = *Fougères*.) Fructifications en petites lignes droites ou arquées, disposées en séries parallèlement à la nervure du milieu de la fronde, et recouvertes chacune d'une membrane ou tégument qui est fixé par le côté extérieur aux veines anastomosées de la fronde, et ouvert par le côté intérieur, celui qui regarde la nervure.

Trois espèces composent ce genre; elles se trouvent à la Nouvelle-Hollande et croissent en touffes. Leurs frondes sont presque ailées; la fructification est disposée quelquefois sur deux rangs.

Ce genre n'est qu'un démembrement de celui nommé *woodwardia*, et il en est très-peu distinct.

Doodia rude; *Doodia aspera*, R. Brown, *Prod. Nov. Holl.*, 1, pag. 152. Frondes lancéolées, à découpures linéaires, ensiformes, acuminées, à dentelures épineuses; lignes fructifères courbées, distinctes çà et là sur deux rangs; stipes et rachis rudes et âpres au toucher. Des environs du Port Jackson.

Doodia a queue: *Doodia caudata*, R. Brown, *l. c.*; *Woodwardia caudata*, Cavanil., Swartz, Willd. Frondes ailées; frondules presque toutes distinctes, linéaires-oblongues, obtuses, dentelées et à dentelures épineuses; la dernière ou terminale très-longue, en forme de queue étroite. Se trouve à la terre de Van-Diemen et aux environs du Port Jackson.

Ce genre a été consacré par R. Brown à la mémoire de Samuël Doody, pharmacien de Londres, qui s'est occupé le premier des plantes cryptogames de l'Angleterre. (Lem.)

DOODTKIST (*Ichthyol.*), un des noms hollandois du coffre tigré, *ostracion cubicus*. Voyez Coffre. (H. C.)

13.   28

DOOR-HAWK (*Ornith.*), nom anglois de l'engoulevent, *caprimulgus europæus*, Linn. (Ch. D.)

DOPPAN. (*Ornith.*) On appelle ainsi, en Laponie, le lumme, espèce de guillemot, *colymbus troile*, Linn. (Ch. D.)

DOPPEL-FLECK. (*Ichthyol.*) En Allemagne on donne ce nom au characin double-mouche de M. de Lacépède, *salmo bimaculatus* de Linnæus, lequel sera décrit dans ce Dictionnaire à l'article Piabuque. (H. C.)

DOPPING. (*Ornith.*) L'oiseau qu'on nomme ainsi dans la province de Scanie, en Suède, est le canard garrot, *anas clangula*, Linn. (Ch. D.)

DORA (*Erpét.*), nom d'une espèce de couleuvre. Voyez Couleuvre. (H. C.)

DORA, DORAH. (*Bot.*) Voyez Dourah. (J.)

DORAB. (*Ichthyol.*) Les Arabes de Moka appellent ainsi le chirocentre sabran, que Gmelin a placé parmi les clupées. Voyez Chirocentre. (H. C.)

DORADA (*Ichthyol.*), nom espagnol du *coryphæna hippurus*. Voyez Coryphène. (H. C.)

DORADA (*Ornith.*), nom catalan du pluvier doré, *charadrius pluvialis*, Linn. On appelle ailleurs *dorala* et *dorale* le guignard, *charadrius morinellus*, Linn. Voyez Dottrel. (Ch. D.)

DORADE (*Bot.*), l'un des noms vulgaires de l'Oronge franche. Voyez ce mot et Amanite. (Lem.)

DORADE. (*Ichthyol.*) Voyez Daurade.

Dorade, nom vulgaire du *coryphæna hippurus*. Voyez Coryphène.

Dorade d'Amérique, autre nom vulgaire du même poisson. Voyez Coryphène.

Dorade chinoise. On donne ce nom à la carpe dorée de la Chine. Voyez Carpe.

Dorade de Bahama. On a donné ce nom au *labrus chrysops* de Linnæus, que Bloch a décrit sous le nom de *lutjanus chrysops*, et dont nous parlons à l'article Crénilabre.

Dorade de Plumier. Bloch, pl. 193, fig. 1, a donné ce nom au Pomacanthe doré. Voyez Pomacanthe. (H. C.)

DORADILLA (*Ichthyol.*), nom espagnol de la dorade. Voyez Coryphène. (H. C.)

DORADILLA et PULMONARIA DORATA. (*Bot.*) Les Espagnols désignent par ces noms le cétérach. Le premier a été francisé, *doradille*, et a été donné au genre *Asplenium*, auquel il ne peut plus être appliqué, puisque ce genre ne comprend plus le cétérach. (Lem.)

DORADILLE. (*Bot.*) Voyez Asplénion, vol. 3, pag. 232, et Asplenium, Suppl. du même vol., pag. 58. (Lem.)

DORADO (*Ichthyol.*), nom portugais du *coryphæna hippurus*. Voyez Coryphène. (H. C.)

DORADO FOCARI (*Ichthyol.*), nom que l'on donne, aux Indes, au même poisson. Voyez Coryphène. (H. C.)

DORADON (*Ichthyol.*), nom d'une espèce de Coryphène. Voyez ce mot. (H. C.)

DORÆNA. (*Bot*). Voyez Dorène. (Poir.)

DORAS, *Doras*. (*Ichthyol.*) M. de Lacépède a établi sous ce nom, dans la famille des oplophores, un genre de poissons qu'il a séparés des silures de Linnæus et des autres ichthyologistes. Ce genre se reconnoît aux caractères suivans :

Tete déprimée, couverte de lames grandes et dures ou d'une peau visqueuse, étendue en forme de casque jusqu'à la nageoire dorsale; os de l'épaule faisant une pointe en arrière; corps gros; bouche à l'extrémité du museau; des barbillons aux mâchoires; dents en velours; deux nageoires dorsales, la seconde adipeuse; ligne latérale cuirassée par une rangée de pièces osseuses, relevées chacune d'une arête ou d'une épine; épines dorsales et pectorales très-fortes et grandement dentelées.

On distinguera facilement ainsi les doras des Silures, des Macroptéronotes, des Malaptérures et des Loricaires, qui n'ont qu'une nageoire dorsale seulement; des Cataphractes, des Macroramphoses, des Centranodons, des Corydoras, etc., qui ont leur seconde nageoire dorsale soutenue par des rayons osseux; des Hypostomes, qui ont la bouche sous le museau; des Pimélodes et des Agénéioses, qui n'ont point le corps cuirassé. (Voyez ces divers mots et Oplophores.)

Le Doras carené : *Doras carinatus*, Lacépède; *Silurus carinatus*, Linnæus; *Cataphractus carinatus*, Schneider. Six barbillons aux mâchoires; six rayons à la première nageoire du dos; douze à celle de l'anus; lames de la ligne latérale garnies de piquans; nageoire caudale fourchue.

Les deux barbillons situés au coin de la bouche sont comme élargis par une membrane dans leur côté inférieur, et les quatre de la mâchoire d'en-bas paroissent garnis de petites papilles. Le premier rayon de la dorsale antérieure est denté vers le haut; celui des nageoires pectorales l'est des deux côtés.

Le doras caréné vient de Surinam. M. Cuvier pense que c'est le même poisson que celui figuré dans Gronou, III, 4 et 5, et cité d'ordinaire sous le nom de *silurus cataphractus*, et que celui que Marcgrave, 174, appelle *klip-bagre*.

Le DORAS-CÔTE : *Doras costatus*, Lacépède; *Silurus costatus*, Linnæus; *Cataphractus costatus*, Bloch, 376. Six barbillons aux mâchoires; sept rayons à la première nageoire du dos; douze à celle de l'anus; des plaques dures, larges, courtes, et garnies d'un crochet de chaque côté de la queue et du corps; de grandes lames au-dessus et au-dessous de l'extrémité de la queue; la caudale fourchue.

Le casque osseux de la tête s'étend jusque vers le milieu de la première nageoire du dos; il présente plusieurs petits tubercules arrondis et semblables à des perles. La mâchoire supérieure dépasse l'inférieure. Le palais est rude, et la langue lisse. Chaque narine n'a qu'un orifice. On voit au-dessus de chaque nageoire pectorale un os long, étroit et perlé, que l'on a comparé à une omoplate.

Les plaques à crochet qui hérissent les côtés du corps et de la queue, sont ordinairement au nombre de trente-quatre.

Le premier rayon de la nageoire dorsale antérieure, et celui des nageoires pectorales, sont dentelés des deux côtés; mais, dans la dorsale, toutes les dentelures sont tournées vers la pointe du rayon, pendant que, dans les pectorales, celles d'un côté sont dirigées vers la pointe, et celles de l'autre vers la base du rayon auquel elles appartiennent.

La partie supérieure de l'animal est d'un brun mêlé de violet.

Ce poisson vient de l'Amérique méridionale et, à ce qu'il paroît, aussi de l'Inde.

Il est peu recherché; selon Marcgrave, sa chair a une saveur désagréable. Pison assure que les pêcheurs redoutent beaucoup les blessures qu'il peut faire avec les premiers rayons épineux de ses nageoires pectorales et de la première dorsale.

M. Cuvier soupçonne que le doras-côte pourroit bien être le même animal que le *silurus cataphractus* de quelques ichthyologistes, et que le *cataphractus americanus* de Catesby, suppl. IX.

Ce genre renferme encore d'autres espèces non décrites; une entre autres est indiquée par M. Cuvier comme portant des dents vomériennes. (H. C.)

DORAT. (*Ichthyol.*) Voyez Daurat. (H. C.)

DORAT DE LA MER DU SUD. (*Ichthyol.*) Commerson a désigné sous ce nom le coryphène chrysurus de Lacépède. Voyez Coryphène. (H. C.)

DORATIUM. (*Bot.*) Solander donnoit ce nom au genre que l'on trouve dans Gmelin sous ceux de *junghansia* et de *relhamia*, et qui est maintenant le *curtisia* d'Aitone et de Schreber. Il est placé avec certitude dans la famille des rhamnées, près du *myginda*. (J.)

DORCADE. (*Mamm.*) Voyez Dorcas. (F. C.)

DORCADION. (*Bot.*) Voyez Dorkadion. (Lem.)

DORCADION, EMINION (*Bot.*), noms anciens donnés à la serpentaire, *arum dracunculus*, suivant Apulée. (J.)

DORCAS. (*Mamm.*) Élien parle sous ce nom d'une espèce de gazelle, très-légère à la course, dont le ventre, blanc, est séparé des parties supérieures du corps, qui sont fauves, par une bande noire; dont les yeux sont noirs, et les oreilles très-grandes, etc. Les auteurs ne se sont point accordés sur l'espèce à laquelle ce nom devroit aujourd'hui être appliqué; les caractères que nous venons de rapporter conviendroient assez à notre kével (Histoire naturelle des mammifères). (F. C.)

DORCATOME (*Entom.*), nom donné par Herbst, et ensuite par Fabricius, à un genre d'insectes coléoptères pentamérés de la famille des perce-bois ou Térédyles.

Ce nom, tiré du grec, et qui indique l'empaumure dentelée du bois du daim, a été donné à quelques espèces des genres *Anobium* ou *Vrillettes* et *Panaches*. Herbst n'en a fait connoître qu'une seule espèce, qu'il a trouvée à Dresde, et qu'il nomme *Dresdense*. Panzer l'a figurée dans sa Faune d'Allemagne, cahier 26, planche 10, et Illiger en a donné une bonne description dans son ouvrage sur les Coléoptères de Prusse, tome I, p. 334, n.º 10.

DORÉ DE ROUERGUE. (*Bot.*) Petit agaric de la famille des bassets à crochets, qui se trouve dans le bas Languedoc et dans les environs de Rhodez, où l'on en fait usage sans inconvénient. Il est d'une belle couleur d'or, et n'a pas plus de deux pouces de hauteur; son chapeau est sillonné et languetté en trois ou quatre parties et plus. Ses feuillets sont grands, un peu écartés; le pédicule est d'une substance fibreuse. Cette espèce est figurée dans l'ouvrage de Paulet, Champ., pl. 43, fig. 1, 2. (Lem.)

DORÉ DE SOUFRE. (*Bot.*) Agaric d'une taille moyenne, roux-clair en-dessus, avec des feuillets d'un jaune de soufre ou de citron, ainsi que sa substance. Il se trouve dans les bois aux environs de Paris. Il est figuré par Paulet dans son Traité des champignons (pl. 85, fig. 1, 2), et placé par lui dans la famille des *soyeux torts*. Il n'est pas suspect. On peut croire que c'est cet agaric que Vaillant a voulu désigner, dans le *Botanicon parisiense*, sous le nom de *fungus pileo straminei coloris*, n.º 16. (Lem.)

DORÉ-PLUCHÉ. (*Bot.*) C'est l'*agaricus flavo-floccosus* de Batsch (*Elench.*, tab. 19, fig. 97), que Paulet nomme ainsi. Ce champignon, de couleur blonde ou dorée, filamenteux, mamelonné et peluché par petits flocons, est une variété de l'*agaricus granulosus*, Pers., et de l'*agaricus ochraceus* de Bulliard (Herb., tab. 533, fig. 3). (Lem.)

DORÉ QUADRANGULAIRE. (*Ichthyol.*) L'abbé Bonnaterre a désigné sous ce nom un poisson qui est le *zeus quadratus* de Linnæus, et que nous décrirons à l'article Sélène. (H. C.)

DORÉE ou ZÉE, *Zeus*. (*Ichthyol.*) On donne ce nom à un genre de poissons de la famille des leptosomes, suivant l'auteur de la Zoologie analytique, et de la troisième tribu de la cinquième famille des poissons acanthoptérygiens de M. Cuvier. Les caractères de ce genre peuvent être ainsi exposés :

Corps ovale, très-comprimé, de même que la queue; dents en velours, non crénelées ; les deux mâchoires fortement protractiles ; une seule nageoire dorsale, dont la partie épineuse est séparée de la portion molle par une forte échancrure ; une disposition analogue pour la nageoire anale ; des écailles saillantes ou épineuses, garnissant les bases des nageoires verticales, et le dessous du ventre, entre les catopes et la nageoire de l'anus ; écailles très-petites ; point d'aiguillons au-devant de la nageoire du dos, ni de celle de l'anus.

A l'aide de ces notes, et du tableau que nous donnons à l'article Leptosomes, on distinguera facilement les dorées de tous les autres genres de cette famille. Ainsi les Capros, privés de dents, ont en outre deux nageoires dorsales ; les Poulains ont une nageoire dorsale non échancrée ; les Menés ont l'épaule et le bassin très-saillans ; les Ciliaires ont de petites épines au devant des nageoires dorsale et anale ; les Chétodiptères, les Pomadasis, les Vomers, les Argyréioses, les Sélènes, les Énoploses, les Gals, ont deux nageoires dorsales ; les Acanthopodes, les Acanthures, les Glyphisodons et les Aspisures présentent des dents crénelées, etc. (Voyez ces divers mots et Leptosomes.)

La Dorée, le Zée forgeron, ou le Poisson Saint-Pierre, *Zeus faber*, Linnæus. Tête grande et gueule large ; corps jaune, marqué d'une tache noire sur chaque flanc ; des épines fourchues le long des nageoires dorsale et anale ; de longs filamens membraneux derrière chaque épine dorsale ; nageoire caudale arrondie ; à peine un vestige d'armure sur la fin de la ligne latérale. Taille de quinze à dix-huit pouces.

La mâchoire inférieure de ce poisson est plus longue que la supérieure ; il a des dents aiguës, petites, courbées, sur les mâchoires et le palais ; sa langue est lisse ; l'ouverture de ses branchies est grande ; la ligne latérale, rapprochée du dos, est courbée en arrière ; l'anus est placé vers le milieu du corps ; les écailles sont petites, rondes, lisses sur les bords ; les sept ou huit derniers aiguillons de la rangée qui existe de chaque côté des nageoires dorsale et anale, sont doubles ; ceux qui accompagnent la partie antérieure de cette dernière nageoire se prolongent jusqu'à la gorge, en garnissant le dessous du corps de deux lames dentelées comme celle d'une scie. Deux pointes dures et aiguës partent de la base de chaque pectorale et se dirigent verticalement, la plus courte vers le dos, et la plus longue vers l'anus.

Les yeux sont gros et rapprochés ; les narines ont de grands orifices.

L'estomac est petit ; le canal intestinal très-sinueux ; l'ovaire double ; la charpente osseuse , excepté les parties solides de la tête , a les plus grands rapports avec celle des pleuronectes , remarque que l'on doit principalement à M. Schneider.

Les nageoires pectorales, les catopes, la partie postérieure des nageoires du dos et de l'anus, sont d'une couleur grise ; la caudale est grise , avec des raies dorées ou simplement jaunes.

La teinte générale du corps est un mélange d'un peu de vert et de beaucoup de doré : mais cette parure paroît enfumée ; des teintes noires salissent le dos, la partie antérieure des nageoires de l'anus et du dos, le museau , et quelques parties de la tête : c'est ce qui a fait appeler ce poisson *forgeron*, en latin *faber*, nom sous lequel l'ont désigné Pline (*lib. IX, cap.* 8 , *et XXXII, cap.* 11), Ovide (*Halieut.*), Columelle (*lib. VIII, c.* 18), Rondelet (*lib. XI, cap.* 18), Gesner (*de aquatil.*) , Willughby (*pag.* 294), Aldrovande (*lib.* 1 , *c.* 15), et une foule d'autres auteurs tant anciens que modernes, et ce que semble confirmer un passage du premier livre des Halieutiques d'Oppien, où l'on trouve ces deux vers :

Πέτραι σαργὸν ἔχυσιν ἐφέσιον, ἠδὲ σκίαιναν,
Χαλκέα, καὶ κοράκινον ἐπώνυμον αἴθοπι χροιῇ.

D'un autre côté, comme l'ensemble de la dorée ressemble un peu à un disque, surtout si l'on en retranche le museau et la nageoire caudale, on l'a nommée *rondelle* dans quelques pays.

Quant à la dénomination de *poisson S. Pierre* , elle vient de ce qu'on a cru que c'étoit un poisson de cette espèce que Saint Pierre , le premier apôtre de Jésus-Christ, avoit saisi, par le commandement de son maître, pour tirer de sa bouche une pièce de monnoie, afin de payer le tribut , et, dans cette supposition , tous les individus n'ont sur chacun de leurs côtés

une tache ronde et noire que parce que les doigts du prince
des apôtres s'étoient appliqués sur un endroit analogue.

Les Grecs modernes l'appellent *poisson de Saint-Christophe*
ou χρισοφορον, à cause d'une de leurs légendes pieuses,
suivant laquelle Saint Christophe, en traversant la mer avec
Jésus-Christ sur son dos, saisit ce poisson et laissa sur ses
flancs l'empreinte de deux de ses doigts. D'après un passage
d'Athénée et les recherches de Rondelet, il paroît que les
anciens Grecs le nommoient χαλκευς.

Enfin, dans quelques-unes de nos provinces, on désigne ce
poisson sous le nom de *truie*, parce que, de même que certains
balistes, certains cottes ou trigles, il peut comprimer assez
rapidement ses organes intérieurs, pour que des gaz violem-
ment pressés sortent par les ouvertures des branchies, frois-
sent les opercules et produisent un léger bruissement, une
sorte de grognement.

La dorée est un très-bon poisson de la mer Méditerranée
et de l'Océan ; elle pèse quelquefois plus de quinze à seize
livres. Elle se nourrit des poissons timides au moment où ils
s'approchent des rivages pour y déposer ou y féconder leurs
œufs. Elle est très-hardie, très-vorace, et se jette avec avidité sur toute sorte d'appâts. Sa chair, fort délicate, étoit
déjà un mets recherché du temps de Pline, qui nous apprend
que les habitans de Cadix la préféroient à celle de tous les
autres poissons ; et Columelle, qui étoit de cette ville, a dit,
avant Pline, que le nom de *zeus* étoit depuis long-temps
donné à cet animal : ce qui sembleroit indiquer un haut
degré de prééminence, Ζευς signifiant en grec le monarque
des dieux. Voyez Zée. (H. C.)

DORÉE-LE-COQ. (*Ichthyol.*) Plusieurs ichthyologistes ont
donné ce nom, ou celui de *doré le coq*, au *zeus vomer* de Linnæus. Voyez Argyréiose et Vomer. (H. C.)

DORELLA. (*Bot.*) On trouve ce nom, cité par Césalpin,
pour la caméline, genre de crucifères nouvellement rétabli
sous le nom de *camelina*, et nommé auparavant *myagrum
sativum* par C. Bauhin et Linnæus. (J.)

DORELLE (*Bot.*), nom vulgaire du *chrysocoma linosyris*,
Linn. (H. Cass.)

DORENE DU JAPON (*Bot.*); *Doræna Japonica*, Thunb.,

Fl. jap., 84. Arbrisseau du Japon, pour lequel Thunberg, qui en a fait la découverte, a établi un genre particulier, dont la famille naturelle n'est pas encore déterminée; il appartient à la *pentandrie monogynie* de Linnæus, et offre pour caractère essentiel : Un calice à cinq divisions; une corolle monopétale, à cinq découpures; cinq étamines insérées sur le tube de la corolle; les anthères oblongues, presque sessiles, non saillantes; un ovaire supérieur; un style; le stigmate échancré; une capsule ovale, petite, uniloculaire, univalve, polysperme.

Sa tige s'élève à la hauteur de cinq ou six pieds; elle se divise en rameaux alternes, glabres, cylindriques, grisâtres, divergens : les feuilles sont alternes, pétiolées, glabres, oblongues, aiguës, longues de six lignes; les fleurs petites, blanchâtres, disposées sur des grappes axillaires, longues de six à sept lignes; les divisions du calice ovales, concaves; la corolle monopétale, presque cylindrique, en roue; la limbe partagée en cinq divisions droites, ovales, obtuses; les filamens très-courts ou presque nuls; les anthères un peu tétragones; l'ovaire glabre, conique; le style de la longueur de la corolle; la capsule est glabre, ovale-aiguë, de la grosseur d'un grain de poivre. (Poir.)

DOREYCHEH. (*Bot.*) Voyez Dorœise. (J.)

DORGHÈ et ROUMANEL (*Bot.*), noms languedociens de l'Oronge vraie ou franche. (Lem.)

DORIA. (*Bot.*) Ce nom, donné d'abord par Gesner à la verge d'or, avoit été adopté par Adanson, au lieu de celui de *solidago* donné par Linnæus. Une espèce de jacobée, que C. Bauhin nomme aussi *virga aurea* ou *doria*, a reçu pour cette raison de Linnæus le nom de *senecio doria*. Dillen, voulant distinguer les jacobées qui ont beaucoup de demifleurons, et celles qui n'en ont que cinq ou six, a désigné celles-ci sous le nom de *doria* dans son *Hort. eltham.*; mais Linnæus, rejetant ce caractère, les a réunies aux précédentes dans les genres *Senecio* et *Othonna*. (J.)

DORIDIUM. (*Malacoz.*) M. Meckel a proposé depuis long-temps de désigner sous ce nom ces animaux mollusques de l'ordre des monopleurobranches, que M. Cuvier a depuis nommés *acères*, et que Muller, avant le premier, appeloit *lo-*

baria, et Ascagne, encore avant lui, *phyline*. M Meckel a depuis proposé de changer le nom de *doridium* en celui de *bullidium*. Comme nous conservons le nom d'*acères* pour dénomination de la seconde famille des *monopleurobranches*, nous adopterons pour les animaux du genre Doridium de Meckel, celui de *lobaria* de Muller. Voyez LOBAIRE. (DE B.)

DORIN (*Ornith.*), nom piémontois du jaseur, *ampelis garrulus*, Linn. (CH. D.)

DORINE; *Chrysosplenium*, Linn. (*Bot.*) Genre de plantes de la *décandrie digynie* de Linnæus, et de la famille des *saxifragées* de Jussieu, dont les principaux caractères sont les suivans : Calice monophylle, persistant, à quatre ou cinq découpures, et coloré intérieurement ; point de corolle ; huit à dix étamines à filamens plus courts que le calice, insérés à sa partie inférieure et portant des anthères arrondies ; un ovaire inférieur, surmonté de deux styles à stigmates obtus ; une capsule terminée par deux pointes, formée d'une seule loge, s'ouvrant en deux valves et contenant plusieurs graines insérées au fond de la capsule.

Ce genre ne comprend que deux espèces indigènes de la France et des parties tempérées de l'Europe.

DORINE A FEUILLES OPPOSÉES, vulgairement SAXIFRAGE DORÉE ou HÉPATIQUE DORÉE : *Chrysosplenium oppositifolium*, Linn., *Spec.*, 973 ; *Saxifraga aurea*, *Fl. Dan.*, t. 365. Ses tiges sont menues, hautes de deux à trois pouces, garnies de feuilles opposées, pétiolées, arrondies, crénelées en leurs bords, et terminées à leur sommet par plusieurs petites fleurs jaunâtres, portées sur de courts pédoncules et munies de bractées à leur base. Ces fleurs n'ont le plus souvent que quatre étamines, et leur calice est partagé en quatre découpures. Cette plante croît dans les lieux humides et ombragés. Elle passe pour apéritive et diurétique ; mais elle n'est aujourd'hui que très-peu usitée en médecine.

DORINE A FEUILLES ALTERNES : *Chrysosplenium alternifolium*; *Saxifraga aurea*, *Fl. Dan.*, tab. 366. Cette espèce ressemble beaucoup à la précédente ; mais elle s'en distingue parce qu'elle s'élève un peu plus, et surtout parce que ses feuilles sont alternes. On la trouve dans les lieux humides et ombragés des montagnes. (L. D.)

DORIONES. (*Bot.*) Voyez DARION. (J.)

DORIPPE. (*Crust.*) Voyez THELXIOPÉDÉS. (W. E. L.)

DORIPPE. (*Foss.*) Jusqu'à présent on ne connoît à l'état fossile qu'un seul échantillon de ce genre de crustacé, et il y a même quelque raison de douter qu'il soit véritablement passé à cet état.

DORIPPE DE RISSO; *Dorippe rissoana*, Desm. Son test, tronqué et plus étroit en avant, est de forme ovale. On voit à son front le commencement d'une pointe par laquelle il étoit probablement terminé. Les yeux sont médiocrement écartés l'un de l'autre, et il y a lieu de croire qu'il existoit deux fortes épines à leur côté extérieur, et deux autres en-dessous et en dedans. La région de l'estomac est grande, irrégulière, et garnie de cinq tubercules; plusieurs plis obliques et relevés la séparent de celle des branchies : celles-ci sont grandes, garnies chacune de trois tubercules disposés sur une ligne oblique de dedans en dehors. La région du cœur est ovale et plus étroite en avant; son milieu est partagé par une ligne longitudinale, de chaque côté de laquelle se trouve un petit tubercule. Au milieu de la carapace on voit un point fort élevé qui devoit recouvrir les organes de la génération : son bord latéral est dentelé en avant, et le postérieur porte trois sinus, dont celui du milieu est le moins profond et rebordé. Les trois premiers anneaux de la queue sont entiers : le premier est presque carré et sans tubercules; sur chacun des deux autres, qui sont plus larges, il s'en présente trois rangés transversalement.

En-dessous le test est fort compliqué : la première pièce du plastron est très-grande; celles qui suivent, et que l'on peut considérer comme l'origine des pattes, sont anguleuses et rugueuses.

Il y a quelques rapports entre ce crustacé et le *Dorippe fachino*, qui vit dans les mers d'Italie, et qui a été figuré par Plancus (*de Conchis minus notis*, tab. 5, fig. 1), et avec le *Dorippe frascone*, figuré par Herbst (pl. 11, fig. 70), et encore avec le *Dorippe nodosa* de la Nouvelle-Hollande.

Ce qui fait douter du véritable état de ce morceau, qui se trouve dans ma collection, c'est que, quoique brun et luisant comme les crabes fossiles des Indes orientales, il est

plus friable, plus léger, et n'est pas aussi empâté d'argile.
(D. F.)

DORIS. (*Malacoz.*) Genre fort nombreux de Malacozoaires céphalophores cyclobranches, dont les caractères peuvent être exprimés ainsi : Corps ovale, plus ou moins déprimé, pourvu inférieurement d'un large disque musculaire ou pied, occupant tout l'abdomen, et dépassé de toutes parts par les bords du manteau ; la tête pourvue de quatre tentacules contractiles, dont deux supérieurs, comme articulés, ou branchiaux, rétractiles dans une cavité, et deux inférieurs ou buccaux ; organes de la respiration en forme d'arbuscules saillans, disposés en cercle auprès de l'anus, et situés à la partie postérieure du dos ; organes de la génération ayant leur terminaison distincte au tiers antérieur du côté droit.

C'est réellement, à ce qu'il nous semble, à Bohadsch, *Anim. mar.*, tab. 5, fig. 5, que la science doit l'établissement de ce genre, sous le nom d'*argo*; parce qu'il pensoit que les tentacules supérieurs de plusieurs espèces, qui sont comme formés d'une aggrégation de petits tubercules arrondis, étoient une agglomération d'yeux. Linnæus, bientôt après, adopta ce genre, mais changea le nom en celui de *doris*, et il y réunit d'abord toutes les espèces d'animaux mollusques marins qui rampent, à la manière des limaçons, sur un pied abdominal ; mais ensuite il établit cependant les genres *Scyllæa*, *Tritonia*, *Thethys*. Bruguières, depuis Linnæus, en sépara les espèces qui forment le genre *Cavolina*; et enfin M. Cuvier en sépara encore quelques-unes pour l'établissement des genres qu'il a nommés *éolide* et *tergipes*. C'est la position et la forme des organes respiratoires qui ont successivement déterminé ces différentes séparations.

MM. G. Cuvier et de Lamarck placent ce groupe dans leur ordre ou classe des gastéropodes, et dans la famille qu'ils désignent sous le nom de nudibranches. Dans ma nouvelle classification des malacozoaires ou mollusques vrais, établie sur la disposition générale des organes de la respiration, je le range dans mon ordre des Cyclobranches. (Voyez ce mot et celui de Malacozoaires.)

Bohadsch et M. G. Cuvier nous ont fait connoître l'organisation de ces animaux. Leur corps est ordinairement ovale et plus ou moins déprimé, plus épais au milieu, et s'amincissant peu à peu jusqu'à la circonférence, qui est ordinairement fort mince. Le dos est presque toujours couvert de tubercules de grosseur et de forme variables : on y voit d'abord en avant deux cavités plus ou moins profondes, au milieu de chacune desquelles est un tentacule souvent fort singulier. En effet, dans l'espèce vue par Bohadsch, ils étoient formés par un pédicule portant dans les deux tiers de son étendue un grand nombre de petits globules ; mais dans la plupart ce sont des espèces de petites lamelles plates, semblables à droite et à gauche, comme perfoliées par le support. Ces organes, que l'animal développe dans son état de tranquillité, peuvent, à la moindre apparence de crainte, être entièrement cachés dans la cavité creusée à leur base. L'autre paire de tentacules est située plus en avant sous le rebord antérieur du manteau : ils sont arrondis ou coniques, et placés un peu en avant et sur les parties latérales de la bouche. Celle-ci, sous la forme d'une espèce de mamelon, est située à la face inférieure du corps, entre le bord antérieur du manteau et le pied : c'est une petite trompe susceptible d'être alongée ou raccourcie, à la volonté de l'animal ; dans son intérieur est une langue subcartilagineuse peu considérable, armée de petites pointes crochues. L'œsophage est assez long et replié sur lui-même ; deux glandes salivaires fort longues s'ouvrent près de sa naissance. L'estomac est simplement membraneux, en forme de sac, dans le fond duquel, et par une multitude de grands trous, arrive la bile produite par un foie considérable, divisé en plusieurs lobes, qui remplit une très-grande partie de la cavité viscérale. Le pylore est voisin du cardia ; le reste du canal intestinal ne forme pas de grandes circonvolutions, et se rend presque directement à l'anus, qui s'ouvre extérieurement à la partie supérieure et postérieure du corps, au milieu à peu près du cercle des arbuscules branchieux.

Les organes de la respiration, placés comme il a été dit plus haut, sont formés par des arbuscules branchiaux, de forme et de nombre variables, mais constamment symétriques, et le plus souvent disposés autour d'un centre commun. Ordinairement assez longs pour ne pouvoir pas être cachés, ils le sont quelquefois dans une sorte de poche ayant un orifice arrondi et formant une espèce de calice. Chacun de ces arbuscules est toujours composé, comme dans toute branchie, de deux ordres de vaisseaux, des artères et des veines : les premières proviennent directement, sans organe d'impulsion intermédiaire, du tronc commun des veines du corps, qui a reçu successivement le sang de toutes les parties, et qui, parvenu aux branchies, se subdivise de plus en plus à mesure qu'il approche davantage de leur extrémité ; chacun de ces petits rameaux donne ensuite naissance aux veines branchiales, qui, après s'être réunies successivement, forment enfin un tronc commun, qui verse le sang dans une véritable oreillette pointue, d'où il parvient dans le cœur proprement dit, situé tout près de l'anus. Il a la forme d'un croissant ; de ses deux extrémités sortent ensuite les artères aortes (l'une antérieure, beaucoup plus grosse, et l'autre postérieure), qui vont se subdiviser peu à peu, à mesure qu'elles rencontrent tel ou tel organe.

Je regarde comme un organe de dépuration urinaire, que je pense exister dans tous les mollusques, celui qui se trouve intimement mêlé avec le foie, et qui se termine par un canal excréteur aboutissant au dehors près de l'anus.

Les doris sont hermaphrodites, c'est-à-dire que chaque individu porte les deux sexes.

Le sexe femelle se compose d'un ovaire caché dans le foie, et d'un oviducte long et entortillé, qui, arrivé près du testicule, s'y colle intimement presque jusqu'à sa sortie, et se termine dans un élargissement ou matrice dont l'orifice externe a lieu entre le pied et le manteau.

L'appareil mâle est formé d'un testicule gros, arrondi, entièrement composé par les nombreux replis d'un vaisseau blanchâtre, qui se continue pour former le canal déférent, et d'une verge très-considérable, presque aussi longue que le corps et fort repliée sur elle-même. Elle sort peu en arrière de l'entrée du vagin.

Enfin on trouve un organe, sur la nature et l'usage duquel les auteurs ne sont pas d'accord, et que M. G. Cuvier, faute d'un meilleur nom, a désigné sous le nom de vessie : c'est, en effet, une sorte de vessie qui aboutit près de la matrice.

Le système nerveux des doris est très-simple; il est formé d'un cerveau placé sur l'œsophage et d'où partent les nerfs qui vont aux organes. Ces nerfs offrent cela de commun à presque tous les animaux mollusques, que leur enveloppe est tellement peu adhérente au nerf lui-même qu'on peut aisément l'injecter au mercure.

Les doris sont toutes marines, et vivent, à des profondeurs variables, dans les lieux où se trouvent beaucoup de rochers, d'algues ou de plantes marines. Leur démarche est lente; elles rampent, les tentacules et les branchies bien étalées, au moyen du large disque qui occupe tout leur abdomen, soit sur les corps sous-marins, soit à la surface de l'eau et à la renverse; au moindre contact, elles rentrent les tentacules et même en grande partie leurs branchies qui ont plusieurs rapports de structure avec ces organes, et ramassent tout leur corps à la manière des limaces. On avoit cru qu'elles se nourrissoient de matières animales vivantes, et entre autres d'huitres ou d'autres mollusques conchylifères fixés, dont elles perçoient la coquille au moyen de leur espèce de langue; mais M. Dupont de Nemours assure que leur nourriture consiste en varecs. On ignore tout-à-fait leur mode d'accouplement; leur frai est en forme de poudre gélatineuse, adhérente aux corps sous-marins.

M. G. Cuvier, dans son Mémoire sur ce genre d'animaux, inséré dans les Annales du Muséum, tome 4, a divisé les espèces qui le composent d'après la forme générale du corps. Peut-être obtiendroit-on une division plus naturelle si l'on connoissoit mieux les tentacules supérieurs de toutes les espèces.

A. *Espèces dont le corps est presque prismatique, et le manteau à peine débordant le pied.*

1.° La Doris lacérée; *Doris lacera*, Cuv., Ann. du Mus., 4, tab. 73, fig. 1, 2. Corps ovalaire assez alongé, assez étroit, de trois ou quatre pouces de long sur un à un et demi de large; les bords du manteau très-minces et fortement découpés; le dos couvert d'une peau comme renflée en grosses vésicules; tentacules supérieurs striés en travers. Nous devons

la découverte de cette espèce à Péron, et sa connoissance
à M. Cuvier.

2.º La D. A BORDS NOIRS; *D. atromarginata*, Cuv., *loc. cit.*,
74, 6. Le corps, terminé postérieurement en pointe aiguë,
est de couleur blanchâtre avec une ligne étroite d'un très-
beau noir sur l'arête qui sépare le dos des flancs. Rapportée
de Timor, par MM. Péron et Lesueur.

3.º La D. PUSTULEUSE; *D. pustulosa*, Cuv., *loc. cit.* Le
corps prismatique, arrondi en arrière, blanchâtre et
garni de papilles larges, peu élevées, dont le milieu est
marqué d'un point enfoncé.

B. *Espèces dont le corps est très-convexe dans les
deux sens et débordant assez le pied.*

4.º D. VERRUQUEUSE : *D. verrucosa*, Linn.; Cuv., *loc. cit.*,
73, 4, 5. Le corps de cette espèce, fort bombé dans les
deux sens, est couvert en-dessus d'un assez grand nombre
de tubercules arrondis, saillans, lisses, inégaux, mais en
général fort gros, surtout à la partie la plus élevée du
dos. Les tentacules supérieurs ne se retirent pas dans un
creux, mais sont placés chacun entre deux feuillets charnus.
Les individus qui ont servi à la description de M. Cuvier,
avoient un pouce de long, et provenoient de l'île de France.

5.º La D. ÉTOILÉE; *D. stellata*; Bammes, *Act. Fless.*,
tom. 3, pag. 298, n.º 5, fig. 4. Petite espèce d'un pouce de
long, dont le corps, parsemé en-dessus de petits tubercules
arrondis, est de couleur gris de lin ou cendrée; les tentacules supérieurs terminés dans leur moitié supérieure par une
sorte de plumet rond et fauve, et pouvant être entièrement
rentrés dans un étui court à bords laciniés; les branchies en
forme d'étoile frangée, composée de sept feuillets, et occupant le tiers postérieur de l'animal. Des mers de l'Europe.

6.º La D. POILUE : *D. pilosa*, Gmel.; Muller, *Zool. Dan.*,
3, pag. 7, tab. 85, fig. 5, 6, 7, 8. Corps ovale, jaune,
couvert en-dessus de papilles piliformes, blanchâtres, partant d'un centre placé un peu avant le tiers du corps, et
divergent vers toute la circonférence; tentacules en forme
de tubercules jaunes, et en avant d'eux deux points noirs,

probablement les yeux. M. Cuvier ajoute que les branchies ont neuf feuilles. Des mers du Nord.

7.º La D. velue, *D. tomentosa;* Cuv., *loc.*, *cit.*, pag. 24. M. Cuvier a établi cette espèce dans son Mémoire sur le genre Doris, parce que son manteau déborde le pied plus que dans les deux précédentes, qu'il est tout-à-fait couvert d'un tissu laineux au toucher et comme feutré, et que les branchies sont entièrement rentrées dans leur calice.

8.º La D. lisse : *D. lævis,* Gmel.; Mull., *Zool. Dan.,* 2, tab. 47, fig. 3-5. Le corps, plus oblong, plus convexe transversalement que dans les trois précédentes, est de couleur de lait, suivant Muller, et son dos, au lieu de tubercules, est parsemé de petits points blanchâtres plus sensibles à la vue qu'au toucher. Les tentacules dépassent les bords du corps; les branchies ont neuf feuillets bien distincts suivant M. Cuvier, et huit seulement selon Muller, qui ajoute que le bord antérieur du manteau est lacinié. Des mers de la Manche et d'Islande.

9.º La D. muriquée; *D. muricata,* Mull., *Zool. Dan.,* 3, pag. 7, tab. 85, fig. 2-4. Corps ovale, très-bombé, ovalaire, très-rapproché, pour la forme, du *doris pilosa,* entièrement couvert de grosses papilles verruqueuses, serrées, d'un brun jaunâtre, avec le sommet blanc; les tentacules égaux aux papilles; le pied et la tête jaunes, entourés d'un bord plus pâle. Des îles Féroë.

10.º La D. de Leach; *D. Leachii,* Blainv.; Nouv. Bullet. de la soc. phil., Avril 1816. Le corps, très-bombé dans les deux sens, ovale, peu alongé, est couvert d'une grande quantité de tubercules en massue, plus longs en avant, sur les côtés et surtout vers les branchies, très-courts en-dessus; les tentacules sont comprimés, comme articulés et rétractiles dans une cavité; les branchies sont composées de seize lames branchiales; la bouche est au milieu d'un gros bourrelet saillant, placé entre le pied et une espèce de voile en fer à cheval placée sous le rebord antérieur du manteau. Cette espèce, d'un pouce de long, et qui se trouve très-communément en Écosse, d'après M. le docteur Leach, auquel je la dois, pourroit bien être peu différente de la précédente; mais c'est ce que je n'ose déterminer, tant la description et la figure de Muller sont incomplètes.

11.º La D. TACHETÉE; *D. maculosa*, Cuv., *loc. cit.*, p. 21. Cette espèce, dont nous devons encore la découverte à MM. Péron et Lesueur, qui l'ont trouvée à la baie des Chiens marins, côte de la Nouvelle-Hollande, a, d'après M. Cuvier, le corps assez déprimé et couvert de petites pointes courtes, qui le rendent âpre au toucher. L'orifice de la cavité branchiale est sans dentelures.

C. *Espèces qui ont le corps fort comprimé, le manteau dépassant beaucoup le pied.*

12.º La D. SOLE; *D. solea*, Cuv., *loc. cit.*, pl. 2, fig. 1, 2. Cette espèce a également été rapportée par MM. Péron et Lesueur. Son corps est oblong, arrondi en avant comme en arrière, et couvert en-dessus d'une peau presque semblable à du cuir par sa consistance et son grain, parsemée d'élévations peu saillantes, mais fort larges. Les tentacules inférieurs sont simplement pointus; l'étoile branchiale est composée de six branchies, pouvant très-probablement être rentrées dans une sorte de calice bordé par cinq pointes saillantes et épaisses.

13.º La D. SCABRE; *D. scabra*, Cuv., *loc. cit.*, pag. 20. Cette espèce me paroit peu différer de la précédente : cependant son pied est encore plus petit (le quart de la longueur totale); la peau est rude au toucher seulement; les branchies, découpées plus finement, peuvent être cachées plus complétement dans une cavité dont l'ouverture est beaucoup plus étroite que dans la doris sole. Cette espèce paroit être aussi plus petite; elle a été rapportée de Timor par MM. Péron et Lesueur.

14.º La D. ARGO; *D. argo*, Bohadsch, *Anim. mar.*, tab. 5, fig. 4, 5. Corps ovale, de trois pouces six lignes de long sur deux pouces de large, épais de six lignes, entièrement lisse, de couleur presque écarlate en-dessus et bleuâtre en-dessous; les tentacules, rétractiles dans une cavité, sont ronds, blancs dans leur moitié inférieure, et garnis dans le reste de leur étendue d'un grand nombre de points noirs; les branchies sont formées de deux troncs latéraux, divisés chacun en six ou huit arbuscules, et peuvent être entièrement renfermées dans la cavité à la volonté de l'animal. Des mers de Naples.

15.° La D. à limbe; *D. limbata*, Cuv., *loc. cit.*, pag. 5, fig. 3. Le corps de cette espèce, dont M. Cuvier a vu deux individus vivans à Marseille, est ovalaire, un peu pointu en arrière, et d'un pouce environ de long. Le manteau lisse, à ce qu'il paroît, est de couleur brune, marbrée de noir, avec un bord étroit d'un jaune clair tout autour; tout le dessous est noir, si ce n'est le bord du pied, qui est jaune. Les tentacules supérieurs sont en forme de massue composée de feuillets comme enfilés, noirs et blancs seulement à la pointe. Les branchies forment une grande feuille palmée, très-pinnatifide.

16.° La D. tuberculée; *D. tuberculata*, Cuv., *loc. cit.*, pl. 2, fig. 5. En tout semblable à la précédente pour la forme du corps, du manteau, des branchies, mais un peu plus grande, ayant 2 pouces de long sur 18 lignes de large, et n'en différant que parce que la surface du manteau est semblable à du chagrin, c'est-à-dire, couverte de petits tubercules arrondis qui se touchent, et dont les plus grands ont au plus un quart de ligne. Des côtes de l'île de Ré. Cette espèce ne me paroît guère devoir être distinguée de la précédente.

17.° La D. obvoilée : *D. obvelata*, Gmelin; Muller, *Zool. Dan.*, 2, tab. 47, fig. 1, 2. Corps alongé, un peu pellucide, blanc ou glabre en-dessous, et couvert en-dessus de points convexes, inégaux, et de petites papilles jaunâtres; les tentacules simples, fort courts, sortant de deux pointes jaunes. Les branchies, de forme inconnue, sortent d'une cavité dont l'orifice est garni de pointes en étoiles. Des mers du Nord.

18.° La D. brune; *D. fusca*, Mull., *Zool. Dan.*, 2, pag. 22, tab. 47, fig. 6-8. Le corps plane, obtus aux deux extrémités, glabre, ovale, compris entre deux lamelles ou boucliers, dont le supérieur est d'un brun pâle, parsemé de cendré et de points jaunes, l'inférieur blanc; les tentacules bruns et comme articulés; les branchies en forme de plume, couleur de soufre, et rétractiles comme les tentacules. Des mers de Norwége.

19.° La D. de Forster; *D. Forsteri*, Blainv. Cette espèce me paroît avoir beaucoup de rapports avec la précédente, par la grandeur de la circonférence du manteau, qui déborde le corps proprement dit et le pied. La peau paroit lisse, si ce n'est sur le dos proprement dit, qui semble avoir été un peu rugueux. Sa couleur rougeâtre est parsemée de taches noires et brunes, irrégulières, sur le corps, et jaunes sur les bords du manteau, ainsi qu'en-dessous. Les branchies, avant le tiers postérieur du corps, forment des faisceaux assez distans, du moins d'après une jolie peinture que j'ai vue de cette espèce dans la collection de l'honorable sir Jos. Banks, et dessinée par Forster sur un animal trouvé dans la mer Atlantique : peut-être ne diffère-t-elle pas de la doris scabre.

20.° La D. NOUEUSE : *D. nodosa*, Montagu; *Linn. soc. Transact.*, tom. 9, pag. 107, tab. 7, fig. 2. Espèce d'un demi-pouce de long, dont le corps ovale est convexe en-dessus, et pourvu de chaque côté du dos de quatre papilles ou nodules équidistans ; les tentacules courts, dont la pointe est comme perfoliée, rétractiles dans une cavité située à leur base; branchies au nombre de neuf ou dix; couleur blanche, avec une teinte d'œillet en-dessus. Des mers d'Angleterre. (DE B.)

DORIS, ENCHUSA (*Bot.*): noms, cités par Dodoens, d'une borraginée, qui est l'*onosma echioides*. Le nom de *doris* est encore cité, avec celui de *doricteris* et plusieurs autres, par Ruellius et Mentzel, comme ayant été donné au *leontopetalon* de Dioscoride et de Pline, qui est le *leontice leontopetalum* de Linnæus. (J.)

DORKADION (*Bot.* = *Mousses.*) Espèce de mousse citée par Dioscoride et par Oribase, et qui nous est demeurée inconnue. Adanson a fait usage de ce nom pour désigner un genre de mousse qu'il a créé sur des espèces de *bryum* de Linnæus, et que depuis on a nommé *orthotrichum*. Il y rapportoit les *Orth. striatum, affine* et *anomalum*, espèces figurées et nommées *polytrichum* par Dillen (*Muscol.*, tab. 55, fig. 8, 9, 10). (LEM.)

DORMENTONE. (*Bot.*) C'est le nom qu'on donne, à Florence, d'après Micheli, à un agaric en forme d'éteignoir brun, à feuillets pourpres. Il paroit voisin de l'*agaricus fimetarius*, Linn. Ses qualités sont suspectes. (LEM.)

DORMEUR (*Bot.*), espèce de champignon du genre Agaric. Voyez au mot MARZUOLO. (LEM.)

DORMEUR. (*Ichthyol.*) Plumier, dans ses manuscrits, a figuré et décrit sous ce nom un poisson de la Martinique, que M. de Lacépède a rangé dans le genre Gobiomore, et dont M. Schneider a fait le *platycephalus dormitator*. Voyez GOBIOMORE et PLATYCÉPHALE. (H. C.).

DORMEUSE (*Bot.*), nom vulgaire des *hyoseris* et *hedyp-nois*. (H. CASS.)

DORMIDERAS (*Bot.*), nom espagnol du pavot, tiré de sa vertu narcotique. Voyez CASCALL. (J.)

DORMIGLIOUA. (*Ichthyol.*) Dans le patois de Nice, suivant M. Risso, c'est le nom de la torpille à une tache et de la torpille Galvani. Voyez TORPILLE. (H. C.)

DORMILLE. (*Ichthyol.*) Voyez LOCHE. (H. C.)

DORMILLÉOSE (*Ichthyol.*), un des noms vulgaires de la torpille. Voyez ce mot. (H. C.)

DORMOUSE (*Mamm.*), nom anglois du loir, *myoxus glis*. (F. C.)

DORN (*Ichthyol.*), nom anglois du poisson Saint-Pierre, *Zeus faber*. Voyez DORÉE (H. C.)

DORN - DREHER (*Ornith.*), nom allemand de l'écorcheur, *lanius collurio*, Linn. (CH. D.)

DORN-ROCHE (*Ichthyol.*), nom allemand de la raie-ronce, *raia rubus*. Voyez RAIE. (H. C.)

DORŒISE. (*Bot.*) Forskaël reporte ce nom arabe à son *antirrhinum ægyptiacum*, qui est maintenant le *linaria ægyptiaca*, et il dit que cette plante se nomme aussi *æschib-addib*. M. Delile cite la même sous les noms de *doreycheh*, *a'chib-el-dib*. (J.)

DORŒMA. (*Bot.*) Voyez CHODEÏRA. (J.)

DORONIC, *Doronicum*. (*Bot.*) [*Corymbifères*, Juss.; *Syngénésie polygamie superflue*, Linn.] Ce genre de plantes, de la famille des synanthérées, appartient à notre tribu naturelle des sénécionées, malgré quelques anomalies qui nous ont empêché long-temps de l'y rapporter. Nous n'hésitons plus aujourd'hui à considérer les doronics comme des sénécionées anomales, voisines de la tribu des astérées, et surtout des genres *Bellidiastrum*, *Bellis*, et autres analogues, qui appartiennent à cette dernière tribu.

La calathide est radiée ; composée d'un disque multiflore, régulariflore, androgyniflore, et d'une couronne unisériée, liguliflore, féminiflore. Le péricline, supérieur aux fleurs du disque, est formé de squames bisériées, égales, appliquées, foliacées, linéaires-lancéolées. Le clinanthe est conique, hérissé de courtes fimbrilles piliformes. Les ovaires du disque sont cylindracés, cannelés, velus ; et ils portent une aigrette composée de squamellules filiformes, barbellulées. Les ovaires de la couronne sont cylindracés, cannelés, glabres et inaigrettés. Les corolles du disque ont le tube hispidule, et creusé, dans l'intérieur de sa substance, de cinq lacunes longitudinales, comme dans la tribu des carduinées. Les deux bourrelets stigmatiques sont confluens en une seule masse sur les branches du style.

Quelques botanistes, tels que Tournefort et MM. de Lamarck et Desfontaines, ont réuni les genres *Doronicum* et *Arnica;* et ceux même qui n'adoptent pas cette réunion, admettent au moins une très-grande affinité entre les deux genres. Nous avons déjà combattu ces erreurs (Tome III, Suppl., p. 14). Le genre *Arnica*, tel que les livres de botanique le présentent, est une association d'espèces très-hétérogènes, qu'il faut absolument séparer. Le vrai type de ce genre est l'*arnica montana*, Linn., qui n'a point d'analogie avec le *doronicum*, et que nous rapportons, avec quelque doute, à la tribu des hélianthées, section des tagétinées. L'*arnica scorpioides*, Linn., qui est le type de notre genre *Grammarthron* (Bull. Soc. philom., Févr. 1817), est de la tribu des sénécionées, et est réellement voisin du *doronicum*. Quelques autres espèces en petit nombre seront légitimement rapportées, les unes, telles que l'*arnica corsica*, Loisel., au véritable genre *Arnica;* les autres, telles que l'*arnica doronicum*, Dec., le *doronicum nudicaule*, Mich., au genre *Grammarthron*. Les *arnica gerbera*, *piloselloides*, *coronopifolia* et *crocea*, de Linnæus, doivent former, avec l'*aphyllocaulon* de Lagasca, le genre *Gerberia*, que nous avons rétabli (Bull. Soc. philom., Févr. 1817), et qui appartient à la tribu des mutisiées. L'*arnica bellidiastrum*, Willd., constitue notre genre *Bellidiastrum*, de la tribu des astérées, décrit dans ce Dictionnaire, Tome IV, Suppl., p. 70. L'*arnica rotundifolia*,

Willd., est un vrai *bellium*, de la tribu des astérées, que nous avons décrit sous le nom de *bellium giganteum*, Tom. IV, Suppl., p. 71. Enfin, l'*arnica inuloides* de Vahl est l'objet de notre genre *Heteromorpha*, de la tribu des arctotidées (Bull. Soc. philom., Janvier 1817). Concluons, 1.° que de toutes les espèces admises par les botanistes dans le genre *Arnica*, celles qui entrent dans notre genre *Grammarthron* sont les seules qui aient une grande affinité avec les *doronicum*; 2.° que les vraies *arnica* en sont, au contraire, fort éloignées dans l'ordre naturel; 3.° que la réunion en un seul genre des *doronicum* et des *arnica* ne serviroit qu'à augmenter la confusion qui existe dans ce dernier genre.

On connoît cinq espèces de doronics, en excluant de ce genre le *doronicum nudicaule*, Mich., dont nous faisons un *grammarthron*. Ce sont des plantes herbacées, à racine vivace, à feuilles alternes, et à calathides terminales, solitaires, composées de fleurs jaunes. Elles sont toutes européennes, et habitent ordinairement les hautes montagnes; la France en produit quatre, dont une croît aux environs de Paris, et une autre est cultivée dans quelques jardins comme plante d'ornement. Il suffira de décrire ces deux dernières.

Le DORONIC A FEUILLES EN CŒUR (*Doronicum pardalianches*, Linn.) s'élève à un pied environ, et est tout hérissé de poils; sa racine, rampante et fibreuse, donne naissance à une tige droite, simple jusque vers le sommet, où elle se divise en trois ou quatre rameaux, terminés chacun par une grande calathide de fleurs jaunes : les feuilles sont toutes dentelées; les radicales sont cordiformes, obtuses, portées sur un long pétiole qui embrasse la tige par un petit appendice foliacé; les feuilles caulinaires inférieures ont l'appendice plus grand et le pétiole plus court; celles du milieu de la tige ont l'appendice et le limbe réunis, ce qui forme une feuille échancrée des deux côtés : les supérieures sont oblongues, à base arrondie et cordiforme. Cette plante, vulgairement nommée *mort-aux-panthères*, se trouve dans les bois des montagnes, dans les Alpes, les Cévennes, les Pyrénées, et en d'autres lieux de la France. On la cultive en faveur de sa fleuraison précoce, qui s'opère dès la fin d'Avril; et dans les jardins elle s'élève souvent à plus de trois pieds : sa culture n'exige aucun soin.

Le Doronic a feuilles de plantain (*Doronicum plantagineum*, Linn.) a la tige haute d'un à deux pieds, presque glabre, simple, terminée par une seule calathide grande et composée de fleurs d'un jaune pâle : les feuilles radicales sont pétiolées, larges, ovales, subcordiformes, dentées, comme anguleuses; les caulinaires sont sessiles, ovales-spathulées; les supérieures quelquefois lancéolées. Cette espèce fleurit au mois de Mai. On la rencontre dans les bois, à Saint-Germain, à Neuilly-sur-Marne, à Montmorency, à Bondi. (H. Cass.)

DORONIGI, DURUNGI (*Bot.*) : noms arabes, desquels dérive celui de *doronicum*, donné en latin à la même plante. Dalechamps, qui les cite, dit qu'on la nomme encore *haronigi*. Ce dernier nom est attribué à Serapion, et celui de *durungi* ou *durunegi* à Avicenne, par Rauwolf, qui ajoute que c'est encore la *hakinrigi* ou *hakenribi* des Arabes. (J.)

DOROS. (*Entom.*) M. Meigen a décrit sous ce nom de genre des espèces de diptères, et en particulier l'insecte que Réaumur a fait connoître dans le tome IV de ses Mémoires, et figuré sous les n.ᵒˢ 12 et 13 de la planche 33. C'est la *musca conopsoides* de Linnæus (*Fauna Suecica*, n.° 90), le *syrphus coarctatus* de Panzer, col. 45, et enfin la *milesia conopsea* de Fabricius (*Systema antliatorum*, p. 195, n.° 29). (C. D.)

DOROTHÉE. (*Entom.*) C'est le nom vulgaire sous lequel Geoffroy a décrit une espèce de libelle dans son Histoire des insectes des environs de Paris. C'est la variété B de l'espèce d'*agrion* nommée *puella* ou fillette, tom. I, p. 325 de ce Dictionnaire. (C. D.)

DORRO. (*Ornith.*) Lachesnaie-Desbois, qui cite ce nom dans son Dictionnaire universel des animaux, se borne à dire que c'est un gros oiseau d'Afrique qui fréquente les marais et les rivières pour se nourrir de poissons. (Ch. D.)

DORSAL, *Dorsalis*. (*Bot.*) On dit d'un organe qu'il est basilaire, apicilaire, latéral ou dorsal, selon qu'il naît de la base, du sommet, sur le côté ou sur le dos d'un autre organe. Dans les fleurs de l'avoine, par exemple, l'arête de la spathelle est dorsale. (Mass.)

DORSALE [Nageoire], *Pinna dorsalis*. (*Ichthyol*). Les ichthyologistes nomment ainsi la nageoire qui existe sur le dos des poissons, et dont la grandeur, la forme, la consistance, l'état de simplicité ou de multiplicité, la position, etc., présentent aux observateurs et aux auteurs de classifications de fort bons caractères. Voyez NAGEOIRES, ICHTHYOLOGIE, POISSONS. (H. C.)

DORSCH. (*Ichthyol.*) Sur les bords de la mer Baltique, on appelle ainsi le *gadus callarias*, Linnæus. Voyez GADE et MORUE. (H C.).

DORSIBRANCHES, *Dorsibranchia.* (*Entomol.*) M. G. Cuvier, Règne anim., donne ce nom d'ordre aux espèces de chétopodes ou vers à sang rouge, qui ont les branchies à nu sur une partie quelconque du dos. M. Duméril avoit désigné la même division sous la dénomination de branchiodèles. (DE B.)

DORSTÉNE, *Dorstenia.* (*Bot.*) Genre de plantes dicotylédones, à fleurs incomplètes, de la famille des *urticées*, de la *tétrandrie monogynie* de Linnæus, offrant pour caractère essentiel : Un réceptacle, aplati ou concave, très-ouvert, arrondi ou anguleux, couvert de fleurs sessiles, nombreuses, hermaphrodites, ou monoïques? un calice concave, quadrangulaire, enfoncé dans le réceptacle; point de corolle; quatre étamines; un ovaire supérieur; le style court; le stigmate simple, obtus. Le fruit consiste en plusieurs semences solitaires pour chaque fleur, plongées dans le réceptacle commun, qui devient charnu et pulpeux.

Ce genre est très-remarquable par sa fructification, qui le rapproche des figuiers; mais dans ces derniers le réceptacle commun est entièrement fermé, il contient et cache les fleurs, tandis qu'ici le réceptacle présente une surface plane, élargie, couverte de fleurs; ce réceptacle devient épais et charnu à mesure que la fructification avance. On n'est pas encore parfaitement d'accord sur le caractère des fleurs; il paroît que la plupart sont monoïques, qu'il y en a aussi d'hermaphrodites. Linnæus pense qu'elles pourroient bien être toutes monoïques. Le plus grand nombre des espèces croît en Amérique: La plupart n'ont point de tige. Le réceptacle est porté sur un pédoncule alongé en forme de hampe, qui sort immédiatement du collet de la racine, ainsi que les feuilles. On distingue parmi les espèces :

DORSTÈNE CONTRAYERVA : *Dorstenia contrayerva*, Linn.;

Blackw., tab. 579 ; Plum., *Amer.*, tab. 119 ; Houst., *Act.*
angl. 1731, n.° 421, fig. 1 ; Lamk., *Illust.*, tab. 83, fig. 1.
Sa racine est noueuse, un peu tubéreuse, longue de deux
ou trois pouces : elle pousse de son collet cinq à six feuilles
pétiolées, pinnatifides, à découpures ovales-lancéolées, aiguës, inégalement dentées à leurs bords, d'un vert foncé,
un peu rudes, parsemées de poils courts : elles sont entre-
mêlées avec des hampes nues, longues d'environ quatre
pouces, et portent un réceptacle quadrangulaire, sinué ou
anguleux à son bord, aplati en-dessus, large d'un pouce,
chargé de petites fleurs sessiles. Elle croît au Pérou, au
Mexique et à l'île de S. Vincent.

Sa racine, fraîche, a un goût brûlant, à peu près comme
celle de la pirèthre : dans l'état de siccité, elle est d'une
saveur aromatique, un peu âcre, d'une odeur approchant
de celle du figuier. On n'emploie que la partie tubéreuse de
cette racine, qui passe pour sudorifique, alexitère et cordiale ; on la regarde comme un antidote contre les poisons
qui coagulent le sang. Son goût légèrement astringent indique qu'elle peut convenir dans les fièvres malignes, lorsque
le ventre est trop libre. Au reste cette plante a beaucoup
perdu de sa première réputation, et ne peut guère nous
intéresser que par son organisation remarquable.

Le *Dorstenia drakena*, Linn., ne peut probablement être
considéré que comme une variété de l'espèce précédente,
dont les feuilles, pinnatifides, sont entières à leurs bords et
non dentées ; le réceptacle des fleurs ovale et non anguleux,
sinué. Elle croît à la Vera-Cruz.

Dorstène a feuilles de gouet : *Dorstenia arifolia*, Lamk.,
Encycl., n.° 4, et *Illust.*, tab. 83, fig. 2. Espèce recueillie
par Dombey aux lieux ombragés du Brésil, remarquable
par la grandeur et la forme de ses feuilles. Elles sont longues de dix pouces, larges de trois et plus, sagittées, très-
aiguës, ondulées à leurs bords, à peine dentées, glabres,
minces, nerveuses en-dessous ; quelquefois elles se divisent en
plusieurs lanières aiguës : les pétioles sont longs d'un pied :
les hampes nues, plus courtes que les pétioles ; elles supportent un réceptacle ovale, presque elliptique. Sa racine est
noueuse, raboteuse, comme dentée, garnie de fibres.

Dorstène a feuillés en cœur; *Dorstenia cordifolia*, Lamk., Encycl., n.° 2. Plante de l'Amérique méridionale, dont la racine s'élève à son collet d'un ou deux pouces, en forme de tige, portant à son sommet des feuilles pétiolées, ovales, en cœur, aiguës, presque anguleuses, un peu sinuées ou dentées, longues d'environ deux pouces; les pédoncules, plus courts que les feuilles, se terminent chacun par un réceptacle petit, presque orbiculaire. Dans le *Dorstenia brasiliensis*, Lamk., Encycl., n.° 3 (Margr., *Bras.*, 52; Pis., *Bras.*, 232), le collet de la racine est de la grosseur d'une noisette; les feuilles ovales, obtuses, presque arrondies en cœur à leur base, un peu crénelées, blanchâtres en-dessous, avec un duvet court, longues de deux pouces; les pédoncules nus, pubescens, soutenant un réceptacle épais, orbiculaire. Elle croît à Monte-Vidéo. Dans le *Dorstenia Houstoni*, Linn. et Houst., *Act. angl.*, 421, fig. 2, les feuilles sont anguleuses, échancrées en cœur, aiguës; les réceptacles quadrangulaires et ondulés. On la trouve dans l'Amérique méridionale. On en cite deux variétés, ou peut-être deux espèces très-voisines : Le *Dorstenia taria*, Pav., *Mem. hist. nat.*; Schrad., Journ. 1800 : ses pédoncules sont quadrangulaires; ses feuilles en cœur, anguleuses et dentées; les réceptacles quadrangulaires. Le *Dorstenia vitella*, Pav. *l. c.* : les feuilles sont ovales, en cœur, les réceptacles arrondis.

Dorstène-trompette; *Dorstenia tubicina*, Fl. Per., 1, p. 65, tab. 102, fig. 6. Ses racines sont ovales et tubéreuses; ses feuilles pétiolées, étalées, ovales, en cœur ou oblongues, rudes, un peu velues en-dessous, irrégulièrement dentées; les pédoncules de la longueur des pétioles; les réceptacles concaves, presque coniques, crénelés, denticulés à leurs bords, peu charnus, violets pendant la floraison, puis blancs, alvéolaires, couverts de fleurs mâles et femelles mélangées, les stigmates bifides; les semences ovales. Elle croît dans les forêts au Pérou.

Dorstène caulescente : *Dorstenia caulescens*, Linn., Plum., *Amer.*, tab. 120, fig. 1. Espèce découverte par Plumier, le long des ruisseaux, à S. Domingue, que M. de Lamarck croit devoir être placée parmi les *procris*. Sa racine est rameuse; elle pousse plusieurs tiges courtes, menues, rougeâtres, feuillées, couvertes d'écailles brunes et membraneuses, de l'aisselle desquelles sortent des feuilles longuement pétiolées, d'un vert très-gai, ovales, légèrement dentées, à cinq nervures; les pétioles rouges : les pédoncules latéraux, rouges, terminés, les uns par un réceptacle arrondi, globuleux, couvert de fleurs mâles, stériles; les autres par un réceptacle aplati, anguleux, presque lacinié, chargé de fleurs femelles fertiles.

Dorstène radié : *Dorstenia radiata*, Poir., Encycl., Supp., n.°7; *Kosaria*, Forsk., *Ægypt.*, pag. 164, tab. 20. Ses tiges sont droites, hautes de six à sept pouces, rameuses dès leur base, tuberculées; les feuilles éparses, pétiolées, glabres, verdâtres, en cœur, lancéolées, ondulées à leurs bords, longues de deux pouces; les pédoncules solitaires, axillaires, plus courts que les pétioles; le réceptacle charnu, large d'un pouce, à dix découpures rayonnantes; des fleurs mâles mélangées avec des femelles, semblables à de petites verrues, coniques, verdâtres, tronquées; deux ou trois étamines; les semences blanches, ovales, trigones. Cette plante est laiteuse, d'une odeur désagréable. Elle croît dans l'Arabie.

Loureiro en a mentionné une autre espèce, sous le nom de *Dorstenia chinensis*, *Fl. Cochin.*, 1, pag. 114, dont les racines sont fusiformes, blanches, charnues, aromatiques; les tiges simples, cylindriques; les pétioles cylindriques, soutenant trois à cinq folioles glabres, lancéolées, entières; le réceptacle charnu, latéral, presque ovale, chargé de fleurs dont le calice est infundibuliforme, à trois dents. Elle croît dans les contrées septentrionales de la Chine. Les Chinois font un grand usage de ses racines en médecine, comme aromatiques, céphaliques, alexitères. Willdenow rapporte au *Dorstenia* le genre Elatostema de Forster. Voyez ce mot. (Poir.)

DORTHÉSIE, *Dorthesia*. (*Entom.*) On a désigné sous ce nom, qui rappelle celui du docteur Dorthes, de Montpellier, auteur d'une bonne dissertation d'histoire naturelle, sous ce titre , *De differentiis sexuum externis*, deux genres d'insectes fort différens. L'un correspond au *ripiphore subdiptère* de Fabricius, de la famille des coléoptères à ailes étroites ou Sténoptères; l'autre a été donnée par M. Bosc à

un petit hémiptère de la famille des Phytadalges ou planti-
suges, voisin des chermes. Voyez Journal de physique et
d'histoire naturelle pour le mois de Février 1814. (C. D.)

DORTMANNA. (*Bot.*) Rudbeck avoit établi, sous ce nom,
un genre de plantes auquel Linnæus a trouvé une telle
affinité avec le *lobelia*, qu'il le lui a réuni. Adanson, rejetant pour le genre principal le nom de *lobelia*, donné primitivement par Plumier à un autre genre, le subdivisoit en
deux, et nommoit *laurentia* les espèces à fruit biloculaire,
et *dortmanna* celles dont le fruit est à trois loges. Le *dortmanna* de Rudbeck est remarquable par ses feuilles toutes
radicales, et ses tiges presque nues, non rameuses, en forme
de hampe, terminées par quelques fleurs. (J.)

DORURE. (*Chim.*) Voyez Or. (Ch.)

DORWALLIA (*Bot.*), genre de Commerson, qui doit
faire partie des Fuchsia. Voyez ce mot. (Poir.)

DORYANTHES. (*Bot.*) Genre de plantes monocotylédones, à fleurs incomplètes, de la famille des *narcissées*, de
l'*hexandrie monogynie* de Linnæus, caractérisé par une corolle infundibuliforme, à six divisions profondes et caduques; point de calice; six étamines; les filamens subulés,
insérés à la base des divisions; les anthères en forme d'éteignoir, creusées à leur base, attachées aux filamens dans le
fond de cette concavité, droites, tétragones; un *style* à trois
sillons; le stigmate trigone; une capsule inférieure, à trois
loges, à trois valves, partagées dans leur milieu par une
cloison; les semences comprimées, placées sur deux rangs.

Ce genre avoit d'abord reçu le nom de *correa*, appliqué
à plusieurs autres genres, borné aujourd'hui à celui que j'ai
fait connaître sous cette dénomination. Ce genre ne renferme que l'espèce suivante.

Doryanthe élevé : *Doryanthes excelsa*, Rob. Brown, *Nov.
Holl.*, 1, pag. 298; Ait., *Hort. Kew.*, ed. nov., 2, pag. 303;
Correa, *Trans. soc. Linn. Lond.*, 6, pag. 213, tab. 23, 24.
Ses racines sont fasciculées : elles produisent une tige cylindrique, haute de douze à dix-huit pieds, garnie de feuilles
ensiformes; les radicales beaucoup plus grandes; celles des
tiges alternes graduellement plus petites. Les fleurs sont
alternes, d'un rouge écarlate, médiocrement pédicellées,

réunies en une tête composée d'épis presque opposés, serrés, peu garnis ; les bractées à demi vaginales, colorées, ainsi que les pédoncules. (Poir.)

DORYCNIER ; *Dorycnium*, Tournefort. (*Bot.*) Genre de plantes de la famille des *légumineuses*, et de la *diadelphie décandrie*, Linn., établi d'abord par Tournefort, réuni ensuite par Linnæus à son genre *Lotus*, et de nouveau séparé par Villars, Willdenow, Persoon, Decandolle, etc. Ses principaux caractères sont d'avoir un calice monophylle à cinq dents disposées en deux lèvres ; une corolle papillonacée, dont les ailes sont plus courtes que l'étendard ; dix étamines à filamens subulés ; un ovaire supérieur à stigmate en tête ; un légume renflé, un peu plus long que le calice, et contenant une ou deux graines.

Les dorycniers sont des plantes herbacées ou des arbustes à feuilles alternes, ternées, presque sessiles, munies de stipules qui se confondent avec les folioles ; à fleurs petites, ramassées en têtes axillaires. On en connoît trois espèces. .

DORYCNIER LIGNEUX : *Dorycnium suffruticosum*, Vill., Dauph., 3, pag. 416 ; *Lotus dorycnium*, Linn., *Spec.*, 1093. Ses tiges sont ligneuses, grêles, très-rameuses, hautes de six à dix pouces, garnies de petites feuilles blanchâtres, composées de trois folioles étroites et paroissant digitées cinq ensemble, à cause de leur rapprochement des stipules, qui sont aussi grandes qu'elles. Les fleurs sont blanchâtres ou un peu rougeâtres, et mêlées de rouge foncé, réunies dix à quinze en petites têtes portées au sommet de longs pédoncules axillaires. Ce sous-arbrisseau croît dans les lieux stériles du midi de la France, de l'Espagne, de l'Italie, etc.

DORYCNIER HERBACÉ ; *Dorycnium herbaceum*, Vill., Dauph., 3, pag. 417, tab. 41. Cette espèce diffère de la précédente par ses tiges herbacées, plus longues, redressées, et par ses folioles plus larges. Elle se trouve sur les collines du midi de la France, et en Italie, en Autriche, en Hongrie.

DORYCNIER A FEUILLES LARGES : *Dorycnium latifolium*, Willd., *Spec.* 3, pag. 1397. Toute la plante est velue ; ses tiges sont redressées et ligneuses ; ses feuilles sont ovales-obtuses, et ses fleurs, réunies en tête, sept à dix ensemble, ont les dents de leur calice fort longues et subulées. Cette plante a été trouvée dans l'Orient par Tournefort. (L. D.)

DORYCNIUM. (*Bot.*) C. Bauhin rapporte près des jacées, ou plutôt près des xéranthèmes, le *dorycnium* de Dioscoride, jugé tel par Pona. Cordus pensoit que cette plante étoit ce que nous nommons *cardiospermum*. Dodoens la prenoit pour le *solanum manicum*, qui est une *datura* ou une belladone. Le *dorycnium* de Clusius est un liseron ; celui de Lobel est le *dorycnium* de Tournefort, réuni par Linnæus au *lotus*, rétabli par Haller et d'autres, et adopté par Willdenow,: par suite ce nom a été donné à d'autres légumineuses. Le même étoit employé par Pline pour désigner un poison fourni probablement par la plante dont parle Dodoens. (J.)

DORYLE, *Dorylus*. (*Entom.*) Nom d'un genre d'insectes hyménoptères, établi par Fabricius, pour y ranger des espèces voisines des fourmis, et par conséquent de notre famille des myrméges.

Ces insectes, originaires d'Afrique, sont encore peu connus. Ils diffèrent des fourmis, parce que le pédicule de leur abdomen ne porte pas d'écaille, et qu'il est presque sessile ; caractère qui les distingue des mutilles, dont l'abdomen a un pétiole.

Fabricius n'a décrit que trois espèces de ce genre, toutes d'Afrique ou d'Amérique.

1.° Le Doryle bai, *Dorylus helvolus*.

Car. Sa couleur est fauve jaunâtre ; il est très-velu.

On l'a reçu du cap de Bonne-Espérance.

2.° Le Doryle noiratre, *Dorylus nigricans*.

Car. Il est brun : il vient de Guinée.

3.° Doryle mi-parti, *Dorylus mediatus*.

Car. Il est noir : le corselet présente en avant un arceau gris ; l'abdomen est roux, noir à la base et à la pointe.

Il provient de l'Amérique méridionale. (C. D.)

DORYPETRON, LEUCEORUM, THORYBETRON. (*Bot.*) Pline cite ces trois noms comme synonymes de son *leontopodion*, dont il se contente d'indiquer la vertu purgative. Le *leontopodium* de Dioscoride paroit être le *filago leontopodium* de Linnæus ; mais on ne peut assurer que celui de Pline soit le même. Dalechamps cite les noms de Pline pour le *pseudo - leontopodium* de Matthiole, que C. Bauhin rapporte à un de ses *gnaphalium*, qui paroit être le *gnaphalium rectum* de M. Smith. (J.)

DORYPHORE, *Doryphora.* (*Entom.*) Illiger a désigné sous ce nom des espèces de *chrysomèles* dont les palpes sont en rondache, disposition qui a suggéré leur nom, qui signifie en grec *porte-hache.* Toutes sont originaires d'Amérique. (C.D.)

DOS [DANS LES INSECTES]. (*Entom.*) On nomme ainsi la partie supérieure du tronc, mais principalement du corselet et du ventre ou de l'abdomen. Dans les descriptions les auteurs emploient souvent cette expression pour indiquer tout ce qui est au-dessus du corps. Ainsi les taches des élytres, de l'écusson, du corselet, sont souvent dites dorsales. (C. D.)

DOS-BLEU (*Ornith.*), un des noms vulgaires que, suivant Salerne, on donne à la sittelle ou torchepot, *sitta europœa,* Linn. (CH. D.)

DOS D'ANE (*Erpétol.*), un des noms de la tortue à trois carènes. Voyez ÉMYDE. (H. C.)

DOS DE CRAPAUD. (*Bot.*) (*Venter et dorsum bufonis,* Sterb., *Fung.*, tab. 19, fig. *E, G.*) C'est l'*agaricus pustulatus* de Scopoli, dont la surface du chapeau, grise ou cendrée, a des pellicules brunes qui rappellent les taches des crapauds. Ce champignon est pernicieux; son pédicule, bulbeux à la base, est muni d'un anneau vers le haut. (LEM.)

DOS-ROUGE. (*Ornith.*) Les Créoles de Cayenne nomment ainsi le tangara septicolor, *tangara tatao,* Linn. (CH. D.)

DOS-TACHETÉ (*Ornith.*), nom par lequel Sonnini a traduit l'espèce de *queues-aiguës* que M. d'Azara a décrite sous le n.° 232 de ses Oiseaux du Paraguay. (CH. D.)

DOSIN. (*Conchyl.*) Adanson, Sénégal, pag. 225, pl. 16, décrit et figure une espèce du genre Vénus, que Gmelin a nommée *venus concentrica.* Voyez VÉNUS. (DE B.)

DOSJEN (*Bot.*), nom donné dans le Japon, suivant Kæmpfer, à l'*aralia cordata* de Thunberg. (J.)

DOSO, DUSU. (*Bot.*) Aux Philippines, suivant Camelli cité par Rai, p. 52, on nomme ainsi une plante qui est le *kœmpferia galanga,* ou une espèce voisine, à en juger d'après la figure inédite qu'il en donne. Sa description est incomplète et ne suffiroit pas pour bien désigner la plante. Il présume, mais à tort, qu'elle est une espèce de contrayerva. C'est, selon lui, le *doso* de Samar, l'une des îles Philippines, et le *samlay* des Chinois, le *scabulchau* de la province de Yucatan, dans le Mexique. Mais ces noms ne conviennent-ils pas plutôt au vrai contrayerva? (J.)

DOTEL. (*Conchyliol.*) Adanson, sous ce nom, décrit et figure (Sénég., pag. 211, pl. 15) une coquille du genre Moule, le *mytilus niger* de Gmelin. (De B.)

DOTHIDEA. (*Bot.*=*Hypoxylées.*) Plantes cryptogames, microscopiques, sans forme déterminée, tuberculeuses, ridées, solides intérieurement, s'amollissant un peu lorsqu'on les humecte; point d'ouverture ou ostiole pour la sortie des séminules. Ce genre, établi par Fries, a des rapports avec les *sphæria*, *sclerotium*, *arthonia* et *limboria;* mais il en diffère essentiellement par le défaut d'une ouverture quelconque, par sa substance intérieure uniforme, et par l'absence de toute expansion ou thallus. Il seroit possible que beaucoup d'espèces de *sphæria* et d'autres genres d'hypoxylées en fissent partie; il se pourroit encore que les cinq espèces de *dothidea* rapportées par Fries, étant mieux observées, rentrassent dans des genres connus.

DOTHIDEA EN TOUFFE : *Dothidea cæspitosa*, Fries, *Obs. mycol.*, 1818, pag. 348; *Sphæria cespitosa*, Pers. ; Tode, *Fung. Meckl.*, 2, tab. 14, fig. 13; *Sph. aucupariæ*, Pers. Tubercules agglomérés, alongés, cylindriques, presque lobés, noirs, saupoudrés de blanc. Se trouve sur les rameaux desséchés du sorbier.

DOTHIDEA SPHÉRIOÏDE : *Dothidea sphærioïdes*, Fries, *l. c.;* *Sclerotium sphærioides*, Pers., Alb., Schw. Aggrégés, fasciculés; tubercules anguleux, planes, noirs, blancs à l'intérieur. Sur les branches mortes du peuplier.

DOTHIDEA BOSSELÉ; *Dothidea gibberulosa*, Fries, *l. c.*, tab. 5, figur. 5, *a, b*. Presque aggloméré ; tubercules superficiels presque globuleux, noirs, d'un brun de corne en dedans. Croit sur le bois écorcé en Suisse. Acharius soupçonne que c'est l'*opegrapha notha*.

DOTHIDEA DES PINS; *Dothidea pitya*, Fries, *l. c.*, p. 310, tab. 5, fig. 4, *a, b*. Aggrégé; tubercules superficiels, difformes, arrondis, déprimés, noirs en dehors et en dedans. Se trouve sur les cônes des pins.

Dothidea lécidé ; *Dothidea lecidea*, Fries. Tubercules à demi enchâssés, superficiels, hémisphériques, lisses, d'un noir brunâtre, blanchâtres en dedans. (Lem.)

DOTI-MOGARI (*Bot.*), nom brame du *kudda - mulla* des Malabares, qui est une variété du sambac, *mogorium sambac*. (J.)

DOTIRO. (*Bot.*) Les Brames nomment ainsi le metel, *datura metel*, suivant Rheede. Voyez Cubsjubong. (J.)

DOTO. (*Malacoz.*) M. Ocken, dans son Traité général d'histoire naturelle, ayant formé une petite famille de mollusques nus, polybranches, de ceux qui ont le corps étroit et presque linéaire, comme les éolides, les cavolines, y joint, sous les noms de *doto* et de *themisto*, deux petits genres formés avec quelques espèces de doris. Celui dont il est ici question, a pour caractères : Deux tentacules et une pointe dans le calice des branchies, qui sont placées sur le dos et ne peuvent être cachées. Les deux seules espèces de doris que M. Ocken met dans ce genre, sous les noms de *doris maculata* et *doris pinnatifida*, me sont tout-à-fait inconnues, ce zoologiste n'en donnant aucune description. (De B.)

DOTTREL. (*Ornith.*) Ce nom anglois du pluvier guignard, *charadrius morinellus*, Linn., qui est écrit dans divers ouvrages *dotterel, dotterelle, dotrale*, est le même qui, par corruption, aura produit *dorale*. Le tourne-pierre, *tringa interpres*, Linn., est nommé dans la même langue *sea-dotterel*. (Ch. D.)

DOTTU ou ADOTTO. (*Ichthyol.*) En Sicile, suivant M. Rafinesque-Schmaltz, on donne ces noms à un poisson qu'il rapporte au genre Spare, sous la dénomination de *sparus adottus*, et dont la chair est fort estimée. Ses couleurs sont très-vives. Sa taille s'élève jusqu'à quatre pieds. (H. C.)

DOU. (*Ornith.*) On nomme ainsi, dans les environs du lac d'Avellane, en Piémont, le blongios, *ardea minuta*, Linn. (Ch. D.)

DOU-CERBERI-VALLI. (*Bot.*) Voy. Kareta-tsjori-valli. (J.)

DOU-PARVATI (*Bot.*), nom brame de l'Érimatali des Malabares. Voyez ce mot. (J.)

DOU-TIRINGOUSSI (*Bot.*), nom brame du *guilandina axillaris*, *bankaretti* des Malabares. (J.)

DOUADEKE-GOLI (*Bot.*), nom brame du *ficus punctata* de M. de Lamarck, *itti - arealou* des Malabares. (J.)

DOUBLE. (*Ichthyol.*) Suivant M. Cuvier, l'on donne le nom de *doubles* aux pleuronectes qui sont également colorés des deux côtés. Le plus souvent, c'est le côté brun qui se répète; mais cela arrive aussi au côté blanc. Le *rose coloured flounder*, Shaw, IV, 11, pl. 43, est un flet dont le côté blanc est double. (H. C.)

DOUBLE [Calice]; *Calix duplex*, *Calix calyculatus*. (*Bot.*) On dit qu'un calice est double ou plutôt caliculé, lorsqu'il est muni d'une espèce d'involucre qui ressemble à un second calice (*erica vulgaris*, *hibiscus*, *hypericum ægyptiacum*).

Double [Fleur], *Flos multiplicatus*. Lorsque la corolle n'a que le nombre de parties qu'elle doit avoir naturellement, la fleur est *simple*. Lorsque le nombre des pétales est double, triple ou quadruple du naturel, ou qu'il y a deux ou trois corolles l'une dans l'autre, la fleur est *double*; les fleuristes disent qu'elle est semi-double : elle est encore féconde, les étamines n'ayant pas totalement disparu. Lorsque les pétales sont très-nombreux, et que la disparution totale des étamines a rendu la fleur inféconde, elle est *pleine*; les fleuristes disent qu'elle est double.

On désigne aussi par le nom de fleurs *doubles* ou *pleines*, les synanthérées radiées, telles que le grand soleil, les grande et petite marguerites, l'œillet d'Inde, etc., lorsque tous les fleurons se sont transformés en demi-fleurons, ou les demi-fleurons en fleurons : mais ici la dénomination est impropre; les corolles n'ont fait que changer de forme sans se multiplier.

Double [Périanthe], *Perianthium duplex*. M. Mirbel emploie le nom de périanthe simple pour désigner l'enveloppe des organes sexuels, lorsque cette enveloppe est unique, et celui de périanthe double, lorsqu'il a deux enveloppes, c'est-à-dire, lorsqu'il y a un calice et une corolle. Voyez Périanthe, Périgone. (Mass.)

DOUBLE-AIGUILLON. (*Ichthyol.*) Voyez Deux - aiguillons et Premnade.

Plusieurs auteurs ont encore désigné sous cette dénomination le *balistes biaculeatus* de Bloch. Voyez à l'article Triacanthe. (H. C.)

DOUBLE-BÉCASSINE. (*Ornith.*) Cet oiseau, dont la taille est d'un tiers supérieure à la bécassine ordinaire, est le *scolopax major* de Gmelin et de Latham. (Ch. D.)

DOUBLE-BOSSE. (*Ichthyol.*) M. de Lacépède, d'après Commerson, a donné ce nom à une espèce de Chironecte, *Antennarius bigibbus*. Elle est très-peu connue. (H.C.)

DOUBLE-BOUCHE. (*Conchyl.*) Dénomination employée par les marchands d'histoire naturelle pour désigner le *trochus labio*, Linn., type du genre Monodonte de M. de Lamarck, parce que la dent qui se trouve à l'ouverture ou bouche de la coquille semble la partager en deux. (De B.)

DOUBLE-BULBE. (*Bot.*) Nom vulgaire de *l'iris sisyrinchium*. Linn. (L. D.)

DOUBLE C. (*Entom.*) C'est le *papilio C album*, ou le gamma. (C. D.)

DOUBLE-CEINTURE. (*Entom.*) Geoffroy a ainsi nommé une phalène, *phalena bicincta*, qui porte deux bandes brunes en travers sous la partie inférieure des ailes. (C. D.)

DOUBLE-CIL. (*Bot.*) Voyez Diplocomium. (Lem.)

DOUBLE-CLOCHE. (*Bot.*) Les jardiniers donnent ce nom à une variété de la primevère élevée, dont le calice se colore, et dont la corolle est double. (L. D.)

DOUBLE-DENT. (*Bot.*) Voyez Didymodon. (Lem.)

DOUBLE-ÉPI. (*Bot.*) Voyez Diplostachyum. (Lem.)

DOUBLE-FEUILLE. (*Bot.*) Nom vulgaire de *l'ophrys ovata*. Linn. (L. D.)

DOUBLE-FLEUR. (*Bot.*) Les jardiniers donnent ce nom à une variété de poirier dont les fleurs sont semi-doubles. (L. D.)

DOUBLE FOLLICULE, *Bifolliculus*. (*Bot.*) Parmi les fruits composés, il en est qui proviennent d'ovaires qui ne portent pas le style (voyez Cénobion), et d'autres dont les ovaires portent le style : l'Étairion (voyez ce mot) et le double follicule sont du nombre de ces derniers. Dans le double follicule, l'ovaire, d'abord simple, se partage jusqu'à la base en deux parties, qui deviennent deux follicules, boîtes péricarpiennes, formées chacune d'une seule valve pliée dans sa longueur et soudée sur les bords. Les graines contenues dans chaque follicule sont attachées, le long de la suture, sur un placentaire qui se détache ordinairement dans la maturité. Quelquefois, au lieu de s'isoler, le placentaire se divise en deux branches, qui restent fixées à la marge de la valve. Il arrive parfois, par suite d'avortement, que le fruit n'offre qu'un seul follicule ; mais on trouve toujours à sa base interne quelque indice de cet avortement. Le double follicule n'a été observé jusqu'à présent que dans la famille des apocynées. Dans la pervenche, les follicules sont cylindriques et divergens ; dans le laurier-rose, ils sont fusiformes et dressés ; ils sont ventrus dans l'asclépias de Syrie : l'asclépias frutescent a les siens enflés comme des vessies. (Mass.)

DOUBLE-LANGUE (*Bot.*), nom vulgaire du *ruscus hypoglossum*, espèce de fragon. (L. D.)

DOUBLE-MACREUSE. (*Ornith.*) L'espèce de macreuse à laquelle on a donné ce nom, parce qu'elle est d'une taille plus forte que la macreuse commune, est l'*anas fusca*, Linn. (Ch. D.)

DOUBLE-MARCHEUR. (*Erpét.*) Voyez Amphisbène. (H. C.)

DOUBLE-MOUCHE (*Ichthyol.*), nom d'une espèce de piabuque, que M. de Lacépède a rangée parmi les characins. Voyez Piabuque. (H. C.)

DOUBLE-OMÉGA, DOUBLE-POINT, DOUBLE-TACHE, DOUBLE W (*Entom.*) : noms de différentes espèces de phalènes dans l'ouvrage de Geoffroy sur les insectes des environs de Paris. (C. D.)

DOUBLE-SCIE (*Bot.*), nom vulgaire du *biserrula pelecinus*. Linn. (L. D.)

DOUBLE-SOURCIL. (*Ornith.*) M. Levaillant nomme ainsi une fauvette dont le mâle a deux bandes noires qui partent du bec, passant l'une au-dessus de l'œil et l'autre au-dessous. Les deux sexes sont figurés pl. 128 de l'Ornithologie d'Afrique. (Ch. D.)

DOUBLE-TACHE (*Ichthyol.*), nom d'un labre, *labrus bimaculatus*. (H. C.)

DOUBLE-VESSIE. (*Bot.*) Voyez Diphiscium. (Lem.)

DOUBLÉE. (*Erpétol.*) Russel nous apprend qu'au Bengale

on désigne sous ce nom la couleuvre ombrée, *coluber umbratus*. Voyez Couleuvre. (H. C.)

DOUBLES-MARCHEURS. (*Erpét.*) M. Cuvier a donné ce nom à la première tribu de la seconde famille de ses reptiles ophidiens. Elle renferme des serpens qui ont la mâchoire inférieure portée par un os tympanique immédiatement articulé avec le crâne, les deux branches de cette mâchoire soudées en avant, et celles de la mâchoire supérieure fixées au crâne et à l'os intermaxillaire : ce qui fait que leur gueule ne peut se dilater grandement, et que leur tête est tout d'une venue avec le reste du corps, forme qui leur permet de marcher également bien dans les deux sens. Le cadre osseux de l'orbite est incomplet en arrière, et leur œil fort petit. Du reste, ils ont le corps couvert d'écailles, l'anus fort près de son extrémité, la langue courte, la trachée-artère longue, le cœur très en arrière, un seul poumon. Tels sont les *amphisbènes*, les *typhlops*. On n'en connoît point de venimeux. (H. C.)

DOUBLURE-BRUNE. (*Entom.*) Fourcroy, dans son Entomologie parisienne, a donné ce nom à une phalène qu'il nomme *hispana*, n.° 191. (C. D.)

DOUBLURE-JAUNE. (*Entom.*) Geoffroy a donné ce nom à une espèce de noctuelle, *noctua glyphica*. (C. D.)

DOUC (*Mamm.*), nom spécifique d'une Guenon, à la Cochinchine. Voyez ce mot. (F. C.)

DOUCE-AMÈRE. (*Bot.*) Voyez Dulcamara, Morelle. (J.)

DOUCET (*Ichthyol.*), un des noms du callionyme-dragonneau. Voyez Callionyme. (H. C.)

DOUCETTE (*Bot.*), nom vulgaire du *campanula speculum Veneris*, nommé aussi miroir de Vénus, que l'on mange en salade : cette plante fait maintenant partie du genre *Prismatocarpus*, détaché de la campanule. (J.)

DOUCIN. (*Bot.*) Les jardiniers donnent ce nom à une variété de pommier qui sert communément de sujet pour recevoir les greffes des autres espèces, lorsqu'on ne veut pas des arbres d'une très-grande force. (L. D.)

DOUCKER (*Ornith.*), nom anglois et générique des plongeons, que, dans la même langue, on nomme aussi *diver*. (Ch. D.)

DOUDALAQUI. (*Bot.*) Une espèce de coqueret, *physalis flexuosa*, est ainsi nommée par les Brames. (J.)

DOUDA-SAILO. (*Bot.*) Les Brames nomment ainsi le Tsjerou-thaka des Malabares. Voyez ce mot. (J.)

DOUGLASSIA (*Bot.*), nom donné d'abord par Houstoun et ensuite par Adanson au *Volkameria*, genre de la famille des verbenacées. Schreber l'a fait revivre pour désigner l'*ajovea* d'Aublet, dans la famille des laurinées, qui a encore été nommée *ehrhardia* par Scopoli, *colomandra* par Necker. (J.)

DOULO-VADHOU (*Bot.*), nom brame du *katou-alou* des Malabares, espèce de figuier, *ficus indica* de M. de Lamarck. (J.)

DOUM DE LA THÉBAIDE (*Bot.*) : *Cucifera thebaica*, Delile, Mém. sur l'Égypte ; *Douma*, Poir. *in Duh. ed. nov.*, vol. 4, pag. 47, tab. 1, 2, 3, *mutato nomine Phœnicis*, Lamk., *Ill.*, tab. 900 ; *Cuciofera*, Théophr., *Hist. plant.* j ; Bauh., 1, pag. 388, *icon.*; *Cortusi fructus*, Clus., *Exot. arom.*, liv. 1, pag. 160, *icon.*; *Hyphene crinita*, Gærtn., *De fruct.*, tab. 82. Ce bel arbre, naturel à l'Égypte, forme parmi les *palmiers* un genre particulier de la *dioécie hexandrie* de Linnæus, caractérisé par des fleurs dioïques ; un calice à six divisions ; point de corolle ; six étamines ; trois ovaires ; autant de styles ; trois baies (deux avortent très-souvent) à une seule loge monosperme ; l'embryon placé au sommet du périsperme.

Nous n'avons pendant long-temps connu cet arbre intéressant que par ce que les anciens nous en avoient dit, et par les observations faites sur ses fruits par quelques modernes, jusqu'à l'époque de l'expédition d'Égypte, à laquelle les sciences sont redevables de tant de découvertes précieuses. Les botanistes de cette expédition ont retrouvé dans le Saïd ce *douma* mentionné dans Théophraste : les pinceaux de M. Redouté jeune nous en ont procuré une très-bonne figure, et M. Delile en a donné la description dans ses Mémoires sur l'Égypte.

Son tronc, qui s'élève à la hauteur de trente pieds et plus sur à peu près trois de circonférence, est divisé en anneaux parallèles peu saillans, formés par l'impression de la base des pétioles. Son sommet se divise en deux branches; chaque branche se bifurque graduellement jusqu'à trois ou quatre fois, et chacune des dernières ramifications est couronnée d'une touffe de vingt-quatre à trente feuilles palmées, divisées jusqu'aux deux tiers, longues de six pieds sur trois de large; elles présentent la forme d'un éventail ouvert obliquement, les digitations plissées dans leur longueur, et entre chacune d'elles un filament qui les tenoit unies avant leur séparation. Le pétiole est à demi cylindrique, de moitié plus court que les feuilles, formant une gaine autour du tronc. Les fleurs sont disposées en grappes sur un spadice partagé en longs rameaux de la grosseur du doigt. La spathe qui l'enveloppe dans sa jeunesse, se fend longitudinalement d'un côté, lorsque les fleurs sont sur le point de s'épanouir; chaque grappe est garnie d'écailles alternes, serrées, imbriquées, formant des spirales redoublées. Les fleurs naissent solitaires entre les écailles, dont l'intervalle est garni de faisceaux soyeux; le calice est à six divisions profondes, trois extérieures, étroites, appliquées contre un pédicelle qui soutient les trois intérieures épaisses et un peu plus grandes; les filamens sont réunis à leur base, plus courts que le calice; les ovaires supérieurs connivens. Le fruit est une baie ovale, revêtue d'une pellicule mince de la grosseur d'une petite poire, à une seule loge, contenant une pulpe jaune, d'une saveur mielleuse, aromatique, traversée par des fibres dont les intérieures, très-serrées, forment une enveloppe presque ligneuse autour de la semence : celle-ci consiste en une grosse amande cornée, blanchâtre, marquée à son sommet d'un enfoncement qui contient l'embryon.

Le *doum* est très-précieux dans toutes les contrées où il s'est multiplié. Habitant du désert, dit M. Delile, il a rendu propres à la culture des terrains qui seroient restés stériles, s'il ne les eût abrités. Plusieurs espèces de sensitives épineuses, qui croissent rarement dans les lieux arrosés par les eaux du Nil, ont trouvé un asile sous son ombrage; elles s'y sont propagées, et se sont portées du côté du désert, dont elles ont resserré les limites en étendant le domaine des terrains cultivés. Le tronc du *doum* est composé de fibres longitudinales et parallèles, comme celui du dattier, mais beaucoup plus fortes et plus rapprochées. On le fend en planches, dont on fait les portes dans le Saïd ; les fibres sont noires, et la moelle qui en occupe les intervalles est d'une couleur jaune. Les feuilles sont employées à faire des tapis, des sacs, des paniers fort commodes et d'un usage très-répandu : la pulpe du fruit est bonne à manger, et seroit un aliment assez agréable, si elle n'étoit entremêlée de fibres ; néanmoins les habitans du Saïd s'en nourrissent quelquefois. On apporte au Caire un grand nombre de ces fruits, que l'on y vend à bas prix : on les regarde plutôt comme un médicament utile que comme un aliment ; ils ont la saveur de notre pain d'épice, et les enfans en mangent avec plaisir. On en fait une infusion, un sorbet assez semblable à celui que l'on prépare avec la racine de réglisse, ou avec la pulpe des gousses du caroubier. Ces fruits, avant leur maturité, sont remplis d'une eau limpide et sans saveur : l'amande devient extrêmement dure ; on la tourne, et l'on en fait des grains de chapelets susceptibles d'un beau poli. Cet arbre croît dans le Saïd ou la haute Égypte, au-delà de Girgé. (POIR.)

DOURAH, DORAH, ou DORA (*Bot.*) : noms arabes et égyptiens du sorgho, *holcus sorghum* de Linnæus, maintenant *sorghum vulgare*, auquel il faut rapporter, d'après Vahl, l'*holcus durra* de Forskaël, qui est, selon lui, la plante céréale la plus cultivée dans l'Égypte, et dont on fait trois récoltes chaque année. Le maïs ou blé de Turquie, *zea mays*, est aussi nommé dans l'Égypte *dourah*, et *dourah-kysan*, suivant M. Delile ; *durra*, suivant Forskaël. (J.)

DOURMILLOUZE. (*Ichthyol.*) Les Provençaux appellent ainsi la TORPILLE. Voyez ce mot. (H. C.)

DOUROUCOULI. (*Mamm.*) Ce nom, au rapport de M. de Humboldt, est donné par les Indiens Maravitains à un singe dormeur des forêts de la Guyane, qui a des caractères très-particuliers. Voyez SAPAJOU. (F. C.)

DOUVE. (*Bot.*) Nom vulgaire de deux espèces de renoncules : l'une, grande, *ranunculus lingua*, qui est le *lingua* de Pline et de Dalechamps ; l'autre, petite, *ranunculus flammula*, qui est le *flammula ranunculus* de Dodoens. C. Bauhin dit que quelques-uns regardent celle-ci comme l'*enneaphyllon* de Pline, d'autres comme l'*ægolethron* du même. Cependant

Gesner cite ailleurs l'*ægolethron* de Pline, que Bauhin assimile à la plante nommée maintenant *lathræa squamaria*, et dans le Voyage de Tournefort au Levant il est question d'un autre *ægolethron*, plus certainement celui de Pline, mentionné dans le premier volume de ce Dictionnaire, et rapporté à l'*azalea pontica*. (J.)

DOUVE. (*Entoz.*) C'est le nom assez communément employé en France pour désigner les singuliers animaux que l'on trouve souvent en si grande abondance dans le foie des moutons qui ont été nourris quelque temps dans des lieux marécageux, et que les zoologistes françois nomment *fasciola* ou fasciole, et les Allemands *distoma*. Voyez le mot FASCIOLE. (DE B.)

DOUVILLE (*Bot.*), nom d'une variété de poire. (L. D.)

DOUWING BATARD D'HAROKE. (*Ichthyol.*) Renard, I, pag. 22, pl. XIV, fig. 81, a donné sous ce nom l'*holacanthus dux*. Voyez HOLACANTHE. (H. C.)

DOUWING-FORMOSE. (*Ichthyol.*) Renard, I, pl. V, fig. 34, a désigné sous ce nom l'holacanthe géométrique. Voyez HOLACANTHE. (H. C.)

DOUWING-HERTOGIN. (*Ichthyol.*) Les Hollandois nomment ainsi le chétodon vagabond, *chætodon vagabundus*. Voyez CHÉTODON. (H. C.)

DOUWING-MARQUIS (*Ichthyol.*), nom hollandois de l'holacanthe-anneau. Voyez HOLACANTHE. (H. C.)

DOUWING-PRINZ. (*Ichthyol.*) Les Hollandois donnent ce nom au chétodon vagabond. Voyez CHÉTODON. (H. C.)

DOUX [PRINCIPE]. (*Chim.*) Voyez PRINCIPE DOUX DES HUILES. (CH.)

DOVE (*Ornith.*), nom générique du pigeon en anglois. (CH. D.)

DOVER (*Ichthyol.*), nom que l'on donne dans le Holstein au dobule ou meunier. Voyez ABLE, dans le Supplément du 1.ᵉʳ volume. (H. C.)

DOYENNÉ (*Bot.*), nom d'une variété de poire. (L. D.)

DRAADOR (*Ichthyol.*), nom hollandois du doradon, espèce de coryphène. Voyez ce mot. (H. C.)

DRAAT et KELBE (*Bot.*), noms du *stapelia variegata* et du *stapelia dentata* dans l'Arabie, suivant Forskaël. (J.)

DRABA. (*Bot.*) Voyez Drave. (L. D.)

DRABA. (*Bot.*) La plante crucifère à laquelle Dioscoride donnoit ce nom, l'a conservé parmi les modernes: c'est notre *draba muralis*. Matthiole, Lœbel et d'autres le donnoient aussi à l'*arabis alpina* et à un *cochlearia*, que pour cette raison Linnæus a nommé *cochlearia draba*. Dodoens s'en servoit pour désigner le thlaspi des jardins, *iberis umbellata*. (J.)

DRACÆNA. (*Bot.*) Voyez Dragonier. (Poir.)

DRACO. (*Bot.*) Ruellius, Dodoens et d'autres nommoient ainsi l'estragon, qui est le *dracunculus hortensis* de C. Bauhin, le *dragone* de Césalpin, le *tarchon* d'Avicenne, le *tragum* de Clusius, l'*artemisia dracunculus* de Linnæus. Un autre *draco* de Dodoens est la ptarmique ou herbe à éternuer, *dracunculus pratensis* de C. Bauhin, *achillea ptarmica* de Linnæus. Un troisième, nommé ainsi par Clusius, est le sang-dragon, *dracæna* de Linnæus, dont le fruit avoit été envoyé à Clusius sous le nom de dragondl. Commelin et Lœffling citent encore un autre *draco*, qui est le *pterocarpus draco*, fournissant, comme le précédent, le suc concret nommé sang-dragon. (J.)

DRACO (*Erpétol.*), nom latin du genre Dragon. Voyez ce mot. (H. C.)

DRACOCÉPHALE, *Dracocephalum*. (*Bot.*) Genre de plantes dicotylédones, à fleurs complètes, monopétalées, irrégulières, de la famille des *labiées*, de la *didynamie gymnospermie* de Linnæus, rapproché des mélisses, offrant pour caractère essentiel : Un calice tubulé de forme variable, nu à son orifice pendant la maturation; une corolle labiée; le tube ventru vers son orifice; la lèvre supérieure en voûte échancrée ou entière; l'inférieure à trois lobes; quatre étamines didynames; un style; un stigmate bifide; quatre semences au fond du calice.

Ce genre se compose d'espèces dont plusieurs sont exotiques à l'Europe, mais que la culture s'est appropriées. Ce sont des plantes herbacées, à feuilles opposées, à fleurs axillaires ou disposées en un épi terminal, remarquables particulièrement par l'orifice enflé de leur corolle, irrégularité sur laquelle on a fondé son nom de Dracocéphale, composé de deux

mots grecs qui signifient *tête de dragon*. La facilité avec laquelle ces plantes croissent et vivent en plein air, a fait introduire la culture d'un grand nombre de leurs espèces dans nos
jardins : elles peuvent être placées parmi les plantes d'agrément. L'effet de leurs fleurs pourpres ou bleues, plus ou
moins apparentes, est très-agréable, et fait ressortir les différentes couleurs des autres plantes par leur belle variété,
surtout quand les touffes sont fortes. On sème leurs graines
au printemps, dans une bonne terre, à une bonne exposition, en garantissant le plant des gelées, ayant soin de les
arroser surtout dans les temps secs. Quelques-unes sont em-
·ployées en médecine, ainsi que nous le dirons plus bas. On
distingue les espèces suivantes :

DRACOCÉPHALE DE VIRGINIE : *Dracocephalum virginianum*,
Linn.; Moris., *Hist.*, 3, §. 11, tab. 4, fig. 1; Boccon.,
Sic., tab. 6, fig. 3; vulgairement la CATALEPTIQUE. Cette espèce,
originaire de l'Amérique septentrionale, a été comparée par
quelques auteurs à la digitale, à laquelle elle ressemble
assez par la forme et l'élégance de ses fleurs, un peu purpurines ou de couleur de chair, disposées en un bel épi terminal, muni de très-petites bractées. Ses tiges sont presque
simples, quadrangulaires ; les feuilles glabres, linéaires-lancéolées, à peine dentées en scie. Cette plante a reçu le
nom de cataleptique à cause d'un phénomène observé par
M. de la Hire, qui a remarqué qu'en dérangeant les fleurs,
et les faisant aller et venir horizontalement dans l'espace d'un
demi-cercle, elles restoient dans la position où on les met-
toit lorsqu'on cessoit de les pousser. On la cultive au Jardin
du Roi, ainsi que la suivante.

DRACOCÉPHALE DES CANARIES : *Dracocephalum canariense*,
Linn.; Pluk., *Mant.*, tab. 430, fig. 2. Cette plante est remarquable par une odeur de camphre assez agréable, qui
approche de celle de la térébenthine : elle se distingue facilement par ses pétioles, soutenant trois, quelquefois cinq folioles lancéolées, ridées, dentées en scie, un peu velues en-
dessous. Les fleurs, disposées en un épi terminal, sont d'un
blanc rougeâtre ou pourpré, marquées en dedans de lignes
blanches. Les tiges sont rameuses, persistantes, un peu ligneuses. Elle croît dans l'Amérique et dans les îles Canaries.

On assure que son infusion est très-salutaire dans les maladies de langueur et dans les flatuosités: il en est même qui la préfèrent à la moldavique.

Dᴿᴀᴄᴏᴄᴇ́ᴘʜᴀʟᴇ ᴅ'Aᴜᴛʀɪᴄʜᴇ: *Dracocephalum austriacum*, Linn.; Clus. *Hist.*, 2, pag. 185; Jacq., *Icon. rar.*, tab. 112. Cette belle plante est cultivée dans plusieurs jardins comme plante d'ornement; elle doit cette distinction à ses grandes et belles fleurs, d'un violet bleuâtre, disposées presque par verticilles en un épi terminal. Ses tiges sont très-rameuses, chargées d'un duvet court; ses feuilles sessiles, linéaires, très-étroites, simples ou découpées en cinq ou sept lanières profondes, un peu cotonneuses, terminées, ainsi que les calices, par une petite pointe spinuliforme. Elle croît dans l'Autriche, ainsi que dans les Pyrénées, la Provence et le Dauphiné. Le *dracocephalum peregrinum*, Linn., variable par ses feuilles entières, découpées ou dentées, à peine munies de spinales, ne paroît pouvoir être distingué que comme variété de cette espèce. Il croît en Sibérie. Dans le *dracocephalum ruyschiana*, Linn. (Œder, *Fl. Dan.*, tab. 121; Moris, *Hist.*, 3, tab. 5, fig. 9), les feuilles sont plus longues, dépourvues de spinules; les fleurs bleues, moins grandes, plus serrées, verticillées. Toute la plante est glabre. Elle croît dans la Sibérie, et se trouve également dans la Suisse, le Dauphiné, le Piémont, etc. Le *dracocephalum pinnatifidum*, Linn. (Gmel., *Sibir.*, 3, tab. 52), est une autre espèce de Sibérie, peu connue, dont les feuilles sont en cœur, pinnatifides, sinuées, blanchâtres en-dessous; les fleurs bleues, assez petites, disposées en épis dentés; les bractées lancéolées, munies de dents sétacées, velues, souvent de couleur rouge. Les feuilles ont une saveur aromatique et une odeur de lavande.

Dʀᴀᴄᴏᴄᴇ́ᴘʜᴀʟᴇ ᴅᴇ Sɪʙᴇ́ʀɪᴇ: *Dracocephalum sibiricum*, Linn.; Gmel., *Sibir.*, 3, tab. 51; Buxb., *Cent.*, 3, tab. 50, fig. 1. On distingue cette espèce par ses fleurs pédonculées, réunies par faisceaux en petits corymbes axillaires, distans. Ses tiges sont rameuses, hautes de trois pieds; ses feuilles pétiolées, assez semblables à celles d'une cataire, oblongues, en cœur, aiguës, glabres, dentées en scie; la lèvre inférieure de la corolle dentelée; l'orifice du tube velu à sa base.

Dʀᴀᴄᴏᴄᴇ́ᴘʜᴀʟᴇ ᴅᴇ Mᴏʟᴅᴀᴠɪᴇ : *Dracocephalum moldavicum*,

Linn.; Lamk., *Ill.*, tab. 513, fig. 1; Lobel, *Icon.*, 515; vulgairement LA MOLDAVIQUE, ou LA MÉLISSE DE MOLDAVIE. Cette espèce est une des plus anciennement connues. Son odeur est aromatique, pénétrante, assez agréable, approchant de celle de la mélisse. Ses tiges sont glabres, rameuses, quadrangulaires, quelquefois un peu rougeâtres, hautes de deux pieds; ses feuilles ovales-lancéolées, presque glabres, crénelées à leur contour; les dentelures des feuilles florales et des bractées sont terminées par un filet sétacé. Les fleurs sont bleues, purpurines ou blanches, réunies en verticilles axillaires; leur calice strié; ses découpures mucronées. Elle croît dans la Moldavie, la Turquie et la Sibérie. Elle passe pour cordiale, céphalique, astringente et vulnéraire. Ses feuilles sont employées, en infusion théiforme, dans les affections spasmodiques occasionées par des flatuosités.

DRACOCÉPHALE A GRANDES FLEURS : *Dracocephalum grandiflorum*, Linn.; Lamk., *Act. Petrop.*, vol. 15, tab., 29, fig. 1. Très-belle espèce, distinguée par ses grandes fleurs bleues, verticillées; chaque verticille accompagné de deux grandes bractées presque rondes, à dentelures aiguës, assez semblables aux feuilles supérieures, sessiles, très-obtuses, presque en coin; les radicales pétiolées en cœur, assez grandes, pubescentes. Elle croît dans les montagnes de la Sibérie. Le *dracocephalum attaicense*, Lamk., *l. c.*, tab. 29, fig. 3, n'en est peut-être qu'une variété.

DRACOCÉPHALE BLANCHATRE : *Dracocephalum canescens*, Linn.; Commel., *Rar. bot.*, tab. 28; Moris., *Hist.*, 3, §. 11, tab. 8, fig. 18. Plante originaire du Levant, cultivée depuis longtemps dans quelques jardins, à cause de ses grandes et belles fleurs blanchâtres avec une teinte violette, disposées trois par trois en verticilles axillaires, accompagnées de deux petites bractées épineuses : toute la plante a un aspect blanchâtre, légèrement cotonneux. Ses tiges sont rameuses, longues d'un pied et plus : ses feuilles oblongues, pétiolées, presque entières; les supérieures sessiles, plus étroites.

DRACOCÉPHALE A BRACTÉES ARRONDIES : *Dracocephalum peltatum*, Linn.; Lamk., *Ill.*, tab. 513, fig. 2. Cette espèce, rapprochée de la précédente par la forme de ses feuilles, se distingue aisément par ses bractées nerveuses, arrondies, munies de dents sétacées; les fleurs sont bleues, assez petites, disposées par verticilles. Elle croît dans le Levant. Dans le *dracocephalum nutans*, Linn. (Gmel., *Sibir.*, 3, tab. 49), les fleurs sont violettes ou bleuâtres, de grandeur moyenne, verticillées, un peu penchées; les bractées très-entières; les feuilles pétiolées, légèrement dentées. Cette espèce croît dans la Sibérie.

Dracocéphale a fleurs de thym: *Dracocephalum thymiflorum*, Linn.; Gmel., *Sibir.*, 3, tab. 5o. Cette plante est facile à reconnoître par ses fleurs petites, un peu violettes ou bleuâtres; la corolle est à peine saillante hors du calice; les verticilles nombreux, axillaires, accompagnés de deux bractées: les calices striés, légèrement velus; une de leurs découpures élargie, mucronée, les autres très-aiguës: les tiges presque simples, coudées à leur partie inférieure; les feuilles pétiolées, verdâtres, presque glabres, denticulées. Elle croît dans la Sibérie.

Dracocéphale du Mexique : *Dracocephalum mexicanum*, Kunth, *in* Humb. et Bonpl., *Nov. gen.*, 3, pag. 322, tab. 160. Cette espèce exhale l'odeur aromatique de la moldavique. Ses tiges sont rameuses, un peu pubescentes, hautes de deux ou trois pieds; ses feuilles ovales-oblongues, presque deltoïdes, un peu en cœur, à grosses crénelures en scie, glabres, ponctuées et glanduleuses en-dessous, longues de deux pouces; les verticilles inférieurs distans, portés sur des pédoncules rameux au sommet; les bractées petites, linéaires; le calice un peu pubescent, violet vers son sommet; ses découpures lancéolées, presque égales; la corolle de couleur rose, un peu étroite, trois fois plus longue que le calice.

Dracocéphale panaché: *Drococephalum variegatum*, Vent., *Hort. Cels.*, tab. 44; *Prasium incarnatum*, Walth., *Carol.* Sa corolle est d'un rouge violet, rayé de blanc; chaque fleur accompagnée d'une bractée ovale, parsemée de poils glanduleux peu apparens. Les tiges sont médiocrement rameuses, glabres, un peu purpurines à leur base : les feuilles oblongues, à dents lâches; les inférieures pétiolées. Cette plante se rapproche du *dracocephalum virginianum* : elle croît à la Caroline, ainsi que le *dracocephalum denticulatum*,

Aït. (Cūrtis, *Bot. Magaz.*, tab. 214; *an prasium purpureum*, Walth.?), qui diffère un peu de la précédente.

DRACOCÉPHALE A FEUILLES DE LAMIUM : *Dracocephalum lamii-folium*, Desf., *Coroll. Tourn.*, tab. 15. Espèce découverte par Tournefort à l'île de Candie. Ses tiges sont simples, touffues; les feuilles pétiolées, ovales, profondément crénelées, parsemées, ainsi que les tiges, de poils très-courts; les fleurs réunies en tête terminale; le calice évasé, à cinq divisions presque égales; la corolle grande, longue d'un pouce, de couleur rose; le tube droit et velu; la lèvre supérieure bifide, découpée au sommet; l'inférieure à trois lobes inégaux.

DRACOCÉPHALE ODORANTE : *Dracocephalum odoratissimum*, Poir., Encycl., Supp. Cette plante, recueillie dans la Crimée, s'élève au plus à la hauteur de quatre ou cinq pouces. Ses tiges sont grêles; ses rameaux cendrés, très-ouverts, un peu rougeâtres, pubescens sur leurs angles; les feuilles petites, glabres, ovales, très-entières, médiocrement pétiolées; les supérieures lancéolées. Les fleurs sont sessiles, rapprochées en un épi court, terminal; les bractées lancéolées, ciliées à leur bord; le calice étroit, tubulé, à cinq dents droites et courtes; la corolle blanchâtre ou un peu purpurine, légèrement pileuse en dehors; le tube grêle, à peine plus long que le calice; son orifice très-renflé.

Willdenow ajoute aux espèces précédentes : 1.º Le *Draco-cephalum origanoides*, Willd., *Spec.* 3, pag. 151 : petite plante presque ligneuse, qui croît en touffes dans la Sibérie, et ressemble au serpollet. Ses feuilles sont petites, blanchâtres, pétiolées, en cœur, un peu arrondies, munies de quelques dents profondes; les fleurs réunies en une tête terminale; les bractées cunéiformes, pileuses, colorées, à trois ou cinq dents; les découpures du calice aiguës, pileuses, mucronées; la corolle petite, plus courte que les bractées; le tube plus long que le calice. 2.º Le *Dracocephalum palmatum*, du même pays, se distingue par ses feuilles cunéiformes, pubescentes, divisées à leur sommet en cinq ou sept dents profondes; par la forme de son calice, ayant sa lèvre supérieure entière, à deux ou trois pointes mucronées, l'inférieure à quatre découpures lancéolées; les fleurs bleues, presque en épi.

3.° Le *Dracocephalum fruticulosum*, rapproché du *dracocephalum peregrinum*; mais sa corolle est une fois plus petite, ainsi que ses feuilles. Les tiges sont glabres et ligneuses; les bractées munies à leur base de deux ou quatre dents mucronées; le calice coloré, à cinq divisions très-aiguës. Cette plante croît dans la Sibérie.

On distingue encore le *Dracocephalum ibericum*, Marsch., *Fl. Taur. Cauc.*, 2, pag. 64, qui tient le milieu entre le *dracocephalum canescens* et le *peltatum*, rapproché du dernier par les découpures réticulées du calice, et sa corolle petite; du premier par ses bractées étroites, pédicellées, par ses calices pubescens; de tous deux par les cils longs et capillaires des bractées : le tube de la corolle plus court que le calice. Balbis a mentionné le *Dracocephalum chamædryoides*, Balb., *Miscell.*, pag. 29, à tige ligneuse, garnie de feuilles linéaires-lancéolées, crénelées à leurs bords; les fleurs axillaires, géminées, un peu pédicellées; la corolle grande, d'un bleu clair, blanchâtre à son limbe; son tube fermé par des écailles blanchâtres, velues, auxquelles adhère la base des anthères : son lieu natal n'est pas connu. Enfin Loureiro a signalé une espèce de la Cochinchine sous le nom de *Dracocephalum cochinchinense*, *Fl. Cochin.*, 2, pag. 450. Ses tiges sont velues, hautes de dix pouces; ses feuilles ovales-lancéolées, velues, très-entières; les fleurs violettes, disposées en un épi terminal; les bractées arrondies, aiguës; les filamens pileux. (Poir.)

DRACONCULE, *Dracunculus.* (*Ichthyol.*) Quelques naturalistes et lexicographes ont donné ce nom au *callionymus dracunculus* de Bloch. Voyez CALLIONYME. (H. C.)

DRACONITES. (*Foss.*) Les auteurs anciens ont donné ce nom aux pierres dont les formes leur paroissoient singulières, et en ont dit beaucoup de choses fausses (voyez Pline, *Hist. nat.*, *lib.* 37, *cap.* 1).

Ils ont aussi donné le nom de draconite à des polypiers fossiles du genre des astrées. (D. F.)

DRACONTE, *Dracontium.* (*Bot.*) Genre de plantes monocotylédones, de la famille des *aroides*, de l'*heptandrie monogynie* de Linnæus, offrant pour caractère essentiel : Une spathe naviculaire placée à la base d'un spadice cylindrique, couvert de fleurs dont le calice est composé de cinq folioles colorées ; point de corolle ; sept étamines, soutenant des anthères quadrangulaires ; un ovaire supérieur ; un style, un stigmate trigone. Le fruit est une baie polysperme.

Ce genre renferme des plantes herbacées, presque toutes originaires de l'Amérique, très-rapprochées des *pothos*, et dont les feuilles, ordinairement simples, sont pourvues d'un pétiole élargi à sa base en une gaine embrassante. On distingue parmi les espèces :

DRACONTE EN LANCE : *Dracontium lanceæfolium*, Jacq., *Icon. rar.*, 3, tab. 612 ; Lamk., *Ill. gen.*, tab. 738. Plante parasite, qui croît sur les arbres, aux environs de Caracas. Il sort immédiatement de ses racines plusieurs feuilles engainées, élargies et concaves à leur base, puis rétrécies en un pétiole long de plusieurs pouces, qui se termine par une feuille ovale-lancéolée, alongée, aiguë, en cœur à sa base, glabre, entière, traversée par une grosse nervure. Les fleurs sont disposées en un chaton ovale, épais, obtus, situé à l'extrémité d'un pédoncule droit, muni d'une spathe plane, verdâtre, acuminée, beaucoup plus longue que le chaton.

DRACONTE ÉPINEUSE ; *Dracontium spinosum*, Linn., *Zeyl.* Espèce du Ceilan et des Indes, dont la racine est longue, épaisse, munie de tous côtés de tubercules épineux ; ses feuilles sont longues, sagittées, non tachetées ; leurs oreillettes aiguës ; les pétioles épineux, longs d'un pied et demi ; le pédoncule également épineux : il soutient une spathe fort longue, cymbiforme, qui environne un chaton à peine de la grosseur du doigt. Les habitans du pays retirent des racines une fécule qui leur est souvent d'une grande ressource. Cette plante devient quelquefois fort grande, et croît aux lieux ombragés.

DRACONTE PINNATIFIDE : *Dracontium polyphyllum*, Linn. ; Pluk., *Almag.*, tab. 149, fig. 1. Sa racine est fort grosse, tubéreuse, arrondie ; elle produit une feuille soutenue par un pétiole haut d'environ un pied et demi, moucheté de vert, de blanc et de pourpre, couvert d'un épiderme déchiré et comme écailleux. Ce pétiole se divise à son sommet en trois parties avec une ou deux ramifications, portant des folioles pinnatifides, à découpures lancéolées, confluentes. Peu après que cette feuille est fanée, il sort de la racine une hampe très-courte, qui soutient une fleur dont la spathe est en capuchon noirâtre, coriace, courbée à son sommet, renfermant un très-petit chaton. La fleur exhale, à l'instant de son épanouissement, une odeur fétide et cadavereuse. Cette plante croît entre les tropiques, à Cayenne, à Surinam. Thunberg dit qu'elle croît également au Japon ; qu'elle est le *konjaku*, dont la racine est âcre, purgative, et passe pour un puissant emménagogue.

DRACONTE A FEUILLES PERCÉES : *Dracontium pertusum*, Linn. ; Mill., *Dict. et Icon.*, tab. 296 ; Jacq., *Schœnbr.*, 2, tab., 184, 185 : *Arum hederaceum*, Plum., *Amer.*, tab. 56, 57 ; Moris., *Hist.*, 13, tab. 6, fig. 28 : *Lignum colubrinum primum acostœ*, Dalech., *Hist.*, 1911, *icon.* Sa tige, d'environ un pouce d'épaisseur, monte en serpentant comme celle du lierre, et s'attache aux arbres par quantité de racines vermiculaires et latérales. Ses feuilles sont alternes, pétiolées, ovales, lancéolées, aiguës, lisses, d'un beau vert, longues d'un pied et demi, la plupart remarquables par des ouvertures oblongues, placées entre les nervures ; leur pétiole élargi à la base en une gaine courte ; les spathes sont axillaires, ovales-lancéolées, naviculaires, longues de six pouces, d'un blanc jaunâtre ; le chaton gros, cylindrique, jaune, obtus, long d'environ un demi-pied sur un pouce de diamètre. D'après M. Brown, cette plante manque de calice, et se rapproche par là des *calla*. Elle croît dans l'Amérique méridionale. Ses tiges, couvertes d'écailles un peu livides, reste de la base des pétioles, donnent à cette plante l'aspect de la peau d'un serpent. C'est d'après cette idée que les naturels ont cru que, munis d'un fragment de sa tige, ils étoient à l'abri de la suite des morsures de ces reptiles : ils prétendent que l'odeur seule de l'écorce les éloigne ; ils en portent constamment sur eux dans leurs voyages. Cette plante est cultivée au jardin du Roi ; on la propage aisément de boutures, et on la tient dans la serre chaude.

Plusieurs autres espèces rapportées à ce genre paroissent devoir être mieux placées parmi les POTHOS (voyez ce mot), ayant quatre découpures à leur calice et quatre ou huit étamines : tels sont le *dracontium fœtidum*, *camtchatcense repens*, *pentaphyllum*, etc. (Poir.)

DRACOPHYLLE, *Dracophyllum*. (*Bot.*) Genre de plantes dicotylédones, à fleurs complètes, monopétalées, régulières, de la famille des *épacridées*, de la *pentandrie monogynie* de Linnæus, très-voisin des épacris, dont il ne diffère essentiellement que par le calice dépourvu de bractées ou muni seulement de deux bractées, beaucoup plus nombreuses dans les épacris : la corolle est infundibuliforme ; son limbe divisé en cinq lobes ; cinq étamines ; un ovaire supérieur, entouré de cinq petites écailles ; un style, un stigmate ; une capsule à cinq loges, à cinq valves polyspermes ; les semences libres et pendantes au sommet d'un réceptacle central.

Ce genre, qu'on ne peut séparer que difficilement des épacris, renferme les espèces suivantes :

 DRACOPHYLLE UNILATÉRAL ; *Dracophyllum secundum*, Brown, *Nov. Holl.*, 1, pag. 556. Arbrisseau qui croît, ainsi que les suivans, sur les côtes de la Nouvelle-Hollande. Ses tiges sont rameuses, glabres, munies d'anneaux après la chute des feuilles ; celles-ci sont sessiles, imbriquées, à demi vaginales à leur base, en forme de capuchon ; les fleurs disposées en une grappe unilatérale ; les pédoncules inférieurs ramifiés ; les bractées des pédicelles caduques, nulles au calice ; le tube de la corolle légèrement ventru, un peu resserré à son orifice ; le limbe à cinq lobes aigus ; les étamines attachées à la corolle ; cinq écailles accompagnent l'ovaire.

DRACOPHYLLE RABOTEUX ; *Dracophyllum squarrosum*, Brown, *l. c.* Arbrisseau assez élégant, dont les rameaux sont à peine de la longueur des épis de fleurs qui les terminent. Les feuilles sont glabres, éparses, sessiles, raboteuses, ensiformes, un peu lancéolées, aiguës ; les fleurs disposées en un épi terminal, munies de bractées persistantes ; le calice accompagné de deux bractées ; la corolle presque en forme de soucoupe ; le tube grêle, resserré à son orifice ; le limbe à cinq lobes très-obtus ; les étamines insérées sur la corolle. Dans le *Dracophyllum eapitatum*, Brown, *l. c.*, les épis sont ovales, beaucoup plus courts que les rameaux qui les portent ; les feuilles ensiformes, lancéolées, redressées sur les tiges, serrées sur les rameaux. Le *Dracophyllum gracile*,

Brown, *l. c.*, a ses feuilles lancéolées, subulées, étalées et même recourbées sur les tiges, droites, très-serrées sur les rameaux; les épis ovales, beaucoup plus courts que les rameaux qui les soutiennent.

Il faut réunir à ce genre deux espèces d'épacris mentionnées par Forster: 1.° l'*Epacris longifolia*, Linn., *Supp.*; Forst., *Gen.*, pag. 20. Sa tige est arborescente; les feuilles linéaires-lancéolées, subulées, vaginales à leur base; les feuilles opposées, disposées en grappes droites; la corolle plus grande que le calice; le limbe à cinq découpures ovales, aiguës. 2.° *Epacris juniperina*, Linn., *Sup.*: arbrisseau dont les rameaux sont garnis de feuilles sessiles, éparses, linéaires, étalées, très-aiguës, légèrement dentées en scie à leurs bords; les fleurs alternes, disposées en grappes inclinées. Ces deux plantes croissent dans la Nouvelle-Zélande. (Poir.)

DRACUNCULOIDES (*Bot.*), nom sous lequel Boerhaave désignoit le genre *Hœmanthus* de la famille des narcissées. (J.)

DRACUNCULUS. (*Bot.*) Ce nom a été donné anciennement à l'estragon et à deux ptarmiques (voyez Draco). Brunsfels l'appliquoit à la bistorte, *polygonum bistorta*; C. Bauhin, à quelques *arum* et à un *calla*; Plumier, à un *pothos*. Il n'est plus employé que comme nom spécifique pour l'estragon et pour la serpentaire, *arum dracunculus*. (J.)

DRAGÉES DE CHEVAL (*Bot.*), nom vulgaire du sarrasin, espèce de *polygonum*. (L. D.)

DRAGÉES DE TIVOLI. (*Min.*) On donne ce nom au calcaire concrétioné sphéroïdal qui se forme dans le lit d'un petit ruisseau sortant d'un lac voisin de Tivoli, dont l'eau tient en dissolution du gaz hydrogène sulfuré et qu'on appelle *lago di Bagni.* Voyez Chaux carbonatée, 7.ᵉ variété, *Calcaire concrétionné pisolithe;* tom. VIII, p. 279. (B.)

DRAGON (*Bot.*), nom provençal de l'*aphyllantes* de Montpellier. (J.)

DRAGON, *Draco.* (*Erpétol.*) Aucun mot peut-être ne se rattache à des idées plus extraordinaires et plus anciennes que celui de dragon. Dans tous les temps, dans presque tous les pays, l'imagination effrayée de certains hommes timides, les idées bizarres émanées de quelques cerveaux malades, ou

les efforts intéressés du charlatanisme, ont fait croire à l'existence d'êtres fabuleux, d'une figure fantastique, d'une mé-
chanceté redoutable, d'une force et d'une adresse surnatu-
relles, qui désoloient des provinces entières et y portoient
le trouble et la dévastation, qui défendoient l'entrée de certains lieux consacrés, ou qui veilloient à la sûreté de trésors
cachés dont la garde leur étoit confiée. Si nous ouvrons les
livres où sont conservées les traditions des premiers âges du
monde, si nous parcourons l'histoire héroïque de la Grèce
ou les fastes de Rome, si nous consultons celle des peuples
qui jusqu'au moyen âge couvroient le sol de la Germanie et
des Gaules, si nous écoutons les récits des voyageurs, voilà
ce que nous rencontrons à chaque page, pour ainsi dire, ce
que nous entendons répéter à chaque instant.

Nous y voyons le dragon, consacré par la religion des premiers peuples, devenir l'objet de leur mythologie. Rendu
célèbre par les chants des poëtes grecs et latins, et, dit M. de
Lacépède, « principal ornement des fables pieuses imaginées
« dans des temps plus récens, dompté par les héros et même
« par les jeunes héroïnes qui combattoient pour une loi
« divine, adopté par une seconde mythologie qui plaça les
« fées sur le trône des anciennes enchanteresses, devenu l'em-
« blème des actions éclatantes des vaillans chevaliers, il a vi-
« vifié la poésie moderne, ainsi qu'il avoit animé l'ancienne.
« Proclamé par la voix sévère de l'histoire, partout décrit,
« partout célébré, partout redouté ; montré sous toutes les
« formes, toujours revêtu de la plus grande puissance, im-
« molant ses victimes par son seul regard ; se transportant
« au milieu des nues avec la rapidité de l'éclair, frappant
« comme la foudre, dissipant l'obscurité des nuits par l'éclat
« de ses yeux étincelans ; réunissant l'agilité de l'aigle, la
« force du lion, la grandeur du serpent géant ; présentant
« même quelquefois une figure humaine, doué d'une intel-
« ligence presque divine, et adoré de nos jours dans les
« grands empires de l'Orient, le dragon a été tout et s'est
« trouvé partout, hors dans la nature. »

Voilà donc ces dragons, dont les uns sont ailés et vomissent la flamme, dont les autres sont même dépourvus
de pieds ; que Pline dit exister en Éthiopie et dans les en-

virons de l'Atlas; que Strabon indique en Espagne; qu'Hérodote fait s'accoupler par la tête; qu'Élien donne comme les ennemis jurés de l'aigle; qu'Aristote assure empoisonner l'air par leur haleine, et sur lesquels Gesner, Nicandre, Aldrovande, Nieremberg, Jonston, Charles Owen, et une foule d'autres ont débité tant de fables mensongères. Nous sommes obligés de nier la réalité de leur existence, et de les abandonner à l'embellissement des images d'une poésie enchanteresse, puisque de nos jours nous ne voyons rien de semblable, sans autre raison apparente que les progrès des lumières, qui, en écartant les fantômes, en dissipant les nuages qui tourmentent l'imagination, en détruisant sans ressource les innombrables erreurs qui se trouvent liées à des absurdités physiques, ont fait fuir les dragons et les ont relégués dans les contrées non encore civilisées.

Si nous voulions débrouiller le chaos qui enveloppe tout ce qui concerne les dragons, nous aurions trop à faire, et rien n'en seroit encore éclairci. Rappelons néanmoins que, jusqu'à ces derniers temps, les cabinets des curieux, les officines des pharmaciens, les laboratoires des alchimistes, et les tréteaux ambulans des charlatans, ont offert des animaux de ce genre, parfaitement bien conservés en apparence, et des formes les plus singulières et les plus hideuses. Nous-mêmes en avons vu plusieurs fois, et nous avouons que l'illusion est complète. Mais ces représentations sont un pur effet de l'art : tous ces dragons sont fabriqués avec des raies, dont on enlève certaines parties; dont on façonne la tête, dont on fend la bouche; dont on met bien en évidence les lèvres couvertes d'un pavé en mosaïque; dont on étend les appendices génitaux, chez les mâles, en forme de pattes; dont on relève les vastes nageoires pectorales en manière d'ailes, et qu'on fait dessécher. C'est ainsi encore qu'on peut expliquer, jusqu'à un certain point, les figures d'hydres à sept têtes, de basilics couronnés, etc., qu'on trouve dans les auteurs des siècles précédens. Conrad Gesner, par exemple, a représenté un de ces animaux monstrueux, apporté de la Turquie à Venise en 1530, et envoyé de là au roi de France. Aldrovande et Jonston ont aussi publié des gravures analogues. Seba (tom. I, tab. CII, fig. 1) a donné celle d'une hydre heptacéphale, qui a long-temps été à Hambourg, et qu'il a regardée comme n'étant pas un produit de l'art, ce qui a cependant été reconnu depuis d'une manière évidente, ainsi que le dit Linnæus dans son Système de la nature. (Voyez Hydre.)

N'oublions point non plus que chez les Grecs le mot δράκων désignoit en général un grand serpent; que quelques anciens ont fait mention de dragons qui portoient une crête et une barbe, ce qui, suivant M. Cuvier, ne peut guère s'appliquer qu'à l'iguane; que Lucain a parlé le premier de dragons volans, faisant sans doute allusion aux prétendus serpens volans dont Hérodote raconte l'histoire; que Saint Augustin et d'autres auteurs postérieurs ont ensuite attribué constamment des ailes aux dragons. (Voyez Serpent.)

C'est, au reste, d'après les idées qu'on se forme généralement de ces êtres fabuleux, que les naturalistes modernes ont donné le nom de dragon, *draco*, à un genre de reptiles sauriens, de la famille des eumérodes de M. Duméril, et de celle des iguaniens de M. Cuvier. Les animaux qui le composent, se distinguent en effet au premier coup d'œil de tous les autres sauriens, parce que leurs six premières côtes, au lieu de se contourner autour de l'abdomen, s'étendent en ligne droite, et soutiennent une production de la peau qui forme une espèce d'aile, comparable à celle des chauves-souris, mais indépendante des quatre pieds.

Les caractères de ce genre de reptiles peuvent être exprimés ainsi :

Deux ailes membraneuses, soutenues par les côtes étendues; corps couvert de petites écailles imbriquées; celles de la queue et des membres carenées; langue charnue, peu extensible et légèrement échancrée; sous la gorge un long fanon pointu, soutenu par la queue de l'os hyoïde; sur les côtés de celui-ci, deux autres plus petits, soutenus par les cornes du même os; queue longue; cuisses dépourvues de grains poreux; une petite dentelure sur la nuque; à chaque mâchoire quatre petites incisives, et de chaque côté une canine longue et pointue, et une douzaine de mâchelières grandes et trilobées; doigts libres et inégaux, au nombre de cinq.

Les ailes sont plicatiles et se développent comme un éventail, au gré de l'animal; dans le moment du repos, elles sont horizontales. Elles le soutiennent, comme un parachute, lorsqu'il saute de branche en branche ; mais elles n'ont pas assez de force pour frapper l'air au point de faire élever le dragon comme un oiseau. Le goître, placé sous la gorge, est une espèce de sac dilatable, étroit, qui peut se replier en rides circulaires et concentriques.

Tous les dragons sont des animaux innocens, d'une petite taille, vivant au sein des forêts qui recouvrent quelques contrées brûlantes de l'Afrique et une partie des grandes îles de l'Océan indien, surtout à Java et à Sumatra. C'est dans ces lieux déserts qu'ils poursuivent les insectes avec adresse et, pour ainsi dire, au vol. Ils descendent rarement à terre, parce qu'ils rampent avec peine ; ils s'accouplent toujours sur les branches, et les femelles déposent leurs œufs dans des creux d'arbres exposés au midi. Voila au moins ce que van Ernest, naturaliste hollandois, qui a pendant long-temps habité les Indes orientales, a rapporté à Daudin.

Il sembleroit, d'après une observation de M. Palisot de Beauvois, que les dragons sont des reptiles amphibies. Ce savant en a observé, dans le royaume de Benin, un entre autres, qu'il n'a pu se procurer, parce que l'animal nageoit dans une rivière.

Ces reptiles appartiennent exclusivement à l'Asie et à l'Afrique : Seba a induit les naturalistes en erreur, en disant qu'on en trouve dans l'Amérique méridionale. Le contraire est maintenant prouvé.

En 1811, M. Tiedemann a publié à Nuremberg une dissertation allemande, in-4.°, sur l'anatomie et l'histoire naturelle du dragon.

Le Dragon rayé ; *Draco lineatus*, Daudin. Tête grosse, arrondie ; yeux petits ; orbites saillantes en-dessus ; écailles des ailes, du dessous de la gorge et des côtés du cou, très-petites ; celles du ventre et des membres rhomboïdales, carénées et disposées en réseau. Dessus de la tête, du cou et du corps, varié de gris et de brunâtre, avec plusieurs marbrures transversales d'un bleu d'azur, découpées en festons arrondis ; plusieurs points blancs ocellés sur les côtés du cou ; ailes brunâtres, avec neuf ou dix lignes longitudinales blanches, dont plusieurs sont doubles à leur extrémité ; des

bandes alternativement brunâtres et blanchâtres sur les membres et sur la queue; celle-ci très-déliée, et deux fois et demi
aussi longue que le corps.; partie inférieure de la tête et du
cou d'une couleur bleuâtre pâle, qui se prolonge sous le
ventre et les membres en une teinte blanchâtre. Les deux
doigts extérieurs des pieds de devant plus courts; pouce des
pieds de derrière écarté des autres doigts, qui sont réunis
entre eux à leur base.

Daudin le premier a décrit ce reptile fort rare, qui vit
dans les grands bois de l'île de Java.

Le DRAGON VERT : *Draco viridis*, Daudin; *Draco volans*,
Linnæus; *Draco major*, Laurenti; Seba. *Thes. II*, tab. 86,
fig. 5, et tab. 102, fig. 2. Ailes membraneuses, adhérentes à
la base des cuisses, très-larges et remarquables chacune
par six grandes échancrures; écailles de dessous le corps, de
la face inférieure des membres et de la queue, carenées; teinte
verdâtre uniforme; ailes seulement d'un brun très-pâle, et
marquées chacune de quatre bandes transversales brunes et
garnies en-dessus à leur base, ou frangées à leur bord, de
petits points blancs.

Cette espèce est un peu plus petite et plus mince que la
précédente, mais ses ailes sont plus larges. Seba l'a d'abord
décrite sous le nom de *dragon ailé d'Amérique*, et l'a ensuite
figurée en l'appelant *dragon volant d'Afrique*. Bontius en a
publié une esquisse assez exacte, et cet ancien voyageur
nous apprend que ce joli reptile, assez commun dans l'île
de Java, enfle ses goîtres jaunâtres lorsqu'il vole, afin d'être
plus léger dans l'air, sans cependant pouvoir parcourir de
grands espaces; car il ne s'élance que d'un arbre à l'autre,
à trente pas environ de distance, et en produisant, par l'agitation de ses ailes, un léger bruissement. Mais, ajoute-t-il, il
n'est ni venimeux, ni méchant; les habitans de Java le ma-
nient sans crainte comme sans danger, et il devient souvent
la proie des serpens.

Shaw, dans ses Mélanges d'histoire naturelle, n.° III. pl.
VIII, a donné la figure d'un dragon volant, qui paroît être le
même que le dragon vert que nous venons de décrire, si
ce n'est qu'il porte plusieurs piquans sur le cou. Il dit qu'il
habite en Afrique, et qu'il se promène d'arbre en arbre, en

sautant ou plutôt en volant de la même manière que les polatouches. Il croit aussi que cet animal remplit son goître d'insectes, pour les y conserver pendant quelques heures, afin de s'en nourrir plus tard.

Le Dragon brun; *Draco fuscus*, Daudin. Teinte générale d'un brun presque uniforme, excepté sur les côtés du cou, qui sont grisâtres; ailes marquées çà et là de quelques taches plus foncées, apparentes surtout vers les bords; peau presque entièrement lisse, et à peine recouverte de très-petites écailles rhomboïdales, carenées sur le dos et la queue; ailes adhérentes à la base des cuisses.

Le dragon brun est un peu plus long et plus gros que le vert; ses ailes sont plus larges, et sa queue est moins alongée, puisqu'elle égale à peine le reste de l'animal en longueur. (H.C.)

DRAGON (*Ichthyol.*), nom d'une espèce de poisson du genre Pégase. Voyez ce mot. (H. C.)

DRAGON. (*Ornith.*) M. d'Azara a décrit sous ce nom, n.° 65, un oiseau qu'il a placé parmi les troupiales. (Ch. D.)

DRAGON DE MER. (*Ichthyol.*) Voyez Vive. (H. C.)

DRAGON DE MURAILLE. (*Erpét.*) Lézard de la Chine, dont parle Navarette, sous ce nom ou sous celui de *garde du palais* ou des *dames de la cour*, par lequel on le désigne dans le pays. On en prépare, dit cet auteur, un onguent avec lequel les empereurs chinois font oindre le poignet de leurs favorites, et dont les traces subsistent tant que dure leur fidélité. On ne sait à quel genre rapporter l'animal auquel on a supposé des propriétés aussi fabuleuses. (H. C.)

DRAGON MARIN. (*Ichthyol.*) Voyez Vive. (H. C.)

DRAGONAL, DRAGONE. (*Bot.*) Voyez Draco. (J.)

DRAGONE (*Bot.*), un des noms de l'*artemisia dracunculus* cités par Césalpin. (H. Cass.)

DRAGONIER, *Dracœna*. (*Bot.*) Genre de plantes dicotylédones, à fleurs incomplètes, monopétalées, de la famille des *asparaginées*, de l'*hexandrie monogynie* de Linnæus, caractérisé par une corolle à six pétales adhérens par leur base; point de calice; six étamines; les filamens quelquefois un peu plus épais vers le milieu; un ovaire supérieur; un style, un stigmate; une baie à trois loges monospermes, dont deux avortent souvent.

La plupart des espèces qui composent ce genre ont le port
des palmiers, dont ils offrent l'aspect, une tige ligneuse, couverte par les cicatrices des anciennes feuilles; celles-ci sont
en touffe terminale, simples, ensiformes; les fleurs disposées
en une ample panicule rameuse; deux écailles spathacées à
la base des rameaux et des fleurs. On distingue les espèces
suivantes :

DRAGONIER GIGANTESQUE OU A FEUILLES D'YUCCA : *Dracœna
draco*, Linn.; Lamk, *Ill. gen.*, tab. 249, fig. 1; Lob., *Icon.*, 2,
pag. 235; Gars., *Exot.*, tab. 90; Clus., *Hist.*, 1, pag. 1; Black,
tab. 358 : *Stoerkia draco*, Crantz, *Diss.*, pag. 30, fig. 1, 2;
Œdera dragonalis, Crantz, *Diss.*, pag. 30, fig. 3. Cet arbre,
qui s'élève à peine dans les jardins d'Europe à huit ou dix
pieds, est, dans les Canaries, d'une grosseur monstrueuse
et s'élève très-haut. Son tronc se divise quelquefois à
son sommet en rameaux fasciculés, terminés par une
touffe de feuilles ensiformes, planes, rapprochées, longues d'un pied et demi, larges d'un pouce, étalées, attachées
par une gaine courte, rougeâtre; celles qui approchent de
la panicule, réfléchies et pendantes : les fleurs sont petites, à
peine longues de deux lignes, pédicellées, très-nombreuses,
réunies sur une panicule ample, terminale et rameuse; les
pédoncules anguleux. Le fruit consiste en une baie jaunâtre, arrondie, de la grosseur d'une petite cerise, souvent
monosperme par avortement.

. « Cet arbre gigantesque (dit un de nos plus célèbres
« voyageurs, M. de Humboldt, dans ses Tableaux de la na-
« ture) est aujourd'hui dans le jardin de M. Franchi, dans la
« petite ville d'Oratava, appelée jadis Taoro, l'un des en-
« droits les plus délicieux du monde cultivé. En 1799, lors-
« que nous gravîmes le pic de Ténériffe, nous trouvâmes que
« ce végétal énorme avoit quarante-cinq pieds de circonfé-
« rence un peu au-dessus de sa racine. G. Stauntor prétend
« qu'à dix pieds de hauteur il a douze pieds de diamètre.
« La tradition rapporte que ce dragonier étoit révéré par les
« Guanches, comme l'orme d'Ephèse par les Grecs, et qu'en
« 1402, lors de la première expédition de Béthencourt, il
« étoit aussi gros et aussi creux qu'aujourd'hui. Le drago-
« nier gigantesque que j'ai vu dans les îles Canaries a seize

« pieds de diamètre, et, jouissant d'une jeunesse éternelle,
« il porte encore des fleurs et des fruits.

« Lorsque les Béthencourt, aventuriers françois, firent,
« au seizième siècle, la conquête des îles Fortunées, le dra-
« gonier d'Oratava, aussi sacré pour les naturels des îles
« que l'olivier de la citadelle d'Athènes, étoit d'une dimen-
« sion colossale, tel qu'on le voit encore. Dans la zone tor-
« ride, une forêt de *cæsalpinia* et d'*hymenœa* est peut-être
« un monument d'un millier d'années. En se rappelant que
« le dragonier a partout une croissance très-lente, on peut
« conclure que celui d'Oratava est extrêmement âgé. C'est
« sans contredit, avec le *boabab*, un des plus anciens habi-
« tans de notre planète. Il est singulier que le dragonier ait
« été cultivé depuis les temps les plus reculés dans les îles
« Canaries, dans celles de Madère et de Porto-Santo, quoi-
« qu'il vienne originairement des Indes. Ce fait contredit
« l'assertion de ceux qui représentent les Guanches comme
« une race d'hommes Atlantes, entièrement isolée, et n'ayant
« aucune relation avec les autres peuples de l'Asie et de
« l'Afrique. »

Le tronc du dragonier se fend en plusieurs endroits, et
répand, dans le temps de la canicule, une liqueur qui se
condense en une larme rouge, molle d'abord, puis sèche et
friable : c'est le vrai sang-dragon des boutiques. Il faut prendre garde de ne pas confondre cette résine, qui est sèche,
friable, inflammable, d'un rouge foncé comme le sang, avec
d'autres substances résineuses, connues sous le même nom,
et qui proviennent, l'une d'une espèce de *calamus* (rotang),
et l'autre d'un ptérocarpe. On attribue au sang-dragon une
vertu incrassante, dessiccative, astringente. On l'emploie intérieurement depuis un demi-gros jusqu'à un gros, pour la
dyssenterie, les hémorragies, les flux de ventre violens et
les ulcères internes : on s'en sert extérieurement pour dessécher les ulcères, procurer la cicatrice des plaies, et fortifier
les gencives. Les peintres le font entrer dans le vernis rouge,
dont ils colorent les boîtes et coffres de la Chine.

DRAGONIER RECOURBÉ : *Dracæna reflexa*, Lamk., Encycl.,
n.° 3; Redout., Lil., vol. 2, tab. 92 : *Dracæna cernua*, Jacq.,
Hort. Schœnbr., 2, pag. 50, tab. 96; vulgairement BOIS DE

CHANDELLE. Arbre découvert par Commerson à l'île de Madagascar et à celle de France. Son tronc est nu et cassant, terminé par des feuilles nombreuses, éparses, planes, ensiformes, acuminées, élargies à leur base, rétrécies ensuite au-dessus de cette base, puis élargies de nouveau, et diminuant ensuite jusqu'à leur sommet, longues de trois à sept pouces, larges d'un demi-pouce au plus; les inférieures rabattues sur le tronc. Les fleurs sont nombreuses, odorantes, de couleur herbacée ou d'un blanc jaunàtre, réunies sur une grappe rameuse et terminale; la corolle, cylindrique avant son épanouissement, longue de six lignes, se divise jusqu'à sa base en six découpures oblongues, les trois extérieures droites, pourprées et carenées à leur sommet, les trois intérieures plus ouvertes; la base de la corolle renferme une liqueur mielleuse. Le fruit est une baie d'un jaune orangé, à trois loges, à trois semences. Au rapport de Commerson, cette plante est un emménagogue très-puissant, dont abusent trop souvent les femmes esclaves de Madagascar : il leur suffit de manger une ou deux de ses grappes naissantes pour amener l'effet qu'elles désirent. On la cultive au Jardin du Roi.

DRAGONIER POURPRE : *Dracæna terminalis*, Linn., *Syst. veg.*; Redout., Lil., vol. 2, tab. 91 : *Terminalis*, Rumph., *Amb.*, 4, tab. 54; *Asparagus terminalis*, Linn., *Supp.*; *Aletris chinensis*, Lamk., Dict., n.° 6 ; vulgairement le COLLIS DES CHINOIS. Cet arbre croît à la Chine; il est cultivé au Jardin du Roi. Il est remarquable par la couleur pourprée que prennent souvent toutes ses parties. Ses tiges sont hautes de huit à dix pieds; ses feuilles grandes, pétiolées, en forme de lance ; la panicule composée de grappes lâches, rameuses, très-ouvertes, terminales; les pédicelles courts, accompagnés à leur base de trois petites écailles spathacées. On se sert de sa racine pour guérir la diarrhée et la dyssenterie.

DRAGONIER A BORDS ROUGES : *Dracæna marginata*, Lamk., Encycl., n.° 2. Arbre de l'île de Madagascar, apporté par Aublet au Jardin du Roi, dont le tronc est grêle, nu, grisàtre, couronné par une belle touffe de feuilles de couleur pourprée à leurs bords, planes, étroites, aiguës, parsemées de points blancs, à gaine courte et blanche. Il ne faut pas confondre avec cette espèce le *dracæna marginata*, Ait., 'Hort. Kew.,' qui est l'*aloe purpurea*, Lamk., Encycl.

DRAGONIER-PARASOL : *Dracæna umbraculifera*, Jacq., *Hort. Schœnbr.*, 1, p. 50, tab. 95; vulgairement *Assy* ou *Hassingbé*, à Madagascar. Belle espèce, apportée de l'île Maurice, cultivée au Jardin du Roi, qui s'élève à la hauteur de cinq ou six pieds, sur un tronc droit, cylindrique, couronné par de longues feuilles glabres, nombreuses, sessiles, lancéolées, presque ensiformes; les fleurs nombreuses, très-rapprochées, disposées en un corymbe court, étalé; les bractées brunes; la corolle blanche, purpurine à son limbe, rétrécie et connivente, à sa partie inférieure, en un tube une fois plus long que le limbe.

DRAGONIER ENTIER : *Dracæna indivisa*, Forst., *Escul.*, n.° 33, et Willd., 2, pag. 156. Son tronc est épais, haut de douze à quinze pieds, soutenant à son sommet des feuilles sessiles, étalées, larges, ensiformes, membraneuses, longues de deux pieds, larges d'environ trois pouces; les fleurs disposées en grappes latérales, axillaires, inclinées, ramifiées; les grappes partielles en thyrse. Cette plante croît dans la Nouvelle-Zélande.

DRAGONIER A FEUILLES DE GRAMEN ; *Dracæna graminifolia*, Lamk., *Ill. gen.*, tab. 249, fig. 1. Cette espèce s'écarte beaucoup, par son port, des *dracæna* : elle a l'aspect d'un *anthericum*. Les feuilles sont toutes radicales, étroites, linéaires, longues de neuf ou dix pouces; les hampes à peine plus longues que les feuilles, nues, anguleuses, terminées par une grappe simple, chargée de petites fleurs blanchâtres, presque en étoile, ramassées en faisceaux alternes; la corolle longue d'une ligne et demie : elle croît dans l'Asie. Le *Dracæna Mauritiana*, Lamk., Encycl., n.° 5, offre presque lé même port que la précédente. Ses feuilles sont radicales, ensiformes, longues de quinze à dix-huit pouces, larges de dix lignes; la hampe deux ou trois fois plus longue, un peu anguleuse, presque sarmenteuse, soutenant des panicules alternes, axillaires, chargées d'un grand nombre de petites fleurs alternes. Elle a été découverte dans l'île de Bourbon, par Commerson.

On cite quelques autres espèces moins connues, telles : le

Dracæna ferrea, Linn., à tige ligneuse; à feuilles lancéolées, aiguës, peut-être le même que le *dracæna terminalis*. *Dracæna undulata*, Linn., *Supp.*; *Asparagus undulatus*, Thunb'., *Prodr.* : sa tige est droite, herbacée; les feuilles sessiles, ovales, aiguës, nerveuses; les fleurs axillaires, pédonculées. *Dracæna erecta*, Linn., *Supp.*: plante herbacée, à tige droite; les feuilles presque sessiles, lancéolées, subulées; les fleurs latérales. *Dracæna striata*, Linn., *Supp.* : sa tige est droite, ligneuse, flexueuse; les feuilles lancéolées, courbées obliquement en faucille, striées. Dans le *Dracæna volubilis*, Linn., *Supp.*, les tiges sont grimpantes, herbacées; les feuilles lancéolées. Ces plantes croissent presque toutes au cap de Bonne-Espérance. Le *Dracæna ensifolia*, Linn., est placé parmi les *dianella*. Le *Dracæna fragrans*, Bot. Magaz., tab. 1081, est l'*aletris fragrans*, Willd.; et le *Dracæna borealis*, Ait., est très-probablement le *couvallaria umbellata*, Mich., *Amer.* Le *Dracæna medeoloides*, Linn., *Supp.*, est le *medeola asparagoides*, Ait., *Hort. Kew.* (Poir.)

DRAGONNE, *Dracæna.* (*Erpétol.*) M. de Lacépède a établi sous ce nom un genre de reptiles sauriens qui appartient à la famille des planicaudes, et que l'on peut reconnoître aux caractères suivans :

Écailles grandes, relevées d'arètes comme celles des crocodiles, éparses sur le dos, et formant des crêtes sur la queue; dents coniques; celles du fond de la bouche grosses et à couronne arrondie; queue ronde à sa base et comprimée à l'extrémité; entre les plaques écailleuses principales du dos et des flancs, de très-petites écailles arrondies; langue fourchue; tympan apparent.

On ne connoît encore dans ce genre qu'une seule espèce; c'est

La Dragonne : *Dracæna guianensis*, Lacépède; *Ignarucu*, Valm. de Bomare. Tous les pieds munis de cinq doigts alongés, séparés et onguiculées; tête épaisse, comprimée sur les côtés, étroite, en pyramide tronquée à quatre faces, couverte en-dessus de quelques grandes plaques; yeux assez gros, placés sur les joues, et écartés; narines petites; dix-sept dents de chaque côté de la mâchoire inférieure. Dessous du corps et de la moitié antérieure de la queue garni de bandes transversales nombreuses et composées de petites plaques carrées. Teinte d'un gris légèrement brunâtre, plus ou moins mélangé de verdâtre. Taille de quatre à six pieds.

Ce saurien a été envoyé de Cayenne, au Muséum d'histoire naturelle de Paris, par M. Delaborde. Il habite dans plusieurs régions de l'Amérique méridionale, particulièrement à la Guiane, où il est cependant assez rare. Il ressemble au crocodile pour sa forme, mais il n'a point les mêmes habitudes : il nage avec plus de peine, court avec une certaine vîtesse, grimpe adroitement sur les arbres, se nourrit quelquefois des animaux qu'il rencontre dans les bois, fréquente les savannes noyées et les terrains marécageux, mais se tient plus souvent à terre et au soleil que dans l'eau. On a beaucoup de peine à le prendre, parce qu'il se cache dans des terriers et mord très-fortement. On mange sa chair, qui passe pour très-délicate. On recherche également ses œufs à Cayenne, et chaque femelle en pond ordinairement plusieurs douzaines.

Il ne faut point confondre la dragonne avec le *lacerta dracæna* de Linnæus, qui est un MONITOR. Voyez ce mot. (H. C.)

DRAGONNEAU. (*Conchyl.*) Les marchands d'objets d'histoire naturelle donnent quelquefois ce nom à une espèce de coquille du genre Porcelaine, *conus stolida*, Linn. (DE B.)

DRAGONNEAU, *Gordius*. (*Entom.*) On a long-temps séparé sous ce nom de très-petits animaux filiformes, trèsalongés, cylindriques, terminés antérieurement par une bouche en forme de petite fente, en arrière par un autre petit orifice pour l'anus, et qui se trouve très-fréquemment dans les eaux vives des fontaines stagnantes, des rivières tranquilles, et spécialement dans les pays de montagnes. Linnæus et Bruguières les réunirent, avec le ver de Médine, dans un genre qu'ils placèrent parmi les vers intestinaux. Gmelin, au contraire, ayant mis le ver de Médine parmi les filaires, genre évidemment intérieur, replaça le dragonneau dans les vers extérieurs. Par suite MM. de Lamarck, Bosc, etc., ne faisant attention qu'à la dernière espèce, en firent un genre de leur classe des annélides. Enfin M. Rudolphi, dans son grand ouvrage sur les entozoaires, a réuni ces deux espèces d'animaux, évidemment si voisins, dans le genre Filaire, de manière que le genre Dragonneau seroit supprimé. S'il est vrai, en effet, que le dragonneau ne diffère presque en rien du ver de Médine, ce qui paroît à peu près certain, notre manière de voir, en zoologie, de ne point tirer les caractères de circonstances non inhérentes à l'objet qu'on veut classer, comme des lieux dans lesquels on le trouve, ne nous permet pas de balancer; car le ver de Médine est évidemment un FILAIRE. Voyez cet article, où nous traiterons des principales espèces de ce genre, et surtout du dragonneau proprement dit, et du ver de Médine, ver de Guinée, qui existe bien certainement, quoi que M. Larrey en ait dit, du moins à la Guadeloupe, d'où M. Girard nous a envoyé des observations contradictoires à celle de ce savant chirurgien, et bien plus, l'animal lui-même, qui n'est nullement du tissu cellulaire frappé de mort. Voyez aussi ENTOZOAIRES. (DE B.)

DRAGONNEAU (*Ichthyol.*), nom d'une espèce de callionyme, *callionymus dracunculus* de Linnæus. Voyez CALLIONYME. (H. C.)

DRAINE. (*Ornith.*) L'espèce de grive qui porte ce nom, est le *turdus viscivorus*, Linn. (CH. D.)

DRAKENSTENIA. (*Bot.*) Necker nommoit ainsi l'*acouroa* d'Aublet, genre de la famille des légumineuses. (J.)

DRAKŒNA. (*Bot.*) La racine envoyée sous ce nom à Clusius est le *contraierva* des pharmaciens, fourni par le *dorstenia contraierva*, genre de la famille des urticées. (J.)

DRAP-D'ARGENT. (*Conchyl.*) Nom marchand d'une espèce de cône, le *conus textilis*, var. Il paroît qu'on le donne aussi quelquefois au *C. stercus muscarum*, ou cône piqûre-de-mouche, et même au *buccinum flammeum*. (DE B.)

DRAP-D'OR. (*Bot.*) On donne ce nom à une variété de pommes et à une variété de prunes. (L. D.)

DRAP-D'OR. (*Conchyl.*) Nom donné par les marchands à plusieurs espèces de cônes, à cause de leur couleur jaune, souvent fort belle, et surtout de la décussation des sillons longitudinaux et transversaux qui les font ressembler un peu au tissu de l'étoffe appelée drap d'or.

DRAP-D'OR PROPREMENT DIT : c'est le *Conus textilis*.

DRAP-D'OR A FOND BLEU ; *C. textilis*, var.

Drap-d'or piqueté de la Chine; *C. granulatus.*

Drap-d'or a dentelle; c'est le *C. abbas.* (De B.)

DRAP-DE-SOIE (*Conchyl.*), nom marchand du cône géographe, *C. geographus*, Linn. (De B.)

DRAP-MARIN. (*Conchyl.*) Presque tous les conchyliologistes anciens donnent ce nom, mais par une extension évidemment forcée, à tout ce qui peut cacher le fond de la couleur d'une coquille univalve ou bivalve, c'est-à-dire, à l'espèce de pluche ou de laine, de nature probablement cornée et de forme extrêmement variable, qui peut se trouver naturellement à la surface externe d'une coquille, de même qu'à l'encroûtement plus ou moins considérable et évidemment accidentel qui peut s'y rencontrer. L'arche velue, *arca pilosa*, et plusieurs espèces de ce groupe, offrent un exemple d'un véritable drap-marin parmi les bivalves; et la turbinelle râpe, *turbinella rapa*, parmi les univalves. Adanson, qui considéroit la coquille des malacozoaires comme une partie développée dans l'intérieur de leur peau, nommoit cette partie épiderme, la comparant à l'épiderme des animaux plus élevés. M. de Lamarck, qui pense au contraire qu'une coquille n'est qu'un produit excrété et mort, la désigne par le nom d'épiphose. Comme, pour être en état de juger cette espèce de différent, il faut connoître l'organisation des animaux mollusques, nous sommes obligés de renvoyer, comme nous l'avons déjà fait à l'article *Coquille*, au mot Malacozoaires. (De B.)

DRAP-MORTUAIRE (*Conchyl.*) : *Voluta oliva*, var.; *olivacea*, Born., ou l'olive à funérailles. (De B.)

DRAP-MORTUAIRE. (*Entom.*) C'est le nom trivial que Geoffroy avoit donné à une espèce de petite cétoine dont on a fait depuis les *cetonia hirta, funesta, stictica*, etc. Voyez Cétoine. (C. D.)

DRAP-MORTUAIRE. (*Erpét.*) Daudin a donné ce nom, en latin *coluber mortuarius*, à une couleuvre de Ganjam, dans le Bengale, où elle est nommée par les Indiens *naugealled keaka*, et dont Russel a publié la figure dans son bel ouvrage sur les serpens. Elle est peu connue. (H. C.)

DRAP-ORANGÉ (*Conchyl.*) ; *Conus permanens*, Born. (De B.)

DRAPARNALDIA. (*Bot.* = *Algues.*) Plantes aquatiques ca-
pillacées, articulées, rameuses, sans axe central, à rameaux
terminés par un prolongement transparent ciliforme.

Les *draparnaldia* ont des tiges principales cylindriques,
à entre-nœuds égaux, à peu près carrés. Ces tiges sont chargées de petits rameaux également cylindriques, quelquefois
simples et épars; mais dans la plus grande partie de la plante
ils sont réunis en faisceaux irréguliers, très-rameux, semblables à de petits pinceaux.

Ce genre diffère du *batrachospermum*, aux dépens duquel
il est formé, en ce que ses rameaux ne sont jamais verticillés, et en ce que ses articulations ne sont point ovoïdes
et n'ont point un axe central.

Les espèces de *draparnaldia* ne sont qu'au nombre de
quatre : elles croissent dans les eaux douces, profondes et
tranquilles, ou dont le cours est paisible; elles ont un à trois
et même sept pouces de long. Elles forment dans leur jeunesse un tapis d'un beau vert sur les pierres et les herbes;
lorsqu'on les retire de l'eau, elles sont gélatineuses ou mu-
queuses et très-glissantes. Leurs tubes, examinés au microscope le plus fort, présentent cette matière verte particulière aux conferves. Cette matière est disposée en zones
transversales dans le *draparnaldia changeant*. Il paroît
que la reproduction de ces plantes a lieu plus fréquemment par la séparation des rameaux cilifères (ceux - ci se
détachent dans l'âge adulte de la plante), ou par des bourgeons, d'un vert tendre et transparent, qui se détachent des
tiges.

Draparnaldia changeant : *Draparnaldia mutabilis*, Bory-
Saint-Vincent, *Ann. mus.*, 12, pag. 4o3, tab. 35, fig. 1; *Conferva mutabilis*, Roth, *Catalect.*, 1, tab. 6, fig. 6, et tab. 5,
fig. 1 : *Batrachospermum glomeratum*, Vauch., *Conf.*, 114,
tab. 12, fig. 1 à 4; Decand., Fl. fr., n.° 144. Gélatineux,
d'un beau vert tendre; filamens un peu épaissis; rameaux
presque pennés, obtus; pinceaux ramifères très-courts, compliqués. Cette espèce, qui se présente sous beaucoup de
formes diverses, a presque trois pouces de longueur.

Draparnaldia hypne : *Draparnaldia hypnosa*, Bory, *l. c.*,
tab. 35, fig. 2 : *Batrachosp. plumosum*, Vauch., *l. c.*, pl. 11;

Decand., Fl. fr., n.° 143. Presque gélatineuse, d'un beau vert d'herbe ; filamens grêles, alongés ; rameaux courts, presque pennés, aigus ; pinceaux un peu longs, épars. Cette espèce, qui ressemble à une mousse du genre *Hypnum*, acquiert jusqu'à sept pouces de longueur. Comme la précédente, elle se trouve communément en France.

Les autres espèces, *Draparnaldia dendroides*, Bory, fig. 3, et *Draparnaldia pluma*, Bory, fig. 4, se trouvent aux îles de France et de la Réunion.

Ce genre, établi par Bory de Saint-Vincent, est consacré à la mémoire de J. P. R. Draparnauld, professeur d'histoire naturelle à l'école de médecine de Montpellier, auteur d'un ouvrage posthume sur les mollusques terrestres et fluviatiles de la France, qui se proposoit de publier un travail général sur les conferves. (Lem.)

DRAPETE MUSCOÏDE (*Bot.*); *Drapetes muscoides*, Lamk., Journ. d'hist. nat., 1, pag. 186, tab. 10, fig. 1. Petite plante découverte par Commerson au détroit de Magellan, qui forme un genre particulier de la famille des *thymélées*, de la *tétrandrie monogynie* de Linnæus, offrant pour caractère essentiel : Des fleurs ramassées en faisceau ; point de calice ; une corolle infundibuliforme ; le limbe partagé en quatre lobes ; quatre étamines ; un ovaire adhérent à la base de la corolle ; un style simple ; le réceptacle pédicellé ; une semence recouverte par la partie inférieure de la corolle.

Cette plante se rapproche par son port des *passerina*, et par les caractères de sa fructification, des *dais*. Ses tiges sont courtes, rameuses, filiformes, droites ou couchées à leur base, réunies en touffes, longues de trois ou quatre pouces, nues et cicatrisées inférieurement ; garnies à leur partie supérieure de feuilles sessiles, opposées en croix, ovales, obtuses, entières, longues d'une à deux lignes, pileuses sur leur dos et à leur sommet : les fleurs fort petites, terminales, réunies en fascicules sessiles, environnées à leur base par les feuilles supérieures ; le réceptacle pileux et pédicellé ; la corolle pileuse en dehors ; le tube cylindrique, insensiblement dilaté ; les découpures du limbe presque régulières, obtuses, barbues : les filamens des étamines sétacées, plus longs que la corolle, attachés à son tube ; les anthères ovales-arrondies; une semence ovale, acuminée à son sommet. (Poir.)

DRAPIER. (*Ornith.*) On a donné ce nom et celui de *garde-boutique* au martin - pêcheur, *alcedo ispida*, dans l'opinion erronée que sa dépouille avoit la propriété de préserver les étoffes de laine des insectes qui s'y attachent. (Ch. D.) .

DRASSE, *Drassus*. (*Entom.*) M. Walckenaer désigne sous ce nom un genre d'araignées de la tribu des tubitèles ou tapissières. M. Latreille avoit d'abord indiqué cette division, et proposé le nom de *gnophosa*, qu'il a depuis supprimé. Voyez l'Histoire des Aranéides de Walckenaer, fasc. 4, fig. 5, et l'article Araignée de ce Dictionnaire, n.° 31, page 338. (C. D.)

DRAVE, *Draba*, Linn. (*Bot.*) Genre de plantes de la famille des *crucifères*, Juss., et de la *tétradynamie siliculeuse*, Linn., dont les principaux caractères sont les suivans : Calice de quatre folioles ovales-oblongues, caduques; quatre pétales opposés en croix, à limbe entier, échancré ou bifide; six étamines, dont deux plus courtes; un ovaire supérieur, à stigmate presque sessile et en tête; une silicule ovale, ou ovale - oblongue, entière, comprimée, à deux valves planes, parallèles à la cloison, à deux loges contenant plusieurs graines nues.

Les draves sont pour la plupart de petites plantes herbacées, vivaces ou annuelles, à feuilles toutes radicales et en rosette, ou éparses sur les tiges, et à fleurs disposées en grappes ou en corymbes à l'extrémité des tiges. On en connoît vingt et quelques espèces, dont la plus grande partie est indigène de l'Europe; trois seulement ont été trouvées en Amérique, et quatre autres dans l'Orient. Ces plantes ne présentant aucun intérêt sous le rapport de leurs propriétés ou de leurs usages, nous nous bornerons à parler ici des espèces qui croissent en France.

* Tige nue ou presque nue.

Drave aizoïde : *Draba aizoides*, Linn., *Mant.* 91.; Jacq., *Fl. Aust.*, tab. 192. Sa tige est très-courte, divisée, dès sa base, en plusieurs petits rameaux terminés chacun par une rosette de feuilles linéaires, luisantes, ciliées, formant par leur rapprochement de petits gazons arrondis. Du milieu de chaque rosette s'élève une hampe haute d'un à trois pouces, portant à son sommet huit à douze fleurs jaunes, assez grandes comparativement à la plante et disposées en grappe courte : leurs pétales sont légèrement échancrés, une fois plus longs que le calice. Cette espèce croît sur les rochers exposés au soleil dans les Pyrénées, les Alpes, et autres montagnes élevées de l'Europe.

DRAVE CILIÉE : *Drava ciliaris*, Linn., *Spec.*, 91 ; Berg., *Phyt.*, 3, pag. 101, fig. 101. Aucun caractère bien tranchant ne distingue cette espèce de la précédente; elle paroît seulement en différer par ses feuilles carenées en-dessous, et par ses pétales blancs, rarement échancrés. Elle croît dans les Alpes de la haute Provence et de la Savoie.

DRAVE ROIDE ; *Draba rigida*, Willd., *Spec.*, 3, p. 425. Ses tiges et ses feuilles ressemblent à celles de la drave aizoïde ; mais les hampes sont très-velues, chargées de quatre à cinq fleurs en cime terminale, dont les pétales sont arrondis et de la longueur du calice ; les silicules sont ovales et cotonneuses. Cette plante a été découverte dans l'Arménie par Tournefort, et depuis retrouvée dans les fentes des rochers sur les montagnes de l'île de Corse.

DRAVE DES PYRÉNÉES : *Draba pyrenaica*, Linn., *Spec.*, 896, Jacq., *Fl. Aust.*, tab. 228. Ses tiges sont des souches menues, étalées en gazon, toutes garnies de petites feuilles palmées, luisantes, ciliées en leurs bords, divisées le plus souvent en trois digitations. Ces feuilles sont sessiles, imbriquées, étalées en rosette à la base de hampes velues, hautes d'environ un pouce, terminées à leur sommet par trois à cinq fleurs d'un rouge clair. Les silicules sont ovales et glabres. Cette espèce habite les hauts sommets des Pyrénées et des Alpes.

DRAVE PRINTANIÈRE : *Draba verna*, Linn., *Spec.*, 896 ; *Flor. Dan.*, t. 983. Ses feuilles sont lancéolées, sessiles, légèrement velues, toutes radicales et étalées en rosette. Du milieu d'entre elles s'élèvent deux à quatre hampes, et quelquefois plus, hautes de deux à quatre pouces, portant à leur sommet huit à douze fleurs blanches, à pétales semi-bifides. Les silicules sont ovales - oblongues et glabres. Cette plante est très-commune, à la fin de l'hiver et au commencement du printemps, sur les bords des champs et sur les murs des villages.

Drave étoilée: *Draba stellata*, Jacq., *Hort. Vind.*, 113. Dans cette espèce, les feuilles, les hampes, les calices et les silicules sont chargés de poils rameux et en étoile, si rapprochés les uns des autres qu'ils donnent à toutes ces parties un aspect blanchâtre. Les hampes, hautes d'un à deux pouces, sont garnies d'une à deux petites feuilles, et se terminent par quatre à six fleurs blanches, presque disposées en cime. Cette drave croît sur les sommets des Alpes et des Pyrénées.

Drave des neiges; *Draba nivalis*, Willd., *Spec.*, 3 , p. 427. Cette espèce diffère de la précédente parce que ses feuilles sont moins velues, parce que ses hampes sont le plus souvent dépourvues de feuilles, parce que ses calices sont presque glabres, et enfin parce que ses silicules le sont toujours et en même temps plus alongées. Elle croît sur les sommets des Alpes et des Pyrénées, dans le voisinage des neiges et des glaces.

Drave hérisée; *Draba hirta*, Linn., *Spec.*, 897. Cette espèce ressemble aux deux précédentes; mais elle en diffère par ses feuilles oblongues, glabres, luisantes, carenées en dessous et ciliées en leurs bords. Ses silicules sont ovales, parfaitement glabres. Elle croît sur les rochers des hautes Alpes.

** *Tige feuillée.*

Drave blanchatre: *Draba incana*, Linn., *Spec.*, 897; *Flor. Dan.*, tab. 130. Sa tige est droite, garnie de feuilles lancéolées, entières ou dentées, recouvertes, ainsi que les tiges, les calices et les silicules, de poils en étoile, qui rendent toutes ces parties blanchâtres ou grisâtres. Les fleurs sont blanches, à pétales échancrés, portées sur des pédoncules si courts que les silicules qui leur succèdent ont trois à quatre fois plus de longueur. Cette plante croît sur les montagnes dans le midi de la France.

Drave des murs : *Draba muralis*, Linn., *Spec.*, 897; *Myagroides subrotundis serratisque foliis*, etc., Barrel., *Icon.*, 816. Sa tige est grêle, simple ou peu rameuse, droite, haute de six pouces à un pied, garnie de feuilles ovales, dentées; les radicales rétrécies en pétiole à leur base et étalées en rosette. Ses fleurs sont blanches, portées sur d'assez longs pédoncules, disposées en une longue grappe terminale. Ses silicules sont ovales-oblongues, glabres, écartées de la tige, et ne contiennent que six à huit graines dans chacune de leurs loges. Cette drave croît sur le bord des champs, principalement dans les terrains sablonneux.

Drave des forêts; *Draba nemorosa*, Linn., *Spec.*, 1, pag. 643. Cette espèce diffère principalement de la précédente par ses fleurs jaunes, par ses silicules hérissées de poils très-courts, et enfin parce que chacune de leurs loges contient seize graines ou environ. Elle croît dans les bois des Alpes, sur les confins du Piémont et de la Suisse; on l'indique aussi aux environs de Montpellier. (L. D.)

DRÈCHE. (*Chim.*) C'est l'orge dont on a arrêté la germination au moyen de la chaleur. La drèche sert à faire la bière. (Ch.)

DREG-DOLFIN (*Ichthyol.*), nom que les Hollandois des Indes orientales donnent au callichthe. Voyez Cataphracte. (H. C.)

DREHHALS (*Ornith.*), nom allemand du torcol, *yunx torquilla*, Linn., que les Danois écrivent *dreyhals*. (Ch. D.)

DRELIGNE, DRÉLIGNY. (*Ichthyol.*) Dans plusieurs de nos départemens on appelle ainsi une espèce de perche de mer, *perca labrax*. Voyez Persègue. (H. C.)

DRENNE. (*Ornith.*) Voyez Draine. (Ch. D.)

DREPANANDRUM (*Bot.*), nom donné par Necker au *topobea* d'Aublet, genre de la famille des melastomées. (J.)

DRÉPANIE, *Drepania*. (*Bot.*) [*Chicoracées*, Juss.; *Syngénésie polygamie égale*, Linn.] Ce genre de plantes fait partie de la famille des synanthérées et de la tribu des lactucées; il est voisin des *hieracium*. Voici les caractères génériques que nous avons observés.

La calathide est incouronnée, radiatiforme, multiflore,

fissiflore, androgyniflore. Le péricline est double : l'intérieur, égal aux fleurs centrales, est formé de squames unisériées, appliquées, égales, linéaires-aiguës ; l'extérieur,
plus grand et involucriforme, est formé de squames bractéiformes, subunisériées, diffuses, étalées, à peu près égales,
subulées. Le clinanthe est plane, alvéolé, à cloisons charnues, dentées. Les ovaires sont obovoïdes, cannelés, et
munis d'un bourrelet apicilaire saillant; leur aigrette est
composée de deux, trois, quatre ou cinq squamellules unisériées, distancées, égales, longues, filiformes, barbellulées,
laminées inférieurement, et de rudimens de squamellules,
membraneux, semi-avortés, situés entre les squamellules;
l'aigrette des ovaires marginaux n'est composée que de rudimens semi-avortés. Les corolles ont le tube velu.

On rapporte à ce genre trois espèces, dont les deux dernières sont douteuses : nous ne décrirons que la première,
qui est le type du genre, et qui d'ailleurs est la plus intéressante à tous égards.

La Drépanie barbue (*Drepania barbata*, Desf.; *Tolpis barbata*, Gærtn.; *Swertia barbata*, Alli.; *Crepis barbata*, Linn.)
est une plante herbacée, annuelle : sa tige, haute de douze
à quinze pouces, est divisée en rameaux très-nombreux,
grêles et flasques, presque opposés. Ses feuilles sont oblongues-lancéolées, dentées, presque glabres, mais rudes au
toucher ; les caulinaires sont étroites et peu nombreuses : les
calathides sont solitaires et terminales sur des rameaux pédonculiformes, épaissis et creux vers le sommet, qui est
garni de quelques bractées subulées; elles sont composées
à la circonférence de fleurs d'un jaune-soufre, et au centre
de fleurs d'un pourpre brun. Cette jolie plante habite diverses contrées au midi de l'Europe; on la trouve au bord
des champs, et dans les lieux sablonneux de nos provinces
méridionales. Elle est cultivée dans quelques jardins pour
l'agrément de ses calathides, qui fleurissent en Juin et Juillet.
Il y a une variété à fleurs très-pâles.

Adanson est, dit-on, le véritable auteur de ce genre,
qu'il a nommé *tolpis*, et que Haller avait indiqué avant lui :
mais ce *tolpis* est, comme la plupart des autres genres
d'Adanson, si mal décrit, et indiqué d'une manière si vague

et si obscure dans le livre de ce botaniste, qu'à peine y est-il reconnoissable. C'est pourquoi M. de Jussieu a pu très-légitimement, selon nous, reproduire plus tard ce même genre sous le nom de *drepania*, sans se douter qu'il eût été prévenu par Adanson ; et Gærtner, en adoptant de préférence le nom de *tolpis*, nous semble avoir fait une fausse application des principes relatifs à cette matière. (H. Cass.)

DREPANIS. (*Ornith.*) L'oiseau désigné sous ce nom par Aristote est l'hirondelle de rivage, *hirundo riparia*, Linn., que, suivant Cetti, l'on nomme en Sardaigne *drepane*. (Ch. D.)

DRESGLEN (*Ornith.*), nom gallois de la draine, *turdus viscivorus*, Linn. Le mauvis, *turdus iliacus*, Linn., est désigné, dans la même langue, par la dénomination de *dresglengoch*. (Ch. D.)

DRESSA. (*Ornith.*) Un des noms italiens de la grive draine, *turdus viscivorus*, Linn., qu'on appelle aussi *dressano*. (Ch. D.)

DRESSÉ, *Erectus*. (*Bot.*) Il ne faut pas confondre *dressé* avec *droit*; ce dernier mot signifie *rectiligne*. Une tige, des branches, des rameaux, etc., sont dressés, lorsqu'ils s'élèvent perpendiculairement ou presque perpendiculairement à l'horizon, comme dans le peuplier d'Italie. Une feuille est dressée, lorsque sa direction s'approche plus ou moins de celle de la tige ou du rameau qui la porte (*typha, iris germanica*). Un calice, une corolle, des pétales, des étamines, etc., sont dressés, lorsqu'ils se dirigent à peu près parallèlement à l'axe rationnel de la fleur : l'œillet en offre un exemple pour les calices ; la cynoglose pour les corolles ; le *geum*, l'*hermannia*, pour les pétales ; la tulipe, le lis, pour les étamines. Une cupule est dressée, lorsque son orifice est tourné vers le point opposé à la base de son support (*if, ephedra*). Une graine est dressée, lorsque le hile, situé immédiatement au-dessus du placenta, est la partie la plus basse de la graine dans la loge du péricarpe (*berberis*). (Mass.)

DREYER. (*Ichthyol.*) En Allemagne on appelle ainsi, pendant sa sixième année, le corrégone de Wartmann. Voyez Corrégone. (H. C.)

DRIADE, *Dryas*, Linn. (*Bot.*) Genre de plantes de la famille des *rosacées*, Juss., et de l'*icosandrie-polygynie*, Linn., dont les principaux caractères sont les suivans : Calice monophylle, à huit découpures égales; corolle de huit pétales plus grands que le calice et attachés à sa base; étamines nombreuses, à filamens plus courts que les pétales et insérés sur le calice; ovaires nombreux, surmontés de styles capillaires, à stigmates simples; plusieurs graines ramassées en tête, et chargées chacune d'une longue barbe plumeuse, formée par le style persistant.

Les driades sont de petites plantes vivaces, un peu ligneuses à leur base; à feuilles alternes, munies de stipules; à fleurs terminales, longuement pédonculées, et ayant un joli aspect : on n'en connoît que deux espèces, indigènes des montagnes alpines et du nord de l'Europe.

Driade a feuilles de chamædrys : *Dryas chamædrifolia*, Pers., *Synop.* 2, pag. 57; *Dryas octopetala*, Linn., *Spec.* 717; *Chamædris tertia sive montana*, Clus., *Hist.*, 351. Ses tiges sont divisées dès leur base en rameaux rougeàtres, étalés, presque ligneux, longs de deux à quatre pouces ou un peu plus, garnis, surtout en leur partie supérieure, de feuilles ovales-oblongues, profondément crénelées en leurs bords, glabres et d'un vert foncé en-dessus, cotonneuses et blanchàtres en-dessous, portées sur des pétioles assez longs, velus et munis à leur base de stipules linéaires. Les fleurs sont blanches, larges d'un pouce ou environ, et portées sur un long pédoncule à l'extrémité de chaque rameau. Cette plante croît dans les Pyrénées, les Alpes, les montagnes de l'Italie, de l'Autriche, etc.

Driade a feuilles entières : *Dryas integrifolia; Dryas integrifolium*, Pers., *Synop.* 2, pag. 57. Cette espèce diffère de la précédente par ses feuilles très-entières, nullement crénelées, mais un peu échancrées en cœur à leur base. Elle croît dans le Groenland. Nous l'avons vue dans l'herbier de M. de Jussieu. (L. D.)

DRILE, *Drilus*. (*Entom.*) Genre d'insectes coléoptères pentamérés, de la famille des Apalytres ou mollipennes, c'est-à-dire, à élytres molles, à corselet plat et à antennes filiformes variables.

Ce genre, établi par Olivier, ne comprend encore qu'une espéce, qui est la panache jaune de Geoffroy, le *ptilinus flavescens* du même et de Fabricius.

Ce nom, quoique tiré du grec, δριλος, n'a aucune application déterminée : il signifioit un insecte, un petit animal, un ver.

Geoffroy, qui l'a décrit (tom. I, p. 66, n.° 11, et figuré planche 1, fig. 2), dit qu'on seroit tenté de prendre cet insecte pour une cicindèle (téléphore), si ce n'étoit la forme de ses antennes, qui sont en peigne tout du long, d'un seul côté.

Le *drile* diffère des *lampyres*, qui ont le corselet demi-circulaire, cachant la tête, parce qu'il a un corselet carré. Les antennes dentelées en peigne les distinguent des *cyphons*, des *téléphores* et des *malachies*. Dans les *mélyres* le corps est convexe et ovale, tandis qu'il est déprimé et alongé, 1.° dans les *omalyses*, qui ont deux dents en arrière du corselet, comme dans les taupins ; 2.° dans les *lyques*, qui ont en outre le corselet bordé. Le caractère du genre Drile peut donc être ainsi exprimé :

Corselet carré, antennes dentées en peigne ; corps alongé, déprimé, corselet arrondi, non bordé.

Le Drile jaunatre, *Drilus flavescens*, est noir, velu ; les élytres sont jaunes et flexibles. (Atlas, 1.ʳᵉ livraison : *Apalytres*, n.° 5.)

Il est commun aux environs de Paris. Il paroît que sa larve vit dans le bois. (C. D.)

DRILL (*Mamm.*), nom que les voyageurs anglois ont donné à une espèce de singe d'Afrique mal caractérisé, et que nous avons plus particulièrement appliqué à un cynocéphale nouveau, voisin du mandrill. Voyez Cynocéphale. (F. C.)

DRIMIA. (*Bot.*) Le genre *Jacinthe*, composé d'espéces d'un port différent, et dont les caractères n'étoient pas entièrement ceux du genre, ont fourni une occasion favorable pour l'établissement de plusieurs genres nouveaux. Si l'on en excepte peut-être le *muscari*, les autres n'offrent guère que des caractères foibles et variables. J'oserois croire le *drimia* de Jacquin dans ce cas, étant distingué seulement des *jacin-*

thes par une corolle un peu plus évasée, et par l'insertion des étamines presque à la base du tube de la corolle. Les autres caractères sont les mêmes dans les deux genres. Je ne parle point des trois pores mellifères indiqués par Linnæus sur l'ovaire des jacinthes, rarement sensibles, et qui ne peuvent être pris pour un caractère générique bien déterminé. Le *drimia altissima* de Curtis, *Bot. Magaz.*, tab. 1074, est un *ornithogalum.* Voyez JACINTHE ORNITHOGALE. (POIR.)

DRIMMIA. (*Bot.*) Quelques auteurs désignent sous ce nom générique le *hyacinthus revolutus*, qu'ils distinguent par un calice tubulé, portant les étamines vers son miliéu et non à sa base. Ce motif ne paroît pas suffisant pour le séparer. (J.)

DRINGUE. (*Ornith.*) Salerne dit, page 238 de son Ornithologie, que les gens de la campagne donnent les noms de *dringue noire*, et de *dringue jaune* ou *petite dringue*, à deux oiseaux dont il parle à l'article de la fauvette à tête noire, mais qu'il ne désigne pas avec assez de précision pour mettre à portée de les bien reconnoître. (CH. D.)

DRIZ, IANTUM (*Bot.*), noms arabes du *thapsia*, selon Dalechamps. (J.)

DROFA (*Ornith.*), nom illyrien de l'outarde, *otis tarda*, Linn. (CH. D.)

DROGON. (*Conchyl.*) Les marchands donnent quelquefois ce nom au *murex lotorium*, ou la baignoire, dont M. Denys de Monfort a fait un genre sous ce nom. (DE B.)

DROMADAIRE. (*Entom.*) On a donné ce nom trivial à différentes espèces d'insectes : à un hyménoptère de la famille des uropristes, qui est un *sirèce;* à un lépidoptère de la famille des nématocères, qui est un bombyce. Ces insectes ont en effet le corselet comme bossu, ce qui les a fait désigner sous le nom de dromadaire. (C. D.)

DROMADAIRE (*Ichthyol.*), nom d'un poisson de la mer des Indes orientales, dont la chair est sèche et rarement mangée. Ruysch en a parlé dans sa Collection des poissons d'Amboine, pag. 75, tab. 18, n.° 8. (H. C.)

DROMADAIRE (*Mamm.*), nom que les modernes ont tiré du grec pour désigner l'espéce de chameau nommé,

dans Diodoré et Strabon, κάμηλος δρομας (chameau coureur).
Voyez CHAMEAU. (F. C.)

DROMAIUS. (*Ornith.*) On a déjà dit, au mot CASOAR,
que M. Vieillot, formant deux genres du casoar des grandes
Indes et de celui de la Nouvelle-Hollande, dont le premier
porte un casque, et dont le second a la tête couverte de
plumes effilées, avoit donné à celui-ci le nom de *dromaïus* en
latin, et celui d'*émou* en françois. (CH. D.)

DROMEDARIUS (*Mamm.*), nom latin du dromadaire.
(F. C.)

DROMIA. (*Crust.*) Voyez THELXIOPÉDÉS. (W. E. L.)

DROMILLA. (*Ichthyol.*) Les Italiens donnent ce nom à
notre chabot, *cottus gobio.* Voyez COTTE. (H. C.)

DRONGEAR. (*Ornith.*) Voyez DRONGO. (CH. D.)

DRONGO. (*Ornith.*) Les habitans de Madagascar appellent
ainsi un oiseau dont Brisson a fait sa 16.ᵉ espéce de gobe-
mouches. En plaçant cette espéce à la suite des tyrans,
Buffon a observé qu'elle en différoit sous plusieurs rapports,
et il lui a conservé le nom de drongo. M. Levaillant, qui a
retrouvé cet oiseau dans l'intérieur de l'Afrique, a établi,
sous la même dénomination, avec lui et d'autres espèces qu'il
y a aussi découvertes, ou dont il a eu communication, un
genre particulier, caractérisé, 1.° par un bec comprimé
latéralement, dont les deux mandibules sont légèrement
arquées en sens contraire, et dont la supérieure, à arête
vive et échancrée, est un peu crochue ; 2.° par les soies
roides et implantées sur le front qui recouvrent leurs
grandes narines, et par les poils qui leur forment des moustaches. Le doigt postérieur est en outre, chez ces oiseaux,
plus fort que les trois de devant; les deuxième, troisième
et quatrième rémiges sont les plus longues ; et la queue,
d'une étendue au moins égale à celle du corps et fourchue
dans les espèces connues jusqu'à ce jour, n'a que dix pennes,
ce qui établit une différence essentielle entre ¡eux et les
tyrans, qui en ont douze, et constituent d'ailleurs une
famille propre à l'Amérique.

M. Vieillot a formé, pour ce genre, le nom latin *dicrurus*,
tiré de deux mots grecs exprimant une queue fourchue ; et
quoique cette forme des pennes caudales soit commune à

beaucoup d'oiseaux, le terme sembleroit assez convenable pour désigner plus particulièrement ceux dont il énonce un caractère secondaire dans l'état actuel de nos connôissances : mais on pourroit découvrir d'autres drongos qui, présentant les attributs essentiels du genre, n'y joindroient pas celui-ci ; et alors le nom manqueroit de justesse, et deviendroit même exclusif à l'égard des espèces nouvelles. D'un autre côté, le terme *edolius*, adopté par M. Cuvier, est un de ces anciens noms dont la signification est perdue, et dont nous nous sommes déjà permis de critiquer l'emploi ; mais les notions qui existent sur l'oiseau auquel on avoit consacré celui-ci, sont si vagues qu'il seroit bien difficile d'en faire jamais l'application, et l'on croit devoir lui donner la préférence.

Les drongos tiennent par plusieurs points à la grande série des gobe-mouches ; ils se nourrissent d'insectes, surtout d'abeilles, et nichent sur les arbres. Ils sont assez nombreux dans les pays qui bordent la mer des Indes ; et M. Levaillant a observé que les espèces par lui rencontrées en Afrique y vivent en société, sont très-turbulentes, jettent des cris perçans, et se rassemblent au déclin du jour. Leurs mœurs les ont fait nommer, par les colons du Cap, *bey vrecter*, c'est-à-dire mangeurs d'abeilles.

L'espèce de drongo qui, la première, a été connue sous ce nom en France, est le Drongo huppé, *Edolius cristatus*, le même que le grand gobe-mouches noir huppé de Madagascar, de Brisson, t. 2, p. 588 ; *Lanius forficatus*, Linn. et Lath., pl. enl. de Buffon, n.° 189, et pl. 166 de Levaillant, Ornith. d'Afrique, t. 4. Cet oiseau, apporté d'abord de Madagascar par M. Poivre, et qui est assez commun dans le pays des Cafres, au cap de Bonne-Espérance, a dix pouces de longueur, depuis le bout du bec jusqu'à celui de la queue ; sa taille est à peu près celle de notre merle. Le devant de la tête est orné d'une huppe composée de plumes qui se tiennent relevées et dont l'extrémité se recourbe en devant ; ces plumes, à barbes très-étroites, sont étagées, et, tandis que celles qui sont le plus près des narines n'ont que quelques lignes, les dernières ont près de deux pouces. Les ailes, qui, pliées, atteignent au tiers de la queue, ont quinze pouces d'envergure. Les pennes latérales de la queue excèdent les intermédiaires d'environ deux pouces, et si ces pennes sont réellement au nombre de dix seulement, Brisson a commis une erreur, car il en indique douze. Le plumage entier est noir, avec des reflets verdâtres, chez les adultes des deux sexes, qui ont aussi les pieds et les ongles de la même couleur. La femelle ne diffère du mâle que par sa taille un peu plus petite, et sa huppe plus courte de moitié. Les jeunes sont d'un noir brun sur les ailes et la queue, et d'un noir glacé de gris sur le reste du corps. Leur huppe, qui ne s'élève que de huit à dix lignes chez le mâle, ne paroît pas du tout chez les femelles du même âge.

Commerson avoit déjà annoncé que ce drongo avoit un beau ramage, qu'il a même comparé à celui du rossignol, ce qui marquoit une grande différence entre lui et les tyrans, qui ne jettent que des cris aigres. Les sauvages du Cap ont aussi dit à M. Levaillant qu'à l'époque des amours le mâle faisoit entendre un chant fort et soutenu le matin et le soir. En d'autres temps, cette espèce, qui fréquente les grandes forêts, se réunit en petites troupes, avant le lever et après le coucher du soleil, sur des arbres isolés et ayant plusieurs branches mortes, pour y saisir les abeilles a leur sortie du bois, ou lorsqu'elles reviennent chargées de butin. Ces oiseaux, en se précipitant sur les abeilles, et suivant les sinuosités et les détours de ces insectes qui cherchent à les éviter, forment une scène très-animée et d'autant plus bruyante qu'ils répètent à chaque instant, et sur tous les tons, les cris *pia-griach-griach.* Ce manége nocturne et extraordinaire, dont le motif n'étoit pas compris par les Hottentots, leur a fait regarder les drongos comme des oiseaux de mauvais augure, qu'ils ont, en conséquence appelés *duywels,* diaboliques.

Drongo drongear; *Edolius musicus,* D., pl. 167 de Lev. Cette espèce, plus petite que la précédente, et dont la queue est moins fourchue, n'a pas de huppe. Son plumage, d'un noir mat, se rembrunit à la pointe des grandes pennes des ailes, et les rayons de lumière lui font prendre une teinte bleuâtre. L'iris est d'un brun sombre; le bec, les pieds et les ongles sont noirs. La taille de la femelle est presque égale à celle du mâle. Les jeunes, dont le plumage est d'un gris brun, qui blanchit sur le bas-ventre, ont des taches de cette dernière couleur aux plumes anales.

On trouve le drongear sur toute la côte est d'Afrique, et M. Levaillant a fait, sur ses mœurs et ses réunions pour prendre les abeilles, les mêmes observations qu'à l'égard du drongo huppé. Le mâle fait entendre, le soir et le matin, un chant qui ressemble à celui du merlé; il place, dans une enfourchure, à l'extrémité d'une branche des mimosas les plus élevés, son nid, qu'il attache comme ceux des loriots, et qui est composé uniquement de brins de bois flexibles et d'un tissu si lâche que, du bas de l'arbre, on peut voir et compter les œufs qui s'y trouvent. La planche 68 de M. Levaillant donne la figure de ce nid et des œufs qui, sur un fond blanc, sont parsemés de taches noires, carrées. Leur nombre est de quatre, que le mâle couve, ainsi que la femelle.

DRONGO BALICASSE, *Edolius balicassius*, D. Cette espèce, qui correspond au *corvus balicassius* de Gmelin et de Latham, a été décrite par Brisson, tom. 2, p. 31, sous le nom de choucas des Philippines, et figurée sous la même dénomination dans les planches enluminées de Buffon, n.° 603. Il résulte de la description, faite par les deux auteurs, du seul individu existant alors, que l'oiseau, d'une taille un peu supérieure à celle du merle commun, avoit la queue fourchue et tout le plumage d'un noir à reflets verts; que son bec et ses pieds étoient également noirs. Les deux naturalistes attribuent aussi à l'oiseau un chant agréable.

M. Levaillant, qui a décrit son *drongup*, et l'a fait figurer, pl. 173, sur des individus envoyés à M. Temminck, le présente de même comme ayant le plumage, le bec et les ongles noirs, et n'offrant de différences pour les sexes que dans la taille, qui égale celle de la grive draine, *turdus viscivorus*, Linn., chez le mâle, dont le front porte d'ailleurs une huppe retroussée et longue seulement de trois ou quatre lignes, tandis que la femelle, plus petite, en est dépourvue. Le même naturaliste ne dissimule pas qu'il soupçonne que cette femelle n'est autre que l'individu décrit par Brisson et Buffon sous les noms de *choucas* et de *balicasse* des Philippines; et tout portant, en effet, à croire que ce ne sont pas des espèces distinctes, on n'en fera point des articles séparés.

Drongo fingah, *Edolius cærulescens*. Cet oiseau, auquel on donne le nom de *fingah* au Bengale, a d'abord été décrit sous celui de pie-grièche des Indes à queue fourchue, par Edwards, qui en a donné, tome 2 de son Histoire, p. 56, pl. 56, une figure qu'on retrouve dans Seligmann, t. 3, pl. 7. C'est le *lanius cærulescens* de Linnæus, dont M. Levaillant a donné, pl. 172, une figure nouvelle, d'après un individu que M. Boers avoit reçu de Batavia. Cet oiseau, de la taille de notre grive de vigne, *turdus iliacus*, Linn., a le dessus de la tête, le derrière du cou, les scapulaires et les couvertures des ailes et de la queue, d'un noir brillant à reflets bleus ou d'un vert purpurin ; les grandes pennes des ailes et de la queue sont d'un noir mat et brunâtre, et les deux plus extérieures de celles-ci sont terminées par une tache blanche ; la gorge, le devant du cou et la poitrine sont noirâtres, et les plumes qui couvrent les côtés, le ventre et l'anus, sont blanches ; le bec, les pieds et les ongles sont d'un brun noirâtre. Sonnini a probablement fait une confusion en attribuant à cet oiseau, mal à propos mis au rang des pies-grièches, l'habitude de poursuivre avec acharnement les corbeaux, et de jeter de grands cris en les assaillant de coups de bec sur le dos, ce qui lui auroit fait donner le nom de *roi des corbeaux*.

Drongo a raquettes, *Edolius platurus*, **D**. Cet oiseau, dont M. Levaillant a donné une bonne figure, pl. 175, est le même que celui qui est décrit et figuré dans le Voyage de Sonnerat aux Indes orientales, t. 2, p. 195, et pl. 111, sous le nom de *grand gobe-mouches de la côte de Malabar*. Brisson, induit en erreur par l'inexactitude d'un dessin de M. Poivre, avoit déjà placé cet oiseau parmi les coucous, en lui supposant les doigts distribués deux devant et deux derrière, comme on le voit tom. 4, pl. 14 ; et il l'avoit appelé *coucou vert huppé de Siam*, parce que le dessinateur avoit relevé en huppe les plumes du sommet de la tête, qui lui auront paru un peu plus longues, comme cela a lieu pour d'autres oiseaux, sans constituer cependant une véritable huppe. Les autres naturalistes étant partis de cette fausse donnée, l'oiseau est devenu pour Linnæus le *cuculus paradiseus*, et pour Buffon, le *coucou à longs brins*. Shaw, rectifiant, en partie, l'erreur commise, en a fait un tyran, *lanius malabaricus;* et c'est M. Levaillant qui l'a rétabli dans la famille des drongos. Sa taille est un peu supérieure à celle du précédent. Tout son plumage est d'un noir brillant à reflets verts; l'iris est rouge: mais un caractère qui suffit pour le faire reconnoître, existe dans le prolongement des deux pennes extérieures de la queue, qui, garnies de barbes des deux côtés depuis leur origine jusqu'à l'extrémité des pennes intermédiaires, s'étendent ensuite en filets nus jusqu'à sept ou huit pouces au-delà de ces pennes, et se terminent enfin par des barbes en forme de palettes, qui n'occupent qu'un seul côté, c'est-à-dire, suivant Sonnerat, le côté extérieur, et, suivant M. Levaillant, le côté intérieur. Ce dernier observe que, dans un envoi fait à M. Temminck, il se trouvoit plusieurs individus privés de ces longues pennes et qu'on lui avoit annoncés comme étant des femelles.

Drongo a longue queue, ou Drongolon ; *Edolius macrocerus*, D. M. Levaillant, qui a donné, pl. 174, la figure de cet oiseau, dit que son plumage est généralement noir, avec des reflets bleuâtres très-vifs, et que son bec, moins fort que celui des autres drongos, est, ainsi que ses pieds et ses ongles, d'un noir plombé. Il ajoute que sa taille est plus svelte que celle du drongup, son corps moins robuste, et que sa queue, très-longue, est plus fourchue que dans les autres. Cette dernière circonstance ne semble pourtant pas résulter du rapprochement des deux figures; et, comme d'ailleurs M. Levaillant n'a pas vu l'oiseau en vie, la forme alongée et l'aplatissement du corps des deux individus, qu'il a reçus dans un même envoi, ne pouvoient-ils pas provenir en partie d'une préparation défectueuse ?

Drongo moustache ; *Edolius mystaceus*, D., pl. 169 de Lev. Le corps de cet oiseau est plus trapu que celui de ses congénères ; sa queue, qui n'est pas très-fourchue, est d'un brun noirâtre, ainsi que les couvertures des ailes. Le reste du plumage est d'un noir à reflets verdâtres; le bec et les pieds sont noirs, et l'iris d'un marron vif. Du bord des narines et des deux côtés de la mandibule inférieure partent quatre faisceaux de poils roides, dont les deux premiers se dressent, au lieu que les deux autres, qui se dirigent en avant, sont abaissés. La femelle, d'un quart plus petite que le mâle, et dont les moustaches sont aussi plus courtes, n'en diffère d'ailleurs qu'en ce qu'elle a le bas-ventre et les plumes anales tachetées de blanc. M. Levaillant, qui en a disséqué plusieurs, ne leur a trouvé dans l'estomac que des débris d'abeilles et de chenilles rases.

Drongo gris ou Drongri, *Edolius leucophœus*, D. Cet oiseau, de l'île de Ceilan, a les mêmes proportions que le drongear ; mais par sa queue plus fourchue il se rapproche du drongo huppé. Son plumage est d'un gris argentin très-luisant; son bec, ses piéds et ses ongles sont de couleur de plomb. Les femelles sont, comme dans les autres espèces, d'une taille inférieure.

M. Levaillant, qui, sous le n.° 170, a donné la figure du drongri, présente, sous le numéro suivant, celle d'un *drongri à ventre blanc*, qui ne diffère du premier qu'en ce que les parties inférieures sont blanches. Ce savant voyageur soupçonne lui-même que les deux seuls individus qu'il a vus et qui venoient de Batavia, ne sont point d'une espèce distincte : en effet, plusieurs oiseaux ont ainsi le dessous du corps blanc dans la première année, et des femelles sont même différentes du mâle pendant deux ans ; mais, comme les deux individus lui ont paru avoir les caractères d'oiseaux adultes, il a cru devoir attendre que des observations ultérieurement faites dans le pays natal eussent éclairci ses doutes.

Drongo bronzé ; *Edolius œneus*, D., pl. 176 de Lev. Cet oiseau du Bengale a toutes les parties supérieures du corps d'un noir brillant à reflets d'un bleu ou vert bronzé. Les parties inférieures sont d'un noir mat, ainsi que le bec et les pieds.

M. Cuvier regarde comme voisin de cette famille le *corvus hottentotus*, Linn., dont il est fait mention dans ce Dictionnaire sous le mot Corbeau, et qui a d'abord été décrit par Brisson sous le nom de *monedula capitis Bonæ spei*, t. 2, p. 33, pl. 2, et ensuite par Buffon sous celui de *choucas moustache*, pl. enl. 226. Cette dénomination sembleroit d'autant plus annoncer des rapports avec le *drongo moustache*, ci-devant décrit, que cet oiseau existe au Cap, où M. Levaillant n'a pas trouvé l'autre ; mais les soies ou poils qui partent de la base supé=

rieure du bec du *corvus hottentotus* sont longs de trois pouces et si flexibles qu'ils retombent comme une chevelure. M. Cuvier soupçonne aussi beaucoup de rapports entre le bec-de-fer de M. Levaillant, *lanius superbus*, Shaw, dont Illiger a formé le genre *Sparactes*, et la famille des drongos. Voyez la description de cet oiseau sous le mot Bec-de-fer, tom. 4, p. 184. (Ch. D.)

DRONTE (*Ornith.*) Quoique cet oiseau soit décrit et figuré dans beaucoup d'ouvrages, son existence est encore révoquée en doute par plusieurs auteurs, et avant d'indiquer les caractères qu'on a assignés au genre, il semble plus naturel d'analyser les faits relatifs à sa découverte.

Les Hollandois qui, en 1598, montoient une flotte commandée par l'amiral Cornelisz van Neck, abordèrent à l'île de France, alors connue sous le nom d'*île Maurice*, et auparavant sous celui d'*ilha do Cirne* ou *Cisne*, que lui avoient imposé les Portugais, et qui signifie *île aux cygnes* : ils y trouvèrent des oiseaux gros comme ces derniers, qui portoient une sorte de capuchon de peau sur leur forte tête, et n'avoient que trois ou quatre plumes noires à la place des ailes, et quatre ou cinq petites plumes grisâtres et frisées, au lieu de queue. Ces oiseaux furent par eux nommés *waly-vogels*, c'est-à-dire *oiseaux de dégoût*, tant à cause de la dureté de leur chair, que la cuisson sembloit rendre plus coriace, excepté celle de l'estomac, trouvée assez bonne, que parce qu'il y avoit dans la même île beaucoup de tourterelles excellentes. (Recueil de voyages aux Indes orientales; Rouen, 1725, tom. 2, in-12, p. 160.)

Un vaisseau hollandois parti du Texel à la fin de 1618, sous le commandement de Bontekoé, ayant abordé à l'île de Bourbon, alors appelée Maskarénas, on y trouva les mêmes oiseaux, qui, loin de pouvoir voler, étoient si gras qu'ils marchoient avec peine : les Hollandois les nommoient *dod-aers* ou *dod-aersen*. La relation de Bontekoé (insérée dans le recueil in-folio des Voyages curieux d'Hacluyt, de Purchas, etc., Paris, 1663) en contient, p. 5, une figure sous le premier de ces noms, accolé à celui de *dronte*, mais sans autres détails.

Clusius, *Exotic.*, p. 100, décrit le même oiseau sous le

nom de *gallus gallinaceus peregrinus*, et de *cygnus cucullatus*, ou cygne encapuchonné, parce que la membrane qui lui couvroit la tête ressembloit à un capuchon, et il le présente comme ayant le bec épais, oblong, crochu, jaunâtre à la base, bleuâtre dans le milieu et noir à l'extrémité ; le corps couvert seulement de quelques plumes courtes, et de quatre à cinq pennes noires au lieu d'ailes ; la partie postérieure du corps très-grasse, et portant, au lieu de queue, quatre ou cinq pennes frisées et de couleur cendrée ; des jambes d'environ quarante-huit lignes de hauteur et d'une circonférence égale, couvertes d'écailles d'un jaune brun, depuis le genou jusque sur les doigts, dont l'intermédiaire, quoique le plus long, n'excède pas vingt-quatre lignes. Le même auteur ajoute qu'on a trouvé dans l'estomac de ces oiseaux des pierres de différentes formes et grandeurs, que, peut-être, ils avoient l'habitude d'avaler, comme les granivores, auxquels on les a associés jusqu'à présent.

Ce récit a été copié par Niéremberg, p. 232 ; et Bontius, qui a consacré au dronte le chapitre 17 de son Histoire naturelle et médicale des Indes orientales, ajoute qu'il a de grands yeux noirs, des mandibules dont l'ouverture est très-ample, un cou recourbé, et le corps trapu et si gras que sa marche est fort pesante.

La description de Willughby, *Ornith.*, liv. 2, p. 107, diffère peu de celles de Clusius et de Bontius, et ce qu'il dit des jambes, dont une se trouvoit déposée chez P. Pauvius, professeur de médecine à Leyde, qui l'avoit reçue de l'île Maurice, s'y rapporte pleinement. Il ajoute qu'il a vu lui-même les dépouilles de cet oiseau dans le muséum de Sir John Tradescant, lequel a été publié en 1656.

Herbert, dans ses Voyages, dit que le dronte pèse au moins cinquante livres, et lui attribue un estomac assez chaud pour digérer des pierres ; mais le premier fait est certainement exagéré, et l'on a déjà vu ce qu'il faut penser de cette prétendue faculté de digestion.

La figure du dodo que l'on trouve, sous le n.° 294, dans les glanures d'Edwards, a été copiée d'après un dessin fait à l'île Maurice sur un individu vivant ; et c'est cette figure qui a servi de modèle à toutes les autres, et notamment à

celles de Latham (*Synops.*, tom. 3 , n.° 70), de Blumenbach
(Man. d'hist. nat. , tom. 1.ᵉʳ, p. 256 de la traduction françoise) et de Shaw (*Nat. miscell.*, pl. 123). Ce dernier auteur,
ayant cru remarquer quelques rapports entre le bec du
dronte et celui de l'albatros, *diomedea exulans*, Linn., examine si une représentation inexacte faite par un matelot
n'auroit pas pu donner lieu à la supposition d'un nouveau
genre ; mais, réfléchissant sur l'extrême négligence qu'il faudroit supposer chez un peintre quelconque qui auroit donné
des doigts fendus et séparés à un oiseau palmipède, et substitué de simples ailerons à des ailes de la plus grande envergure, il s'arrête peu à cette idée. Le même naturaliste,
ayant été déterminé à continuer ses recherches par les asser-
tions de Charleton qui, dans son *Onomasticon zoicon*, affirme
que le bec et la tête du dronte étoient alors dans le muséum
de la Société royale de Londres, et de Grew qui cite la
jambe d'un de ces oiseaux parmi les autres curiosités du
muséum britannique, est parvenu à découvrir la jambe dont
il s'agit dans ce musée, et une autre jambe avec le bec et
une partie du crâne dans le musée ashmoléan à Oxford, où
l'on a réuni tous les objets curieux de celui de Tradescant.
Ces deux pièces provenoient de l'individu que Ray et Willughby avoient eu occasion d'examiner, et le pied, malgré
les dégradations causées par la vétusté, lui a paru entièrement pareil à celui qu'il avoit vu à Londres. Shaw a donné
la figure de l'un et de l'autre dans ses Mélanges, p. 143 et
166, et il déclare que tous ses doutes sur l'existence du
dronte sont actuellement levés. M. Cuvier ne semble cependant
pas partager encore la conviction de l'auteur anglois ; après
avoir cité les planches en question, il dit, p. 463 du Règne
animal, « que le bec n'est pas sans quelque rapport avec
« celui des pingouins, et que le pied ressembleroit assez à
« celui des manchots, s'il étoit palmé. »
Les raies et les inflexions qu'on observe sur la mandibule
supérieure des pingouins, ont, en effet, une grande analogie
avec celles qu'offre le bec du dronte, bien différent de celui
de l'autruche, du casoar et d'autres granivores avec lesquels
on l'a d'abord comparé ; et il ne seroit pas surprenant que
les membranes qui auroient existé entre les doigts du seul

individu apporté en Europe en 1598, fussent devenues la proie des insectes qui les auroient rongées, comme cela arrive fort souvent dans des collections anciennes et peu soignées. On ne connoît malheureusement pas d'autres faits propres à jeter un plus grand jour sur cet oiseau, qu'on n'a pas revu depuis l'époque à laquelle il y en avoit de grandes quantités aux îles de France, de Bourbon, Rodrigue et Sechelles. Il résulte des notes que M. Morel a fournies à cet égard, en 1778, à l'abbé Rozier, et qui ont été insérées dans le Journal de physique, tom. 12, p. 154, que les oiseaux monstrueux auxquels on a donné les noms de dronte ou dodo, de solitaire et d'oiseau de Nazare, étoient inconnus aux plus anciens habitans de ces îles, où l'on n'avoit pas vu d'animaux de cette espèce depuis plus d'un siècle. On ne sauroit, d'ailleurs, se défendre de quelque étonnement sur la manière dont un oiseau si pesant, et dépourvu d'ailes propres à voler et de palmures aux pieds, auquel par conséquent la faculté de voler et celle de nager étoient interdites, auroit pu franchir l'espace qui sépare les îles désignées comme lui servant également d'habitation; et cette réflexion n'est pas de nature à faire conserver, avec Grant (Histoire de l'île Maurice), l'espérance d'en retrouver sur les côtes d'îles inhabitées. Le seul moyen qui semble rester de pouvoir former un jugement plus positif sur l'oiseau dont il s'agit, seroit de confronter les premières relations dans lesquelles il a été parlé des manchots et des pingouins, et d'examiner les analogies qui peuvent exister entre elles.

Au reste, voici comment, dans l'état actuel de nos connoissances, les naturalistes ont établi le genre *Dronte*, auquel, d'après Mœhring, Brisson a donné en latin le nom de *raphus*, et Linnæus celui de *didus* : Bec large; mandibule supérieure fléchie dans le milieu, marquée de deux rainures obliques et très-courbée à la pointe, en sens inverse de l'inférieure; narines placées dans le milieu du bec; face nue au-delà des yeux; jambes courtes, épaisses, garnies de plumes un peu au-dessus du genou; quatre doigts fendus, dont trois en devant et un en arrière.

L'air stupide du dronte lui a fait appliquer la dénomination spécifique d'*ineptus* ; sa grosseur égale, dit-on, celle

du cygne ; mais sa tête, surmontée d'un bourrelet ou capuchon, et son cou épais et goîtreux contrastent singulièrement avec l'élégance des formes de ce bel oiseau. La mandibule supérieure, bleuàtre au centre, est d'un jaune rougeàtre à la pointe; son corps est couvert de plumes d'un
gris brun et douces au toucher. De petites plumes crépues
à barbes décomposées, et de couleur jaunàtre, lui tiennent
lieu d'ailes et de queue. (Ch. D.)

DROP (*Ornith.*), nom polonois de l'outarde, *otis tarda*,
Linn. (Ch. D.)

DROSERE ; *Drosera*, Linn. (*Bot.*) Genre de plantes de la
pentandrie-pentagynie de Linnæus, que M. de Jussieu place
comme ayant de l'affinité avec les capparidées, que quelques botanistes croient devoir regarder comme le type d'une
famille nouvelle à laquelle ils donnent le nom de droséra-
cés, et qui nous paroît se rapprocher assez naturellement
des saxifragées. Les caractères des drosères sont les suivans :
Calice monophylle, à cinq divisions persistantes ; corolle de
cinq pétales un peu plus longs que le calice ; cinq étamines
à filamens subulés, portant des anthères ovales ; un ovaire
supérieur, presque globuleux, surmonté de cinq styles ; une
capsule à une seule loge, s'ouvrant jusqu'à sa partie moyenne
en trois à cinq valves, et contenant plusieurs graines très-
menues.

Les drosères sont des plantes herbacées, à feuilles alternes
et quelquefois toutes radicales, chargées en leurs bords, et
souvent aussi en leur disque, de poils terminés par des
glandes transparentes ; leurs fleurs sont rarement solitaires,
plus souvent disposées en épi ou en grappe dans la partie
supérieure des tiges. Le mot *drosera* vient du grec et signifie
couvert de rosée, parce que dans les plantes de ce genre
les feuilles sont chargées de glandes qui ressemblent à des
gouttes de rosée. Le nom de *rossolis*, qu'on leur donne
encore, a presque la même signification. On en connoît aujourd'hui environ dix-huit espèces, dont les unes sont indigènes de l'Europe où elles croissent dans les lieux humides
et marécageux, et dont les autres appartiennent aux différentes parties du monde.

Drosère a feuilles rondes ; vulgairement Rosée du soleil.

Rossoli, Herbe a la rosée : *Drosera rotundifolia*, Linn., *Spec.*, 402; Lam. *Illust.*, tab. 220, fig. 1. Ses feuilles sont arrondies, visqueuses, longuement pétiolées, étalées en rosette à la base des tiges, garnies en leur surface supérieure, et surtout en leurs bords, de cils rougeâtres et glanduleux à leur sommet. Ses tiges sont des hampes nues, grêles, simples, hautes de quatre à six pouces, terminées par plusieurs petites fleurs blanches, disposées en épi unilatéral. Cette plante croît dans les marais en France et dans ceux du reste de l'Europe, ainsi que dans l'Amérique septentrionale.

Elle a une saveur amère, un peu âcre et même caustique; car, pilée et mise en contact avec la peau, elle agit comme rubéfiant. On ne conçoit guère aujourd'hui comment elle a pu autrefois être regardée comme pectorale, et comment on a pu vanter son usage dans les affections catarrhales et autres maladies du poumon : il passe pour constant maintenant, parmi les agronomes, que les droséres en général excitent chez les moutons qui en mangent, une toux qui finit souvent par leur causer la mort.

Drosère a feuilles alongées : *Drosera longifolia*, Linn., *Spec.*, 403 ; Lam., *Illust.*, tab. 220, fig. 2. Cette espèce diffère de la précédente parce qu'elle est toujours moins élevée, parce que ses hampes sont souvent bi- ou trifurquées à la naissance des fleurs, et enfin parce que ses feuilles ovales-renversées atteignent souvent à la hauteur des hampes. On la trouve dans les mêmes lieux que la drosère à feuilles rondes.

Drosère angloise : *Drosera anglica*, Huds., *Angl.*, 135 ; *Engl. Bot.*, tab. 869. Cette plante se distingue de la drosère à feuilles rondes, dont elle a d'ailleurs le port, par la forme alongée de ses feuilles, par ses huit styles et par ses capsules à quatre valves. Elle diffère de la seconde espèce par sa stature moitié plus élevée, par ses hampes presque toujours simples, par le nombre de ses styles et par celui des valves de ses capsules. Elle se trouve dans les marais en Angleterre, en Allemagne, etc.

Drosère sans tige; *Drosera acaulis*, Linn. fils, *Suppl.* 188. Ses feuilles sont ovales, obtuses, sessiles, rassemblées en une rosette, au milieu de laquelle est une seule fleur blanche sessile ou portée sur un très-court pédicule. Cette espèce croit au cap de Bonne-Espérance.

Drosère a feuilles en coin; *Drosera cuneifolia*, Linn. fils, *Suppl.*, 188. Ses feuilles sont cunéiformes, sessiles, imbriquées, toutes radicales. Du milieu d'elles s'élève une hampe velue, longue de six à dix pouces, terminée par huit à douze fleurs blanches ou rougeâtres, pédiculées et disposées en grappe : leur calice est velu. Cette espèce se trouve au cap de Bonne-Espérance.

Drosère de Burman; *Drosera Burmanni*, Vahl, *Symbol.*, 3, pag. 50. Cette plante diffère de la précédente par ses feuilles plus courtes, par ses fleurs plus petites, par ses hampes moins élevées, nullement velues, de même que les calices. Elle croît dans les lieux humides de l'île de Ceilan et de la Cochinchine.

Drosère du Cap; *Drosera capensis*, Thunb., *Dissert. de Dros.*, 406. Ses feuilles sont étroites, linéaires, presque ensiformes, longuement pétiolées, disposées à la base des hampes, qui sont velues, quelquefois divisées dans leur partie supérieure, et terminées par quinze à vingt fleurs violettes, disposées en épi unilatéral : leur calice est velu. Cette espèce se trouve au cap de Bonne-Espérance.

Drosère de Portugal; *Drosera lusitanica*, Linn., *Spec.*, 403. Ses feuilles radicales sont subulées, presque fasciculées; ses tiges, garnies de feuilles ovales-lancéolées, alternes, se terminent par cinq à sept fleurs portées sur de longs pédoncules, et ayant dix étamines. Link a fait de cette espèce un genre particulier sous le nom de *drosophyllum*, et Salisbury appelle ce même genre *ladrosia*.

Drosère a feuilles de ciste; *Drosera cistiflora*, Linn., *Syst. veget.*, 251. Sa tige, haute de six à dix pouces, est simple, garnie de feuilles lancéolées, et terminée par une, deux ou trois fleurs pédonculées, purpurines, aussi grandes que dans le ciste ladanifère; les stigmates sont plusieurs fois dichotomes et capillaires. Cette espèce se trouve au cap de Bonne-Espérance et dans les Indes.

Drosère des Indes; *Drosera indica*, Linn., *Syst. veget.*, 304. Ses tiges sont grêles, presque simples, longues de cinq à huit pouces; garnies dans toute leur longueur de feuilles

sessiles, linéaires, presque filiformes. Ses fleurs sont dispo=
sées, au nombre de dix à douze et plus, en longues grappes
placées dans les aisselles des feuilles supérieures.

Drosère peltée; *Drosera peltata*, Willd., *Spec.*, 1, pag. 1546;
La Billard., *Nov. Holl.*, 1, p. 79, tab. 106, fig. 2. Ses tiges
sont simples, filiformes, glabres, garnies de feuilles peltées,
orbiculaires, portées sur des pétioles capillaires; ses fleurs
sont disposées, au nombre de quatre à cinq, en grappe
terminale. Cette espèce a été trouvée à la Nouvelle-Hollande.

Drosère a feuilles pédalées; *Drosera pedata*, Pers., *Synop.* 1,
pag. 357. Ses feuilles sont toutes radicales, portées sur de
longs petioles glabres, partagées en deux découpures dichotomes, linéaires, fort longues et glanduleuses; du milieu
de ces feuilles s'élève une hampe simple, glabre, haute de
quinze à dix-huit pouces, portant à son sommet quinze à
vingt fleurs et plus, disposées en une sorte de corymbe.

Drosère géminée; *Drosera binata*, La Billard., *Nov. Holl.*,
1, p. 78, tab. 105. Cette espèce ressemble à la précédente;
mais les divisions des feuilles sont simples, et le plus souvent
la tige n'est que bifurquée à son sommet. Ces deux plantes
ont été trouvées à la Nouvelle-Hollande.

Nous avons encore vu dans l'herbier de M. de Jussieu
deux autres espèces, dont l'une a été trouvée à Madagascar
par M. du Petit-Thouars, et dont l'autre vient de la Nouvelle-
Hollande; M. de Humboldt en a découvert en Amérique trois
ou quatre autres, qui seront décrites dans son ouvrage. (L. D.)

DROSIUM. (*Bot.*) Suivant Dalechamps et C. Bauhin, ce
nom et celui de *drosera* étoient donnés par Cordus à l'alchi-
mille ou pied-de-lion. On trouve encore dans Mentzel *dro-*
sium comme synonyme de *rossolis*, nom auquel Linnæus a
ensuite substitué celui de *drosera*. (J.)

DROSOMELI. (*Bot.*) La manne est citée sous ce nom,
d'après Cordus, par C. Bauhin. (J.)

DROSSEL (*Ornith.*), un des noms allemands de la grive
proprement dite, *tardus musicus*, Linn., qu'on nomme aussi,
dans la même langue, *Drostel*, et qui paroît correspondre
au mot polonois *droz* ou *drozd*. (Ch. D.)

DROUE. (*Bot.*) On donne ce nom vulgaire à quelques
espèces de brome, genre de graminées. (J.)

DROUILLER. (*Bot.*) Dans le Languedoc, suivant M.
Gouan, on nomme ainsi l'alisier, *cratægus aria*. (J.)

DRUE. (*Ornith.*) Suivant quelques ornithologistes on appelle ainsi, dans certains cantons de la France, le proyer,
emberiza miliaria, Linn. (Ch. D.)

DRUNNEFIA. (*Ornith.*) L'oiseau auquel Muller, *Zoolo-
giæ Danicæ prodromus*, p. 17, applique ce nom, est rapporté par cet auteur à l'*alca deleta* de Brunnich, *Ornitholo-
gia borealis*, n.° 104 : tous deux se bornent à l'annoncer
comme ne différant de l'*alca arctica*, Linn., ou macareux
de Buffon, qu'en ce que son bec n'a qu'un sillon. (Ch. D.)

DRUPACÉ, *Drupaceus* (*Bot.*), ressemblant à un drupe. Le
fruit du zamia, du cycas, composé d'un gland enfermé dans
une cupule, appartient, par son organisation, au genre de
fruit nommé calybion ; mais la cupule a la substance extérieure succulente et l'intérieure ligneuse, ce qui donne à
ce fruit l'apparence d'un fruit à noyau ou d'un drupe. Le
fruit du *detarium*, du *geoffrœa*, plantes de la famille des légumineuses, est organisé comme un légume ; mais les valves,
qui ne s'ouvrent point et qui sont ligneuses à l'intérieur,
ont la substance extérieure succulente, ce qui donne également à ce fruit l'aspect d'un drupe : on le dit *drupacé*.
Voyez DRUPE. (MASS.)

DRUPARIA. (*Bot.*) Genre de plantes de la famille des
champignons, qui paroît avoir de grands rapports avec les
lycogala et les *scleroderma*; ses caractères sont : Péridium ovale
ou globuleux, cartilagineux, rempli d'une substance mu-
cilagineuse ou gélatineuse, dans laquelle sont renfermées
les séminules.

Trois espèces des États-Unis composent ce genre ; elles
ressemblent à de petits fruits ou drupes. C'est par une erreur
typographique que ce genre est appelé *Drupasia* dans le Journal de botanique et dans l'Encyclopédie méthodique.

Druparia violacée ; *Druparia violacea*, Rafin.-Schm., *Medic.
reposit.*, vol. 5, pag. 358. Il ressemble pour la forme à une
petite prune violette. Se trouve près de Philadelphie.

Druparia rose ; *Druparia rosea*, Rafin. Demi-ovale et d'un
rose pâle. Se trouve près de Willmington dans l'état de
Delaware.

Druparia globuleuse; *Druparia globosa*, Rafin. Semblable à une cerise rougeâtre. Croît près d'Easton en Pensylvanie. (Lem.)

DRUPATRIS DE LA COCHINCHINE *(Bot.)*; *Drupatris cochinchinensis*, Lour., *Fl. Cochin.*, 1 , pag. 384. Grand arbre découvert par Loureiro dans les forêts de la Cochinchine, dont cet auteur a formé un genre particulier voisin de la famille des *ébénacées*, de l'*icosandrie monogynie* de Linnæus, offrant pour caractère essentiel : Un calice campanulé à cinq découpures; quatre pétales; les étamines nombreuses; un ovaire supérieur, un style, un drupe contenant une noix à trois loges.

Cet arbre a des rameaux ascendans, peu nombreux, garnis de feuilles glabres, alternes, fort grandes, ovales-lancéolées, acuminées, dentées en scie; les fleurs blanches, petites, disposées en plusieurs épis presque terminaux; leur calice est à cinq découpures aiguës; la corolle composée de quatre pétales concaves, étalés, arrondis, un peu plus longs que le calice; environ vingt étamines et plus; les filamens épais, plus courts que la corolle; les anthères arrondies, à deux lobes; l'ovaire inférieur presque rond; le style épais, de la longueur des étamines; le stigmate un peu épaissi. Le fruit est un drupe lisse, ovale, presque sec, contenant une noix à trois loges. (Poir.)

DRUPE, *Drupa (Bot.)* : fruit simple, presque toujours succulent, contenant un noyau. C'est l'unique caractère par lequel on distingue cette sorte de fruit, qui d'ailleurs a souvent des analogies de structure avec des fruits très-différens entre eux.

Lorsque le volume du drupe ne dépasse pas la grosseur d'un pois, on lui donne le nom de *drupéole*; lorsqu'il est très-petit, et que sa substance extérieure, au lieu d'être succulente, ne forme autour du noyau qu'un sac membraneux, on le nomme *utricule*.

Le drupe est pulpeux dans le prunier, charnu dans le noyer, filandreux dans le cocotier : il est sphérique dans le mérisier à grappes, arrondi dans le pêcher, ellipsoïde dans l'olivier. Le noyau est globuleux dans la cérise, comprimé dans la prune, cylindracé dans la cornouille, lobé dans le *guettarda speciosa;* il ne s'ouvre point dans l'olivier, il s'ouvre en deux valves dans le prunier; il a une seule loge dans le prunier, il en a deux dans le jujubier, il en a jusqu'à six dans le guettarda.

Lorsque le noyau n'a qu'une loge, il a presque toujours, à sa superficie, un sillon ou au moins une ligne longitudinale, indiquant les vaisseaux vasculaires qui, de la base du fruit, s'étendent jusqu'au sommet du noyau, d'où pendent les graines. Voyez Fruit. (Mass.)

DRUPÉOLÉ, *Drupeolatus* (*Bot.*) : ayant l'apparence d'un petit drupe. Plusieurs petits fruits, d'organisation différente, ont, comme le drupe, la substance extérieure du péricarpe succulente; tels sont, par exemple, la silicule du *crambe maritima*, la camare de l'actea, la cypsèle du clibadium, le cénobion du *prasium majus*. Les graines de l'*ixia chinensis*, du grenadier, du magnolia, ont également ment l'apparence de petits drupes et sont dites *drupéolées*. (Mass.)

DRUSA (*Bot.*), Decand., Ann. du mus. d'hist. nat., 10, p. 470, tab. 38. Ce genre est le même que le *bowlesia* de la Flore du Pérou, déjà mentionné dans ce Dictionnaire sous le nom de Boulésie, quant à son caractère générique. Cette plante est d'ailleurs très-remarquable par son port, qui lui donne tellement l'apparence d'un *sicyos*, que, n'en ayant observé qu'un individu incomplet, je l'avois rapporté à ce genre dans l'Encyclopédie. Il offre des feuilles opposées, caractère bien rare parmi les ombellifères. Ses tiges sont grêles, très-foibles', grimpantes, hérissées de poils épars, glanduleux à leur sommet; les feuilles distantes, opposées, longuement pétiolées, en cœur, vertes en-dessus, blanchâtres et pileuses en-dessous, divisées en trois lobes principaux, mucronées au sommet; chaque lobe a trois divisions et plus, courtes, inégales. Les fleurs sont blanches, petites, disposées en petites grappes axillaires, une fois plus courtes que les pétioles; les pédoncules sont velus, glanduleux, soutenant quelques fleurs sessiles ou à peine pédicellées, sans involucre. Voyez pour les autres détails l'article Boulésie. (Poir.)

DRUSE. (*Min.*) C'est le nom qu'on donne aux cavités qu'on rencontre dans certaines roches, et qui sont tapissées

et comme hérissées de cristaux ordinairement prismatiques. Ce nom vient d'un mot allemand qui veut dire
cavité. (B.)

DRUYNE. (*Entom.*) MM. Latreille et Fabricius ont écrit
DRYINE (voyez ce mot), pour désigner deux genres différens
d'insectes hyménoptères. (C. D.)

DRYANDRA. (*Bot.*) M. Thunberg a, le premier, consacré à Dryander un genre qui appartient à la famille des euphorbiacées. Quelques auteurs ont cru que ce genre ne
pouvoit être conservé, et devoit rentrer dans celui de l'*aleurites.* Cette assertion , qui n'est pas encore confirmée par
l'assentiment général, a déterminé M. R. Brown à nommer
dryandra un autre genre de la famille des protéacées, très-
voisin de celui qui rappellera toujours le nom de M. Banks,
nom vénéré de tous ceux qui aiment et cultivent l'histoire
naturelle. Les rapports intimes qui ont existé entre ces deux
hommes célèbres , peuvent faire désirer que leurs noms
restent unis et rapprochés dans la même série de genres.
Alors, si le genre de Thunberg mérite d'être conservé, on
pourroit adopter pour lui le nom d'*eleococca*, qui lui avoit
été donné par Commerson : ses graines , qui fournissent
une espèce d'huile ou de suif, lui ont fait donner dans
l'Inde le nom d'arbre de suif. (J.)

DRYANDRE, *Dryandra.* (*Bot.*) Genre de plantes dicotylédones , à fleurs incomplètes, de la famille des *euphorbiacées*, de
la *dioécie monadelphie* de Linnæus, caractérisé par des fleurs
dioïques; un calice à deux ou trois folioles; une corolle
(calice , Juss.) à cinq pétales onguiculés; neuf étamines inégales; les filamens soudés à leur partie inférieure; dans les
fleurs femelles, un ovaire supérieur; trois styles fort courts ;
les stigmates bifides; une capsule ligneuse, à trois ou cinq
loges monospermes.

M. Rob. Brown pense que ce genre doit être réuni aux
aleurites (bancoul) : il applique en conséquence le nom de
Dryandre à un autre genre, nommé JOSEPHIA par Knight et
Salisbury, dans les Transactions de la Soc. lin. de Londres
(voyez ce mot). On n'en distingue qu'une seule espèce, à
laquelle il faut réunir le genre *Vernicia* de Loureiro, qui paroît être la même plante, quoiqu'il y ait quelques différences

dans la description qu'en donne cet auteur, comme on le verra plus bas.

DRYANDRE OLÉIFÈRE : *Dryandra oleifera*, Lamk., Encycl., 2, pag. 329 : *Dryandra cordata*, Thunb., *Jap.*, 267; Banck, *Icon.*; Kæmpf., tab. 23 : *Abrasin*, Kæmpf., *Amœn exot.*, 789; *Eleococca*, Commers., *Herb. et Icon.*; *Vernicia montana*, Lour., *Fl. Cochin.*, 2, p. 721; vulgairement ARBRE A L'HUILE. Arbre du Japon, qui s'élève, d'après Thunberg, à la hauteur de six pieds et plus, et soutient une cime touffue, dont les rameaux sont glabres, cylindriques, ridés, pleins de moelle, parsemés de points tuberculeux. Les feuilles sont grandes, éparses, rapprochées en ombelle ou en touffe au sommet des rameaux, et comme verticillées aux nœuds, pétiolées, très-glabres, en cœur, aiguës; les supérieures entières; les inférieures plus grandes, presque pendantes, terminées par trois pointes : deux glandes sessiles au sommet des pétioles. Les fleurs mâles disposées en une panicule terminale; ses principales ramifications fourchues ou trichotomes : leur calice composé de deux ou trois folioles ovales, aiguës, plus courtes que la corolle; celle-ci jaunâtre, à cinq pétales ovales-oblongs, onguiculés, étalés, en partie réfléchis; les étamines plus courtes que la corolle, quatre un peu plus courtes que les autres; les anthères fort petites. Les fleurs femelles sont portées sur des pédoncules simples et très-courts; le calice et la corolle sont comme dans les fleurs mâles; elles renferment un ovaire court, supérieur, globuleux, un peu conique, chargé de trois styles très-courts. Le fruit est une capsule ligneuse, ovale, presque globuleuse, à quatre ou cinq sillons, terminée par une pointe courte, divisée intérieurement en trois, plus souvent en quatre et même cinq loges, renfermant chacune une grosse amande huileuse. Aublet, dans son dixième Mémoire, pag. 160, dit que cet arbre est cultivé à l'île de France; que ses fruits sont de la grosseur d'une noix munie de son brou. On retire des amandes une huile pour les lampes, qu'on nomme huile de bois. Les Chinois donnent à cette huile la nom de *mouycou*, et au fruit qui la produit celui de *mouzou*.

Le *Vernicia montana* de Loureiro, d'après cet auteur, est un grand arbre qui croît à la Chine et à la Cochinchine, dont les branches sont ascendantes; les rameaux garnis de feuilles éparses, pétiolées, en cœur, très-peu échancrées, glabres, ondulées, très-entières, acuminées, munies de deux glandes à leur insertion avec le pétiole ; les fleurs monoïques, disposées en grappes courtes, terminales; le calice bifide, tubuleux ; la corolle blanche, à cinq pétales campanulés, oblongs; dix filamens réunis à leur base. Le fruit est un drupe un peu arrondi, renfermant un noyau à trois loges, chaque loge contenant une amande ovale-oblongue.

Le bois de cet arbre, dit Loureiro, d'une médiocre qualité, n'est guère propre à être employé dans la construction des maisons ; mais ses amandes fournissent, en assez grande abondance, une huile jaunâtre, claire, transparente, médiocrement liquide. On s'en sert pour oindre les bois et les toiles qui sont exposés aux injures de l'air et à la pluie : on la mêle souvent avec le véritable vernis de la Chine, qu'elle rend plus coulant, dont elle augmente la quantité au profit des marchands, le vernis de la Chine étant très-cher. Le bois ne vaut rien pour le chauffage ; il s'enflamme avec rapidité et se consume promptement. (Poir.)

DRYAS. (*Bot.*) Voyez Driade. (L. D.)

DRYAX. (*Ornith.*) Ce nom et ceux de *dryaçha* et *daryachis* paroissent n'être qu'une corruption du mot *drepanis*, qui désigne l'hirondelle de rivage, *hirundo riparia*, Linn. (Ch. D.)

DRYIN. (*Ichthyol.*) Sur quelques côtes, suivant M. Bosc, on donne ce nom à l'ammodyte appât. Voyez Ammodyte. (H. C.)

DRYINE, *Dryinus*. (*Entom.*) Fabricius a décrit sous ce nom, dans son Système des Piézates, un genre d'insectes hyménoptères de la famille des Oryctères, voisin des sphéges. Les quatre espèces qu'il a décrites pour la première fois, sont d'Afrique et de l'Amérique méridionale.

M. Latreille avoit fait connoître sous la même dénomination un autre genre d'hyménoptères de la famille des Néottocryptes. Ce sont de très-petits insectes, dont le caractère essentiel réside dans la forme des crochets des tarses des pattes antérieures, qui sont fort longs et dont l'un se replie sous le tarse pour former une sorte de pince, comme

dans les mantes : on ignore le but de cette conformation.
(C. D.)

DRYINUS. (*Erpét.*) Plusieurs anciens auteurs, grecs, latins, anglois, françois, etc., ont parlé sous ce nom et sous celui de *dryinos*, d'un serpent venimeux fort redouté ; mais ils ne sont nullement d'accord, ni sur sa forme, ni sur sa patrie. Nicandre a décrit en vers les accidens que cause sa morsure. Belon dit en avoir vu auprès de Constantinople quelques individus. Seba, *Thes. I*, tab. 84, n.° 1, le fait venir d'Amérique, et par conséquent son serpent ne ressemble nullement à celui des anciens. Linnæus, plus récemment, a donné, dans les Aménités académiques, sous le nom de *crotalus dryinas*, la description d'un autre serpent d'Amérique, qui paroît être notre *crotale bruyant*. Voyez CROTALE. (H. C.)

DRYITE (*Foss.*) Scheuchzer, Volckman, Helwing et quelques autres auteurs anciens ont donné ce nom au bois pétrifié qu'ils ont cru reconnoître pour être du bois de chêne. (D. F.)

DRYMIRRHIZÉES. (*Bot.*) Quelques botanistes ont donné ce nom à la famille de plantes nommée auparavant les balisiers, et maintenant les amomées, dont le principal genre est l'amome. (J.)

DRYMIS. (*Bot.*) Genre de plantes dicotylédones, à fleurs complètes, polypétalées, régulières, de la famille des *magnoliacées*, de la *polyandrie tétragynie* de Linnæus, ayant pour caractère essentiel : Un calice entier à deux ou trois divisions, caduc ou persistant ; six à vingt-quatre pétales disposés sur un ou deux rangs ; des filamens nombreux, très-courts, insérés sur le réceptacle, épaissis à leur sommet ; les anthères à deux lobes ; quatre ou huit ovaires supérieurs, connivens, surmontés d'un stigmate en forme de point ; les styles nuls ; quatre ou huit baies uniloculaires, polyspermes ; les semences disposées sur deux rangs.

Ce genre, établi d'abord par Forster, a reçu depuis le nom de *wintera* par Murray et Willdenow ; il comprend des arbres ou arbrisseaux exotiques à l'Europe, glabres, conservant leur verdure toute l'année : leur tronc est revêtu d'une écorce âcre ou aromatique ; les feuilles sont simples, entières ; les pédoncules axillaires, latéraux, à une ou plusieurs fleurs variables dans le nombre de leurs parties ; quelques stipules très-caduques aux feuilles supérieures des jeunes rameaux. Les espèces sont :

DRYMIS A FLEURS AXILLAIRES : *Drymis axillaris*, Forst., *Gen.*, tab. 42 ; Lamk., *Ill. gen.*, tab. 494, fig. 2 : *Wintera axillaris*, Willd., *Spec.*, 2, pag. 1240. Plante découverte par Forster dans les forêts de la Nouvelle-Zélande, dont les rameaux sont cylindriques, de couleur purpurine, un peu raboteux ; les feuilles pétiolées, glabres, oblongues, ou en ovale renversé, acuminées à leurs deux extrémités, luisantes en-dessus, presque longues de trois pouces ; les pédoncules très-grêles. axillaires, solitaires, ou deux et trois réunis, nus, uniflores ; les fleurs fort petites ; leur calice entier, s'ouvrant en deux parties ; six pétales ovales, oblongs, étalés, obtus, plus longs que le calice ; quatre ovaires connivens.

DRYMIS AROMATIQUE : *Drymis Winteri*, Forst., *Gen.*, tab. 42 ; Miller, *Fasc. icon.* : *Cortex winteranus*, Clus., *Exot.*, 75 ; *Boigne cinnanomifera*, etc., Feuill., *Obs.*, vol. 3, pag. 10, tab. 6 : *Wintera aromatica*, Murr., *Syst.* ; Humb. et Bonpl., *Pl. æquin.*, 1, p. 209 ; Soland., *Med. obs.*, 5, tab. 1. Cet arbre, de l'Amérique méridionale, ne doit pas être confondu avec le *winterania canella*, vulgairement la cannelle blanche, qui appartient à la famille des *méliacées*, tandis que celui-ci produit l'écorce épaisse que l'on a nommée *écorce de Winter*. Cet arbre est d'une grandeur très-variable, selon les localités, s'élevant de six à quarante pieds ; ses rameaux sont cylindriques, raboteux ; l'écorce épaisse, grisâtre en dehors, rouillée en dedans ; les feuilles alternes, ovales-lancéolées, entières, un peu pétiolées ; les pédoncules axillaires ou presque terminaux, simples, uniflores, réunis en faisceau ; les calices partagés en deux ou trois divisions profondes ; la corol!e blanche, à six pétales oblongs ; quatre ovaires sessiles ; le stigmate un peu latéral ; quatre ou six baies en ovale renversé. Cet arbre croît dans l'Amérique méridionale et au détroit de Magellan.

C'est ce même arbre qui fournit cette écorce connue dans les pharmacies sous le nom d'écorce de Winter : elle est épaisse, roulée en tuyaux, inégale, de couleur cendrée en dehors, roussâtre ou de couleur de cannelle en dedans. Son goût est âcre, aromatique, piquant et même brûlant; son odeur très-pénétrante. Elle a été découverte sur les côtes de Magellan par Guillaume Winter, qui accompagna, en 1567, François Drack jusqu'au détroit de Magellan, sans aller plus loin. Il est le premier qui ait apporté cette écorce en Europe, et c'est de lui qu'elle tire son nom. Les matelots se sont servis d'abord de l'écorce de Winter, confite avec le vinaigre ou avec le sucre, ou desséchée et réduite en poudre, dans leurs mets, à la place de la cannelle ou autres aromates; ensuite ils l'ont employée avec succès contre le scorbut : elle passe pour stomachique, alexipharmaque, sudorifique, favorable dans la paralysie, le scorbut et les catarrhes.

Le *Drymis punctata*, Lamk., Encycl., n.° 2, et *Ill. gen.*, tab. 494, fig. 1, ne paroît être qu'une variété de l'espèce précédente. Ses feuilles sont ovales-oblongues, émoussées à leur sommet, vertes et glabres en-dessus, de couleur glauque en-dessous, et parsemées de très-petits points blanchâtres, n'ayant qu'une nervure longitudinale; les pédoncules uniflores, axillaires, ordinairement solitaires; les folioles du calice concaves, un peu purpurines, très-caduques; la corolle blanche, composée de six à neuf pétales étalés, ovales, caducs; cinq à huit ovaires obtus, munis chacun d'un stigmate presque latéral, de couleur noire. Le fruit consiste en cinq ou huit baies en massue, sessiles, distinctes, renfermant des semences un peu trigones. Cet arbre croît au détroit de Magellan, dans la baie des Cordes, près le port Galan.

Drymis de Grenade : *Drymis granatensis*, Linn., *Sup.*; Humb. et Bonpl., *Pl. œquin.*, 1, pag. 205, tab. 58; vulgairement Acr, à la Nouvelle-Grenade, son pays natal. Ses tiges s'élèvent à la hauteur de quinze ou dix-huit pieds; ses rameaux sont alongés, garnis de feuilles pétiolées, oblongues, entières, acuminées à leurs deux extrémités, d'un vert foncé endessus, d'une couleur glauque et un peu blanchâtre en-dessous, longues de trois ou quatre pouces, larges à peine d'un pouce; les pédoncules axillaires, solitaires, longs d'un pouce et plus, divisés à leur sommet en deux on trois pédicelles au moins une fois plus longs, uniflores; la corolle est blanche, composée de douze pétales oblongs, les intérieurs plus

petits; huit ovaires qui se changent en autant de baies distinctes, renfermant chacune environ deux semences luisantes. Son écorce est aromatique.

Drymis du Chili : *Drymis chilensis*, Dec., *Syst.*, 1, p. 444;
vulgairement Canelo, Domb. Arbrisseau très-étalé, dont l'é-
corce est fortement aromatique; les rameaux cylindriques,
garnis de feuilles oblongues, presque en ovale renversé,
coriaces, très-glabres, médiocrement pétiolées, glauques en-
dessous; les pédoncules très-courts ou nuls, axillaires, divisés au sommet en trois ou quatre pédicelles uniflores, longs
d'un pouce; le calice à deux ou trois folioles presque persistantes, ovales, un peu obtuses; six à neuf pétales oblongs,
un peu obtus, une fois plus longs que le calice; les étamines
très-courtes; les anthères blanchâtres, à deux lobes; cinq à
six ovaires ovales, réunis sur un petit réceptacle globuleux; autant de baies ovales, un peu comprimées, obtuses.

Drymis du Mexique : *Drymis mexicana*, Dec., *Syst.*, 1,
pag. 444. Arbrisseau divisé en rameaux cylindriques, terminés, comme dans les magnoliers, par une stipule aiguë,
garnis de feuilles pétiolées, oblongues, lancéolées, rétrécies
à leurs deux extrémités; les pédoncules longs d'un pouce
et demi, terminés par quatre pédicelles en ombelle, uniflores; le calice à deux découpures opposées, concaves,
persistantes; la corolle blanche, composée de vingt ou vingt-
quatre pétales étalés, oblongs, aigus, disposés sur deux rangs;
les étamines très-courtes; quatre ovaires, autant de baies
d'un bleu violet, en ovale renversé : une ou deux avortent
quelquefois. (Poir.)

DRYMOPHILE A FRUITS AZURÉS (*Bot.*); *Drymophila
cyanocarpa*, Rob. Brown, *Nov. Holl.*, 1, pag. 292. Plante de
la Nouvelle-Hollande, qui forme seule un genre particulier
de la famille des *asparaginées*, de l'*hexandrie monogynie* de
Linnæus, caractérisé par une corolle à six pétales égaux,
étalés, caducs; point de calice; six étamines; un style trifide;
une baie à trois loges polyspermes.

Ses racines sont noueuses et rampantes; ses tiges simples à
leur base, droites, dépourvues de feuilles, garnies seulement de stipules distantes, à demi vaginales; souvent la
partie supérieure des tiges ramifiée, munie de feuilles ses-

siles, disposées sur deux rangs, torses, serrées à leur base, puis renversées; les pédoncules axillaires ou terminaux, solitaires, uniflores, point articulés, privés de bractées; les fleurs blanches; les baies pendantes, d'un bleu d'azur; les semences recouvertes d'un test membraneux; le périsperme charnu, l'embryon longitudinal. (Poir.)

DRYMOPOGON. (*Bot.*) Tabernamontanus nommoit ainsi le *barba capræ* de Tragus et de C. Bauhin, ou *spiræa aruncus* de Linnæus. (J.)

DRYOBALANOPS. (*Bot.*) Voyez Dipterocarpus. (J.)

DRYOBALANOPS AROMATIQUE (*Bot.*), *Dryobalanops aromatica*, Gærtn. fils, *Carpol.* Fruit d'un arbre de l'île de Ceilan, dont l'écorce, à ce que l'on assure, est très-aromatique, et ressemble à celle du cannelier. Cet arbre forme un genre particulier, qui paroît se rapprocher de la famille des *laurinées;* mais la corolle et les étamines ne sont point connus. Le calice est inférieur, d'une seule pièce, en forme de cupule, arrondi en bosse; le limbe divisé en cinq lanières roides, droites, distantes entre elles, nerveuses, très-obtuses et dilatées au sommet. Le fruit est une capsule ovale, supérieure, au moins de la grosseur d'un œuf de pigeon, enfoncée à sa partie inférieure dans la cupule du calice épaissi, à une seule loge, à trois valves; une seule semence; les cotylédons inégaux, contournés; la radicule supérieure. D'après M. de Jussieu, il faut réunir à ce genre le *dipterocarpos*, Gærtn. fils, le *pterigium* de Corréa, et le *shorea*, Roxb. (Poir.)

DRYOCOLAPTES. (*Ornith.*) L'oiseau désigné sous ce nom dans Aristote, liv. 8, chap. 3, et liv. 9, chap. 9, et sous celui de *dryops*, dans Gesner, d'après Aristophane, appartient à la famille des pics; mais on n'a pas de données suffisantes pour assigner l'espèce ou les espèces auxquelles ces mots se rapportent. (Ch. D.)

DRYOPHANON. (*Bot.*) Cette plante de Pline est, selon quelques auteurs, le redoux ou redoul, *coriaria myrtifolia*, au rapport de C. Bauhin. Dalechamps, parlant de l'ibéride ou thlaspi des jardins, *iberis umbellata*, dit que Cordus la regardoit comme le *dryophanon* de Pline, et ailleurs, lorsqu'il fait mention de l'osmonde, *osmunda vulgaris*, il ajoute que Tragus l'assimiloit à la plante de Pline, qui, selon cet auteur ancien, avoit de l'affinité avec le *dryopteris*, autre espèce de fougère. (J.)

DRYOPS. (*Entom.*) Ce nom a été donné successivement, par Olivier et par Fabricius, à deux genres d'insectes coléoptères très-différens.

L'un est le parne à antennes alongeables, *parnus proliferi-cornis* de Fabricius, de la famille des Hélocères ou clavicornes, de la section des pentamérés, voisin des *dermestes* (voyez Parne) : c'est le dermeste à oreilles de Geoffroy.

L'autre genre du même nom a été formé par Fabricius pour y ranger les espèces d'*œdemère* d'Olivier, de la famille des Sténoptères.

Pour éviter toute confusion, nous décrirons ces insectes aux articles Œdemère et Parne. (C. D.)

DRYOPTERIS. (*Bot.* = *Fougères.*) Fougère mentionnée par Dioscoride, et qui, comme l'indique l'étymologie de son nom, croissoit sur le chêne : elle ressembloit au Filix (voyez ce mot), mais elle étoit plus finement découpée ; ses racines, extrêmement mêlées et velues, avoient une saveur d'abord acerbe, puis douceâtre. On trouvait le *dryopteris* sur les vieux chênes : on le nommoit aussi *pterion*, *nymphea* et *psilothrum*. Les fougères sont naturellement si difficiles à décrire qu'on n'ose pas affirmer de quelle espèce Dioscoride a voulu parler ; il est très-probable néanmoins que cet ancien botaniste a voulu désigner une des espèces de *polypodium* de Linnæus. L'on a avancé que ce pouvoit être le *polypodium dyopteris*, Linn., ou mieux le *polypodium calcareum* de Smith, ou une autre espèce du même genre. Adanson, ne tenant pas à une détermination rigoureuse, se borne à le regarder comme une espèce de son genre *Dryopteris*. Celui-ci ne diffère de son genre *Polypodium* que par l'involucre qui est en parasol, et par les capsules munies d'un anneau. Ces caractères sont ceux de l'*aspidium*, nouveau genre qui comprend un très-grand nombre de fougères placées autrefois avec les *polypodium*.

Les botanistes, avant Linnæus, ont désigné plusieurs espèces de fougères sous le nom de *dryopteris*. Le *dryopteris* de Tragus est le *polypodium calcareum*, Smith ; le *dryopteris can-*

dida de Dodonée, l'*asplenium lanceolatum*, Smith; le *dryopteris nigra* du même, l'*asplenium adiantum nigrum*; le *dryopteris* d'Ammann est l'*aspidium fragrans*, Willd.; le *dryopteris scandens*, Pluk., *Alm.*, est le *polypodium lycopodioides*, Willd., etc. (Lem.)

DRYPETES. (*Bot.*) Genre de plantes dicotylédones, à fleurs incomplètes, dioiques, très-voisin de la famille des *rhamnées*, de la *dioécie tétrandrie* de Linnæus (*Mem. mus.*, 1, pag. 157), offrant pour caractère essentiel, dans les fleurs mâles, un calice à quatre ou six folioles inégales; point de corolle; quatre ou six étamines saillantes, quelquefois huit, insérées sur un disque central et velu. Dans les fleurs femelles, point d'étamines; un ovaire supérieur, velu, entouré à sa base par un disque annulaire; un ou deux styles courts; un drupe presque ovale, soyeux, charnu en dehors, à une, quelquefois à deux loges monospermes; le périsperme grand et charnu, l'embryon presque de même grandeur, renversé; les cotylédons foliacés; la radicule droite, supérieure, dirigée vers le sommet du fruit. On en distingue trois espèces.

Drypètes glauque : *Drypetes glauca*, Vahl, *Egl. Amer.*, *fasc.*, 3, pag. 49; Poit., Mém. du Mus. d'hist. nat., 1, pag. 155, tab. 6. Arbre de Porto-Ricco et de Mont-Serrat, dont les rameaux sont cylindriques, les bourgeons couverts d'un duvet roussâtre; les feuilles grandes, pétiolées, alternes, ovales, elliptiques, obtuses, mucronées, un peu crénelées; les stipules très-petites et caduques; les fleurs petites, herbacées, légèrement pédonculées, réunies par petits paquets axillaires, en forme d'ombelle; le calice divisé en quatre folioles ovales, concaves, obtuses, ciliées; six étamines plus longues que le calice (huit, selon Vahl); les fruits jeunes sont ovales, légèrement pubescens, de la grosseur d'une petite noisette, avec une suture saillante en arête.

Drypètes blanc; *Drypetes alba*, Poit., *l. c.*, tab. 7; vulgairement Bois-cotelette. Arbre de Saint-Domingue, très-élevé, droit, régulier, d'un bois fort dur, employé pour les charpentes. Son tronc est anguleux; son écorce grise, luisante; ses rameaux menus, souvent pendans lorsqu'ils sont jeunes; les feuilles alternes, pétiolées, oblongues, glabres, lancéolées, aiguës, à peine denticulées, luisantes en-dessus, finement réticulées; les stipules très-petites; les fleurs petites, herbacées, nombreuses, réunies en rosettes axillaires sur des pédicelles uniflores; le calice de quatre à six folioles inégales, un peu ciliées; quatre à cinq étamines plus longues que le calice, tantôt opposées à ses folioles, tantôt alternes avec elles; l'ovaire soyeux; le style court et gros; le stigmate velu; un drupe de la grosseur d'une noisette, ovale, convexe d'un côté, contenant une grosse semence renversée, marquée d'un large sillon.

DRYPÈTES JAUNE: *Drypetes crocea*, Poit., *l. c.*, tab. 8; *Schœferia laterifolia*, Swartz, *Fl. Ind. occid.*, 1, pag. 329. Grand arbrisseau, produisant, dès sa base, plusieurs tiges droites, chargées de rameaux étalés horizontalement. Son bois est dur, coriace; son écorce grise; les feuilles alternes, très-médiocrement pétiolées, oblongues, glabres, entières, coriaces, longues de deux à quatre pouces; les stipules caduques, fort petites; les fleurs petites, herbacées, axillaires; quatre ou cinq étamines; l'ovaire surmonté de deux styles courts; les stigmates velus en tête. Le fruit est un drupe ovale, pubescent, couleur de safran. Cet arbrisseau croît à Saint-Domingue, sur les mornes secondaires et bien boisés. (POIR.)

DRYPIS. (*Bot.*) Théophraste donnoit ce nom à une plante épineuse. Comme il ne la décrit pas, on a pu facilement l'appliquer à diverses plantes garnies de piquans. Selon Tabernamontanus c'est une espèce de soude, le *salsola tragus* des botanistes modernes. Dalechamps figure sous ce nom un chardon, qu'il dit à fleurs rouges ou blanches, et commun dans les blés, lequel paroît être le chardon hémorrhoïdal, *carduus arvensis* ou *cirsium arvense*. Le même cite aussi des auteurs qui confondent le *drypis* avec l'*acanos* de Pline, espèce d'onoporde, et d'autres qui l'ont pris pour le panicant maritime, *eryngium maritimum*, confondu par quelques-uns avec l'*acanos*. La plante de la famille des caryophyllées à laquelle Anguillara appliquoit le nom de *drypis*, est celle qui l'a conservé, et que nous nommons *drypis spinosa*. (J.)

DRYPTE, *Drypta*. (*Entom.*) Genre d'insectes coléoptères pentamérés, de la famille des créophages ou carnassiers.

Ce genre, établi par M. Latreille et adopté par Fabricius, ne comprend encore que deux espèces voisines des cicindèles, et pourroit être ainsi caractérisé:

Corselet plus étroit que les élytres, et de la longueur de la tête ; à dernier article des tarses bilobé.

Ces caractères suffisent en effet pour séparer les dryptes de tous les *carabes*, *cychres*, *calosomes*, *scarites*, *anthies*, *tachypes*, *brachins*, etc., qui ont le corselet aussi large que les élytres ; ensuite des *manticores*, *cicindèles*, *bembidions*, *élaphres*, qui ont le dernier article des tarses simple, et enfin des *colliures*, dont la tête est plus courte que le corselet.

On ignore encore les mœurs des dryptes : il est probable qu'elles sont à peu près les mêmes que celles des cicindèles. Elles courent très-rapidement et se cachent sous les pierres comme les brachins. Elles se nourrissent de petits insectes vivans qu'elles atteignent facilement à la course.

L'une des espèces se trouve aux environs de Paris : nous en avons trouvé plusieurs individus dans la forêt de Fontainebleau, près de Chailly, et un dans le bois de Meudon, sur le bord d'un étang exposé au plein midi : c'est

La Drypte échancrée, *Drypta emarginata*. Ses élytres sont bleues, ainsi que la tête et le corselet; les antennes et les pattes sont fauves.

C'est un insecte dont les formes sont très-sveltes et les couleurs agréables. (C. D.)

DRYS (*Bot.*), nom grec du chêne, d'où dérivent ceux des dryades, divinités des forêts; des anciens druides; de *chamœdrys*, petit chêne; de *dryopteris* ou fougère, croissant sur des chênes, etc. (J.)

DRZEMLIK. (*Ornith.*) Les Polonois appellent ainsi l'émerillon, *falco œsalon*, Linn. (Ch. D.)

DSCHIUM (*Ichthyol.*), un des noms tartares du glanis, *silurus glanis*, Linn. Voyez Silure. (H. C.)

DSHEREN (*Mamm.*), nom que les Mongoles donnent, au rapport de Gmelin le voyageur, à une espèce d'antilope, *antilope gutturosa*, Pall., qui habite les déserts de la grande Tartarie. Voyez Antilope. (F. C.)

DSILENG. (*Bot.*) Les habitans de Maïncatschin, ville limitrophe de l'empire Russe et de la Chine, donnent ce nom au *fucus muricatus* de Gmelin (*Hist. fuc.*, tab. 6, fig. 4), qu'ils mangent (ainsi que les *fucus esculentus* et *saccharinus*, Linn.), cuit avec du riz, ou bien cru, après l'avoir fait tremper dans l'eau. Voyez *Delesseria comestible*, à l'article DELESSERIA. (LEM.)

DSIN. (*Bot.*) Au Japon, suivant Kæmpfer, on donne ce nom et ceux de *karrias, kakkina, arai*, à une graminée qui est le *phalaris arundinacea*, selon M. Thunberg. (J.)

DSINDSOM. (*Bot.*) Un des noms japonois, suivant Kæmpfer, du ninsi de la Chine, *sium ninsi*, dont la racine, regardée comme un excellent cordial, importée au Japon, y est vendue très-cher. Kæmpfer donne la figure et une longue description de la plante. Il parle aussi de ses vertus et de la manière de l'administrer. (J.)

DSISI. (*Bot.*) L'arbrisseau qui porte au Japon ce nom et celui de *tsubakki*, suivant Kæmpfer, est conservé maintenant dans nos orangeries et nos jardins à fleurs, sous celui de *camellia japonica*, assez recherché par les amateurs. (J.)

DSJAKURJO, SAKURO (*Bot.*), noms japonois du grenadier, *punica*, suivant Kæmpfer. (J.)

DSJEDABA (*Ichthyol.*), nom que l'on donne, à Dsjidda, port d'Arabie sur la mer Rouge, au *scomber dsjedaba* de Forskaël, que M. de Lacépède rapporte au genre Caranx, sous la dénomination de *caranx albus*. C'est le *scombre sufnok* de Bonnaterre. Voyez CARANX. (H. C.)

DSJEKU. (*Bot.*) Selon Kæmpfer et Thunberg on nomme ainsi au Japon une espèce de panis, *panicum verticillatum*. (J.)

DSJEMMAI. (*Bot.*) La fougère citée sous ce nom japonois par Kæmpfer est l'*osmunda ternata* de M. Thunberg, que Swartz nomme maintenant *botrychium ternatum*. (J.)

DSJERENANG (*Bot.*), nom distinctif d'un rotang de l'Inde, *calamus*, dont le fruit donne un suc rouge et astringent, regardé comme une espèce de sang-dragon. Il est mentionné par Kæmpfer; Rumph en parle aussi à l'article du sang-dragon (*Herb. Amboin.*, 2, p. 253), et il ajoute que les Malais le nomment *djerennang* ou *djernang*; les habitans du Macassar, *djerenne* ou *djerné*. Cette espèce a les fruits très-petits, recouverts d'écailles en losange comme tous les rotangs. Ces auteurs décrivent le végétal qui les fournit, et il devra en être fait mention à l'article du ROTANG. (J.)

DSJO-GIKF, TENGAI-FANNA (*Bot.*), noms japonois du grand soleil, *helianthus annuus*, selon Kæmpfer. (J.)

DSJOOKA, MIOGA (*Bot.*), noms japonois, suivant Kæmpfer, d'un amome, nommé pour cette raison *amomum mioga* par Thunberg et Willdenow. (J.)

DSO, SASA (*Bot.*), noms japonois d'une espèce ligneuse de roseau, approchant du bambou, mais s'élevant peu, suivant Kæmpfer. (J.)

DSOJO, JAMMA-IMO (*Bot.*), espèce d'igname du Japon, *dioscorea japonica* de Thunberg. (J.)

DSONGILLEY·, DSONGILGAH (*Bot.*), noms russes ou sibériens de la dent de chien, *erythronium*, suivant Gmelin, auteur du *Flora sibirica*. (J.)

DSUDSUDAMA, JOKUI. (*Bot.*) La larme de Job, *coix*, est ainsi nommée au Japon, suivant l'indication de Kæmpfer. (J.)

DUB. (*Erpétol.*) Dapper et Marmol parlent sous ce nom d'un saurien d'Afrique, ou d'une espèce de lézard de dix-huit pouces de longueur, qui habite en particulier les déserts de la Lybie et ne boit jamais. Ils le disent sans venin, et ajoutent que les Arabes en mangent la chair après l'avoir fait rôtir. Cet animal est très-vif, et lorsqu'il a la tête dans un trou, il est impossible de l'arracher de là, quelques efforts que l'on fasse ; aussi les chasseurs ont-ils coutume d'agrandir le trou avec une pioche. Nous ne savons à quel genre connu de l'ordre des sauriens rapporter le dub. (H. C.)

DUBAT (*Bot.*), nom africain de la chrysocome, cité dans le livre de Dioscoride. (H. Cass.)

DUBBA. (*Bot.*) Forskaël dit que, dans l'Arabie, la calebasse, *cucurbita lagenaria*, est nommée *dubba-dybbe*, et le *dubba-farakis* est son *cucurbita citrullus battich*. (J.)

DUBBEAH, Dubah, Dabba, Dabuth, Dabuh, Dabach. (*Mamm.*) Tous ces noms, qui ont la même origine, paroissent être ceux de l'hyène dans les parties septentrionales de l'Afrique, quoique l'histoire qu'on a faite des animaux auxquels on donne ces noms soit surchargée de détails fabuleux, au milieu desquels il est assez difficile de distinguer la vérité. (F. C.)

DUBERRIA, (*Erpétol.*) Seba a désigné sous ce nom, *Thes. II*, tab. 1, n. 6, un serpent d'eau de l'île de Ceilan, que Klein et Daudin ont appelé *coluber duberria*, et dont M. Schneider a fait un élaps. Voyez Couleuvre. (H. C.)

DUBERRIA MARIN. (*Erpét.*) Louis de Capiné (Voyage de l'Amérique espagnole) dit qu'on donne ce nom à un très-grand serpent de mer. (H. C.)

DUBERRIE (*Erpét.*), nom spécifique d'une Couleuvre. Voyez ce mot. (H. C.)

DUBOISIA MYOPORE (*Bot.*) : *Duboisia myoporoides*, Rob. Brown, *Nov. Holl.*, 1, pag. 448. Arbrisseau de la Nouvelle-Hollande, constituant seul un genre particulier, de la famille des *solanées*, de la *didynamie angiospermie* de Linnæus, offrant pour caractère essentiel : Un calice à deux lèvres; une corolle presque campanulée; quatre étamines didynames, un cinquième filament avorté; un style; un stigmate; une baie à deux loges polyspermes.

Cet arbrisseau est peu élevé, glabre sur toutes ses parties; ses rameaux garnis de feuilles alternes, simples, entières; les fleurs disposées en panicules axillaires, accompagnées de bractées caduques; le calice court, à deux lèvres; la corolle campanulée, un peu en forme d'entonnoir; son limbe partagé en cinq lobes presque égaux; les étamines insérées au fond de la corolle; le stigmate en tête, échancré; une baie biloculaire, contenant plusieurs semences noires, petites, ovales. (Poir.)

DUC (*Ichthyol.*), nom vulgaire d'un Holacanthe. Voyez ce mot. (H. C.)

DUC. (*Ornith.*) On donne ce nom et celui de *hibou* aux espèces de rapaces nocturnes qui ont la tête munie d'aigrettes, et dont la description se trouve dans la première section du mot Chouette. (Ch. D.)

DUC-DUC (*Bot.*), nom donné, dans l'île de Baly, au Caduc-duc de Java. Voyez ce mot. (J.)

DUCHESNEA. (*Bot.*) M. Smith, pour rappeler les travaux de M. Duchesne sur les fraisiers, a donné son nom au *fragaria indica* de M. Andrews, dont il fait un genre nouveau, à raison de ses graines conformées en petites baies pressées sur leur réceptacle commun. Ce genre n'est peut-être pas assez tranché pour pouvoir être séparé du fraisier. (J.)

DUCHESNEA' FRAISIER (*Bot.*) : *Duchesnea fragiformis*, Smith, *Trans. linn.*, 10, pag. 373 ; *Fragaria indica*, Andr., *Bot. rep.*, tab. 479. Genre de plantes dicotylédones, à fleurs complètes, polypétalées, de la famille des *rosacées*, de l'*icosandrie polygynie* de Linnæus, offrant pour caractère essentiel : Un calice à dix divisions ; cinq pétales ; un grand nombre d'étamines insérées sur le calice ; des styles nombreux ; autant de semences placées sur un réceptacle commun, et formant une baie composée.

Cette plante a, par son calice et sa corolle, une très-grande affinité avec les potentilles ; par son fruit elle se rapproche des fraisiers. Ses racines sont fibreuses, presque tuberculées ; ses tiges couchées, rampantes, étalées, pileuses, filiformes, presque simples ; les feuilles radicales, assez nombreuses ; celles des tiges solitaires, longuement pétiolées, ternées ; les folioles pédicellées, presque égales, arrondies, un peu rhomboïdales, obtuses, inégalement incisées, pileuses en-dessous, les latérales presque à deux lobes ; les pétioles couverts de poils étalés ; deux stipules adhérentes à la base du pétiole, ovales, incisées, pileuses et persistantes ; les pédoncules solitaires, opposés aux feuilles, uniflores, de la longueur des feuilles ; les fleurs jaunes, assez semblables à celles du *potentilla reptans* ; le calice pileux ; le fruit d'un rouge foncé, inodore et insipide. Cette plante croît dans les Indes orientales, sur les hautes montagnes. (Poir.)

DUCHESNIA. (*Bot.*) [*Corymbifères*, Juss. ; *Syngénésie polygamie superflue*, Linn.] Ce nouveau genre de plantes, que nous avons établi dans la famille des synanthérées (Bull. soc. philom., Octobre 1817), appartient à notre tribu naturelle des inulées, dans laquelle nous le plaçons auprès de l'*inula*, dont il diffère principalement par l'aigrette plumeuse.

La calathide est radiée, composée d'un disque multiflore, régulariflore, androgyniflore, et d'une couronne unisériée, pauciflore, liguliflore, féminiflore. Le péricline, à peu près égal aux fleurs du disque, est formé de squames irrégulièrement imbriquées, foliacées, linéaires-subulées. Le clinanthe est plane et inappendiculé. Les ovaires sont munis d'un bourrelet apicilaire saillant, subcrénelé en son bord inférieur ; leur aigrette est composée de squamellules unisériées,

,entre-greffées à la base, filiformes, irrégulièrement barbellées. Les anthères sont pourvues de longs appendices basilaires sétiformes.

La Duchesnie crépue (*Duchesnia crispa*, H. Cass.; *Inula crispa*, Desf., Pers.; *Inula gnaphalodes*, Vent.; *Aster crispus*, Forsk.) est une plante herbacée, annuelle, qui croît en Égypte, dans les fentes des murailles. Ses tiges sont nombreuses, longues d'environ un pied et demi, couchées, diffuses, rameuses, cylindriques, couvertes d'un coton blanc; les feuilles sont alternes, sessiles, longues à peine d'un pouce, linéaires, cotonneuses, à bords dentés, sinués, crépus; les calathides, composées de fleurs jaunes, sont solitaires au sommet de rameaux pédonculiformes, garnis de quelques bractées. (H. Cass.)

DUCHESSE (*Ichthyol.*), nom vulgaire d'un holacanthe, *holacanthus dux*. Voyez Holacanthe. (H. C.)

DUCHOLA. (*Bot.*) Adanson substitue ce nom à celui de l'*omphalea* de Linnæus, généralement adopté. (J.)

DUCHON. (*Conchyliol.*) Nom vulgaire donné par Adanson, Sénégal, pag. 61, pl. 4, à une coquille que Gmelin n'a pas introduite dans son catalogue, et qui me semble être un jeune individu d'une espèce de cyprée. Ce n'est certainement pas le *buccinum subulatum* de Gmelin, qui est le faval d'Adanson, comme le dit le Dictionnaire d'histoire naturelle. (De B.)

DUCK (*Ornith.*), nom générique des canards en anglois. (Ch. D.)

DUCO. (*Ornith.*) En Italie on donne ce nom et celui de *dugo* au grand duc, *strix bubo*, Linn. (Ch. D.)

DUCQUET. (*Ornith.*) On appelle ainsi, dans quelques départemens de la France, le moyen duc, *strix otus*, Linn. (Ch. D.)

DUCTILITÉ. (*Chim.*) C'est la propriété qu'ont certains corps de s'étendre par une force de pression ou de traction, et de conserver leur nouvelle forme lorsque cette force cesse d'agir. (Ch.)

DUDAIM. (*Bot.*) Dans la Bible on trouve sous ce nom le bananier. Forskaël le cite aussi pour une variété du concombre ordinaire. Cette conformité de nom vient peut-être de ce que le fruit du bananier ressemble un peu à un petit concombre. (J.)

DUDAÏM DES HÉBREUX. (*Bot.*) François-Ernest Bruckmann croit que la truffe est le fameux *dudaïm* dont il est parlé dans la Genèse, et dont se servit Rachel pour exciter Jacob à l'amour. Il a exposé son opinion dans un petit ouvrage qu'il publia sur les truffes, à Helmstadt, en 1720. M. Virey pense, et il nous semble avec beaucoup plus de vraisemblance, que le *dudaïm* est le fameux salep des Orientaux, qui, comme on sait, n'est formé que de bulbes desséchées de plantes du genre des orchis. (Lem.)

DUDA-SALI. (*Bot.*) Clusius, dans ses *Exotica*, dit que ce nom étoit donné au bois de couleuvre, *lignum colubrinum*, chez les Canariens. Il en distingue deux espèces, dont il donne la description, qui ne peut se rapporter ni au *rhamnus colubrinus*, ni au *strychnos colubrina*, qui sont les deux bois de couleuvre connus. Ses descriptions ont plus de rapport à des plantes herbacées, et l'on seroit porté à croire que celle à laquelle il attribue des feuilles de bryone qui ont des trous, seroit quelque *dracontium*. (J.)

DUDA-VALLI, KUDICI-KODI (*Bot.*), noms malabares, cités par Rheede, d'une plante apocinée, dont le fruit et les graines sont comme dans l'*asclépias*, mais qui n'est pas encore rapporté par les botanistes à son genre, parce que la description de la fleur est incomplète. (J.)

DUDEK (*Ornith.*), nom polonois de la huppe, *upupa epops*, Linn. (Ch. D.)

DUDI (*Ornith.*), nom générique des perroquets en Turquie. (Ch. D.)

DUDLEY FOSSIL. (*Foss.*) C'est le nom que l'on donne en Angleterre au genre de crustacés que Blumenbach avoit appelé *entomolithus paradoxus*, et auquel M. Brongniart a donné celui de calimène. Les Allemands l'ont aussi appelé trilobite. Voyez Trilobite. (D. F.)

DUDU (*Ornith.*), nom du dronte, *didus ineptus*, Linn., en allemand. (Ch. D.)

DUFOUREA. (*Bot.* = *Cryptogamie.*) Famille des lichens; genre établi par Acharius, et qui a pour type le *lichen flammeus*, Linn. Ses caractères génériques sont les suivans :

Lichen rameux, membraneux ; ramifications presque cy-lindriques, libres, fistuleuses et cotonneuses à l'intérieur, terminées chacune par un conceptacle orbiculaire, gonflé et vide en-dessous, et dont la membrane proligère ou sémi-nifère, qui forme le disque, est un peu épaisse, plano-convexe, colorée, adhérente par le bord à la substance des rameaux. Celle-ci recouvre en partie le bas du conceptacle, sous la forme d'une pellicule mince.

Cinq espèces composent ce genre :

DUFOUREA COULEUR DE FLAMME : *Dufourea flammea*, Ach., *Lich. univ.*, pag. 524 ; *Lichenoides flammeum*, Hoffm., Lich., tab. 3, fig. 1 ; *Lich. flammeus*, Linn., *Act. med. Suec.*, 1, tab. 15, fig. 3. Flavescent, ramifications marquées de creux lacuniformes ; conceptacle d'un jaune-orange. Se trouve sur les écorces d'arbres au cap de Bonne-Espérance.

DUFOUREA MADRÉPORIFORME : *Dufourea madreporiformis*, Ach., *Lich. univ.*, pag. 525 ; *Lich. madreporiformis*, Wulf., *apud* Jacq., *Coll.* 3, tab. 3, fig. 2. D'un blanc légèrement jau-nâtre ; rameaux courts, renflés, fasciculés, à peine fistuleux. Se rencontre sur les rochers, en Autriche, en Suisse et, dit-on, en Dauphiné.

Ces deux espèces ont au plus deux à cinq lignes de hau-teur ; elles forment des plaques assez étendues, dures et fra-giles dans la sécheresse.

Les autres espèces sont : le *Dufourea mollusca*, qui se trouve sur les pierres à Saldanha-bay en Afrique ; le *Dufourea ryssolea*, qui habite la Sibérie ; et le *Dufourea obtusata*, espèce douteuse des rochers maritimes de la Norwége.

Ce genre est dédié à M. Léon Dufour, de Saint-Sever, département des Landes, auquel la science doit la décou-verte d'un très-grand nombre d'espèces de lichens, la plu-part décrites d'après lui dans les ouvrages d'Acharius.

Nous apprenons que ce dernier naturaliste suédois se pro-pose de changer le nom de ce genre, parce qu'il en existe déjà deux sous la même dénomination : l'un établi par Bory de Saint-Vincent, et qui doit conserver le nom de *tristica*, que lui a donné Aubert du Petit-Thouars ; et l'autre établi par Kunth. (LEM.)

DUFOUREA. (*Bot.*) Genre de plantes dicotylédones, à

fleurs complètes, monopétalées, régulières, de la famille des *convolvulacées*, de la *pentandrie monogynie* de Linnæus, offrant pour caractère essentiel : Un calice à cinq divisions, les deux extérieures plus grandes, membraneuses, en forme de rein, quelquefois coloré, enveloppant les trois autres; une corolle en entonnoir; le limbe plissé; cinq étamines; les anthères à deux lobes, l'ovaire supérieur; un style profondément bifide; les stigmates globuleux. Le fruit est une capsule enveloppée par le calice persistant, à deux loges; une ou deux semences dans chaque loge.

Ce genre a été consacré par M. Kunth à M. Léon Dufour, médecin très-distingué, qui a, pendant plusieurs années, parcouru l'Espagne, et y a recueilli et dessiné un grand nombre de plantes et d'insectes. M. Bory de Saint-Vincent lui avoit déjà adressé un genre, mais qui a été depuis reconnu pour être le même que le *tristicha* de M. Aubert du Petit-Thouars. Ce genre est composé des deux espèces suivantes :

Dufourea a feuilles glabres; *Dufourea glabra*, Kunth *in* Humb. et Bonpl., *Nov. gen.*, vol. 3, pag. 114. Arbrisseau grimpant, très-rameux, garni de feuilles alternes, pétiolées, en ovale renversé, obtuses, mucronées, en cœur à leur base, membraneuses, veinées, réticulées, glabres à leurs deux faces, parsemées de points brillans, longues de deux pouces et demi; larges d'un pouce et demi; les pétioles très-courts; les pédoncules axillaires, chargés de plusieurs fleurs pédicellées; les calices glabres, à cinq divisions, dont les deux extérieures très-grandes, droites, verdâtres, presque longues d'un pouce, et les trois intérieures oblongues, un peu obtuses, concaves, longues de deux lignes; la corolle blanche, plus longue que le calice; le tube court; une capsule à deux loges monospermes. Cette plante croît dans l'Amérique méridionale, proche San-Francisco-Solano.

Dufourea a feuilles soyeuses; *Dufourea sericea*, Kunth *in* Humb, *l. c.*, tab. 214. Arbrisseau de la Nouvelle-Grenade, grimpant, très-rameux, muni de feuilles alternes, pétiolées, ovales-elliptiques, un peu rétrécies vers leur sommet, obtuses et mucronées, entières, en cœur à leur base, glabres, luisantes et ponctuées en-dessus, soyeuses et jaunâtres en-dessous, longues de trois ou quatre pouces, larges de deux

Les fleurs sont disposées en panicules terminales, feuillées, presque dichotomes; les pédicelles soyeux, accompagnés de petites bractées linéaires-lancéolées; les deux grandes folioles du calice couleur de rose ou de chair; la corolle blanche, soyeuse en dehors, plus longue que le calice; l'ovaire soyeux, à deux loges; deux ovules dans chaque loge. (Poir.)

DUFWA (*Ornith.*), nom suédois du pigeon domestique, *columba domestica*, Linn., dont le mâle est appelé par les Flamands *duffer* ou *doffer*. (Ch. D.)

DUGO (*Ornith.*), un des noms italiens du grand duc, *strix bubo*, Linn., que dans quelques départemens méridionaux de la France on appelle *dugon*. (Ch. D.)

DUGON ou Dugong. (*Mamm.*) Voyez Halicore. (F. C.)

DUGORTIA (*Bot.*), nom substitué par Scopoli pour le parinari de Cayenne, *parinarium*, décrit par Aublet. Schreber le nomme *petrocarya*. Gmelin cite les noms substitués, comme deux genres différens. (J.)

DUHAMELIA. (*Bot.*) Dombey avoit ainsi nommé une plante qui se trouve être le *manglilla*, Juss. M. Persoon, dans son *Synopsis plant.*, a substitué le nom de *duhamelia* à celui de Hamellia, Linn. Voyez ce dernier mot. (Poir.)

DUHL. (*Ornith.*) On donne en Allemagne ce nom et celui de *tul* au choucas, *corvus monedula*, Linn. (Ch. D.)

DUÏKER (*Mamm.*), nom que les Hollandois donnent à une espèce d'antilope du Cap, entièrement brun, et qui n'est encore connu que par ce qu'en dit Barrow. Ce nom signifie plongeur, et il a été donné à cet antilope à cause des bonds qu'il fait lorsqu'il veut se cacher dans les buissons. (F. C.)

DUILLIOSG. (*Bot.*) Voyez *Delesseria palmée*, à l'article Delesseria. (Lem.)

DUINGOAK. (*Ornith.*) Selon Othon Fabricius, les Groenlandois appellent ainsi le colombin ou petit ramier, *columba œnas*, Linn., pl. 139 de Frisch. (Ch. D.)

DUKIPHAT (*Ornith.*), nom hébreu de la huppe, *upupa epops*, Linn. (Ch. D.)

DULACIA. (*Bot.*) Necker emploie ce nom pour désigner le coupi de Cayenne, *acioa* d'Aublet, que Schreber nomme *acia*. (J.)

DULB (*Bot.*), nom arabe du platane du Levant, suivant

Daléchamps et Rauwolf; il est nommé *schinar* aux environs du Caire, au rapport de Forskaël. (J.)

DULCAMARA. (*Bot.*) On trouve sous ce nom, dans Dodoens et Daléchamps, la douce-amère, *solanum dulcamara*, plante dont les vertus ont été exposées en détail dans des ouvrages spéciaux. Césalpin, cité par C. Bauhin, croit que c'est le *salicastrum* de Pline ; d'autres disent que c'est la seconde espèce de *cyclaminus* de Dioscoride et le *melotron* de Théophraste. Medicus et Mœnch font de cette espèce un genre distinct sous le nom de *dulcamara*, à cause de quelques taches dans l'intérieur de la corolle et d'une baie de forme ovoïde : ces caractères ne suffisent pas pour la séparer. (J.)

DULCICHINUM. (*Bot.*) Gesner et d'autres nommoient ainsi le souchet, dont les racines sont de petits tubercules bons à manger, *cyperus esculentus*. C. Bauhin, qui en fait mention, dit encore que c'est le *malinathalla* de Théophraste et des Égyptiens, l'*anthalium* de Pline, le *trasi* de Matthiole, de Clusius et des Véronois, l'*habel-assis* ou *granum alzeelen* des Arabes, l'*habazis* de Porta, le *dulcigini* des Vénitiens, l'*holoconitis* d'Hippocrate, les *margaritæ Ægyptiæ* d'Aristote. Il ne faut pas confondre ce souchet avec celui de Rumph, cité précédemment à l'article CHABAZIZI. Voyez ce mot. (J.)

DULCIFIDA (*Bot.*), un des noms latins donnés à la pivoine, suivant Dodoens. (J.)

DULCIGINI. (*Bot.*) Voyez DULCICHINUM. (J.)

DULESH, DELISK. (*Bot.*) L'espèce de varec, *fucus*, nommée ainsi par les Irlandois, est le *dils* des Écossois, le *dulfe* du Northumberland, le *fucus palmatus* de Linnæus. Voyez DELESSERIA PALMÉE. (J.)

DULFE. (*Bot.*) Voyez DULESH. (J.)

DULIA. (*Bot.*) Adanson désigne sous ce nom le *ledum* de Linnæus, genre de la famille des rhodoracées. (J.)

DU-LIAM. (*Bot.*) Voyez DURIAON. (J.)

DULICHIUM. (*Bot.*) Ce genre a été établi pour une plante qui avoit été placée successivement parmi les scirpes, les souchets et les choins (*schœnus*). M. Richard en a formé un genre particulier, sous le nom de *pleuranthus*, qui n'a point été publié. M. Persoon y a substitué le nom de *dulichium*. Ce genre appartient à la famille des *cypéracées*, à la *triandrie monogynie* de Linnæus, offrant pour caractère essentiel : Des épis presque en grappes axillaires ; les épillets linéaires-lancéolés, un peu comprimés, composés d'écailles serrées, embrassantes, disposées presque sur deux rangs; trois étamines ; **un** ovaire environné de soies rudes, surmonté d'un style très-long et bifide; une semence linéaire. La plante qui a donné lieu à ce genre est le

DULICHIUM SPATHACÉ : *Dulichium spathaceum*, Pers., *Synops.*, 1, pag. 65 ; *Cyperus spathaceus*, Willd.; *Schœnus spathaceus*, Linn., *Spec.; Cyperus ferrugineus*, Linn., 1.re édition; *Scirpus spathaceus*, Mich., *Amer.; Schœnus angustifolius*, Vahl, *Enum.;* Pluk., *Alm.*, tab. 301, fig. 1; Moris., *Hist.*, 3, §. 8, tab. 3, fig. 17. Ses tiges sont droites, cylindriques, entièrement couvertes par les gaines des feuilles, de la hauteur de la canne à sucre. Les feuilles sont nombreuses, linéaires, rapprochées, très-lisses, longues de deux pouces, graduellement plus courtes ; les gaines longues d'un pouce et demi, striées, brunes et bordées à leur orifice : les pédoncules solitaires, filiformes, comprimés, un peu denticulés, situés alternativement dans les gaines supérieures des feuilles, plus longs qu'elles; ils supportent de petites grappes composées d'épis sessiles, alternes, cylindriques, subulés, un peu distans, longs d'un demi-pouce, contenant environ six fleurs : les écailles linéaires-lancéolées, membraneuses, striées, ferrugineuses à leurs bords, l'inférieure stérile; l'ovaire environné d'environ seize soies ferrugineuses, denticulées : une semence linéaire, un peu comprimée. Elle croit dans la Virginie et plusieurs autres contrées de l'Amérique septentrionale.

M. Persoon ajoute, comme seconde espèce, le *Dulichium canadense*, plante du Canada, dont les fleurs sont disposées en grappes simples, pédonculées; les épillets peu nombreux, droits, composés d'environ dix fleurs. (POIR.)

DULLAHA. (*Bot.*) Sérapion nommoit ainsi, au rapport de Rauwolf, le melon d'eau, *cucurbita citrullus.* (J.)

DULPÉE. (*Ornith.*) Voyez COUDEY. (CH. D.)

DULSE. (*Bot.*) Voyez *Delesseria palmée*, à l'article DELESSERIA. (LEM.)

DULUS. (*Ornith.*) M. Vieillot a formé, sous ce nom, un genre qui comprend le tangara esclave, *tanagra dominica*, Linn. (CH. D.)

DULWILLY (*Ornith.*), un des noms anglois du petit pluvier à collier, *charadrius hyaticula*, Linn. (Ch. D.)

DUMBEBE. (*Bot.*) Voyez Eudeba. (J.)

DUMELING (*Ornith.*), un des noms que, suivant Gesner et Aldrovande, le roitelet, *motacilla regulus*, Linn., porte dans la Basse-Saxe. (Ch. D.)

DUMERIL SHARK (*Ichthyol.*) M. C. A. Lesueur, compagnon de Péron, a décrit sous ce nom, dans le *Journal of the Academy of natural Sciences of Philadelphia*, pour le mois de Mai 1818, une espèce d'ange de mer ou de squatine, très-différente des animaux du même genre que nous voyons dans nos mers d'Europe. Il l'a dédiée à M. le professeur Duméril, de Paris. Voyez Squatine. (H. C.)

DUMÉRILIE, *Dumerilia*. (*Bot.*) [*Corymbifères*, Juss. ? *Syngénésie polygamie égale*, Linn.] Ce genre de plantes, établi par M. Lagasca dans la famille des synanthérées, appartient à notre tribu naturelle des nassauviées. Voici les caractères génériques que nous avons observés, dans l'herbier de M. de Jussieu, sur un échantillon de *Dumerilia paniculata*.

La calathide est incouronnée, subradiatiforme, pluriflore, labiatiflore, androgyniflore. Le péricline cylindracé est formé de squames unisériées, égales, embrassantes, oblongues-aiguës, foliacées, membraneuses sur les bords latéraux; il est accompagné à sa base de quelques squames surnuméraires, unisériées, inégales, inappliquées, linéaires. Le clinanthe est plane, et pourvu de squamelles squamiformes, embrassantes, oblongues-aiguës, membraneuses. Les ovaires sont grêles, cylindracés, striés, hispidules; leur aigrette est composée de squamellules unisériées, égales, filiformes, courtement barbées. Les corolles sont profondément divisées en deux lèvres, dont l'extérieure est profondément et inégalement divisée en trois lanières oblongues, et l'intérieure, plus étroite et plus courte, est divisée presque jusqu'à sa base en deux lanières linéaires. Les anthères sont munies de longs appendices apicilaires linéaires, entregreffés, et de longs appendices basilaires linéaires, membraneux. Le style, le stigmate et les collecteurs offrent tous les caractères propres à la tribu des nassauviées.

Les dumérilies sont des plantes ligneuses ou herbacées, à

feuilles alternes, pétiolées, quelquefois accompagnées de deux oreillettes à la base du pétiole, et à calathides disposées ordinairement en corymbe et composées de fleurs jaunes. M. Lagasca désigne par les noms de *martrasia crenata*, *auriculata*, *sericea*, *pubescens*, mais sans décrire aucune d'elles, quatre espèces de ce genre, dont l'une (*M. pubescens*), paraissant avoir les ovaires collifères, doit peut-être, suivant lui, former un genre distinct. M. Decandolle a décrit, sous les noms de *dumerilia axillaris* et *paniculata*, deux espèces comprises sans doute dans les quatre *martrasia* de M. Lagasca. Nous ne devinons pas le motif pour lequel le savant botaniste espagnol a substitué le nom de *martrasia* à celui de *dumerilia*, qu'il avoit lui-même imposé d'abord à son genre; et quoiqu'il convienne en général de se conformer à cet égard aux intentions des auteurs, nous ne pouvons nous résoudre à préférer le nom d'un obscur apothicaire de Barcelonne à celui d'un naturaliste aussi distingué que M. Duméril.

La DUMÉRILIE PANICULÉE (*Dumerilia paniculata*, Dec.) est une plante herbacée, à tige cylindrique, cotonneuse, divisée en branches divergentes; à feuilles suborbiculaires, profondément divisées en lobes dentés, dont le terminal est plus grand que les latéraux, pubescentes et scabres en-dessus, tomenteuses et nervées-réticulées en-dessous; à calathides nombreuses, disposées en panicules lâches et presque nues, au sommet des rameaux. Cette espèce habite le Pérou, d'où Joseph de Jussieu a rapporté l'échantillon décrit et figuré par M. Decandolle, et sur lequel nous avons nous-même vérifié les caractères génériques. (H. CASS.)

DUMÉRILIEN (*Ichthyol.*), nom donné par M. Risso à un de ses caranx, que nous décrivons à l'article SÉRIOLE. (H. C.)

DUMEZ. (*Bot.*) Voyez DJUMMEIZ. (J.)

DUMMEIRI (*Bot.*), nom arabe du melon, selon Forskaël; M. Delile le nomme *domeyri*. (J.)

DUMONTIA. (*Bot.*) Genre de la famille des algues, section des Floridées, dans la Méthode de M. Lamouroux, et dont les caractères sont :

Frondes rameuses, tiges et rameaux fistuleux; fructifications formées par des capsules solitaires, éparses, innées, c'est-à-dire, plongées dans la substance de la fronde.

Ces plantes paroissent formées d'un tissu cellulaire homogène, facilement décomposable : elles sont annuelles, fort délicates, et ornées de couleurs vives, mais fugaces.

Ce genre comprend dix espèces; la plupart ont été confondues avec les ulves, et se trouvent sur nos côtes baignées par l'Océan et par la Méditerranée. (Voyez Halymenia.)

Dumontia ventrue; *Dumontia ventricosa*, Lamx., Essais thal., tab. 4, fig. 6. Fronde très-irrégulièrement rameuse, çà et là dichotome ou trichotome; rameaux obtus, inégalement enflés. Cette espèce a deux à trois pouces de longueur, et forme des touffes fixées par un petit empâtement aux rochers et aux sables. On la rencontre sur les côtes de la Méditerranée.

C'est avec doute que M. Lamouroux rapporte à ce genre l'*ulva interrupta*, Dec., qu'il présume devoir constituer un nouveau genre.

Ce genre porte le nom de M. Charles Dumont, collaborateur de ce Dictionnaire, chargé de traiter l'ornithologie. Voyez Esperia. (Lem.)

DUNALE SOLANÉE (*Bot.*); *Dunalia solanacea*, Kunth *in* Humb. et Bonpl., *Nov. gen.*, 3, pag. 55, tab. 194. Genre de plantes dicotylédones, monopétalées, régulières, de la famille des *solanées*, de la *pentandrie monogynie* de Linnæus, très-rapproché des *solanum* (morelles), caractérisé par un calice urcéolé, à cinq dents; une corolle en entonnoir; le tube alongé, presque cylindrique; le limbe plissé, à cinq divisions; cinq étamines non saillantes: filamens à trois filets capillaires, celui du milieu portant une anthère qui s'ouvre longitudinalement; un style saillant; le stigmate en tête, échancré; une baie globuleuse, à deux loges, soutenue par le calice persistant; placentas adhérens à la cloison; les semences nombreuses.

Arbrisseau de la Nouvelle-Grenade, à rameaux glabres, lisses, cylindriques, un peu flexueux; les plus jeunes chargés d'un duvet floconneux. Les feuilles sont alternes, pétiolées, ovales-oblongues, acuminées, entières, arrondies et inégales à leur base, vertes et glabres en-dessus, tomenteuses et blanchâtres en-dessous, longues d'environ dix pouces sur quatre de large; les fleurs sont disposées en ombelles touffues, latérales; les pédoncules inégaux, blanchâtres, tomenteux, ainsi que le calice à cinq dents aiguës; la corolle tomenteuse, chargée de poils en étoile; le tube quatre à cinq fois plus long que le calice; les divisions du limbe ovales, un peu aiguës; les filamens membraneux à leur base, à trois filets capillaires, celui du milieu plus long, terminé par une anthère à deux loges. Le fruit consiste en une baie de la grosseur de celui du *solanum nigrum*, lisse, globuleuse, à deux loges, contenant des semences nombreuses, lisses, comprimées. (POIR.)

DUNALIA. (*Bot.*) Voyez DUNALE. (POIR.)

DUNAR. (*Conchyl.*) La coquille qu'Adanson (Sénégal, pag. 188, pl. 13) décrit et figure sous ce nom, est le *nerita senegalensis* de Gmelin. Voyez NÉRITE. (DE B.)

DUNDUL (*Bot.*), nom arabe du *croton variegatum*, suivant Forskaël. (J.)

DUNES (*Géogr. phys.*), Monticules de sable sur le bord de la mer. Les vents dominans qui les produisent, les font avancer dans les terres, et frappent ainsi de stérilité un espace qui iroit toujours en augmentant, si l'on ne venoit à bout d'arrêter ces sables amoncelés, en les fixant par de grands végétaux. C'est ce qu'a exécuté, avec beaucoup de succès, Brémontier, dans les landes de Bordeaux, en y faisant des plantations de pins maritimes. (L. C.)

DUNG-BIRD (*Ornith.*), nom anglois de la huppe, *upupa epops*, Linn. (CH. D.)

DUNLIN. (*Ornith.*) L'oiseau que les Anglois appellent ainsi, et auquel on donne pour synonyme la brunette de Buffon, est, suivant M. Cuvier, l'alouette de mer à collier, *tringa cinclus*, Linn., *tringa alpina* et *scolopax pusilla*, Gmel., pl. enl. de Buffon, 852. (CH. D.)

DUNNOCK. (*Ornith.*) Un des noms anglois de la fauvette d'hiver ou traîne-buisson, *motacilla modularis*, Linn., qu'on appelle aussi, dans la même langue, *titling*. (CH. D.)

DUNTERGOOSE. (*Ornith.*) Voyez EMBERGOOSE. (CH. D.)

DUPINIA (*Bot.*), nom donné par Scopoli au *tonabea* ou *taonabo* d'Aublet, qui doit être supprimé et réuni au *ternstromia*. (J.)

DUPLICIPENNES ou PTÉRODIPLES. (*Entom.*) C'est le

nom de la famille qui comprend les guêpes, et dont les ailes, dans l'état de repos, sont comme doublées sur leur longueur. Voyez Ptérodiples. (C. D.)

DURA. (*Bot.*) Forskaël dit qu'en Égypte on nomme ainsi le maïs, *zea*, qui n'y est pas très-abondant. Le sorgho, *holcus sorghum*, y porte le même nom, ou celui de *durrahœlledi*. (J.)

DURACINA. (*Bot.*) On lit dans Daléchamps que, selon quelques-uns, ce mot est dérivé de celui de *rhodacena*, qui avoit été donné au pêcher, *amygdalus persica*, parce qu'il avoit été apporté de la Perse en Égypte, et de là dans l'île de Rhodes, où il avoit prospéré. Matthiole ne partage pas cette opinion : il paroît croire plutôt qu'il est question de l'abricotier. Dodoens, Tabernamontanus et C. Bauhin citent le *duracina* comme un pêcher dont la chair du fruit ne se sépare pas du noyau. (J.)

DURANTE, *Duranta.* (*Bot.*) Genre de plantes dicotylédones, à fleurs complètes, monopétalées, de la famille des *verbénacées*, de la *didynamie angiospermie* de Linnæus, dont le caractère essentiel consiste dans un calice tubuleux-campanulé, à cinq dents; une corolle infundibuliforme; le limbe plane, à cinq lobes un peu inégaux; quatre étamines didynames, renfermées dans le tube de la corolle; un style simple. Le fruit est une baie ou un drupe renfermé dans le calice, resserré à son orifice, contenant quatre osselets biloculaires; une semence dans chaque loge.

Ce genre renferme des arbrisseaux tous indigènes de l'Amérique, quelquefois épineux, à feuilles simples, opposées, quelquefois ternées; les fleurs disposées en épis ou en grappes lâches, axillaires ou terminales, souvent paniculées, accompagnées de bractées; la corolle d'un bleu violet. On y rapporte les espèces suivantes :

Durante de Plumier : *Duranta Plumieri*, Jacq., *Amer.*, tab. 176, et *Icon. rar.*, 3, tab. 502; Lamk., *Ill.*, tab. 545, fig. *e, f,* etc., *ex* Gærtn. Arbrisseau de Saint-Domingue, qui s'élève à la hauteur de douze ou quinze pieds, et se divise en rameaux nombreux, alternes, quelquefois munis d'épines axillaires; garnis de feuilles glabres, ovales, obtuses ou acuminées, membraneuses, dentées en scie, médiocrement pétiolées. Les fleurs sont bleues, petites, terminales, disposées en grappes longues de quatre ou cinq pouces, paniculées, droites ou un peu renversées; les pédicelles souvent recourbés; les baies charnues, jaunâtres, globuleuses, recouvertes par le calice, dont l'orifice, resserré, forme un petit col contourné obliquement et strié.

DURANTE LANCÉOLÉE : *Duranta ellisia*, Linn.; Lamk., *Ill.*, tab. 545, fig. *a*, *b*, *c*, *d*, *e* : *Ellisia frutescens*, etc., Brown, *Jam.*, tab. 29, fig. 1; Jacq., *Amer.*, tab. 176, fig. 77. Cet arbrisseau, originaire de l'Amérique, et cultivé au Jardin du Roi, très-rapproché du précédent, en diffère par ses feuilles plus alongées, lancéolées, aiguës, inégalement dentées; par ses grappes de fleurs plus courtes, et par le calice de ses fruits, dont le sommet reste droit et ne se contourne pas obliquement.

DURANTE DE MUTIS : *Duranta Mutisii*, Linn., *Supp.* Ses rameaux sont obscurément tétragones ou hexagones; ses feuilles opposées ou ternées, glabres, coriaces, elliptiques, lancéolées, très-entières, aiguës à leur sommet; les fleurs disposées en épis axillaires, unilatéraux; l'orifice du calice resserré, contourné et oblique au sommet d'un fruit ovale. Cette plante croît à Saint-Domingue et dans l'Amérique méridionale. Dans le *Duranta obtusifolia*, Kunth *in* Humb. et Bonpl., *Nov. gen.*, 2, pag. 254, très-voisin de cette espèce, les rameaux sont cylindriques; les feuilles coriaces, opposées, ovales-obtuses, glabres, entières; les épis paniculés; les fleurs pendantes; les fruits globuleux, de la grosseur d'un pois. Il croît dans l'Amérique méridionale.

DURANTE DE XALAPA : *Duranta xalapensis*, Kunth *in* Humb. et Bonpl., *Nov. gen*, 2, pag. 255. Cet arbrisseau se rapproche du *Duranta Plumieri* : il croît sur les montagnes du Mexique. Ses rameaux sont épineux, blanchâtres, quadrangulaires, pubescens dans leur jeunesse; les feuilles pétiolées, en ovale renversé, glabres, obtuses, légèrement dentées ou crénelées, longues d'environ un pouce et demi, un peu pileuses dans leur jeunesse; les épis paniculés, axillaires et terminaux, longs de trois pouces; les bractées linéaires, soyeuses, un peu plus longues que les pédicelles; les calices soyeux.

Durante a gros fruits ; *Duranta macrocarpa*, Kunth, *l. c.*
Arbrisseau de la Nouvelle-Espagne, dont les rameaux sont
rarement épineux, presque ternés et obscurément hexagones, glabres, blanchâtres; les feuilles ternées, les supérieures opposées, pétiolées, oblongues, elliptiques, un peu obtuses, glabres, légèrement dentées vers leur sommet, longues
d'un pouce et demi; les épis terminaux, presque solitaires;
les fleurs unilatérales, à peine pédicellées; les bractées linéaires et pubescentes; le calice et la corolle pubescens en
dehors : le fruit est un drupe globuleux, de la grosseur de
celui du prunier épineux.

Durante a trois épines ; *Duranta triacantha*, Juss., *Ann.
Mus. Par.*, 7, pag. 77. Arbrisseau très-rameux, haut de
quatre à cinq pieds, très-épineux; les feuilles ternées, ovales-elliptiques, obtuses et arrondies à leur sommet, entières,
un peu roulées à leurs bords, assez semblables à celles du
buis; trois épines dans l'aisselle des feuilles; les fleurs axillaires, d'un violet pâle, réunies en un épi court et terminal; les fruits globuleux. Cette plante croît au Pérou, sur le
revers des montagnes arides, et à Quito. Le *Duranta buxifolia*,
Poir., Enc., Supp., n.° 5, est très-rapproché et peut-être une
simple variété de l'espèce précédente : ses rameaux sont blancs
ou cendrés, très-lisses; les plus jeunes anguleux; les feuilles
opposées, ovales, obtuses; une seule épine dans chaque aisselle; les fleurs pédicellées, disposées en épis simples, terminaux; les fruits glabres, noirâtres et luisans. Cette plante a
été découverte par M. Ledru à l'île de Saint-Thomas. Le
Duranta microphylla, Poir., Encycl., Supp., n.° 6, cultivé au
Jardin du Roi, originaire de l'Amérique méridionale, diffère
du *duranta buxifolia* par ses feuilles un peu plus grandes, en
ovale renversé, crénelées, particulièrement vers leur sommet, ordinairement sans épines; les fleurs disposées en un
épi simple, terminal. Les rameaux d'un gris verdâtre, anguleux, presque quadrangulaires.

M. Persoon a mentionné, sous le nom de *Duranta dentata*,
une plante née en Afrique, dont la tige est très-rameuse;
les feuilles ovales, dentées; des bractées plus larges que les
fleurs qu'elles accompagnent sur l'épi. M. de Jussieu cite un
duranta parietariæfolia qui a des rapports avec le *duranta*

Mutisii. Cette plante n'a point d'épines; ses feuilles sont entières, ovales-lancéolées, rétrécies à leurs deux extrémités: connue à Saint-Domingue et aux Antilles, où elle croît sous le nom de *marcocoba.* (POIR.)

DURAZ. (*Ornith.*) L'oiseau auquel les Arabes donnent ce nom et celui d'*alduragi*, est l'attagas, que M. Picot-Lapeyrouse a reconnu être identique avec le lagopède, *tetrao lagopus*, Linn. (CH. D.)

DURBÉ. (*Ornith.*) Ce nom, par lequel M. Desmarest dit que les Languedociens désignent le gros-bec, *loxia coccothraustes*, Linn., n'est, sans doute, qu'une mauvaise prononciation du mot dur-bec, qu'on applique, dans plusieurs départemens, au même oiseau, mais que des naturalistes réservent maintenant à d'autres loxies, dont ils ont fait un genre particulier.

DURBEC. (*Ornith.*) Le bec des oiseaux de ce genre est très-fort, et bombé de toutes parts, comme celui du bouvreuil; mais il en diffère en ce que la pointe de la mandibule supérieure se recourbe, comme chez les perroquets, sur l'inférieure, qui est obtuse : les narines, arrondies, sont cachées par de petites plumes dirigées en avant; la langue est épaisse et émoussée à la pointe. Les deux seules espèces que l'on connoisse jusqu'à présent, se nourrissent de fruits d'arbres conifères; et, quoique cette circonstance ne leur soit point particulière, M. Vieillot a, par cette considération, été déterminé à imposer le nom de *strobiliphaga* à ce genre, auquel M. Cuvier a appliqué celui de *corythus*, qui désignoit en grec un oiseau actuellement inconnu.

La première espèce est l'oiseau qu'on trouve décrit dans Brisson sous la dénomination de GROS-BEC de Canada, *Coccothraustes canadensis*, et dont le mâle et la femelle sont figurés, dans les Glanures d'Edwards, n.ᵒˢ 123 et 124, sous celle de grosse pivoine, et dans Seligmann, pl. 18 et 19, avec le nom de gros-pinçon rouge.

La figure du même oiseau se voit aussi dans la 35.ᵉ planche enluminée de Buffon, n.ᵒ 1 ; mais les caractères du bec n'y sont pas exprimés. Cette espèce est le DURBEC ROUGE, *loxia enucleator*, Linn., *strobiliphaga enucleator*, Vieil., dont la longueur est d'environ huit pouces, et qui est à peu près de la grosseur du gros-bec commun, *loxia coccothraustes*, Linn. La tête, le croupion, les couvertures supérieures de la queue, la gorge, le cou, la poitrine, les côtés et les jambes, sont le plus souvent d'un rouge incarnat; le dos est d'un brun mêlé de gris et de rose; une double ligne blanche se remarque sur les couvertures des ailes; les plumes abdominales et anales sont grises; la queue, un peu fourchue, est composée de douze pennes brunes et bordées extérieurement de gris; le bec est cendré, l'iris d'un châtain clair; les pieds et les ongles sont bruns. La femelle, qui a un peu de rouge sur la tête et le croupion, est, en général, d'un gris olivâtre. Mais le plumage de cet oiseau paroît sujet à des variations assez considérables. En effet, le mâle est décrit par Pennant (*Arct. Zool.*, tom. 2, p. 348 de la 1.ʳᵉ édition), comme ayant la tête et la partie supérieure du corps d'un beau cramoisi, avec une tache noire dans le milieu de chaque plume; les petites couvertures des ailes tirant sur l'orangé, les autres plus foncées. L'individu que Sparrman a figuré, pl. 17 du *Museum Carlsonianum*, sous le nom de *loxia flamengo*, est, au contraire, une variété albinos du durbec, chez laquelle les couleurs sont bien plus pâles, la tête et le dessous du corps étant d'un rose terne, et les parties supérieures blanches, avec une raie transversale noire aux couvertures des ailes, dont quelques pennes sont de la même couleur, ainsi que le croupion.

Les durbecs habitent le nord de l'Europe, de l'Asie et de l'Amérique. On en trouve beaucoup au Canada et à la baie d'Hudson, contrée où ils arrivent en Avril et se répandent dans les forêts de pins et autres arbres ou arbrisseaux conifères. A cette époque on les entend chanter; mais ils deviennent bientôt silencieux, et s'occupent de la confection de leurs nids, qu'ils placent sur les arbres. Ils pondent dans ces nids, formés de petites buchettes et intérieurement garnis de plumes, quatre œufs blancs, qui éclosent au mois de Juin. Ceux qui vivent en Europe, viennent quelquefois jusqu'en Écosse, où Pennant dit qu'on en a vu dans le mois d'Août, ce qui le porte à croire qu'ils pourroient même y nicher.

La seconde espèce de ce genre, le Durbec verdatre, *Loxia psittacea*, Lath. et *Strobiliphaga psittacea*, Vieil., habite

13.   36

l'île de Sandwich. Les deux sexes sont figurés dans le *General synopsis of birds*, tom. 2, pl. 42. La taille de cet oiseau n'excède pas celle du verdier. Le mâle a la tête et une partie du cou jaunes. Le reste de son plumage est d'un vert olivâtre sur un fond brun, dont la teinte est plus pâle en-dessous ; l'extrémité des ailes et de la queue est jaunâtre ; le bec et les jambes sont d'un brun pâle. La femelle, d'un gris jaunâtre sur la tête, a les autres parties du corps semblables à celles du mâle. (Сн. D.)

DURDO. (*Ichthyol.*) Quelques auteurs ont donné ce nom à la sciène-umbre. Voyez Sciène. (H. C.)

DURDULLA. (*Ornith.*) L'oiseau que Barrère (*Ornithol. specimen novum*) place dans son genre Alouette, et qu'il dit être ainsi nommé en Catalogne, où on l'appelle aussi *santa Catharina*, est le proyer, *emberiza miliaria*, Linn. (Сн. D.)

DURE-MÈRE. (*Anat.*) On nomme ainsi la plus extérieure des membranes qui enveloppent le cerveau ; elle se trouve en contact immédiat avec le crâne. (F. C.)

DUREYN. (*Bot.*) Voyez Duriaon. (J.)

DURGAN. (*Ichthyol.*) A Nice, suivant M. Risso, l'on donne ce nom au barbeau commun. Voyez Barbeau. (H. C.)

DURIAON (*Bot.*), nom malais du fruit du durion, suivant Clusius. Sa fleur est nommée *buaa*, et l'arbre lui-même *batan*. Après avoir décrit le durion, cet auteur ajoute que si, dans un appartement plein de ces fruits, on introduit quelques feuilles du poivrier-bétel, aussitôt ils se corrompent tous sans exception. L'inflammation de l'estomac, par suite d'une indigestion occasionée par l'abus de ces fruits, est calmée promptement par l'application de ces feuilles sur l'estomac. Elles produisent le même effet prises à l'intérieur et préviennent même l'inflammation. Rumph parle aussi du durion, dureyn ou dury des Malais, en observant que ce dernier nom signifie épine, et qu'il est donné à cet arbre à cause de son fruit couvert d'aspérités ou épines. Il paroît que l'arbre de la Chine que Boym, jésuite missionnaire, décrit et figure mal sous le nom de *du-liam*, est le même que le duriaon ; car il fait la même observation sur la prompte corruption de son fruit, quand on le met en contact avec le bétel. (J.)

DURIBEC. (*Ornith.*) Suivant M. Bonelli, c'est à Turin le nom du gros-bec, *loxia coccothraustes*, Linn. (Ch. D.)

DURILLO, FOLLADO, UVA DE PERRO (*Bot.*), noms espagnols du laurier-tin, *viburnum tinus*, suivant Dodoens. (J.)

DURIO. (*Bot.*) Sous ce nom générique, qui appartient à un genre polypétale très-connu, Adanson, trompé par quelques rapports extérieurs et par des caractères imparfaitement tracés par les auteurs, désignoit le genre maintenant nommé *artocarpus*, qui est apétale et dicline, appartenant à la famille des urticées. (J.)

DURION DES INDES (*Bot.*) : *Durio zibethinus*, Linn.; *Durio*, Rumph., *Amboin.*, 1, pag. 99, tab. 29. Arbre des Indes, remarquable par la grosseur de ses fruits, formant seul un genre particulier, de la-famille des *capparidées*, de la *polyadelphie polyandrie* de Linnæus, offrant pour caractère essentiel : Un calice en godet, caduc, très-obtus à sa base, divisé en cinq lobes; cinq pétales plus courts que le calice; des étamines nombreuses, distribuées en cinq faisceaux; les filamens de chaque faisceau soudés ensemble à leur base; les anthères torses; un ovaire supérieur, pédicellé; un style. Le fruit est une très-grosse baie arrondie, hérissée en dehors d'un très-grand nombre de pointes pyramidales, divisées en cinq loges, s'ouvrant en cinq parties, renfermant dans chaque loge plusieurs semences ovales, enveloppées d'une pulpe blanche et muqueuse en forme d'arille.

Cet arbre, nommé vulgairement Durion, Durian ou Durioan, a le port d'un de nos grands arbres fruitiers : il porte une cime un peu lâche, étalée, peu feuillée; son écorce est d'un jaune cendré; les feuilles alternes, distantes, médiocrement pétiolées, ovales-oblongues, entières, acuminées, vertes et glabres en-dessus, écailleuses et d'un roux pâle en-dessous, ainsi que leur pétiole, longues de cinq à six pouces, larges de deux pouces et plus. Les fleurs sont d'un blanc jaunâtre, placées au-dessous des feuilles, sur les branches ou sur le tronc même, disposées en faisceau, portées sur un pédoncule commun, épais, assez court; les lobes du calice arrondis; les pétales creusés en cuiller; l'ovaire arrondi; le style sétacé, de la longueur des étamines. Le fruit

est une baie de la grosseur de la tête d'un homme, toute couverte de pointes à plusieurs faces.

On trouve, sur cet arbre, les détails suivans dans l'Histoire générale des voyages, vol. 8, pag. 152, et vol. 11,
pag. 648. « Le fruit du durion est fort estimé dans la plus
« grande partie des Indes. Ce fruit est fort gros, et ne croît
« qu'au tronc, comme le *jaka*, ou aux grosses branches,
« et dans leurs parties les plus voisines du tronc, comme le
« *coco*. Sa grossseur est à peu près celle d'une citrouille ou
« d'un melon. Il est couvert d'une écorce verte, épaisse et
« forte, qui commence à jaunir dans sa maturité; mais il
« n'est bon à manger que lorsqu'elle s'ouvre par le haut. Le
« dedans, qui est alors parfaitement mûr, répand une odeur
« excellente. On le partage en quatre quartiers, dont cha-
« cun a de petits espaces qui renferment une certaine quan-
« tité de pulpe, suivant la grandeur des cavités; car elles
« sont plus ou moins grandes. La plus grosse partie du fruit
« (la semence avec la pulpe qui l'environne) est de la
« grosseur d'un œuf de poule, blanche comme du lait, et
« aussi délicate que la meilleure crême. L'habitude y fait
« trouver un goût exquis; mais ceux qui en mangent rare-
« ment, ou pour la première fois, lui trouvent d'abord un
« goût d'oignon rôti qui ne leur paroît pas fort agréable. Le
« durion doit être mangé frais; ce fruit ne se garde qu'un
« ou deux jours, après lesquels il devient noirâtre et se
« corrompt. Chaque portion de la pulpe a un petit noyau
« de la grosseur d'une fève, qui se mange grillé, et qui a
« le goût de la châtaigne. En général, le durion et le jaka
« (voyez Jacquier) se ressemblent beaucoup par la grosseur
« et la figure, avec cette différence néanmoins, que la pulpe
« du premier est blanche, et que celle de l'autre est jaunâtre,
« plus remplie de noyaux et d'un goût moins estimé. »
(Poir.)

DURISSUS (*Erpét.*), nom d'une espèce de Crotale. Voyez
ce mot. (H. C.)

DUROIA. (*Bot.*) Ce genre, établi par Linnæus fils, a été
réuni par M. Richard aux *genipa*, dont quelques auteurs
n'ont fait depuis qu'un seul genre avec les *gardenia*. Il faut
convenir qu'en effet il existe peu de différence entre ces

trois genres; mais, n'ayant pu examiner le *duroia*, je me bornerai ici à le décrire tel que Linnæus fils l'a présenté. Ce
genre appartient à la famille des *rubiacées*, à l'*hexandrie monogynie* de Linnæus, offrant pour caractère essentiel : Un
calice cylindrique, tronqué; une corolle tubulée; le limbe
partagé en six découpures étalées; six anthères sessiles, renfermées dans le tube; un ovaire inférieur; un style, deux
stigmates; une grosse baie en forme de pomme, hispide,
ombiliquée par le limbe persistant du calice; un grand
nombre de semences disposées sur deux rangs. Il n'y a de
connu que l'espèce suivante :

Duroia a fruits velus : *Duroia eriopila*, Linn., *Supp.; Ano-
nyma*, Merian, *Surin.*, tab. 43; *Genipa Meriana*, Rich.,
Act. soc. Linn. par., 1, pag. 107; vulgairement Marmolier.
Arbre de Surinam, dont les rameaux sont épais, velus au
sommet, garnis de feuilles nombreuses, opposées, pétiolées,
très-rapprochées à l'extrémité des branches, ovales, entières,
un peu obtuses, pubescentes en-dessus, réticulées en-dessous, longues de sept pouces, à nervures saillantes; leur pétiole court et velu; les fleurs sessiles, réunies plusieurs ensemble à l'extrémité des rameaux, dont un grand nombre
avortent; la corolle blanche, semblable à celle du *nyctan-
thes sambac*; leur tube, cylindrique, évasé en un limbe de
la longueur du tube, à six divisions ovales. Le fruit est une
baie ou une grosse pomme sphérique, ombiliquée, de la
grosseur d'un œuf de dindon, couverte de poils droits, très-
abondans, de couleur brune, renfermant beaucoup de semences planes, ovales, entièrement glabres, disposées sur
un double rang et nichées dans la pulpe. Ce fruit est d'une
saveur agréable; on le sert à Surinam sur les tables.

Le nombre des loges du fruit n'est point indiqué dans la
description de Linnæus. Ne pourroit-on pas soupçonner,
d'après les rapports naturels de cette plante, qu'elles sont au
nombre de deux? On ne devine pas sur quoi fondé Schreber
rapporte à cette espèce le *cacao sylvestris* d'Aublet, plante à
feuilles alternes, qui appartient à une autre famille, et dont
les fruits sont à cinq loges. Le *duroia* a beaucoup plus de
rapports avec le *guettarda coccinea* d'Aublet. Il a été dédié par
Linnæus fils à un médecin de Brunswick, nommé du Roi. (Poir.)

DURRA. (*Bot.*) Voyez Dourah. (J.)

DURRAKA, GARRU (*Bot.*), noms égyptiens du chêne, suivant Forskaël. (J.)

DURUNGI. (*Bot.*) Voyez Doronigi. (J.)

DURY. (*Bot.*) Voyez Duriaon. (J.)

DUSKY-SHARK. (*Ichthyol.*) M. C. A. Lesueur a publié sous ce nom la description d'un poisson qu'il a appelé en latin *squalus obscurus*, et qui nous paroît avoir des rapports avec le *squalus glaucus* de M. Schneider, ou le *squalus platyrynchus* de Walbaum, que Bloch a figuré, tab. 86. Consultez le *Journal of the Academy of natural Sciences of Philadelphia*, pour le mois de Mai 1818. Voyez aussi Carcharias. (H. C.)

DUSODYLE. (*Min.*) M. Cordier a donné ce nom à un combustible fossile qui, par sa manière d'être, plus encore que par son odeur fétide, ne peut se rapporter exactement à aucune des espèces réelles ou arbitraires des combustibles minéraux.

Ce n'est certainement point de la houille; car il n'en a ni la couleur noire, ni la texture dense, ni la nature bitumineuse, ni surtout le mode de gisement : ce n'est point précisément un lignite, puisqu'on n'y reconnoît ni la couleur noire ou la texture compacte du lignite-jayet, ni la texture, soit fibreuse, soit terreuse, des autres variétés; il se rapproche cependant de quelques variétés de lignites par l'odeur fétide qu'il répand en brûlant : enfin, ce n'est pas de la tourbe ; il en diffère par sa texture feuilletée, et surtout par sa position géognostique entre des bancs terreux et même pierreux. Mais on appréciera mieux sa véritable nature quand son histoire naturelle aura été présentée.

Le dusodyle, dont le nom est tiré de l'odeur fétide qu'il répand en brûlant, odeur tellement remarquable que les habitans du pays lui donnent le nom de *merda di diavolo*, est un combustible fossile qui se présente en masses feuilletées, à feuillets minces et comme papyracés, tendres, un peu flexibles, d'un gris verdâtre ou jaunâtre sale. Il a souvent, du moins dans les échantillons que nous en avons vus, l'apparence de larges feuilles verdâtres, placées les unes sur les autres, et fortement comprimées. Il répand, par l'insufflation de l'haleine, l'odeur argileuse.

Il est opaque ; mais ses feuillets isolés sont translucides, et, plongés dans l'eau, ils se séparent, deviennent beaucoup plus translucides et acquièrent une très-grande flexibilité.

Séché, sa pesanteur spécifique est de 1,146.

Il brûle facilement, avec une flamme blanche longue, qui répand beaucoup de fumée noire et une odeur qui ne se manifeste bien que lorsqu'elle est répandue dans l'atmosphère, et qui, ainsi étendue, a beaucoup de rapports avec celle de l'*assa fetida* résine, à laquelle on donne, comme on sait, le même nom vulgaire qu'au dusodyle. Il laisse après la combustion un résidu terreux du tiers de son poids environ.

Le dusodyle sur lequel la description de ce fossile a été faite, vient de Sicile. Il se trouve à Melili, près de Syracuse, en couche mince, entre des bancs de calcaire. On cite des empreintes de poissons fossiles dans les échantillons du cabinet de M. de Drée.

M. Faujas indique une substance absolument semblable, en couches, dans un schiste marneux et bitumineux de Châteauneuf, près Viviers, département du Rhône.

Bomare a décrit ce minéral sous le nom de *terre bitumineuse feuilletée*. C'est Dolomieu qui l'a rapporté de Sicile. Si on ne regarde pas ce combustible fossile comme assez distinct pour en faire une espèce à part, il faudroit le placer, non pas dans l'espèce de la houille, avec laquelle il ne nous paroît avoir aucun rapport, mais dans celle du *lignite*, dont il a plusieurs propriétés, telles que l'odeur fétide et âcre, et le gisement entre des couches de formation très-récente et probablement non marine. (B.)

DUSOU. (*Ornith.*) On nomme ainsi, dans les Alpes, le moyen duc, *strix otus*, Linn. (Ch. D.)

DUSU. (*Bot.*) Voyez Doso. (J.)

DUTROA (*Bot.*), nom indien de la stramoine ou pomme épineuse, *datura*, cité par Linscot et d'autres anciens voyageurs. (J.)

DUVE (*Ornith.*), nom saxon et flamand du pigeon domestique, *columba domestica*, Linn., que les Suédois appellent *duwa*, et les Anglois *dove*. Voyez Duyf. (Ch. D.)

DUVET. (*Ornith.*) On appelle ainsi de petites plumes

dont la tige est très-foible , et qui sont garnies de barbes alongées, plus ou moins crépues et non attachées ensemble par leurs filets. Le corps de la plupart des oiseaux est couvert, pendant leur jeunesse, de ce vêtement chaud et douillet, qui les préserve des impressions du froid, jusqu'au moment où, remplacé par les plumes, il se dessèche et disparoît chez plusieurs ; mais il est permanent chez d'autres, que la nature a destinés à habiter les eaux, ou à s'élancer dans les airs à des hauteurs considérables, et à se trouver, par conséquent, exposés à passer d'une température chaude à un froid très-vif. C'est le duvet qui est si recherché, sous le nom d'*édredon*, dans le canard-eider, *anas mollissima*, Linn. , et que les fauconniers arrachent, en partie , aux oiseaux de proie pour les empêcher de trop s'écarter dans des régions élevées.

M. Levaillant avoit dit dans son Ornithologie d'Afrique, tom. 2, p. 56, à l'article du *Boubou*, espéce de pie-grièche, que les petits se couvroient, quelques jours après leur naissance, d'un duvet roussâtre, mais qu'ils sortoient nus de l'œuf, comme cela avoit lieu généralement pour les oiseaux qui devoient séjourner dans le nid après leur naissance, tandis que toutes les espéces dont le naturel étoit de quitter le berceau aussitôt après leur sortie de la coquille, naissoient avec un duvet très-fourré, ainsi qu'on pouvoit l'observer chez les gallinacés, les canards, les pluviers, etc. M. Vieillot, dans son Histoire naturelle des oiseaux de l'Amérique septentrionale, tom. 2, pag. 2, contredit cette assertion, et invite, pour en reconnoître la fausseté, à ouvrir un œuf de serin, de pinson, de grive, au moment où le petit est prêt à éclore, et où l'on voit déjà le duvet dispersé par petits flocons sur sa tête et sur les diverses parties de son corps. Le même naturaliste ajoute que les petits qui naissent nus, comme chez plusieurs pie-grièches, chez la plupart des fauvettes, etc., n'ont jamais de duvet, mais que leurs plumes se développent plus promptement que chez les autres oiseaux.

M. Fréd. Cuvier a consigné, dans le 12.ᵉ volume des Annales du Muséum d'histoire naturelle, p. 124, une observation curieuse sur la nature du duvet. Les plumes qui paroissent après le duvet ne sont, dit-il, que la continuation de celui-ci; chacune des plumes lâches qui le composent est poussée dehors par celle qui semble lui succéder, et les premières restent attachées au bout des autres jusqu'à ce que la dessiccation et le frottement les en séparent : d'où il sembleroit résulter que le duvet des jeunes oiseaux n'est dû qu'aux circonstances dans lesquelles il se forme, et non à un germe particulier et différent de celui des plumes véritables. Il ne faudroit peut-être alors voir dans le duvet que des plumes qui n'auroient point éprouvé l'action de l'air, ce qui expliqueroit pourquoi la partie cachée des plumes des oiseaux adultes est toujours sous forme de duvet. (Ch. D.)

DUYF. (*Ornith.*) Martens a désigné sous ce nom l'oiseau que d'autres auteurs appellent colombe du Groenland; mais, tandis que cette dénomination a été imposée par les marins au petit guillemot, *colymbus grylle*, Linn., à raison de la ressemblance qu'ils ont cru remarquer dans son plumage avec celui du pigeon domestique, le mot *duyf* ou *duve* s'applique, chez les Flamands, à ce dernier, et surtout à sa femelle. (Ch. D.)

DUYON. (*Ichthyol.*) On nomme ainsi aux Indes, dit La Chesnaye des Bois, sans aucune indication, un poisson de figure humaine, appelé aussi *anthropomorphos*. Nous ne savons quel animal est ainsi désigné. (H. C.)

DVERG-GLENTE (*Ornith.*), nom danois du busard, *falco æruginosus*, Linn. (Ch. D.)

DYABÆRALYA (*Bot.*), espèce d'ornithogàle de Ceilan, selon Hermann. (J.)

DYAHABARALA. (*Bot.*) A Ceilan, suivant Hermann, on nomme ainsi le *pontederia hastata*. (J.)

DYAHYABALA, DYAHYAMBALA (*Bot.*), noms d'une espèce de casse, *cassia mimosoïdes*, dans l'île de Ceilan, suivant Hermann et Linnæus. Le premier de ces noms est aussi donné au sesban, dont on a fait récemment le genre *Sesbania*. (J.)

DYAJAWUL, JAWŒL (*Bot.*), noms du *burmannia* dans l'île de Ceilan, suivant Hermann. (J.)

DYANELLI (*Bot.*), nom donné dans l'île de Ceilan, suivant Hermann, au *tragia chamelea*. Linnæus croit que le *pittaghærdighos* de cette île est la même plante. (J.)

DYANILLA (*Bot.*), plante observée à Ceilan par Hermann, et que Linnæus croit être un *jussiæa*. (J.)

DYCES. (*Ichthyol.*) Les Cyrénéens, au rapport de Clitarque, donnoient le nom d'ερυθρινος au poisson appelé Δύκης. (Voyez ATHÉNÉE.) Nous ne savons quelle est l'espèce ainsi désignée. (H. C.)

DYCH EL GHORAB, KEGLEH (*Bot.*), noms arabes de la noix vomique, *strychnos nux vomica*, selon M. Delile. (J.)

DYCTIARIA. (*Bot.*) Voyez DICTYARIA. (LEM.)

DYCTICIA. (*Bot.*) Voyez DICTYCIA. (LEM.)

DYKKER. (*Ornith.*) Les Danois, suivant Oth. Fréd. Muller, *Prodromus*, n.° 120, appellent ainsi l'*anas glaucion*, Linn., que l'on regarde comme appartenant à l'espèce du canard garrot; et le mot *dykere* est placé, par le même auteur, au nombre des synonymes de l'*anas hyemalis*, n.° 123. (CH. D.)

DYMHIDI. (*Ornith.*), nom qui, suivant Forskaël, p. 2, n.° 4, est donné dans le Tchama, en Arabie, à un oiseau du genre *Crotophaga* (Ani), et que les naturalistes rapportent au calao-tock, *buceros nasutus*, Linn. (CH. D.)

DYMYEH. (*Bot.*) Voyez DŒMIA. (J.)

DYNAMÈNE. (*Crust.*) Voyez GAMMARIDÉS. (W. E. L.)

DYNAMÈNE, *Dynamena*. (*Polyp.*) Genre de polypiers de la famille des sertulaires, établi par M. Lamouroux pour les espèces dont les cellules, répandues sur toute la longueur de la tige et des branches du polypier, sont distiques ou opposées fort régulièrement deux à deux. Ce sont en général de fort petites espèces, dont quelquefois les cellules sont si transparentes que le polype semble être à nu. Celui-ci, d'après ce que dit Ellis (*Corall.*) de la dynamène rosacée, a tout-à-fait la forme du polype des véritables sertulaires, et le polypier semble pour ainsi dire former une suite de chaînons de petits polypes rangés par paires, et joints les uns aux autres par un filet charnu qui traverse l'axe de la coralline. M. Lamouroux en compte quatorze espèces.

1.° La DYNAMÈNE OPERCULÉE: *Dynamena operculata*, Lamx.; *Sert. operculata*, Gmelin; Ellis, *Corall.*, tab. 3, n.° 6, fig. *b B*. Cette espèce, qui forme des touffes souvent assez considérables de tiges à rameaux alternes, dont les cellules sont presque droites, acuminées et fermées par un opercule terminé en pointe aiguë, se trouve dans les mers d'Europe et d'Amérique.

2.º La D. PINASTRE, *D. pinaster*, Lamx.; *Sert. pinaster*, Gmel., Solander et Ellis, tab. 6, fig. *b* B : a les cellules recourbées sur une tige simple, à pinnules alternes. Sa patrie est inconnue.

3.º La D. D'EVANS; *D. Evansii*, Lamx.; *Sertul. Evans.*, Gmel.; vient des côtes d'Angleterre; elle a les cellules très-courtes, et ce qu'on nomme les ovaires lobé et opposé sur des rameaux également opposés.

4.º La D. SERTULAROÏDE; *D. sertularoides*, Lamx. : est toutà-fait nouvelle; elle vient des mers de l'Australasie probablement : sa tige est grosse, courte, rameuse, et, ce qui l'éloigne déjà un peu de ce genre, ses cellules sont souvent presque alternes.

5.º La D. ROSACÉE : *D. rosacea*, Lamx.; *Sert. rosacea*, Gmel.; Ellis, *Corall.*, tab. 4, n.º 7, fig. *a*, *A*, *B*, *C*. Les cellules de cette espèce, qui est commune dans nos mers, sont presque cylindriques, coupées obliquement, et les ovaires sont assez semblables à des fleurs à six divisions.

6.º La D. BARBUE, *D. barbata*, Lamx., provenant des mers de l'Australasie, a ses cellules en bourse ovale, bordées de fort longs cils, sur une tige dichotome.

7.º La D. BOURSETTE : *D. bursaria*, Lamx.; *Cellaria bursaria*, Gmel.; Ellis, *Corall.*, tab. 22, fig. *a A*. Cellules transparentes, carenées, augmentées d'un petit tube subclaviforme, et portées sur une tige rameuse, subarticulée, ce qui avoit porté tous les auteurs à en faire une espèce de cellaire. Des mers d'Europe.

8.º La D. NAINE : *D. pumila*, Lamx.; *Sert. pumila Auct.*; Ellis, *Corall.*, tab. 5, n.º 8, fig. *a A*. Extrêmement petite, peu rameuse, comme articulée, avec des cellules un peu courbées, dont le bord inférieur est prolongé en pointe. De l'Océan atlantique.

9.º La D. OBLIQUE; *D. obliqua*, Lamx. Cellules ovales, un peu arquées, à ouverture extrêmement oblique, portées sur une tige simple et droite. Sur les fucus de l'Australasie.

10.º La D. DISTANTE; *D. distans*, Lamx., Polyp., pl. 5, fig. 1, *a B*. Petite, peu rameuse; les cellules très-éloignées les unes des autres, à bord horizontal et entier. Sur le *fucus natans* de l'Océan atlantique.

11.º La **D.** TURBINÉE ; *D. turbinata*, Lamx. Cellules un peu alongées, à bord entier, évasé, sur une tige simple et droite. Venant de l'Australasie.

12.º La **D.** DIVERGENTE : *D. divergens*, Lamx., Polyp. corallig., pl. 5, fig. 2, *a B*. Tige flexueuse, portant des rameaux divergens, alternes, et des cellules à bord denté. Du même pays.

13.º La **D.** DISTIQUÉE : *D. disticha*, Lamx.; *Sert. disticha*, Bosc, tab. 29, fig. 2. Espèce dont les cellules, à peine visibles, presque triangulaires et recourbées à l'extrémité, sont portées sur une tige simple, droite et articulée. Sur le *fucus natans*.

14.º La **D.** PELASGIENNE : *D. pelasgica*, Lamx. ; *Sert. pelasgica*, Bosc, 3, tab. 29, fig. B. Cellules tubuleuses, à bord droit, sur une tige composée, flexueuse, dont les rameaux sont alternes. Sur le *fucus natans*.

M. Bosc dit bien que dans cette espèce les polypes sont nus, ovales, pédonculés et placés au-dessus des rameaux; mais cela est, d'après l'analogie, fort peu probable, ce qui doit faire admettre que les cellules sont fort transparentes.

Nous ne terminerons pas cet article sans faire observer que, pour les espèces que M. Lamouroux s'est procurées de la collection rapportée par MM. Péron et Lesueur, la patrie ne doit pas être regardée comme tout-à-fait hors de doute, ces zoologistes n'ayant donné aucune communication de leurs notes. (DE B.)

DYSCHIRIE. (*Entom.*) Ce nom, qu'on auroit peut-être dû écrire *Dichirie*, pour rappeler son étymologie, a été donné par M. Bonelli à un genre de coléoptères créophages qui comprend quelques espèces de scarites dont les tibias ou jambes antérieures se terminent par deux pointes en forme de doigts. Le *scarite bossu* d'Olivier est dans ce cas. M. Latreille les avoit rangés parmi les clivines, et M. Bonelli a adopté son opinion. (C. D.)

DYSDÈRE, *Dysdera*. (*Entom.*) C'est le nom que MM. Latreille et Walckenaer ont donné à un genre d'araignées de la division des tapissières ou tubitèles, qui n'ont que six yeux disposés en parabole ou en fer à cheval ouvert en avant : telle est l'*aranea rufipes* de Fabricius. (C. D.)

DYSODA. (*Bot.*) Ce genre de la Cochinchine, publié par Loureiro, est le même que le *serissa* de Commerson, qui fait partie de la famille des rubiacées. (J.)

DYSODES. (*Min.*) Gerhard a donné ce nom à la chaux carbonatée ou calcaire fétide. Voyez Chaux carbonatée, 21.ᵉ variété. (B.)

DYSODES. (*Ornith.*) Ce nom, tiré du grec δυσωδης, *fœtidus*, et déjà appliqué par Persoon à un genre de plantes corymbifères, a été substitué par M. Vieillot au mot *ophiophages*, qui, dans la première édition de son Analyse d'une ornithologie élémentaire, servoit à désigner la 28.ᵉ famille de son ordre des sylvains, devenue depuis la 32.ᵉ Voyez Sasa. (Ch. D.)

DYSODIUM. (*Bot.*) [*Corymbifères*, Juss. ; *Syngénésie polygamie nécessaire*, Linn.] Ce genre de plantes, établi par M. Richard dans la famille des synanthérées, appartient à la tribu des hélianthées, et à la section des hélianthées - millériées, dans laquelle nous le plaçons immédiatement auprès de l'*alcina*, que M. R. Brown réunit, ainsi que le *dysodium*, au *melampodium*. Voici ses caractères génériques, tels qu'ils résultent de nos propres observations combinées avec celles de M. Brown.

La calathide est radiée, composée d'un disque pluriflore, régulariflore, masculiflore ; et d'une couronne unisériée, liguliflore, féminiflore. Le péricline est double : l'extérieur, irrégulier, involucriforme, est formé de cinq squames unisériées, entre-greffées à la base, inégales, bractéiformes, foliacées, étalées ; l'intérieur est formé de squames unisériées, dont chacune enveloppe complétement un ovaire de la couronne, et se greffe presque entièrement avec lui. Le clinanthe est petit, convexe, pourvu de squamelles inférieures aux fleurs, larges, embrassantes, membraneuses. Chaque ovaire de la couronne, confondu en une seule masse avec la squame correspondante du péricline intérieur, est très-grand, irrégulier, difforme, comprimé bilatéralement, arqué en dedans, gibbeux extérieurement, comme tronqué au sommet, ayant l'aréole apicilaire oblique - intérieure et inaigrettée; il est muni de rides et d'excroissances qui appartiennent à la squame, ainsi que deux petits *processus* en forme de valves coriaces, arrondies, qui embrassent la base de la corolle, et qui sont formées par l'extrémité libre de cette squame. Les faux-ovaires du disque sont presque entièrement avortés. Les corolles de la couronne ont le tube presque nul, et la languette courte, ovale, ordinairement bilobée. Les corolles du disque ont le limbe à quatre lobes, dont chacun se termine par un pinceau de poils.

Le Dysodion étalé (*Dysodium divaricatum*, Pers.), seule espèce connue dans ce genre, est une plante herbacée, annuelle, haute d'environ deux pieds; à tige divisée en branches divergentes; à feuilles opposées, rhomboïdes-ovales, un peu dentées; à calathides portées sur des pédoncules situés dans la dichotomie des rameaux, et composées de fleurs jaunes. Cette plante a été trouvée auprès de Sainte-Marthe, dans l'Amérique méridionale.

C'est à M. R. Brown qu'est due l'ingénieuse idée de considérer les ovaires de l'*alcina* et du *dysodium* comme enveloppés dans les squames du péricline, que l'on avoit prises jusque-là pour l'écorce même de ces ovaires. Mais, à l'égard du *melampodium*, M. Brown avoit été précédé par M. Lagasca, dont l'opuscule a été publié en 1816, tandis que celui de M. Brown n'a été publié qu'en 1817. (H. Cass.)

DYSPHANIA DES RIVAGES (*Bot.*); *Dysphania littoralis*, Rob. Brown, *Nov. Holl.*, 1, pag. 411. Plante herbacée de la Nouvelle-Hollande, qui forme seule un genre particulier de la *polygamie monoécie* de Linnæus, très-voisin de la famille des atriplicées, dont elle s'éloigne par le péricarpe adhérent avec la semence. Son caractère essentiel consiste dans des fleurs polygames monoïques, offrant, dans les hermaphrodites, un calice coloré, à trois folioles creusées en cuiller; deux étamines distinctes, placées au fond du calice; un seul style; un stigmate simple. Dans les fleurs femelles, le calice et le pistil comme dans les hermaphrodites; un péricarpe turbiné, faisant corps avec la semence, entouré par le calice agrandi; une semence pourvue d'un périsperme; l'embryon placé à la circonférence de la semence; la radicule supérieure.

Ses tiges sont glabres, très-courtes, petites, couchées sur la terre ; les feuilles glabres, alternes, dépourvues de stipules ; les fleurs blanches, très-petites, pédicellées, dépourvues de bractées, réunies en petits paquets axillaires ; la fleur du haut hermaphrodite, toutes les autres femelles. (Poir.)

DYSPORUS. (*Ornith.*) Illiger a employé ce terme, tiré du grec δυςπορος, *inops*, *scævus*, pour désigner les fous, *sula* de Brisson. (Ch. D.)

DYSSODIA. (*Bot.*) Cavanilles a nommé ainsi le genre que Willdenow appelle *Bœbera*, et que nous avons décrit sous ce dernier nom, Tome V, Supplém., p. 2. (H. Cass.)

DYTIQUE, *Dytiscus.* (*Entom.*) Genre d'insectes coléoptères pentamérés nectopodes, c'est-à-dire, à cinq articles à tous les tarses ; à élytres dures, couvrant le ventre en entier ; à antennes en soie, non dentées ; à tarses aplatis, propres à nager.

Ce nom de dytique a été imaginé par Linnæus, qui l'a emprunté du grec, δύτὴς, qui signifie plongeur, *urinator*, *qui aquas subit*, et il y comprenoit alors presque toutes les espèces de coléoptères qui vivent dans l'eau, en faisant deux sections, 1.º des espèces à antennes en masse, comme les *hydrophiles ;* 2.º de celles à antennes en soie, qui étoient alors les véritables *dytiques*, et qu'on a depuis distribuées dans les genres *Hyphydres*, *Colymbètes*, *Hygrobies*.

Les *dytiques* ont les antennes plus longues que le corselet ; le corps ovale, déprimé et le sternum prolongé en pointe. A ces caractères il est facile de les distinguer d'abord des *gyrins* ou *tourniquets*, qui ont les antennes plus courtes que la tête, et les yeux partagés par une ligne saillante qui semble en faire quatre de deux ; puis des *hyphydres* et des *colymbètes*, qui n'ont pas le corps déprimé, mais bossu ou fortement convexe en-dessus et en-dessous.

La forme générale du corps dans les dytiques indique leurs mœurs ; ils sont ovales, lisses et comme huileux : aussi la plupart des femelles ont-elles une conformation particulière des élytres, afin que les mâles puissent s'accrocher sur elles dans l'acte de l'accouplement, et ceux-ci offrent également dans la forme des tarses antérieurs une dilatation très-remarquable dans le même but.

Il y a des dytiques de toutes les dimensions, depuis une demi-ligne de longueur jusqu'à près de dix-huit lignes. Ce sont des insectes carnassiers, comme l'indiquent leurs antennes en soie, et surtout les six palpes ou barbillons dont est munie leur bouche. Ils poursuivent leur proie et la dévorent toute vivante. Les mouches, les hydrachnes, les larves de beaucoup d'autres insectes aquatiques, forment leur nourriture principale.

Quoique ces insectes vivent habituellement dans l'eau, on les trouve quelquefois sur la terre, où ils sont beaucoup moins agiles, à cause de la disposition vicieuse de leurs pattes, qui sont d'ailleurs parfaitement en rapport avec leur genre de vie aquatique, puisqu'elles sont aplaties en forme de rames, et que les postérieures surtout sont fort alongées et placées tout-à-fait en arrière de la poitrine, tandis que les moyennes sont très-rapprochées des antérieures.

Ces insectes, quoique séjournant dans l'eau, sont obligés de venir respirer l'air à la surface; ils semblent humer une certaine portion de l'atmosphère par la partie postérieure de leur corps, qui s'éloigne des élytres. Leur abdomen fait alors une sorte de soufflet pneumatique, qui attire et emprisonne une certaine quantité d'air, que l'insecte entraîne avec lui au moment où il plonge, pour le respirer à son aise à l'aide des stigmates qui correspondent à chacun des anneaux, et qui sont les orifices extérieurs des trachées.

On trouve ces coléoptères dans les eaux douces, principalement dans celles qui sont stagnantes ou peu courantes. Ils ne sortent guères de l'eau que le soir pour changer d'habitation ; c'est ce qui fait qu'il s'en trouve bientôt dans tous les étangs artificiels qui ne communiquent avec aucune rivière, comme dans les grands fossés creusés nouvellement, et dans les trous que l'on pratique dans certains marais pour en tirer la tourbe.

Les dytiques proviennent de larves alongées, nues, formées de onze anneaux ou articulations, dont les trois premières après la tête supportent les trois paires de pattes.

Leur tête est ronde et aplatie, écailleuse, garnie de deux longues mandibules ou crochets arqués, de substance cornée, et terminés en pointe acérée. Ces crochets sont creux comme ceux des araignées et des larves des fourmi-lions. Il paroît, d'après les observations de Swammerdam et de Degéer, que ce sont de véritables suçoirs, dont les cavités se réunissent dans celle de l'œsophage. Ces larves sont carnassières comme les insectes parfaits; elles attaquent principalement les larves des *cousins*, des *tipules aquatiques*, des *phryganes*, des *éphémères* et de beaucoup d'autres insectes aquatiques.

Les larves des dytiques respirent l'air par l'extrémité pointue et postérieure de leur corps : elles viennent se suspendre à la surface de l'eau pour y faire parvenir les orifices de deux trachées principales ; mais elles peuvent se passer long-temps de ce mode de respiration.

Quand ces larves ont acquis tout leur développement, elles s'approchent des bords des étangs, et elles s'y creusent, au-dessus du niveau des eaux, mais dans la terre humide, une sorte de coque, qu'elles consolident en dégorgeant une humeur visqueuse : c'est dans cette sorte de follicule qu'elles se changent en nymphes, d'abord molles, et avec toutes les parties distinctes, qui prennent peu à peu plus de consistance.

Les principales espèces de ce genre sont les suivantes :

1.º Le Dytique très-large, *Dytiscus latissimus.*

Olivier en a donné une figure dans son Entomologie, sous le n.º 40, pl. 2, fig. 8.

Car. Noir, le bord extérieur des élytres dilaté, avec une raie jaune ; le corselet est cendré dessus.

Cet insecte ne se rencontre pas aux environs de Paris; mais on le trouve dans le nord de la France : il est commun en Allemagne. La femelle a les élytres sillonnées. Le dessous du corps est d'un brun foncé rougeâtre dans les deux sexes.

2.º Le Dytique marginal, *Dytiscus marginalis.*

C'est le *Dytique noir à bordure* de Geoffroy, figuré par Rœsel, dans son 2.ᵉ volume, pl. 1, fig. 9, 10 et 12.

Il ressemble tout-à-fait au précédent ; mais *le bord des élytres n'est pas dilaté.* Il porte sur le chaperon une raie transversale fauve.

3.º Le Dytique de Rœsel, *Dytiscus Rœselii.*

Figuré dans l'Atlas de ce Dictionnaire, planche des coléoptères nectopodes, n.º 2.

13. 37

Car. Brun, à reflet verdâtre : les élytres du mâle portent des lignes de points enfoncés.

4.º Le DYTIQUE SILLONNÉ, *Dytiscus sulcatus.*

Car. Ses élytres ont dix lignes enfoncées, longitudinales, velues.

5.º Le DYTIQUE STRIÉ, *Dytiscus striatus.*

Car. Brun, à corselet jaunâtre avec une bande noire : élytres très-finement striées en travers.

Fabricius a décrit plus de quatre-vingts espèces de ce genre ; on en trouve près de quarante aux environs de Paris, quoique Geoffroy n'en ait décrit que quinze, parmi lesquelles sont le Dytique en deuil, le fauve à taches noires, le noir à étuis bruns, le brun à bordure panachée, le sphérique, celui aux yeux noirs, le strié à corselet jaune, le panaché sans stries, celui à une seule strie. (C. D.)

DYTISCUS. (*Entom.*) C'est le nom des dytiques en latin. C'est à tort que Geoffroy a laissé imprimer Ditique par un *i* simple dans son ouvrage, où le mot latin est écrit d'après son étymologie. (C. D.)

DZENELLIE (*Bot.*), nom de la clavaire coralloïde dans quelques cantons. (LEM.)

DZIECIOL. (*Ornith.*) Ce nom, que divers auteurs écrivent *dzieziol* et *dziekiol*, désigne, en polonois, des pics ou grimpereaux. (CH. D.)

DZIERBZA (*Ornith.*), nom que porte, en Pologne, la pie-grièche grise, *lanius excubitor*, Linn. (CH. D.)

DZIERLATKA (*Ornith.*), nom polonois de l'alouette cochevis, *alauda cristata*, Linn. (CH. D.)

DZIKA (*Ornith.*), nom polonois de la foulgue ou morelle, *fulica atra*, Linn. (CH. D.)

DZWONIEC. (*Ornith.*) On appelle ainsi, en Pologne, le verdier, *loxia chloris*, Linn. (CH. D.)

FIN DU TREIZIÈME VOLUME.

STRASBOURG, de l'imprimerie de F. G. LEVRAULT, imprimeur du Roi.